AKADEMIE DER WISSENSCHAFTEN DER DDR
Forschungsstelle für Wirbeltierforschung
(im Tierpark Berlin)
Abteilung für Zoo- und Wildtiererkrankungen
Berlin-Friedrichsfelde

ERKRANKUNGEN DER ZOOTIERE

Verhandlungsbericht des
XXIV. Internationalen Symposiums über die Erkrankungen
der Zootiere
vom 19. Mai bis 23. Mai 1982 in Veszprém

herausgegeben von
Prof. Dr. med. vet. habil. Rudolf Ippen
und Dr. med. vet. Hans-Dieter Schröder

Mit 97 Abbildungen und 95 Tabellen

AKADEMIE-VERLAG BERLIN
1982

Erschienen im Akademie-Verlag, 1086 Berlin, Leipziger Straße 3—4

Lizenznummer: 202 · 100/485/82
Bestellnummer: 763 053 6 (2136/16) · LSV 2905
Printed in GDR
Druck: VEB Druckkombinat Berlin

VERANSTALTER

Die Forschungsstelle für Wirbeltierforschung (im Tierpark Berlin),
Abteilung für Zoo- und Wildtiererkrankungen,
der Akademie der Wissenschaften der DDR
in Zusammenarbeit mit der
Ungarischen Akademie der Wissenschaften
und dem Kittenberger Zoo in Veszprém

Tagungsort
Veszprém

Inhaltsverzeichnis

Seite

Rückblick auf das XXIII. Internationale Symposium über die Erkrankungen der Zoo- und Wildtiere, Halle/Saale, 24. bis 28. Juni 1981

Zum XXIII. Internationalen Symposium über die Erkrankungen der Zoo- und Wildtiere, das von der Abteilung für Zoo- und Wildtiererkrankungen der Forschungsstelle für Wirbeltierforschung (im Tierpark Berlin) der Akademie der Wissenschaften der DDR in Zusammenarbeit mit dem Zoologischen Garten der Stadt Halle/Saale veranstaltet wurde, waren 207 aktive Teilnehmer und 74 Begleitpersonen aus 24 Staaten angereist und zwar aus Belgien, Berlin-West, BRD, VR Bulgarien, CSSR, Dänemark, DDR, Dominekanische Republik, Frankreich, Großbritannien, SFR Jugoslawien, Marokko, Niederlande, Nigeria, Norwegen, Österreich, VR Polen, SR Rumänien, Schweden, Schweiz, Tunesien, Ungarische VR, UdSSR und USA.

Am 25. Juni eröffnete Herr Prof. Dr. Dr. D a t h e im Namen und im Auftrag des Präsidenten der Akademie der Wissenschaften der DDR das Symposium mit folgenden Worten:

Sehr verehrter Herr stellvertretender Oberbürgermeister, sehr verehrte Frau Stadtrat, sehr geehrter Herr Kollege Dr. Witstruk, meine sehr verehrten Damen und Herren!

Nach Berlin, Leipzig und Erfurt tagt heuer unser Symposium zum 4. Male in der Deutschen Demokratischen Republik. Wir sind außerordentlich erfreut, daß diesmal eine so überaus große Zahl anerkannter Fachleute unserer Einladung nach Halle gefolgt ist, dessen Zoologischer Garten am 23. Mai 1981 80 Jahre bestand. Unsere Tagung unterstreicht mit voller Absicht dieses Jubiläum.

Es sei mir auch die Bemerkung gestattet, daß wir uns herzlich über die Teilnahme so vieler Ehepartner an unserer Veranstaltung, wie es in Tiergärtenkreisen seit langem üblich ist, freuen, wissen wir doch alle, daß gerade in unseren Berufen unsere Frauen sehr aktiv mitarbeiten oder zumindest unter unseren aufreibenden Berufen aktiv mitleiden. Ergo: unsere bedeutend besseren Hälften sollen daher auch bei den Symposien unsere Erlebnisse mit teilen.

Seit unserem letzten Treffen ist der Rohbau der neuen Forschungsstelle für Wirbeltierforschung (im Tierpark Berlin) auf dem Territorium des Berliner Tierparks emporgewachsen. An sich war ja das Bauziel, 1981 fertig zu werden. Das wird nach der von uns nicht zu beeinflussenden Lage der Dinge nicht zu halten sein. Dennoch sind wir mit der Entwicklung des Bauwerkes sehr zufrieden, damit u.a. endlich die Abteilung Prof. I p p e n s eine räumlich befriedigende Unterbringung erhält. Darüber hinaus mag hier interessieren, daß die Forschungsstelle eine zweite Biologen-Equipe in die Antarktis entsenden konnte, die im Rahmen der 26. Sowjetischen Antarktis-Expedition arbeitet. Aus dem Material der 25. SAE konnten - vor allem an Pinguinen - überraschende Feststellungen gemacht werden, über die sicherlich von Prof. Ippen und Mitarbeitern später noch berichtet werden wird. Fest dürfte schon jetzt stehen, daß neue Lichter auf die Beziehungen zwischen Erkrankungen freilebender und in Tiergärten lebender Tiere fallen werden.
Das seinerzeit von Prof. D o b b e r s t e i n projektierte "Handbuch der Zootierkrankheiten" gewinnt nunmehr Gestalt. Der 1. Band, die Krankheiten der Reptilien beinhaltend, wird in Kürze in Druck gehen können. Die prominenten Autoren kommen aus dem Kreise der Symposiums-Teilnehmer.

Lassen Sie mich, meine sehr verehrten Damen und Herren, nun noch einige einführende Worte über die tiergärtnerische Bedeutung unseres diesjährigen Tagungsortes verlauten. Wie Sie bereits hörten, ist der Zoologische Garten Halle heuer 80 Jahre alt geworden. Er ist damit nach Dresden und Leipzig der drittälteste Tiergarten der Deutschen Demokratischen Republik. Er hatte das große Glück, daß an seinem Beginn einer der bedeutendsten, wenngleich bescheidensten deutschen Tiergärtner stand, nämlich Dr. Gustav B r a n d e s . Er wußte die Bürgerinitiative, die zur Errichtung des Halleschen Zoos führte, vom ersten Augenblick an geschickt zu lenken und bald auch das Baugeschehen dynamisch voranzutreiben. Obschon Universitätszoologe hatte er vom ersten Augenblick an revolutionierende Ideen, leider - muß man feststellen - ohne sie entsprechend zu propagieren. Ich erwähnte schon seine Bescheidenheit. Er war aber auch ein Feuergeist, der es sich leisten konnte, erstmalige Einfälle zu verschenken, weil er immer neue hatte. Das führte zwischen dem damals bekanntesten Zoodirektor, nämlich Dr. Ludwig H e c k, dem Berliner Zoodirektor und ihm zu steten Auseinandersetzungen, die sich Jahrzehnte lang fortsetzten und selbst nach dem Tode Gustav Brandes' Heck noch zu bissigen Äußerungen hinrissen. Trotzdem konnte auch dieser (in einem mir vorliegenden unveröffentlichten Manuskript) nicht umhin zu schreiben: "Nach meiner Überzeugung ist er (Brandes) ein ganz hervorragender wissenschaftlicher Forscher und ein ebenso hervorragender akademischer Lehrer. Ich bedauere, nicht sein Schüler gewesen zu sein. " Brandes blieb, nachdem er als Direktor an den Zoo Dresden, inzwischen längst Professor geworden, übergewechselt war, stets bis 1936 Universitätslehrer, damit Zootätigkeit mit Hochschullehre verbindend, eine für die Tiergärtnerei überaus fördernde Verbindung, die wir auch heute noch für erstrebenswert halten. Es war also für die Neugründung des Zoo Halle seinerzeit - wie gesagt -ein sehr großer Glücksfall, daß Gustav Brandes an die Spitze der Zoogestaltung trat, der selbst sagte, daß er "alles anders machen" wolle, und er tat das auch. In vielem war er seiner Zeit voraus. Betrachten Sie, meine Damen und Herren, bei unserem Zoobesuch bitte, die auch heute noch einwandfreien Bergtiergehege an den Hängen des Reilsberges, wo die Möglichkeiten des Vulkangesteins für den Beschauer ebenso wie für die ausgestellten Tiere genutzt und die Hagenbeckschen Ideen um mehr als ein Jahrfünft vor der Stellinger Park-Eröffnung in wichtigen Details vorweggenommen wurden. Auch wissenschaftlich hat Brandes vieles, das erst später durch Heinroth und Hediger ins Bewußtsein gehoben wurde, schon gewußt. Man lese nur seine flott geschriebenen Schilderungen in den "Mitteilungen aus dem Zoologischen Garten Halle" und später der Parallelzeitschrift des Dresdener Zoos. Hier schlummern manche ungehobenen Schätze. Meines Wissens war Brandes auch der erste, der eine hauseigene Zoo-Zeitschrift ab 1905 herausgab. Wie überall auch hier ein weitsichtiger Mann, der sich um vieles Gedanken machte, was anderen Orts erst sehr viel später aktuell wurde. Verzeihen Sie, wenn ich so viel Platz dieser ungewöhnlichen Persönlichkeit heute widme, aber abgesehen davon, daß ich ein glühender Verehrer dieses geistvollen, bis zum Sarkasmus witzigen Mannes bin, der natürlich bald mit untermaßigen, eigensüchtigen Repräsentanten der NS-Verwaltung der Stadt Dresden in Gegensatz geriet, hat Brandes dem Hallenser Zoo vom ersten Tage seiner Existenz Niveau und Geltung verliehen.

Der derzeitige Verwalter des Brandesschen Erbes, unser Kollege Dr. Klaus-Günther W i t s t r u k hat den von Krieg und Nachkrieg sehr mitgenommenen Zoo Halle durch Fleiß und Zähigkeit wieder aufgerichtet, und es ist uns daher eine Freude, seiner Arbeit durch Abhaltung unseres Symposiums in seinem Bereich die gebührende Anerkennung zu zollen.

Ich hab' aber darüber hinaus noch eine andere, mir sehr am Herzen liegende Aufgabe, nämlich Herrn Oberbürgermeister Hans P f l ü g e r für die überaus freundliche Aufnahme in seiner aufblühenden Stadt zu danken. Ich darf Ihnen, verehrte Anwesende, in Herrn Oberbürgermeister Pflüger eine Persönlichkeit vorstellen, wie sie sich jeder Zoodirektor an der Spitze seiner Stadt wünschen würde. Er ist, wie wir Zoodirektoren der DDR seit vielen Jahren wissen, ein großer Freund und Förderer des Zoologischen Gartens seiner Saale-Metropole.
Wir tagen also 1981 in einer für die deutsche und die mitteleuropäische Tiergärtnerei historisch bemerkenswerten Stadt, die sich des Wertes eines Tiergartens als kultureller Mittelpunkt für Hunderttausende wissensdurstiger und Erholung suchender Bürger jeden Alters voll bewußt ist.

Zum Schluß darf ich auch diesmal die freundlichsten Grüße des Präsidenten der Akademie der Wissenschaften der DDR, Prof. Dr. Dr. h. c. Werner S c h e l e r, dem ja auch die Forschungsstelle für Wirbeltierforschung (im Tierpark Berlin) untersteht, und seine besten Wünsche für ein gutes Gelingen unseres Symposiums übermitteln. Ihnen schließe ich mich sehr gerne an.

Damit eröffne ich namens und im Auftrag des Präsidenten das XXIII. Internationale Symposium über die Erkrankungen der Zootiere 1981 in Halle an der Saale.

Im Anschluß daran ergriff der Stellvertretende Oberbürgermeister der Stadt Halle, Herr N i t z e r , das Wort:

Sehr geehrter Herr Prof. Dr. Dathe, Meine Damen und Herren!

Sie sind für einige Tage in unsere 1020-jährige Stadt gekommen, um für Ihre tiergärtnerische Arbeit bedeutsame wissenschaftliche Fragen zu erörtern. Ich habe die große Freude und Ehre, Sie im Namen des Rates der Stadt Halle und ihrer Bürger auf das Herzlichste willkommen zu heißen. Wir wünschen uns sehr, daß Sie trotz Ihres reichhaltigen Vortragsprogramms Gelegenheit finden werden, unserer altehrwürdigen und dennoch jungen Stadt und ihren Menschen zu begegnen.
Ich wünsche mir sehr, daß Sie unseren Zoologischen Garten kennenlernen, dessen Antlitz - in Mitten des Zentrums eines bedeutsamen industriellen Ballungsgebietes gelegen - durch landwirtschaftlich reizvolle Gegebenheiten geprägt wird. So nennen ihn die Bürger unserer Stadt liebevoll "ihren Bergzoo". Unser Zoo, in diesem Jahr 80 Jahre alt geworden, konnte in den letzten zwei Jahrzehnten unter der zielstrebigen Leitung unseres Zoodirektors, Dr. Klaus-Günther W i t s t r u k mit seinem Kollektiv zu einem der anziehungskräftigsten Naherholungs- und Bildungszentren unserer Stadt und des Bezirkes Halle mit einem interessanten Tierbestand gestaltet werden, verbunden mit einer klaren Perspektive, die ihren festen Platz in der Stadtentwicklungskonzeption inne hat.
Wie unser Zoologischer Garten, so ist das Bild der Stadt insgesamt geprägt vom Geist und Geschick der Menschen, die in ihr wohnen. Die Geschichte Halles ist ein Spiegelbild des Fleißes, der Schöpferkraft und des Selbstbewußtseins ihrer Bürger. In all den Jahrhunderten wurden die hier vorgefundenen natürlichen Reichtümer genutzt und mit ihnen ihr Leben gestaltet. Zuerst war es das Salz, altdeutsch "Hall" genannt, das zugleich der Stadt den Namen gab. Noch heute steht die Saline, nun ein vielbesuchtes Museum. In ihren Räumen kann man die Salzgewinnung aus Sole wie in alter Zeit ebenso erleben, wie den Silberschatz der Halloren bewundern.
Bei besonderen Anlässen begegnen wir Ihnen in malerischen Trachten, die Traditionen der über 450 Jahre alten Salzwirkerbrüderschaft im Thale zu Halle lebendig erhaltend.
Später im 19. Jahrhundert war es die Braunkohle, die sich vor den Toren der Stadt fand. Sie war und ist der Energiespender für die stürmisch wachsende Industrie, vor allem für die vielen metallverarbeitenden Betriebe, die eng mit der der Stadt umgebenden chemischen Industrie verbunden ist.

Mehr als 600 Industrie- und Versorgungsbetriebe bestimmen heute Arbeit und Leben unserer Bürger. Sie sind heute volkseigen, wurden modernisiert oder neu gebaut. Sie alle fertigen Produkte, die vom Geschick und der hohen Qualifikation der Arbeiter, Techniker, Wissenschaftler zeugen.
Eisenbahnwaggons gehören ebenso dazu, wie Pumpen, wie Baumaschinen und Kälteaggregate, Anlagen und Maschinen verschiedenster Art für die Wirtschaft unseres Landes, für die Bevölkerung und den Export. Besteigt man den Turm unseres Zoologischen Gartens oder den Bergfried des Giebichenstein, eine der "Burgen stolz und kühn" an der "Saale hellem Strande" - wie es im Volkslied heißt -, so richtet man den Blick auf unsere alte Stadt mit ihrem charakteristischen Anblick der 5 Türme. Heute jedoch wird diese Silhouette auch bestimmt von modernen Hochhäusern, von den Standorten des komplexen Wohnungsbaues; von den modernen Wohngebieten der Werktätigen im Norden und vor allem im Süden der Stadt.
Und jenseits der Saale ist Halle-Neustadt zu erkennen, die junge siebzehnjährige Schwestern-Stadt mit der stattlichen Zahl von 95.000 Einwohnern. Alt und Neu werden mit der sozialistischen Rekonstruktion unserer Stadt eng miteinander verbunden. Am Boulevard, der Hauptbahnhof und Markt miteinander verbindet, glänzen alte Bürgerhäuser mit farbenfreudig renovierten Fassaden. Und abends lädt hier die Konzerthalle in der ehemaligen Ulrichkirche zum Erleben der Musik unseres halleschen Meisters Georg-Friedrich Händel ein, oder zur Musik anderer großer Meister, oder heutiger Komponisten. Über die Händelpflege und -forschung in unserem Lande und deren internationale Ausstrahlung vermittelt das nahegelegene Händelhaus. Interessantes, reiche Kunstbestände, besonders des 20. Jahrhunderts, beherbergt die Staatliche Galerie in der Moritzburg, ergänzt durch weitere interessante kulturelle Einrichtungen. Reich sind die humanistischen und revolutionären Traditionen unserer Stadt, die das geistig-kulturelle Leben wesentlich prägen. Einst gab man unserem Landstrich den Ehrennamen "Das Rote Herz Mitteldeutschlands", dem Kampf der revolutionären Arbeiter Halles gerecht werdend. Unsere Universität, die heute den Namen Martin Luthers trägt, besteht im kommenden Jahr 480 Jahre und rühmt sich solcher Gelehrter wie Thomasius, Christian Wolff, August Hermann Francke, Johann Christian Reil.
Vielfältig sind die Aktivitäten der zahlreichen Berufs- und Volkskünstler im reichen Kulturleben der Stadt.
Ihnen, verehrte Gäste, möchten wir während Ihres Hierseins einen Einblick in das pulsierende Leben unseres alten Halle, unserer jungen sozialistischen Großstadt vermitteln. Ich möchte Ihnen allen für die kommenden Tage eine erfolgreiche wissenschaftliche Arbeit und einen guten und erlebnisreichen Aufenthalt in der Stadt Halle wünschen.

Anschließend hieß Herr Dr. W i t s t r u k im Namen des örtlichen Mitveranstalters die Tagungsteilnehmer herzlich willkommen:

Meine sehr verehrten Damen, meine Herren!

Ich möchte Sie im Namen des gastgebenden Zoologischen Gartens Halle auf das herzlichste willkommen heißen.
Wir freuen uns, daß das XXIII. Internationale Symposium über die Erkrankungen der Zoo- und Wildtiere während unserer Festwoche zum 80-jährigen Bestehen unseres Zoologischen Gartens bei uns stattfindet und fast 300 Gäste aus allen Teilen der Welt unserer Einladung gefolgt sind, um diese, für die Tiergärtnerei so wertvolle wissenschaftliche Konferenz 1981 in Halle durchzuführen. Mit größter Einsatzfreude haben meine Mitarbeiter und ich die Vorbereitung der Tagung übernommen, nachdem auf dem XXII. Symposium in Arnhem unsere Einladung angenommen wurde, um einen erfolgreichen Verlauf der wissenschaftlichen Beratungen zu sichern und Ihnen angenehme Stunden mit der Möglichkeit auch des direkten Erfahrungsaustausches zu bieten sowie Ihnen erlebnisreiche Eindrücke von der Stadt und dem Bezirk Halle mit seinen Menschen und Traditionen zu vermitteln.

Ich erlaube mir, Ihnen - bevor ich der Tagung einen erfolgreichen Verlauf wünsche - den Zoologischen Garten Halle vorzustellen. Tiergärten sind in der DDR ein fester Bestandteil des kulturellen Lebens, die der naturwissenschaftlichen Bildung, der wissenschaftlichen Forschung, der sinnvollen Erholung und dem nationalen und internationalen Natur- und Tierschutz dienen.
Der Zoologische Garten Halle erfüllt dabei in einem der am dichtesten besiedelten Bezirke der DDR - im Zentrum der Chemischen Großindustrie unseres Landes - mit die Aufgabe, den durch ständige Erhöhung des Bildungsniveaus und vermehrte Freizeit wachsenden Bedarf unserer Bürger an anspruchsvoller Erholung optimal zu befriedigen. Am 23. Mai 1901 wurde der Zoologische Garten Halle auf dem Reilsberg, eine der höchsten Porphyr-Eruptionen in der Stadt Halle eröffnet. Landschaftliche Schönheit und Vielseitigkeit, mit den in Serpentinen - von Flieder eingerahmten - zur Bergkuppe führenden Wegen, die erhöhte Lage über der Stadt mit dem herrlichen Rundblick auf Halle und das Saaletal, waren und sind ein idealer Rahmen für einen Zoologischen Garten.
Schon 1901 entstanden die auch heute noch verbildlichen und seinerzeit für die gesamte Zoowelt einmaligen steinbruchartigen Bergtierfelsen, ideale Freisichtanlage für die diffizilsten Hochgebirgstiere. Viele weitere, noch heute genutzte Anlagen und Bauwerke folgten, so auch das 1926 eröffnete Raubtierhaus, ein schlichtes, in seiner Architektur großzügiges Gebäude, in dem alle tiergärtnerischen Erkenntnisse der Raubtierhaltung seinerzeit verwirklicht waren und das auch heute noch das größte Warmhaus unseres Zoos ist.
Nach 1945 eröffnete der Zoologische Garten als erste Kultureinrichtung der Stadt seine Pforten. Eine Bilanz über die erste Nachkriegszeit ist für unseren Zoo wenig erfreulich. Die meisten Anlagen waren reparaturbedürftig oder überaltert. Der Tierbestand war u.a. durch Mangel an Futtermitteln und Artilleriebeschuß in den letzten Kriegstagen stark dezimiert. Vieles in dieser Zeit unersetzbare büßten wir ein: Schimpansen, Robben, das letzte Flußpferd, die letzte Giraffe, der einzige Elefant starben. Erst in den fünfziger Jahren konnten im Tierbestand erste merkliche Veränderungen herbeigeführt werden, erste Baumöglichkeiten ergaben sich.
In den letzten 20 Jahren wurden neben der dringend notwendigen weiteren Verbesserung des Tierbestandes und der Verwirklichung der optimalen Erschließung des Tiergartens als Kulturstätte der Volkbildung, Forschung, Erholung und des Naturschutzes die Rekonstruktion des ganzen Zoologischen Gartens durchgeführt und neue Erlebnisbereiche geschaffen. Dabei wurden spätere Erweiterungen des Tierparks auf die angrenzenden Klausberge am Ufer der Saale und in den Reichards Garten berücksichtigt und der Zoo als nördlicher kultureller Höhepunkt an der Saalepromenade der Stadt Halle ausgewiesen.
Neben der Rekonstruktion entstanden seit 1961 die Berggaststätte mit Terrassen, der Großflugkäfig, die große Greifvogelvoliere, die Fasanerie mit den anliegenden Freianlagen und Gehegen, die "Afrika-Steppe", das Warmhaus mit Freianlagen für Ameisenbären, Zwergflußpferde und Pinguine, das Tierhaus für Mähnenwölfe, Geparden und Känguruhs und vieles andere.
Im Jubiläumsjahr 1981 wurden Käfige und Volieren für südamerikanische Tiere, Waldvögel, eine Schauanlage für Kleinsäuger und Insekten und der Parkteil Streichelgehege fertiggestellt. Zur Zeit befinden sich außerdem neben der Zoogaststätte Bärenfreianlagen mit den dazugehörigen Tierunterkünften im Bau. Die Beliebtheit und Wertschätzung, die sich der Zoologische Garten bei den Bürgern unserer Stadt und ihren Gästen erwarb, wird auch in der in den letzten Jahren gewachsenen Jahresbesucherzahl sichtbar.
Sowohl grundlegende Veröffentlichungen als auch züchterische Erfolge im Zoo Halle gingen in die Geschichte der Tiergärtnerei ein. Eine Sonderstellung nehmen dabei die Kolibris ein.

So war es im Zoo Halle erstmals in Europa 1931 geglückt, Kolibris jahrelang bei bester Gesundheit zu halten. Die Erfahrungen wurden zur Grundlage für alle Tiergärten der Welt und es ist viel in der Fachliteratur darüber geschrieben worden. 1933 wurde eine Känguruhgeburt im Zoo Halle beobachtet, gezeichnet und beschrieben. Hervorgehoben soll auch die 1957 gelungene Kreuzung zwischen einem Mähnenspringer und einer Hausziege werden; seit Januar d.J. besitzen wir einen Bastard zwischen einem Schaf und einer Ziege. Von den vielen Zuchterfolgen der letzten 2 Jahrzehnte sollen nur die bei den Emus, Ibissen, Königssittichen, Uhus, Roten Riesenkänguruhs, Bennet-Känguruhs, Kattas, Riesengalagos, Brillenlanguren, Schimpansen, Indischen Flughunden, Palmenrollern, Nasenbären, Servalen, Karakals, Ozelots, Jaguaren, Schwarzen Panthern, Halbeseln, Milus, Nyalas, Wisenten, Hirschziegenantilopen, Tahren, Agalis und Turen genannt werden. Besonders gut züchteten weiter neben Humboldtpinguinen, Kuhreihern, Trauerschwänen, Blauen Schneegänsen, Hühnergänsen, Chukar-Steinhühnern, Pfauen, Mandrills, Wickelbären, Hyänenhunden, Vietnamesischen Leoparden, Bengaltigern, Grantzebras, Nilgaus, Sitatungas, Mufflons und Mähnenspringern unsere Alpakas und westkaukasischen Steinböcke. Von unseren 1964 erworbenen 1,2 Alpakas wurden in unserer zur Zeit 13-köpfigen Herde bisher 33 Jungtiere geboren; allein 49 Westkaukasische Steinböcke wurden seit 1961 gezüchtet.

Der Tierbestand unseres Gartens wurde im letzten Jahrzehnt, um jede Einförmigkeit des Tierbestandes der Zoologischen Gärten in der DDR untereinander zu vermeiden und um den Charakter und den Forschungsaufgaben unseres Zoos Rechnung zu tragen, neben den für einen Zoo typischen Standardtieren und von in ihrer Existenz gefährdeten Vogel- und Säugetierarten unserer Heimat vor allem auf die Haltung und Zucht von Gebirgstieren, Raubtieren und Tylopoden ausgerichtet.

Von in Internationalen Zuchtbüchern erfaßten Tieren werden zur Zeit Przewalskipferde, Halbesel (Kulan und Dschiggetai) Vikunja, Wisente, Davidshirsche, Zwergflußpferde, Bengal- und Sibirische Tiger und Mähnenwölfe gehalten. Am 1.1.1981 gab es im Zoo Halle 1913 Tiere in 377 Arten bzw. Unterarten.

Viele wissenschaftliche und populärwissenschaftliche Arbeiten sind in den letzten Jahren von den Tiergärtnern unseres Zoos u.a. in "Der Zoologische Garten", "Wissenschaftliche Zeitschrift Martin-Luther-Universität Halle-Wittenberg" und auch in den Verhandlungsberichten des Symposiums veröffentlicht worden. Anläßlich des 70-jährigen Zoobestehens im Mai 1971 wurde eine wissenschaftliche Konferenz zu Fragen der Zoo-Schul-Pädagogik durchgeführt, nachdem am 22.4.1971 unsere "Zoo-Schule" eröffnet worden war. Zum Zoojubiläum 1976 fand eine wissenschaftliche Konferenz unter Beteiligung von Tiergärtnern aus Zoologischen Gärten sozialistischer Länder und Wissenschaftlern der Martin-Luther-Universität unter dem Thema "Beeinflussung von Aktivität und Rhythmik beim Tier durch die Umwelt" statt.

1981 beginnt nun das XXIII. Internationale Symposium über die Erkrankungen der Zoo- und Wildtiere in Halle, an dem Tiergärtner und Zootierärzte aus über 20 Staaten teilnehmen. Ich darf Ihnen abschließend für diese Tagung in Halle viele neue Erkenntnisse zum Wohle unserer kostbaren Pfleglinge wünschen.

Schließlich begrüßte Herr Prof. Dr. I p p e n , als Leiter der Veranstaltung, die Symposiumsteilnehmer mit folgenden Worten:

Meine sehr geehrten Damen und Herren!

Es liegt nun schon wieder sieben Jahre zurück, daß Sie, als Teilnehmer des Internationalen Symposiums, Gäste in unserer Republik waren. Interessante und für die Arbeit eines jeden von uns wichtige Veranstaltungen führten Sie inzwischen nach Tunis, Innsbruck, Poznan, Dvůr Králové, Mulhouse und Arnhem. Sie werden verstehen, daß es mir heute eine besondere Freude ist, Sie hier bei uns willkommen heißen zu können.

Die wissenschaftliche Bedeutung und die ständig wachsende Attraktivität unserer Tagung finden auch in diesem Jahr in der großen Zahl der angereisten Gäste aus Europa, Asien, Afrika und Amerika ihre volle Bestätigung. Natürlich erforderte die Organisation und Vorbereitung der Tagung, wie auch in allen Jahren zuvor vom örtlichen Gastgeber größte Anstrengungen und unermüdlichen Einsatz. So hat auch in diesem Jahr Herr Direktor Dr. W i t s t r u k mit seinen tüchtigen Helfern aus dem Zoo Halle mit viel Sorgfalt und Umsicht die besten Voraussetzungen für einen angenehmen und erfolgreichen Aufenthalt eines jeden von uns in Halle geschaffen. Ich möchte deshalb schon an dieser Stelle unseren herzlichsten Dank an die Gastgeber richten.
Erlauben Sie mir aber bitte auch, daß ich in diesen Dank die vielen Mitarbeiter der Akademie und dabei speziell aus der Forschungsstelle für Wirbeltierforschung (im Tierpark Berlin) mit einschließe, da sie gerade in diesem Jahr nicht nur bei den umfangreichen Vorbereitungen des Verhandlungsberichtes und der sich daraus ergebenden Programmgestaltung unermüdlich mithalfen, sondern auch neben ihrer Arbeit umsichtig damit beschäftigt waren, die reibungslose Einreise der großen Gästezahl zu sichern.

Meine sehr geehrten Damen und Herren!

Wenn wir heute das diesjährige wissenschaftliche Programm einmal kurz überfliegen, so wird jedem die besonders große Anzahl der eingereichten Vorträge aufgefallen sein. Mit einer berechtigten Freude können wir feststellen, daß die in den 72 Arbeiten festgehaltenen Untersuchungsbeiträge nicht nur an Umfang, sondern auch maßgeblich an fachlicher Aussage gewonnen haben. Damit wird der Erfolg unseres Bemühens um ein effektives wissenschaftliches Programm bestätigt und die gelegentlich ausgesprochenen Bedenken gegenüber einer jährlichen Durchführung der Symposien eindeutig widergelegt. Wie wichtig eine vielseitige Dokumentation von Grundlagenkenntnissen und praktischen Einzelerfahrungen für die Arbeit eines jeden von uns heute ist, kann nicht oft genug herausgestellt werden. Die enge Zusammenarbeit und der Erfahrungsaustausch unter den Fachkollegen in den Zoologischen Gärten ist wohl kaum in einer anderen Fachrichtung so ausschlaggebend für eine erfolgreiche Tätigkeit wie gerade auf unserem Aufgabengebiet.
Die Bemühungen um eine Zusammenstellung der bisherigen Erkenntnisse auf dem Gebiet der Zoo- und Wildtiererkrankungen in Form von Büchern können jedoch nur als ein Weg der Dokumentation angesehen werden. Ohne die wichtige Ergänzung dieser Kenntnisse durch ständige neue Berichte aus der täglichen Arbeit in Praxis und Forschung würden wir unmöglich unserer hohen Verantwortung bei der gesundheitlichen Betreuung der ideel und ökonomisch wertvollen Zootiere gerecht werden können. Unsere Aufgabe bei diesem Symposium bleibt es, immer wieder alle zur Mitarbeit aufzurufen, auch mit der Kenntnis, daß gerade den praktizierenden Kollegen oftmals zeitlich größte Schwierigkeiten erwachsen oder die nur selten geübte Tätigkeit des Publizierens eine gewisse Überwindung erfordert. Unser Bestreben muß es bleiben, möglichst viele spezielle Erkenntnisse über die Erkrankungen der Zoo- und Wildtiere zu erlangen, um von der zwangsläufig immer noch praktizierten kritiklosen Übernahme von Erkenntnissen und Befunden vom Haustier oder Menschen wegzukommen.
Noch immer bereiten uns viele anatomische und physiologische Unklarheiten bei der beinahe unüberschaubaren Zahl verschiedener Wildtierarten in Gefangenschaft größte Schwierigkeiten in Hinblick auf die Bewältigung aktueller Erfordernisse. Ich erinnere in diesem Zusammenhang an die vorjährigen Diskussionen und Berichte über Kastrationen bei Elefanten oder an die allen ausreichend bekannten Probleme der ungeklärten Enteritiden bei vielen Zootierarten. Aber nicht nur solche speziellen Fragen der Grundlagenerkenntnisse, sondern auch zahlreiche Tagesfragen in Praxis und Forschung bedürfen der ständigen Mitteilung, um erfolgreich wirksam werden zu können.

Ein besonders anschauliches Beispiel bieten hierfür die im Laufe der zurückliegenden Jahre gemachten Fortschritte bei der Zootierimmobilisation. Ergebnisse von Blutuntersuchungen, Aufklärung über Parasitenkreisläufe oder Entwicklung von Behandlungsverfahren können genausowenig als Spezialkenntnisse einzelner Fachkollegen in irgendeinem Garten schlummern, sondern sollten möglichst schnell einem großen Interessentenkreis zugänglich gemacht werden. Auf diese Weise können wir uns allen viel Zeit und zusätzlichen Arbeitsaufwand ersparen. Denken wir also stets daran, daß die Publikation in Wort oder Schrift auch scheinbar nebensächlicher Beobachtungen oftmals entscheidend zum Erfolg nachfolgender Bemühungen beitragen kann. Die wissenschaftlichen Sitzungen und die aktuelle Fragestunde unseres Symposiums bieten beste Gelegenheiten, diesen Forderungen gerecht zu werden.
Gehen wir in diesem Sinne mit Schwung und hoffentlich großem Erfolg an die Arbeit auf diesem XXIII. Internationalen Symposium in Halle in der festen Überzeugung, dadurch eine optimale Betreuung der uns anvertrauten Tiere zu sichern.
Ich wünsche Ihnen allen angenehme und eindrucksvolle Tage in Halle.

Im Mittelpunkt der wissenschaftlichen Sitzung des ersten Tages standen Fragen der "Prophylaxe im Zoo". Nach einer Stadtführung in den Nachmittagsstunden waren die Tagungsteilnehmer zu einem geselligen Beisammensein mit Folkloreprogramm eingeladen.

Der erste Abschnitt der wissenschaftlichen Sitzung des zweiten Tages war vorrangig klinischen Berichten gewidmet, während im zweiten Abschnitt die nun schon traditionelle Fragestunde zu aktuellen Problemen der Zootierkrankheiten durchgeführt wurde. Die Nachmittagsstunden wurden zu einer ausführlichen Besichtigung des Zoologischen Gartens Halle genutzt. In den Abendstunden gab der Oberbürgermeister der Stadt Halle einen Empfang für die Symposiumsteilnehmer.

Die wissenschaftliche Sitzung des dritten Tages war wie bei den bisherigen Symposien freien Vorträgen aus den verschiedensten Gebieten der Zootiermedizin vorbehalten. In den Nachmittagsstunden fand ein Schiffsausflug auf der Saale statt, der den Tagungsteilnehmern Gelegenheit zu einem Erfahrungsaustausch auch außerhalb der wissenschaftlichen Sitzungen bot.

Im Rahmen der wissenschaftlichen Exkursion in Natur- und Landschaftsschutzgebieten des Harzes wurden interessante Informationen über die Wiedereinbürgerung des Muffelwildes vermittelt. Die von den örtlichen Mitveranstaltern ausgezeichnet vorbereiteten Rahmenveranstaltungen werden bei allen Symposiumsteilnehmern in bester Erinnerung bleiben.

H.-D. Schröder

Aus dem Thüringer Zoopark Erfurt (Direktor: VR Doz. Dr. D. A l t m a n n)

ÜBER ERWEITERTE PROPHYLAKTISCHE UND THERAPEUTISCHE MASSNAHMEN BEI DER AUFZUCHT VON HUF- UND KLAUENTIEREN IM THÜRINGER ZOOPARK ERFURT

Von D. A l t m a n n

Über prophylaktische Maßnahmen bei der Aufzucht von Huf- und Klauentieren im Thüringer Zoopark Erfurt berichteten wir bereits früher (Altmann, 1970). Inzwischen ist nicht nur die Zahl der Wildtiere unter den Huf- und Klauentieren, die gezüchtet haben, angestiegen, sondern es ist auch besonders die Zahl der Rassen, jedoch auch der Individuen von vom Aussterben bedrohten Haustieren, die im Thüringer Zoopark Erfurt als wertvolle Kulturgüter der Menschheit und als Genreserve gehalten werden (Altmann, 1975), erheblich gewachsen. Darüber hinaus wurde eine Reihe prophylaktischer Maßnahmen verbessert bzw. erweitert. Außerdem soll über therapeutische Bemühungen bei Jungtiererkrankungen berichtet werden. Das gilt besonders für das Angehen von Coliinfektionen.
Als besonders günstig erweist es sich, wo es aus Platzgründen möglich ist, die Muttertiere von den Männchen zu trennen, um die Deck- und damit die Geburtstermine weitgehend so zu steuern, daß die Jungtiere in einer klimatisch günstigen Jahreszeit geboren werden. Anderenfalls lassen sich viele Jungtierverluste vermeiden, wenn die Jungtiere im Stall zur Welt kommen bzw. bei anfänglicher Unterkühlung besonders warm gehalten werden. Junge Ziegen und Schafe, auch junge Esel, Rinder etc., die unterkühlt sind, u. a. deshalb, weil sie in der Freianalge geboren wurden, kann man meist dadurch am Leben erhalten, daß man sie in den ersten Lebensstunden oder auch am ersten, wenn notwendig an den ersten Lebenstagen auf ein Heizkissen, eine Wärmeplatte oder ähnliches legt. Auch lebensschwach erscheinende Jungtiere erholen sich so oft rasch und zeigen später keinerlei Entwicklungsstörungen.

Bei Jungtieren, die anfangs nicht oder kaum trinken, kann der Einsatz einer Nasenschlundsonde zur Ernährung und damit Kräftigung der Jungtiere eine entscheidende Rolle spielen. Allerdings ist unbedingt darauf zu achten. daß die Jungtiere nicht zu spät an das Gesäuge der Mutter oder, wenn es notwendig ist, an die Flasche gewöhnt werden, weil sie sonst manchmal das Saugen völlig verlernen. In der Landwirtschaft beobachtet man jetzt immer wieder einmal Fälle, daß Kälber, bei denen während der Geburt die Nabelvene über einige Zeit abgeklemmt war, nie einen Saugreflex zeigen und so im Endeffekt verhungern. Wir beobachteten zwei ähnliche Fälle bei Ziegen.

Nach wie vor erhalten alle jungen Huf- und Klauentiere im allgemeinen noch am Tag der Geburt einen Vitaminstoß, der aber in den letzten Jahren im Vergleich zu dem 1970 beschriebenen (A l t m a n n , 1970) sichtbar verbessert wurde. Wurden bis 1970 und in den ersten Jahren danach nur die je ein wasserlösliches Kombinationspräparat der Vitamine AD_3EC und B-Komplex beinhaltenden Vitaminstöße verabreicht, erhalten die Jungtiere darüber hinaus in den letzten Jahren zusätzlich in reichlichem Maße noch reines Vitamin A, ebenfalls in wasserlöslicher Form (Ursovit A, wässrig, VEB Jenapharm, Serum-Werk Bernburg), um besonders den Wert dieses Vitamins sowohl als Epithelschutzvitamin (Prophylaxe gegenüber Infektionskrankheiten) als auch als wachstumsförderndes Vitamin zur Wirkung zu bringen (F r a g n e r , 1964). Muskeldystrophien, die Vitamin E- und/oder selenmangelbedingt sind, spielen in den letzten Jahren nicht mehr nur bei jungen Altweltkamelen, sondern besonders in der intensiven Schafhaltung in der Landwirtschaft eine zunehmende Rolle. Deshalb wird das Präparat

Ursoselevit (VEB Jenapharm, Serum-Werk Bernburg) als fester Bestandteil der Jungtierprophylaxe mit eingesetzt (G ü r t l e r , 1961; H a n s e n , 1972; H i e p e , 1973; K o l b , 1963).

Die nachfolgende Übersicht gibt Auskunft über die Dosierung bei den einzelnen Tierarten bzw. Haustierrassen. Sie erfolgte immer intramuskulär. Dabei ist zu beachten, daß diese Präparate in Flaschen mit einem Durchstichgummistopfen in den Handel kommen. Stehen sie längere Zeit und es gelangt bei jedem erneuten Abziehen der Präparate über die Kanüle aus dem Spritzenlumen Luftsauerstoff in die Flasche, so ist besonders durch Oxydationsprozesse mit einer zumindest teilweisen Veränderung der Vitamine, z. B. besonders des Vitamins A, zu rechnen, das heißt der Wirkstoffgehalt verringert sich pro Mengeneinheit (F r a g n e r , 1964, K o l b , 1970).

Tabelle 1:

	Vitamin AD_3EC (ml)	Vitamin A (ml)	Ursoselevit (Vit. E und Selen) (ml)	Vitamin B-Komplex (ml)
Altweltkamele	3,0	2,0	3,0	4,0
Neuweltkamele	1,5	1,5	0,5	2,5
Riesenesel	2,0	1,5	1,0	2,5
Esel kleinerer Rassen	1,5	1,0	0,5	2,0
Kleinpferde	3,0	2,0	1,0	3,0
Ponies	1,5	1,5	0,5	2,0
Schafe und Ziegen größerer Rassen	1,5	1,0	0,5	2,0
Schafe und Ziegen kleinerer Rassen, Mufflons	1,0	0,5	0,3	1,5
Steppenrinder	3,0	2,0	1,5	4,0
Zebus, Bisons, Yaks	2,0	1,5	1,0	3,0
Damhirsche, Rentiere	1,5	1,0	0,3	2,0
Rothirsche	2,0	1,5	0,5	3,0
Vietnamesische Hängebauchschweine	0,5	0,3	0,1	0,8
Wollschweine	1,0	0,5	0,3	1,5

Wenn es erforderlich scheint, werden in den späteren Lebenswochen weitere Vitamincocktails verabreicht, die entsprechend zunehmende Dosen der einzelnen Vitamine beinhalten.
Die jungen Altweltkamele erhalten anfangs wöchentlich, ab 2. Monat vierzehntägig, ab 4. Monat monatlich, ab 8. Monat zweimonatlich bis zum Alter von 2 Jahren einen Vitamin-Selen-Cocktail. Das Ursoselevit steigt dabei von 4 über 5, 6, 8, 10 bis 12 ml pro dosi. Zur Ergänzung werden die übrigen Vitamine hinzugefügt: Vitamin AD_3EC (maximal 6 ml), Vitamin A (maximal 6 ml), Vitamin B-Komplex (maximal 12 ml).
Die Jungtiere, bei denen das möglich ist, erhalten am Tag der Geburt, spätestens am Tag danach, artspezifische Gammaglobuline, leider stehen uns aber nur Rinder- und Schweinegammaglobulin zur Verfügung. Die Dosierung des Rindergammaglobulins wurde bereits beschrieben (A l t m a n n , 1970). Über die Dosierung des Schweinegammaglobulins gibt die nachfolgende Tabelle Auskunft.

Tabelle 2:

	Schweine-Gammaglobulin "Dessau" (Institut für Impfstoffe Dessau) oder Normales Gammaglobulin vom Schwein (Pharmachim Bulgaria)
Vietnamesische Hängebauchschweine	1,5 - 2,0
Europäische Wildschweine	3,0
Wollschweine	3,0 - 5,0 (jeweils 1/3 i.m., 2/3 s.c.)

Junge Equiden erhalten subkutan Hippopur "Dessau" (Institut für Impfstoffe Dessau) und Neo-Hipposan-Vakzine "Dessau" (Institut für Impfstoffe Dessau). Eine Wiederholung der Injektion erfolgt nach 8 - 14 Tagen (A l t m a n n , 1970).
Alle Tierarten, für die keine artspezifischen Gammaglobuline oder andere art- bzw. gattungsspezifischen Schutzstoffe vorhanden sind, erhalten am Tag der Geburt, spätestens am Tag danach Coliserum. Da sowohl das Forschungsinstitut für Impfstoffe Dessau als auch die Firma Bioveta / CSSR in erster Linie Coli-Immunserum vom Rind liefern, erfolgt die Injektion bei anderen Tieren besonders zu Beginn sehr langsam. Prednisolon (VEB Jenapharm) sowie Kreislaufmittel liegen für den eventuellen Fall eines Schockes bzw. einer allergischen Reaktion zum sofortigen Einsatz bereit. Es mußte jedoch noch nie davon Gebrauch gemacht werden.

In der Vergangenheit gaben wir allen jungen Huf- und Klauentieren prophylaktisch im Rahmen unseres "Vitamin-Cocktails" auch Eisen, und zwar anfangs als Ursoferran 50, später als Ursoferran 75. Dabei handelt es sich um eine wässrige Lösung von Eisen-III-hydroxidsol, das durch Karboxymethyldextran stabilisiert ist. 1 ml enthält das Äquivalent von 50 bzw. 75 mg elementarem dreiwertigen Eisen. Das einzige gegenwärtig bei uns im Handel befindliche Eisenpräparat, das injizierbar ist, ist Ursoferran 100. Es enthält dementsprechend pro ml 100 mg elementares dreiwertiges Eisen. Da wir die Erfahrung machten, daß das Präparat mit zunehmender Eisenkonzentration schwerer resorbiert wird und manchmal entsprechende lokale Schädigungen in der Oberschenkelmuskulatur gefunden wurden (K ö h l e r , 1966; M i l h a u d , 1965; U b e r s c h ä r , 1966), die bei dem Vorgänger dieses Präparates Ursoferran 50 kaum beobachtet wurden, sahen wir von einer intramuskularen Ursoferranapplikation bei jungen Huf- und Klauentieren mit Ausnahme von jungen Schweinen ab. Bei jungen Schweinen ist eine Ursoferranapplikation unbedingt angezeigt, zumal ein Hausschweinferkel gängiger mitteleuropäischer Schweinerassen bei der Geburt nur einen Eisenvorrat von 50 mg hat. Bei dem schnellen Wachstum von Ferkeln und dem geringen Eisengehalt in der Schweinemilch ist der Eisenvorrat bald erschöpft. Im Durchschnitt ist in den ersten drei Lebenswochen mit einem Fehlbetrag von ca. 100 mg Eisen zu rechnen. Dieser bedingt einen starken Abfall des Hämoglobingehalts und der Erythrozytenzahl (K o l b , 1970; K o l b , 1972; K o l b und G ü r t l e r , 1971; N e u n d o r f und S e i d e l 1972).
Dabei haben wir in der letzten Zeit begonnen, Ursoferran 100 im Verhältnis 1 : 1 bis 1 : 2 mit physiologischer Kochsalzlösung oder 20 %iger Traubenzuckerlösung zu verdünnen. Dieses Verfahren setzt die lokalen Reizerscheinungen erheblich herab. Junge Vietnamesische Hängebauchschweine erhalten an einem der ersten Lebenstage je nach Größe 0,15 bis 0,30 bis 0,50 ml Originallösung, der die entsprechende Menge physiologischer Kochsalzlösung bzw. 20 %iger Traubenzuckerlösung zu Ergänzung hinzuzufügen ist.

Für Wildschweinfrischlinge sollte man 1 ml und für Wollschweinferkel 1,5 ml Ursoferran 100 vorsehen. Dabei müßten die entsprechenden Mengen physiologischer Kochsalzlösung oder 20 %iger Traubenzuckerlösung noch hinzugefügt werden. Die Applikation sollte in jedem Falle tief intramuskulär erfolgen. Im Laufe der ersten Lebenswochen sind weitere in der Dosis um 50 % bis später um 100 % erhöhte Dosen, ebenfalls in der oben beschriebenen Weise verdünnt, zu empfehlen.

Die Verabreichung von Gammaglobulinen bei Rindern und Schweinen, von Hippopur und Neo-Hipposan-Vakzine bei Equiden bzw. Coliserum bei den übrigen jungen Huf- und Klauentieren verbunden mit Multivitaminstößen, teilweise verbunden mit Mikronährelement-(Spurenelement)applikationen bieten nicht immer einen hundertprozentigen Schutz gegenüber erregerbedingten Erkrankungen. Hierbei stehen colibedingte Infektionen im Vordergrund. Dabei sind diese Colikeime oft außerordentlich resistent. Wegen des nicht selten rapiden Verlaufs solcher primär oder auch sekundär sich auf andere z. B. Virusinfektionen unter anderem durch Resistenzschwäche aufpflanzender Coliinfektionen, kann nicht selten eine genaue Erregerbestimmung verbunden mit Antibiogramm (Resistogramm) schon zu spät sein. In solchen Fällen kombinieren wir Oxytetracyclin (VEB Jenapharm) mit Polymyxin B (Pfizer GmbH, Karlsruhe).
Die Tetracycline wirken gegen viele grampositive und gramnegative extra- und intrazellulär liegende Bakterien vorwiegend bakteriostatisch. Dabei dringen sie gut in alle Organe außer in das Zentralnervensystem ein und verbleiben dort längere Zeit. So sind die meisten gramnegativen Bakterien wie Escherichia coli, Salmonellen etc. sowie auch die überwiegende Zahl der grampositiven Bakterien wie Streptokokken, Staphylokokken, Bazillen, Anaerobier, Aktionomyzeten, jedoch auch die Treponemen (wie Borrelia, Treponema, Leptospira), Rickettsien, die Psittakosis-Lymphgranuloma-Trachom-Gruppe (Bedsonien, Miyagawanellen) und Protozoen wie Toxoplasmen im allgemeinen tetracyclinempfindlich (P a t s c h, 1965; T r o l l d e n i e r, 1977). Damit erfaßt man also bei Jungtieren ein breites Wirkungsspektrum, sowohl auf der Ebene des Digestions- als auch des Respirationstraktes. Gleiches gilt für Lokalinfektionen beispielsweise am Nabel, denen durch die sofort nach der Geburt einsetzende Nabeldesinfektion und -pflege weitgehend prophylaktisch begegnet wird, die aber im erforderlichen Falle gerade durch die lokale und parenterale Applikation von Tetracyclinen mit weitgehender Sicherheit an einer von dieser Infektionspforte ausgehenden Generalisierung gehindert werden. Auch auf die Tetracyclinempflindlichkeit großer Viren soll hingewiesen werden.

Die lokalen Reizerscheinungen bei der intramuskulären Injektion von Tetracyclinen sind verhältnismäßig gering. Die gute Verträglichkeit kann beispielsweise für das Humanpräparat Otesolut-Depot (VEB Jenapharm) garantiert werden. Bei dem Veterinärpräparat Ursocyclin (VEB Jenapharm, Serum-Werk Bernburg) empfiehlt es sich, eine Verdünnung mit physiologischer Kochsalzlösung im Verhältnis 1 : 1 bei eventuellem Zusatz von Hyaluronidase (Hylase "Dessau", 150 IE, 300 IE, 1500 IE pro dosi, Institut für Impfstoffe Dessau) vorzunehmen. Für die jungen Boviden, Capriden, Oviden, Tylopoden, Equiden und Suiden kann eine Dosierung von 10 mg/kg Körpermasse i. m. zu Grunde gelegt werden. Dabei bedenke man andererseits, daß für einen erwachsenen Menschen bei täglicher intramuskulärer Applikation 250 mg angesetzt werden. Das sollte bei Dosierungen für Tiere vergleichbarer Gewichte beachtet werden.
Wir verwenden Otesolut-Depot in zwei Formen:
1. 100 mg Oxytetracyclinbase in 2 ml spritzfertiger Lösung = 50 mg/ml
2. 250 mg Oxytetracyclinbase in 3 ml spritzfertiger Lösung = 83 mg/ml

Das Veterinärpräparat Ursocyclin enthält in 1 ml spritzfertiger Lösung 50 mg Oxytetracyclinhydrochlorid in Propylenglykol. Dabei werden für Pferde und Rinder 2 - 4 ml/kg Körpermasse angegeben. In diesem Zusammenhang sei nochmals an die Verdünnung mit physiologischer Kochsalzlösung und gegebenenfalls den Zusatz von Hylase aus der Sicht der besseren Resorbierbarkeit und der Herabsetzung lokaler Reizerscheinungen erinnert.

Die Nebenwirkungen bei der intramuskulären Verabreichung von Tetracyclinen sind relativ gering, obwohl auch bei dieser Applikationsform eine Schädigung der Vormagenflora der Wiederkäuer erfolgen kann, die allerdings bei oraler Gabe weit problematischer ist, so daß man außer bei Jungtieren Wiederkäuern im allgemeinen keine Tetracycline per os geben sollte. Mit einem parallel dazu verlaufenden Mangel besonders an den Vitaminen des B-Komplexes ist zu rechnen. Er ist durch entsprechende Vitamingaben, am besten auf parenteralem Wege, auszugleichen.
Nach Untergang der empfindlichen physiologischen Darmflora kann es zum Überwiegen resistenter Keime wie Escherichia coli, Proteus, Pseudomonas sowie von Pilzen kommen.
Bei Equiden können orale Gaben zu starkem Durchfall mit kolikartigen Erscheinungen bzw. zu einer postantibiotischen Enterokolitis führen.
Tetracycline beeinflussen auch die Ausbildung der Immunität bei Lebendvakzinen. Bei Tieren in fortgeschrittener Trächtigkeit und jugendlichem Alter muß auch an Zahn- und Knochenschädigungen, im ersteren Falle beim Embryo, gedacht werden.
Allergische Reaktionen treten bei der Verabreichung von Tetracyclinen weit seltener als bei anderen Antibiotika auf.
Wenn auch bewußt auf die wesentlichen Nebenwirkungen der Tetracycline (T r o l l - d e n i e r , 1977) hingewiesen wurde, so dürfte es sich abgesehen von den halbsynthetischen Penicillinen wohl parenteral, speziell intramuskulär, angewandt um eines der verträglichsten Breitspektrumantibiotika handeln. Wir sahen in zwanzigjähriger Anwendungszeit keinerlei Nebenwirkungen.

Da heute besonders bestimmte gramnegative Keime wie Escherichia coli und Salmonellen bereits oft resistent gegenüber Tetracyclinen sind, das ist besonders auf Beimischungen zu Futtermitteln zurückzuführen, die schon allein aus dieser Sicht im Thüringer Zoopark Erfurt nicht erfolgen, hat bei uns die Erfahrung gelehrt, daß man Jungtierinfektionen, bei denen Colikeime mit im Spiel sind, nur dann sicher therapeutisch in den Griff bekommt, wenn man gemeinsam mit dem bereits in seiner Wirkungsbreite näher charakterisierten Oxytetracyclin Polymyxin B (Pfizer GmbH, Karlsruhe) ebenfalls intramuskulär, aber an getrennter Stelle injiziert.
Obwohl den in den letzten Jahren in der Humanmedizin, besonders in der Pädiatrie, immer mehr eingesetzten halbsynthetischen Penicillinen gerade eine spezifische Wirkung auch gegen Colikeime zugesprochen wird, haben wir beim Einsatz solcher halbsynthetischer Penicilline (ohne gleichzeitigem Einsatz von Tetracyclinen) keine befriedigenden Ergebnisse bezüglich der Bekämpfung von primär oder sekundär colibedingten Jungtiererkrankungen erzielen können.

Die Dosierung von Polymyxin B erfolgt nach folgendem Schema:

Tabelle 3:

Körpermasse	Tagesdosierung
bis zu 20 kg	2,5 mg/kg und Tag
20 - 40 kg	50 mg/Tag
40 - 60 kg	100 mg/Tag
60 - 80 kg	150 mg/Tag
über 80 kg	200 mg/Tag

Eine Trockenampulle enthält 50 mg, die mit 1 - 2 ml Aqua bidest. bzw. physiologischer Kochsalzlösung aufzulösen sind.

Die meisten Jungtiere unter den Huf- und Klauentieren können nach diesem aus der Humanmedizin entnommenen Dosierungsschema behandelt werden. Wird dieses Dosierungsschema eingehalten, so ist im allgemeinen nicht mit renalen Störungen zu rechnen. Treten sie trotzdem auf, bilden sie sich meist innerhalb einer Woche wieder zurück. Bei Überschreitung der Dosis von 2,5 mg/kg Körpermasse können positive Eiweißbefunde und Zylinder im Harn auftreten. Erhöhte Reststickstoffwerte sind dann ebenfalls nachweisbar. Bei Herzinsuffizienz sollte der Einsatz dieses Präparates nicht erfolgen. Vorsicht ist auch bei bereits bestehenden Nierenschäden geboten. Als Dosierung werden für solche Fälle 1,0 - 1,5 mg/kg Körpermasse angegeben.
Beide Präparate (Oxytetracyclin und Polymyxin B) sollten über wenigstens drei, am besten jedoch fünf bis sechs Tage gegeben werden. Im Thüringer Zoopark Erfurt wird diese Kombination bereits seit Jahren speziell zur Bekämpfung von Infektionen mit Verdacht auf die Beteiligung von Colikeimen bei jungen Huf- und Klauentieren mit sehr gutem Erfolg und ohne negative Begleiterscheinungen oder Nebenwirkungen angewandt.
Von der zur Bekämpfung von Coliinfektionen empfohlenen Kombination von einem Tetracyclin mit Chloramphenicol (T r o l l d e n i e r , 1977) wurde wegen der starken lokalen Reizerscheinungen der Chloramphenicolpräparate abgesehen.

Bei den heute immer größer werdenden Resistenzproblemen haben wir auch gute Erfolge sowohl bei Erkrankungen der Atmungs- als auch der Verdauungsorgane gerade auch bei Jungtieren in der Form gemacht, neben einem Tetracyclin und dem Polymyxin B noch ein Sulfonamid, und zwar das Sulfadimidin (VEB Jenapharm, Serum-Werk Bernburg) einzusetzen. 1 ml dieses Präparates enthält 200 mg Sulfadimidin. Dabei kann man ca. 40 - 50 mg/kg Körpermasse als Dosierungsrichtlinie nennen. Für Läufer und Ferkel werden 30 mg/kg Körpermasse gegeben. Ca. ein Drittel bis die Hälfte der Injektion sollte intramuskulär, der Rest subkutan erfolgen, im allgemeinen auf mehrere Stellen verteilt.

Zusammenfassung:

Über erweiterte prophylaktische und therapeutische Maßnahmen bei der Aufzucht von Huf- und Klauentieren im Thüringer Zoopark Erfurt

In der vorliegenden Arbeit wird auf die Verbesserung der Prophylaxe bei jungen Huf- und Klauentieren besonders durch den zusätzlichen Einsatz von reinem Vitamin A sowie einer Vitamin E-Selen-Kombination eingegangen. Außerdem werden Betrachtungen darüber angestellt, daß trotz des Einsatzes solcher prophylaktischer Maßnahmen, wie der Injektion von Vitaminen, Mikronährelementen, Gammaglobulinen, Coliseren und equidenspezifischer Seren und Vakzinen, bei den betreffenden Tierarten infektionsbedingte Jungtiererkrankungen besonders des Atmungs- und Verdauungstraktes auftreten können. Dabei wird besonders auf die primäre bzw. sekundäre Einwirkung von Escherichia coli eingegangen. Es werden Vorschläge für eine erfolgversprechende Therapie gemacht.

Résumé :

A propos des mesures prophylactiques et thérapeutiques élargies dans le domaine de l'élevage d'ongulés au parc zoologique de Thuringe à Erfurt

La communication met en évidence l'amélioration des mesures prophylactiques pour les jeunes ongulés surtout en leur donnant de la vitamine A pure ainsi qu'une combinaison de vitamine E et de sélénium. Elle renferme en plus de cela des considérations dans le sens que des affections, surtout de l'appareil respiratoire et digestif peuvent se manifester chez les jeunes animaux de ce genre en rapport avec des infections en dépit de l'application des mesures prophylactiques telles que l'injection de vitamines, de micro-aliments, de gammaglobulines, de colisérum, de sérums et vaccins spécifiques pour des équidés. A ce sujet, l'auteur traite surtout les effets primaires et secondaires d'Escherichia coli et présente des suggestions pour une thérapie et ses succès.

Summary:

Expansion of Prophylaxis and Therapy in Raising of Hoofed and Claw Animals in Thuringian Zoo Park of Erfurt

Prophylaxis for young hoofed and claw animals has been improved primarily by additional use of pure vitamin A as well as of a combination of vitamin E with selenium. Infectious diseases typical of young animals, mainly respiratory and digestive disorders, were found to be possible in these animals, in spite of massive prophylaxis, such as injection of vitamins, micronutrients, gammaglobulins, colisera as well as of equine-specific sera and vaccines. Particular reference is made to primary and secondary action of Escherichia coli. Proposals are made for more promising therapy.

Резюме:

О расширение профилактических и терапевтических мероприятий при выращивание парно и непарнокопытных в Тюрингском зоопарке Эрфурта.

В работе сообщается об улучшение профилактических мероприятий по выращиванию молодняка парно и непарнокопытных , животные снабжаются витамином А и комплексом витамина Е с селеном. Однако, несмотря на инъекции витаминов, введения микроэлементов, гаммаглобулина, солисерена и специальных вакцин и сывороток, у изученных видов животных наблюдались характерные для молодых животных инфекционные заболевания дыхательных путей и пищеварительного тракта. При этом особо отмечалось первичное и вторичное влияние Е. коли. Даются предложения по терапии .

Literaturverzeichnis:

ALTMANN, D. (1970): Prophylaktische Maßnahmen bei der Aufzucht von Huf- und Klauentieren im Thüringer Zoopark Erfurt. Verhandlungsber. XII. Internat. Symp. Erkrankungen Zootiere, Budapest, 71 - 76.

ALTMANN, D. (1975): Die wichtigsten Erkrankungen der Alt- und Neuweltkamele. Verhandlungsber. XVII. Internat. Symp. Erkrankungen Zootiere, Tunis, 53 - 60.

ALTMANN, D. (1975): Die Bedeutung der Haustiere für die Entwicklung der Menschheit und die Wichtigkeit der Erhaltung vom Aussterben bedrohter Haustierrassen als wertvolle Kulturgüter der Menschheit und als Genreserve. In Archaeozoological studies, North-Holland-Publishing Company, Amsterdam / Oxford. American Elsevier Publishing Company, Inc.- New York.

GAY, C. C. (1965): Escherichia coli and neonatal disease of calves. Bact. Rev. 29, 75 - 101.

CURANON, G. (1947): Le chameau et ses maladies. Paris: Vigot

DAM, A. (1963): Experimentelle Untersuchungen über die Pathogenität von Escherichia-coli-Antiserum. Kongreßber. XVII. Welt-Tierärzte-Kongreß Hannover, 435 - 440. Ref. Dtsch. tierärztl. Wschr. 71, 73, 1964.

ELZE, K. (1962): Graviditätsbedingte Stoffwechselstörungen bei Zootieren (besonders bei Herbivoren), ihre Therapie und Prophylaxe. Mh. Vet.-Med. 13, 548.

ELZE, K. (1963): Beitrag zur Klinik der Coliruhr des Kalbes. Mh. Vet. med. 18, Sonderheft, 44 - 47.

ELZE, K. (1965): Septikämie bei neugeborenen Ponies und tarpanfarbenen Pferden. Zool. Garten 30, 257.

ELZE, K. (1966): Charakter, Bedeutung und Diagnostik der Aufzuchtkrankheiten der Zootiere. Fortpl. Haust. 2, 58 - 59.

ELZE, K. (1966): Bedeutung und Ursachen der Kälber-Colisepsis sowie die Möglichkeit ihrer Bekämpfung durch Tierarzt und Landwirt unter den Bedingungen der Großraumbewirtschaftung (Beitrag zur Klinik der Colisepsis der Kälber). Leipzig: Habil.-Schrift.

ELZE, K. (1967): Zur Coliinfektion bei Zootieren. Verhandlungsber. IX. Internat. Symp. Erkrankungen Zootiere, Prag, 57 - 64.

ELZE, K., R. LIPPMANN und R. HANSEN (1970): Zur Bekämpfung der Aufzuchtverluste bei Altweltkamelen. Verhandlungsber. XII. Internat. Symp. Erkrankungen Zootiere, Budapest, 61 - 64.

FEY, H. (1957): Bakteriologie und Serologie der Colisepsis des Kalbes (I. Serologische und biochemische Untersuchungen). Zbl. Vet. med. 4, 309 - 318 und 5, 447 - 457.

FRAGNER, J. (1965): Vitamine. Bd. I und II. Jena: Gustav Fischer

GARLT, Ch. (1970): Zum Zuchtgeschehen in einer Damhirschgruppe (Cervus dama) unter Berücksichtigung des Einsatzes von Rinder-Gammaglobulin "Dessau". Verhandlungsber. XII. Internat. Symp. Erkrankungen Zootiere, Budapest, 65 - 70.

GÜRTLER, H. (1961): Zur Frage der ernährungsphysiologischen und biochemischen Bedeutung des Selens und seiner Beziehung zum Vitamin E. Mh. Vet.-Med. 16, 497 - 504.

HANSEN, R. (1972): Haltung, Zucht, Aufzucht und Erkrankungen der Altweltkamele. Vet. med. Diss., Sektion Tierproduktion/Veterinärmedizin, Karl-Marx-Universität Leipzig.

HETZEL, E. (1957): Über die Bedeutung der Lebensschwäche der Neugeborenen bei der Bekämpfung der Aufzuchtkrankheiten der Haustiere. Tierärztl. Umsch. 12, 153 - 155.

HIEPE, Th. (1975): Schafkrankheiten. 2. Aufl. Jena: Gustav Fischer

JEDLICKA, J. (1970): Muskeldystrophie bei Mähnenschaflämmern. Verhandlungsber. XII. Internat. Symp. Erkrankungen Zootiere, Budapest, 77 - 80.

KAUFMANN, F. (1966): The Bacteriology of Enterobacteriaceae. Kopenhagen: Munksgaard.

KÖHLER, H. (1966): Untersuchungen zur Klärung von Todesfällen bei Schweinen nach Injektion von Eisenkomplexverbindungen. Berl. Münch. Tierärztl. Wschr. 79 (17), 337.

KOLB, E. (1962): Lehrbuch der Physiologie der Haustiere. Jena: Gustav Fischer.

KOLB, E. (1963): Die Ubichinone und Ubichromenole - eine stoffwechselphysiologisch bedeutsame Gruppe von Verbindungen und deren Beziehungen zu essentiellen Nahrungsfaktoren, insbesondere zum Vitamin E- und Selenstoffwechsel. Mh. Vet.-Med. 18, 658.

KOLB, E. (1970): Wirkstoff-Vademekum. Jena: Gustav Fischer.

KOLB, E. und H. GÜRTLER (1971): Ernährungsphysiologie der landwirtschaftlichen Nutztiere. Jena: Gustav Fischer.

KORZYBSKI, T. und W. KURYLOWICZ (1961): Antibiotika. Jena: Gustav Fischer.

KRAFT, H. (1962): Durch Vitamin-E-Mangel bedingte Herzmuskelschäden bei Zootieren. 2. Miedzgnarodowe Sympozjum Patologh Zwierzat Ogrodow zoologicznych, Warszawa, 113 - 116.

KRETSCHMAR, C. (1961): Untersuchungen zur Coli-Enterotoxämie des Schweines, Mh. Vet. med. 16, 891 - 901.

LEUPOLD, J. (1967): Das Kamel - ein wichtiges Haustier der Subtropen. Blaue Hefte für den Tierarzt, 33.

MILHAUD, G. (1965): Schädliche Folgen nach der therapeutischen Verabreichung von Eisen an Tiere (franz.). Economie Mid. anim. 6, 191 - 201, ref. Berl. Münch. Tierärztl. Wschr. 79 (16), 320, 1966.

PEY, H. (1962): Neuere Untersuchungen über die Colisepsis des Kalbes. Schweiz. Arch. Tierheilk. 101, 1 - 12.

PABSCH, R. (1965): Antibiotika Ratgeber. Jena: Gustav Fischer.

PEY, H. und A. MARGADANT (1961): Hypogammaglobulinämie bei der Colisepsis des Kalbes. Path. microbiol. 24, 970 - 976.

ROSETTI, G. und S. GONGUI (1955): Ricerche Zootecnicoveterinaria sugli animali domestici della Somalia. Mogadishu: Ispettorato Veterianario Amministrazione Fiduciario Italiana della Somalia (Ref. Anim. Breed. Abstr., 25, 20 - 21)

SAKKAL, F. B. (1945): Le chameau animal de boucherie. These Vet., Alfort.

SEDLAK, J. und H. RISCHE (1968): Enterobacteriaceae-Infektionen. Leipzig: Thieme 2. Aufl.

SPRÖSSIG, M. und G. ANGER (1976): Mikrobiologisches Vademekum: 3. überarb. Aufl. Jena: Gustav Fischer.

STÜNZI, H. (1965): Beulenkrankheit beim Flamingo, Kardiopathie beim Kamel und Toxoplasmose beim Pinguin, drei ungewöhnliche Krankheiten aus dem Züricher Zoo. VII. Internat. Symp. Erkrankungen Zootiere, Zürich und Basel, 82.

TROLLDENIER, H. (1977): Antibiotika in der Veterinärmedizin. Jena: Gustav Fischer.

ÜBERSCHÄR, S. (1966): Todesfälle bei Saugferkeln nach Applikation von Eisen-Dextran-Präparaten. Dtsch. Tierärztl. Wschr. 73 (7), 145 - 150.

ZAYED, I. and J.H. von GILS (1968): Myodegeneration in Friesian beef calves. V. A histochemical study on normal and dystrophic skeletal muscle using the periodic acid-Schiff (PAS) reaction. Tijdschr. Diergeneesk. 93, 713 - 722.

Anschrift des Verfassers: VR Doz. Dr. D. Altmann

506 Erfurt / DDR
Zum Zoopark 8 - 10

Muséum National d'Histoire Naturelle, Ménagerie du Jardin des Plantes, Chaire d'Ethologie et Conservation des Espèces Animales, Paris
(Directeur M. le Professeur F. Doumenge)

A propos DE L'ELEVAGE DES JEUNES CARNIVORES ; EXPÉRIENCE PERSONNELLE

Par Marie Claude Demontoy *

L'élévage artificiel de jeunes canidés ou félidés est désormais assez bien codifié; de nombreux succès l'attestent. Cependant, il nous a semblé opportun de préciser quelques difficultés auxquelles nous nous sommes heurtées en souhaitant que cette note puisse éviter à d'autres éleveurs les soucis et les erreurs qu'elles ont pu nous causer.

Nous allons ainsi passer en revue les problèmes survenus pendant les trois premiers mois de vie de jeunes carnivores (Kinkajous, genettes, chiens viverrins, panthères de Chine, tigres de Sibérie, pumas ...) élevés à la Ménagerie du Jardin des Plantes.

Cet exposé ne se référera pas toujours à des données scientifiques mais plutôt à des astuces d'éleveur que l'on peut parfois qualifier d'empiriques mais qui souvent s'avèrent fort utiles à connaître.

I - PERIODE POST-NATALE (0 - 4 semaines)

1. Réchauffement

Lorsqu'un jeune carnivore est amené à la nursery, il a été dans la plupart des cas abandonné par sa mère pour diverses raisons (primipare, agalaxie, faiblesse, fin de porté ...).

Il est fréquemment glacé et le premier soin que nous lui apportons est de le réchauffer. Nous avons appris, à nos dépens, combien il est dangereux d'accélerer ce processus. L'animal est souvent séché puis placé dans une couveuse ou sur une bouillotte avec installation de lampes infra-rouge au-dessus de lui.

Or, il ne faut pas oublier que son système de commande de réactions thermorégulatrices n'est pas encore fiable. Tous les circuits nerveux (système orthosympathique, motricité extrapyramidale) qui informent les structures hypothalamiques fonctionnent mal. Et l'animal passe rapidement d'un état léthargique à une polypnée thermique incontrôlable qui provoque une forte déshydratation, un épuisement rapide de ses réserves et peuvent conduire à la mort.

C'est pourquoi il est prudent de le réchauffer par palier et sous surveillance respiratoire thermique stricte.

Nous fournissons aussi par voie buccale et sous-cutanée du sérum glucosé rapidement assimilé et permettant à l'animal d'augmenter ses calories. Il sera ainsi réchauffé et nourri pendant les douze heures qui suivent la naissance, tout en lui faisant évacuer le méconium.

---

* avec la collaboration technique de Madame Marjarie-Roblin

2. Desinfection du cordon

La désinfection du cordon ombilical ne doit pas être trop draconienne. Nous nous sommes en effet aperçu que, par une préoccupation louable, les personnes chargées de jeunes animaux frottent avec ardeur le cordon ombilical à l'aide de teinture d'iode. Parfois cette technique devient irritante et crée un foyer inflammatoire qui peut favoriser une infection, particulièrement dans le cas où pré-existe une hernie. Le cas s'est présenté sur une jeune tigresse de Sibérie. Un nettoyage très drastique des bords de l'ombilic associé à une hernie ombilicale ont, en partie, provoqué l'apparition d'une omphalophlébite : le cordon était tombé dès le cinquième jour sans problème apparent. La plaie fut alors trop abondamment désinfectée. Au bout de quatre jour, on constata que l'ombilic cicatrisait mal et on perçut un engorgement chaud et douloureux de cette région.

Après injection d'antibiotiques à forte dose et essai de pansements locaux divers, l'échec de ce traitement nous conduisit à envisager une opération. La température de l'animal était normale (38°). Il était bien mais souffrait de coliques et de constipation. Il fut endormi à la kétamine (15 mg/kg). L'anesthésie fut légèrement insuffisante, mais les risques émétisants du Rompun nous ont paru dangereux sur un animal de 14 jours. A l'ouverture, directement sous la peau, on découvrit une masse intestinale adhérente au péritoine qui déjà, en cet endroit, prenait un aspect laiteux. Après décollement des adhérences et résection des tissus enflammés nous avons placé, in situ, de la terramycine. Ce traitement a été renouvelé quatre jours de suite (injection intrapéritonéale). L'animal n'a jamais refusé de se nourrir et, après 24 heures de diète hydrique consécutive à l'opération, il fut alimenté normalement. Aucune suite opératoire grave n'a été observée, si ce n'est la rupture d'un point musculaire du fait de la forte traction exercée en cet endroit.

Lors de la fermeture de ce dernier trois semaines plus tard, plus aucune séquelle inflammatoire n'était apparente. En aucun moment une chute de poids sensible n'est apparue.

3. Choix du lait

C'est probablement un des moments cruciaux de l'élevage, Nous avons remarqué que les compositions de lait pour chiots orphelins sont variables d'un fabricant à l'autre comme le témoigne le tableau ci-dessous.

ANALYSE COMPAREE DES LAITS RECONSTITUES POUR CHIOTS / CHATONS etc. ...

		ESBILAC (Borden)	WELPI (Hoechst)	MIXOL (Néocarnis)	Recommandations NRC
Lactose et autres glucides	%	15,1	39,8	33,6	-
Lipides	%	40	19,6	18,4	> 9
Protides	%	33	28	35,6	28
Matières minérales	%	6	7,5	7,9	-
Calcium	%	1,03	0,8	2,92	1
Phosphore	%	0,75	1,14	2,04	0,8
Ca/P	%	1,37	0,70	1,43	-
Fer	ppm	47,7	32	30	40
Energie	Cal/100 g	552	448	442	400

Dans 100 g		ESBILAC (Borden)	WELPI (Hoechst)	MIXOL (Néocarnis)	Recommandations NRC
Vit A	UI	11 300	2 400	4000	1000
D	UI	760	200	750	100
E	mg	8,58	4,4	3,5	8-9
B_1	mg	0,5	1	0,5	0,5
B_2	mg	0,71	1,6	7	0,5
B_6	mg	0,43	1	0,5	0,4
B_{12}	mg	3,62	10	5	4
Pantothénate Ca	mg	4,80	5	4	1,8
Acide Nicotinique	mg	5,13	10	4	4,5
Chlorure de Choline	mg	325	30	250	110
Vit C	mg	-	100	1	0
Méthionine	mg	77	100	200	600
Vit H	mcg	7	0	0	5

Au vue du tableau on peut déjà remarquer la différence sensible de composition du lait Esbilac par rapport aux autres :

Faible taux de glucides, fort taux de lipides, matières minérales moindres, énergie cal/100 g supérieur aux autres, taux de vit A, D très important par rapport aux normes conseillées.

Du fait des nombreuses variétés d'espèces que nous avons été amenés à élever artificiellement, nous avons souvent procédé par tâtonnement. Nous avons utilisé les quantités prescrites par le fabricant (1 mesure de lait pour 2 à 3 d'eau en général).

Cependant diverses constantes se sont dégagées :

- le goût est important, mixol étant le plus apprécié par toutes les espèces. Ainsi une jeune panthère de Chine refusa dès la naissance tout autre lait que celui-ci pendant 10 jours.

- Au niveau de la tolérance digestive Esbilac nous a semblé bien supérieur : Welpi provoque souvent des diarrhées profuses, Mixol au contraire des selles dures et pâteuses qui peuvent amener l'animal à des épreintes, des hémorroides et une constipation secondaire.

Avec Esbilac les selles sont bien digérées, molles, grumeleuses et, fait remarquable chez toutes les espèces, où nous l'avons utilisé, souvent, au bout de 8 jours, émises tous les deux, voir trois ou quatre jours, sans aucun trouble apparent pour l'animal.

Or, certains jeunes enfants élevés au sein maternel présentent ce phénomène sans qu'il soit réellement expliqué. Nous savons également qu'à présent dans la diététique infantile humaine on fabrique des laits "maternisés" contenant comme sucre uniquement du lactose, riche en protéines faciles à digérer, dont les lipides sont équilibrés entre matières grasses d'origine laitière (60 %) et d'origine végétale (40 %), de faible concentration en sels minéraux. Ces laits autorisent une alimentation à la demande. Nous avons essayé ce principe avec le lait Esbilac chez les jeunes carnivores sans aucun inconvénient au niveau digestif ce qui tendrait à prouver qu'il est en partie "maternisé".

4. <u>Remarques</u>

Au bout de 15 jours, on observe une mue, nettement amplifiée par la nutrition artificielle; beaucoup de jeunes animaux se trouvent complètement dénudés.

Avec le lait Esbilac la chute de poils est minime et la mue passe pratiquement inaperçue; les vibrisses se sectionnent souvent vers le quinzième jour et ne repoussent que tardivement.

- La date d'éruption des dents (comme l'ouverture des yeux) est variable et leur ordre d'apparition peut être distinct d'un animal à l'autre même à l'intérieur d'une même espèce. (Exemple : Puma 13 jours, panthère 18 jours ou 22 jours, tigre 18 jours, genette 23 jours). Dans la plupart des cas, ces poussées dentaires ont été accompagnées de coliques, de diarrhées et parfois même, malgré un nettoyage soigneux de l'anus, de quelques éruptions sous le ventre et entre les cuisses qui ne sont pas sans rappeler l'érythème fessier des nourrissons ! Les diarrhées cèdent à l'imodium (Lopéramide), au gélotanin (Tannate de gélatine), carbolevure (Charbon et levures) et disparaissent souvent après la sortie des dents. De plus l'animal peut refuser la tétine et il nous a parfois fallu recourir à des projections d'anesthésiques locaux dans la gueule (à l'aide de bombes utilisées pour les angines en médecine humaine) pour qu'il tête à nouveau. De légères glossites sont fréquents pendant cette époque et récédent au même traitement; il peut arriver que l'animal refuse formellement toute alimentation liquide du fait de la douleur que lui procure le contact de la tétine. On peut alors le nourrir de viande hachée de façon très précoce, les jeunes carnivores pouvant digérer la viande extrêmement tôt. (Il est banal chez les carnivores sauvages de voir la mère régurgitée de la viande à ses jeunes en cas de la lactation difficile). Nous avons ainsi nourri des panthères et des genettes dès le 18ème jour, sans aucun problème digestif. Il est même remarquable que les diarrhées provoquées par les poussées dentaires ont alors cessé sans aucun apport de médicament. La viande doit être finement hachée et peut être prédigérée avec d l'acide chlorhydrique et de la pepsine (ce principe ne s'est pas avéré indispensable). Nous en avons donnée pendant 4 à 5 jours, 2 fois par jour jusqu'à ce que l'animal accepte à nouveau le biberon. Nous changeons aussi parfois momentanément le lait : ainsi de jeunes pumas souffrant de diarrhées et refusant les biberons d'Esbilac ont accepté le lait Mixol plus appétent et qui, comme nous l'avons signalé, conduit à des selles plus fermes. Cette "thérapeutique" évite le recours à diverses substances médicamenteuses.

II - <u>DEUXIEME PERIODE</u> (un à trois mois)

Passée la période post-natale décisive pour la vie de l'animal, nous avons rencontré d'autres difficultés :

1. <u>La marche et le saut</u>

La marche est bien entendu innée chez les jeunes carnivores mais nous avons constaté que comme chez les enfants un apprentissage est sans doute nécessaire pour la perfectionner et surtout déboucher sur les sauts et les relations avec les obstacles extérieurs.

Il est fondamental de permettre à l'animal de pouvoir apprendre à sauter, lui fournir diverses perchoirs d'où il apprendra à relativiser l'espace. Ceci est particulièrement important quand on élève un animal seul, ses activités ludiques étant plus réduites. Il peut même être nécessaire de le monter sur une branche d'arbre et de l'obliger à sauter jusqu'à ce qu'il se lance seul, si on ne veut pas être contraint de le faire à l'âge adulte, époque à laquelle la période "sensible" de l'apprentissage de la locomotion est révolue.

2. La vision

Lorsque l'animal ouvre les yeux vers 10 jours, il ne distingue que peu de choses et sa vision va s'accroître et se parfaire jusqu'à deux mois environ. Entre 10 jours et deux mois, nous avons remarqué, chez quelques félins et plus particulièrement les tigres et les panthères, une inclinaison de la tête d'un côté ou de l'autre que l'on considère souvent comme un début de "maladie des étoiles"; aucune otite n'a été constatée: Nous avons attribué ce phénomène à des troubles d'équilibre (peut-être en liaison avec une légère compression du cervelet comme cela a parfois été décrit dans la littérature). Ceci a toujours été compensé vers l'âge de deux mois entre autre par la vision, sans intervention de notre part en dhors d'injections de mélange vitaminique du groupe B (renforcé en thiamine). Ce traitement est peut-être sans rapport avec la guérison.

Lorsque l'animal marche la tête penchée et qu'on le place en pleine lumière il est frquent de le voir loucher (comme les jeunes enfants accomodant mal dans les premiers mois). Ceci disparaît également en même temps que le port de la tête sur le côté.

Signalons deux cas particuliers :

Une jeune panthère (mâle) fut atteinte de crises de tétanie dues à une hypoglycémie et à une hypocalcémie momentanées et rapidement jugulées.

Une femelle panthère fut amenée dès la naissance tournant sur elle même.
Dès l'ouverture des yeux qui fut exceptionnellement précoce (6 jours) et après injection d'un complexe vitaminique B, ce symptôme disparut.

Cet animal âge à présent de deux mois et demi ne manifeste aucune séquelle et est particulièrement bien développé du point de vue locomoteur.

3. Maladies néonatales

Les jeunes carnivores semblent particulièrement sensibles aux infections urinaires et bronchitiques. Il est fréquent de voir apparaître une cystite ou même une néphrite dans les premiers mois de vie particulièrement lorsque l'animal a présenté une hématurie consécutive à son état de choc dans les deux premiers jours de naissance, Dans ce cas, nous injectons préventivement de l'ampicilline (50 mg/kg, 7 jours). La lutte contre les viroses majeures comprend une injection systématique de sérocat dès le deuxième jour de naissance pour les félidés. (Sérum de chevaux hyperimmunisés, contre trois souches de virus spécifiques : parvovirus, herpès virus et calicivirus).
Les félins sont vaccinés contre la panleucopénie infectieuse, les autres contre la maladie de carré et la gastro-entérite à parvovirus vers l'âge de 9 semaines.

Nous voici arrivés au terme de cet exposé qui peut surpendre du fait qu'il ne comporte aucune référence précise quant aux nombres de biberons, à la composition des rations, aux poids et à la taille des animaux. C'est par une volonté délibérée que nous avons omis ces éléments considérant d'une part qu'ils ont été déjà parfaitement décrits, d'autre part qu'ils ne sont pas fondamentaux dans un élevage. Chaque animal a son propre rythme et il n'existe pas de principes totalement définis en ce domaine.

Nous avons simplement voulu attirer l'attention sur des points particuliers peu décrits dans la littérature et qui peuvent désorienter quiconque les rencontre pour la première fois.

Résumé :

A propos de l'élevage des jeunes carnivores : Expérience personnelle

L'auteur décrit différentes étapes de l'élevage artificiel des jeunes carnivores et souligne quelques difficultés auxquelles il s'est heurté.

Zusammenfassung :

Über die Aufzucht von jungen Karnivoren : Persönliche Erfahrungen

Die Autorin beschreibt die verschiedenen Etappen der künstlichen Aufzucht von Karnivoren und geht dabei besonders auf die dabei auftretenden Schwierigkeiten ein.

Summary:

Personal Experience obtained from Raising of Young Carnivores

An account is given of various phases in artificial raising of carnivores, with re-referance being made to some associated problems.

Резюме:

О выращивании молодых кошачьих : личное сообщение.

Автор сообщает о различных этаппах искусственного выращивания кошачьих и указывает на возникающие при этом трудности.

Bibliographie :

ACOSTA, A.L. (1972) : Hand-rearing a litter of Maned wolf at Los Angeles Zoo. Int. Zoo Yearb. 12, 170 - 174

CHAUVIER, G. (1971) : Précis d'alimentation des animaux sauvages en captivité, 1 vol., 128 p., Paris; Bornemann.

DENEVE, E. (1978) : Les canidés sauvages, zoologie et maintien en captivité, th. Doct. Vét. Alfort.

HOFF, W. (1960) : Hand raising baby cats at Lincoln park zoo Chicago. Int. Zoo Yearb. 1, 86 - 89

KNAP, S. (1979) : Le tigre : Morphologie, écologie, éthologie et pathologie en liberté et en captivité, th.Doct. Vét. Alfort.

LIVERS, T.H. (1973) : The use of milk replacers for hand-rearing carnivores Int. Zoo Yearb. 13, 211 - 212

MILLER BEN SHAUL, D. (1962) : The composition of the milk of Wild animals. Int. Zoo Yearb. 4, 333-342

L'adresse d'auteur : Mme. Márie-Claude D e m o n t o y
33, rue de Banquier
F - 75013 Paris (France)

Aus der Forschungsstelle für Wirbeltierforschung (im Tierpark Berlin)
(Direktor: Prof.Dr.sc.Dr.h.c. H. D a t h e) der Akademie der Wissenschaften der DDR.

ZUR BEDEUTUNG DES PARASITENBEFALLES BEI DER AUFZUCHT VON ZOO- UND WILDTIEREN

Von R. I p p e n und Doris H e n n e

Eine Vielzahl von Berichten hat sich in den zurückliegenden Jahren mit der stets aktuell gebliebenen Problematik der Parasitosen bei Zoo- und Wildtieren beschäftigt. Dabei hat es sich immer wieder gezeigt, daß Bekämpfungsmaßnahmen mit dem Ziel einer völligen Tilgung bestimmter Parasiten in einem Bestand nur kurzzeitig von Erfolg gekrönt bleiben und aus verschiedenen Gründen gar nicht anzustreben sind. Wesentlich erfolgreicher auf längere Sicht erweisen sich Bemühungen, die durch eine Erregerverringerung bei gleichzeitiger Konditionsstärkung der Wirtstiere gekennzeichnet sind. Die sich hieraus ergebende Tatsache, daß man mit einem zwar verringerten aber doch kontinuierlichen Parasitenbefall fertig werden muß, stellt Tiergärtner und Tierärzte immer wieder vor die Aufgabe einer ständigen Überwachung und einzuleitenden Prophylaxe in den meist sehr artenreichen Tierbeständen, in denen eine Vielzahl verschiedener Parasiten auftreten und zu Erkrankungen und Verlusten führen kann. Eine Tilgung der Parasiten ist überall dort anzustreben, wo ein nachgewiesener Befall beim Einzeltier auftritt und die Ergebnisse der Behandlung auch kontrolliert werden können.
Die besondere Bedeutung der Parasitosen gerade für die heranwachsenden Jungtiere ist hinreichend bekannt und immer wieder herausgestellt worden (S c h m i d t - H o e n s d o r f ,1959; E n i g k , 1961; B o č h und S u p p e r e r , 1976; F r a n k , 1976). Wichtig erscheint uns einmal aus der Sicht der postmortalen Untersuchungen aufzuzeigen, welche Befunde bei Jungtieren erhoben wurden, um davon ausgehend für die verschiedenen Tierarten überblicksmäßig festzuhalten, mit welchen Problemen gerechnet werden muß und wo eine Prophylaxe unbedingt erfolgen sollte.

Grundlage für unsere Untersuchungen stellen die in den letzten zehn Jahren bei obduzierten Zoo- und Wildtieren erhobenen Befunde dar. Das Sektionsmaterial stammte aus verschiedenen Tiergärten, aus Privathaltungen und aus der freien Wildbahn, neben einer pathologisch-anatomischen Beurteilung erfolgte in allen Fällen eine bakteriologische und histologische Untersuchung. In einem Teil der hier ausgewerteten Obduktionsbefunde sind auch die Ergebnisse einer parasitologischen Differenzierung enthalten.

Die in der Tabelle 1 festgehaltenen Angaben bieten einen Überblick über das Material und die Befunde in Bezug auf einen Parasitenbefall generell. Schon an dieser Stelle muß herausgestellt werden, daß die konkrete Definition des Begriffes "Jungtier" erhebliche Schwierigkeiten bereitet und daß zur Auswertung nur solche Fälle herangezogen wurden, bei denen mit Sicherheit der Begriff "Jungtier" als zutreffend angesehen werden konnte. Die relativ kleine Zahl von nachweislichen Jungtieren bei den Reptilien in unserem Sektionsmaterial läßt die Einbeziehung der Vertreter dieser Tierklasse in weitere Auswertungen nur mit erheblichen Einschränkungen sinnvoll erscheinen, da mit Sicherheit die reale Anzahl der Jungtiere, gemessen an den fast gleich großen Gesamtsektionszahlen wie die der Säugetiere, weit höher liegen wird, aber nicht ermittelt werden konnte. Auch bei den aus der Tierklasse der Vögel vorliegenden Zahlenangaben kann nur mit Einschränkung eine Beurteilung erfolgen. Einerseits ist es für den Pathologen sehr schwierig, eine altersmäßige Einordnung der Vögel ohne konkrete Hinweise durch den Einsender vorzunehmen, andererseits handelte es sich bei den zur Sektion gelangenden Jungvögeln oft um Küken, die in den ersten Lebenstagen nach dem Schlupf verstarben, also zu einem Zeitpunkt, zu dem eine parasitäre Infektion noch gar nicht stattgefunden haben kann. Die dritte große Gruppe, die es auszuwerten gilt, stellen die Jungtiere der Säugetiere dar. Bei ihnen ist es in den meisten Fällen wesentlich einfacher, auch bei fehlenden Altersangaben je nach Tierart eine Zuordnung zu den "Jungtieren" vorzunehmen. Zur Ermittlung der Bedeutung des Parasitenbefalles bei den Verlusten unter den Jungtieren erschien es uns angezeigt, die Tiere von vornherein auszusondern, die perinatal bis zu einem Alter von 3 Tagen verstarben.

Tabelle 1: Überblick über das Untersuchungsmaterial

Untersuchungsmaterial	sezierte Jungtiere	davon mit Parasitenbefall
Reptilien (Reptilia)	248	80 (32,3 %)
Vögel (Aves)	605	79 (13,1 %)
Säugetiere (Mammalia) (1187 abzüglich 373 perinataler Todesfälle bis zum 3. Lebenstag)	814	223 (27,4 %)
insgesamt:	1667	382 (22,9 %)

Interessant erscheint eine Aufschlüsselung der ermittelten Jungtiere nach den verschiedenen Tierordnungen (Tab. 2, 3, 4). Natürlich besteht ein direkter Zusammenhang zwischen der Gesamtsektionszahl der Vertreter der einzelnen Ordnungen und den hier ausgewiesenen Jungtieren, wir möchten aber besonders auf den hohen Anteil an Jungtieren der Artiodactyla, und hierbei vorrangig der Schweine, Ziegen und Schafe, hinweisen. Zur Erläuterung der in den Tabellen 2, 3 und 4 gemachten Angaben ist darauf aufmerksam zu machen, daß die in Klammern gesetzten Zahlen Zweitbefunde bei ein und demselben Tier wiedergeben. Im Gegensatz zu allen anderen Tieren handelt es sich bei den juvenilen Wildschweinen fast ausschließlich um von Jägern geschossene Tiere, die dann der Untersuchung zugeleitet wurden.

Versucht man, für die Reptilien einen Überblick über den Parasitenbefall bei Jungtieren zu geben (Tabelle 2), so lassen die geringen Zahlen lediglich den Hinweis zu, daß die Amöbendysenterie ein wirkliches Problem bei der Aufzucht darstellen kann. Bei den Schlangen dürften darüber hinaus die bei Jungtieren in Lunge und Darm anzutreffenden Querschnitte von Helminthen in den histologischen Präparaten insofern von Interesse sein, als sie erkennen lassen, daß durch sie zumindest eine Beeinträchtigung der Entwicklung und in Einzelfällen sogar der Tod der Tiere bedingt wird. Aufgrund des viel zu geringen Materials wäre es nicht vertretbar, weitere Rückschlüsse aus den vorliegenden Angaben ziehen zu wollen.

Unterzieht man die Angaben über den Parasitenbefall bei Jungvögeln (Tabelle 3) einer Analyse, so ist zunächst auffällig, daß der Anteil der protozoären Infektionen mit 36,7 % der hier ermittelten Parasitenbefunde relativ hoch ist. Im Vordergrund stehen dabei die durch Histomonas meleagridis verursachten Typhlohepatitiden, die überwiegend junge Hühnervögel, aber auch junge Straußenvögel betrafen. Die Drüsenmagenparasitosen stellen einen weiteren wichtigen Befund dar. Sie wurden durch Infektionen mit Echinuria bzw. Amidostomum verursacht. Derartige Prozesse sind, genau wie die vorher erwähnten Typhlohepatitiden, als direkte Todesursache anzusprechen. In erster Linie weisen Gänsevögel einen Befall mit Drüsenmagenparasiten auf, aber auch bei anderen Vogelarten trifft man auf gleichartige Veränderungen, wie aus unseren Untersuchungen hervorgeht. Zum Helminthenbefall des Darmtraktes wäre zu bemerken, daß der Askaridose bei jungen Papageienvögeln eine besondere Bedeutung zukommt. Wie auch schon bei den Reptilien erwähnt, finden sich in histologischen Präparaten von Darmabschnitten verschiedener Jungvogelarten nicht zu differenzierende Nematodenquerschnitte, die erkennen lassen, daß eine zusätzliche Belastung für den heranwachsenden Jungvogel bestanden haben muß. Als letztes seien noch die bei sechs juvenilen Jungfernkranichen diagnostizierten Hexamitosen angeführt. Diese in einem Bestand sich seuchenartig ausbreitende protozoäre Erkrankung hatte umfangreiche Verluste verursacht (I p p e n et al., 1980) und in ihrem Verlauf Jungtiere genauso wie erwachsene Tiere betroffen.

Tabelle 2: Reptilien

	Amöben	Kokzidien	undifferenzierte Protozoen	Oxyuren	Askariden	Cestoden	Lungenparasiten	undifferenzierte Nematoden	
Schildkröten (Testudines)	-	-	-	2	-	-	-	-	2
Eidechsen (Sauria)	-	1	1(2)	1	7	-	1	9	20
Schlangen (Serpentes)	24	2	-	-	2	3	8(5)	19(1)	58
	24	3	1(2)	3	9	3	9(5)	28(1)	80

Tabelle 3: Vögel

	Histomonaden	Hexamiten	Kokzidien	undifferenzierte Protozoen	Echinuria und Amidostomum	Askariden	Cestoden	undifferenzierte Darmparasiten	Milben	
Struthioniformes	5	-	-	-	-	-	-	-	-	5
Ciconiiformes	-	-	-	-	1	-	-	-	1	2
Phoenicopteriformes	-	-	-	-	2	-	-	-	-	2
Anseriformes	-	-	-	3	21	2	(1)	2(2)	-	28
Galliformes	13	-	1	-	-	-		6	-	20
Gruiformes	-	6	-	-	1(2)	-	-	-	-	7
Psittaciformes	-	-	-	-	-	4	-	-	-	4
Vögel verschiedener Ordnungen	-	-	-	1	1	2	(2)	4(1)	-	8
	18	6	1	4	26	8	(3)	12(3)	1	79

Tabelle 4: Säugetiere

	Kokzidien	Toxoplasmen	Sarkosporidien	unbekannte Protoz.	Lungenwurmbefall	Trichuris	Askariden	Strongyloides	Cestoden	Acanthocehalen	undiff.Helminthen	
Marsupialia	-	2	-	-	-	-	-	-	-	-	-	2
Insectivora	-	-	-	-	7	-	-	-	-	-	(1)	7
Primates	-	-	-	-	-	1	-	2	1	(1)	1	4
Rodentia	-	4	-	-	-	-	-	-	-	-	-	4
Carnivora												
Canidae	-	-	-	-	-	-	1	-	-	-	1	2
Felidae	2	1	-	2(2)	-	-	7	-	2	-	1	15
Lagomorpha	2	-	-	-	-	-	-	-	-	-	-	2
Perissodactyla	-	-	-	1	-	1	4	-	-	-	-	6
Artiodactyla												
Suidae	-	-	31(46)	-	45	-	-	-	-	-	3	79
Camelidae	-	-	-	-	1	1	-	-	-	-	1	3
Cervinae	-	-	-	1	-	3	-	-	1	-	2(1)	7
Odocoileinae	2	-	1	-	-	1	-	-	-	-	-(1)	4
Alcinae	-	-	-	-	-	4	-	-	(3)	-	-	4
Rangiferinae	-	-	-	-	-	3	-	-	1	-	-	4
Bovinae	(2)	-	-	3	-	1	2	-	-	-	-	6
Antilopinae	-	-	-	-	1	2	-	-	3	-	1	7
Caprinae (Ziegen)	34	-	(1)	-	-	1	-	-	-	-	1(1)	36
(Schafe)	11	-	2(3)	1	-	4	-	-	2	-	11	31
	51	7	34(50)	8(2)	54	22	14	2	10(3)	1	22(4)	223

Zahlenmäßig am besten fundiert sind die Angaben über die Parasitenbefunde bei den juvenilen Säugetieren. Die nachgewiesenen 223 Parasitenbefunde von 814 untersuchten Jungtieren ließen es angebracht erscheinen, für die Vertreter der Ordnungen Carnivora und Artiodactyla eine weitere Aufgliederung in Überfamilien bzw. Familien vorzunehmen. Allein 81 % aller hier angeführten Parasitenbefunde betreffen die Ordnung Artiodactyla und 7 % die Ordnung Carnivora.

Betrachtet man die Parasitenbefunde bei den Säugern, so fällt auf, daß fast die Hälfte Protozoeninfektionen ausmachen. An erster Stelle steht hierbei die Kokzidiose, die für die Aufzucht von jungen Ziegen und Schafen ein echtes Problem darstellt. Die einzelnen Fälle von Toxoplasmose bei Jungtieren müssen mehr als Folge einer Bestandserkrankung und weniger als spezielles Jungtierproblem eingeschätzt werden. Die relativ große Anzahl nachgewiesener

Sarkosporidienbefunde ist in erster Linie auf die Einbeziehung von 84 juvenilen Wildschweinen (Sus scrofa) aus freier Wildbahn zurückzuführen, die in 31 Fällen Sarkosporidienerstbefunde, in 46 weiteren Fällen Zweitbefunde darstellen. Daß bei Zootieren bis zu einem Alter von 6 Monaten Sarkosporidienzysten nur in Einzelfällen nachweisbar sind, wurde schon an anderer Stelle hervorgehoben (H e n n e et al., 1977). Die Intensität des Sarkosporidienbefalles war bei den von uns hier ausgewerteten Jungtieren gering, nur bei einem Reh und einem Wildschwein konnten massenhaft unreife Sarkosporidienzysten (etwa 6 - 8 Wochen post infectionem) bei gleichzeitiger deutlicher Gewebsreaktion (Myositis, Myokarditis) festgestellt werden. Im allgemeinen konnte aber keine Beeinträchtigung des Gesundheitszustandes der mit Sarkosporidien befallenen Tiere beobachtet werden. Anders zeigten sich dagegen mehrere Fälle von nicht zu bestimmenden Protozoeninfektionen, die in den Organen bei Jungtieren verschiedener Tierarten zum Teil schwere und zum Tode führende Entzündungen verursachen. Eine weitere Erforschung gerade solcher protozoärer Infektionen erscheint für die Zootierbestände wichtig.

Unter den bei Jungtieren vorrangig anzutreffenden Helminthosen sind der Lungenwurmbefall und die Peitschenwurminfektion im Darmtraktus an erster Stelle zu nennen. Die in unserem Untersuchungsmaterial ausgewiesene Zahl von 54 Lungenwurminfektionen ist wesentlich mit darauf zurückzuführen, daß wir, wie schon vorher erwähnt, 84 Wildschweinjungtiere aus freier Wildbahn mit in die Auswertung einbezogen haben. Hierdurch wurde es möglich, einen Vergleich zwischen Parasiteninfektionen bei jungen Wildtieren aus der freien Wildbahn und Zootieren vornehmen zu können. So zeigte sich bei über 60 % aller untersuchten juvenilen Wildschweinen ein sehr starker Lungenwurmbefall (Metastrongylus spec.), der in den meisten Fällen partielle Pneumonien verursachte und zu erheblichen Konditionsminderungen Anlaß gab. Ähnlich wie die Wildschweine ließen auch die zur Sektion übergebenen Jungigel (Erinaceus europaeus) einen hochgradigen Lungenwurmbefall (Crenosoma striatum) erkennen, der in den meisten Fällen auch als direkte Todesursache anzusprechen war.

Häufiger noch als einen Lungenwurmbefall stellten wir einen Parasitenbefall im Magen-Darmtrakt bei den von uns untersuchten Tieren fest. Eine besondere Bedeutung kommt hierbei der Trichurisinfektion zu. Weit gestreut bei vielen Tierarten waren entsprechende Befunde nachweisbar, wozu noch zu ergänzen wäre, daß die hier aufgezeichneten Fälle bei routinemäßig durchgeführten Sektionen ermittelt wurden und daß sicher eine gezielte parasitologische Obduktion die vorliegenden Zahlenangaben wesentlich erhöhen würde. Natürlich richtet sich auch bei dieser Parasiteninfektion der Grad der schädigenden Wirkung nach der Stärke des Parasitenbefalls. Auch die Askaridose verursacht bei der Aufzucht von Jungtieren erhebliche Schäden. In unserem Untersuchungsmaterial erwies sich der Askaridenbefall der juvenilen Feliden als besonders problematisch. Bandwurmbefall sowie Finnenstadien dieser Parasiten ließen sich ebenfalls bei verschiedenen Tierarten nachweisen. Wie auch anderen Untersuchern, war es uns in einer Anzahl von Fällen nicht möglich, eine Differenzierung aufgefundener Parasiten vorzunehmen. Meist handelte es sich um Parasitenquerschnitte in der Darmwand, die erst bei der histologischen Untersuchung erkannt wurden und zum Teil eine erhebliche gewebliche Reaktion im Darmgewebe verursachten, woraus auf eine nicht unwesentliche Beeinträchtigung der körperlichen Entwicklung der Jungtiere geschlossen werden kann.

Überblickt man zusammenfassend die Untersuchungsergebnisse, so können für einige Tierarten besonders herausragende Befunde angeführt werden (Tabelle 5), die bei der praktischen Arbeit in den Tiergärten zu berücksichtigen wären. Diese auf Sektionsergebnissen basierenden Befunde sollen die aus koprologischen Untersuchungen resultierenden Erkenntnisse insoweit ergänzen, als hiermit nicht nur das Vorhandensein bestimmter Parasiten bei Jungtieren aufgezeigt wird, sondern auch die durch die Parasiten bedingten Schädigungen im Organismus verdeutlicht werden und somit eine Wertung der Befunde ermöglicht wird.

Das nur unzureichende Untersuchungsmaterial von nachweislich juvenilen Reptilien läßt nur die Feststellung zu, daß bei den Schlangen gerade auch unter Jungtieren eine besondere Gefährdung durch eine Amöbeninfektion besteht, wobei aber auch zum Ausdruck gebracht werden muß, daß die Amöbendysenterie mehr als eine Bestandserkrankung betrachtet werden muß, da nachweislich auch erwachsene Tiere genauso erkranken und sterben, wie Jungtiere (I p p e n ,

1959; 1971). Dagegen dürfte der bei jungen Echsen mehrfach ermittelte Askaridenbefall speziell für die Jungtiere von wesentlicher Bedeutung sein.

Bei den Auswertungsergebnissen der Vögel trat besonders die Häufigkeit des Nachweises von Typhlohepatitiden bei Hühner- und Straußenvögel hervor. Hier erscheinen prophylaktische Bestandsbehandlungen dringend angezeigt, um größere Jungtierverluste auszuschließen. Die größten Schwierigkeiten bereiten aber die Drüsenmagenparasitosen, die bekanntlich die häufigsten parasitären Befunde bei den Anatiden darstellen (K r o n b e r g e r , 1969 b), und bei denen eine Unterbrechung des Infektionskreislaufes sich immer als schwierig erweist. Der als bedeutungsvoll für Jungpapageien angeführte Spulwurmbefall bestätigt die von K r o n b e r g e r (1969 a; 1971) herausgestellten hohen Befallszahlen von 27,9 % bzw. 39,6 %. Mit Sicherheit kommt es bei den betroffenen Jungvögeln zu einer Beeinträchtigung ihrer normalen Entwicklung.

Recht interessant erscheinen uns die auch bei jungen Raubkatzen häufig nachzuweisenden Askaridosen. Diese von uns an Jungtieren erhobenen Befunde decken sich voll mit entsprechenden Angaben, die für Raubkatzen generell gemacht wurden (C h r i s t e n s e n , 1964; D o s z a , 1964; F o r s t n e r , 1967; S c h r ö d e r , 1967; L a h d e , 1971 und andere). Gleichartig häufig sind junge Zebras mit Askariden befallen. Entsprechende Beobachtungen wurden bei Zebras schon früher durch F o r s t n e r , (1967), I p p e n , (1967), Z u c h o w s k a , (1969), L a h d e , (1971) und andere beschrieben. Ein massiver Spulwurmbefall kann bei Zebrafohlen eine starke gesundheitliche Beeinträchtigung verursachen. Mit schwersten Erkrankungserscheinungen gehen aber vor allem die Kokzidiosen bei Ziegen- und Schaflämmern einher. Ein über viele Jahre in den Beständen vorhandener latenter Kokzidienbefall bei erwachsenen Tieren ruft bei den Jungtieren immer wieder schwerste Infektionen und Erkrankungen hervor, die oft direkt zum Tode führen. Entsprechende Hinweise finden sich bei C h r i s t e n s e n (1967) und anderen Autoren. Schließlich bleibt noch der Trichurisbefall verschiedener Wiederkäuer als gefährdend für die Jungtiere herauszustellen. Nicht extra in der Tabelle 5 aufgeführt wurden die bei zwei jungen Menschenaffen festgestellten Todesfälle durch eine Strongyloidesinfektion. Zahlenmäßig unscheinbar kommt dieser Parasitose jedoch gerade bei jungen Menschenaffen größte Bedeutung zu, denn es muß bedacht werden, daß auch die Gesamtzahl der sezierten Menschenaffenbabys sehr gering ist. Entsprechende Angaben und Hinweise finden sich bei L a n g (1962).

An den Schluß der tabellarischen Übersicht wurden bewußt die Befunde von Wildschweinen und Igeln gesetzt. Bei Jungtieren beider aus der freien Wildbahn zur Sektion gelangten Tierarten konnten genau wie bei den in Gefangenschaft gehaltenen Jungtieren schwere, die Entwicklung der heranwachsenden Individuen beeinträchtigende Schädigungen festgestellt werden. Damit zeigt sich erneut, daß keineswegs gerade die Zootiere einer besonders starken parasitären Belastung ausgesetzt sind, sondern daß Tiere aus der freien Natur, wie Wildschweine, Igel und, wie schon berichtet, auch Pinguine in der Antarktis (I p p e n et al., 1981) genauso stark betroffen sein können. Bei der Betreuung der in den Tiergärten gehaltenen Tiere wird es zur Verringerung der Jungtierparasitosen darauf ankommen, durch rechtzeitige Behandlung der erwachsenen Artgenossen die Infektionsgefährdung so niedrig wie möglich zu halten, denn viele Parasiten können bei erwachsenen Tieren ohne jegliche Schädigung latent existieren, während eine massive Infektion bei Jungtieren der gleichen Tierart zu schwersten Erkrankungen und zum Tode führt. Schließlich sollte man auch stets daran denken, daß bei parasitären Bestandsinfektionen, wie z.B. Toxoplasmose, Amöbiasis sowie anderen protozoären Erkrankungen, als erstes die weit weniger widerstandsfähigen Jungtiere betroffen sind, so daß ihnen auch in solchen Fällen besondere Aufmerksamkeit gewidmet werden muß.

Tabelle 5: Herausragende Befunde

Jungtiere von:	Parasitenbefunde
Schlangen (Serpentes)	Amöbeninfektion
Eidechsen (Sauria)	Askaridenbefall
Hühnervögel (Galliformes)	Histomonasbefall (Typhlohepatitis)
Gänsevögel (Anseriformes)	Echinuria- und Amidostomumbefall (Drüsenmagenparasitose)
Papageien (Psittaciformes)	Askaridenbefall
Raubkatzen (Felidae)	Askaridenbefall
Pferde (Equidae)	Askaridenbefall
Caprinae Ziegen	Kokzidienbefall
Schafe	Kokzidienbefall
verschiedene Wiederkäuerarten (Ruminantia)	Trichurisbefall
Wildschweine (Suidae)	Metastrongylus spec. (Wurmpneumonie)
Igel (Insectivora)	Crenosoma striatum (Wurmpneumonie)

Zusammenfassung:

Zur Bedeutung des Parasitenbefalles bei der Aufzucht von Zoo- und Wildtieren.

Anhand der Auswertung eines großen Sektionsmaterials werden die Parasitenbefunde bei juvenilen Reptilien, Vögeln und Säugetieren aufgezeigt. Auf die Parasitosen, die die Aufzucht der Jungtiere beeinträchtigen, wird näher eingegangen. Es wird festgestellt, daß mit Verlusten einhergehende Parasitosen sowohl bei Jungtieren aus Tiergärten als auch bei solchen aus der freien Wildbahn auftreten.

Summary:

Importance of Parasitisation to Rearing of Zoo and Wild Animals

A comprehensive amount of post-mortem material was evaluated, with particular reference made to parasitisation in juvenile reptiles, birds, and mammals. Closer attention is given in this paper to parasitoses which may impair rearing of young animals. Parasitoses resulting in loss of animals have been experienced in the context of wild-living individuals and young animals in zoological environments.

Résumé :

A propos de l'importance de l'infestation parasitaire dans l'élevage d'animaux gardés et sauvages

Le dépouillement d'un important matériel de dissections permet de présenter les résultats des examens faits sur des reptiles, des oiseaux et des mammifères juvéniles pour déterminer leur parasitisme. Les parasitoses qui mettent en cause l'élevage des jeunes sont exposées plus en détail. L'auteur constate que les parasitoses ayant pour conséquence la perte des animaux se produisent aussi bien chez les jeunes des jardins zoologiques que chez ceux qui vivent en liberté.

Резюме:

Влияние паразитного заражения на выращивание диких животных в зоопарке.

Обсуждаются на основе секционного материала паразитные поражения рептилий, птиц и млекопитающих. Особо подчеркиваются паразиты, имеющие влияние на выращивание молодых животных. Установлено, что потери молодых животных в связи с паразитным заражением, наблюдаются также в природных условиях.

Literaturverzeichnis:

BOCH, J. und R. SUPPERER (1977): Veterinärmedizinische Parasitologie. Berlin und Hamburg: Paul Parey.

CHRISTENSEN, N.O. (1964): Some observations on diseases in carnivores in the Copenhagen Zoo. Tijdschr. Diergeneesk. 89, Suppl 1, 46 - 55.

CHRISTENSEN, N.O. (1967): Erkrankungen der Verdauungsorgane bei den Wiederkäuern. Verhandlungsber. IX. Internat. Symp. Erkrankungen, Zootiere, Prag, 15 - 23.

DOSZA, I. (1964): Über einige interessante pathologische Fälle bei Raubtieren im Zoologischen Garten von Budapest. Tijdschr. Diergeneesk. 89, Suppl 1, 110 - 114.

ENIGK, K. (1961): Die Bekämpfung der parasitären Infektionen der Zootiere. III. Internat. Symp. Erkrankungen, Zootiere, Köln, 1 - 12.

FORSTNER, M.J. (1967): Untersuchungen über die jahreszeitlich verschiedenen Ausscheidungsraten von Wurmeiern und -larven bei Zootieren. Verhandlungsber. IX. Internat. Symp. Erkrankungen, Zootiere, Prag, 167 - 170.

FRANK, W. (1976): Parasitologie. Stuttgart: Eugen Ulmer.

HENNE, Doris, IPPEN, R. und K. BLAZEK (1977): Zum Sarkosporidienbefall der Muskulatur von Zoo- und Wildtieren. Verhandlungsber. XIX. Internat. Symp. Erkrankungen, Zootiere, Poznan, 251 - 257.

HIEPE, T. (1981): Lehrbuch der Parasitologie. Band 1: Allgemeine Parasitologie, Jena: Fischer.

IPPEN, R. (1959): Die Amöbendysenterie der Reptilien. Kleintierprax. 4, 31 - 37.

IPPEN, R. (1967): Auswertung der bei 1400 Zoo- und Wildtieren (Mammalia) erhobenen Zerlegungsbefunde. Zbl.Vet.Med. B, 14, 293 - 320.

IPPEN, R. (1971): Zur Problematik des Parasitenbefalls bei Reptilien. Verhandlungsber. XIII. Internat. Symp. Erkrankungen, Zootiere, Helsinki, 173 - 186.

IPPEN, R., ODENING, K. und Doris HENNE (1981): Cestoden (Pavorchites zederi) und Sarkosporidienbefall (Sarcocystis spec.) bei Pinguinen der Süd Shetland-Inseln. Verhandlungsber. XXIII. Internat. Symp. Erkrankungen, Zootiere, Halle, 203 - 210.

IPPEN, R. WISSER, Jutta und P. ZWART (1980): Ein weiterer Beitrag zur Hexamitiasis der Jungfernkraniche (Anthropoides virgo). Milu

KRONBERGER, H. (1969a): Beobachtungen über Krankheiten und Todesursachen von Psittaziden. Verhandlungsber. XI. Internat. Symp. Erkrankungen, Zootiere, Zagreb, 189 - 196.

KRONBERGER, H., HAUPT, W. und K.F. SCHÜPPEL (1971): Darmparasiten bei Psittaziden. Verhandlungsber. XIII. Internat. Symp. Erkrankungen, Zootiere, Helsinki, 167 - 172.

KRONBERGER, H. (1969b): Todesursachen von Anatiden. Verhandlungsber. XI. Internat. Symp. Erkrankungen, Zootiere, Zagreb, 197 - 200.

LAHDE, G. (1971): Parasitologische Untersuchungen in einem Zootierbestand - routinemäßige Überwachung und prophylaktische Maßnahmen. Verhandlungsber. XIII. Internat. Symp. Erkrankungen, Zootiere, Helsinki, 139 - 146.

LANG, E.M. (1962): Erfahrungen mit neuen Anthelminthika bei Wildtieren. Nordisk Vet. 14, Suppl 1, 272 - 278.

SCHMIDT-HOENSDORF, F. (1959): Über die Verhütung und Bekämpfung der wichtigsten Parasitosen bei den Zootieren. Kleintierprax. 4, 121 - 122.

SCHRÖDER, H.-D. (1967): Erkrankungen der Verdauungsorgane der Felidae. Verhandlungsber. IX. Internat. Symp. Erkrankungen, Zootiere, Prag, 9 - 14.

ZUCHOWSKA, E. (1969): Parasitäre Erkrankungen bei Zebras. Verhandlungsber. XI. Internat. Symp. Erkrankungen, Zootiere, Zagreb, 181 - 182.

Anschrift der Verfasser: Prof.Dr. R. I p p e n

1136 Berlin-Friedrichsfelde, Am Tierpark 125 (DDR)

Aus der Sektion Tierproduktion und Veterinärmedizin der Karl-Marx-Universität Leipzig, WB Fortpflanzung landwirtschaftlicher Nutztiere (Leiter: VR Prof. Dr. sc. med. vet. J. Schulz) und dem Zoologischen Garten Leipzig (Direktor: Doz. Dr. S. Seifert)

ZUM EINFLUSS VON STOFFWECHSELBEDINGTEN STÖRUNGEN AUF DAS FORTPFLANZUNGSGESCHEHEN BEI ZOOTIEREN

Von K. Eulenberger, Gisela Krische und K. Elze

Nach wie vor gehört es zu den Hauptaufgaben eines Zoologischen Gartens, dafür Sorge zu tragen, daß sich die in ihm gehaltenen Tiere fortpflanzen. Dabei sollten die Bemühungen darauf gerichtet sein, in Gefangenschaft sich nicht oder nur ungenügend vermehrende Arten zur Fortpflanzung zu bringen. Von ebensolcher Bedeutung dürfte es jedoch sein, Tiergruppen, in denen die jeweils aktuelle Fortpflanzungssituation keinen Anlaß zur Besorgnis zu geben scheint, ständig bezüglich ihrer Fortpflanzungsleistung zu kontrollieren und eine hohe Vermehrungsrate zu sichern. Dann wird es möglich sein, einer Überalterung der Gruppe vorzubeugen, durch Tieraustausch Inzucht zu vermeiden und Tiere mit ungenügender Fortpflanzungsleistung sowie solche mit untypischem Exterieur von der Zucht auszuschließen. Nur so besteht die Chance, die Tierbestände in den Zoologischen Gärten auf die Dauer und ohne wesentliche Zuführung von Tieren aus der Wildbahn zu reproduzieren. Neben gezielter Einflußnahme auf die Fortpflanzungsfunktionen des Einzeltieres oder der Gruppe, wie bereits früher von uns erwähnt (Eulenberger et al., 1974; Elze und Eulenberger, 1976; Eulenberger et al., 1977; Eulenberger et al., 1978; Elze et al., 1979) gebührt dabei einer "Fütterung bzw. Ernährung auf Fruchtbarkeit" besondere Aufmerksamkeit. Wie sich Fütterung - Ernährung - Stoffwechsel - in den Komplex fruchtbarkeitsfördernder bzw. -hemmender Faktoren einordnen, wurde ebenfalls an früherer Stelle dargelegt (Eulenberger et al., 1978).

Es steht außer Zweifel, daß die von Ratcliffe (1956) eingeleiteten und von zahlreichen Zoologischen Gärten der ganzen Welt fortgeführten Veränderungen in der Zootierernährung nicht nur zu einer grundsätzlich anderen Einstellung geführt haben, sondern, daß sich bald eine stabile Fruchtbarkeitssituation in den Zoos einstellte und die Zahl seltener Zuchterfolge sprunghaft anstieg, wie es Wackernagel schon 1960 für den Zoo Basel eindrucksvoll belegen konnte.
Auch im Zoo Leipzig, wo seit Jahren wissenschaftlich begründete Futterrationen angestrebt werden und neueste Erkenntnisse, insbesondere auf dem Gebiet der Vitamin- und Mineralstoffversorgung, Berücksichtigung finden, sprechen die in dieser Periode erzielten guten Zucht- und Aufzuchtergebnisse bei Affen, Großkatzen und nahezu allen Huftierarten für die engen Beziehungen zwischen vollwertiger Ernährung und hoher Fruchtbarkeit.
Seitdem in allen wissenschaftlich geleiteten Zoologischen Gärten nach den o.g. Prinzipien der Fütterung und Ernährung verfahren wird, gehören absolute Mangelernährung oder Avitaminosen der Vergangenheit an. Vielmehr konnten in letzter Zeit Erscheinungen von Überernährung allgemein bzw. Überversorgung mit bestimmten Komponenten (z.B. Vitaminen) beobachtet werden, die sich als Folge von Stoffwechselimbalanzen in klinischen Erkrankungen, wie Osteodystrophia fibrosa, Kalzinose, Ketose, metabolischer Azidose manifestieren, in subklinischer Form aber schon die Fortpflanzungsfunktionen beeinträchtigen können, wobei die Intensität der Fortpflanzungsstörungen durchaus vom Grad der Stoffwechselstörung abhängig ist.

Im folgenden sollen Beziehungen zwischen Ernährung und Fruchtbarkeit, geordnet nach den wichtigsten Nährstoffen, Mengen- und Spurenelementen sowie Vitaminen, besprochen werden. Allerdings ist zu beachten, daß ernährungsbedingte Fortpflanzungsstörungen häufig komplexer Genese sind und - zumindest hinsichtlich ihrer Bedeutung - auch beträchtliche tierartliche Unterschiede bestehen. Weiterhin ist allgemeingültig zu beachten, daß der Einfluß der Ernährung auf die Fruchtbarkeit am stärksten in der präpuberalen Phase des Lebens, während der Paarungszeit und im peripartalen Abschnitt des Reproduktionszyklus ist.

Nährstoffe (Energie- und Proteingehalt):
Wie einleitend bereits festgestellt, ist mit absolutem Energie- und Proteinmangel bei dem derzeitigen Niveau der Fütterung in den Zoologischen Gärten nur in Ausnahmefällen zu rechnen. Eine ständige Kontrolle rangniederer, vor allem jüngerer Tiere hinsichtlich ihres Entwicklungsstandes und ihres Fortpflanzungsverhaltens in Tiergruppen ist jedoch empfehlenswert. Des weiteren ist die Ration bei Arten und in Zeiten mit überdurchschnittlichem Energie- oder Eiweißbedarf auch im Hinblick auf die später erhoffte Fortpflanzungsleistung entsprechend zu gestalten, wobei es aber weniger auf eine quantitative Erhöhung ankommen dürfte als vielmehr auf eine qualitative Verbesserung des Angebotes (Zugaben auch tierischen Eiweißes, essentieller Aminosäuren etc.). Dasselbe muß auch für die Deckung des Bedarfs an essentiellen Fettsäuren gesagt werden, für deren gelegentlichen Mangel es klinische Hinweise vor allem während der Aufzucht von Großkatzen gibt. Daß subklinische Fertilitätsstörungen, vor allem bei Karnivoren, auf Mangel an essentiellen Fettsäuren zurückgehen, kann derzeit nur vermutet werden, der positive Einfluß einer Methioninsupplementierung bei zu niedrigem Rohproteingehalt der Ration auf die Fertilitätsleistung bei Rindern ist dagegen belegt (C h a n d l e r et al., 1976).

Während ein absoluter Nährstoffmangel bei Zootieren heute nicht mehr die Regel ist, sind relative Mängel, insbesondere ein relativer Energiemangel infolge zu hohen Proteinangebotes oder sekundär infolge Stoffwechselentgleisungen bei exzessiver Rationsgestaltung durchaus beachtenswert. Komplizierend kommt häufig noch die Zufütterung durch Besucher hinzu.

Tabelle 1: Störungen im Energie- und Proteinhaushalt

Art der Störung	klinische Symptome		Therapie
	allgemein	speziell	
Energiemangel	ungenügende Entwicklung, Ketose	Pubertät verspätet, inaktive Ovarien; Gelbkörperinsuffizienz (embryonale Mortalität) ungenügend entwickelte Nachzucht	präpuberale Kraftfuttergaben, energiehaltige Supplemente, HCG-, Progesteron-Substitution nach Paarung
Energieüberschuß	Mastkondition, Azidose, Ketose	Follikelzysten, zu lange Zwischenträchtigkeitszeiten, Aborte, Retentio secundinarum, verzögerte Ovaraktivität p.p., Endometritis	reduzierte Kraftfutterration, reichlich Rauhfutter ("wiederkäuergerechte Ernährung")
Proteinmangel	ungenügende Entwicklung, Inappetenz	Pubertät verspätet, ausbleibende Konzeption. ♂ : Libidomangel, Qualitätsminderung des Ejakulats	Zufuhr essentieller Aminosäuren (s. Energiemangel)
Proteinüberschuß	s. Energiemangel		Korrektur des Energie-Protein-Quotienten der Ration (s. Energiemangel)

Insbesondere gilt das auch für die azidotische Stoffwechselsituation der Pflanzenfresser, über deren Genese von uns bereits berichtet wurde (E u l e n b e r g e r et al., 1975; E l z e et al., 1978). Eine Vielzahl ätiologisch ungeklärter Fortpflanzungsstörungen, wie Follikelzysten, Endometritis, Pyometra, Aborte und Nachgeburtsverhaltungen bei Pflanzenfressern in Tiergärten mögen primär auf subklinische metabolische Azidosen zurückgehen (Tabelle 1). Störungen der Zellfunktion in nahezu allen Geweben einschließlich des RHS führen zur Senkung der körpereigenen Abwehr, zum Heften von entzündlichen Veränderungen auf den Schleimhäuten und zu Reduzierung oder Einstellung spezifischer Zellfunktionen, die o.g. Störungen an den Geschlechtsorganen erklären. Der dabei dennoch ständig akkumulierte Energieüberschuß führt zu Mastkondition der Tiere, deren Folgen sich gleichfalls negativ auf die Funktionen wichtiger Organe oder Organsysteme, insbesondere Kreislauf, Leber und Endokrinium sowie die Fortpflanzungsorgane direkt (Verfettung) auswirken.
In Zeiten höherer Belastung, wie Brunst, Hochgravidität, Geburt und Puerperium mit beginnender Laktation und dabei möglicher negativer Energiebilanz entwickelt sich dann ein nahezu paradox zu nennendes Energiedefizit, deren Folge eine nicht selten tödlich verlaufende Ketose ist. Am häufigsten ist diese Erkrankung in Form der "Trächtigkeitstoxikose" der Oviden und Capriden in den Zoos anzutreffen; wir sahen sie in klinisch manifester Form vereinzelt jedoch ebenfalls bei Equiden, Tylopoden, Boviden und selbst bei Primaten, in wenigen Fällen bei Karnivoren.
Viele metabolische Azidosen und Ketosen dürften jedoch klinisch unerkannt bleiben; Hinweis darauf sollte das Auftreten o.g. Fortpflanzungsstörungen sein. Sowohl absoluter als auch relativer Energiemangel äußern sich funktionell dabei auf gleiche Weise: Die durch einen Mangel an aktuell verfügbarer Energie relevant werdende Konkurrenzsituation im Steroidhaushalt (W i e s n e r, 1972) verursacht offenbar eine verminderte ovarielle Reaktionsfähigkeit selbst auf eine intensivere zentrale Stimulation. Trotz ständig zunehmender LH-Ausschüttung bei Energiemangel der Futterration kam es bei Rindern zur eingeschränkten Progesteronsynthese des Gelbkörpergewebes (G o m b e und H a n s e l, 1973; J o r d a n und S w a n s o n, 1979).

Je nach Grad des Energiedefizits entwickeln sich graduell unterschiedliche ovarielle Funktionsstörungen, von der Ovardystrophie über Follikelzysten bis hin zur Insuffizienz des Corpus luteum mit embryonalem Fruchttod (Tabelle 1).
Zur Therapie stoffwechselbedingter Fortpflanzungsstörungen sei auf Tabelle 1 verwiesen. Die den Bedürfnissen ungestörter Fortpflanzung gerecht werdende Zuchtkondition sollte neben der Einhaltung bekannter Fütterungsnormen durch gezielte Erhöhung des Nährstoffangebotes in den o.g. kritischen Phasen des Fortpflanzungszyklus gesichert werden. Allerdings ist dabei die Einhaltung des richtigen Energie-Protein-Quotienten zu beachten. Lediglich während der Paarungszeit könnte ein flushing-Effekt (erhöhtes Angebot leicht verdaulicher Kohlenhydrate bis zur Paarung, leichte Erhöhung des Rohproteingehaltes danach) günstig sein. Diesbezügliche Erfahrungen bei Zootieren müssen jedoch erst gesammelt werden. Bei den zahlreichen in Zoologischen Gärten gehaltenen Ruminantiern ist noch strenger auf die Einhaltung "wiederkäuergerechter" Rationen zu achten als bisher. Ganz besonders aber gilt das für die peripartale Periode.

Vitamine:

Die als Biokatalysatoren in zahlreiche Stoffwechselprozesse integrierten Vitamine können allesamt als bedeutsam auch für die Funktionen der Fortpflanzung angesehen werden. Dabei sind Mangelwirkungen nur wenig spezifisch, d.h. bei Entzug unterschiedlicher Vitamine treten häufig dieselben Ausfallserscheinungen auf (de W a t t e v i l l e et al., 1954).

Dies erfolgt bei Entzug wasserlöslicher Vitamine eher als bei fettlöslichen. Dennoch auftretende tierartliche Unterschiede müssen auf das Vorherrschen bestimmter Vitaminmangelzustände zurückgeführt werden, die ihrerseits ihre Ursachen in den stark variierenden Ernährungs- und Stoffwechselbedingungen haben. So geraten Karnivoren eher in einen Vitamin-A- und B-Mangel als Herbivoren mit reichlicherem Angebot bzw. eigener bakterieller Biosynthese. Primaten mit fehlender Vitamin-C-Biosynthese benötigen besonders in Zeiten höheren Bedarfs Zulagen. Das gilt in besonderem Maße für die Zeit der Gravidität, in der besondere Ansprüche an die Leistungsfähigkeit der Oxydoreduktionsprozesse des Intermediärstoffwechsels gestellt werden.

Über die Bedeutung des Vitamin A für die Fortpflanzung wurde bereits viel geschrieben, so daß an dieser Stelle darauf verzichtet wird, im Detail darauf einzugehen. Bezüglich der Bedeutung für die in Zoologischen Gärten gehaltenen Feliden sei auf frühere Beiträge verwiesen (E u l e n b e r g e r et al., 1973; E l z e et al., 1979). Des weiteren sind in Tabelle 2 die wichtigsten Wirkungen der Vitamine für die Aufrechterhaltung der Fortpflanzungsfunktionen übersichtlich dargestellt.

Während früher den Karotinen nur als Vorstufen für das Vitamin A Bedeutung beigemessen wurde, besitzt nach neueren Untersuchungen von M e y e r et al. (1975) und L o t t h a m m e r et al. (1976) das ß-Karotin eine Vitamin-A-unabhängige Wirkung auf die Fruchtbarkeit zumindest des Rindes. Allerdings dürfte erst unter extremen Bedingungen (längerdauernder Einsatz karotinfreier bzw. -armer Futtermittel) ein Karotindefizit zu Sterilität führen, die sich in Form von stiller Brunst, verzögerter Ovulation und Gelbkörperinsuffizienz sowie ihren Folgen klinisch äußert. Bisher ist diese Bedeutung des ß-Karotins nur für das Hausrind erwiesen. Bei Feliden dürfte es eigenen Untersuchungen zufolge bedeutungslos sein (E u l e n b e r g e r et al., 1973).

Fruchtbarkeitsminderleistungen infolge Mangels an Vitaminen des B-Komplexes sind nach eigenen Erfahrungen besonders bei Feliden zu erwarten. So beobachteten wir gelegentlich Erscheinungen des Aneurinmangels bereits bei Neugeborenen. Offensichtlich waren die Muttertiere in der Hochgravidität nicht mehr in der Lage, den Feten zumindest Vitamin B_1 ausreichend zur Verfügung zu stellen. Gleichzeitig kann daraus abgeleitet werden, daß die Gefahr eines Vitamin-B-Mangels bei Feliden der Zoologischen Gärten auch heute nicht unterschätzt werden darf.

Ähnliches gilt für einen Vitamin-E-Mangel. Angeborene Bänderschwäche bei Equiden sowie Entwicklungsstörungen bei zahlreichen Jungtieren anderer vorwiegend pflanzenfressender Arten (Vertreter der Tylopoden, Antilopen, Giraffen, Boviden u.ä.) berechtigen dazu, klinisch den Verdacht eines Vitamin-E-Mangels auszusprechen, wie es P e t e r s (1978) auch bei Paresen der Känguruhs (Marsupialia) tat. Auch bei Feliden sind Vitamin-E-Mangelerscheinungen denkbar, vor allem wenn peroxidhaltige Futtermittel in zu reichlichem Maße angeboten werden. Dabei ist jedoch auch an die Bedeutung des Selens zu denken. Beide, Vitamin E und Selen, schützen die Zelle vor der destruktiven Wirkung der Peroxide, das Vitamin E, indem es peroxidhaltige Verbindungen inaktiviert, das Selen, indem es als Bestandteil des Enzyms Glutathionperoxidase die Zelle direkt vor der Wirkung der Peroxide schützt.

Tabelle 2: Störungen im Vitaminhaushalt

Art der Störung	spezielle klinische Symptome
Vitamin-A-Mangel	Pubertät verspätet, Aborte (Keratinisierung der Plazenta), Endometritis, ♂: Libidomangel, Nachzucht: Mißbildungen, Amaurosis, erhöhte Infektanfälligkeit
Karotinmangel	bei Rindern: mangelhaftes Brunstverhalten, verzögerte Ovulation, Corpus luteum-Insuffizienz

Fortsetzung Tabelle 2

Vitamin-B-Mangel (B_1, B_2, B_6, Panthothensäure, B_{12} ?)	ausbleibende Konzeption (embryonale Mortalität) Nachzucht: Mißbildungen, erhöhte Infektanfälligkeit
Vitamin-C-Mangel	Primaten: erhöhter Bedarf während Gravidität
Vitamin-D-Mangel	mangelhaftes Brunstverhalten, verzögerter Brunstbeginn (s. auch Tabelle 3)
Vitamin-E-Mangel	Anaphrodisie (?) embryonale Mortalität, Nachgeburtsverhaltung

Die Beziehungen zu den Fortpflanzungsleistungen erklären sich sowohl über Einflüsse auf die endokrinen Regulationsvorgänge (H e i n s e n, 1954; V e r z a r , 1955; beide zit. n. H i l l, 1957), die speziell von der Hypophyse ausgehen, aber auch an den terminalen Geschlechtsorganen wirksam werden und Implantation und Ernährung der Zygoten unterstützen. Auch ein Einfluß auf die Funktion der Plazenta ist anzunehmen.
So konnte die metaphylaktische Verabreichung von 50 mg Natriumselenit plus 500 mg α-Tokopherol vor der Geburt den Anteil von Retentio secundinarum in Problemrinderherden drastisch senken (J u l i e n et al., 1976). Auf dem Gebiet der DDR konnten ähnliche Ergebnisse erzielt werden (E u l e n b e r g e r und F r a n z, 1979). Eine Zunahme von Nachgeburtsverhaltungen bei Equiden und Wiederkäuern Zoologischer Gärten sollte deshalb auch an Vitamin-E- bzw. Selenmangel denken lassen.

Mengen- und Spurenelemente:

Nach dem gegenwärtigen Erkenntnisstand beeinflußt die Versorgung mit Mengen- und Spurenelementen neben dem Energieangebot bzw. dem Energie-Proteinquotienten die Fortpflanzungsleistung am meisten. Dabei gestatten gleichzeitiger Mangel an mehreren Elementen sowie zahlreiche Wechselwirkungen vor allem bei ihrer Absorption durch das Darmepithel und ihrer Verwertung häufig nicht die Ausbildung spezifischer Krankheitsbilder. Gemäß L i e b i g' s Minimumgesetz ist allerdings anzunehmen, daß den entscheidenden Effekt das jeweils am stärksten defizitäre Element ausübt.
Ein wesentlicher Gesichtspunkt dürfte auch die oft Generationen dauernde Anpassung der jeweiligen Art an den neuen Lebensraum sein. So stellten R i e d e l et al. (1980) fest, daß das zur Jahrhundertwende nach Mitteleuropa verbrachte Muffelwild sich offenbar noch immer nicht an das Mangan (Mn)- Überangebot der sauren Waldstandorte anzupassen vermochte. So interpretieren sie jedenfalls die im Vergleich zu anderen Wildwiederkäuern viel größeren Mn-Mengen in Leber, Deckhaar, Nieren, Großhirn und Rippen dieser Wildart.

Tabelle 3: Störungen im Mengen- und Spurenelementhaushalt

Art der Störung	Spezielle klinische Symptome
Ca-Mangel (reine Muskelfleischfütterung, oxalathaltige Futtermittel)	Geburtsstörungen, Retentio secundinarum
P-Mangel (reichliche Leguminosenfütterung)	Pubertät verspätet, ungenügende Ovaraktivität post partum, Jungtierverluste

Fortsetzung Tabelle 3

K-Überschuß (= rel. Na-Mangel) bei Grünfutter von reichlich güllegedüngten Futterflächen (= N-Überschuß)	Follikel- und Corpus luteum-Zysten, unspezifische Genitalinfektionen
Mn-Mangel	mangelhaftes Brunstverhalten. Verminderte Konzeptionsfähigkeit. Aborte. Erhöhte Neugeborenensterblichkeit (> ♂♂)
Zn-Mangel	verzögerte Hodenentwicklung, verminderte Konzeptionsfähigkeit. Feten u. Neugeborene: ungenügende Entwicklung
Ca-Mangel	Pubertät verspätet. 1. Brunst p.p. verspätet.
Cu-Mangel	ungenügende Brunstintensität oder Dauerbrunst. Aborte, Retentio secundinarum. Neugeborene: endemische Ataxie der Lämmer, ungenügende Geburtsmassen
Se-Mangel	Retentio secundinarum, verminderte Ovaraktivität (?)
J-Mangel	ungenügende Ovaraktivität, Frühgeburten, strumöse Neugeborene.
Cd-, S-Imission Fe-Überschuß (verschmutzte Futtermittel)	relativer Mn-, Cu-Mangel

Die wichtigsten, für die einzelnen Elemente bekannten Ausfallserscheinungen sind Tabelle 3 zu entnehmen. Dabei ist nicht nur mit absolutem Mangel zu rechnen, sondern auch mit antagonistischen Wirkungen anderer Elemente, z.B. von Kadmium (Cd) und Schwefel (S), in den Industrieemissionsgebieten (A n k e, 1973). Über eine Vielzahl der Störungen gibt es sowohl bezüglich ihrer eigentlichen Ursachen als auch ihrer Pathogenese noch Unklarheiten oder widersprüchliche Meinungen. Ganz besonders gilt das für die Kalzium (Ca)- und Phosphor (P)-Versorgung, bei der neben dem Einfluß des Vitamin D auch die tierartspezifischen Ernährungsbedingungen eine Rolle spielen. Entgegen früherer Meinungen besitzt nach M o r r o w (1980), zumindest für die Kalziumversorgung, der absolute Gehalt in der Futterration eine größere Bedeutung als das Ca - P - Verhältnis.
Weitgehende Einstimmigkeit wurde dagegen in den letzten Jahren über die Bedeutung der Belastung des Kalium (K) - Natrium (Na) -Haushalts durch Überdüngung der Weiden und Feldfutterflächen mit Jauche bzw. Gülle und ihre Folgen für das Fortpflanzungsgeschehen erzielt. Die Untersuchungen von A h l s w e d e (1972) und B ö h m e (1976) ergaben eindeutige Beziehungen zwischen erhöhtem Kaliumgehalt im Parotisspeichel und Fruchtbarkeitsstörungen infolge ovarieller Insuffizienz und unspezifischen Entzündungen der Genitalschleimhäute bei Rindern. Diese Ergebnisse fanden später noch mehrfach klinisch Bestätigung (M a k s a y, 1980; E u l e n b e r g e r et al., 1982). Eine Korrektur der K-Na-Imbalanzen im Stoffwechsel kann durch Kochsalzgaben angestrebt werden.
Ein Element, welches immer wieder im Zusammenhang mit ungenügenden Brunsterscheinungen genannt wird, dessen Mangel aber auch zu Aborten bzw. Frühgeburten und unterentwickelten, lebensschwachen Nachkommen führt, ist das Mangan (Mn). Trotz Mn-angereicherter Mineralstoffmischungen finden sich in Problemherden immer wieder Einzeltiere, bei denen Analysen des schwarzen Deckhaares Unterversorgungen anzeigen. Möglicherweise sind gelegentliche Frühgeburten bzw. die Geburt toter Jungtiere bei den Anoas (Bubalus depressicornis) im Zoo Leipzig ebenfalls darauf zurückzuführen, zumal Untersuchungen des Deckhaares zu niedrige Analysenwerte ergaben.

Die noch höhere Supplementierung der Ration mit Mn-Sulfat scheint Erfolg zu haben. In Mn-Mangelgebieten ist auch mit einer ungenügenden Zink (Zn)-Versorgung aller Herbivoren zu rechnen, so daß eine exakte Differenzierung zwischen Mn- und Zn-Mangel besonders erschwert ist. Bei Haut- und Haarschäden nach der Geburt meist unterentwickelter Jungtiere sowie unbefriedigender Hodenentwicklung ist ein Zn-Mangel diagnostisch abzuklären.
Den Nachweis des Kupfer (Cu)-Mangels bei kleinen Wiederkäuern des Zoologischen Gartens Halle erbrachte S e n f (1974). Dabei ist ein Cu-Defizit nicht nur bei Futter von kupferarmen Standorten (nach A n k e (1973) auf Moor-, diluvialen Sand-, Geschiebelehm-, Syenit- und Granitstandorten) zu erwarten, sondern auch in den Industriegebieten mit starken S- und Cd-Immissionen, die zu unlöslichen Cu-Salzen in den Futterpflanzen führen.
Ebenso gilt das für stark verschmutztes Futter, in dem der zu hohe Eisengehalt die Cu- und Mn-Resorption stark reduziert, selbst wenn im Futter genügend davon enthalten ist (P i a t k o w s k i und G i r s c h e w s k i, 1979). Als ein klinischer Indikator hat zwar das Auftreten der "sway back" der Schaflämmer zu gelten, doch ist anzunehmen, daß sich wenig charakteristische Anzeichen von Subfertilität bereits früher zeigen. So sollten Dauerbrunst bei älteren Tieren, Aborte und Nachgeburtsverhaltungen auch als Hinweis auf einen Cu-Mangel gewertet werden.

Ein Mangel an Kobalt (Co) wirkt sich wahrscheinlich über allgemeine Stoffwechselwirkungen (Vitamin B_{12}-Mangel, Anämie, Inappetenz) nachteilig auf die Fortpflanzungsfunktionen aus. Auch die Mikroelemente Se und Jod (J) sind für die Fortpflanzungsfunktionen von essentieller Bedeutung. Die Bedeutung des Se wurde bereits im Zusammenhang mit dem Vitamin E besprochen. Über Jodmangel und seine Bedeutung insbesondere für die Felidenzucht wurde von uns bereits früher referiert (E l z e et al., 1979). Bei Herbivoren sind in letzter Zeit bei reichlicher Verfütterung rapsextraktionsschrothaltigen Kraftfutters in den landwirtschaftlichen Produnktionsgebieten Jodmangelerscheinungen aufgetreten. Insbesondere kam es zur Geburt hochgradig strumöser Kälber. Bei reichlicher Verfütterung derartiger, das Thyreostatikum Goitrin enthaltender Futtermittel während der Brunstperiode sollte auch mit verminderter Konzeptionsfähigkeit gerechnet werden.

Um die Forderung nach einer "Ernährung bzw. Fütterung auf Fruchtbarkeit" in den Zuchtgruppen der Zoologischen Gärten verwirklichen zu können, sollten unserer Meinung nach folgende Gesichtspunkte Beachtung finden:

- Ständiges Bemühen um ausbalanzierte Rationen, möglichst auch unter Einbeziehung von regelmäßigen Futtermittelanalysen.
  Tierartspezifische Rationen sind in stärkerem Maße zu erarbeiten.
- Durchsetzung einer "Fütterung auf Fruchtbarkeit" zumindest im präpuberalen Lebensabschnitt, in der Paarungszeit, der Hochgravidität und dem Puerperium. Selbst bei nicht exakter Kenntnis der tierartspezifischen Bedarfsnormen können durch entsprechende Supplementierung der Ration wenigstens in diesen Phasen am ehesten die Folgen eines Mangels, aber auch Überdosierungen vermieden werden.
- Besondere Zulagen ferner für Einzeltiere während der Hochlaktation und jüngere, häufig noch im Wachstum befindliche Tiermütter, deren Rationen einen 10 bis 20 % höheren Gehalt aufweisen sollten als bei älteren Tieren im selben Fortpflanzungsabschnitt.

Im Leipziger Zoo haben sich im Verlaufe der letzten Jahre insbesondere Supplementierungen der Ration in Hochgravidität und Laktation bei Primaten, Feliden und verschiedenen Huftierarten bewährt. Zum Teil fanden sie in vorangegangenen Publikationen bereits Erwähnung.

Zusammenfassung:

Zum Einfluß von stoffwechselbedingten Störungen auf das Fortpflanzungsgeschehen bei Zootieren

Es werden übersichtsartig wichtige ernährungs- und stoffwechselbedingte Störungen und ihre Folgen für das Fortpflanzungsgeschehen bei Zootieren besprochen.

Summary:

Disorders of Metabolism - Impact of Reproduction of Zoo Animals

A general account is given of some important nutritional and metabolic disorders and their bearings on reproduction of zoo animals.

Résumé :

A propos de l'influence de perturbations métaboliques sur la reproduction d'animaux gardés

L'auteur discute, en présentant un large aperçu, des perturbations apparues à la suite de l'alimentation et étant en rapport avec le métabolisme et leurs conséquences pour la reproduction d'animaux gardés aux jardins zoologiques.

Резюме:

Влияние нарушения обмена веществ на размножение животных зоопарков.

Сообщается о важнейших нарушениях обмена веществ и питания на дальнейшее размножение животных зоопарков.

Literaturverzeichnis:

AHLSWEDE, L. (1972): Nachweis der Natrium- und Kaliumversorgung bei Rindern mit Hilfe von Speichelproben unter besonderer Berücksichtigung der Fruchtbarkeit. Vet. med. Diss., Hannover.

ANKE, M. (1973): Ernährung und Fortpflanzungsleistung des Wiederkäuers. Tierzucht 27, 360-362.

BÖHME, W. (1976): Untersuchungen zur Ätiologie, Epizootiologie und Bekämpfung der Färsensterilität. Diplomarbeit Leipzig.

CHANDLER, P.T., BROWN, C.A., JOHNSTON jr. R.Pl, MC LEOD, G.K., MC CARTHY, R.D., MOSS, B.R., RAKES, A.H. and L.D. SATTLER (1976): Protein and Methionine Hydroxy Analog for Lactating Cows. J. Dairy Sci. 59, 1897-1909.

DE WATTEVILLE, H., JÜRGENS, R. und H. PFALTZ (1954): Einfluß von Vitaminmangel auf Fruchtbarkeit, Schwangerschaft und Nachkommen. Schweiz. Med. Wschr. 84, 875-883.

ELZE, K. und K. EULENBERGER (1976): Zur Fortpflanzungssicherung, -stabilisierung und -steuerung bei Zootieren. Verhandlungsber. XVIII. Internat. Symp. Erkrankungen Zootiere. Innsbruck, 391-399.

ELZE, K. und EULENBERGER, K., SEIFERT, S. und GISELA KRISCHE (1979): Orale Vitamin- und Jodsubstitution bei Großkatzen zur Stabilisierung von Fruchtbarkeit und Aufzucht. Verhandlungsber. XXI. Internat. Symp. Erkrankungen Zootiere. Mulhouse, 175-183.

ELZE, K., KRISCHE, G., EULENBERGER, K. und K.-F. SCHÜPPEL (1978): Pansenazidose und Pansenalkalose bei Zoowiederkäuern. Verhandlungsber. XX. Internat. Symp. Erkrankungen Zootiere, Dvur Králové, 101-107.

EULENBERGER, KARIN-H., ZSCHINTZSCH, A., EULENBERGER, K. und K. ELZE (1974): Anwendung der quantitativ-chemischen Harnöstrogenbestimmung bei der zuchthygienischen Überwachung der Shetland-Ponyherde des Leipziger Zoos. Verhandlungsber. XVI. Internat. Symp. Erkrankungen Zootiere. Erfurt, 213-219.

EULENBERGER, K., ELZE, K. und S. SEIFERT (1973): Untersuchungen zum Vitamin-A-Serumgehalt bei Sibirischen Tigern (Panthera tigris altaica) und Löwen (Panthera leo) des Leipziger Zoologischen Gartens. Verhandlungsber. XV..Internat. Symp. Erkrankungen Zootiere, Kolmarden, 361-369.

EULENBERGER, K., ELZE, K., und GISELA KRISCHE (1975): Klinisches Bild, Pathologie, Prophylaxe und Therapie von Störungen im Leber- und Muskelstoffwechsel (Azidose) bei Zebras und Ponys. Verhandlungsber. XVII. Internat. Symp. Erkrankungen Zootiere. Tunis, 197-209.

EULENBERGER, K., ELZE, K. und S. SEIFERT (1977): Möglichkeiten zur medikamentellen Beeinflussung der Geburt bei Zootieren. Verhandlungsber. XIX. Internat. Symp. Erkrankungen Zootiere, Poznan, 357-370.

EULENBERGER, K. und A. FRANZ (1979): Prophylaxe der Nachgeburtsverhaltung beim Rind mittels "Ursoselevit p.i.". Mh. Vet.-Med. 34, 929-930.

EULENBERGER, K., MÜLLER, P. und K. ELZE (1978): Analyse der Puerperalstörungen bei Tieren des Zoologischen Gartens Leipzig. Verhandlungsber. XX. Internat. Symp. Erkrankungen Zootiere. Dvur Králové, 343-355.

EULENBERGER, K., STREITMANN, H. und J. WILHELM (1982): Erfahrungen bei der Bekämpfung von Fruchtbarkeitsstörungen in Färsenherden. Tierhygiene-Information 13 (im Druck)

GOMBE, S. and W. HANSEL (1973): Plasma Luteinizing Hormone (LH) and Progesterone Levels in Heifers on Restricted Energy Intakes. J.Anim.Sci., 37, 728-733.

JORDAN, E.R. and L.V. SWANSON (1979): Serum Progesterone and Luteinizing Hormone in Dairy Cattle Fed Varying Levels of Crude Protein. J. Anim. Sci. 48, 1154-1158.

JULIEN, W.E., CONRAD, H.R., JONES, J.E. and A.L. MOXON (1976): Selenium and Vitamin E and Incidence of Retained Placenta in Parturient Dairy Cows. J. Dairy Sci. 59, 1954-1959.

HILL, H. (1957): Das Vitamin E in seiner Bedeutung für die Veterinärmedizin. Dtsch. Tierärztl. Wschr. 64, 292-294, 339-342.

LOTTHAMMER, K.-H., AHLSWEDE, L. und H. MEYER (1976): Untersuchungen über eine spezifische, Vitamin-A-unabhängige Wirkung des ß-Carotins auf die Fertilität des Rindes. 2. Mitteilung: Weitere klinische Befunde und Befruchtungsergebnisse (Versuch III). Dtsch. Tierärztl. Wschr. 83, 353-358.

MAKSAY, E. (1980): Der Einfluß übermäßiger Düngung der Weiden und Wiesen mit Jauche auf die Fruchtbarkeit von Kühen. Verhandlungsber. Internat. Fachtagung über künstliche Besamung und Fortpflanzung, Wels, 24-28.

MEYER, H., AHLSWEDE, L. und K.-H. LOTTHAMMER (1975): Untersuchungen über eine spezifische, Vitamin-A-unabhängige Wirkung des ß-Karotins auf die Fertilität des Rindes. 1. Mitteilung: Versuchsanstellung, Körperentwicklung und Eierstocksfunktion. Dtsch. Tierärztl. Wschr. 82, 444-449.

MORROW, D.A. (1980): Nutrition and Fertility in Dairy Cattle. Mod. Vet. Pract. 499-503.

PETERS, J.C. (1978): Klinische Erfahrungen mit der Vitamin-E-Therapie bei scheinbaren Paresen. Prakt. Tierarzt, 125-127.

PIATKOWSKI, B. und H. GIRSCHEWSKI (1979): Fütterung und Fruchtbarkeit beim weiblichen Rind. Mh. Vet.-Med. 34, 127-129.

RATCLIFFE, H.L. (1956): Adequate diets for captive wild animals and notes on tuberculin tests for apes and monkeys. Bulletin Penrose Res. Laboratory Zoological Society of Philadelphia.

RIEDEL, E., ANKE, M., GRÜN, M. und H. KRONEMANN (1980): Die Zink- bzw. Manganversorgung und der Zink- bzw. Manganstatus des Muffel-, Dam-, Reh- und Rotwildes in der DDR. Verhandlungsber. I. Wissenschaftliches Kolloquium. Wildbewirtschaftung, Wildtierernährung, Wildkrankheiten, 173-183.

SENF, W. (1974): Beitrag zur Kupfermangelerkrankung - Swayback - bei Afrikanischen Zwergziegen und anderen Zootieren. Verhandlungsber. XVI. Internat. Symp. Erkrankungen Zootiere, Erfurt, 239-243.

WACKERNAGEL, H. (1960): Moderne Methoden zur Fütterung von Wildtieren im Zoologischen Garten. Grenzach, Baden: Hoffmann - La Roche A.G.

WIESNER, E. (1972): Fütterung und Fruchtbarkeit. Jena: Fischer.

Anschrift des Verfassers: Dr. med. vet. K. E u l e n b e r g e r
7010 Leipzig
Margarete Blank-Straße 8 (DDR)

Aus dem Zoologischen Garten Dresden (Direktor: G. B e r g e r)

PROBLEME BEI DER HANDAUFZUCHT VON KÄNGURUHS

Von H.-E. S c h n e i d e r , Petra B ü s c h e l b e r g e r und B. G e i d e l

Die Handaufzucht von beuteljungen Känguruhs gilt allgemein als wenig problematisch, vorausgesetzt, daß die Jungtiere nicht zu frühzeitig den Beutel der Mutter aus unterschiedlichen Gründen verlassen müssen. Der Grad der Vorschädigung dieser Tiere (Unterkühlung, Abmagerung, Verletzungen) ist natürlich von ausschlaggebender Bedeutung für das Gelingen der Handaufzucht. Aber auch bei relativ günstigen Voraussetzungen treten nach unseren Erfahrungen immer wieder Probleme auf, die wir an zwei Beispielen darlegen möchten.

Im ersten Fall handelte es sich um 0,1 Rotes Riesenkänguruh (Macropus rufus), welches wir nach ca 4 1/2 - 5 Monaten Beutelträchtigkeit morgens stark unterkühlt im Stall fanden. Das elfjährige Muttertier war über Nacht ohne vorherige Krankheitsanzeichen gestorben. Das nur sehr kurz behaarte Jungtier wog 1480 g und wurde zunächst am Körper des Pflegers erwärmt und danach in einem durch Heizkissen auf 36 - 38° C erwärmten Beutel untergebracht. Die Luftfeuchtigkeit betrug ca 65 - 75 %. Der Beutel lag auf dem Boden einer Holzkiste. Die Umgebungstemperatur betrug durchschnittlich 22° C. Das Tier war in der Lage, selbständig in den Beutel zu gelangen. 45 Tage nach Beginn der Handaufzucht sprang es ständig aus der Kiste und bewegte sich von nun an frei in der Wohnung des Pflegers. Als erste Nahrung verabreichten wir Kamillentee mit Glukose über Flasche und Sauger mit sehr kleinem Loch. Später gaben wir ein Gemisch aus Kaffeesahne, Vollmilch und Kamillentee im Verhältnis 1 : 2 : 2. Bis zum 60. Tag der Aufzucht wurde täglich 7 - 8 mal, danach 5 - 6 mal getränkt, zuerst ausschließlich über die Saugflasche, später über einen Tränknapf. Die Flaschennahrung wurde 2 Monate lang stets im Beutel gegeben. Dabei waren wir bemüht, nicht vollsatt zu tränken. Ab 34. Tag der Aufzucht wurde Heu aufgenommen, ab 56. Tag auch Haferflocken, Zwieback, Möhren und Knäckebrot, später auch verschiedenes Obst, Gemüse, Trockenlaub, Schwarz- und Weißbrot. Vom 8. Aufzuchttag an verabreichten wir regelmäßig Multivitaminpräparate, Dekristol und Mineralstoffe. Am 80. Aufzuchttag hatte das Känguruh ein Gewicht von 4650 g erreicht, wobei die Gewichtszunahme kontinuierlich voranging.

Als Pflegemaßnahmen wurden Abreibungen des gesamten Körpers mit einem feuchten Schwamm durchgeführt, sowie eine leichte Massage der Bauch- und Kloakengegend. Dabei wurde Kot und Urin abgegeben. Das Jungtier war, obwohl es in einer Familie von vier Personen aufwuchs, vom Anfang an stark auf den ständigen Pfleger geprägt. Es folgte diesem in der Wohnung und bei Ausflügen im Garten bis zum 110. Aufzuchttag. Von diesem Zeitpunkt an ging es eigene Wege und mußte, wenn es zielgerichtet transportiert werden sollte, getragen werden. Vom 97. Tag der Aufzucht an wurde das Tier in das Gehege unserer Roten Riesenkänguruhs gebracht und allmählich in die Gruppe eingewöhnt. Dabei stand es zunächst sehr häufig allein und zeigte zu den Besuchern mehr Kontaktbereitschaft als zu den Herdenmitgliedern. Die volle Eingliederung in die Gruppe wurde erst mit Eintreten der Geschlechtsreife, als es zu Paarungen kam, erreicht. Über die Zahnung kann nur soviel gesagt werden, daß am 14. 1. 79, dem Tag des Beginns der Aufzucht, im Ober- und Unterkiefer Schneidezähne vorhanden waren. Eine Kontrolle der Mundhöhle auch durch den vertrauten Pfleger führte stets zu hochgradiger Erregung und wurde deshalb unterlassen.

Während der Aufzucht kam es wiederholt zu Durchfällen, die wir mit der Verabreichung verschiedener Teesorten (Kamille, Fenchel, Eichenrinde) sowie Apfelpektin, Leinsamenschleim, Möhrenbrei und Heilerde behandelten, ohne dabei wirklich überzeugende Erfolge zu erzielen. Wir werden darauf in einer abschließenden Diskussion nochmals eingehen.

Etwa 90 Tage nach Beginn der Handaufzucht kam es zunächst zu einer geringgradigen Bewegungsunsicherheit, die im weiteren Verlauf zu einer ausgeprägten Bewegungsunlust führte. Bei weiterhin ungestörter Futteraufnahme traten zunächst im Bereich der Tarsalgelenke, später auch in den Zehengelenken Flüssigkeitsergüsse auf, die auf eine allgemeine Behandlung mit Chloramphenicol, Prednisolon und Injektionen von Vitamin AD_3EC allmählich zurückgingen und eine starke Neigung zu Rezidiven zeigten. Punktionen der stark gefüllten Gelenke ergaben eine zwar getrübte, aber keimfreie Synovia. Nach Weiterführung der allgemeinen und lokalen Prednisolon- und Antibiotikabehandlung kam der Krankheitsprozeß schließlich 5 Monate nach seinem Beginn zum Stehen.

Gleichzeitig mußten wir aber feststellen, daß die Muskulatur der Oberschenkel, die sich bis zu diesem Zeitpunkt normal entwickelt hatte, leicht atrophisch wurde und wiederum geringgradige Bewegungsstörungen auftraten. Der Einsatz von Vitamin E und Selen brachte diesen Prozeß zum Stehen, ohne aber die vorhandene Muskelatrophie zu bessern. Das Tier bewegt sich heute normal und hat drei Jungtiere aufgezogen, von denen eins allerdings im Alter von 11 Monaten mit Muskeldegenerationen im Bereich des M. longissimus dorsi, der Glutäen- und Oberschenkelmuskulatur innerhalb von 3 Tagen ad exitum kam.

Möglicherweise war der Auslöser für dieses Krankheitsgeschehen eine Streßsituation, hervorgerufen durch unseren Versuch, ein mutterlos aufgezogenes Bergkänguruh (Macropus robustus) als Adoptivkind in die Gruppe unserer Roten Riesenkänguruhs (Macropus rufus) einzugewöhnen. Nach anfänglich günstig erscheinendem Gruppenverhalten kam es mit der Zeit zu einer Erregung aller Roten Riesenkänguruhs (1,5), die hauptsächlich auf die artunterschiedlichen Lautäußerungen und Reaktionen auf Umweltreize durch das Bergkänguruh zurückzuführen waren.

Im zweiten Fall mußten wir am 7. 9. 1981 ein männliches Bergkänguruh zur Handaufzucht übernehmen, das nach Beobachtungen des Tierpflegers vermutlich Mitte Mai 1981 geboren war. Der Versuch, das Jungtier wieder in den mütterlichen Beutel zu bringen, verlief erfolglos. Das Känguruh war völlig behaart, hatte Schlappohren und war leicht unterkühlt. Auch dieses Tier wurde in einem Beutel untergebracht, der sich tagsüber in einer Couveuse befand, nachts, bedingt durch die Notwendigkeit, das Tier zu dieser Zeit mit in die Wohnung der Pfleger zu nehmen, im temperierten Wohnraum. Die Beuteltemperatur betrug 35° bis 37° C. Fünf Wochen nach Beginn der Handaufzucht erhielt es einen kleinen Stallraum, dessen Boden mit Sand bedeckt war. Die Raumtemperatur betrug 25° C. Der Beutel blieb als Rückzugsgebiet in diesem Raum und wurde durch einen Infrarotstrahler etwas höher temperiert als der Raum. Die Luftfeuchtigkeit wurde nicht gemessen. Allerdings wurde auch dieses Tier täglich feucht abgewischt.

Um die im Falle unseres Roten Riesenkänguruhs vorhandene Prägung auf eine Einzelperson zu vermeiden, wurden von vornherein zwei Mitarbeiterinnen mit der Aufzucht betraut, die von dem Jungtier gleichberechtigt akzeptiert wurden.

Die Nahrung wurde mit Flasche und Sauger verabreicht und bestand zuerst aus einer Säuglingsfertignahrung (Ki-Na-3,2 % Fett, 1,8 % Protein, 8,0 % Kohlenhydrate, 4,1 % Milchzukker, 0,4 % Mineralstoffe). Die Nahrung wurde im Beutel in möglichst natürlicher Sauglage verabreicht. Die Fütterung erfolgte in den ersten 33 Tagen zweistündlich bei Einhaltung einer fünfstündigen Nachtpause. Vom 50. Aufzuchttag an wurde zusätzlich zur Flaschenmahlzeit Obstbrei und Heu angeboten. Zu dieser Zeit zeigte das Tier schon mehrere Tage Enteritiserscheinungen, die zwar keine Störung des Allgemeinbefindens auslösten, aber ziemlich hartnäckig jeder Therapie widerstanden, solange die Nahrung noch Milch enthielt. Nach Weglassen der Milch normalisierte sich der Kot innerhalb von 2 Tagen. Durch Zufüttern von Milch oder Milchpulver konnte jederzeit wieder Durchfall ausgelöst werden. Die Durchfalldiät bestand, wie im Falle unseres Roten Riesenkänguruhs, aus Obstbrei mit Reisschleim, Möhrenbrei, Apfelpektin und verschiedenen Teesorten. 6 Monate nach dem von uns vermuteten Geburtstermins nahm das Känguruh nur noch feste Nahrung aus dem Futternapf auf.

Die Gewichtsentwicklung bei diesem Jungtier verlief nicht so kontinuierlich nach oben wie bei dem vorher erwähnten Roten Riesenkänguruh. Bis zum 7. Tag nach Beginn der Handaufzucht trat ein Gewichtsverlust von 200 g auf. Erst am 17. Tag der Aufzucht war bei einer täglichen Zunahme von ca. 18,7 g das Ausgangsgewicht von 1350 g wieder erreicht. Auch in der folgenden Zeit schwankte die Gewichtsentwicklung stark, ähnlich wie bei der von V e s e -

l o v s k a und D v o r a k o v a (1971) geschilderten Handaufzucht eines Bennettkänguruhs. Die Menge an Flaschennahrung betrug vom 2. - 33. Tag zwischen 130 und 263 g (Ø 195,5 g) pro Tag, vom 34. - 50. Tag 255 bis 395 g pro Tag (Ø 318,9 g). Am 65. Tag der Aufzucht betrug das Gewicht des Tieres 2250 g.

Als wir das Känguruh in die Handaufzucht übernahmen, waren mit Sicherheit zwei untere Schneidezähne durchgebrochen. Im Alter von 5 Monaten waren auch 2 obere Schneidezähne vorhanden. Über die Backenzähne können wir keine Aussage machen, da auch dieses Tier sich beim Öffnen der Mundhöhle hochgradig erregte. Wir können nur sagen, daß vom ersten Tag der Handaufzucht Backenzähne vorhanden waren, da das Tier bereits zu dieser Zeit typische knirschende Laute von sich gab, die durch das Aufeinanderreiben der Backenzähne entstehen.

Zu den Mahlzeiten wurde die Kloake des Kängeruhs massiert und dabei regelmäßig Urin und Kot abgesetzt. Aber auch zwischen den Fütterungen gab das Tier feste und flüssige Exkremente in den Beutel ab. Die Bindungen zu beiden Pflegern waren nach vier Wochen soweit entwickelt, daß die Kolleginnen mit dem Tier frei durch den Garten gehen konnten, wobei ihnen das Junge dicht folgte. Ab 60. Tag der Aufzucht änderte sich dieses Verhalten. Das Känguruh folgte dem Pfleger nur kurz, um dann sitzend zu verharren und anschließend planlos in großen Sprüngen davonzuspringen. Die Vergesellschaftung mit unserer Bergkänguruhgruppe war problematisch durch die Prägung des Jungtieres auf den Pfleger. Ließ man es in der Gruppe allein, blieb es nahezu regungslos sitzen und nur unser adulter Bock nahm vorsichtig Nasenkontakt zu dem Tier auf, um dann erschreckt abzuspringen. Über die versuchte Vergesellschaftung mit einer Gruppe Roter Riesenkänguruhs haben wir bereits oben berichtet.

Im Gegensatz zum Verfahren bei der Aufzucht des Roten Riesenkänguruhs injizierten wir dem Jungtier in 14-tägigen Abständen Ursovit AD_3EC und nahmen von oralen Applikationen Abstand. Allerdings wurde regelmäßig Kalk in Form verschiedener Mineralstoffmischungen oral verabreicht.

Seit dem 20. 10. 1981 bemerkten wir einen fortschreitenden Haarausfall an Kopf, Ohren, Nakken, Rücken und Vorderarmbeugen, an Stellen also, die bei einem Beuteljungen mechanisch besonders beansprucht werden. Der Haarausfall führte fast bis zur vollkommenen Kahlheit. Nach 3 Wochen setzte an der sonst bis auf eine leichte, trockene Schuppung unveränderten Haut eine erneute Behaarung ein, aus der sich in der Folge der für Bergkänguruhs typische dichte Pelz entwickelte.

Eine fatale Feststellung machten wir am 4. 11. 81. Das Tier zeigte plötzlich einen heftigen Juckreiz, als dessen Ursache sich ein massiver Flohbefall herausstellte. Die Identifizierung der Flöhe führte uns zu der Invasionsurheberin. Es war die Hauskatze der an der Aufzucht beteiligten Pflegerin. Bei den Flöhen handelte es sich ausschließlich um Ctenocephalides felis und das Känguruh wurde zu dieser Zeit über Nacht regelmäßig mit in die Wohnung dieser Kollegin genommen. Durch hygienische Maßnahmen und Behandlungen mit Kontaktinsektiziden konnten wir die Flohplage bald beseitigen. Dabei brachte das Abduschen des Tieres mit warmem Leitungswasser gute Erfolge und wurde von dem Känguruh offensichtlich gern hingenommen.

Störungen an den Bewegungsorganen konnten wir bei diesem Tier nicht feststellen. Die Bemuskelung an Rumpf und Hinterbeinen ist kräftig.

Bei beiden Aufzuchten beobachteten wir wiederholt auch länger anhaltende Durchfälle, meist ohne Beeinträchtigung des Allgemeinbefindens. Wenn Allgemeinsymptome auftraten, waren sie Folgen des gestörten Flüssigkeits- und Mineralhaushaltes und konnten durch Gaben geeigneter Infusionslösungen ohne Schwierigkeiten behoben werden. Die in der Literatur empfohlenen und aus eigener Erfahrung in der Kleintierpraxis eingesetzten Medikamente und Diäten brachten häufig nur befristete und nicht durchschlagende Erfolge. Möglicherweise spielt auch der Übergang zu fester Nahrung und hier besonders die einsetzende Zelluloseverdauung eine Rolle. Obwohl wir auch den Kot gesunder Känguruhs zur Übertragung einer geeigneten Keimflora in Milch aufgeschwemmt an die Jungtiere verabreichten, blieb uns der Erfolg häufig bis zu einem bestimmten Alter versagt.

Bei dem jungen Bergkänguruh konnten wir feststellen, daß die Durchfälle immer dann schlagartig zum Stehen kamen, wenn wir die Milch, stets auf der Basis von Kuhmilch, vollkommen aus dem Nahrungsangebot wegließen. Der Hinweis eines Kinderarztes (G i e r t l e r , 1981) läßt auch an eine Laktoseunverträglichkeit denken. Bekanntlich treten bei Kindern durch die Verabreichung artfremder Milch Darmentzündungen auf, die zu einer Schädigung der die ß - Galaktosidase produzierenden Drüsen der Dünndarmzotten führen und damit zwangsläufig zu einer Laktosennverträglichkeit. Der Heilungsprozeß ist beim menschlichen Säugling langwierig. Methode der Wahl wäre der Einsatz einer laktosefreien Milch, die uns aber nicht zur Verfügung stand. Leider sind wir über die Fermentsituation im Darm heranwachsender Känguruhs nicht exakt informiert, glauben aber, daß bei diesen und bei den adulten Tieren ß - Galaktosidase vorhanden sein muß, denn einige unserer adulten Roten Riesenkänguruhs trinken mit Vorliebe abgekochte Kuhmilch auch in größeren Mengen, ohne darauf mit Veränderungen der Kotkonsistenz zu reagieren.

Zusammenfassung:

Probleme bei der Handaufzucht von Känguruhs

Die Autoren berichten über die Handaufzucht eines Roten Riesenkänguruhs (Macropus rufus) und eines Bergkänguruhs (Macropus robustus). Dabei auftretende Probleme (Gelenkentzündungen, Haarausfall und Durchfallerkrankungen) werden diskutiert.

Summary:

Manual Raising of Kangaroo

Reported is experience obtained from hand raising of a red kangaroo (Macropus rufus) and a wallaroo (Macropus robustus). Accompanying problems, such as arthritis, alopecia, and diarrhoea, are discussed.

Résumé :

Problèmes en rapport avec l'élevage manuel de kangourous

Les auteurs rapportent sur l'élevage manuel d'un kangourou géant rouge (Macropus rufus) et d'un kangourou de montagne (Macropus robustus) et discutent en même temps les prob - lèmes étant en rapport avec cet élevage (arthrites, alopécies et diarrhées).

Резюме:

Проблемы при искусственном выращивании кенгуру.

Авторы сообщают об искусственном выращивании красного громадного кенгуру и горного кенгуру (Macropus rufus) Обсуждаются возникшие при выращивании проблемы как воспаление суставов, выпад волосяного покрова и расстройство пищеварения.

Literaturverzeichnis:

VESELOVSKA, Alena und Sylva DVORAKOVA (1971): Künstliche Aufzucht junger Bennettkänguruhs (Protemnodon rufogrisea frutica). D. Zool. Garten, N. F., 40, 6, 283 - 297.

BEN SHAUL, D. M. (1962): The composition of the milk of wild animals. Int. Zoo Yearb. 4, 333 - 342.

GIERTLER, Ulla (1981): Persönliche Mitteilung.

HEDIGER, H. (1958): Verhalten der Beuteltiere (Marsupialia). Handbuch der Zool. 8, 18. Lief., Berlin.

ROTH, Erika und H. H. ROTH (1958): Mitteilung über die künstliche Aufzucht eines Bennettkänguruhs (Macropus bennetti Gould). D. Zool. Garten, N. F. 22, 233 - 238.

SCHNEIDER, H.-E., BERGER, G., DATHE, F. und W. GENSCH (1976): Erkrankungen australischer Tiere im Zoologischen Garten Dresden, Verhandlungsber. XVIII. Internat. Symp. Erkrankungen Zootiere, Innsbruck, 5 - 12.

Anschrift der Verfasser: VR Dr. H.-E. S c h n e i d e r
Zoologischer Garten
8020 Dresden, Tiergartenstr. 1 (DDR)

Aus dem Zoologischen Garten Kraków (Direktor: Dr. J. S k o t n i c k i) und dem Bezirks-Institut für Veterinär-Hygiene Kraków (Direktor: Prof. Dr. A. R a m i s z)

AUFZUCHTPROBLEME UND TODESURSACHEN BEI REHEN IM ZOO KRAKOW

Von A. K r z a k o w s k i, J. S k o t n i c k i und A. R a m i s z

Von den unter den geoklimatischen Verhältnissen Polens wildlebenden Wiederkäuern sind Rehe die häufigsten Schauobjekte in unseren Zoologischen Gärten. In freier Wildbahn ist das Reh außerordentlich anpassungsfähig und vermag sich auch in stark von den Menschen veränderten Landschaften zu halten. In Zoologischen Gärten dagegen sind Rehe sehr heikle Pfleglinge. Die Gründe dafür liegen in den mangelnden Anpassungsfähigkeiten, wobei Ernährungs- und Sozialfaktoren eine große Rolle spielen. Eine Analyse der Aufzuchtprobleme und Todesursachen bei den in Zoologischen Gärten gehaltenen Rehen kann daher für die tierärztliche Betreuung des wertvollen Bestandes Hinweise geben.

Eigene Untersuchungen:

Die Versuche wurden im Zoologischen Garten Kraków in den Jahren 1975 - 1980 durchgeführt. In dieser Zeit wurden 63 Rehe pathologisch-anatomisch untersucht. Von der Gesamtzahl der Tiere wurden 14 Tiere im Zoo Kraków geboren. Die anderen 49 Rehe stammten aus der freien Wildbahn. Die Ergebnisse der von uns durchgeführten Untersuchungen wurden tabellarisch zusammengestellt (Tabellen 1 und 2).
Von den aus der freien Wildbahn stammenden 49 Rehen starben im ersten Jahr 26 (53 %) Tiere (Tabelle 1). Die größten Verluste (28,6 %) traten in der ersten Woche auf. Acht Tiere starben und sechs wurden wegen schwerer Verletzungen oder Kachexie euthanasiert.
Bei Rehen, die älter als ein Jahr waren, wurden nur 5 Todesfälle (11 %) registriert. Zwölf Tiere (24,5 %) leben heute noch.
Von den im Zoo Kraków geborenen 14 Kitzen sind drei am Leben geblieben. Die Mehrzahl der Kitze (9 Tiere) ist in den ersten 30 Lebenstagen gestorben (Tabelle 1).
Die Ursachen für die Todesfälle bei Rehen im Zoo Kraków sind aus der Tabelle 2 ersichtlich. Für die nicht im Zoo geborenen Tiere sind als Todesursachen in der Mehrzahl (46 %) Erkrankungen des Magen-Darmtraktes zu verzeichnen. Sechs Tiere von dieser Gruppe starben wegen Atmungs- und Kreislaufstörungen und sechs weitere Rehe erlagen verhaltensbedingten Unfällen. Acht von den nicht im Zoo geborenen Tiere starben aus unterschiedlichen Gründen, in der Mehrzahl war es eine ausgeprägte Kachexie.

Von den im Zoo geborenen Tieren starben sechs infolge ungeklärter, vermutlich diätetisch bedingter Erkrankungen des Magen - Darmtraktes, vor allem des Pansens. In zwei Fällen waren es Lungenentzündungen, und ein Kitz starb nach einer Forkelverletzung. Zwei Kitze wurden totgeboren.

Diskussion:

Im Vergleich mit anderen Wiederkäuerarten ist die Sterblichkeit bei jungen Rehen sehr hoch. D o l l i n g e r (1981) berichtet, daß von den 90 in den Zoos von Basel und Bern geborenen Kitzen 58 (64 %) während des ersten Lebensjahres starben.

Als Hauptgründe der hohen Mortalität wurden Nahrungs- und Klimafaktoren, Parasitosen und Infektionen genannt.
Verschiedene Autoren haben auf die hohen Futteransprüche des Rehes aufmerksam gemacht. D o l l i n g e r (1981) führt an, daß die Erkrankungen des Magen - Darmtraktes eine der wichtigsten Todesursachen bei Rehen sind. Dieser Autor gibt auch Beispiele, wie Zuchterfolge und Aufzuchtraten mit einer adäquaten Fütterung im Zusammenhang stehen. W a c k e r n a g e l (1959 und 1962) meint sogar, daß eine erfolgreiche Haltung von Rehen im Gehege nur durch die Erfüllung der Ernährungsansprüche erreicht werden kann. H o f m a n n (1979) macht auf das kleine Pansenvolumen des Rehes und auf die Tatsache, daß die zellulosespaltenden Bakterien nur eine geringe Rolle bei der Verdauung spielen, aufmerksam. Einer vollwertigen Fütterung ist deshalb größte Aufmerksamkeit zu schenken. Auch im Zoo Kraków haben die Ernährungsfaktoren einen großen Einfluß auf die Zuchterfolge gehabt. Fast die Hälfte der Tiere ist an Erkrankungen des Magen - Darmtraktes gestorben.
Manche Autoren haben auch auf den großen Einfluß von Sozialfaktoren auf die Zuchterfolge bei Rehen hingewiesen. D o l l i n g e r (1981) beschreibt einen Zusammenbruch in einer blühenden Rehkolonie des Tierparks Bern. Die Ursache des Zusammenbruches war die Vergrößerung der Gruppe im Gehege von 3 auf 12 Tiere. Aus diesen Beobachtungen zieht D o l l i n g e r die Schlußfolgerungen, daß Rehe in kleinen Gruppen von 1,2 oder 1,3 Tieren gehalten werden sollen und daß bei Eingliederung neuer Tiere in eine bestehende Gruppe größte Vorsicht geboten ist.
Auch G e i g e r (1980) macht auf den negativen Einfluß vom sozialem Streß auf die Zuchterfolge in größeren Rehgruppen aufmerksam. Im Zoo Kraków stehen gegenwärtig 13 Rehe in einem Gehege und die Sozialfaktoren können auch Einfluß auf die Aufzuchtraten haben.

Tabelle 1: Zusammenstellung der Todesfälle bei Rehen im Zoo Kraków

Rehe:	Gesamtzahl	Zahl der Todesfälle (nach Einstellung oder Geburt)				Zahl der lebenden Tiere
		0-7 Tage	2-4 Wochen	2-12 Monate	12 Monate	
aus der freien Wildbahn geliefert	49	14 x/ (28,6 %)	8 (16,3 %)	10 (20,4 %)	5 (10,2 %)	12 (24,5 %)
im Zoo geboren	14	4 (28,6 %)	5 (35,6 %)	2 (14,3 %)	-	3 (21,5 %)

x/ Sechs Tiere wurden euthanasiert wegen schwerer Verletzungen und Kachexie

Tabelle 2: Die Todesursachen bei Rehen im Zoo Kraków

Rehe:	Gesamtzahl der Todesfälle	Todesursachen			
		Erkrankungen des Magen-Darmtraktes	Erkrankungen des Atmungsapparates	Unfälle	Andere Ursachen
aus der freien Wildbahn	37	17 (46,2 %)	6 (16,5 %)	6 (16,5 %)	8 (21,6 %)
im Zoo geboren	11	6 (52,5 %)	2 (18,1 %)	1 (9 %)	2 (18,1 %)

Zusammenfassung:

Aufzuchtprobleme und Todesursachen bei Rehen im Zoo Kraków

Es wird eine Analyse der Aufzuchtprobleme und Todesursachen bei Rehen im Zoologischen Garten Kraków vorgenommen. Im Vordergrund standen die gastro-intestinalen Erkrankungen, Atmungs- und Kreislaufstörungen sowie verhaltensbedingte Unfälle. Die Ursachen für die Schwierigkeiten bei der Haltung des Rehes in Gefangenschaft werden besprochen.

Summary:

Rearing Problems and Causes of Deaths of Roe Deer in Zoo of Kraków

An analysis was made of rearing problems and causes of deaths of roe deer in the Zoological Garden of Kraków, Poland. Gastro-intestinal diseases, respiratory and circulatory disorders as well as accidents due to behaviour disorders were very much in the foreground. Reasons are discussed for the difficulties generally observed in keeping roe deer in captivity.

Résumé :

Problèmes de l'élevage et causes mortelles de chevreuils au jardin zoologique de Kraków

L'auteur a analysé des problèmes d'élevage et les causes mortelles de chevreuils au jardin zoologique de Cracovie. Ont été placé au centre de l'intérêt des affections gastro-intestinales, des troubles circulatoires et des accidents dûs au comportement. Ensuite, il discute des difficultés qui surgissent lorsque les chevreuils sont gardés au zoo et leurs causes.

Резюме:

Проблемы вскармливания и причины падежа косуль в Краковском зоопарке.

Проведены анализы проблем вскармливания и причин падежа косуль в Краковском зоопарке. На первом месте следует выдвинуть желудочно-кишечные заболевания, заболевания дыхательных органов и органов кровообращения, а также механические травмы. Обсуждены причины трудностей, следующих из содержания косуль в неволе.

Literaturverzeichnis:

DOLLINGER, P. (1981): Parasitenbefall, Sterblichkeit und Todesursachen bei Rehen. Verhandlungsber. XXIII. Internat. Symp. Erkrankungen Zootiere, Halle/Saale, 161-173.

GEIGER, Ch. (1980): Bestandschätzung und Populationsdynamik beim Rehwild in den Zizerser Feldern, Kt. Graubünden. Feld, Wald, Wasser 8, Nr. 4, 19-21.

HOFMANN, R.R. (1979): Die Ernährung des Rehwildes im Jahresablauf. Tierärztl. Prax. 7, 507-522.

WACKERNAGEL, H. (1959): Das neue Huftierfutter und die Rehe. Zolli - Bull. 2, 3-6.

WACKERNAGEL, H. (1962): Reh-Haltung. Nord. Vet. Med. 14, Suppl. 1, 377-380.

Anschrift der Verfasser: Prof. Dr. A. R a m i s z
Bezirks-Institut für Veterinär-Hygiene
Brodowicza Str. 13a
Kraków (V. R. Polen)

Aus dem Zoologischen Garten Basel (Direktor: Dr. D. Rüedi)

ERFOLGREICHE BEHANDLUNG CHRONISCHER VERDAUUNGSSTÖRUNGEN BEI DER KÜNSTLICHEN AUFZUCHT EINES KALIFORNISCHEN SEELÖWEN (ZALOPHUS CALIFORNIANUS)

Von A. Gutzwiller

Im Zoologischen Garten Basel wurden in den Jahren 1971 bis 1980 21 Seelöwen geboren. 12 dieser Tiere wurden erfolgreich von ihrer Mutter aufgezogen, 9 kamen tot zur Welt oder starben in den ersten 24 Stunden nach der Geburt.

Am 6.Juni 1981 brachte die bereits bei uns geborene siebenjährige Seelöwin 'Waja' ihr erstes Jungtier zur Welt. Da das Neugeborene von der Mutter nicht angenommen wurde, entschlossen wir uns - der Problematik einer künstlichen Aufzucht bewußt - das Jungtier mit der Flasche zu ernähren.

Das Junge nahm die Milchflasche anfangs nicht an, suchte jedoch an den Boxenwänden nach der Zitze der Mutter. Als der Gummisauger der Milchflasche durch ein Loch eines Kartons angeboten wurde, trank es sofort, und vom zweiten Tag an wurde die Flasche auch ohne Anwendung dieses Tricks akzeptiert.

Die Nahrung bestand aus einem Milchersatz, der in Anlehnung an mündliche Angaben aus dem Zoologischen Garten Hannover zusammengestellt wurde (Tabelle 1: Milchersatz A). Von der zweiten Lebenswoche an zeigte das Jungtier eine chronische Verdauungsstörung mit leichtem Durchfall. Eine Behandlung mit dem Stypticum Arobon (Fa. Nestlé AG, Vevey) führte zu keiner Besserung. Da nach P i l s o n und K e l l y (1962) Seelöwenmilch keine Laktose enthält, vermuteten wir, daß der Milchzucker aus Milchersatz A infolge Laktosemangel im Darm nicht gespalten wurde. Bei Aufnahme größerer Mengen an Milchersatz kam es demnach zu Diarrhoe, die auf die osmotische Wirkung des nicht absorbierten Milchzuckers und auf eine bakterielle Milchzuckervergärung zurückzuführen war.

Mit Hilfe von Lactozym 1500 L (einer Laktase, produziert durch den Hefepilz Kluyveromyces fragilis; Hersteller: Novo Industrie, Bagsvaerd, Dänemark) versuchten wir, den in Milchersatz A vorhandenen Milchzucker zu spalten. Auf 100 g Milchersatz wurden 1000 LAU (Lactose Units) Lactozym 1500 L zugegeben und bei 39° C während einer halben Stunde einwirken gelassen. Die Verfütterung des derart vorbehandelten Milchersatzes A (nach Angaben der Hersteller von Lactozym 1500 L sollte bei diesem Verfahren 80 % der Laktose gespalten werden) führte zu einer sofortigen Verbesserung der Kotkonsistenz.

Da es sich als sehr umständlich erwies, vor jeder Fütterung den Milchersatz 30 Minuten lang in einem Wasserbad zu erwärmen, entschloß man sich, die in Milchersatz A verwendete Hundeersatzmilch 'Welpilac' (Fa. ASID, Lohhof bei München) durch die laktosefreie Kindermilch 'al 110' (Fa. Nestlé AG, Vevey) zu ersetzen, Der graduelle Übergang von Milchersatz A auf den neuen Milchersatz B (Tabelle 1) verlief problemlos.

Es sind keine weiteren Komplikationen aufgetreten. Vom ersten Lebenstag an ist das Seelöwenjunge mit zwei weiteren im Jahr 1981 geborenen Jungtieren in der Basler Seelöwengruppe aufgewachsen. Lediglich zur Nahrungsaufnahme, die anfangs in 6 Mahlzeiten täglich erfolgte und allmählich auf 3 reduziert wurde (Tabelle 2) sowie über Nacht wurde das Jungtier im Futterzubereitungsraum, nur durch Gitter von der Gruppe getrennt, gehalten. Die künstlich ernährte Seelöwin nahm an Gewicht konstant zu (Abbildung 1), wenn auch etwas langsamer als die zwei beinahe gleich alten männlichen Seelöwen, die bei ihren

Tabelle 1

Seelöwenmilchersatz

Milchersatz A		Milchersatz B	
Fische x	250 g	Fische x	300 g
Welpi-Lac-Pulver	20 g	al-110-Pulver	40 g
Sonnenblumenöl	100 g	Sonnenblumenöl	100 g
Vollrahm	100 g	Vollrahm	120 g
Wasser	250 g	Wasser	350 g
Ca-Zusatz	0,2 g	Ca-Zusatz	0,2 g
P-Zusatz	0,15 g	P-Zusatz	0,15 g
Meersalz	0,5 g	Meersalz	0,5 g
Multivitamin xx	2 g	Multivitamin xx	2 g

x Die ersten Tage Makrelenfleisch, später ganze Sprotten ohne Kopf, Schwanz und Haut.

xx 2 g enthalten: 20'000 IE Vitamin A, 2000 IE Vitamin D, 100 IE Vitamin E, 20 mg Vitamin B_1 nebst sämtlichen übrigen Vitaminen.
Die Bestandteile werden in einem Mixer zu einem Brei gemischt und handwarm verfüttert.

Tabelle 2

Die täglich aufgenommene Futtermenge und der Fütterungsrhythmus

	tägliche Trinkmenge in kg	Anzahl der Fütterungen pro Tag	Länge der Nachtpause
1. Woche	0,25 - 1,3	6 - 7	22.00 - 6.00 Uhr
2. - 4. Woche	1,o - 1,3	6	21.00 - 6.00 Uhr
5. - 9. Woche	1,2	4	19.00 - 5.00 Uhr
10. - 20. Woche	1,2 (-2,2)	3	18.00 - 7.00 Uhr

Abbildung 1

Gewichtszunahme

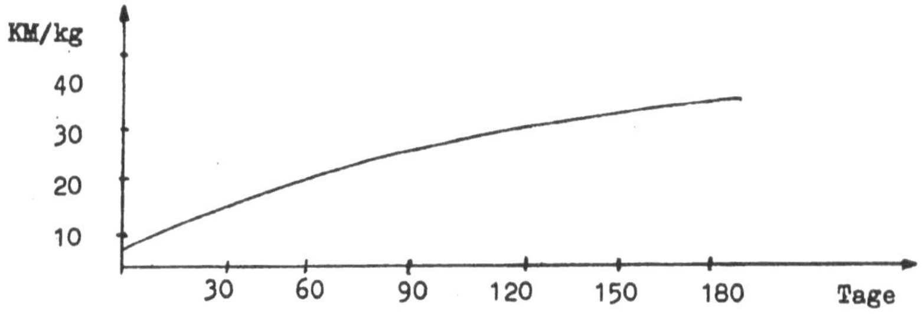

Alter in Tagen

Müttern aufwuchsen. Wir glauben, daß sowohl die laktosearme Ersatznahrung wie auch die konstante Betreuung des Jungtieres durch den Seelöwenwärter und der stete Sozialkontakt zu den anderen 8 Tieren entscheidend zum guten Gelingen der Aufzucht beigetrachten haben.

Zusammenfassung:

Erfolgreiche Behandlung chronischer Verdauungsstörungen bei der künstlichen Aufzucht eines Kalifornischen Seelöwen (Zalophus californianus)

Eine chronische Verdauungsstörung bei einem von Geburt an mit der Flasche ernährten Kalifornischen Seelöwen, die auf einer Laktose-Malabsorption beruhte, wurde durch den Zusatz von Laktase zum Milchersatz und später durch den Einsatz einer laktosefreien Milch behoben.

Summary:

Successful Treatment of Chronic Digestive Disorders in Artificial Raising of Californian Sea Lion (Zalophus californianus)

Chronic digestive disorder in a Californian sea lion pup which had been hand-fed from its birth was cured with good success. The disorder had been caused by malabsorption of lactose. For treatment, lactase was added to milk substitute, followed by the use of a lactose-free formula as part of the milk substitute.

Résumé :

Réussite du traitement de troubles digestifs chroniques apparus au cours de l'élevage d'un lion de mer de Californie (Zalophus californianus)

Les diarrhées chroniques causées par la lactose non-absorbée chez un jeune lion de mer de Californie nourri dès sa naissance au biberon ont été guéries en ajoutant de la lactase à son substitut de lait et en lui donnant plus tard du lait sans lactose.

Резюме:

Лечение хронического нарушения пищеварения у калифорнийского морского льва, выращенного искусственным путем.

Лечение, выращенного с бутылкой калифорнийского морского льва было проведено при введении лактозы в питательную среду, с дальнейшим переводом животного на молочное питание без лактозы.

Literaturverzeichnis:

PILSON, M. E. und A. L. KELLY (1962): Composition of the Milk from Zalophus californianus, the California Sea Lion. Science 135, 104 - 105.

Anschrift des Verfassers: A. Gutzwiller
Zoologischer Garten Basel
Binningerstraße 40
4054 Basel (Schweiz)

Herrn R u f , unserem Seelöwenwärter, möchte ich an dieser Stelle für seinen Einsatz bei der Aufzucht des jungen Seelöwen recht herzlich danken.

Aus dem Zoologischen Garten Duisburg (Direktor: Dr. W. G e w e l t)

HERZFEHLER BEI EINEM GROßEN TÜMMLER (TURSIOPS TRUNCATUS)

Von B. N e u r o h r

Einleitung:

Am 11.7.1981 kam gegen 6.20 Uhr ein männlicher Großer Tümmler (Tursiops truncatus) in physiologischer Hinterendlage als Zweitgeburt eines ca. 14-jährigen Muttertieres (Vater ca. 15 Jahre alt) zur Welt. Das augenscheinlich sich in guter Kondition befindliche Tier wurde 27 Stunden p.p. erstmals beim Saugakt beobachtet; ein ca. 4 Jahre alter Artgenosse leistete dem Neugeborenen Hilfestellung. In der Folgezeit nahm das klinisch unauffällige Jungtier seine Mahlzeiten ohne Hilfeleistung anderer Delphine zu sich und erreichte an der Seite seiner Mutter Tauchzeiten zwischen 30 und 50 Sekunden. Am 18.7.1981 gegen 17.00 Uhr verkürzten sich die Tauchzeiten auf 10 - 25 Sekunden bei sonst unauffälligem Allgemeinbefinden des Jungtieres. Eine halbe Stunde später starb es, als es kurzzeitig nicht unter Beobachtung stand.

Pathologie:

Der 117 cm lange Große Tümmler wies eine mäßige Reduktion des Fettpolsters hinter dem Blasloch auf. Am Herzen bestanden neben einem großen, 2,0 cm im Durchmesser messenden Vorhofseptumdefekt vom Sekundum-Typ ein Ductus arteriosus B o t a l l i persistens und eine deutliche Hypertrophie des rechten Ventrikels. Außerdem lagen relativ ausgedehnte Atelektasen der Lungenoberlappen beiderseits und ein mäßiges Lungenödem vor. Weiterhin konnte man eine deutliche Blutstauung der Leber, der Milz, der Nieren sowie der peripheren Venen feststellen. Aus dem Bronchialsekret wurden E. coli, Strept. haemolyticus und Klebsiella isoliert. [x)]

Diskussion:

Bisher wurde erst ein Fall eines Herzfehlers bei Zahnwalen festgestellt (G r e e n - w o o d, 1981), was sicherlich in der geringen Anzahl von Neugeborenen im Untersuchungsgut seine Begründung hat, denn z. B. bei menschlichen Neugeborenen ist zu 0,8 % mit einem Vitium cordis zu rechnen (S c h e t t l e r, 1980).

Bei einem Septum-secundum-Defekt ist die klinische Symptomatik von der Größe des Foramens abhängig; in diesem Falle müßten bei einem Durchmesser von 2,0 cm Anzeichen von Atemnot zu erkennen gewesen sein. Eine Tauchzeitverkürzung als Audruck der Atemnot wurde jedoch erst kurz ante mortem gesehen, wobei auch dann wie üblich das Muttertier zuerst auftauchte.
Über die Persistenz der im Fetalkreislauf notwendigen Verbindung zwischen Truncus pulmonalis und Aorta ist bei Zahnwalen nichts bekannt; bedingt durch die sofort einsetzende starke Belastung des Kreislaufes bei Zahnwalen ist jedoch anzunehmen, daß der Ductus arteriosus B o t a l l i, als Kurzschluß-

x) An dieser Stelle möchte ich mich bei Prof. Dr. med. H. J. K n i e r i e m, Evangelisches Krankenhaus Bethesda in Duisburg, nebst seinen Mitarbeitern für die Durchführung der Sektion herzlich bedanken.

verbindung zwischen dem großen und kleinen Kreislauf, relativ schnell obliteriert. Aus dem Offenbleiben jedoch resultiert ein Links-Rechts-Shunt mit starker Blutüberfüllung der Lungen, eventuell auch eine Shunt-Umkehr. Klinisch tritt beim Menschen bei weit offenem Ductus arteriosus B o t a l l i persistens eine Retardierung auf (P s c h y r e m b e l, 1975). Auch der Duisburger Große Tümmler wies eine Wachstumsstörung auf, die an der Reduktion des Fettpolsters hinter dem Blasloch erkennbar und durch die chronische Hypoxämie bedingt war.

Durch die Hypertrophie der rechten Herzkammer kam es zu einer weiteren Belastung des großen Kreislaufes, wie es pathologisch-anatomisch in den Blutstauungen der Leber, der Milz, der Nieren und der peripheren Venen zum Ausdruck kam.

Während einer der drei Herzfehler allein bei dem neugeborenen Großen Tümmler wahrscheinlich nicht zum Tode geführt hätte, ist durch das Zusammenwirken aller drei Vitia cordis der frühe Tod erklärbar.

Zusammenfassung:

Herzfehler bei einem Großen Tümmler (Tursiops truncatus)

Es wird über die den Tod eines in Gefangenschaft geborenen männlichen Großen Tümmlers verursachende Herzfehler-Trilogie berichtet, welche aus einem Ductus arteriosus B o t a l l i persistens, einem Septum-secundum-Defekt und einer Hypertrophie des rechten Ventrikels bestand. Das klinisch bis kurz vor seinem Tod unauffällige Tier starb im Alter von 7 Tagen.

Summary:

Cardiac Defect in Atlantic Bottlenose Dolphin (Tursiops truncatus)

Reported in this paper ist the sudden death of a captive-born male bottlenose dolphin which had been caused by three cardiac defects, Botallo's duct (Ductus arteriosus persistens), secondary septal defect, and hypertrophy of the right ventricle. The animal, which had been clinically inconspicuous until short of death, died at an age of seven days.

Résumé :

Déficience cardiaque chez un marsouin (Tursiops truncatus)

L'auteur évoque une trilogie de déficiences cardiaques ayant été la cause de la mort d'un grand marsouin mâle né en captivité composée d'un Ductus arteriosus Botalli persistens, d'une défience au Septum-secundum et d'une hypertrophie du ventricule droit. L'animal qui ne présentait pas d'anomalie clinique jusqu'à peu de temps avant sa mort mourut à l'âge de 7 jours.

Резюме:

Сердечный порок у большого дельфина (**Tursiops truncatus**)

Сообщается о смерти, рожденного в неволе большого дельфина, вызванной сердечным пороком, состоящим из **Ductus arteriosus Botalli persistens, Septum secundum defect** и гипотрофии правого клапана. Животное погибло в возрасте семи дней.

Literaturverzeichnis:

GREENWOOD, A. G. (1981): Pers. Mitteilung.

PSCHYREMBEL, M. (1975): Klinisches Wörterbuch. Berlin: Walter de Gruyter

SCHETTLER, G. (1980): Innere Medizin, Band II. Stuttgart: Georg Thieme.

Anschrift des Verfassers: Tierarzt B. N e u r o h r
Dipl.-Biologe F. O s t e n r a t h
Zoologischer Garten Duisburg,
Mulheimerstr. 273
D-4100 Dusburg 1 (BRD)

Aus dem Zoologischen Garten Leipzig (Direktor: Doz. Dr. S. Seifert) und der Sektion Tierproduktion und Veterinärmedizin der Karl-Marx-Universität Leipzig, WB Fortpflanzung landwirtschaftlicher Nutztiere (Leiter: VR Prof. Dr. sc. med. vet. J. Schulz)

ZEITWEILIGER PARTIELLER UND TOTALER HAARAUSFALL BEI KÜNSTLICH AUFGEZOGENEN GROßKATZEN

Von S. Seifert, K. Eulenberger und K. Elze

Es entspricht einer weltweit gemachten tiergärtnerischen Erfahrung, daß bei einer von den ersten Lebenstagen an mit Kuhmilch oder dementsprechenden Präparaten durchgeführten künstlichen Aufzucht von Großkatzen ein zeitweiliger partieller oder totaler Haarverlust eintritt.

Zunächst stellt der Pfleger schon beim Streicheln, besonders aber beim Bürsten des Jungtieres Haarausfall fest, in der zweiten Lebenswoche lichtet sich das Haarkleid vorerst an den Ohren und in der Nackengegend, der Haarverlust breitet sich dann stetig immer weiter aus, bis etwa in der vierten Lebenswoche fast völlige Nacktheit des Tierkörpers eingetreten ist; nur das Gesicht, die Pfoten und die Schwanzspitze bleiben behaart. Dieses ebenso eindrucksvolle wie beängstigende Bild einer offensichtlichen Störung des Körperhaushaltes verschwindet dann, wie es gekommen ist, gleich ob der Pflegling behandelt, verändert ernährt oder in der begonnenen Weise weiter versorgt ist.

Am Ende des zweiten Lebensmonats ist das Haarkleid wieder lückenlos nachgewachsen. Allerdings fehlt dem Fell noch monatelang die normale kräftige Ausbildung. Ein erfahrener Tiergärtner sieht deshalb jugendlichen Großkatzen leicht an, ob sie bei der Mutter oder in Menschenhand aufgewachsen sind. Während der Zeit des Haarausfalles und der Neubildung des Haarkleides zeigen sich die Jungtiere im Allgemeinbefinden ungestört, Appetit und Aktivität sind nicht vermindert.

Bei hämatologischen Untersuchungen eines von der geschilderten Mangelerscheinung betroffenen Nebelparders (Neofelis nebulosa) im Alter von 7 und 8 Wochen ergaben sich die für dieses Altersstadium als zu niedrig einzuschätzenden Leukozytenwerte von 5000 - 7000 μ/l, was bereits als Leukopenie zu bewerten ist. Deshalb muß hier eine gewisse Beeinträchtigung der Widerstandsfähigkeit gegen Infektionskrankheiten erwartet werden.

Unsere langjährigen Erfahrungen berechtigen zu der Annahme, daß die geschilderten, im Säuglingsalter durchgemachten Mangelerscheinungen keine bleibenden Gesundheitsschäden bei den betroffenen Tieren hinterlassen. Trotz dieser positiven Feststellung beschäftigt uns das hier behandelte Aufzuchtproblem schon seit langer Zeit, einmal, weil der Schauwert in einem besonders publikumswirksamen Lebensalter der Tiere stark beeinträchtigt ist, zum anderen - und das ist wohl noch wichtiger -, weil sich hinter dem sichtbaren Bild einer harmlos erscheinenden Störung ernster zu nehmende Vorgänge verbergen könnten.

Unsere zahlreichen Versuche, durch zusätzliche Verabreichung aller Vitamine, die unmittelbar oder mittelbar auf die Ausbildung und den Schutz des Haarkleides einwirken, Abhilfe zu schaffen, zeigten keinen Erfolg. Auch Veränderungen im Gehalt der aus Kuhmilch bestehenden Nahrung blieben ohne das gewünschte Resultat.

Als wir zur Handaufzucht eines Löwen von der ersten Nahrungsaufnahme an kurz nach dem Kalben gemolkenes Rinderkolostrum einsetzten, blieb ein Haarverlust bis auf eine kaum sichtbare Verminderung der Felldichte im Nacken des Tieres aus. Wir nehmen an, daß für diese positive Veränderung der Vorgänge lebenswichtige Stoffe, vor allem Vitamine, verantwortlich zu machen sind, die im Ersttagskolostrum reichlich und in einer für den Säugling leicht resorbierbaren Form enthalten sind.

Seitdem wir dazu übergegangen sind, der Milchtränke handaufgezogener Großkatzen bereits in den ersten Lebenstagen feinst zerkleinerte Leber zuzusetzen, ist ein Haarausfall bei den Pflegelingen nicht mehr zu beobachten. Diese Erfahrung konnten wir inzwischen bei der künstlichen Aufzucht von Löwen, Tigern, Leoparden und Jaguaren machen. In der Leber vermehrt vorhandene, für den kindlichen Organismus leicht resorbierbare Wirkstoffe mußten wir auch hier als Ursache für die erzielte Wirkung ansehen. Zur Erklärung kausaler Zusammenhänge, die bei der Ernährung von Großkatzensäuglingen mit Kuhmilch zu Mangelerscheinungen führen, scheinen uns Erfahrungen und Erkenntnisse geeignet, die in der Landwirtschaft bei der vollmilchsparenden Kälberaufzucht gewonnen wurden. Bei einer Ernährung der Kälber, die das Minimum des Milchfettbedarfs nicht mehr deckt, kommt es zu Ausfallserscheinungen, die unseren Beobachtungen in der Großkatzenaufzucht weitgehend entsprechen. Es handelt sich dabei um einen partiellen Haarausfall bis zur Haarlosigkeit des ganzen Körpers, um Schuppen- und Schorfbildung, Wachstumsstörung und Leukopenie. Das Wohlbefinden der Tiere ist dabei nicht wesentlich gestört, Appetit ist gut. Nach 2 - 3 Wochen setzt die Neubehaarung auch ohne Behandlung ein.

In seiner Dissertation zu dem Thema "Über das Auftreten von Alopezie bei Kälberernährung mit geringsten Milchfettmengen" stellt M ö d e r (1968) als Ergebnis seiner Untersuchungen u.a. fest:

"Die bei der Kälberernährung mit geringsten Milchfettmengen hervorgerufene temporäre Alopezie wird durch einen Mangel an essentiellen Fettsäuren bewirkt".
"In der vollmilchsparenden Kälberaufzucht geht es neben einer optimalen Eiweißversorgung darum, die mit dem Milchfett entzogenen Nährstoffe (Fett, Vitamine A, D, E sowie essentielle Fettsäuren) zu ersetzen bzw. wenigstens noch so viel Milchfett zuzuführen, um das Fettminimum zu decken".

"Voraussetzung für die Kälberernährung mit geringsten Milchfettmengen ist eine optimale Kolostralmilchversorgung, deren wichtigste Phase in den ersten beiden Lebenstagen liegt, wobei aber aus Gründen der optimalen Ausnutzung und einer ausreichenden Versorgung mit essentiellen Fettsäuren die Kolostrumgabe über mindestens 5 Tage erfolgen sollte".

Junge Großkatzen sind sicher ebenso, wie für Kälber nachgewiesen, auf eine exogene Zufuhr von essentiellen Fettsäuren angewiesen. Ebenso bedarf es kurz nach der Geburt einer reichlichen Zufuhr von Vitaminen. Diese Anforderungen werden bei der Verfütterung von hochwertigem Rinderkolostrum und Leber an Großkatzensäuglinge offensichtlich erfüllt. Essentielle Fettsäuren, Vitamin E, Vitamin A und Vitamine des B-Komplexes sind in der Leber reichlich und gut resorbierbar enthalten.

Für den eingangs dargestellten Symptomenkomplex erscheint das Wechselverhältnis zwischen Vitamin E und Fettsäuren besonders bedeutungsvoll. Auf Grund des Einflusses der Vitamine des B-Komplexes auf die Ausbildung von Haut und Haarkleid ist auch die Beteiligung dieser Wirkstoffe mit in Betracht zu ziehen.
Bemerkenswert ist in diesem Zusammenhang, daß H e l g e b o s t a d (1971) nach experimentell erzeugtem Vitamin-E-Mangel bei Nerzen, Füchsen und Frettchen eine Verringerung der Pelzqualität und Veränderungen im Blutbild nachweisen konnte.

Zur Dosierung der Leberverabreichung möchten wir nach den von uns gemachten Erfahrungen empfehlen, für die Zusammensetzung der einzelnen Futterrationen anfangs 1/3 homogenisierte Leber und 2/3 Kuhmilch zu verwenden und das Mischungsverhältnis nach und nach auf 1 : 1 zu erhöhen. Diese Tränke erwies sich als gut verträglich. Das ist auch zu erwarten, da das Lebereiweiß von den Katzen, die je natürlicherweise Albuminmilch aufnehmen, wesentlich leichter verdaut wird als die Kaseinmilch des Rindes.

Zusammenfassung:

Zeitweiliger partieller und totaler Haarausfall bei künstlich aufgezogenen Großkatzen

Bei mutterloser Aufzucht von Großkatzen mit Kuhmilch kommt es im allgemeinen zu einer temporären Alopezie. Durch Tränkung von Rinderkolostrum oder Beigabe von Lebermus zur Milchnahrung konnte dieser Haarausfall verhütet werden.

Summary:

Temporary Partial and Total Alopecia in Artifically Raised Big Cats

Temporary alopecia is a general experience with cow-milk raised big cats. However, alopecia was successfully prevented by feeding of cattle foremilk or by addition of mashed liver to milk.

Résumé :

Alopécie partielle et totale temporaire chez des félidés à élevage artificiel

L'élevage de grands chats - sans mère - avec du lait de vache a en règle générale pour conséquence une alopécie temporaire. L'addition de colostrum bovin ou de purée de foie à l'alimentation en lait a permis de protéger contre cette perte de poils.

Резюме:

Частичный или полный выпад волосяного покрова у искусственно выращенных кошачьих.

При выращивание кошачьих коровьем молоком часто наблюдается выпадание шерсти. Добавление в пищу коровьего колострума и протертой печени способствует предотвращению выпада шерсти.

Literaturverzeichnis:

HELGEBOSTAD, A. (1971): Vitamin E - mangel syndromet hos pelsdyr. Norsk. veterin. Tidschr. Oslo 83, Nr. 1, 11 - 17.

MODER, H. (1968): Über das Auftreten von Alopezi bei Kälberernährung mit geringsten Milchfettmengen. Vet. med. Diss. Leipzig.

Anschrift der Verfasser: Doz. Dr. S. Seifert
Zoologischer Garten Leipzig
7010 Leipzig
Dr. Kurt-Fischer-Straße (DDR)

From the District Veterinary Centre of Trutnov (Director: MVDr. J. V i t) and the Zoological Garden of Dvůr Králové n/L. (Director: Ing. J. V á g n e r), ČSSR

MUSCLE DISEASE IN GREVY'S ZEBRA COLTS (EQUUS GREVYI)

By P. K o č i

Grevy's zebra is one of the most attractive and rare zebra species. Its wildlife survival is in serious danger. It, therefore, has been classified as protected species and included in the "Red Book". The Zoological Garden of London has been keeping a studbook for the very same reason, and all Grevy's zebras bred in captivity are recorded in it.

Almost all adult individuals kept at present in the East Bohemian Zoological Garden have originated from a breeding group which had been captured in the Lorian swamp and Isiole regions of Kenya and moved to Dvů Králové on July 22nd, 1971, and June 2nd, 1974. The herd, eight males and 21 females, is kept in a pavilion with timber boxes inside. Two adult stallions are kept separately with a group of mares and calves. The timber boxes are helpful in separating the animals by individuals or groups, but they are interconnected by gates and by connecting alleys on either side of the pavilion. One side of the pavilions opens to two large open-air enclosures. These are 30 m x 60 m and 30 m x 70 m and separated by moats from the public. They are surfaced with hard soil, part of them being covered with concrete slabs. The entire group is kept outside in the summer season, from June to October, notwithstanding weather conditions. In winter, the animals are allowed some time outside, for example, for pavilion cleaning or longer. Both the pavilion and outdoor enclosures are equipped with automatic watering troughs. Bulky fodder is piled on stands, but grain is always offered in troughs.

A fatal muscular disease was recorded from newborn colts, in 1978. The diet then included pellets (special zoo-made mixture), 0.5 kg per animal and die, 1.5 kg of pressed oats, 30 g of "Vitasa", a mineral mixture, and 20 g of NaCl. Green fodder in summer and hay in winter were available ad libitum.

Case No. 1 - A female, separated in the pavilion, gave birth to a colt on February 21st, 1978. He was quite feeble, as compared to previously born animals, and he hardly moved around but kept lying on the ground most of the time. Yet, he managed to stand on his own legs for sucking. On the 23rd of February, he kept lying and could not even get up after several attempts. Weakness of hind legs was evident. The colt was separated from his mother and examined. No abnormality was discovered which might have suggested mechanical damage to the skeleton. The colt received ten per cent glucose, penstriptene, analeptin-pentazol, and serum against paralysis. He was then re-united with his mother in her box and started to walk around slowly. He sucked and remained standing, his head bent and back bowed, most of the body weight being supported by his front legs. The warden helped him to get up several times during the same day. The colt did some clumsy sucking but, from then on, failed to get up on his own. General condition deteriorated on February 24th and 25th. He could not even stand, when helped up, his legs touching the ground only with hoof tips. Pain in hind legs was concluded by palpation of muscles. The animal had to be killed on February 26th. Poor nutritional condition, myocardial haemorrhage, hepatic degeneration and bleeding, blood-flooded kidneys, and intestinal catarrh were the post-mortem findings. The muscular tissue of the hind legs was greyishly discolorated and exhibited disseminated haemorrhage. Bacterial tests were negative.

Case No. 2 - Another colt was born in the same pavilion on March 2nd, 1978. The animal was strong and very active. He sucked regularly and could not be separated from his mother for serum application until March 9th. He received a subcutaneous injection behind his left shoulder blade of 10 ml serum to cope with paralysis and 2 ml axetocal (Biotica). The colt had to be fixed by wardens for that purpose. Separation from his mother took 15 minutes and fixation another five. The other morning, the warden on duty reported that the colt was having difficulty in getting up from the ground. The animal was seen trying hard to get up but in vain. It always fell down. Weakness of hind legs was evident, again. He, eventually, succeeded in getting up, after several attempts. He walked around and sucked. On examination, following separation, his nutritional condition was found to be proper, and no abnormality was recordable by palpation from his locomotor system. Under the assumption that some trauma might have been inflicted upon the animal, in the course of separation, and passed unnoticed, 10 ml of 40 per cent glucose and 10 ml of ten per cent $MGSO_4$ were intravenously injected and backed up with intramuscular injection of 600,000 IU penicillin + 1 g STM and of 20 ml of calcimag. The colt then was allowed to return to his mother for nursing. Yet, he stayed lying on the ground most of the time, his hind legs stretched off the body in slight flexion. Temperature, respiratory rate, and pulse rate were similar as they had been at the outbreak of the disease. Therefore, 2 ml of selevit (Biotica) were administered. On March 15th, the animal was unable to stand at all and kept lying on the ground, hind legs in severe flexion. He was helped up but touched the ground only with his hoof tips. Pain in his hind leg muscles were evident. The colt reacted violently and even urinated in response to attempts which were made to pull his legs into physiological position. No change was macroscopically recordable from the urine. The decision to kill the animal was taken on March 16th. Non-specific changes were recorded from inner organs on post-mortem examination. Bacterial tests were negative. Bones were without any damage. Yet, pale discoloration, resembling boiled meat, and dissemination of greyish-white foci were recorded from hind leg muscles, m. gracilis, semimembranosus, adductor, femoris, biceps femoris, buttock, m. gluteus medius et superficialis, sides of thorax, m. latissimus dorsi, m. serratus ventralis thoracis, forelegs, m. subcapularis, supraspinatus, infraspinatus, side of neck, m. serratus ventralis cervicis. Hyaline muscular degeneration was histologically established.

Case No. 3 - A strong colt was born in one of the outdoor enclosures on July 22nd, 1978. He was moved into the pavilion together with his mother, since hind legs were weak, and the newborn could not get up. Hind legs then were bandaged, and the animal was helped up to stand on his own legs and join his mother for sucking. On walking, his gait was noticed to be quite unnatural, hind legs being rather stiff. The colt was unable to get up independently on July 23rd and had to be helped up by the warden for sucking. Joints were swollen and bruised for unsuccessful attempts to get up. Administered were penstreptene, selevit, prednisolone, and serum against paralysis. As his condition had stayed unchanged on July 24th, he was separated from his mother for artificial feeding. The animal died the same day in the evening. Before death occurred, he was lying on the ground, his behaviour being identical with that of Case No. 2. Post mortem revealed myocardial haemorrhage and liver degeneration and fishmeat-pale discoloration of hind leg muscles. Hyaline muscular degeneration was histologically recorded. Bacterial tests were negative.

All bacteriological and histological analyses of the above cases were carried out on the premises of the State Veterinary Institute of Hradec Králové.

The clinical pattern of the disease as well as all pathologico-anatomic and histological findings seemed to suggest in all cases the presence of white muscle disease, probably provoked by deficit of vitamin E and selenium. The disease has been comparatively widespread in young ruminants, both in farm environments and wildlife (K u r s a et al., 1970; J e d l i č k a , 1970; V r z g u l a et al., 1972; G r i n e r , 1978; C a w l e y and B r a d l e y , 1979). Yet, white muscle disease was found to occur also among perissodactyls and to cause severe loss in breeding (W i e s n e r and S c h l o t k e , 1975; B o s t e d t , 1977; P i n k i e w i c z et al., 1978; H e l d s t a b and R ü e d i , 1980).

Combinal E (Spofa) is a medicament which is generally used to cope with vitamin E deficit in farm animals and in birds. It, therefore, was administered in drinking water and admixed to pressed-oats diet to the entire herd of Grevy's zebras. Doses per animal were between 30 ml and 40 ml and applications twice a year. Highly accurate doses, generally, can be applied only to pregnant mares, when these are separated from the herd just before parturition. Herd feeding, however, is much less accurate because of individually differentiated desire for water and feedstuff. Nevertheless, preventive Combinal E application was followed by not a single loss of more colts due to white muscle disease.

Discussion

Only few cases of locomotor diseases were recorded among newborn colts in the author's zoological garden. There had been some predisposition, probably due to traumata provoked by mother animals or by manual fixation. Analogous results obtained from pathologico-anatomic and histological analyses described earlier in this paper, in the context of other patients, were aetiologically differentiated. So, evidence was produced to the presence of white muscle disease. Impaired locomotion was the common clinical symptom of all cases. It originated in the hind legs and was accompanied by severe pain particularly in flexor muscles. Persistent immobility, death or killing were the results. Appetite, temperature, respiration, and pulse were unaffected and stayed normal. The disease was recorded from male colts aged between one and 14 days. Manifestation in Case No. 2 was found to be associated with separation from the mother animal and medication. Muscles in many regions were affected. Hence, the disease developed a systemic nature. Serum against paralysis of colt was applied to various zebra species, including Grevy's zebra, with no harmful effect being recordable. No detrimental effects resulted either from properly arranged separation or use of a combination of vitamin E and selenium.

Results

The pathological processes reported in this paper grew manifest immediately after parturition. Hence, the assumption might be made that the colts of Grevy's zebra described had been affected by a congenital type of white muscle disease. Since, in one case manifestation became evident right after separation, stress due to transport, separation or medication or other activities might be a releasing factor for latent white muscle disease. Mortality of colts due to white muscle disease was stopped by oral administration of Combinal E.

Summary:

Muscle Disease in Grevy's Zebra Colts (Equus grevyi)

Reported in this paper are clinical symptoms as well as pathologico-anatomic and histological findings which had been recorded from three colts of Grevy's zebra aged between one and 14 days. They all suffered from a congenital form of white muscle disease. All animals were killed or died.

Zusammenfassung:

Muskeldystrophie bei Zebrafohlen

Es werden der klinische Verlauf sowie die pathologisch-anatomischen und histologischen Befunde bei drei Zebrafohlen (Equus grevyi) beschrieben, die im Alter von ein bis 14 Tagen einer angeborenen Muskeldystrophie erlagen.

Résumé :

Dystrophie musculaire chez des petits zèbres de Grévy (Equus grevyi)

L'auteur décrit le cours clinique et présente les résultats d'analyses patho-anatomiques et histologiques effectuées sur trois poulains du zèbre de Grévy (Equus grevyi) morts à la suite d'une dystrophie musculaire congénitale.

Резюме:

Дистрофия мышц у жеребёнка зебры.

Описываются клинические, пато-анатомические и гистологические результаты исследований, полученных от погибших в результате конгенитальной мышечной дистрофии трёх I-I4 дневных жеребят зебры.

References:

BOSTEDT, H. (1977): Zur Klinik der ernährungsbedingten Muskeldegeneration beim Fohlen. Dtsch. Tierärztl. Wschr. 8, 293 - 296.

CAWLEY, G.D., and R. BRADLEY (1979): Presumed congenital myodegeneration in a calf. Vet. Rec. 105, 398 - 399.

GRINER, L.A. (1978): Muscular Dystrophy in Ungulates at San Diego Zoo and San Diego Wild Animal Park. Proc. XX. Internat. Symp. Diseases of Zoo Anim., Dvůr Králové, 109 - 115.

HELDSTAB, A., and H. RUEDI (1980): The occurrence of myodystrophy in zoo animals at the Basle Zoological Garden. Comp. Path. Zoo Anim., Washington, Smithonian Inst. Press, pp. 27 - 34.

JEDLIČKA, J. (1970): Muscular Dystrophy in Maned Lambs. Proc. XII. Internat. Symp. Diseases of Zoo Anim., Budapest, 77 - 79.

KURSA, J., TESAŘIK, L., KUCHTA, F., and K. PETRÁŠ (1970): Nutriční svalová degenerace skotu-výskyt "choroby bílých svalů" u telat na mléčném výkrmu. Veterinářství 11, 289 - 294.

PIENKIEWICZ, E., GRZEBULA, S., and B. RUBAJ (1978): Ernährungsbedingte Muskeldystrophie bei Fohlen. Mh. Vet.-Med. 18, 689 - 692.

VRZGULA, L., AUGUSTINSKÝ, A., ŠULÍK, F., DROBČO, J., CHYLA, M., and V. KONRÁD (1972): Prvý hromadný výskyt nutričnej svalovej degeracie u mladého hovädzieho dobytka na Slovensku. Veterinářství 2, 56 - 60.

WIESNER, H., and B. SCHLOTKE (1975): Weißmuskelerkrankungen im Münchener Tierpark Hellabrunn. Verhandlungsber. XVII. Internat. Symp. Erkrankungen Zootiere, Tunis, 217-220.

Address of author: MVDr. Pavel K o č i
Zoological Garden
544 01 Dvůr Králové n.L., ČSSR

Aus der Sektion Tierproduktion und Veterinärmedizin der Karl-Marx-Universität Leipzig, Wissenschaftsbereich Mikrobiologie und Tierseuchen (amt. Leiter: Dr. sc. G. H i l l e), Wissenschaftsbereich Fortpflanzung landwirtschaftlicher Nutztiere (Leiter: Vet.-Rat Prof. Dr. sc. J. S c h u l z), Wissenschaftsbereich Pathologie (Leiter: Prof. Dr. sc. U. J o h a n n s e n) und dem Zoologischen Garten Leipzig (Direktor: Doz. Dr. S. S e i f e r t)

KASUISTISCHER BEITRAG ZU DEN JUNGTIERERKRANKUNGEN BEIM FLACHLANDTAPIR (TAPIRUS TERRESTRIS)

Von H.-J. S e l b i t z, K. E l z e und K.-F. S c h ü p p e l

Klinik und Therapie

Am 3. Mai 1981 kam im Leipziger Zoologischen Garten ein männlicher Flachlandtapir (Tapirus terrestris) zur Welt. Die Geburt verlief bei dem etwa vierjährigen Muttertier ohne jegliche Komplikationen. Während der ersten 48 Stunden der Aufzucht traten im Verhalten und Gesundheitszustand bei Mutter- und Jungtier keine Abweichungen auf. Am 3. Lebenstag mußte der junge Tapir wegen Abgeschlagenheit und Diarrhoe (dünnbreiiger Kot) vorgestellt werden. Es wurde die Verdachtsdiagnose Koliinfektion oder Jungtierseptikämie gestellt. Die Therapie wurde sofort mit 4 ml Ursocyclin[R] (Oxytetrazyklin), 1,5 ml Prednisolon-Kristallsuspension[R] (Prednisolonazetat) und 20 ml Hippopur[R] (Serum zur spezifischen und unspezifischen Immun- und Reiztherapie bei Fohlen) eingeleitet. Der Einsatz des Hippopur-Serums gründete sich auf die Erfahrung, daß die Erkrankungen der Tapire in einigen Aspekten denen der Pferde ähneln und zielte vor allem auf die para- bzw. unspezifische Stimulierung der Abwehrmechanismen ab.

Am 4. Lebenstag saugte das Jungtier nicht mehr an der Mutter. Da das Muttertier gegenüber Pflegepersonal sehr vertraut war, konnte es ohne Schwierigkeiten gemolken werden, um das Junge dann mit der Flasche zu tränken. Dieses Vorhaben erwies sich als ohne Schwierigkeiten durchführbar. Über die Kotkonsistenz konnte an diesem Tag bei der tierärztlichen Untersuchung keine Aussage gemacht werden, die Analumgebung war aber sauber. Wir setzten die kombinierte Behandlung mit Antibiotika und Prednisolon fort und applizierten zusätzlich je 1 ml Metapyrin[R] (Natriumnoraminophenazonmethansulfonat) und Spasmonal[R] (Dipiproverindihydrochlorid). Es konnte an diesem und den folgenden Tagen kein aktiver Saugakt des Jungtieres an der Mutter mehr beobachtet werden.

Ab 8.5. wurde neben der Fortsetzung der parenteralen Therapie der Tränke zweimal täglich 0,3 g Agrican[R] (Neomyzinsulfat, Phtalylsulfathiazol, Wismutsalizylat, Papaverinhydrochlorid) zugesetzt. Der Hauptwirkstoff Neomyzin entfaltete bei den von uns in den letzten Jahren vorgenommenen in-vitro-Testungen eine gute Wirksamkeit sowohl gegen Salmonellen als auch Kolikeime (S e l b i t z, 1981).

Da vom Muttertier ab 7. Lebenstag des Jungtieres nur noch sehr geringe Milchmengen ermolken werden konnten, wurde die Tapirmilch mit Ziegenmilch und Tee zu gleichen Teilen vermischt. Die orale und parenterale Behandlung setzten wir wie angegeben fort.

Ab 10.5. verschlechterte sich der Allgemeinzustand des jungen Tapirs erheblich, das Abdomen war gespannt, das Tier setzte graugrüne dünne Faeces ab und es trat Dyspnoe in Form erhöhter Atemfrequenz und Abdominalatmung hinzu.

Trotz zusätzlicher oraler und parenteraler Applikation von Koliserum und Flüssigkeits- und Elektrolytsubstitution kam es zu einer fortschreitenden Exsikkose. Die Aufnahme der Tränke verschlechterte sich.
Am 11.5. erhielt das Jungtier insgesamt 6 mal die Flasche (8, 11, 14, 17, 20 und 22 Uhr). Am 12.5.81, dem 10. Tag post partum, wurde der junge Flachlandtapir bei Dienstbeginn um 7 Uhr tot aufgefunden.

Sektionsbefund

Bei dem 10 Tage alten, männlichen Tapir, der sich in einem befriedigenden Ernährungszustand befand, waren bei der Sektion zahlreiche Petechien und Ekchymosen subkutan und vor allem subepikardial und subendokardial nachweisbar. In der Lunge lag eine ausgedehnte, fast das gesamte Organ ergreifende, eitrig-abszedierende Pneumonie vor. Die Abszesse erreichten gebietsweise Bohnengröße. Histologisch konnten in den mit Leukozyten gefüllten Alveolen und Bronchien sowie in den Einschmelzungsherden Pilzelemente und Hefen festgestellt werden. Die geschwollene Leber wies eine mürbe Konsistenz auf und histologisch konnten in den zentrolobulären Bereichen dystrophisch veränderte herdförmige Leberzellbezirke ermittelt werden. Desweiteren lag eine allerdings geringgradige Sternzellenaktivierung vor. Die Milz war nur gering geschwollen und die Nieren zeigten makroskopisch und histologisch keine Veränderungen. Im Magen befanden sich eine grautrübe, wässrige Flüssigkeit und mehrere bis hühnereigroße, derbe Milchkoagula. Der Dünndarm war gebietsweise tympanisch. Lediglich im kaudalen Abschnitt des Jejunum waren Entzündungserscheinungen in Form von diffus verwaschenen Rötungen, Ödematisierungen und gebietsweisem Auftreten von Fibrinflocken nachweisbar. Der Dickdarm war leer und zeigte makroskopisch keine Entzühdungserscheinungen.

Mikrobiologische Untersuchungsergebnisse

Bei der erstmaligen Vorstellung des Jungtieres zur Behandlung wurde eine Kotprobe entnommen und bakteriologisch untersucht. Zunächst ließ sich ein starker Gehalt an Escherichia coli nachweisen. Mit den uns zur Verfügung stehenden Seren für die Diagnostik enteropathogener Kolitypen bei Ferkeln und Kälbern war eine serologische Einordnung durch die Objektträgerschnellagglutination nicht möglich. Im Resistenztest konnte eine Sensitivität nur gegenüber Neomyzin, Nitrofurantoin und Trimethoprim/Sulfamethoxazol festgestellt werden. Daraufhin entschlossen wir uns zur oralen Anwendung des Neomyzinpräparates. Über Anreicherungsmedien konnten wir am Tage vor dem Tod des Tieres den Nachweis von Salmonellen führen. Mit unseren Testseren war die Einordnung in die Gruppe C-3 des Kauffmann-White-Schemas möglich.
Die prophylaktische Untersuchung einer Milchprobe des Muttertieres führte lediglich zur Anzüchtung eines sehr geringen Gehaltes an Mikrokokken.

Durch die bakteriologische Untersuchung des Sektionsmateriales wiesen wir ebenfalls Salmonellen der Gruppe C-3 im Dünndarminhalt nach. Der Stamm wurde in der Veterinärmedizinischen Salmonella-Zentrale der DDR im Bezirksinstitut für Veterinärwesen Karl-Marx-Stadt (Direktor: Ob.-Vet.-Rat Dr. S c h w a r z) durch Herrn Dr. E. K e l t e r b o r n freundlicherweise als S. albany differenziert. Auch in einer unmittelbar danach untersuchten Sammelkotprobe der klinisch gesunden Alttiere wurde diese Salmonellenspezies jetzt einmal festgestellt. Trotz mehrerer Verfolgsuntersuchungen gelang es dann aber nicht wieder, die Keime erneut nachzuweisen.
Weiterhin konnten wir aus den Lungenveränderungen Sproßpilze anzüchten, die im Mykologischen Labor der Hautklinik der Karl-Marx-Universität (Direktor: Prof. Dr. H a u s t e i n) durch Frau Dr. Christina Schönborn dankenswerterweise als Candida albicans bestimmt wurden.

Diskussion

Ätiologisch muß nach unserer Auffassung primär an eine von den Elterntieren ausgehende Salmonelleninfektion gedacht werden. Möglicherweise hat die durch die Hypogalaktie bedingte Hypogammaglobulinämie die klinische Manifestation begünstigt. Über die eigentliche Infektionsquelle kann nichts ausgesagt werden.
K e l t e r b o r n (1979) rechnet S. albany zu den sog. ungewöhnlichen Salmonellenspezies. Diese Art wurde nach unserer Kenntnis aus dem Material des Zoologischen Gartens Leipzig bisher nicht nachgewiesen. Wie sich aus den Befunden ableiten läßt, kam es bei den adulten Flachlandtapiren wahrscheinlich lediglich zu einer zeitlich begrenzten und symptomlosen Darminfektion. Hätte es sich um Dauerausscheider gehandelt, wären weitere bakteriologische Nachweise bei den Verfolgeuntersuchungen zu erwarten gewesen.
Unter den bakteriellen Infektionen der Tapire nimmt die Tuberkulose einen absolut dominierenden Platz ein (S c h r ö d e r, 1978; R e i c h e l, 1976). Über andere Erreger wird mit Ausnahme bakterieller Hautaffektionen in der Literatur so gut wie nicht berichtet. S t e g e r (1978) erwähnt lediglich eine "Dysbakterie der Darmflora" bei einem Schabrackentapir (Tapirus indicus). Vor allem aus diesem Grunde sahen wir uns zur Mitteilung des Falles veranlaßt.
Unter den in den letzten Jahren im Zoo Leipzig isolierten Salmonellen dominiert eindeutig S. typhimurium, was völlig dem internationalen Trend entspricht. 63,6 % aller zwischen dem 1.9.1977 und dem 15.10.1981 angezüchteten Salmonellenstämme (insgesamt 55 Stämme) gehörten zu dieser Spezies. Besonders hervorstechend ist der hohe Anteil von S. typhimurium bei Vögeln, wo 85,7 % aller Salmonellen dieser Art zugeordnet werden mußten. Das andere Extrem sind Reptilien, von deren Salmonellenstämmen nur 25,0 % als S. typhimurium identifiziert wurden. Die Säugetiere nehmen in unserem Untersuchungsmaterial mit einem S. typhimurium-Anteil von 62,5 % eine gewisse Zwischenstellung ein. In den letzten vier Jahren wurde aus den Gruppen der ungewöhnlichen, seltenen und sehr seltenen Salmonellenspezies (K e l t e r b o r n, 1979) bei Säugetieren nur S. albany isoliert.
Als unmittelbare Todesursache ist aber auf Grund des Sektionsbildes eindeutig die abszedierende Lungenentzündung anzusehen.
Durch die sich mit der Ausbildung der mykotischen Pneumonie einstellende Hypoxämie war es auch zu zentrolobulären Leberschädigungen gekommen.
Diese auf dem Boden der Salmonellose entstehende Candida-Infektion des Respirationsapparates verlief klinisch zu Anfang noch symptomlos.
Durch die schnell einsetzenden therapeutischen Maßnahmen konnte zunächst der durch die Salmonellen verursachte heftige Krankheitsverlauf aufgehalten werden. Jedoch konnte die mykotische Pneumonie, die durch die für die Salmonellenbekämpfung indizierte Antibiotikaapplikation möglicherweise noch unterstützt wurde, therapeutisch nicht beherrscht werden.

Zusammenfassung:

Kasuistischer Beitrag zu den Jungtiererkrankungen beim Flachlandtapir (Tapirus terrestris)

Ein neugeborener männlicher Flachlandtapir (Tapirus terrestris) erkrankte an einer Salmonellose und verendete trotz intensiver Behandlung am 10. Tag post partum an einer wahrscheinlich sekundären Lungenmykose durch Candida albicans.

Summary:

Case Histories on Diseases of Young Lowland Tapirs (Tapirus terrestris)

A newborn male lowland tapir (Tapirus terrestris) fell sick with salmonellosis and died ten days after birth, in spite of intensive treatment. Secondary pulmonary mycosis caused by Candida albicans had probably been the cause of death.

Résumé :

Contribution casuiste aux maladies des jeunes chez le tapir terrestre (Tapirus terrestris

Un tapir terrestre (Tapirus terrestris) mâle qui venait de naître a été atteint de salmonellose et mourut le 10ème jour post partum, en dépit d'un traitement intense, probablement à la suite d'une mycose pulmonaire secondaire provoquée par Candida albicans.

Резюме:

Сообщение о заболевании молодого тапира (**Tapirus Terrestris**)

Новорожденный тапир мужского пола заразился сальмонеллозм и ,несмотря на интенсивное лечение, погиб на десятый день , по всей вероятности , от вторичного микоза легкого, вызванного

Literaturverzeichnis:

KELTERBORN, E. (1979): Über die Häufigkeit des Vorkommens der Salmonella-Spezies. Eine Untersuchung an 1,5 Millionen Salmonella-Kulturen, die von 1934 bis 1975 in 109 Ländern isoliert worden waren. - Zbl. Bakt. Hyg., I. Abt. Orig. A 243, 289-307.

REICHEL, K. (1976): Tapire. In: Klös, H.-G. und E. M. Lang (Hrsgb.): Zootierkrankheiten. - Berlin und Hamburg; Parey, 158-163.

SCHRÖDER, H.-D. (1978): Beitrag zu den Erkrankungen der Unpaarhufer. - Verhandlungsber. XX. Internat. Symp. Erkrankungen Zootiere, Dvur Králové, 37-40.

SELBITZ, H.-J. (1981): Zur Chemotherapeutikaresistenz von Bakterienstämmen aus dem Untersuchungsmaterial des Zoologischen Gartens Leipzig. Verhandlungsber. XXIII. Internat. Symp. Erkrankungen Zootiere, Halle, 95-102.

STEGER, G. (1978): Untersuchungsbefunde bei nicht domestizierten Huftieren 1939-1977. - Verhandlungsber. XX. Internat. Symp. Erkrankungen Zootiere, Dvur Králové, 9-19.

Anschrift der Verfasser: Dr. med. vet. H.-J. S e l b i t z
7010 Leipzig
Margarete-Blank-Str. 8 (DDR)

Jennings Center for Zoological Medicine, Zoological Society of San Diego (Director: Ch. B i e l e r)

OMPHALITIS IN INFANT ORANGUTANS

By Ph. K. E n s l e y

Omphalitis occurred in 5 hand-raised infant orangutans at 6 to 21 days of age. These animals exhibited discomfort and in some cases pyrexia. In each animal the umbilical stump and surrounding abdominal wall were inflamed and tender. Not all cases demonstrated elevated white blood cell counts. E. coli, Staph. sp. and Strep. sp. were cultured. All cases responded favorably to parenteral antibiotics in addition to topical care. One case resulted in osteomyelitis of a distal humerus. The purpose of this report is to identify causes for occurrence of omphalitis in these animals and discuss preventive care of the umbilicus.

Once a common problem in human babies, the frequency of infections around the umbilicus has been reduced with the practice of good perinatal care. Infections at this site can result in cellulitis of the abdominal wall followed by peritonitis. More serious cases occur from infection ascending the umbilical vein to the liver resulting in fatal hepatic abscesses. From 1970 to 1981, 15 orangutans were born at the San Diego Zoo (Ensley, 1981). Fourteen of these animals required hand-raising due to lack of maternal care. Because maternal rejection was determined within the first 1 to 8 hours after birth, ligation and severing the umbilical cord was required in these cases. Topical antiseptics were applied frequently to each umbilical stump. In spite of these precautions, 5 cases of omphalitis occurred.

Case 1

A 21 day old male hybred orangutan Pongo p. pygmaeus x Pongo p. abeli was restless and had a temperature of 101.5° F (38.6° C). The umbilical stump was reddened, swollen, and upon manipulation exuded pus and caseous matter. The infected stump was cultured, cleaned with an antiseptic scrub and swabbed with 2.5 % iodine. Gentamicin sulfate, 5 mg/kg was administered daily for 10 days intramuscularily. In 24 hours, the body temperature returned to normal and the umbilicus appeared dry and less inflamed. A Staph. sp. was isolated from the umbilical culture. In 2 days the animal was observed to regurgitate flecks of blood and the temperature again became elevated. The umbilical stump had a serosanguineous discharge and the animal was again restless. Carbenicillin disodium (P f i z e r Inc.), 200 mg/kg was administered every 6 hours intramuscularily for 7 days. The umbilical stump healed without further complication.

Case 2

A 10 day old female Bornean orangutan Pongo p. pygmaeus developed a periumbilical zone of soft tissue swelling. The umbilical stalk appeared to be healing normally, however, the swollen periumbilical abdominal skin was causing the umbilical suture to bind uncomfortably and therefore was removed. The swelling persisted and 14 days later pus was noted at the tip of the umbilical stump. A culture was taken. Staph. sp. and E. coli were isolated. A complete blood count was normal. Gentamicin sulfate, 5 mg/kg was administered once daily intramuscularily for 7 days. Warm compresses were applied to the abdomen. Temperature and activity remained normal and the umbilical stump healed successfully.

Case 3

A 9 day old male hybred orangutan developed periumbilical soft tissue abdominal swelling similar to that observed in case No. 2. Again an uncomfortably binding umbilical suture was removed from the umbilical stump. The animal had a temperature of 106.8° F (41.5° C). The infant was given a sponge bath and cooled down to 98.9° F (37.1° C) in one hour. There was no discharge visible at the umbilical stump. A complete blood count showed a white blood cell count of 10,000/cmm. This animal was placed on gentamicin sulfate, 5 mg/kg twice a day intramuscularily for 7 days. Acetaminophen (Tylenol Drops-McNei-Lab Inc.), approximately 50-100 mg, 3 to 4 times daily was given orally to control pyrexia. The temperature remained normal and recovery was uneventful.

Case 4

A 6 day old male Sumatran orangutan *Pongo p. abeli* developed a discharge from the umbilical cord site. The cord was cleaned with an antiseptic scrub and painted with 2.5 % iodine. Gentamicin sulfate, 5 mg/kg was administered twice daily for 7 days. Recovery was uneventful.

Case 5

A 12 day old male Bornean orangutan developed an inflammed umbilicus. This animal was uncomfortable and had a normal temperature. Warm compresses were applied to the abdomen. Ampicillin sodium (Bristol Laboratories, Syracuse), 10 mg/kg was administered intramuscularily every 8 hours for 8 days. The umbilicus then closed normally. Nine days later the distal portion of the right humerus, elbow and fingers became swollen and tender. Gentamicin sulfate, 5 mg/kg was administered twice daily intramuscularily for 7 days in addition to ampicillin oral suspension 25 mg/kg every 6 hours per os. Two days later the oral ampicillin was substituted with doxycycline monohydrate (Vibramycin, Pfizer Inc.), 30 mg/kg every 6 hours per os.

After 1 week the soft tissue swelling decreased giving a "knobby" appearance to the distal humerus. Radiographs at this time showed an exuberant subperiosteal reaction of the distal humerus. A Gallium (^{67}Ga) scan was performed by giving gallium citrate intravenously and the orangutan was imaged 24 hours later. This was done to check the elbow joint for sepsis and also to rule out sepsis in a deep joint (coxofemoral). Gallium concentrates in the bones and acute inflammatory cells. Uptake of activity occurred in the distal humerus and not in the elbow joint (or coxofemoral joints). A diagnosis of osteomyelitis was made. The animal's medication was changed to chloramphenicol palmitate (Parke-Davis), 15 mg/kg every 6 hours orally for 2 weeks. An uneventful recovery followed. Radiographs 1 year later revealed a normal joint with normal joint function.

Discussion

Several events may have contributed to the appearance of these cases. One major factor was due to an early clinical practice of severing and ligating umbilical cords at a point too close to the infant. This resulted in an umbilical stump that would remain moist and ooze blood for several days. The moist tip or stump became an ideal place for urine and fecal contamination. The result was an infected umbilicus. Anticoagulant powders were used, however, they merely formed a crust over the stump allowing underlying serum pockets to form. As the infection spread from the umbilical stump to the abdominal wall, the umbilical ligature cut into the inflammed abdominal skin. Thus in 2 of the cases, removal of the umbilical ligature was necessary. To prevent this situation from occurring, umbilical cords are now ligated and cut with a sterile instrument distal to the deliniation of pigmented abdominal skin. An antiseptic solution such as 2.5 % iodine is applied to the umbilical stump several times a day.

It is significant that pyrexia and leukocytosis were not present in every case. Abdominal discomfort with periumbilical swelling were the more consistent clinical findings. Vigorous use of antibiotics such as gentamicin sulfate at human pediatric dosages seemed to aid recovery in all but case No. 5. In that case, ampicillin was the initial antibiotic admini stered. Osteomyelitis as a sequelle resulted. Septic arthritis has been documented as a severe process in human neonates (N a d e , 1975; C o l e et al., 1975) and in at least one orangutan infant (H o o p e s et al., 1978). A gallium scan was demonstrated as a useful

technique in ruling out septic arthritis in case No. 5.
Prevention of omphalitis is achieved by proper management of the umbilical cord at the time of birth. Good perinatal care should include the topical use of an antiseptic solution such as 2.5 % iodine several times daily until the cord has healed. Identification of an infected cord and prompt use of systemic antibiotics are essential to patient recovery. Clinical care must include awareness of a possible sequella such as septic arthritis or osteomyelitis.

Summary:

Omphalitis In Infant Orangutans

Omphalitis occurred in 5 hand-raised infant orangutans at 6 to 21 days of age. The animals exhibited discomfort and were pyrexic. In each case the umbilical stump and surrounding abdominal wall were inflammed and tender. Complete blood counts demonstrated elevated white blood cell counts. *E. coli*, *Staph. sp.* and *Strep. sp.* were cultured. All cases responded favorably to parenteral antibiotics (Gentamicin sulfate, 5 mg/kg/Bid for 5 to 7 days, Schering Pharm. Corp. Kenilworth, N.J. 07033) in addition to topical care. One case resulted in osteomyelitis of a distal humerus.

Zusammenfassung:

Omphalitis bei jungen Orang-Utans

Es wird über Nabelentzündungen bei 6 bis 21 Tage alten, künstlich aufgezogenen Orang-Utans berichtet. Die Affen zeigten ein gestörtes Allgemeinbefinden und Fieber. In allen Fällen waren der Nabelstumpf und die ihn umgebende Bauchwand entzündet. Im Blutbild war eine Erhöhung der Leukozyten festzustellen. Bei der bakteriologischen Untersuchung wurden E. coli sowie Staphylo- und Streptokokken nachgewiesen. In allen Fällen schlug die Therapie mit Gentamycin an. In einem Fall wurde eine Osteomyelitis am Humerus beobachtet.

Résumé :

Omphalite chez de jeunes orangs-outans

L'auteur décrit des irritations et inflammations ombilicales chez des orangs-outans âgés de 6 à 21 jours élevés à la main. Les singes ont presente des troubles généraux et de la fièvre. Dans tous les cas, le tronçon du cordon ombilical et la paroi abdominale étaient inflammés. La numération globulaire indiqua une quantité élevée des leucocytes. L'examen bactériologique a révélé la présence de E. coli et de staphylocoques et de streptocoques. Tous les cas répondirent favorablement à des administrations de Gentamicin sulfate . Un cas fut suivi d'ostéomyélite d'un humérus distal.

Резюме:

Omphalitis у молодого орангутана.

У пяти искусственно выращенных молодых орангутанов в возрасте от 6 до 2I дня наблюдалось воспаление пупка. У животных наблюдалось лихорадочное недомогание. В каждом случае пупочный остаток и окружающая кожа были воспалены и мягки. В крови обнаружено повышенное количество лейкоцитов. При бактериологических исследованиях выявлены Э. колистафилококки и стрептококки. Все животные были вылечены введением гентамицина. У одного животного обнаружен остеомиелитит плечевой кости.

References:

COLE, W. G., ELLIOT, B. G. and H. JENSEN (1975): The Management of Septic Arthritis in Childhood. Aust. NZ J. Surg. 45, 178-182.

ENSLEY, Ph. K. (1981): Nursery Raising Orangutans: Medical Problems Encountered at the San Diego Zoo, Proceedings Amer. Assoc. of Zoo Vets. In Press.

HOOPES, P. J., McKAY, D. W., DAISLEY, G. W., KENNEDY, S. and M. BUSH (1978): Suppurative Arthritis in an Infant Orangutan. JAVMA 173, (9), 1145-1147.

NADE, S. (1975): Acute Septic Arthritis in Infancy and Childhood. Aust. Paediatr J. 11, 145-153.

Address of authors: Philip K. E n s l e y , D.V.M., Zoo San Diego
P. O. Box 551, San Diego, California 92112 (U.S.A.)

Aus dem Zoologischen Garten Bojnice (Direktor: Ing. P. M i h a l i k)

ERFAHRUNGEN BEI DER BRUT UND AUFZUCHT VON EMUS IM ZOO BOJNICE

Von P. M i h a l i k und V. S r a n k

In den zurückliegenden drei Jahren wurden im Zoo Bojnice 41 Emus (Dromaius novaehollandiae) ausgebrütet, wovon im Jahre 1979 aus 19 Eiern 14 Küken, 1980 aus 20 Eiern 19 Küken und 1981 aus 10 Eiern 9 Küken schlüpften. Nachfolgend sollen einige Informationen über die künstliche Aufzucht sowie über beobachtete Erkrankungen vermittelt werden.

Die ersten Vorkehrungen im Hinblick auf die Eiablage trafen wir jeweils bereits im August. Zweimal wöchentlich wurden zu diesem Zeitpunkt der Futterration 5000 IE Vitamin A, 1000 IE Vitamin D_3 sowie 1,6 - 3 mg Vitamin E beigemengt. Vitamine der B-Gruppe wurden in natürlicher Form durch die Verfütterung von Hafer, Sojamehl und Weizenkleie den Tieren zugeführt. Die Absicherung des Manganbedarfes erfolgte in Form von Gaben des Mangansulfats ($MnSO_4$), das ab Ende August bzw. Mitte September in steigenden Gaben von 20 bis 80 mg/kg Futtersubstanz verabreicht wurde. Wie Untersuchungen vor und nach der Eiablage erkennen ließen, ist der Mangangehalt im Gefieder der weiblichen Emus nach der Eiablage markant niedriger als vorher und als entsprechende Werte bei männlichen Tieren. Hieraus geht hervor, daß zur Erhaltung optimaler physiologischer Werte eine abgestufte Manganzufütterung im Laufe des Jahres erforderlich ist.
Die Futteraufnahme war bei den erwachsenen Tieren unterschiedlich. In der Ruheperiode und in der Zeit der Vorbereitung auf die Eiablage fraßen die Tiere mehr als während der Eiablage und des Brütens. Die maximale Futteraufnahme für ein Emupaar betrug 1,90 kg. Im Gegensatz hierzu beobachteten wir bei einzelnen Emus, daß sie während der Zeit der Eiablage überhaupt kein Futter annahmen. Der optimale Stickstoffgehalt betrug 18-19 %. Die Werte für die Stoffwechselenergie bewegten sich zwischen 8 und 11 IE.
Die Futterrationen für erwachsene Emus stellten wir folgendermaßen zusammen:
0,07 kg gekochtes Fleisch; 0,2 kg Brot; 0,25 Maisschrot; 0,2 kg Futtermischung für Hochproduktionslegehennen; 0,1 kg Trockenmilch; 0,05 kg Luzernemehl; 0,03 kg geschälter Hafer; 0,1 kg gekochte Kartoffeln; 0,02 kg Hefe; 0,20 kg Möhren; 0,10 kg Kohl; 0,1kg Kohlrabi; 0,1 kg Äpfel.
Zusammensetzung der 1,52 kg Futtermasse: 132,4 g stickstoffhaltige Stoffe; 47,4 g Fette; 43,3 g Asche; Stoffwechselenergie 11,3 J.
Die Eiablage der verschiedenen Paare erfolgte zu unterschiedlichen Zeiten. Das älteste Weibchen begann in den letzten Oktobertagen und endete Mitte Januar, während die jüngere Henne Mitte Dezember zu legen begann und Anfang Februar abschloß. Die Größe der Gelege schwankte zwischen 7 bis 9 Stück. Die Erstgelege waren grundsätzlich kleiner als die nachfolgenden. Das durchschnittliche Gewicht der Eier betrug 513 g bis 627 g. Von einer Henne wurden zwei Doppeleier von 1030 g und 1040 g gelegt, die jedoch beide unbefruchtet waren. Ansonsten waren beim älteren Paar 65 % der Eier und beim jüngeren Paar 80 % der Eier befruchtet. Die besten Ergebnisse in dieser Hinsicht wurden 1979 bei einem Paar ermittelt, bei dem die Henne erst zwei Jahre alt war.

Von sieben gelegten Eiern waren alle befruchtet und wurden auch ausgebrütet. In den dann folgenden Jahren sank die Befruchtungsquote auf 74-80 %.
Grundsätzlich wurden die Eier vor Beginn der künstlichen Brut höchstens 3 Wochen bei 7° bis $10^{o}C$ aufbewahrt. Es hatte sich gezeigt, daß bei längerer Lagerung häufiger der Keimling abstarb. Die längste Lagerung mit anschließend noch erfolgreicher Brut betrug 19 Tage.
Nach dem Ausschlüpfen der Emuküken erfolgte ihre Unterbringung in einem Holzkasten von 160 cm x 120 cm Größe. Als Wärmequelle wurde eine 250 W Infrarotlampe benutzt und der Fußboden wurde mit Alttextilien ausgelegt, die regelmäßig zweimal wöchentlich ausgewechselt, gewaschen und desinfiziert wurden. Glatte Fußböden oder Sandstreu eignen sich nicht, da schwächere Jungtiere leicht ausrutschen und Beinverletzungen aufweisen. Die Haltungstemperatur in den ersten Lebenstagen sollte 28°-$30^{o}C$ betragen und kann später auf 22°-$24^{o}C$ gesenkt werden. Im Aufzuchtskasten hatten die Küken immer Gelegenheit, die für sie optimale und angenehme Temperatur aufzusuchen. Die frischgeschlüpften Küken wurden in den ersten Lebensstunden, bis zur völligen Trocknung des Gefieders im Brutkasten belassen. Nach dem Umsetzen in den Aufzuchtkasten hielten sich die Küken mindestens einen Tag liegend unter der Infrarotlampe auf und begannen erst am zweiten oder dritten Lebenstag zu laufen. Futter und Wasser standen zur Verfügung, ohne daß die Küken jedoch zur Futteraufnahme gezwungen wurden. Zu Anfang wurden von den Küken Haferflocken bevorzugt.
Das Verbringen der Küken in einen Außenauslauf erfolgte ab Anfang April, jedoch zunächst nur stundenweise. Später wurden sie in weiterversetzbare Ausläufe auf Rasenflächen gebracht, und ab zwölfter Lebenswoche wurden sie endgültig in Ausläufen im Freien gehalten.
Die Zusammenstellung der Futterrationen erfolgte nach Erfahrungswerten. Weizenkleie, Haferflocken sowie eiweißhaltige vitaminisierte Trockensubstanz aus Sojamehl bzw. geriebenen Möhren und Hafer wurden ausgewählt. In den Wintermonaten wurde zusätzlich vorgekeimte Gerste verfüttert. Durch treibhausartige Abdeckung konnte dann im Vorfrühling bereits junge Brennessel geerntet und zugefüttert werden. Vitamine und Mineralstoffe zur optimalen Entwicklung der Brut wurden durch Gaben der Präparate "Konvit" und "Roboran" den Küken zugeführt. Zur Vermeidung von Fußerkrankungen wurde prophylaktisch Mangansulfat dem Futter zugesetzt. Um möglichst ein zu rasantes Wachstum der Küken zu vermeiden, wurde ein stickstoff- und energiearmes Futter verabreicht.
Nach unseren Erfahrungen empfiehlt es sich, folgende Futterrationen zu wählen:
7-21 Tage alte Küken pro Tag:
Weizenkleie 3,0 g; Haferflocken 20 g; geriebene Möhren 90 g; vorgekeimte Gerste 12 g; Luzernemehl 14 g; Sojamehl 8 g; Eierquark 2 g; Mischung für Truthühner 20 g; Hefe 4 g. (insgesamt 200 g)
21 Tage - 3 Monate alte Küken pro Tag:
600 g des gleichen Futters.
Zusätzlich werden Mangansulfat, Keimöl und Vitamin AD_3 verabreicht.
Zur Überwachung der ordnungsgemäßen Entwicklung wurde ständig das Gewicht kontrolliert und die Tibiadicke und Metatarsuslänge gemessen.
Als wichtigstes Erkrankungsproblem bei der Emuaufzucht ist auf die verschiedenen Extremitätenerkrankungen zu verweisen. Rachitis als Folge von Vitamin D und Kalziumstoffwechselstörungen spielen eine nicht unbedeutende Rolle. Daneben ist der Perosis besondere Aufmerksamkeit zu schenken. Ossifikationsstörungen im Bereich der Epiphysis werden wiederholt beobachtet. Unter den Muskelerkrankungen kommt solchen durch einen Schwefelmangel (Aminosäuren) und denen durch Vitamin E und Selenmangel eine besondere Bedeutung zu.

Gelegentlich konnten auch Dermatitiden bei der Aufzucht von Emuküken beobachtet werden, die möglicherweise mit einem Biotinmangel in Zusammenhang zu bringen sind. Schließlich muß auch auf Nervenschäden durch Vitamin B-Mangel hingewiesen werden, die bei Emuküken auftreten können.
Die Perosissymptome machen sich bei Emuküken zuerst durch eine unbedeutende Schwellung des Tibio-metatarsalgelenkes bemerkbar. Im weiteren Verlauf der Erkrankung kommt es zu Veränderungen an den Röhrenknochen und zu Deformationen der Mittelfußknochen, in deren Folge die Archillessehne (Tendo Archillis) aus der Führung gleitet und Anlaß zu ventralen oder lateralen Extremitätenverbiegungen gibt. Dadurch wiederum kommt es zu einer mehr oder weniger starken Behinderung. Das betroffene Tier frißt nicht mehr, magert ab und stirbt. Vorbeugend sollte getrocknete Brauhefe, Niacin und Vitamin E dem Aufzuchtfutter zugefügt werden.

Perosiserkrankungen traten bei den von uns künstlich aufgezogenen Emuküken des öfteren auf. Daneben beobachteten wir Dottersackentzündungen und Aspergillosen. Bei den Fällen von Perosis waren die Knochenveränderungen soweit fortgeschritten, daß die Tiere nicht mehr auf ihren Füßen stehen konnten und an allgemeiner Körperschwäche verstarben. Therapeutisch versuchten wir, durch Verabreichung von Kalzium, Vitamin D_3 und B sowie Mangansulfat vorbeugend einzuwirken.
Zur Behandlung der Aspergillose verwandten wir anfangs das Fungividin, 1 Tablette pro Tier und Tag, später gingen wir dazu über, Antiasper, 50 g auf 10 l Wasser, zu verabreichen. Beste Erfolge veranlassen uns heute, schon bei ersten Symptomen eine Behandlung über 10 Tage mit Antiasper einzuleiten.
Die im Verlauf der Emuaufzucht verstorbenen Tiere zeigten bei der Obduktion Darm- und Dottersackentzündungen.

Zusammenfassung:

Erfahrungen bei der Brut und Aufzucht von Emus im Zoo Bojnice

Es wird über die mit der Eiablage, Brut und Aufzucht der Küken von Emus im Zusammenhang stehenden Fragen aus der Sicht erfolgreicher Erfahrungen berichtet. Dabei wird besonders auch zu Fütterungsfragen Stellung genommen. Unter den Erkrankungen erweisen sich die Perosis und die Aspergillose als bedeutungsvoll.

Summary:

Experience from Emu Raising in Zoo of Bojnice

Emus have been raised with good success in the Zoological Garden of Bojnice. Oviposition, hatching, and chicken raising are reported in greater detail. Particular reference is made to aspects of feeding. Perosis and aspergillosis were somewhat common and thus important diseases.

Résumé :

Expériences dans l'élevage d'émeux au Jardin zoologique de Bojnice

Après avoir acquis de bons résultats, l'auteur évoque ses expériences faites dans le domaine de la pondaison, de la cuvée et de l'élevage de poussins d'émeux. Les problèmes de l'alimentation jouent un grand rôle à ce sujet. Parmi les affections enregistrées, la perosis et l'aspergillose prennent une importance particulière.

Резюме:

Сведения о разведение эму в зоопарке Боянице.

Сообщается об откладке яиц, насиживании и выведении цыплят эму совместно с вопросами успешного обмена опытом. При этом особенно подчеркиваются методы питания. Среди заболеваний цыплят выявлены периозис и аспвргиллоз.

Anschrift der Verfasser: Ing. P. M i h a l i k CSc
CSSR 97101 Prievidza
Tajovksého ul. 28 (CSSR)

Aus dem Zoologischen Garten Lešná (Direktor: Dipl.-Ing. J. R o s t i n s k á)

ZUR ÄTIOLOGIE DER PEROSIS BEIM EMU (DROMICEIUS NOVAEHOLLANDIAE)

Von J. F r o l k a

Aus Arbeiten zahlreicher Verfasser ist ersichtlich, daß die größten Verluste bei der Aufzucht von Straußen durch Deformationen der Gliedmaßen verursacht werden. Am besten drückte es W y l i s (1976) aus, indem er sagte, daß es keine Publikation über die Aufzucht dieser Vögel gäbe, in der nicht das universelle Problem der Gliedmaßendeformierung erörtert wird. Die Terminologie ist bei dieser Erkrankung nicht einheitlich. Am häufigsten kommt die Bezeichnung Perosis vor (Slipped tendon oder hock disease), Schwäche der Extremitäten (leg weakness, weak-hocked, splayed leg), oder allgemein Deformationen der Glieder (leg deformity).

T i t u s (1932) bezeichnete als Perosis eine Erkrankung des Huhnes, charakterisiert durch Vergrößerung der tibiometatarsalen Gelenke, Krümmung der langen Knochen und Abgleiten der Sehne des Musculus gastrocnemius von den distalen Kondylen des Tibiotarsus. Auf einen Zusammenhang zwischen Perosis und Mangel an Mangan haben erstmals W i l g u s et al. (1936) hingewiesen. Später konnten weitere Autoren eine ausschlaggebende Beziehung zwischen Manganmangel und Vorkommen von Perosis nachweisen (L e a c h und M u e n s t e r, 1962; L e a c h, 1968, 1974; O g u r a, 1977). Keine Verbindung fanden dagegen T h o m a s und L o w t h e r (1976) zwischen dem Krankheitsbild des Abgleitens der Sehne des M. gastrocnemius und der Zugabe von Mangan zum Futter. In diesem Sinne führten auch S t a k e et al. (1978) an, daß die Zugabe von Mangan zum Futter für Broiler das Auftreten der Perosis nicht verringerte, sondern sogar in einigen Fällen zu einem häufigeren Auftreten von Gliederdeformationen führte.
Einigen Literaturangaben zufolge sind Krankheitsbilder der Perosis auch bei Mangel an Cholin (J u k e s, 1940; K e t o l a und Y o u n g, 1973), Biotin sowie Vitamin B (K l i m e š et al. 1961; G r a t z l und K ö h l e r, 1968; H o f s t a d, 1978) zu beobachten.
Nach den Ermittlungen von G e r u m und K i r c h g e s s n e r (1978) wird die Perosis bei Broilern durch den Gehalt an Rohproteinen im Futter beeinflußt. Es wurde festgestellt, daß Perosis bzw. Deformationen der Beine bei Broilern häufiger bei männlichen als bei weiblichen Vögeln vorkommt (S e t h und C l a n d i n i, 1973; R a n d a l l und M i l l s, 1981). Nachgewiesen wurde weiterhin, daß Mangan keinerlei Wirkung auf die Ablagerung von Kalzium und Phosphor in der Tibia der Hühner ausübt. Daraus ergibt sich, daß es durch den Manganmangel nicht zu einer Störung des Verkalkungsvorganges kommt, die die Knochenabnormitäten verursachen könnte. Die enchondrale Ossifikation setzt verspätet ein, die Osteogenese bleibt jedoch unbeeinträchtigt (U n d e r w o o d, 1971). Im Gegenteil kann nach H u n t und Mc G i n n i s (1959) ein Überfluß an Kalzium und Phosphor bei jungen Truthühnern die Symptome der Gliedmaßenschwäche verstärken, oder ihr Auftreten beschleunigen.

Auf Grund ihrer umfassenden Untersuchungen kamen L e a c h und M u e n s t e r (1962) sowie L e a c h (1968, 1974) zu dem Schluß, daß ein Mangel an Cholin, Nikotinsäure, Folsäure, Biotin oder Zink perosisähnliche Deformationen zur Folge haben können, daß jedoch, wie es das histologische Bild zeigt, es sich bei dieser Gruppe nicht um die gleiche Stoffwechselstörung handelt wie bei einem Mangandefizit.

Wiederholt konnten sie beweisen, daß bei einem Manganmangel der Gehalt an Mukopolysacchariden in den Epiphysenknorpeln verringert und die extrazellulare Matrix weitgehend reduziert ist.
R a n d a l l und M i l l s (1981) untersuchten das Auftreten von Mißbildungen bei Broiler-Hähnchen. Die meisten Deformationen kamen im Alter von 3 bis 7 Wochen vor. In keinem Fall konnte eine Chondrodystrophie festgestellt werden, verhältnismäßig häufig wurde dagegen eine Dyschondroplasie angetroffen.
Bei der Aufzucht von Vögeln in Tiergärten wird eine Perosis ziemlich häufig diagnostiziert. G e w a l t (1967) führt an, daß seit 1954, als er zum erstenmal der Perosis bei der Aufzucht der Trappe begegnete, diese Erkrankung auch bei jungen Kranichen, Nandus und Fasanen festgestellt wurde. Bei der Trappe zeigten sich die ersten Symptome der Perosis im Alter von 12 - 16 Tagen, also zur Zeit des stärksten Wachstums. Bei kranken Vögeln beobachtete er die Verdickung der Tibiometatarsalgelenke. Das Wachstum der Tibia und des Tarsometatarsus blieb zurück, die Beine krümmten sich und wurden seitwärts abgewinkelt. Seitdem den Zucht- und Jungvögeln vorbeugend Mangan verabreicht wird, wurden keine schweren Fälle von Perosis mehr beobachtet.
Beim Emu, schwarzen Schwan und der Hühnergans wurde die Perosis von H e y m a n n et al. (1970) beschrieben. Bei den jungen Emus wurden die ersten Perosis-Symptome bereits in den ersten Lebenswochen manifest, zum Verrutschen der Sehne des M. gastrocnemius kam es um die 9. Lebenswoche. Von den Verfassern wird empfohlen, daß Futter mit Mineralien und Vitaminen zu ergänzen, Eiweiße tierischer Herkunft einzuschränken und Kalziumkarbonat sowie Fleisch-Knochenmehl aus der Diät der Jungvögel ganz auszuschließen. Die Futterration soll aus möglichst viel Grünfutter, 5 - 10 % Sojamehl und 0,005 - 1 % Mangan- und Zinksulphat bestehen.
In seiner Arbeit über nutritive Ursachen der Perosis beim braunen Emu im Zoo Bojnice gab M i h á l i k (1980) an, daß die Krankheit bei der Aufzucht Verluste bis über 50 % zur Folge hatte. Das Abgleiten der Sehne von den Kondylen wurde jedoch nie beobachtet. Die Zugabe von Mangan zum Futter für Zuchtvögel und Jungtiere wirkte sich sehr günstig aus. Über einen jungen Emu, der infolge einer Perosis im Alter von 6 Wochen verendete, berichteten B o w t h o r p e und V o s s (1966).

Deformationen der Beine führten zu Verlusten bei der Aufzucht vom Nandu im Zoo Fort Worth (B r o w n und K i m b e l l, 1972), und das Auftreten der Perosis wurde auch bei einem Darwin-Nandu im Alter von 27 - 32 Tagen beobachtet (E v a n s - L a y n g und B e n i r s c h k e, 1978). Die Behandlung blieb erfolglos.

B e r g e r (1979) beschrieb die Perosis bei einem jungen Kasuar, mit ersten Symptomen im Alter von 4 Wochen. Obwohl dem Jungvogel ab 8. Lebenstag Mangansulphat zum Futter beigemischt wurde, verschob sich die Sehne des M. gastrocnemius und der Vogel verstarb im Alter von 2 Monaten. Die Ursache dafür sieht der Autor in einer unausgewogenen Mineral- und Eiweißzufuhr.
Ebenfalls über Deformationen der Gliedmaßen bei jungen Straußen berichten D i n n e s (1972) und B e r g e r (1979).
Die ersten Krankheitssymptome, die E v a n s - L a y n g und B e n i r s c h k e (1978) als "weak-hocked" oder "splayed leg" bezeichnen, sind bei Laufvögeln in Tiergärten bereits in einigen Stunden nach dem Schlüpfen manifest. Die Jungvögel können sich nicht hinstellen, ihre Beine gleiten auseinander, sie können sie nicht unter ihren Körper halten. Zur Behandlung dieser "Indisposition" wird empfohlen, den betroffenen Jungvögel für 1 - 2 Tage in einem speziellen Beutel zu halten. W y l i e (1976) bezeichnet die Erkrankung als "spraddled legs" und führt sie auf ein Mißverhältnis zwischen Ca und P zurück, das den Ossifikationsvorgang hemmt. Er empfiehlt, den kranken Jungvögeln für 48 Stunden die Fersengelenke mit einer Binde zu fixieren.

Bei Symptomen von Paraplegie der Gliedmaßen bei jungen Emus im Zoo Mulhouse wurden mit Erfolg besondere Fixationsjacken, bei gleichzeitiger Verabreichung von Vitamin B, angewendet (G u t k n e c h t, 1975).
F r e y (1981) berichtete, daß im Wildlife Safari Winston bei 70 % der im Brutschrank geschlüpften Emus unmittelbar nach dem Schlüpfen Symptome der Gliedmaßenschwäche zu beobachten sind. Gute Behandlungsergebnisse wurden dadurch erzielt, daß die Beine der Jungvögel für 3 - 7 Tage mit Hilfe einer Binde fixiert wurden.

Eigene Untersuchungen:

Im Tierpark Lešná hat die Zucht des Emu eine langjährige Tradition. Das erste Paar kam in das damalige Gehege Lešná im Jahre 1929. Die Eier wurden lange auf natürlichem Wege, unter dem männlichen Vogel, ausgebrütet. Seit 1971 wird künstlich erbrütet, so daß die Zahl der ausgebrüteten und aufgezogenen Jungvögel stieg. Während in den Jahren 1955 - 1970 in Lešná 50 junge Emus aufgezogen wurden, waren es in den Jahren 1970 - 1980 insgesamt 209 Vögel. Gleichzeitig allerdings stieg auch die Zahl der Jungvögel, bei denen in den ersten Monaten ihres Lebens Symptome der Perosis und Gliedmaßenschwäche auftreten.
Die Diagnose Perosis wurde auf Grund klinischer, pathologisch-anatomischer, biochemischer und histologischer Untersuchungen gestellt. In manchen Jahren verursachte diese Erkrankung Verluste von 30 - 40 %. Vor Einführung der künstlichen Erbrütung gab es dagegen bloß sporadische Einzelfälle.
Die ersten klinischen Symptome der Perosis konnten wir bei jungen Emus meistens im Alter von 14 - 34 Tagen beobachten. An erster Stelle wurde die Vergrößerung der tibiometatarsalen Gelenke deutlich. Später kam es zu einer Verbiegung und Drehung des distalen Endes der Tibia und des proximalen Endes des Tarsometatarsus. In mehr als 90 % der Fälle manifestierten sich die klinischen Symptome am rechten Bein, vereinzelt nur am linken oder an beiden Beinen gleichzeitig. Im vorgeschrittenen Stadium der Erkrankung rutschte bei einem Teil der Jungvögel die Sehne des M. gastrocnemius über die Kondylen ab. An den tibiometatarsalen Gelenken und Zehengelenken traten dekubitale Veränderungen auf. Sie erschwerten den Vögeln die Bewegung und damit den Zugang zum Futter, so daß sie abmagerten und letzten Endes verstarben oder getötet werden mußten. Sobald sich klinische Symptome der Perosis einstellten, blieben alle Versuche, den Verlauf der Erkrankung therapeutisch zu beeinflussen, erfolglos.

Da sich die meisten Autoren in der Ansicht einig sind, daß der Perosis Stoffwechselstörungen zu Grunde liegen, nahmen wir bei Emus Untersuchungen von Blut-, Feder- und Futterproben vor. Die Stoffwechseluntersuchungen und ihre Auswertung wurden am Lehrstuhl für Diagnostik, Behandlung und Vorbeuge der Tierärztlichen Hochschule Brno und im Forschungsinstitut der LPG Slušovice ausgeführt. Da bisher für den Emu keine hämatologischen und biochemischen Referenzwerte vorlagen, entnahmen wir für Vergleichszwecke Proben auch von klinisch gesunden Vögeln.
Die hämatologischen Untersuchungen erstreckten sich auf Hämoglobin-, Hämatokrit- und Glukose-Werte im Blut, sowie Werte für Harnstoff, Gesamteiweiß, Betakarotin und Triglyzeride im Blutserum. Einen Überblick über die festgestellten Werte geben die Tabellen 1 - 4.
Im Anschluß an die Stoffwechseluntersuchungen wurden Anfang des Jahres 1978 Analysen des Futtergemisches vorgenommen, das den Zuchtemus im Laufe der ganzen Reproduktionsperiode angeboten worden war, sowie zweier Proben der Futtergemische, die für junge Emus verwendet wurden. Die Hauptbestandteile dieser Gemische waren: komplettes Fertigfutter für Legehennen, Gersten-, Mais-, Weizen- und Hafer-Schrot, Weizenkleie, Haferflocken, hartgekochte Eier, Grünfutter, Quark, Karotten, Kraut, getrocknete Brennesseln, Rüben, Mineralien- und Vitaminzusatz.

Durchgeführt wurde eine vollständige Standardanalyse und die Untersuchung auf den Aminosäurenspiegel. Die Ergebnisse sind in den Tabellen 5 und 6 aufgeführt.
Die Untersuchung der Gefiederproben war auf die Bestimmung des Mikro- und Makroelementengehalts konzentriert. Wir bemühten uns, die Proben in gleicher Weise und von der gleichen Stelle am Rücken zu nehmen, was jedoch nicht in allen Fällen möglich war. Während bei größeren Vögeln die Federn mit Kiel ausgerupft werden konnten, mußten wir bei Jungemus das Gefieder von einer großen Fläche mit der Schere abschneiden. Das muß bei der Beurteilung der Werte in Tabelle 7 berücksichtigt werden.
Die Ergebnisse der Stoffwechsel-, Futtergemisch- und Gefieder-Untersuchungen veranlaßten uns, die Futterrationen für Zucht- und Jungemus in dem Sinne zu ergänzen, daß wir Sojamehl, Futterhefe, Magermilchpulver, Biofaktorenzusatz für die Aufzucht von Truthühnern, und Mineralzusatz für Vögel beimischten. Obwohl die Versuche mit den derart ergänzten Futterraten noch nicht abgeschlossen sind, können wir auf Grund der vorläufigen Ergebnisse erklären, daß die Optimierung des Futters für Zucht- und Jungemus, besonders was den Anteil von Aminosäuren, Mineralstoffen und Vitaminen betrifft, das Auftreten der Perosis bei der Aufzucht von Emus wesentlich einschränken oder ganz verhindern konnte.
Die ersten Symptome der Gliedmaßenschwäche konnten wir besonders bei Emuküken aus Brutanlagen bereits in den ersten Stunden nach dem Schlüpfen beobachten. Die Küken konnten sich kaum oder gar nicht auf die Beine stellen, ihre Schritte waren unsicher, die Beine glitten ihnen auseinander, Falls sie nicht rechtzeitig behandelt wurden, wurden sie bewegungsunfähig und verstarben. Diesen Verlauf beobachteten wir am häufigsten bei Küken, die nach dem Schlüpfen einen vergrößerten Bauchumfang aufwiesen. Deformationen der langen Knochen kamen jedoch nicht vor. In früheren Jahren fixierten wir den Vögeln für 2 - 3 Stunden die Beine mit einer Binde und plazierten sie so in eine adaptierte Box. In ernsteren Fällen blieben sie über die ganze Nacht mit zusammengebundenen Beinen. Sie versuchten jedoch, sich zu befreien, erschöpften sich dabei, und außerdem deprimierte sie die Trennung von den übrigen Vögeln. Die Ergebnisse waren nicht immer zufriedenstellend, und bei einem Teil der so behandelten Vögel stellten sich später bei mangelhafter Fütterung klinische Symptome der Perosis ein.
Aus diesen Gründen wurden den zu Jahresbeginn 1981 geschlüpften Emus, die unter Gliedmaßenschwäche litten, besondere "Fesseln" (siehe Foto 1.) angelegt, die ihre Bewegung kaum wesentlich behinderten. Die Vögel gewöhnten sich sehr bald an die Fesseln. Je nach Zustand wurden ihnen die Fesseln bis zwei Wochen belassen. Es wirkte sich günstig aus, daß die kranken Tiere mit den anderen zusammen blieben. Die derart behandelten Vögel wurden in allen Fällen mit Erfolg aufgezogen.

Diskussion:

Über Deformationen von Gliedmaßen bei der Aufzucht von Vögeln liegen zahlreiche Veröffentlichungen vor, es bestehen jedoch weiterhin wesentlich unterschiedliche Ansichten über die Terminologie und Ätiologie dieser Erkrankung. Übereinstimmend mit einigen Verfassern sind R a n d a l l und M i l l s (1981) der Auffassung, daß die Bezeichnung Perosis in der Pathologie von Vögeln nicht gebraucht werden sollte. Bisher wurde jedoch kein besser geeigneter Ausdruck gefunden, der die charakteristische Pathogenese und typischen Gliedmaßendeformationen bezeichnen könnte, und die meisten Autoren bleiben daher nach wie vor bei der Bezeichnung Perosis.
Obwohl die Ansichten über die Ätiologie der Perosis nicht übereinstimmend sind, ist man sich einig, daß es sich um eine allgemeine Stoffwechselstörung und besonders die des Mineralstoffhaushaltes handelt. Unsere Stoffwechseluntersuchungen und Analysen des Gefieders beim Emu zeigten, daß beim Emu mit klinischen Symptomen der Perosis auch in signifikantem Umfang der Gehalt an Mangan, Zink und Eisen im Blutserum wie auch in den Federn absinkt.

Bei den Blutserumwerten für Mineralstoffe kann bei klinisch gesunden Emus eine gewisse Variabilität festgestellt werden, die wahrscheinlich mit dem Alter der Vögel, der Jahreszeit, der Zusammensetzung der Futterration und bei einigen Parametern auch mit dem Geschlecht zusammenhängt. Die Konzentration von Makroelementen im Blutserum von klinisch gesunden Emus sowie von Emus mit klinischen Symptomen der Perosis entsprechen den Werten, die zahlreiche Verfasser für Vögel anführen (G r a t z l und K ö h l e r, 1968; B e l l und F r e e m a n, 1971; P h i l l i s, 1976). Die hämatologischen und einige biochemische Untersuchungen des Blutes von Emus ergaben bei gesunden und erkrankten Vögeln übereinstimmende Werte, mit Ausnahme der für Triglyzeride.

Äußerst signifikant ist bei Emus mit klinischen Symptomen der Perosis das Absinken des Mangan-, Zink- und Eisengehaltes in den Federn. Diese Tatsache kann bei ergänzenden Untersuchungen zur Diagnostik der Perosis genutzt werden. Bemerkenswert und für uns überraschend war besonders das Absinken der Eisenkonzentration. Gewisse, jedoch nicht wesentliche Unterschiede sind auch bei Makroelementen zu ermitteln. Größere Unterschiede wurden nur bei Natrium verzeichnet. Die Manganwerte, die wir bei Emus durch die Analyse des Gefieders feststellten, unterscheiden sich weitgehend von denen, die M a t h e r s und H i l l (zit. nach U n d e r w o o d, 1971) angeben. Diese Verfasser ermittelten 1,2 ppm Mangan bei jungen Hennen, die manganarme Diät bekamen, und 11,4 ppm bei denen, die vollwertig ernährt wurden. Ungeklärt bleibt, ob die verringerte Mn- Zn- und Fe-Konzentration auf die Unfähigkeit des Organismus, diese Mikroelemente zu nutzen, zurückzuführen ist, oder auf den Mangel dieser Elemente im Futter. Es ist anzunehmen, daß der allgemeine Gesundheitszustand der Vögel und die Konzentration von Nährstoffen und Vitaminen im Futter weitere Faktoren sind, die das Auftreten der Perosis bedingen. Wir stimmen mit B e r g e r (1979) in der Ansicht überein, daß vor allem bei jungen Emus die Entwicklung der Perosis von individueller Prädisposition beeinflußt wird. Unserer Meinung nach kann auch eine hereditäre Prädisposition nicht ausgeschlossen werden.

In den letzten Jahren werden in zahlreichen Tiergärten Vögel, einschließlich Laufvögel, mit industriell hergestellten Gemischen für Legehennen, Truthühner und Küken gefüttert (W a c k e r n a g e l, 1966; B o w t h o r p e und V o s s, 1968; B r u n n i n g, 1973). Von den kompletten industriellen Futtergemischen für Laufvögel sei die Zu/Preem-Ratite-Diet genannt, deren Analyse folgende Mittelwerte ergab:

Rohprotein	24,6 %
Rohfett	2,8 %
Rohfasern	10,8 %
Asche	9,5 %
Ca	2,2 %
P	1,4 %
Mn	88,64 mg/lb

F l i e g (1973) empfiehlt für die Zucht junger Laufvögel eine Diät mit folgenden Parametern:

Rohprotein	19,0 %
Rohfett	2,7 %
Rohfasern	18,1 %
Asche	11,25 %
Ca	1,78 %
P	0,67 %
Mn	120,0 mg/kg

In den Royal Melbourne Zoological Gardens (1978) wird für Emus granuliertes Futter "R" für Läufer verwendet:

Rohprotein	16,0 %
Rohfett	3,0 %
Rohfasern	4,0 %
Ca	0,6 %
P	0,4 %

Im Vergleich mit diesen Diäten wiesen die im Zoo Lešná verwendeten Futtergemische für Emus mehr Fett, weniger Fasermaterial, ein nicht ganz entsprechendes Verhältnis von Ca : P und einen niedrigen Manganspiegel auf.
Was die essentiellen Aminosäuren betrifft, ergaben unsere Analysen fast übereinstimmende oder höhere Werte als die, die F l i e g (1973) für die Zucht junger Laufvögel empfiehlt. Im Vergleich mit den für die Aufzucht von Truthühnern empfohlenen (G r a t z l und K ö h l e r, 1968) waren sie in fast allen Parametern unzureichend.
Auf Grund der Ergebnisse der Stoffwechseluntersuchungen und der Analysen von Gefieder und Futtergemischen korrigierten wir unsere Diät für Emus. Außer anderen neuen Komponenten zu den Futtergemischen begannen wir mit direkter Zugabe von Mangan in Form von $MnSO_4$ oder $MnCO_3$ in das Futter. Aus den bisherigen Ergebnissen kann geschlossen werden, daß die vollwertige Futterration sowohl für Zuchtvögel, als auch für die Jungtiere eine wesentliche vorbeugende Maßnahme gegen das Vorkommen der Perosis darstellt.
Unsere Erfahrungen zeigten in Übereinstimmung mit den bereits zitierten Autoren, daß Symptome der Gliedmaßenschwäche, die sich bei jungen Emus in den ersten Lebenstagen manifestieren, durch rechtzeitige Behandlung mit Erfolg beseitigt werden können. Dagegen sind die im Verlauf der Perosis entstandenen Deformationen der langen Röhrenknochen irreversibel.

Zusammenfassung:

Zur Ätiologie der Perosis beim Emu (Dromiceius novaehollandiae)

Es werden die Ergebnisse der Stoffwechseluntersuchungen im Blut des Emus (Dromiceius novaehollandiae), die im Hinblick auf die Perosis durchgeführt wurden, sowie die Ergebnisse von Analysen des Gefieders und der Futtergemische, die im Tiergarten Lešná für Emus verwendet werden, beschrieben. Ferner wird über die Optimierung der Diät und ihren günstigen Einfluß zur Vorbeuge der Perosis beim Emu und über gute Erfahrungen mit besonderen "Fesseln" bei der Behandlung der Gliedmaßenschwäche der jungen Emus berichtet.

Summary:

Aetiology of Perosis in Emu (Dromiceius novaehollandiae)

Described in this paper are results obtained from metabolic blood tests which had been applied to emus (Dromiceius novaehollandiae), in the context of perosis. Also reported are findings obtained from analyses of feathers and from tests of mixed feed used for emus in the Zoological Garden of Lešná. An account is given of efforts taken to optimise diet and of favourable impact of such efforts on the prevention of perosis in emu. Finally, reference is made to good experience recorded from the use of special "cuffs" to treat leg weakness in young emus.

Résumé :

A propos de l'étiologie du perosis chez l'émeu (Dromiceius novaehollandiae)

L'auteur présente les résultats des analyses métaboliques du sang de l'émeu (Dromiceius novaehollandiae) effectuées en rapport avec le peroses ainsi que les résultats d'analyses du plumage et des mélanges alimentaires utilisés pour les émeus dans le jardin des animaux de Lesná. Par la suite, il rapporte sur l'optimisation du régime diététique et son influence salutaire pour prévenir les émeux de la pérose en parlant en même temps des bonnes expériences faites avec "l'enchaînement" appliqué pour traiter la faiblesse des extrémités chez les jeunes.

Резюме:

К этиологии периозиса у эму (Dromiceius novaehollandiae)

В работе опубликованы результаты метаболических тестов крови и анализа перьев у страуса эму в зоопарке Лесна. Описывается благоприятное влияние подходящей диэты при профилактике периозиса а также об опытах лечения ослабленных конечностей у молодых птиц.

Literaturverzeichnis:

BELL, D.J. and B.M. FREEMAN (1971): Physiology and Biochemistry of the Domestic Fowl. London - New York: Academic Press.

BERGER, G. (1979): Ein Beitrag zur Brutbiologie des Helmkasuars (Casuarius casuarius). D. Zool. Garten 49, 249-276.

BOWTHORPE, G. and G. VOSS (1968): Breeding rhea and emu Rhea americana and Dromiceius novaehollandiae at Winnipeg Zoo. Int. Zoo Yearb. 8, 146-150.

BROWN, D.A. and R.H. KIMBELL (1972): Maintaining rheas Rhea americana at Fort Worth Zoo. Int. Zoo Yearb. 12, 187-189.

BRUNING, D. (1973): Breeding and rearing rheas in captivity. Int. Zoo Yearb. 13, 163-172.

DINNES, M.R. (1972): Medical aspects of an ostrich breeding programme. Int. Zoo Yearb. 12, 223-224.

EVANS-LAYNG, M.J. and K. BENIRSCHKE (1978): The hatching and rearing of Darwins rhea, Pterocnemia pennata. D. Zool. Garten 48, 273-287.

FLIEG, G.M. (1973): Nutritional problems in young ratites. Int. Zoo Yearb. 13, 158-163.

FREY, C. (1981): Wildlife Safari, USA, Pers. Mitt.

GERUM, J. und M. KIRCHGESSNER (1978): Perosis und Federfressen von Mastküken bei unterschiedlicher Energie - und Eiweißversorgung. Archiv für Geflügelkunde 42, 78-80.

GEWALT, W. (1967): Über die Perosis bei Zoogeflügel. Verhandlungsber. IX. Internat. Symp. Erkrankungen Zootiere, Prag, 287-288.

GRATZL, E. und H. KÖHLER (1968): Spezielle Pathologie und Therapie der Geflügelkrankheiten. Stuttgart: Enke Verlag.

GUTKNECHT, P. (1975): Rearing emus Dromiceius novaehollandiae at Mulhouse Zoo. Int. Zoo Yearb. 15, 97-98.

HEYMANN, H. WISTRUK, K.G. und D. ZSCHEILE (1970): Perosis beim Emu (Dromaius novaehollandiae), Schwarzen Schwan (Cygnus atratus) und bei Hühnergans (Cereopsis novaehollandiae). XII. Internat. Symp. Erkrankungen Zootiere, Budapest, 103-104.

HOFSTAD, M.S. (1978): Diseases of poultry. Seventh edition. Iowa: State Univ. Press.

HUNT, J.R. and J. MC GINNIS (1959): The prevention of a perosis - like condition in turkey poults. Poultry Sci. 38, 612-619.

JUKES, T.H. (1940): Effect of choline and other supplements on perosis. J. Nutr. 78, 51-56.

KETOLA, H.G. and R.J. YOUNG (1973): The need for dietary choline by young japanese quail. Poultry Sci. 52, 2362-2363.

KLIMEŠ, B. und MITARB. (1961) : Nemoci drůbeže. Praha: SZN.

LEACH, R.M.JR. (1968): Effect of manganese upon the epiphyseal growth plate in the young chick. Poultry Sci. 47, 828-830.

LEACH, R.M.JR. and A.M. MUENSTER (1962): Studies on the role manganese in bone formation. Effect upon the mucopolysaccharide content of chick bone. J. Nutr. 78, 51-56.

MIHALIK, P. (1979): Nutričné príčiny perózy u pštrosov emu hnedý. Kandidátská dizertačná práca. Vysoká škola polnohospodárská Nitra.

OGURA, Y. (1977): A clinical study on leg abnormality chicks fed unbalanced mineral foods. National Institute of Animal Health Quarterly, Japan, 17, 163-170.

PHILLIS, J.W. (1976): Veterinary Physiology, Bristol: Wright-Scienttechnica.

RANDALL, C.J. and C.P.J. MILLS (1981): Observations on leg deformity in broilers with particular reference to the intertarsal joint. Avian Path. 10, 407-431.

ROYAL MELBOURNE ZOOLOGICAL GARDENS (1978): Pers. Mitt.

SETH, P.C.C. and D.R. CLANDININ (1973): Effect of including rapeseed meal in the ration of broiler-type chickens on the incidence of perosis and the ineffectiveness of supplemental manganese. Poultry Sci. 52, 1158-1159.

STAKE, P.E. SIMMONS, R.W. and S.W. RIZK (1978): Perosis and lateral curling of toes in battery reared broilers. Poultry Sci. 57, 1165.

THOMAS, K.W. and D.A. LOWTHER (1976): Manganese levels and the morphology of the epiphyseal plate in broilers with slipped tendons. Poultry Sci. 55, 1962-1968.

TITUS, H.W. (1932): Perosis, or deforming leg weakness, in the chicken. Poultry Sci. 11, 117-125.

UNDERWOOD, E.J. (1971): Trace elements in human and animal nutrition. New York-London: Academic Press.

WACKERNAGEL, H. (1966): Feeding wild animals in zoological gardens. Int. Zoo Yearb., 6, 23-36.

WILGUS, H.S.JR. NORRIS, L.C. and G.F. HEUSER (1936): The role of certain inorganic elements in the cause and prevention of perosis. Science New York City 84, 252-253.

WYLIE, S.R. (1976): Ratite propagation at the St. Louis Zoo. American pheasant and waterfowl Society, 76-2, 20-22.

Anschrift des Verfassers: MV Dr. Jan F r o l k a
Zoopark a zámek Lešná
763 14 Gottwaldov (CSSR)

Abb. 1: "Fessel", die bei Emus mit schwachen Beinen angewendet werden.

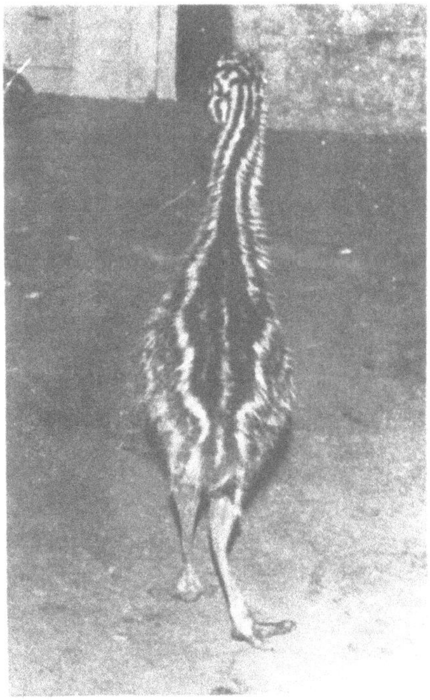

Abb. 2: Anfangssymptome der Perosis am rechten Bein eines Emukükens.

Abb. 3: Deviation des rechten Beines eines an Perosis erkrankten Emus.

Abb. 4: Viermonatiges Emu mit klinischen Symptomen von Perosis am rechten Bein.

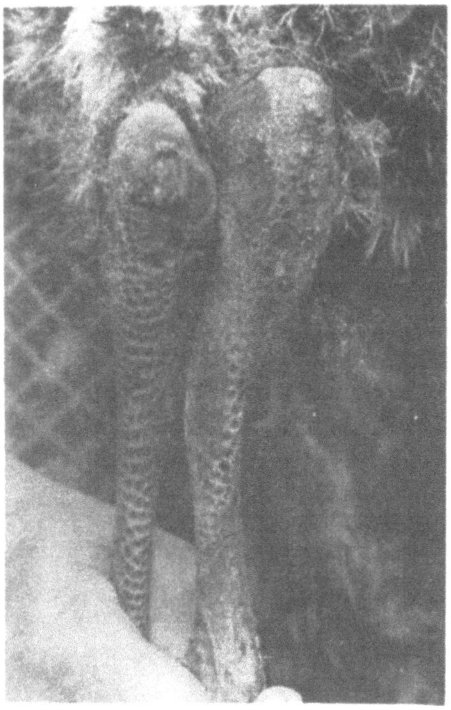

Abb. 5: Beiderseitig behinderte Extremitäten beim jungen Emu, mit der abgerutschten Sehne des m. gastrocnemius.

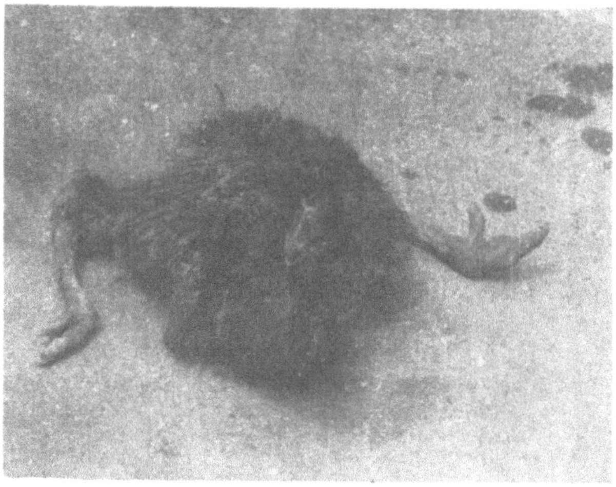

Abb. 6: Deformation des rechten Tarsometatarsus bei einem an Perosis erkrankten Emu.

Tabelle 1: Hämatologische und biochemische Blutwerte bei klinisch gesunden Emus

Jahr /Monat/	Alter der Emus	Zahl Geschlecht	Hb mmol/l	Hkr l/l	Glukose mmol/l	Harnstoff mmol/l	GE g/l	Mt Hb % Hb	Beta-Karotine µmol/l	Triglyzeride µmol/l
1973 /III/	1 Jahr	9 ♀♂	9,78 - 13,06 $\bar{x}$ 11,01	0,30-0,43 $\bar{x}$ 0,36	3,47-3,69 $\bar{x}$ 3,55	3,07-5,89 $\bar{x}$ 3,72	32,7-55,9 $\bar{x}$ 44,3	—	—	—
	über 3 Jahre	1 ♀	13,30	0,45	3,52	2,56	50,1	—	—	—
		1 ♂	12,68	0,49	3,35	3,19	44,3	—	—	—
1978 /III/	1 Jahr	11 ♀♂	$\bar{x}$ 9,80 ± 0,32	$\bar{x}$ 0,41 ± 0,02	$\bar{x}$ 6,69 ± 0,26	$\bar{x}$ 4,67 ± 0,56	$\bar{x}$ 55,9 ± 1,56	$\bar{x}$ 6,31 ± 0,51	$\bar{x}$ 1,30 ± 0,18	$\bar{x}$ 8,59 ± 0,88
	2 Jahre	8 ♀♂	$\bar{x}$ 10,44 ± 0,11	$\bar{x}$ 0,47 ± 0,01	$\bar{x}$ 5,20 ± 0,10	$\bar{x}$ 2,34 ± 0,58	$\bar{x}$ 56,62 ± 1,32	$\bar{x}$ 5,27 ± 0,56	$\bar{x}$ 1,00 ± 0,08	$\bar{x}$ 8,47 ± 1,00
	über 3 Jahre	4 ♀♂	$\bar{x}$ 8,50 ± 0,33	$\bar{x}$ 0,44 ± 0,02	$\bar{x}$ 4,95 ± 0,41	$\bar{x}$ 3,73 ± 0,81	$\bar{x}$ o8,95 ± 3,63	$\bar{x}$ 5,72 ± 0,75	$\bar{x}$ 1,37 ± 0,26	$\bar{x}$ 10,35 ± 2,49
	über 3 Jahre /Nandu/	2 ♂	10,18 11,21 $\bar{x}$ 10,69	0,55 0,61 $\bar{x}$ 0,58	4,81 5,36 $\bar{x}$ 5,08	0,75 1,89 $\bar{x}$ 1,32	67,5 73,3 $\bar{x}$ 70,4	5,30 5,30 $\bar{x}$ 5,30	1,30 2,46 $\bar{x}$ 1,88	5,30 6,92 $\bar{x}$ 6,11
1978 /VIII/	ca. 1,5 Jahr	1 ♀	8,91	0,42	5,51	0,90	50,1	—	1,01	1,37
		1 ♂	8,40	0,46	5,55	1,44	50,1	—	1,15	1,05
	ca. 2,5 Jahre	1 ♀	10,18	0,54	3,20	0,72	55,9	—	1,73	2,01
		1 ♂	7,39	0,42	2,77	2,89	55,9	—	1,59	2,47

Erklärungen:
- Hb - Hämoglobin
- Hkr - Hämatokrit
- GE - Gesamteiweiss
- Mt Hb - Methämoglobin
- $\bar{x}$ - Arithmetischer Mittelwert
- ± - mittlerer Fehler des Mittelwertes

Tabelle 2: Hämatologische und biochemische Blutwerte bei Emus mit klinischen Symptomen der Perosis

Jahr /Monat/	Alter der Emus	Zahl	Hb mmol/l	Hkr l/l	Glukose mmol/l	Harnstoff mmol/l	GE g/l	Mt Hb % Hb	Beta-Karotine µmol/l	Triglyzeride µmol/l
1973 /III/	1-3 Monate	3	5,32 - 9,22 $\bar{x}$ 6,95	0,24 - 0,33 $\bar{x}$ 0,27	—	1,5 - 12,36 $\bar{x}$ 5,74	—	—	—	—
1975 /IX/	4-5 Monate	2	—	—	5,34 7,45 $\bar{x}$ 6,39	2,15 2,15 $\bar{x}$ 2,15	55,9 50,1 $\bar{x}$ 53,0	—	—	—
1978 /III-V/	1-4 Monate	1	8,65	0,44	3,51	—	50,1	22,4	—	—
		3	—	—	—	$\bar{x}$ 1,40 ± 0,31	—	—	$\bar{x}$ 1,11 ± 0,18	$\bar{x}$ 0,66 ± 0,09

Tabelle 3: Mineralstoffspiegel im Blutserum von klinisch gesunden Emus

Jahr /Monat/	Alter der Emus	Zahl Ge-schlecht	Ca mmol/l	P anorg. mmol/l	Na mmol/l	K mmol/l	Mg mmol/l	Cu µmol/l	Zn µmol/l	Mn µmol/l
1973 /III/	1 Jahr	9 ♀♂	1,70 - 2,15 $\bar{x}$1,95	2,12-3,73 $\bar{x}$3,32	127,45-150,51 $\bar{x}$ 140,50	4,30-12,02 $\bar{x}$ 9,41	0,69-0,85 $\bar{x}$ 0,76	—	—	-
	über 2 Jahre	♀	2,22	2,54	141,81	10,44	0,78	—	—	—
		♂	2,15	2,46	127,02	10,54	0,82	—	—	—
1978 /VII/	1 Jahr	11 ♀♂	$\bar{x}$2,41 ± 0,03	$\bar{x}$2,52 ± 0,13	$\bar{x}$143,64 ± 2,71	$\bar{x}$4,9 ± 0,14	$\bar{x}$0,93 ± 0,16	$\bar{x}$8,24 ± 0,82	$\bar{x}$92,96 ± 2,02	—
	ca. 2 Jahre	8 ♀♂	$\bar{x}$2,69 ± 0,07	$\bar{x}$1,29 ± 0,10	$\bar{x}$147,12 ± 3,27	$\bar{x}$4,77 ± 0,92	$\bar{x}$0,78 ± 0,02	$\bar{x}$12,96 ± 1,01	—	$\bar{x}$0,614 ± 0,12
	über 3 Jahre	4 ♀♂	$\bar{x}$3,32 ± 0,50	$\bar{x}$2,25 ± 0,19	$\bar{x}$142,50 ± 3,20	$\bar{x}$3,97 ± 0,19	$\bar{x}$0,91 ± 0,09	$\bar{x}$13,29 ± 4,35	—	$\bar{x}$0,789 ± 0,24
	über 2 Jahre /Nandu/	2 ♂	3,15 3,20 $\bar{x}$ 3,17	1,22 2,45 $\bar{x}$ 1,83	144 148 $\bar{x}$ 146	4,9 5,7 $\bar{x}$ 5,3	0,79 0,85 $\bar{x}$ 0,82	11,61 12,24 $\bar{x}$ 11,92	—	1,82 1,82
1978 /VIII/	ca. 1,5 Jahr	1 ♀	2,35	1,35	146	2,8	0,78	—	—	—
		1 ♂	2,25	0,96	140	3,2	0,82	—	—	—
	ca. 2,5 Jahre	1 ♀	2,45	1,32	138	2,6	0,85	—	—	—
		1 ♂	2,50	1,54	134	2,7	0,87	—	—	—

Tabelle 4: Mineralstoffspiegel im Blutserum von Emus mit klinischen Symptomen der Perosis

Jahr /Monat/	Alter der Emus	Zahl	Ca mmol/l	P anorg. mmol/l	Na mmol/l	K mmol/l	Mg mmol/l	Cu µmol/l	Zn µmol/l	Mn µmol/l	Fe µmol/l
1973 /III/	1-3 Monate	2	2,1 2,2 $\bar{x}$ 2,15	0,84 2,01 $\bar{x}$ 1,42	135,72 149,20 $\bar{x}$ 142,46	6,51 6,56 $\bar{x}$ 6,53	0,84 0,88 $\bar{x}$ 0,86	-	-	-	-
1974 /III/	1-3 Monate	2	2,7 3,25 $\bar{x}$ 2,97	-	-	3,0 4,4 $\bar{x}$ 3,7	0,86 1,10 $\bar{x}$ 0,98	12,56 9,73 $\bar{x}$ 11,14	94,86 82,62 $\bar{x}$ 88,74	0,182 0,218 $\bar{x}$ 0,200	-
1975 /IX/	5 Monate	2	2,3 2,4 $\bar{x}$ 2,35	2,45 2,21 $\bar{x}$ 2,33	-	-	-	-	-	-	-
1978 /III-V/	1-3 Monate	9	$\bar{x}$2,7 ± 0,09	$\bar{x}$2,74 ± 0,10	$\bar{x}$149,4 ± 3,75	$\bar{x}$5,6 ± 0,46	$\bar{x}$0,83 ± 0,02	$\bar{x}$9,68 ± 1,64	$\bar{x}$23,1 ± 1,13	<0,364	$\bar{x}$11,67 ± 0,96

Tabelle 5: Aminosäurengehalt in Futtergemischen für Emus

	I	II	III
Methionin + Cystin	0,433	0,411	0,244
Lysin	1,173	1,111	0,637
Arginin	1,276	1,157	0,887
Glycin	0,795	0,750	0,578
Threonin	0,817	0,899	0,593
Histidin	0,716	0,692	0,477
Leucin	1,570	1,553	0,913
Valin	0,989	0,954	0,623
Phenylalanin	0,965	0,985	0,608
Isoleucin	0,683	0,655	0,372
Tyrosin	0,768	0,798	0,417

Tabelle 6: Nährstoff- und Mineralstoffgehalt in Futtergemischen für Emus

		I	II	III
Trockensubst.	%	100,0	100,0	100,0
Rohprotein	%	24,50	23,38	16,41
Rohfett	%	4,16	3,27	4,69
Rohfaser	%	2,16	3,94	5,20
Asche	%	9,50	7,76	8,20
Ca	%	1,48	1,34	2,41
P total	%	0,62	0,59	0,52
Na	%	0,20	0,14	0,16
K	%	1,62	1,38	0,98
Mg	%	0,21	0,27	0,17
Mn	mg/kg	90,00	78,60	94,00
Cu	mg/kg	12,0	10,0	10,7
Zn	mg/kg	67,2	59,2	62,2

Erklärung: I. - Futtergemisch für Emus bis zum Alter von 1 Monat
II. - Futtergemisch für Emus im Alter von 1 - 3 Monaten
III. - Futtergemisch für Zuchtemus

Tabelle 7: Mikro- und Makroelementgehalt im Gefieder klinisch gesunder Emus

Jahr /Monat/	Alter der Emus	Zahl	Geschlecht	N %	Ca %	P %	Mg %	K %	Na %	Zn mg/kg	Cu mg/kg	Mn mg/kg	Fe mg/kg
1979 /VII/	2 - 5 Monate	16	♀ ♂	$\bar{x}$ 13,04 ± 0,25	$\bar{x}$ 0,39 ± 0,03	$\bar{x}$ 0,078 ± 0,008	$\bar{x}$ 0,11 ± 0,007	$\bar{x}$ 0,12 ± 0,01	—	—	—	—	—
	2 - 5 Monate	3	♀ ♂	—	—	—	—	—	—	$\bar{x}$ 540 ± 124,1	$\bar{x}$ 10,43 ± 0,58	$\bar{x}$ 137,9 ± 22,8	$\bar{x}$ 2286,7 ± 591,1
	ca. 1,5 Jahr	6	♀ ♂	$\bar{x}$ 14,61 ± 0,15	$\bar{x}$ 0,21 ± 0,04	$\bar{x}$ 0,033 ± 0,004	$\bar{x}$ 0,06 ± 0,002	$\bar{x}$ 0,05 ± 0,002	—	$\bar{x}$ 207,5 ± 32,7	$\bar{x}$ 7,9 ± 1,7	$\bar{x}$ 92,1 ± 9,8	$\bar{x}$ 864,2 ± 64,2
	> 2 Jahre	6	3 ♀ 3 ♂	$\bar{x}$ 14,32 ± 0,22	$\bar{x}$ 0,11 ± 0,02	$\bar{x}$ 0,036 ± 0,006	$\bar{x}$ 0,07 ± 0,007	$\bar{x}$ 0,08 ± 0,02	—	$\bar{x}$ 299,3 ± 21,8	$\bar{x}$ 18,3 ± 0,1	$\bar{x}$ 95,43 ± 15,8	$\bar{x}$ 1846 ± 312,3
1980 /V/	> 2 Jahre	8	4 ♀ 4 ♂	$\bar{x}$ 13,28 ± 0,15	$\bar{x}$ 0,24 ± 0,01	$\bar{x}$ 0,034 ± 0,003	$\bar{x}$ 0,04 ± 0,01	$\bar{x}$ 0,08 ± 0,01	$\bar{x}$ 0,051 ± 0,002	$\bar{x}$ 297,4 ± 3,7	$\bar{x}$ 8,1 ± 0,2	$\bar{x}$ 138,3 ± 14,9	$\bar{x}$ 2507,5 ± 124,8
1980 /VIII/	3 - 6 Monate	5	♀ ♂	—	$\bar{x}$ 0,09 ± 0,007	$\bar{x}$ 0,078 ± 0,009	$\bar{x}$ 0,10 ± 0,008	$\bar{x}$ 0,26 ± 0,03	$\bar{x}$ 0,090 ± 0,003	$\bar{x}$ 219,2 ± 22,6	$\bar{x}$ 12,94 ± 0,96	$\bar{x}$ 268,4 ± 8,9	$\bar{x}$ 3434 ± 196,8

Tabelle 8: Mikro- und Makroelementgehalt im Gefieder bei Emus und Nandus mit klinischen Symptomen der Perosis

Jahr /Monat/	Zahl	Alter der Emus	N %	Ca %	P %	Mg %	K %	Na %	Zn mg/kg	Cu mg/kg	Mn mg/kg	Fe mg/kg	Art
1980 /V/	6	14 Tage bis 2,5 Mon	$\bar{x}$ 14,08 ± 0,16	$\bar{x}$ 0,38 ± 0,08	$\bar{x}$ 0,062 ± 0,007	$\bar{x}$ 0,07 ± 0,01	$\bar{x}$ 0,23 ± 0,07	$\bar{x}$ 0,202 ± 0,04	$\bar{x}$ 107,8 ± 5,3	$\bar{x}$ 15,65 ± 1,4	$\bar{x}$ 27,85 ± 3,9	$\bar{x}$ 196,6 ± 28,3	Emu
1980 /VIII/	1	4 Monate	—	0,20	0,07	0,05	0,14	0,153	91,0	13,1	48,6	725,0	Emu
1980 /IX/	1	5 Monate	13,5	0,18	0,3	0,04	0,11	—	120,0	15,0	62,0	1170,0	Emu
1980 /I/	1	7 Monate	14,2	0,15	0,045	0,004	0,07	—	107,0	14,3	23,7	293,0	Nandu
1980 /VIII/	1	2 Monate	—	0,15	0,03	0,05	0,28	0,077	85,5	10,5	28,5	815,0	Nandu
1980 /IX/	1	3 Monate	12,92	0,23	0,2	0,05	0,16	—	88,0	10,2	76,6	1470,0	Nandu

Aus dem Zoologischen Garten Schwerin (Direktor: Dipl.-Biol. D. Zschefle)

ERKRANKUNGEN WÄHREND DER AUFZUCHT UND HALTUNG VON HAUBENTAUCHERN (PODICEPS CRISTATUS L.)

Von M. Schneider

Der Haubentaucher (Podiceps cristatus L.) wird nach den Angaben der zur Verfügung stehenden Literatur nur gelegentlich und bis auf Einzelfälle auch nur kurzzeitig in Zoologischen Gärten gehalten. Die Haltungsversuche beschränkten sich meist auf zufällig in die Hand des Menschen gelangte Altvögel, Küken oder Eier (Ahlquist, 1971; Dittrich, 1958; Fischer, 1977; Hick, 1963; Heinroth, 1928; Johst, 1955). Gefangenschaftsnachzuchten sind nicht bekannt (Kramer, 1980). Untersuchungsbefunde von wilden oder in Zoos gehaltenen Tauchern liegen nach verfügbaren Literaturangaben ebenfalls lediglich vereinzelt vor. (Herceg und Huber, 1972; Ippen und Schröder, 1972, Kronberger und Schüppel, 1972).

Im Zoo Schwerin laufen seit 1977 Untersuchungen zur Biologie der Aufzucht und Haltung von Haubentauchern. Im Rahmen dieser Arbeit fielen von 23 Tieren Sektionsbefunde an, die überwiegend nur eine begrenzte Aussage ermöglichen. Trotz dieser Tatsache bewog die geringe Anzahl der bisherigen Angaben in der Literatur zu einer Veröffentlichung dieser Ergebnisse.

1. Zur Biologie des Haubentauchers

Der Haubentaucher ist als ständiger Wasserbewohner in seinem Körperbau gut an seine Lebensweise angepaßt. Der gedrungene Körper, die weit nach hinten verlagerten Beine und die lappenförmigen Schwimmhäute machen ihn zu einem ausgezeichneten Taucher und Schwimmer.
Der verhältnismäßig lange und bewegliche Hals ermöglicht einen harpunenähnlichen Einsatz des spitzen Schnabels zum Nahrungserwerb. Das Land betritt der Taucher wohl nur in Gefangenschaft freiwillig. Er bewegt sich hier sehr unbeholfen, entweder hochaufgerichtet trippelnd, hopsend oder rutschend vorwärts. Das Nest befindet sich zwischen Pflanzen im Wasser und überragt dieses nur wenig. Die Jungtiere sind sehr wärmebedürftig und relativ unbeholfen. Sie halten sich etwa 2 Wochen lang im Gefieder der Eltern auf und werden auch dort gefüttert. Danach verlassen sie die Elterntiere immer häufiger. Im Alter von 3 - 4 Wochen sind sie ständig auf dem Wasser anzutreffen. Die Jungtiere besitzen auf der Stirn und an der Schnabelwurzel nackte Hautstellen, die bei Wohlbefinden blutrot gefärbt sind. Diese Stellen verblassen, wenn das Junge unterkühlt oder erkrankt ist. Das Wasserleben der Taucher bedingt eine häufige und intensive Gefiederpflege. Das Gefieder wird auf dem Wasser schwimmend geputzt. Die Nahrung der Haubentaucher besteht im wesentlichen aus Kleinfischen. Darüber hinaus nimmt er auch Insekten, Krebse, Lurche, Weichtiere und Pflanzenteile auf. Bisher ungeklärt ist es, warum Haubentaucher Federn fressen.

2. Ergebnisse

Für die Versuche standen folgende Tiere zur Verfügung:

künstlich erbrütet:	33 Küken
gefangen:	16 Küken
aufgefunden:	2 Küken
	3 Altvögel
	54 Haubentaucher

Von diesen 54 Tauchern lebten am 20. 12. 1981 noch 4, von weiteren 4 Tieren ist der Verbleib unbekannt und 46 starben. 23 der gestorbenen Taucher gelangten zur Untersuchung.[x)]
Die Haltungsdauer der untersuchten Tiere ist nachfolgend zusammengestellt:

0,5	Tage	1 Tier
6 - 10	Tage	3 Tiere
18 - 23	Tage	9 Tiere
26 - 32	Tage	6 Tiere
50 - 60	Tage	3 Tiere
220	Tage	1 Tier

2.1. Sektionsbefunde

Eine Gesamtübersicht der Untersuchungsergebnisse gibt Tabelle 1. Bei den zahlenmäßigen Zusammenstellungen handelt es sich ausschließlich um Befundwiedergaben, weshalb mehrere Befunde von nur einem Tier in der Tabelle erscheinen können.
Unter den Befunden stehen die durch Bakterien bedingten mit 23 Fällen der gesamten Befunde deutlich an erster Stelle. Zahlenmäßig sind die Kokken am stärksten vertreten. Es wurden nicht näher differenzierte Mikrokokken, Diplokokken und Streptokokken sowie Staphylococcus aureus festgestellt. Isoliert wurden sie mehrfach aus dem Herzen, aber auch aus Leber, Milz, Niere und Lunge.
In 3 Fällen lagen Mischinfektionen vor. Dabei war auffällig, daß neben den Staphylokokken auch Rotlauferreger isoliert wurden. An pathologisch-anatomischen Veränderungen waren Pneumonien, Enteritiden und eine Nephritis festzustellen. Die Pseudomonaden traten in einem Falle als Mischinfektion mit Staphylokokken und Rotlaufbakterien, in 3 Fällen zusammen mit Kokzidien und in 2 Fällen mit Helminthen auf. Histologisch konnten 3 Septikämien aufgrund von Entzündungen in mehreren Organen, 1 Pneumonie sowie 1 Perikarditis festgestellt werden.
Letztere trat bei einem Altvogel zusammen mit einer fistulösen Tarsitis auf, wobei aus dem Gelenk Cornynebakterium pyogenes isoliert wurde.
Die 4 Kolibefunde sind nur der Vollständigkeit halber genannt. Unter den Rotlaufinfektionen wurde eine Reininfektion nachgewiesen. Sie betraf einen Altvogel und hatte zu einer Pneumonie und einer Enteritis geführt. Der Nachweis von S. typhimurium bei einem Küken ging mit einer katarrhalischen Enteritis einher. Sproßpilze wurden aus entzündlichen Veränderungen im Darm isoliert.
Ein Parasitenbefall konnte bei 15 der untersuchten Tiere nachgewiesen werden. Kokzidien waren ausschließlich im Blinddarm lokalisiert. Trematoden traten stets zusammen mit Cestoden auf. Bei den Befunden ohne Erregernachweis können als Ursache für die Entzündungen Virusinfektionen nicht ausgeschlossen werden.
Die auffällig hohe Zahl von Leberdegenerationen sowie auch die Nierendegenerationen traten nur bei im Zoo erbrüteten Küken und nur im Jahre 1979 auf. Gleiches gilt für die beiden Gichterkrankungen, wobei es sich um Nieren- und um Visceralgicht handelte.

x) Die Untersuchungen wurden im Bezirksinstitut für Veterinärwesen Schwerin bzw. in der Abteilung für Zoo-und Wildtiererkrankungen der Forschungsstelle für Wirbeltierforschung (im Tierpark Berlin) der Akademie der Wissenschaften der DDR durchgeführt. Beiden Einrichtungen sei auch an dieser Stelle gedankt.

Tabelle 1

Durch Erreger bedingte Veränderungen		gesamt 39
davon		
Bakterien		gesamt 23
Kokken	8	
Pseudomonaden	6	
Kolibakterien	4	
Rotlaufbakterien	3	
andere Corynebakterien	1	
Salmonellen	1	
Sproßpilze		gesamt 1
Parasiten		gesamt 15
Kokzidien	5	
Cestoden	6	
Trematoden	4	
Befunde ohne Erregernachweis		gesamt 15
Leberdegeneration	6	
Nierendegeneration	2	
Gicht	2	
Pneumonien	2	
Nephritis	1	
Verkalkung des Drüsenmagens	1	
Entzündung der Hirnhaut und Hirnsubstanz	1	

2.2. Klinische Befunde

Bei allen 23 Tauchern, von denen Sektionsbefunde vorliegen, traten meist zwei bis vier Tage vor dem Exitus deutliche Krankheitssymptome auf. Diese Symptome lassen sich in folgende Gruppen einordnen:

2.2.1. Unspezifische, bei allen Tieren beobachtete Symptome, die auch bei zeitweiligen Krisen auftraten:

- plötzlich auftretende, überwiegend totale Wasserdurchlässigkeit des Gefieders
- zeitweiliger bis ständiger Aufenthalt auf dem Land, Wasserscheu
- auffälliges Verblassen der roten Stellen an der Stirn und der Schnabelwurzel bei Küken
- unregelmäßige, verringerte oder ganz eingestellte Nahrungsaufnahme
- bis zur Apathie reichende Aktivitätsverringerung.

2.2.2. Unspezifische Symptome, die nur bei einem Teil der Tiere auftraten:

- Gewichtsabnahme	8 Tiere
- Bewegungsstörungen	6 Tiere
- auffällige Atmung, Pfeifen, Röcheln, Hecheln	6 Tiere
- übelriechender Kot	4 Tiere
- Auswürgen von Nahrung	2 Tiere

3. Diskussion und Schlußfolgerungen:

Die Ergebnisse der Sektionsbefunde lassen sich nur in einem Falle auf die freie Wildbahn beziehen. Dabei handelts es sich um ein schätzungsweise 6 Tage altes Taucherküken, das durchnäßt und unterkühlt auf einem See aufgefunden wurde. Es lebte im Zoo von anderen Tieren isoliert noch 12 Stunden und starb unter krampfartigen Lähmungserscheinungen. Das Tier hatte eine Lungen- und Darmentzündung. Bakteriologisch wurden Diplokokken nachgewiesen. In herdförmigen entzündlichen Lungenveränderungen waren zum Teil Parasiteneier anzutreffen. Alle anderen Ergebnisse müssen im Zusammenhang mit der Zoohaltung gesehen werden.

Seuchenartige Erkrankungen spielten bei dem Untersuchungsgut keine Rolle. Sowohl im Falle der Salmonellen als auch der Rotlauferreger handelt es sich um Einzelbefunde, die nicht zur Ausbreitung und Bestandserkrankung führten.
Die übrigen Befunde lassen sich in zwei Gruppen einordnen:

1. Faktorenbedingte Erkrankungen, für die neben spezifischen Erregern auch Haltungsfaktoren von Bedeutung sind. Hierzu ist die in den Jahren 1977 und 1979 praktizierte Haltung der Taucher in einem Haus zu rechnen.
   In den genannten Jahren wurden bis zu 14 Taucherküken in einem Raum gehalten. Die etwa 2 m^2 große Wasserfläche wurde nur kurzzeitig aufgesucht. Die Küken und auch Alttaucher hielten sich überwiegend auf dem Land auf. Da sie an Land normalerweise lagen und sich häufig auf dem Bauch vorwärts bewegten, kam es zur ständigen Verschmutzung des Gefieders mit Kotresten und Schmutz. Dadurch wiederum wurde das Putzverhalten zusätzlich angeregt und die Aufnahme von Schmutz- und Kotpartikeln per os gefördert. Als weiterer haltungsbedingter Faktor war die in vielen Fällen chronische Wasserdurchlässigkeit des Gefieders anzusehen. Dies führte wiederholt zur Unterkühlung insbesondere bei den kleineren Küken.

2. Erkrankungen ohne Auftreten spezifischer Erreger, mit großer Wahrscheinlichkeit durch die Ernährung bedingt. Diese Erkrankungen traten wie erwähnt nur im Jahre 1979 auf. In diesem Jahr wurde teilweise wegen fehlender Kleinfische wiederholt Ersatznahrung gegeben. Bei der Fütterung mit frischem oder gefrorenem Kleinfisch blieben Leber- und Nierendegenerationen sowie Gichtfälle aus.

Spezifische Maßnahmen sind nach den vorliegenden Befunden nicht erforderlich. Das Hauptaugenmerk ist auf die Haltungsbedingungen zu richten.
Neben entsprechenden Reinigungs- und Desinfektionsmaßnahmen verringert auch die Angewöhnung einer regelmäßigen Kotabgabe auf dem Wasser die Infektionsgefahr (A h l q u i s t , 1971). Vom 15. Tag an sollte außerdem den Küken eine größere Fläche sauberen Wassers im Freien zur Verfügung stehen, auf der sie ständig schwimmen können.
Sobald eine Durchnässung des Gefieders auftritt, müssen die Tiere in einem ausreichend warmen Raum untergebracht werden, um einer Unterkühlung vorzubeugen. Jede Aufregung ist zu vermeiden. Es muß sobald als möglich versucht werden, die Taucher wieder ins Freie zu setzen. Gelingt dies innerhalb von 3 - 4 Tagen nicht, so besteht selten Hoffnung, die Tiere am Leben zu erhalten. Besonderer Wert ist auf die Beschaffung und Auswahl des Futters zu legen. In erster Linie werden ganze Kleinfische benötigt.
Folgende Arten wurden ohne Beobachtung von Nebenwirkungen in größeren Mengen verfüttert:

Flußbarsch	(Perca fluviatilis L.)
Kaulbarsch	(Acerina cernua L.)
Blei	(Abramis brama L.)
Plötze	(Rutilus rutilus L.)

Sprotten (Sprattus sprattus L.) und Heringe (Clupea harengus L.) wurden von allen Küken nicht vertragen, obwohl ein Altvogel über mehrere Monate ausschließlich damit gefüttert wurde.

Als Zusatzfutter sind nach eigenen Erfahrungen mageres Rindfleisch und Mehlwürmer geeignet.

Das oft beschriebene Federfressen (F i s c h e r , 1977, M e l d e , 1973) wurde ebenfalls, wenn auch unregelmäßig, beobachtet. Seine Bedeutung ist nicht bekannt. Die Federn wurden oftmals gierig und in größerer Menge aufgenommen.

Danksagung

Für die wertvollen Hinweise und die kritische Durchsicht des Manuskriptes danke ich den Herren Dr. Zimmermann und Dr. Albrecht, Schwerin.

Zusammenfassung:

Erkrankungen während der Aufzucht und Haltung von Haubentauchern (Podiceps cristatus L.)

Die Sektionsergebnisse und klinischen Befunde von 21 juvenilen und 2 adulten Haubentauchern (Podiceps cristatus L.) werden mitgeteilt und einige im Zoo Schwerin durchgeführte Fütterungs- und Haltungsmaßnahmen zur Verhinderung der aufgetretenen Erkrankungen diskutiert.

Summary:

Experience from Raising and Keeping of Great Crested Grebes (Podiceps cristatus L.)

An account is given of clinical and post-mortem findings obtained from 21 juvenile and two adult great crested grebes (Podiceps cristatus L.). Reference is made to steps taken in the Zoological Garden of Schwerin to improve feeding and keeping for the prevention of diseases by which the above animals had been affected.

Резюме:

Заболевания больших поганок во время их выращивания и содержания.

В работе собраны результаты вскрытия, а также данные клинических обследований 2I юных и 2 взрослых больших поганок. Обсуждаются некоторые вопросы кормления и содержания, направленные на профилактику данного заболевания в зоопарке города Шверина.

Literaturverzeichnis:

AHLQUIST, H. (1971): Die Aufzucht eines Haubentauchers (Podiceps cristatus L.) Gef. Welt 95, 123 - 125.

BAUER, K. und U. GLUTZ von BLOTZHEIM (1966): Handbuch der Vögel Mitteleuropas. Frankfurt/Main, Bd. 1, 94 - 163.

DITTRICH, L. (1958): Beobachtungen an gefangengehaltenen Tauchervögeln. Beitr. Vogelk. 6, 96 - 106.

FISCHER, W. (1977): Aufzucht und Haltung von Lappentauchern im Tierpark Berlin. Milu 4, 2, 117 - 145.

HEINROTH, O. u. M. (1928): Die Vögel Mitteleuropas. Berlin Lichtenfelde, Bd. III, 252 - 261.

HERCEG, M. und I. HUBER (1972): Zur Sektionsstatistik bei Vögeln des Zoologischen Gartens der Stadt Zagreb. Verhandlungsber. XIV. Internat. Symp. Erkrankungen Zootiere Wroclaw, 37 - 42.

HICK, U. (1963): Die Aufzucht von Haubentauchern im Kölner Zoo. Freunde des Kölner Zoo. 6, 76 - 79.

IPPEN, R. und H.-D. SCHRÖDER (1972): Ein Beitrag zur den Erkrankungen der Zoovögel. Verhandlungsber. XIV. Internat. Symp. Erkrankungen Zootiere Wroclaw, 11 - 27.

JOHST, G. (1955): Die Aufzucht von Haubentauchern im Zoo Berlin. Gef. Welt 79, 165 - 166.

KRAMER, H. (1980): Bruten europäischer Vogelarten. D. Zool. Garten (NF) 50, 90.

KRONBERGER, H. und K. SCHÜPPEL (1972): Ergebnisse der postmortalen Untersuchung von 4000 Vögeln. Verhandlungsber. XIV. Internat. Symp. Erkrankungen Zootiere, Wroclaw, 29 - 35.

MELDE, M. (1973): Der Haubentaucher, Neue Brehm-Bücherei, Bd. 4 6 1 , Wittenberg Lutherstadt: Ziemsen.

Anschrift des Verfassers: Dipl.-Biol. M. Schneider
DDR - 2786 Schwerin
Waldschulenweg 1

Aus der Fachgruppe für Veterinärpathologie der Universität Utrecht, Abteilung für Erkrankungen besonderer Tiere (Leiter: Prof. Dr. P. Zwart), und der Forschungsgruppe Erkrankungen der Reptilien (Vorsitzender: H. Claessen)

FORTPFLANZUNGSPROBLEME UND AUFZUCHTKRANKHEITEN BEI REPTILIEN

Von P. Zwart, H. Claessen, P. van der Goten, B.A.W.A. Langerwerf, J.J.C. Leunisse, J. Mennes und C. van der Riel

Einleitung:

Über die Fortpflanzung der Reptilien sind grundlegende Beobachtungen und Studien gemacht worden. (Murphy und Collins, 1980; Townson, 1980, a.) Viele Hinweise zur Vorbereitung der Elterntiere auf die Zucht, zur erfolgreichen Zucht und Aufzucht von Jungtieren sind, zwar ziemlich verstreut, im Schrifttum der letzten Jahren zu finden. Es fehlt jedoch eine systematische Bearbeitung der Probleme der Fortpflanzung und der Aufzuchtkrankheiten von Reptilien. Mit dem vorliegenden Beitrag wollen wir versuchen, die verschiedenen Aspekte an Hand eigener Erfahrungen darzustellen. Im Folgenden sind die Faktoren, die die Fortpflanzung der Reptilien weitgehend mitbestimmen, kurzgefaßt zusammengestellt.
Unter den Faktoren, die bei der Fortpflanzung der Reptilien eine Rolle spielen, kommt dem Licht, der Wärme, der Feuchtigkeit, dem Biotop, dem Futter, der Überbesetzung und der Sozialstruktur eine besondere Bedeutung zu.

Licht und Wärme:

Licht und Wärme sind in der Natur praktisch unmittelbar miteinander verbunden. Sie spielen bei wechselwarmen Tieren, wie die Reptilien es sind, eine tiefgreifende Rolle, da sie den ordnungsgemäßen Ablauf der Lebensvorgänge gewährleisten.
Licht, das heißt, der Wechsel von Licht- und Dunkelperioden und eventuell saisonbedingte Veränderungen stellen einen bedeutenden Faktor für die Fortpflanzung von Reptilien dar.
Wärme und Wärmevariationen können ebenfalls die Geschlechtsaktivität beeinflussen. Hinsichtlich des Terrarienbaus bedeutet dies, daß eine große Temperaturbreite zur Verfügung gestellt werden muß. So können die Tiere die endogen bedingte, an die Tageslichtlänge gekoppelte Optimaltemperatur erreichen.
Auf dieser Basis unterteilt Laszlo (1975) die Reptilien in 3 große Gruppen.

I. Tiere der langen Tage: Das sind Tiere aus der gemäßigten Klimazone, in der das Tageslicht wenigstens zwei Monate pro Jahr 14 - 16 Stunden dauert und es nachts zu einer Abkühlung kommt.
II. Tiere der kurzen Tage: Tiere aus tropischen Gebieten mit Tageslichtlängen von annähernd gleichbleibend 12 Stunden. Hier gibt es ein breites Variationsspektrum. Nur Tiere aus äquatorialen Regenwäldern unterstehen konstanten Tageslängen und - Temperaturen. In den anderen Fällen können saisonbedingte Variationen in Temperatur und Feuchtigkeit beobachtet werden. Paarungen treten bei mehreren Arten nach einer Temperatursenkung oder im Anschluß an eine Trockenperiode auf.

III. Tiere der mittellangen Tage: Über einen Zeitraum von 2 - 4 Monate sind die Tage etwas kürzer. Die Lichtintensitäten und die Temperaturen sind in dieser Periode niedriger. Bei anschließender Temperatursteigerung und Zunahme der Lichtintensitäten tritt Fortpflanzungsaktivität auf.

Die Zucht von Reptilien, auch von solchen aus äquatorialen Gebieten, gelingt meistens erst dann, wenn die vorgenannten Erkenntnisse Berücksichtigung finden. Diese Feststellung soll durch zwei eigene Befunde erläutert werden. Eine Kornnatter (Elaphe guttata) aus der gemäßigten Klimazone der USA wurde dadurch alljährlich zur Fortpflanzung gebracht, daß die Tageslänge während des Winters mittels Kunstlicht auf 10 Stunden erweitert wurde. Im Frühling erfolgte eine Verlängerung auf 16 Stunden, verbunden mit einer geringen Temperaturerhöhung (R i e l , 1977). Weiterhin konnte ein grüner Baumpython (Chondropython viridis) aus Neu-Guinea (Indonesien) dadurch zur Fortpflanzung gebracht werden, daß eine winterliche Tageslichtlänge von 8 Stunden gewählt wurde, bei gleichzeitiger Senkung der mittleren Temperaturen auf 5-6 °C. Am Ende einer 2 Monate dauernden Periode traten jeweils erfolgreiche Paarungen auf. (R i e l , 1981). Derartige Eingriffe von Menschenhand erfordern exakte Kenntnisse über die Physiologie der Tiere und über das jeweilige optimale Biotop. So kann z. B. ein falsches Lichtregime einen negativen Einfluß auf die Gesundheit der Tiere haben (R e g a l , 1975).

Auch Wärme ist bei wechselwarmen Tieren ein wichtiger Faktor in der Entwicklung von Embryonen, in den Eiern oder im Muttertier. So verursachte bei Strumpfbandnattern (Thamnophis spp.) eine Temperatursenkung während der Trächtigkeit von etwa 1°C eine Verlängerung der Tragzeit von 4,5 Tagen.

Bei Griechischen Landschildkröten (T. hermanni) wurden von K i r s c h e (1979) vergleichbare Temperatureinflüsse auf die Entwicklungsdauer der Embryonen in den Eiern festgestellt. Temperaturbedingte Fehlentwicklung von Embryonen traten bei mehreren Schlangenarten auf. Experimentell wurde bei Kielrückennattern (Natrix) ermittelt, daß beim Absinken der optimalen Temperatur um 3-4°C und beim Ansteigen um 2-3°C keine Embryonalentwicklung mehr stattfindet. Weiterhin treten Veränderungen in Zahl und Form der Hautschilder sowie eine zahlenmäßige Zunahme von Wirbelelementen und Rippen auf (O s g o o d, 1968 und 1978). Auch bei dem Tigerpython (P. molurus) wurden Unregelmäßigkeiten bei der Skelettentwicklung in Form von Knickungen der Wirbelsäule festgestellt. Sie traten auf, sobald die Eier bei 27,5°C statt bei der Optimaltemperatur von 30,5°C ausgebrütet wurden (V i n e g a r, 1973).

Es ist möglich, daß auch bei Eidechsen Knickungen und Krümmungen der Wirbelsäule oder des Schwanzes durch suboptimale Temperaturen während der Bebrütung verursacht werden können. Von W e r l e r (1970) wird die Verbiegung des Schwanzes bei 4 frischgeschlüpften Streifenbasilisken (Basiliscus vittatus) erwähnt. B u s t a r d (1969) beobachtete nach extrem hohen Bruttemperaturen Deformationen des Schwanzes beim Fettschwanzgecko (Oedura ocellata) und beim Neuguinea-Krokodil (Crocodylus novaeguineae).

Differentialdiagnostisch muß selbstverständlich eine schlechte Entwicklung, bedingt durch Vitamin-D_3-bzw. Kalziummangel ausgeschlossen werden. Daß die während der Brutperiode angewandten Temperaturen die Embryonen tiefgehend beeinflussen, geht ebenfalls aus der Verschiebung der Geschlechtsverhältnisse hervor, wie sich bei einigen Reptilienarten gezeigt hat. Überwiegend bedingen relativ niedrige Temperaturen nur männliche Exemplare. Eine bereits jetzt bekannte Ausnahme ist in dieser Beziehung die Siedleragame (Agama agama), die in solchen Situationen ausschließlich Weibchen produziert. Relativ zu hohe Temperaturen führen bei mehreren Reptilienarten zu weiblicher Nachkommenschaft. B u l l und V o g t (1979) konnten feststellen, daß die Geschlechtsdifferenzierung etwa im ersten Drittel der Embryonalentwicklungszeit stattfindet. Wenn in dieser Periode die Temperaturen im Optimalbereich für die jeweilige Reptilienart liegen, wird die Verteilung der Geschlechter etwa 1:1 sein.

Grundsätzlich wird es günstig sein, die Temperaturen im Brutkasten so gut wie möglich auf die jeweilige Optimaltemperatur einzustellen, wobei gewisse Schwankungen durchaus angezeigt erscheinen. Die Feuchtigkeit ist der dritte, bedeutende klimatische Faktor, der direkt die Funktionen des Körpers beeinflußt. Nach Beobachtungen von S t a m p s (1976) wurden bei Anolis in der Natur voll entwickelte Eier während der Trockenperioden nicht abgesetzt. Erst bei beginnendem Regen fingen die Weibchen an zu graben, um so bei genügender Bodenfeuchtigkeit ihre Eier abzusetzen. Bei Schlankboas (Epicrates inornatus) führte zweimal tägliches Besprühen über eine Woche zur Paarung (H u f f, 1978). Mehrere Arten von Schildkröten erzeugen bei der Eiablage ihr eigenes Mikroklima, indem sie die selbstgescharrte Grube mit Flüssigkeit aus der akzessorischen Harnblase anfeuchten.

Biotop:

Durch ungeeignete Bodeneinstreu können gelegentlich Jungtiere sterben. So wurde bei Strumpfbandnattern (Thamnophis sp.) beobachtet, daß bei einer Bodeneinstreu aus stark resorbierendem Mineralstoff (Sol Speedy Dry) 1-20 Tage alte Jungtiere dadurch starben, daß beim Züngeln Stückchen des Stoffes an der Zunge klebten. Die kleinen Schlangen konnten die Stückchen nicht entfernen und schluckten sie ab. Darmverstopfungen traten auf, wenn die Stückchen etwa so groß waren, wie die Durchmesser der Schlange. Abhilfe wurde geschaffen durch Vermischung von gleichen Teilen Sol Speedy Dry und Hobelspänen.
Bei Geckos wirkt sich oft ein Bodenbelag aus Zeitungspapier oder Tempexplatten gut aus, wobei Sand vermischt mit Kalk und Mineralien separat in einer Schale zur Verfügung gestellt werden (W a g n e r, 1980).

Futter:

Das Futter muß qualitativ sowie quantitativ alle Bedürfnisse der Tiere erfüllen. Besonders bei der Reproduktion werden hohe Anforderungen an die Tiere gestellt.

Bei Reptilien ist kurz vor der Eiablage bzw. der Geburt das ganze Gelege im Körper des Muttertieres. So ein Gelege kann einen sehr beachtlichen Teil des Gewichtes ausmachen. Bei Chamäleons z.B. kann bis zu 1/3 des Gesamtgewichtes der Mutter aus Eiern bzw. Embryonen und Adnexen bestehen. Das gesamte Dottereiweiss wird zudem in der Leber produziert, was eine stark erhöhte Leberfunktion mit sich bringt. Als hinzukommender Faktor ist bei Schlangen (D e s s a u e r und F o x, 1959) und Eidechsen (L a P o i n t e, 1969) nachgewiesen worden, daß gonadotrope Steroide eine Mobilisierung und somit eine Abnahme der Fettreserven verursachen. Rein quantitativ soll das Futter diese Bedürfnisse decken, damit eine allgemeine körperliche Schwächung verhindert wird.
Als zusätzlich belastender Faktor kommt gelegentlich eine Streßwirkung hinzu. Vor allem muß bei gestreßten Tieren die Homeostasis als primäre Lebensbedingung erhalten werden. Dies geschieht mittels einer starken Erhöhung des Stoffwechsels, was auf Kosten von weniger lebenswichtigen Funktionen wie Wachstum und Fortpflanzung gehen kann und außerdem oft zu Resistenzminderung führt (S n y d e r, 1976).
Durch eine ad libitum Fütterung kann der Aufbau eines Geleges gesichert und die Beanspruchung der Fettkörper behoben werden. Letzteres wurde experimentell bei dem Rotkehlanolis (Anolis carolinensis) nachgewiesen (C r e w s und G a r r i c k, 1980). Eigene Erfahrungen mit Lacertiden bestätigen dies. Bei relativem Futtermangel wurden weniger Eier abgesetzt, auch wenn die Tiere nicht sichtbar abgemagert waren. So wurde in einer Zucht 1980 nur 1000 Eier gelegt, gegenüber 1443 Eiern im Jahre 1981, bei etwa gleichbleibender Anzahl von Elterntieren.

Es sei hier darauf verwiesen, daß neugeborene Schlangen dann und wann nicht an das Futter herangehen. Die Ursachen sind unbekannt. Dabei ist zu überprüfen, ob sich solche Tiere schon gehäutet haben, da praktisch stets nur nach der ersten Häutung gefressen wird. Mittels Zwangsfütterung sind diese Probleme schnell zu überwinden. Ein bis vier Zwangsmahlzeiten, mit Beutetieren, die von den Geschwisterschlangen ebenfalls genommen werden, genügen meißtens,um die Jungtiere zur selbständigen Nahrungsaufnahme zu bringen.

Vitamin- und Mineralstoffmangel:

Mangelerscheinungen machen sich bei der Zucht und Aufzucht von Reptilien bemerkbar. Besonders problematisch sind in dieser Hinsicht die insektenfressenden Reptilien. Mangel an Vitamin D und an Kalzium führen hier öfter zu Störungen. 0,1 - 0,35 % der Trockenmasse der Insekten besteht aus Kalzium, also ein recht geringer Anteil. Hinzu kommt, daß das Kalzium-Phosphor-Verhältnis mit 1:3 bis 1:14 relativ ungünstig ist (Z w a r t, 1980). Insekten enthalten überdies kein Vitamin D. Bei Terrarienhaltung hinter Fensterglas ergeben sich daher aus diesen negativen Faktoren typische Bilder eines Kalziummangels und einer Rachitis mit folgenden Erscheinungen:

Bei Muttertieren: Abnehmende Fruchtbarkeit, zunehmende Entkalkung des Skeletts, Sterben des Muttertieres kurz vor der Geburt. In Einzelfällen ist klar geworden, daß Kalziummangel zu einer ungenügenden Funktion der Oviduktmuskulatur führte.

Bei den Eiern: Brüchige, dünnschalige Eier, hoher Prozentsatz unbefruchteter Eier, Absterben von mehreren Embryonen eines Geleges kurz vor dem zu erwartenden Schlupfdatum. Verlängerte Brutzeiten, verlängerte Schlupfperiode, so daß Jungtiere über mehr als 3-4 Tage schlüpfen. Letzteres tritt wahrscheinlich vor allem in Kombination mit Unterernährung der Elterntiere auf.

Bei den Jungtieren: Dottersackrest beim Schlüpfen noch nicht in die Bauchhöhle aufgenommen, Junge sind bei der Geburt zu klein, Verkürzung der Unterkiefer, Tiere sind schwach auf den Beinen, Aufwölbung der Scheitel und Lordose der Wirbelsäule. Nach einigen Tagen bis Wochen können die Vorderbeine eine Verbiegung zeigen. Im Alter von einigen Wochen macht sich eine zunehmende Schwäche der Kiefer bemerkbar. Es kostet die Jungtiere Mühe, die Beute festzuhalten.

Nach Monaten kann eine Spontanfraktur der Lendenwirbel auftreten mit Kyphose und mit Lähmung der Hinterbeine. Sterben der Jungtiere mit hochgradig unzulänglicher Verkalkung des Skeletts und rachitischer Verdickung der chondrokostalen Übergänge.

Die Prophylaxe richtet sich sowohl auf die Zuchttiere, wie auf die Jungtiere. Es soll unbedingt nach Methoden gesucht werden, die Eidechsen und Chamäleons ausreichend mit Kalzium und Vitamin D_3 zu versorgen. Bepudern von Insekten mit einem Vitamin-Mineral-Gemisch ist meistens unzulänglich, es ist nur eine der verschiedenen Maßnahmen, die nebeneinander vorgenommen werden sollen. Universell brauchbar für Insektenfresser ist wahrscheinlich ein Zusatz von 10.000 I.E. wasserlösliches Vitamin D_3 und 4 g (ein Teelöffel) Kalziumlaktat zu jedem Liter Wasser, der im Terrarium gebraucht wird. Letztere Methode wurde bei einer Massenzucht von Lacertiden und Agamen mit Erfolg angewandt. (L a n g e r w e r f, 1980).

Überbesetzung:

Überbevölkerung im Terrarium kann bei bestimmten Arten von Reptilien, durch sozialbedingten Streß eventuell zu einer Herabsetzung der Zuchtresultate führen. Extrem ist dies z.B. bei der Smaragdeidechse (Lacerta viridis) und deren Unterarten, die nur paarweise gehalten werden können. Nicht nur männliche Tiere, auch die Weibchen kämpfen, wenn mehrere Exemplare in einen Behälter gesetzt werden. Bei solchen Rivalenkämpfen werden Schwanzspitzen und Zehen zerbissen. Es entstehen Eintrittspforten für Mikroorganismen, wobei Abszessbildungen auftreten. Die Zuchterfolge werden auf ein Minimum reduziert. Eine Verteilung der Zuchtpaare auf mehrere kleinere Behälter, mit je einer Bodenfläche von 40 x 40 cm, verhindert die Kämpfe und ermöglicht die Zucht. Bei verschiedenen Anolisarten müssen die Möglichkeiten zu Territoriumsbildung bei der Terrarieneinrichtung berücksichtigt werden. Wenn die Männchen bei der Verteidigung ihres Territoriums zu oft durch Geschlechtsgenossen gestört werden, werden sie extrem gestreßt und die Zuchterfolge leiden darunter. Ein stark bepflanztes Terrarium bietet viele kleine Territorien, was auch bei einigen Paaren pro Behälter zu einem ungestörten Sexualverhalten der Bewohner führt. Bei Wasserschildkröten führt eine Überbesetzung in den Becken öfters zu Kämpfen. Besonders das Anbeißen der fächerförmigen, sich bewegenden Kopulationsorgane, kann die Befruchtungsresultate herabsetzen. Extrem wird dies, wenn eine Amputation des Kopulationsorganes notwendig wird. Bei Landschildkröten kann eine Überzahl an männlichen Tieren zu einer so starken Belastung der Weibchen führen, daß dieselben nicht mehr fressen und körperlich stark geschwächt werden.
Durch Überbesetzung können auch Regulationsmechanismen gestört werden. Nach R e g a l (1980) kann dann der Kreislauftemperaturrhythmus gestört werden, was gelegentlich die Reproduktivität negativ beeinflußt. Eine relative Überbesetzung tritt eventuell auch an Eiablagestellen auf. Dies gilt für bestimmte Tiergruppen, die ihre Eier im Boden vergraben, wie Agamen und Lacertiden. In solchen Fällen können mit Vorbedacht Eiablagestellen geschaffen und entsprechend warm gehalten werden. Sie bestehen aus leicht angefeuchtetem Sand, sind frei von Pflanzen und teilweise von flachen Steinen überdeckt. Bei größeren Zuchten ist es vorteilhaft, nur eine einzige Eiablagestelle pro Terrarium bereitzuhalten (L a n g e r w e r f, 1980). Dies macht es leichter, die Eier zu finden, um sie im Brutkasten auszubrüten. Wenn aber mehrere Weibchen von Agamen oder Lacertiden gleichzeitig an einer Stelle ihre Eier absetzen wollen, kommt es leicht zu Auseinandersetzungen und gelegentlich sogar zu Fällen von Legenot. Unter Umständen sollte ein Weibchen, das seine Eier abgesetzt hat, zeitweilig weggenommen werden. Bei der Aufzucht von Jungtieren können durch Überbesetzung Streßsituationen entstehen, z.B. kann dies bei Agamen zu Unterernährung und infolge dessen zu schlechtem Wachstum von einzelnen Exemplaren führen. Solche schlecht wachsenden Jungtiere sind separat aufzuziehen. Überbesetzung kann durch Streß und erhöhte Infektionsmöglichkeit auch zu Vermehrung von fakultativ pathogenen Mikroorganismen führen. Bei Agamen kann es so zu manifesten Flagellaten-Infektionen kommen. Bei Smaragdeidechsen (L. viridis) traten Pilzinfektionen der Haut auf, während Unterernährung und verringerte Hygiene beim Tigerpython (Python molurus) zu Pseudomonas-Infektionen führten.

Selektion der Zuchtpaare:

Eine Vorbedingung zur Zucht ist, daß gesunde Elterntiere zusammengebracht werden. Bei vielen Arten von Reptilien kann eine paarweise Haltung zu Zuchterfolgen führen. Bei mehreren Arten, z.B. bei Smaragdeidechsen (L. viridis) und deren Unterarten, ist die paarweise Haltung eine absolute Notwendigkeit, weil es sonst zu Territorialkämpfen kommt.

Andere Reptilien-Arten, wie z.B. Strumpfbandnattern (Thamnophis spp.), bringen dagegen bei Gruppenhaltung in einem Verhältnis von 1:1 der Geschlechter bessere Zuchterfolge. Ein sich seines Sozialstatus bewußtes Männchen wird bei vielen Reptilienarten eher zur Paarung neigen (C a r p e n t e r, 1980). Eine Vorbedingung ist dabei, daß das männliche Tier sich in seinem eigenen Territorium befindet. Das Weibchen kann dann hinzugesetzt werden. Hier aber ist ein breites Variationsspektrum gegeben. Männliche Strumpfbandnattern kamen innerhalb von wenigen Minuten zur Kopulation, wenn sie nach einigen vorangegangenen dunklen, kühlen Tagen an einem warmen sonnigen Frühlingstag in einen Behälter gesetzt wurden, in dem sich ein oder mehrere Weibchen befanden (B l a n c h a r d und B l a n c h a r d, 1941). Für so prompte Kopulationen ist es notwendig, daß sich die beiden Partner in der gleichen Phase des Sexualzyklus befinden. Synchronizität der Sexualzykli der Partner ist auch bei der Zucht in der Gefangenschaft ein Aspekt der Auswahl von potentiellen Zuchttieren. Im allgemeinen erfolgt eine derartige Abstimmung, wenn die beiden Partner unter identischen Umständen hinsichtlich Temperatur, Tageslänge und Winterschlafdauer gehalten worden sind. Dabei hat auch der Überraschungseffekt gewisse Bedeutung. Es ist oft günstig, die Partner längere Zeit voneinander zu separieren, um sie dann zusammenzubringen.
Äußerliche Anzeichen, die eine Aussage über eine maximale Entwicklung des Sexualzyklus ermöglichen, sind bei Reptilien relativ selten. Bei einigen Lacertiden aus unseren europäischen Klimazonen zeichnen sich die Männchen in dieser Periode durch ihre Farbenpracht aus. Nach T o w n s o n (1980, a) können bei dem Tigerpython (Python molurus) die Männchen besonders aktiv sein, sie können ihr Interesse an Beutetieren verlieren und es kann zu Rivalenkämpfen kommen.
Bei weiblichen Schlangen ist es gelegentlich möglich, die Entwicklung der Eifollikel mittels Bauchpalpation festzustellen (B r a n d, 1981).
Bei der Selektion der Zuchtpaare sollen die Partner etwa gleich groß sein.

Sonstige Probleme:

Es gibt vereinzelt kleinere Probleme, die im folgenden kurz gestreift werden.

Verfaulen der Eier:

Bakterielle Infektionen der Eier können gelegentlich auftreten und zum Tod der Embryonen führen. Wahrscheinlich greifen dabei Bakterien, die sich in unbefruchteten Eiern vermehrt haben, auf benachbarte Eier eines Geleges über. Ein äußerliches Kennzeichen ist eine braun-schwarze lokale oder mehr generalisierte Verfärbung der Eischale. Solche Eier sind zu entfernen, genau wie Gelege, in denen die Eier miteinander verklebt sind. In Einzelfällen sind eventuell die Eier durch Desinfektion der Schale mit Isopropylalkohol zu retten (R o s s und L a r m a n, 1977).
Pilzinfektionen können ebenfalls in die Eischale eindringen und zu Verfärbung derselben Anlaß geben. Von P a t t e r s o n und E r a s m u s (1978) wurde über ein Ei eines Angola-Python (Python anchietae) berichtet, das in 72 Stunden dreimal mit einem Amophotherizin B-Präparat (Fungizone - Squibb) bepinselt wurde. Das Jungtier wurde beim Schlüpfen durch den Dottersackrest behindert, der mit der infizierten, veränderten Stelle des Eies verklebt war. Mit einer feinen Ligatur wurde der verklebte Teil des Dottersacks separiert und anschließend amputiert.

Versorgung der Nabel:

Gelegentlich ist, z.B. bei Schildkröten und Krokodilen, bei der Geburt noch eine klaffende Nabelöffnung in der Bauchwand vorhanden. Dies war auch nach R o s s und L a r m a n (1977) der Fall bei zu früh geschlüpften Macklot-Pythons (Liasis mackloti).

In diesem Fall wurde der Dottersackrest nach 48 Stunden spontan abgestoßen. Eine Behandlung erübrigte sich. Nach D u n n (1977) können die Narben mit antibiotikumhaltigem Puder versorgt werden. Unseres Erachtens wäre eventuell eine Desinfektion mit Betaidin-Jod angebracht.

Verletzungen des Nabels und des Dottersackrestes:

Von P a t t e r s o n und E r a s m u s (1978) wird berichtet, wie bei einem kleinen Angola-Python (Python anchietae) im Alter von zwei Tagen sein Dottersackrest mit einem Stückchen Papier verklebte, wodurch die Nabelöffnung sehr durch Zug vergrößert wurde. Es folgte Spontanheilung.
Über eine Verletzung des Dottersackrestes berichtet T e i c h n e r (1978) bei einem Stumpfkrokodil (Osteolaemus tetraspis), das sich mit einem Nagel der Hinterpfote den Dottersack zerriß, worauf Dottermaterial herausströmte. Es wurde eine Amputation vorgenommen.

Zusammenfassung:

Fortpflanzungsprobleme und Aufzuchtkrankheiten bei Reptilien

An Hand von Faktoren, die eine entscheidende Rolle bei der Fortpflanzung von Reptilien spielen, wird ein Überblick über die damit zusammenhängenden Probleme gegeben.
Licht, Wärme und Feuchtigkeit und die durch sie saisonbedingten Veränderungen spielen bei der Fortpflanzungsbereitschaft eine bedeutende Rolle. Es werden Beispiele von positiven und von negativen Einflüssen angeführt. Das Futter und dessen tiefgreifender Einfluß auf die Fruchtbarkeit wird erläutert, wobei besonders auf Kalzium- und Vitamin-D-Mangel eingegangen wird.

Summary:

Reproductive Problems and Rearing Diseases of Reptiles

Reference is made to factors likely to play a major role in reproduction of reptiles, and and account is given of associated problems. Light, heat, and moisture as well as seasonal variations caused by these were found to be essential to readiness for reproduction. Examples are given of favourable and adverse factors of influence. Feed and its thorough impact on fertility are discussed, with particular reference being made to calcium and vitamin D deficit.

Résumé :

Problèmes de la reproduction et des maladies d'élevage chez des reptiles

L'auteur mentionne toute une série de facteurs qui jouent un rôle déterminant pour la reproduction de reptiles en présentant un aperçu des problèmes qui y sont rattachés.

La lumière, la chaleur et l'humidité ainsi que les transformations survenant avec les saisons occupent une place importante dans la disponibilité de reproduction. Il cite des exemples d'influences positives et négatives. En expliquant l'importance de l'alimentation et sa profonde influence sur la fécondité, il souligne surtout les effets du manque de calcium et de vitamine D.

Резюме:

Проблемы размножения и заболевания, возникающие при выращивании рептилий.

На основе фактов, играющих роль в процессе выращивания рептилий, дается обзор проблем, возникающих в данном случае. Особую роль для продолжения рода рептилий играет свет, тепло и влажность. Приведены примеры положительного и отрицательного влияния различных сезонных изменений. Обсуждается влияние питания на размножение рептилий, указывается на недостатки кальция и витамина Д.

Literaturverzeichnis:

BLANCHARD, F.N., und F.C. BLANCHARD (1941): Mating of the garter snake Thamnophis sirtalis sirtalis (Linnaeus). Pap. Mich. Acad. Sci Arts Lett. 27, 215-234.

BRAND, L. (1981): Erveringen met de rode rattenslang, Elaphe guttata guttata. Litt. Serpentinum 1, 88-100.

BULL, J.J., und R. C. VOGT (1979): Temperature dependent sex determination in turtles. Science. 206, 1186-1188.

BUSTARD, H.R. (1960): Tail abnormalities in reptiles resulting from high temperature egg incubation. Brit. J. Herpetol. 4, 121-123.

CARPENTER, C.C. (1980): An ethological approach to reproductive success in reptiles. In: MURPHY, J. B. and COLLINS, J. T. (1980) 33-48.

CREWS, D., und L.D. GARRICK (1980): Methods of inducing reproduction in captive reptiles. In: MURPHY, J.B. and COLLINS, J.T. (1980) 49-70.

DESSAUER, H.C. und W. FOX (1959): Changes in ovarian follicle composition with plasma levels of snakes during estrus. Am. J. Physiol. 197, 360-366.

DUNN, R.W. (1979): Notes on the breeding of Johnstone's crocodile, Crocodylus Johnstoni. Int. Zoo Yearb. 17, 130-131.

HUFF, T.A. (1978): Breeding the Puerto Rican Boa Epicrates inornatus at the reptile breeding foundation. Int. Zoo Yearb. 18, 96-97.

KIRSCHE, W. (1979): The housing and regular breeding of Mediterranian tortoises in captivity. Int. Zoo Yearb. 19, 42-49.

LANGERWERF, B.A.W.A. (1980): The successful breeding of lizards from temperate regions. In: TOWNSON, S. (1980) The care and breeding of captive reptiles. 37-46.

LAPOINTE, J. (1969): Effect of ovarian steroids and neurohypophyseal hormones on the oviduct of the viviparous lizard Klauberina riversiana. J. Endocrinol. 43, 197-205.

LASSZLO, J. (1975): The effect of light and temperature on reptilian mating and reproduction: recent developments. Am. Ass. Zool. Parks and Aquariums. No. 29.

MURPHY, J.B.J.T. COLLINS (Eds) (1980): Reproductive biology and diseases of captive reptiles. Soc. Study Amphib. Rept. 1-277.

OSGOOD, D.W. (1968): The effects of temperature on the development of meristic characters in the banded watersnake. Ph D Thesis; Duke Univ. Durham, North Carolina.

OSGOOD, D.W. (1978): Effects of temperature on the development of meristic characters in Natrix fasciata. Copeia, 33-47.

PATTERSON, R.W. and H. ERASMUS (1978): Hatching of anchieta's dwarf python Python anchietae. Int. Zoo Yearb. 18, 99-101.

REGAL, P.J. (1975): Social synchronization and desynchronyzation of biological rythms in the fitness and pathology of vertebrates. Chronobiology, 2, suppl. 1, 57.

REGAL, P.J. (1980): Temperature and light requirements of captive reptiles. In: MURPHY, J.B. and J.T. COLLINS (1980) 79-89.

RIEL, C. van (1977): Voortplanting van Elaphe guttata in een binnenterrarium met behulp van een lange lichtperiode. Lacerta 35, 106-112.

RIEL, C. van (1981): Voortplanting van de groene boompython, Chondropython viridid, in het terrarium. Lacerta 39, 62-64.

ROSS, R. und R. LARMAN (1977): Captive breeding in two species of python. Int. Zoo Yearb. 17, 133-136.

SNYDER, R.L. (1976): The biology of population growth. New York: St Martins Press.

STAMPS, J.A. (1976): Egg retention, rainfall and egg laying in a tropical lizard Anolis aeneus. Copeia, 759-764.

TEICHNER, O. (1978): Breeding the West dwarf crocodile Osteolaemus tetraspis tetraspis at metro toronto Zoo. Int. Zoo Yearb. 18, 88-89.

TOWNSON, S. (Ed) (1980): The care and breeding of captive reptiles. Brit Herpet. Soc. 1-98.

VINEGAR, A. (1973): The effects of temperature on the growth and development of embryos in the Indian python (Python molurus) (Reptilia: Serpentes: Boidae). Copeia, 171-173.

WAGNER, E. (1980): Gecko husbandry and reproduction. In: MURPHY, J.B. COLLINS, J. T. (1980), 115-118.

WERLER, J.E. (1970): Notes on young and eggs of captive reptiles. Int. Zoo Yearb. 10, 105-116.

ZWART, P. (1980): Nutrition and nutritional disturbances in reptiles. Proc. Europ. Herp. Symp. Oxford, 75-80.

Anschrift der Verfasser: Prof. Dr. P. Z w a r t
Fachgruppe Pathologie
Abt. Erkrankungen besonderer Tiere
Yalelaan 1, Postbox 80.158
3508 TD Utrecht (Niederlande)

Aus dem Bezirksinstitut für Veterinärwesen Rostock (Direktor: OVR Dr. W. E h r e n - t r a u t) und dem Zoologischen Garten Rostock (Direktor: Dr. D. S c h w a r z)

WIEDERHOLTER KAISERSCHNITT BEI EINEM SILBERGIBBON (HYLOBATES MOLOCH) UND VETERINÄRMEDIZINISCHE PROBLEME BEI DER AUFZUCHT DER BEIDEN JUNGTIERE*

Von Dagmar R i t s c h e r und Karin L i n k e

Jahrelang hatten wir bei unseren Gibbons vergeblich auf Nachwuchs gehofft. Erst einige Monate nach Auswechseln des Männchens machten sich bei dem ca. zehnjährigen Silbergibbonweibchen "Java" Symptome der Trächtigkeit bemerkbar.

Am 11. 8. 1980 wurden bei ihr Anzeichen einer bevorstehenden Geburt deutlich, am 12. 8. konnten jedoch keine Wehen mehr beobachtet werden. Nachts war "Java" nicht kontrolliert worden. Das Tier war unruhig. Während der Adspektion am Vormittag lief rötlich-bräunliches Fruchtwasser ab. Die Schamlippen waren kaum ödematisiert. Weil die Geburt offenbar seit dem Vorabend keinerlei Fortschritte gemacht hatte, wurden dem Gibbon nach Einfangen im Kescher 60 mg Ketamin intramuskulär injiziert. Es trat eine gute Immobilisation ein. Das Tier wurde geröntgt. Auf der Aufnahme (Abb. 1) war ein normal ausgebildeter Fetus sichtbar. Der Kopf lag vor dem Beckeneingang, es bestand eine beiderseitige Schulterbeugehaltung. Bei der vaginalen Palpation war die Nase des Fetus tastbar. Trotz wiederholter Bemühungen konnten keine Lebenszeichen ausgelöst werden. Versuche, mit Ferkelgeburtskette oder Zangen den scheinbar leblosen Fetus zu extrahieren, blieben ohne Erfolg. Das Muttertier zeigte bei allen diesen Manipulationen keinerlei Wehentätigkeit. Wahrscheinlich handelte es sich um eine sekundäre Wehenschwäche, ausgelöst durch eine relativ zu große Frucht, und die Geburtswege des Gibbonweibchens befanden sich bereits wieder im Zustand der mangelhaften Weite. Deshalb, und weil uns die manuelle Schädelzerdrückung beim Hydrocephalusembryo unseres Wanderuweibchens in schlechter Erinnerung war (R i t s c h e r et al. (1977), entschlossen wir uns zum Kaiserschnitt. Er wurde in der Linea alba ausgeführt. Schwierig, weil anatomisch vom Gewohnten abweichend, war die Extraperitoneisierung des sackartigen Uterus. Nachdem dies unter Mühen gelang und die Gebärmutter eröffnet war, begann der scheinbar tote Fetus sich zu bewegen. Ein lebendes weibliches Gibbonbaby von 470 g KM war der Lohn unserer Bemühungen.

Es gelang auch, die Plazenta in toto zu entwickeln. 3 IE Oxytocin auf den Uterus geträufelt, bewirkten eine gute Kontraktion. Der Uterus wurde mit 2 fortlaufenden Lembertnähten verschlossen, das Bauchfell mit einer fortlaufenden Naht. Für den Verschluß der Bauchmuskulatur wählten wir vorsichtshalber die Sultansche Diagonalnaht. Die Haut wurde in rückläufigen Einzelheften mit schwer resorbierbarem Catgut genäht, um ein späteres Einfangen zum Fädenziehen zu umgehen. Aus dem gleichen Grund verzichteten wir im Gegensatz zu anderen Autoren (D a v i d , 1978) auf einen Schutzverband. Das Gibbonweibchen erhielt 5 ml Sulfastrepdipen i.m., diese Medikation wurde nach 2 Tagen wiederholt. Ein Pfleger wollte zu diesem Zeitpunkt ein Klaffen der Naht beobachtet haben, deshalb wurde das Tier mit dem Kescher eingefangen. Glücklicherweise erwies sich die Meldung als falsch. Die Naht war trocken und gut verschlossen und blieb es auch.

Mit Besorgnis stellten wir im Frühjahr 1981 bei unserer "Java" eine Zunahme des Bauchumfanges bei ungestörtem Allgemeinbefinden fest, die den Verdacht auf eine erneute Trächtigkeit aufdrängte. Die These, daß Gibbons nur alle 2 Jahre ein Junges gebären, konnte uns nur wenig beruhigen, da diese internationale Erfahrung sich wohl nur auf Fälle mit natürlicher Aufzucht bezieht. Auch im Dortmunder Zoo (B a r t m a n n und B r a h m , 1980) verkürzte sich das Intervall zwischen 2 Geburten beim Siamang nach Abnahme des Jungtieres auf weniger als 1 Jahr.

Im Sommer war nur der Termin der Geburt noch umstritten. Mehrmals wurde von seiten der

*Auszugsweise veröffentlicht im Jahresbericht 1980 des Zoologischen Gartens Rostock.

Tierpfleger der Geburtsbeginn signalisiert. Diese Fehlinformation erwies sich als gute Vorübung für den Ernstfall, der schließlich am 16.7., also 11 Monate nach der Geburt des ersten Gibbonbabys, eintrat. Die Tierpfleger beobachteten seit dem Morgen bei "Java" Unruhe, Drängen ins Haus und ein wehenartiges Zusammenziehen des Bauches, dazu häufiges Koten und Urinieren. Tierärztlicherseits wurden nachmittags Ödematisierung der Schamlippen und eine fingerstarke Öffnung der Cervix uteri festgestellt. Fetusteile waren durch die Uteruswand tastbar. Am späten Abend war die Cervix erst für 2 Finger passierbar. In der Scheide befand sich etwas zäher, blutiger Schleim. Wir injizierten 1 IE Oxytocin (Richter, Budapest) i.m. Eine Nachtwache wurde organisiert. Entgegen unseren Erwartungen schlief "Java" nachts ruhig. Die Körpertemperatur, die von mittags 39,2° C bis 22,00 Uhr auf 37,2° C abgesunken war, betrug nun am Morgen 7,00 Uhr 37,8° C, stieg also an. Die Cervix hatte sich kaum verändert. Die Nase des Fetus ließ sich tasten. Wir injizierten nochmal 2 IE Oxytocin, ohne jedoch die geringste Reaktion zu erzielen. Die Röntgenaufnahme des Muttertieres (Abb. 2) ließ einen Fetus in Vorderendlage mit Schädel in Gesichtslage vor dem Beckeneingang erkennen, deren Ausmaße wir als "relativ zu große Frucht" deuteten. Nach Abwägen aller Vor- und Nachteile entschlossen wir uns zur Wiederholung des Kaiserschnittes. Aufgrund der Erfahrungen vom Vorjahr injizierten wir 50 mg Ketamin intramuskulär und erreichten damit einen operationsfähigen Zustand. Die Schnittführung erfolgte im Bereich der alten Narbe. Das Gewebe erschien von etwas derberer Konsistenz als die Umgebung, das Netz war leicht mit dem Peritoneum verwachsen, der Uterus jedoch völlig ohne operationsbedingte Veränderungen. Die Nabelschnur war um die Schultern des Fetus gewickelt, weitere Besonderheiten konnten nicht gefunden werden. Das Gibbonbaby, wiederum weiblichen Geschlechtes, wog 390 g. Es gelang, die stellenweise gelb verfärbte Plazenta in toto zu lösen. Die manuelle Kompression und das Aufträufeln von 3 IE Oxytocin stillten die Blutung aus den Uterusgefäßen. Wir verschlossen den stark kontrahierten Uterus mit einer Sultanschen Diagonalnaht. Die Uterusserosa wurde zusätzlich fortlaufend vernäht. Im Verwachsungsgebiet wurden fetthaltige Netzteile vom Peritoneum abgetrennt. Eine Bauchfell-Muskelnaht nach Sultan und eine rückläufige Hautnaht folgten. Aus kosmetischen Gründen wurde noch eine fortlaufende Naht mit dünnem Garn darübergelegt. Für alle Nähte verwendeten wir Catgut. Abschließend injizierten wir ein Hämostyptikum und Sulfastrepdipen, letzteres wurde am 2. und 4. Tag p.p. wiederholt.

Am nächsten Tag zeigte "Java" ein sehr gutes Pflegeverhalten gegenüber ihrer Tochter "Vicki" und aß und trank. Das Jungtier klammerte gut und konnte häufig beim Saugen beobachtet werden, jedoch befriedigte seine Zunahme nicht. Das Muttertier erhielt deshalb versuchsweise Oxytocin-Tabletten (pro Tag 1/2 Tablette Partolact.). Am 6. Lebenstag begannen wir, Frauenmilch zuzufüttern. Das zutrauliche und friedliche Gebaren des Gibbonweibchens ermöglichte, die Zwiemilchernährung über Monate fortzusetzen. Auch Gewichtskontrollen beim Jungtier waren problemlos möglich.

Da versehentlich während der Operation eine UV-Lampe angestellt wurde, machten sich bei "Java", wie auch bei den an der Operation beteiligten Mitarbeitern am Tage danach Erscheinungen einer Konjunktivitis bemerkbar, die nach 3 Tagen wieder abklangen. Ob an der Haut der Milchdrüse eine ganz leichte Dermatitis solaris bestand, ist nicht sicher auszuschließen, aufgrund der Pigmentierung aber nicht sehr wahrscheinlich. Jedoch war das allgemeine Wohlbefinden des Muttertieres deutlich durch die Augenreizung beeinträchtigt. 10 Tage nach dem Kaiserschnitt wurde zum letzten Male blutig gelblicher Scheidenausfluß bei "Java" beobachtet, am Tag darauf machte das Männchen erste Deckversuche durch das Gitter.

Aufzuchtprobleme.

Das 1980 geborene Jungtier "Baja" wurde anfangs gut gesäugt und betreut. Zum Wochenende erschien das nun 5 Tage alte Äffchen matt. Der diensthabende Kurator hatte den Eindruck, daß die Mutter des Babys überdrüssig sei. Er trennte beide und übergab den Säugling in die bewährte häusliche Pflege einer Mitarbeiterin des Zoos. Trotz guter Futteraufnahme und normaler Kotkonsistenz nahm das mit Säuglingsfertignahrung (KiNa "diätawerk" Nock KG) ernährte Jungtier in den ersten 6 Tagen nach dem Absetzen nicht zu. Nachdem schließlich auch noch Diarrhöe und verminderter Appetit auftraten, setzten wir uns mit der Universitätskinderklinik in Verbindung und erhielten von dort Frauenmilch. Diese Maßnahme bewährte sich gut. Der vorher im Kot festgestellte Koligehalt verschwand ohne jede medikamentelle Behandlung. Das

Affenbaby begann zuzunehmen. Am 23. 8. fiel auf, daß der rechte Zeigefinger im oberen Teil geschwollen und dunkel gefärbt war. Umschläge und Salbe zeigten keine Wirkung, im Gegenteil schwoll die gesamte Hand etwas an. Die Körpertemperatur ließ nicht auf eine Sepsis schließen. Am 29. 8. entschlossen wir uns auf Anraten der Kinderklinik zur Amputation. Die oberen beiden Glieder des Zeigefingers lösten sich beim festen Anfassen von selbst, sie waren mumifiziert. Der herausragende Knochenstumpf wurde nach Besprühen mit Anästhesiespray amputiert, der Hautlappen darüber vernäht. Die Wunde wurde mit Brevicidpuder und später mit Ursophenicolsalbe und Verbänden, die alle 2 Tage gewechselt wurden, versorgt. Am 2. 9. konnte bereits ein Heft entfernt werden, am 4.9. dann die restlichen. Die Heilung erfolgte per primam. Der kleine Gibbon war ein äußerst disziplinierter Patient und versuchte nie, seine Verbände zu entfernen.

Zwischen dem 52. und 61. Lebenstag wurde der kleine Gibbon auf Säuglingsfertignahrung (Milasan VEB Dauermilchwerk Stendal) umgestellt. Ab 61. Tag erhielt "Baja" keine Frauenmilch mehr. Nach dem 75. Lebenstag wurde mit geringem Erfolg Saft und Brei zugefüttert. Erst ab dem 248. Lebenstag nahm "Baja" feste Nahrung gut auf. Meist war ihr Appetit zufriedenstellend, jedoch gab es auch Etappen, in denen ohne erkennbare Ursache die Futteraufnahme sehr schlecht war, so zwischen dem 80. und dem 96., dem 131. und 134. und 145. und 146. Tag. Nach dem 21. Lebenstag traten kleieartige gelbliche Beläge überall auf der Haut auf. Sie schienen das Wohlbefinden des Tieres nicht zu beeinträchtigen und wurden von uns als Milchschorf gedeutet. Als "Baja" 3 Monate alt war, verschwanden diese Beläge allmählich. Am 172. und 173. Lebenstag waren der Kot sehr dünn und die Körpertemperatur erhöht (38,9° C). In dieser Zeit wurde die Milch weitgehend durch Reisschleim ersetzt. Der Gibbon erhielt 7 Tage lang 6 x täglich 1/4 Tablette Furazolidon. Die Häufigkeit der Nahrungszufuhr wurde von anfänglich 11 mal auf 8 mal ab 216. Tag bis auf 4 mal ab 288. Tag gesenkt.

Die völlig im Kreise einer menschlichen Familie aufgezogene "Baja" wurde mit knapp einem Lebensjahr erstmalig mit der Käfighaltung im Affenhaus bekanntgemacht. Ab Ende September 1981 blieb sie ständig im Affenhaus, allerdings ohne Kontakt zu unseren anderen Gibbons. Am 204. Lebenstag wurde bei der schlafenden "Baja" ein Krampfanfall beobachtet, vergesellschaftet mit Ohnmacht und Atemstillstand, 25 Tage später wiederholte sich das Ereignis. Nach Beratungen mit Kinderärzten der Wilhelm-Pieck-Universität Rostock wurde "Baja" am 282. Lebenstag ein Dekristolstoß (200 000 IE Vit. D_2) intramuskulär injiziert, danach beobachtete man keine weiteren Anfälle bei dem jungen Gibbon.

Das Gewicht des 1981 geborenen Gibbonbabys "Vicki" betrug trotz guter Pflege und häufiger Saugakte am 4. Lebenstag nur 340 g, also 50 g weniger als zur Geburt. Deshalb begannen wir am 6. Lebenstag mit dem Zufüttern von Frauenmilch. Anfangs wurden 8 Mahlzeiten von 5 - 6 g Milch gereicht. Manchmal trank "Vicki" nur 2 - 3 g aus der Flasche, insgesamt wurden täglich jedoch 40 - 50 g Frauenmilch aufgenommen. Jetzt, im Alter von 5 1/2 Monaten, werden bis zu 120 g Milch täglich getrunken.

Eine leichte Hautentzündung in der Umgebung des Afters wurde erfolgreich mit Gentamycincreme behandelt. Am 8. Lebenstag trat auch bei "Vicki" wie im Vorjahr bei ihrer Schwester "Baja" eine Anschwellung einiger Finger auf. Schorfe bildeten sich, unter denen es zur Abheilung kam. 14 Tage nach Beginn der Zwiemilchernährung betrug "Vickis" Gewicht 450 g. Im Alter von 1 Monat wog sie 500 g. Auch hier mußten wir wie bei "Baja" gelbliche, kleieartige Hautbeläge feststellen, die mit zunehmendem Alter verschwanden. Mit 57 Tagen interessierte sich "Vicki" erstmals nachweislich für andere Nahrung als Mutter- und Frauenmilch. Sie knabberte an einem ihrer Mutter gereichten Petersilienstengel. Bis zum Zeitpunkt der Berichterstattung, Dezember 1981, hat sie jedoch noch keine feste Nahrung aufgenommen. Eine Erkältung bei dem vierteljährigen Gibbonbaby, die sich durch Schniefen bemerkbar machte, aber ohne Fieber verlief, wurde erfolgreich durch Inhalationen und Einreibungen mit ätherischen Ölen behandelt. Außerdem erhielt der Gibbon ein Multivitaminpräparat. Mit 4 Monaten wog "Vicki" 900 g.

Diskussion:

Retrospektiv erscheint uns die schwierige Entscheidung für den Kaiserschnitt richtig. Da die Ursache der Schwergeburt hier offenbar in einem Mißverhältnis zwischen Größe des kindlichen Schädels und des mütterlichen Beckens besteht, ist eine Normalgeburt nach weiteren

Trächtigkeiten nicht zu erwarten. Deshalb sollte eine weitere Zuchtverwendung sehr sorgfältig erwogen werden, zumindest in den nächsten Jahren unterbleiben. Weil darüber noch nicht das letzte Wort gesprochen ist, wurde die während der Operation gut mögliche Unterbindung der Tuben nicht durchgeführt. Da uns das Säugen nicht genügend Sicherheit für eine temporäre Fertilitätshemmung bietet, halten wir zur Zeit beide Partner getrennt durch ein doppeltes Maschendrahtgitter und erwägen den Einsatz von Hormonpräparaten. Um in Hinblick auf weitere Geburten unser gutes Verhältnis zu "Java" nicht zu sehr zu belasten, erscheint uns das tägliche Erzwingen einer Kontrazeptivaeinnahme ungünstig. Besser anwendbar wäre die vierteljährliche Injektion eines Hormonpräparates, wie sie bisher mit gutem Erfolg bei einem weiblichen Orang-Utan in Leipzig durchgeführt wurde. Falls es gelingen sollte, in einigen Jahren ein weiteres Jungtier von "Java" zu erhalten, so werden wir wieder eine natürliche Aufzucht anstreben. Auch der Aufwand einer Zwiemilchernährung mit Haltung bei der Mutter ist weitaus geringer als der einer Aufzucht in Menschenobhut. Außerdem besteht nicht das schwierige Problem der Eingewöhnung in eine Gruppe der gleichen Art.

Das gestörte Mutter-Kind-Verhältnis 1980 ist eventuell dadurch bedingt, daß sich die kindlichen Finger im Fell der Mutter verfangen hatten und Unruhe des Jungen und Unvermögen zu helfen bei "Java" Angst auslösten und das Baby erschöpften. Nachts wurde bei der ersten Aufzucht keine Kontrolle ausgeübt. Die Fingerverletzung, die im nachhinein zur Nekrose der oberen beiden Glieder führte, und die Tatsache, daß die Tierpflegerinnen den kleinen Affen nur schwer aus dem mütterlichen Fell lösen konnten, ließen diese Deutung als möglich erscheinen.

Vergleichende Betrachtungen über das Verhalten des in einer menschlichen Familie aufgewachsenen Gibbonbabys und seines bei der Mutter aufgezogenen Geschwistertieres sollen einem weiteren Bericht vorbehalten bleiben.

Zusammenfassung:

Wiederholter Kaiserschnitt bei einem Silbergibbon (Hylobates moloch) und veterinärmedizinische Probleme bei der Aufzucht der beiden Jungtiere

Anamnese und Operationstechnik zweier Kaiserschnitte bei einem Silbergibbon (Hylobates moloch) werden beschrieben. Probleme der Aufzucht des in menschlicher Obhut und des bei der Mutter aufgewachsenen Jungtieres und die weitere Zuchtverwendung des Muttertieres werden diskutiert.

Summary:

Two Caesarean Sections on Grey Gibbon (Hylobates moloch) and Veterinary Problems in Raising the Two Young Animals

Described in this paper are case history and surgical technique of two caesarean sections on one grey gibbon (Hylobates moloch). One of the young animals was raised under human control and the other by the mother. Aspects relating to the two cases of raising are discussed together with future use of the mother animal for breeding.

Résumé :

Deux césariennes chez un gibbon argenté (Hylobates moloch) et des problèmes qui se posent au vétérinaire dans l'élevage des deux petits

L'auteur décrit l'anamnèse et la technique opérationnelle de deux césariennes chez un gibbon argenté (Hylobates moloch). Par la suite, il discute des problèmes de l'élevage d'un petit gardé par des hommes et d'un petit resté chez sa mère pour évoquer enfin l'utilisation ultérieure de la femelle à des fins de reproduction.

Резюме:

Два кессарева сечения у серебряных гиббонов (Hylobates moloch) и ветеринарно-медицинские проблемы, связанные с выращиванием двух новорожденных животных.

Описана анамнезия и оперативная техника проведения двух кессаревых сечений у гиббонов. Обсуждаются возможности выращивания молодняка человеком и дальнейшее применение материнского животного для разведения.

Literaturverzeichnis:

HARTMANN, W. und E. BRAHM (1980): Psychopathisches Brutpflegeverhalten bei Siamangs (Symphalangus syndactylus RAFFLES, 1821). Verhandlungsber. XXII. Internat. Symp. Erkrankungen Zootiere, Arnhem, 195 - 197.

DAVID, Th. (1978): Ovariektomie bei einem Gibbon (Hinweis aus der Praxis) Kleintierprax. 26, 251 - 252.

RITSCHER, D. (1980): Kaiserschnitte beim Silbergibbon. Jahresbericht 1980 des Zoologischen Gartens Rostock, 25 - 28.

RITSCHER, D., LINKE, K., GARLT, Chr. und K. SCHRÖDER (1977): Beitrag zur Geburtshilfe bei Zootieren. Verhandlungsber. XIX. Internat. Symp. Erkrankungen Zootiere, Poznan, 371 - 381.

Anschrift der Verfasser: Dr. Dagmar R i t s c h e r
Bezirksinstitut für Veterinärwesen Rostock
Thierfelderstr. 1
2500 Rostock (DDR)

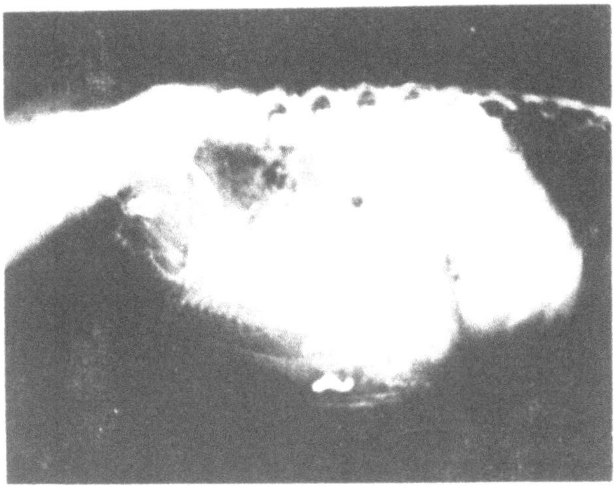

Abb. 1: Gibbon "Java" 1980 intra partum

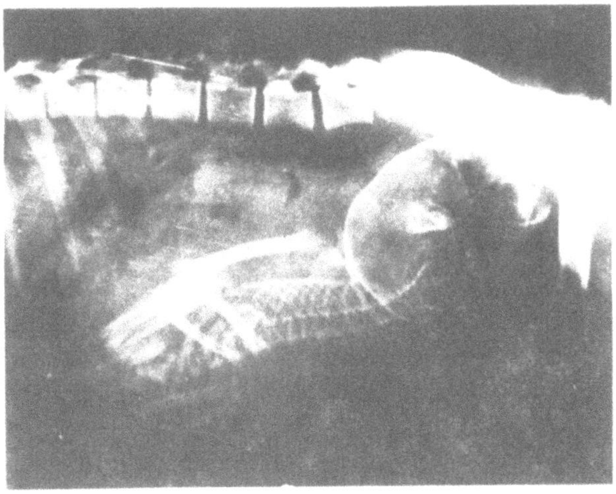

Abb. 2: Gibbon "Java" 1981 intra partum

Aus dem Veterinärdienst im Zoo der Hauptstadt Budapest (Direktor: Dr. L. S u r á n y i) und dem Zoologischen und Botanischen Garten Budapest Hauptdirektor: Dr. S. H o l d a s)

OVAREKTOMIE BEI ERWACHSENEN LÖWINNEN

Von Z. G r a f und I. T ó t h

Die bei Haustieren seit langem bekannte Operation wird bei Zoo- und Wildtieren kaum durchgeführt. Sie kommt aber bei Zirkustieren in Betracht, weil hier die Trächtigkeit und Nachzucht störend bei der Arbeit sein konnen und die Tiere während der Brunst oft aggressiv werden.
Bei Zirkuslöwen kann man die Ovarektomie bis zum Alter von einem Jahr, also vor dem Erreichen der Geschlechtsreife durchführen. Seltener werden erwachsene Löwinnen operiert. In der Literatur konnten wir nur einen entsprechenden Fall finden (Rowlands, 1968). Diese Operation wurde unter experimentellen Bedingungen an einer 1-jährigen Löwin durchgeführt.

Eigene Fälle: Die Ovarektomie wurde bei 3 Löwinnen des Ungarischen Zirkusunternehmens durchgeführt. Die 6-7 Jahre alten Tiere waren seit einem Jahr aggressiv geworden, weil die männlichen Tiere während der Brunst Rivalitätserscheinungen zeigten. Diese Rivalität wurde von der Tatsache begünstigt, daß die Weibchen eines der Männchen bevorzugten und so die Aggressivität zunahm. Das Problem trat erst auf, als die Tiere bereits 5-6 Jahre alt waren.
Die Operationen wurden in der Tierklinik des Zoologischen Gartens durchgeführt, wohin die Tiere in Käfigen transportiert wurden. Die Tiere wurden vor der Operation 24 Stunder lang nüchtern gehalten. Das Körpergewicht der Tiere wurde auf 140 bis 160 kg, geschätzt. Zur Narkose wurde Xylazine (2 mg/kg im.) und Ketamin (5 mg/kg im.) verwendet. Zur Prämedikation dienten 3-4 mg Atropin/Tier (K l ö s und L a n g, 1976). Nach einer Wartezeit von 6-10 Minuten waren die Tiere so tief narkotisiert, daß sie für die Operation vorbereitet werden konnten.
Die Operationstechnik entsprach der bei der Hauskatze üblichen. Der Schnitt erfolgte in der Linea alba in Richtung Nabelgegend. Die klein-pflaumengroßen Ovarien konnten ohne Schwierigkeiten aufgefunden werden. Die Haut wurde nach der Operation reichlich mit einer Antibiotikasalbe versorgt und mit Gaze bedeckt, die mit einer fortlaufenden Naht befestigt wurde. Letztere diente zur Ausschaltung der Wundbeeinträchtigung durch Kratzen und Lecken. Die Vorbereitung und die Operation eines Tieres dauerte ungefähr eine Stunde. Während dieser Zeit befanden sich die Tiere in einer tiefen Narkose.
Vor dem Zurücktragen der Tiere applizierten wir noch zusätzlich im Operationsraum 0,8 mg/kg Xylazine und 1,2 mg/kg Ketamin, weil wir das Verladen nicht persönlich überwachen konnten. Die ersten Zeichen des Aufwachens beobachteten wir nach 4-5 Stunden, aber zwei Tiere zeigten noch nach 24 Stunden unkoordinierte Bewegungen, Muskelschwäche und Zittern.
Zwei Tiere leckten das Operationsgebiet, aber es dauerte 3-4 Tage, bis sie die Gazeplatte von der Wunde abreissen konnten. In dieser Zeit war die Wunde anscheinend nicht mehr so empfindlich, so daß keine Beruhigungsmittel gegeben werden mußten. Die Fäden entfernten wir am 14. Tag; sonstige Nachbehandlungen waren nicht erforderlich.
Bis zur 4. Woche wurden unsere Patienten von den Männchen separiert gehalten und bei dem ersten Zusammensein mit den Männchen wiesen die ovarektomierten Weibchen die Männchen, die kopulieren wollten, energisch zurück. Sechs Wochen nach der Operation konnten die Weibchen bereits wieder arbeiten.

Elf Monate nach der Operation wiesen sie einige Veränderungen auf. Trotz Verringerung der Futterration um täglich 1 kg Fleisch war das Körpergewicht der Tiere um 15-20 kg gestiegen. Im allgemeinen wirkten die Tiere ruhiger, wahrscheinlich wegen des Hormonausfalls und der Gewichtszunahme. Ihr Sexualverhalten war durch energisches Zurückweisen der Kopulation durch Zurückbeissen und Schlagen charakterisiert.

Diskussion

Die Löwinnen erreichen die Geschlechtsreife frühestens im Alter von 2 Jahren und die Brunst wiederholt sich jährlich 3-4 mal. Die Brunstdauer beträgt 9-12 Tage. Im Höhepunkt können 30-40 Kopulationen pro Tag beobachtet werden. Denken wir daran, wie störend sich eine solche sexuelle Aktivität auf die Manegearbeit im Zirkus auswirken kann. Es ist merkwürdig, daß bei unseren Löwen die Brunst ihre störende Intensität erst im Alter von 6-7 Jahre erreichte. Möglicherweise haben die harte Arbeit und die Haltungsbedingungen das Erreichen der Geschlechtsreife verzögert.
Die Kastration der Männchen würde zwar die Rivalität während der Brunst verhindern, aber zum Ausfall der Mähnen und somit zum Verschwinden eines wichtigen sekundären Geschlechtsmerkmals führen, wie es von T r o l l d e n i e r (1963) beschrieben wurde.
Auch die Anwendung von Antikonzeptiva für die Geburtenkontrolle kommt in Betracht, wie es in einigen Zoos alltägliche Praxis ist. Hierbei dienten die bei der Hauskatze erworbenen Erfahrungen als Ausgangspunkt (F o n d l a y, 1975; S k e r i t t, 1975).
Für Tiere, bei denen der sexuelle Zyklus ohne Menses abläuft, sind die bei Frauen eingesetzten Antikonzeptiva nicht geeignet, weil die neben den Progestagenen als Zusatzmittel gegebenen Östrogene bei Tieren Pyometren hervorrufen können. In dem Sinne macht der, der Katzen humanmedizinische Präparate gibt, einen Fehler. Bei Frauen sind die Östrogene erforderlich, um die Menses aufrechtzuhalten. Bei Tieren haben sich neben Progestagenen die Androgene besser bewährt (J ö c h l e und L a m o n d, 1980). Nach G ö l t e n b o t h (1981) verhinderten 200 mg Medroxyprogesteronacetat (Perlutex, Gestapuran) pro Woche die Brunst und ihre Nebenerscheinungen bei Löwinnen, aber die Männchen deckten die Weibchen weiter ebenso wie es im Anöstrus und Metöstrus geschah. Die Weibchen weisen also die Männchen nicht zurück. Dies ist für Zirkuslöwen, bei denen es darauf ankommt, die Rivalität auszuschalten, keine Lösung. Als Nebenwirkung des Medroxyprogesteronacetats wird eine Virilisation erwähnt; bei den Weibchen wurde Mähnenwachstum beobachtet. Über Pyometren werden keine Aussagen gemacht, es ist aber wahrscheinlich, daß sie bei der Hauskatze und auch bei Großkatzen seltener vorkommen als beim Hund nach dem Einsatz von Antikonzeptiva. Im allgemeinen kann eine Pyometra bei Katzen dann entstehen, wenn Östrogene kurz vor oder während der Brunst gegeben werden.

Unsere ovarektomierten Löwinnen dulden die Annäherung der Männchen, aber weisen die Bestrebungen zur Kopulationen hart zurück. Als negative Erscheinungen konnten nach 11 Monaten Gewichtszunahmen um 15-20 kg beobachtet werden.
Zusammenfassend kann mit Berechtigung festgestellt werden, daß Aggressivität bei Zirkuslöwen durch Ovarektomie verringert werden kann.

Zusammenfassung:

Ovarektomie bei erwachsenen Löwinnen

Die Operation wurde bei drei 6-7 Jahre alten Löwinnen im Zirkus durchgeführt. Die Möglichkeiten einer Kastration, Antikonzeptivaverabreichung oder Ovarektomie zur Ausschaltung der Brunst und ihren Nebenerscheinungen werden diskutiert. Die Ovarektomie erwies sich als einzige geeignete Methode für die Abschaffung der Rivalität unter den männlichen Tieren.

Summary:

Ovariectomy of Adult Lionesses

Ovariectomy was performed on three circus lionesses aged between six and seven years. Castration, administration of contraceptives or ovariectomy are discussed as three possible approaches to elimination of heat and its side-effects. Ovariectomy has proved to be the only method by which to rule out rivalry between males during heat.

Résumé :

Ovariectomie sur lionnes adultes

Cette opération a été faite sur trois lionnes âgées de 6 à 7 ans au cirque. Les auteurs ont évoqué les possibilités d'une castration, de l'administration de produits contraceptifs ou de l'ovariectomie pour supprimer la chaleur et ses phénomènes secondaires. Or, l'ovariectomie s'est avérée l'unique méthode valable permettant de mettre un terme aux rivalités parmi les mâles pendant la chaleur.

Резюме:

Удаление яичников у взрослых львиц.

Авторы произвели операцию у трех 6-7 -летних львиц. Они излагают возможности выключения менструации и побочных явлений, (кастрация, антиконципиенции, овариэктомия). Овариэктомия является единственным методом, способствующим прекращению соперничества среди самцов. Операция уменьшает опасность несчасных случаев у цирковых львиц.

Literaturverzeichnis:

FINDLAY, M. A. (1975): Oral progestagens in cats. Vet. Rec. 96, 413.

GÖLTENBOTH, R. und H.G. KLÖS (1981): Tierärztliche Prophylaxe im Zoo Berlin. Verhandlungsber. XXIII. Internat. Symp. Erkrankungen Zootiere, Halle/Saale, 17.

JÖCHLE, W. und D.R. LAMOND (1980): Control of Reproductive Functions in Domestic Animals Jena: G. Fischer.

KLÖS, H.-G. und E.M. LANG (1976): Zootierkrankheiten Berlin und Hamburg: Paul Parey.

ROWLANDS, I.W. et. al. (1968): Induction of ovulation in the lion J. Reprod. Fert. 16, 105.

SKERITT, G.C. (1975): Oral progestogens and pyometra in the cat. Vet. Rec. 96, 573.

TROLLDENIER, H. (1963): Demonstration von Farbaufnahmen eines kastrierten Löwen. Fortbildungslehrgang für Zootierärzte der DDR, 117.

Anschrift der Verfasser: Dr. Z. G r a f
Dr. J. T o t h
Föv. Állat- és Növénykert, Allatkerti krt. 8.
Budapest, H-1146 (Ungarische V.R.)

From the National Zoological Park, Smithsonian Institution, The Zoological Societies of London and San Diego, the Los Angeles Zoo, and the Tama Zoological Park, Tokyo.

LEIOMYOMAS IN THE GENITAL TRACT OF LARGE ZOO MAMMALS

By R. J. Montali, P. C. Mann, D. M. Jones, L. A. Griner, G. R. Kuen, E. Narushima, and M. Bush

Introduction:

Smooth muscle tumors of the genital tract are relatively rare in domestic animals. Although the common practice of ovariohistorectomy performed at an early age might account for a low incidence in pet animals, records for larger species reveal a similarly low incidence of genital leiomyomas, with only a few reports of this tumor occurring in cows, ewes, sows, and several species of nonhuman primates (King, 1972). These findings contrast sharply with the statistics for uterine leiomyomas of women, in whom this is one of the most common tumors found during the child-bearing age (Robbins and Cotran, 1979).

In our series, leiomyomas were found in the uterus of two Asian elephants (Elephas maximus indicus), and in the vaginal tracts of 4 Indian rhinoceros (Rhinoceros unicornis).

Case Histories:

The Asian elephant is a popular animal for exhibition at many of the world's zoological parks. We have been able to examine material from two aged females, one from the National Zoo and one from the Los Angeles Zoo. These animals were approximately 30 and 60 years old, respectively. Both had tumors within the wall of the uterus up to 8 cm in diameter. They were well circumscribed and the cut surfaces were yellowish-white and had a fibrous appearance. Histologically, the tumors consisted of elongated smooth muscle-like spindle cells that formed whorls and interwoven patterns.

The leiomyomas in these elephants were incidental necropsy findings, with no apparent clinical signs prior to the animals' deaths.

The Indian rhinoceros is an endangered species whose habitat along the river systems of the Indian subcontinent is rapidly being destroyed. The horn of this diminishing species is valued for its alleged aphrodisiac-like qualities, while the urine and bile are also thought to have medicinal qualities. There are approximately 1,000 of these animals left in the wild--approximately 250 in the Royal Chitwan National Park in Nepal, and 6-8 hundred in Kziranga National Park in Assam, India. These animals inhabit the jungle grasses that line the river banks and have a life span of from 30 to 40 years (Seidensticker, 1980). Currently, there are also 63 Indian rhinoceros on exhibit in zoos around the world. Thirty four of these are males and 28 are females. There have been 40 births recorded in captivity since 1956 (International Stud Book, 1980).

Following are descriptions of the 4 cases of multiple leiomyomas that occurred in the vaginal tracts of 4 Indian rhinoceros. These were detected in somewhat aged animals, most of which were not showing estrous cycling at the time the tumors were diagnosed.

Case No. 1.

This female Indian rhinoceros has been at the Tama Zoological Park in Tokyo for more than 20 years. She had a stillborn calf in 1966, and a male calf in 1973. She has not had a normal estrous cycle since 1979. In February of 1979, she was noted to have vaginal bleeding, followed by a purulent discharge. Several days later, a multilobular mass began to protrude from the vulva (Figs. 1, 2, 3). Numerous pedunculated masses were found further anterior in the wall of the vaginal tract by palpation and endoscopic examination. In May of 1980, the protruding mass was removed and proven to be a large leiomyoma. There has been no recurrence of vaginal bleeding or discharge since that time, however, numerous masses still persist in the vagina.

Case No. 2.

a 24-year-old female Indian rhinoceros died with acute hemorrhagic enterocolitis while at the San Diego Zoo. Although on breeding loan from the Philadelphia Zoo, she had never produced offspring. At necropsy there were numerous firm, circumscribed masses up to 5 cm in diameter noted in the vagina and cervix. Several nodules were also in the supporting ligaments of the bladder and uterus. These masses were proven to be leiomyomas histologically.

Case No. 3.

is an over-thirty-year-old female Indian rhinoceros currently at Amsterdam. In 1971, in London, a pedunculated mass was noted in the dorsal wall of the vagina. Other masses were palpated in the cervix and lower uterus and biopsies showed them as typical leiomyomas. This animal had had two calves some 10 or 12 years before the tumors were noted. She has had no evidence of estrus since 1970. At the last examination some 4 years ago, the tumors were still present but were felt to be clinically benign.

Case No. 4.

was a 17-year-old female Indian rhinoceros from the National Zoo that had a male calf in 1974, after which no further estrous activity was observed. In 1980, she developed a rectal prolapse and while the prolapse was being reduced "polyps" were observed in the dorsal vagina near the cervical os. These were biopsied and shown to be leiomyomas. Several months later, the animal died of a torsion of the duodenum associated with gastric impaction. These changes were considered not to be related to the earlier prolapse or vaginal tumors. At autopsy, the distance from the vulvar lips to the ovary was 140 cm. A large (25-30cm) fluid-filled cyst was adjacent to the right ovary (Fig. 4). The cyst had a thick rugous lining (Fig. _), and was filled with clear yellow fluid. Its histologic appearance was compatible with a salpingocoele. Both ovaries contained cysts, but normal follicles or corpora lutea were not evident. In addition, there were numerous cysts throughout the endometrium. The vagina and area round the cervical os contained numerous firm, white, often pedunculated masses, the largest of which was 8 cm in diameter (Fig. 6).

Histologically, the vaginal masses from all 4 of the rhinoceros in this study were similar in that they consisted of circumscribed nonencapsulated, interlacing, well-differentiated spindle cells that resembled smooth muscle (Fig. 7). There was no evidence of nuclear pleomorphism or mitotic activity in any of the 4 cases examined. The tumors had a dense connective tissue stroma which varied in amount from area to area.

Discussion:

None of the 4 Indian rhinoceros had reproduced after the diagnosis of leiomyoma was made, nor was there evidence of estrous cycles occurring in 3 of the 4 animals. In women, the role of estrogens in the development of uterine leiomyomas remains somewhat controversial. These tumors seem to grow rapidly during pregnancy, but usually regress and become fibrotic after menopause. It is probable that the induction of these tumors and subsequent growth are endocrine dependent. Attempts to induce these tumors in laboratory animals using exogenous estrogens have been inconclusive (R o b b i n s and C o t r a n, 1979).

After the rhinoceros from the National Zoo (Case No. 4) became anestrous, her estrogen levels were determined to be elevated for more than twice as long as 2 rhinoceros showing normal estrous cycles in a study in which urinary estrogen excretory patterns were determined by radioimmunoassay (K a s s a m, 1981). Although these data are preliminary, it does suggest a relationship between anestrus, hyperestrinism, and the occurrence of vaginal leiomyomas and other reproductive tract abnormalities in these rhinoceros. These findings are especially interesting in light of the proposed role of estrogens in the development of uterine leiomyomas in women.

Acknowledgements:

This study was supported, in part, by the Fluid Research Fund, Smithsonian Institution, and by the Friends of the National Zoo (FONZ). The authors thank Jessie Cohen, photographer for the National Zoological Park, for assistance.

Summary:

Leiomyomas in the genital tract of large zoo mammals

Leiomyomas, benign tumors of smooth muscle origin, occurred in the reproductive tracts of 6 large mammals from several different zoos. Two were uterine leiomyomas in Asian elephants and 4 were vaginal leiomyomas in 4 Indian rhinoceros. The vaginal tumors in the rhinoceros were associated with abnormal estrous cycles, with no births occurring in any of the animals after the tumors were discovered. One of the rhinoceros, determined to have hyperestrogenism clinically, also had ovarian cysts and a large salpingocoele when later necropsied. Based on preliminary findings, it is possible that these tumors may be estrogen-dependent, as is proposed for the relatively common uterine leiomyomas (fibroids) of women.

Zusammenfassung:

Leiomyome im Genitaltrakt von Großsäugern im Zoo

Leiomyome, d. h. gutartige Tumoren der glatten Muskulatur, wurden bei sechs Großsäugern verschiedener Zoos festgestellt. In zwei Fällen handelte es sich um Leiomyome der Gebärmutter bei Asiatischen Elefanten, während bei vier Indischen Nashörnern, die nicht mehr gebaren, Leiomyome der Vagina beobachtet wurden. Eines der Nashörner zeigte Erscheinungen eines Hyperöstrus und wies später bei der Sektion Ovarialzysten und eine Salpingocoele auf. Auf Grund vorläufiger Befunde wird angenommen, daß bei der Entstehung derartiger Tumoren, ebenso wie bei der Frau, der Östrogenspiegel eine Rolle spielt.

Résumé :

Des léiomyomes dans l'appareil reproducteur de grands mammifères de jardins zoologiques

Des léiomyomes, c'est-à-dire des tumeurs bénignes à la musculature lisse ont été dépistés chez six grands mammifères de différents jardins zoologiques. Dans deux cas, il s'agissait de léiomyomes utérins chez des éléphants d'Asie alors que chez le rhinocéros de l'Inde, nous avons trouvé chez quatre femelles qui ne mettaient plus de petis au monde des léiomyomes vaginaux. Un des rhinocéros manifestait des phénomènes d'un hyperoestrogénisme et présentait plus tard, lors de la dissection, des kystes de l'ovaire et un salpingocoele. Les constations préliminaires portent à croire qu'il se peut que ces tumeurs dépendent de l'oestrogène, ainsi qu'on l'a proposé au sujet des léiomyomes utérins chez la femme.

Резюме:

Лайомиомы в половых органах больших млекопитающих.

Лайомиомы, доброкачественные опухоли гладкомышечного происхлждения, были обнаружены у шести крупных млекопитающих из различных зоопарков. В двух случаях лейомиомы матки были обнаружены у азиатских слоних и четыре случая лейомиомы влагалища у четырех индийских носорогов . Опухоли влагалища у носорогов сопровождались нерегулярными эстральными циклами, причем у всех животных наблюдалось бесплодие. При вскрытии трупа одного из носорогов,у которого клинически была установлена гиперострогения, была также обнаружкна киста яичника и большая грыжа маточной трубы. Основываясь на предварительных исследованиях, становится вероятным, что эти опухоли являются эстрогенно-зависимыми, как и в случае сравнительно распространённых лейомиом матки / фиброиды/ у женщин.

References:

KASSAM, A. A. H. and LASLEY, B. J. (1981): Estrogen excretory patterns in the Indian rhinoceros (Rhinoceros unicornis), determined by simplified urinary analysis. Am. J. Vet. Res. 42, 251-255.

KING, N. W., JR. (1973): Comparative pathology of the uterus. In, The Uterus. Eds., Norris, H. J., Hertig, A. T., and Abell, M. R. Page 548. The Williams and Wilkins Company, Baltimore.

International Stud Book for the Great Indian Rhinoceros (Rhinoceros unicornis) (1980): Second Edition, published by Zoological Garden, Basel (Director, Dieter Ruedi).

ROBBINS, S. L. and COTRAN, R. S. (1979): Pathologic Basis of Disease. Pages 1271-1274, second edition. W. B. Saunders Co., Philadelphia.

SEIDENSTICKER, J. (1980): National Zoological Park, personal communication.

Address of authors: Richard J. M o n t a l i , DVM
National Zoological Park
Smithsonian Institution
Washington, D. C. 20008 (USA)

Fig.1: Leiomyoma extrudes from the vulva of an Indian rhinoceros from the Tama Zoo (Case 1)

Fig.2: A closer view of tumor from Fig.1, with animal in recumbency

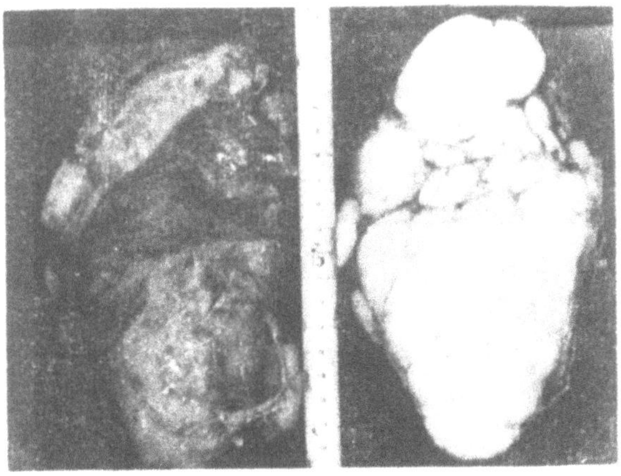

Fig.3: Appearance of excised leiomyoma showing lobular formation and a dense fibrous pattern on the cut surface(right)

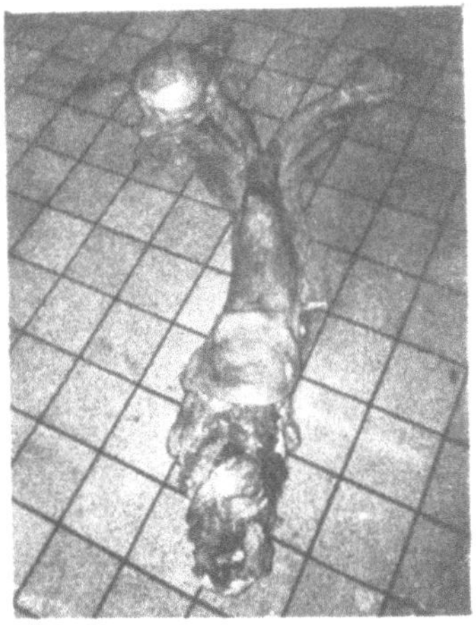

Fig.4: Entire reproductive tract of rhinoceros from the National Zoo(Case 4). Note large salpingococele in upper right corner(floor tiles are 15 cm, side)

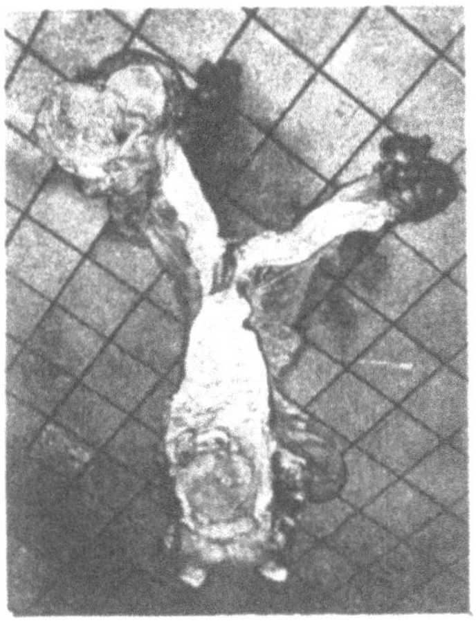

Fig.5: Appearence of the opend reproductive tract from Fig.4. Fluid has been drained from the salpingococele. Note the large mass at the cervical os(arrow) and the long cervical canal present in the indian rhinoceros

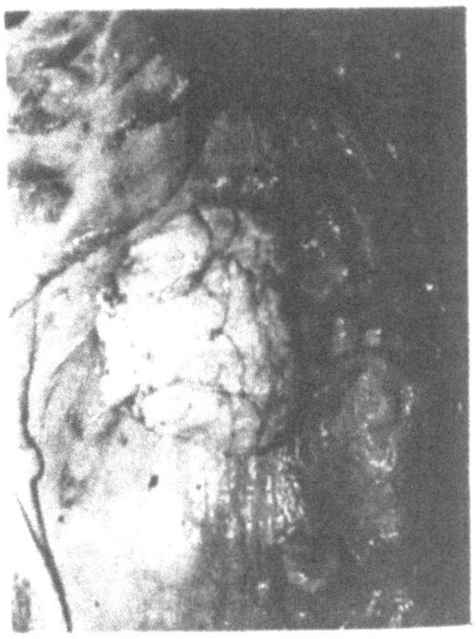

Fig.6: Closer view of large lobulated leiomyoma from Fig.5.

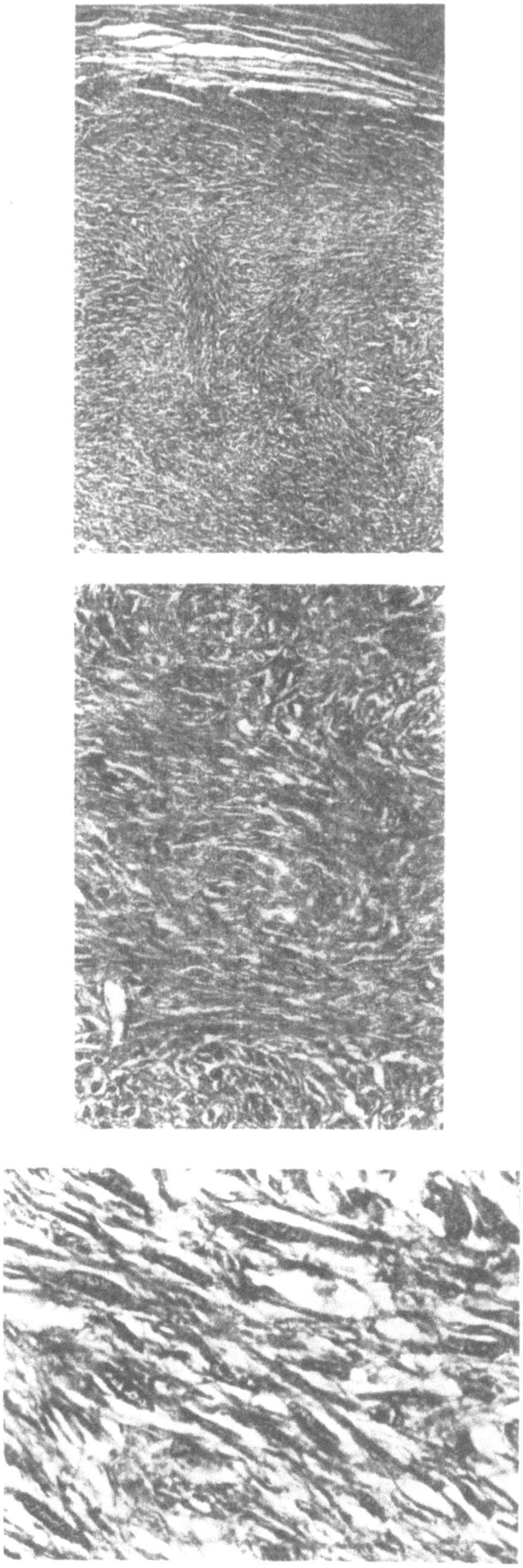

Fig.7[illegible] Histologic appearance of vaginal tumor shows circumscribed masses of smooth muscle-like spindle cells that interlace.

Aus dem Tiergarten Augsburg (Direktor: Dr. Michael G o r g a s)

DOPPELSEITIGE RETENTIO TESTIS BEIM SIAMANG (SYMPHALANGUS SYNDACTYLUS) UND DEREN BEHANDLUNG

Von M. G o r g a s und J. S c h r e i e g g

Während bei Elefanten und Walen die abdominale Lage der Hoden eine normale biologische Tatsache ist und bei Kamelen des öfteren beobachtet wird, erfolgt beim Menschen und einer Reihe von Tierformen im allgemeinen der sekundäre Abstieg der Hoden durch den Leistenkanal in den äußeren Hodensack. Wird dieser hormonell oder mechanisch gestört, wie es in manchen Fällen bei Kleinkindern, aber auch verbreitet bei Haustieren wie Pferden, Schafen, Schweinen und Hunden zu beobachten ist, kann die Hodenretention zu Sterilität und maligner Entartung führen, falls nicht rechtzeitig eine Behandlung erfolgt. Auch bei Affen haben einige Fälle im Schrifttum Erwähnung gefunden. R u c h (1967) berichtet über einseitigen Kryptorchismus bei 8 Primaten und R o b e r t s (1972) hält den Tatbestand fest, daß bei 5 % wildlebender, männlicher Gibbons unilaterale Retentio testis zu beobachten ist. Siamangs (Symphalangus syndactylus) gehören zu den in Anhang I des Washingtoner Artenschutzübereinkommens erfaßten seltenen Gibbons, die nach T h e n i u s (1981) zwar keinesfalls zu den Hominidae zu rechnen sind, wie vielfach angenommen, aber als hochspezialisierte baumlebende Altweltaffen zur Überfamilie der Hylobatoidea gehören. Haltung von Siamangs bedeutet heutzutage eine große Verantwortung. Aus der Gemeinschaftszucht Zoo Dortmund/Zoo Zürich erhielten wir in Augsburg 2,2 Jungtiere. Der am 16.12.1976 in Dortmund geborene und von Frau H e l g a B a r t m a n n handaufgezogene männliche Siamang wies seit der Geburt bilateralen abdominalen Kryptorchismus auf, der seine Entwicklung deutlich hemmte. In der Körpergröße entsprach er der 2 Jahre jüngeren Schwester. Während die anderen Geschwister schon früh selbständig wurden, bewahrte er seine Anhänglichkeit und sein Liebebedürfnis auch weiterhin gegenüber seiner neuen Pflegemutter B r i g i t t e G o r g a s.

Da nach P a l i t s c h (1971) bei Kleinkindern mit Hodenretention die Frühbehandlung ab dem 4. Lebensjahr erfolgen muß, da sich ab 10. Jahr irreversible Schäden einstellen, begannen wir die Behandlung des jungen Siamangs entsprechend der geringeren Lebenserwartung dieser Gibbons Mitte August 1979, als das Tier 2 Jahre und 8 Monate alt war. Intramuskulär wurden ihm 5 000 I.E. Predalon^{R} (Organon - München) verabreicht. Überraschend war der schnelle Erfolg dieser Hormongabe von Choriongonadotropin. Während man beim menschlichen Patienten mit einer mindestens 6-wöchigen Dauerbehandlung rechnet, Operation nicht ausgeschlossen, stiegen beim Siamang die Hoden beidseitig am 10. Tag nach der Behandlung ab.

Auffallend waren in den nächsten Wochen und Monaten Verhaltensänderungen und Steigerung der Körpergröße. Das Tier wurde deutlich muskulöser und übertraf seine jüngeren Geschwister schon nach einem Vierteljahr an Größe. Auch Aggressivität gegenüber Artgenossen und Betreuern steigerten sich fortlaufend.

Zusammenfassung:

Doppelseitige Retentio testis beim Siamang (Symphalangus syndactylus) und deren Behandlung

Bei einem männlichen Siamang im Alter von 2 Jahren und 8 Monaten wurde eine doppelseitige Retentio testis durch intramuskuläre Verabreichung von 5 000 I.E. Predalon[R] (Organon-München) innerhalb von 10 Tagen behoben. Bemerkenswert war die als Folge auftretende Steigerung der Körpergröße und Aggressivität des Tieres.

Summary:

Double-Sided Cryptorchidism in Siamang (Symphalangus syndactylus) and Treatment

Double-sided cryptorchidism in a siamang, aged two years and eight months, was removed within ten days by intramuscular application of 5,000 IU of Predalon[R] (Organon - Munich). Increase in body size and aggressiveness of the animal were remarkable phenomena in the wake of treatment.

Résumé :

Double rétention testiculaire chez un siamang (Symphalangus syndactylus) et son traitement

L'application de 5 000 unités internationales de Predalon[R] (Organon-Munich), par voie intramusculaire, a permis de guérir au cours de dix jours une double rétention testiculaire chez un siamang mâle de 2 ans et 8 mois. La croissance de l'animal et l'agressivité de celui-ci qui suivirent le traitement étaient remarquables.

Резюме:

Двусторонний крипторхизм у симанга обыкновенного(Symphalangus sy.)и его лечение.

У симанга мужского пола в возрасте 2-х лет и 8-и месяцев в течение IO-и дней после внутримышечного влияния 5 000 межд. ед. был удален крипторхизм. Примечательно, что результатом этого является увеличение роста и агрессивности животного

Literaturverzeichnis:

PALITSCH, D. (1971): Systematik der praktischen Pädiatrie. Stuttgart: Georg Thieme

ROBERTS, J.A. (1972): Pathology of Simian Primates. The Male Reproductive System. Basel, London, New York: Karger

RUCH, T.C. (1967): Diseases of laboratory primates. London, Philadelphia: Saunders

THENIUS, E. (1981): Bemerkungen zur taxonomischen und stammesgeschichtlichen Position der Gibbons (Hylobatidae, Primates). Zeitschr. f. Säugetierkde. 46, 232-241.

Anschrift der Verfasser: Direktor Dr.M. G o r g a s und
Dr. J. S c h r e i e g g
Tiergarten Augsburg
Parkstraße 25a
D - 89 Augsburg (BRD)

Aus dem Zoologischen Garten Berlin (Direktor: Prof. Dr. H.-G. K l ö s)

DIE IMMOBILISATION UND NARKOSE VON ZOOTIEREN IM ZOO BERLIN +)

Von R. G ö l t e n b o t h und H.-G. K l ö s

In den letzten Jahren ist auf dem Gebiet der medikamentellen Ruhigstellung der Zootiere ohne Zweifel eine gewisse Konsolidierung eingetreten. Von den zahlreichen Medikamenten, die in der Vergangenheit daraufhin überprüft worden sind, ob sie zur Immobilisation oder Narkose von Zootieren geeignet sind, haben sich nur wenige auf Dauer bewährt. Dazu gehören das Immobilon[R] mit dem Wirkstoff Etorphin-Hydrochlorid und einem Zusatz des Tranquilizers Acepromazine der Firma Reckitt und Colman; das Rompun[R] mit dem Wirkstoff Xylazin der Firma Bayer AG und das Vetalar[R] bzw. Ketanest[R] mit dem Wirkstoff Ketamin-Hydrochlorid der Firma Davis & Co.

Über den Einsatz dieser Medikamente bei Zootieren gibt es bereits zahlreiche Veröffentlichungen (K l ö p p e l , 1975; R ö k e n , 1975; S e i d e l , 1975; W i e s n e r , 1975; G ö l t e n b o t h und K l ö s , 1976; K u n t z e , 1977; W i e s n e r , 1977; F r a n z , 1978; H e i d e n r e i c h und W i ß d o r f , 1978; W u n d e r s e e , 1978; K u n t z e , 1981). Sie werden je nach Tierart allein oder in den verschiedensten Kombinationen und Dosierungen angewandt. Bewährt hat sich die Kombination von Rompun und Vetalar, wobei, um Volumen zu sparen, die Rompun-Trockensubstanz[R] in Vetalar gelöst werden kann. Das Immobilon dagegen wird häufig allein oder mit einem Zusatz von Rompun gegeben. Eine gewisse Tendenz zum bevorzugten Einsatz von Immobilon ist unverkennbar. Dieses Medikament zeichnet sich durch seine prompte und starke Wirkung vor allem bei Großtieren aus, man benötigt sehr geringe Mengen und vor allem kann seine Wirkung durch das Antidot Revivon[R] jederzeit und vollständig aufgehoben werden. Der Nachteil des Immobilons besteht darin, daß es als ein den Suchtmittelverordnungen unterliegendes Präparat schwieriger zu beschaffen ist und daß beim Umgang mit diesem potenten Präparat äußerste Vorsicht geboten ist. Einige der wichtigsten Vorsichtsmaßnahmen bei der Verwendung von Immobilon[R] seien hier kurz aufgeführt:

Es muß immer noch eine zweite Person anwesend sein, die vorher mündlich oder besser durch ein ausgearbeitetes Merkblatt genauestens über die möglichen Gefahren und über die nacheinander zu treffenden Maßnahmen bei einem Zwischenfall instruiert worden ist.

Das für den Notfall beim Menschen anzuwendende Analeptikum Lorphan[R] - notfalls kann auch Revivon injiziert werden -, Einmalspritzen und Injektionsnadeln müssen bereitliegen.

Es sollte immer ein Wasserhahn in der Nähe sein, um, falls etwas Immobilonlösung auf die Haut oder gar auf die Schleimhäute gelangt, die Stelle sofort unter fließendem Wasser abspülen zu können.

Falls mit dem Blasrohr oder Blasrohrgewehr gearbeitet wird, ist es unerläßlich, über die auf das Projektil aufgesetzte Nadel einen durchsichtigen Glas- oder Kunststoffzylinder zu stülpen, bevor der Druck im Projektil aufgebaut wird. Diese Schutzhülle ist erst unmittelbar vor dem Schuß zu entfernen und erst wenn vorher festgestellt worden ist, daß an keiner Stelle Immobilon austritt.

Alle Gerätschaften, die mit Immobilon in Berührung gekommen sind, sind gründlich abzuspülen.

Es ist besser, mit bloßen Händen oder aber mit derben Gummihandschuhen zu arbeiten als dünne Plastikhandschuhe zu verwenden. Durch kleine Löcher und Risse kann bei letzteren sehr leicht die Flüssigkeit auf die Finger und Hände gelangen und dann unbemerkt einmassiert werden.

+) Herrn Franz E h r k e , dem großzügigen Freund des Zoologischen Gartens Berlin, zur Vollendung seines 60. Lebensjahres gewidmet.

Auch im Zoo Berlin setzen wir heute, wie aus der Tabelle zu ersehen ist, im allgemeinen nur noch die drei genannten Präparate Rompun^R, Vetalar^R, Immobilon^R und ganz vereinzelt auch noch das Hypnodil^R ein. Seiner Gefährlichkeit wegen haben wir bis jetzt darauf verzichet, das Immobilon auch bei kleineren Wiederkäuern zu verwenden, obwohl damit zweifellos auch bei diesen Tieren gute Resultate erzielt werden können.

Die in der Tabelle angegebenen mittleren Dosierungen bei den verschiedenen Tierarten begründen sich auf zahlenmäßig sehr unterschiedliche Erfahrungswerte. Während die Angaben bei den Niederen Affen, den Katzenartigen, den Einhufern, den Hirschen, den Antilopen und den Wildschafen und -ziegen aufgrund tausender im Zoo Berlin durchgeführter Aktionen ermittelt wurden, waren es zum Beispiel bei den Nashörnern und Giraffen nur sehr wenige eigene Narkosen, die in der angegebenen Weise durchgeführt wurden.

Etwas abweichend von der von W i e s n e r angegebenen Rompun/Vetalar-Mischung (W i e s - n e r , 1977) lösen wir ein Fläschchen mit 500 mg Rompun-Trockensubstanz in 5 ml Vetalar, so daß in 1 ml der fertigen Mischung 100 mg Rompun und 100 mg Vetalar enthalten sind. Dies hat unserer Meinung nach den Vorteil, daß die Dosis leichter berechnet werden kann und daß in der Lösung bereits mehr Vetalar enthalten ist, zumal wir im allgemeinen mehr Vetalar geben als Rompun.

Die Applikation der genannten Medikamente zur Immobilisation erfolgt seit einigen Jahren nur noch mit dem Blasrohr oder dem Blasrohrgewehr. Irgendwelche Zwischenfälle, die auf diese Applikationstechnik zurückzuführen wären, gab es dabei nicht. Dagegen müssen wir zwei Todesfälle auf die vorangegangene Immobilisation mit der Vetalar/Rompun-Kombination zurückführen. Ein männliches Zwergzebu und ein männliches Rentier starben jeweils etwa 48 Stunden nach der Aktion plötzlich an einer perakuten Enterotoxaemie, obwohl sie nur kurze Zeit gelegen hatten und am Tage danach einen normalen Eindruck gemacht hatten. Vermutlich war es aufgrund eines Pansenstillstandes zu einer Anaerobierinfektion vom Darm her gekommen.

Mehrfach konnte beobachtet werden, daß bei kurz hintereinander erfolgten Immobilisationen mit Rompun und Vetalar bei demselben Tier die Dosis jedesmal erhöht werden mußte, um die gleiche Wirkung zu erzielen.

Um die Wirkung des Immobilons aufzuheben, wird vom Hersteller empfohlen, die gleiche Volumenmenge Revivon zu geben. Nach unseren Erfahrungen ist es aber fast immer nötig, die doppelte Menge Revivon zu geben, um das Tier sofort wieder auf die Beine zu bringen. Es empfiehlt sich daher, beim Kauf von Immobilon beim Hersteller gleich noch einmal zusätzlich dieselbe Menge Revivon zu bestellen. Einige wenige Versuche von uns deuten darauf hin, daß das Revivon auch durch Lethidrone^R (Welcome) zum Teil ersetzt werden kann.

Zu den aus der Tabelle ersichtlichen Dosierungen der eingesetzten Medikamente bei den verschiedenen Tierarten sind noch einige Anmerkungen zu machen. Die Immobilisation der Menschenaffen und Niederen Affen in der angegebenen Weise ist unproblematisch. Nebenwirkungen wie Tremor und Erbrechen sind relativ selten. Die Immobilisation kann durch Nachdosierung mit etwa der Hälfte der ursprünglichen Dosis jederzeit verlängert werden.

Bei den Katzenartigen und Hundeartigen wurde bei etwa einem Viertel der immobilisierten Tiere kurz nach der Injektion Erbrechen beobachtet. Ganz vereinzelt kam es zu kurzzeitigen Krampfanfällen.

Bei Bären, die nur Vetalar erhalten hatten, wurde manchmal ein starkes Zittern beobachtet.

Bei Elefanten genügt für kleinere Eingriffe und die Fußpflege die angegebene Dosis Rompun (K u n t z e , 1981) . Die Tiere sind dann zwar sehr stark sediert, bleiben aber stehen. Beim Einsatz von Immobilon bei Elefanten ist unbedingt für eine dicke, weiche Einstreu zu sorgen, oder besser noch dem Elefanten vorher ein Hängegurt umzulegen, da sich sonst das Tier bei dem unkontrollierten Niederstürzen schwer verletzen kann. Auch bei den Einhufern ist für eine feste Unterlage zu sorgen, um Verletzungen durch das Seitwärtsrutschen bei Aufstehversuchen zu vermeiden. Mehrfach mußte bei Zebras bis zu dreimal soviel Revivon wie

TABELLE 1 - Es werden folgende Dosierungen (Mittelwerte) empfohlen:

Tierart	Dosis in mg/kg/KM		Gesamtdosis in mg/Tier	Dauer der Hauptwirkung in Minuten	Bemerkungen
	ROMPUN	VETALAR	IMMOBILON		
Menschenaffen		8,0-10,0		30 - 60	Verlängerung durch Nachdosierung mit Vetalar möglich
	0,5-1,0 +	8,0		60 - 120	
Niedere- und Halbaffen		10,0-15,0		30 - 60	Verlängerung durch Nachdosierung mit Vetalar möglich
Hundeartige	3,0-4,0 +	4,0- 5,0		60 - 180	Verlängerung mit halber Dosis möglich
Katzenartige	2,0-3,0 +	4,0- 5,0		60 - 180	Verlängerung mit halber Dosis möglich
Bären		10,0		30 - 60	z. T. Tremor
	1,5 +	4,0- 8,0		60 - 180	
Elefanten	0,1			60 - 120	nur starke Sedation
			3,0-6,0		Sturzgefahr
Einhufer			2,5-5,0		z.T. längere Aufstehversuche
Tapire	1,0 +	5,0		120	nur starke Sedation
			1,5-2,5		
Nashörner			2,5		
Schweine		10,0		30 - 60	+ 10 mg/kg Hypnodil
			2,0-3,0		beim Warzenschwein
Flußpferde			3,0-5,0		
Zwergflußpferde			3,0-4,0		Abwehrbewegungen möglich
Trampeltiere u.Dromedare	0,5 +	2,0		120 - 180	z.T. Fesselung notwendig
Große Hirsche	0,5-1,0 +		3,0-6,0		Barasingha, Sambarh.
Kleine Hirsche	1,0-2,0 +	4,0-5,0		120 - 180	z.T.Fesselung notwendig
Davidshirsche	0,5-1,0 +	2,0-3,0			
Domestizierte Rinder	0,3-04 +	0,5-1,0		120	Watussi, Wasserbüffel, Yak
Wildrinder			3,0-5,0		
	3,0-4,0 +	5,0		30 - 60	z.T. nicht ausreichend
Giraffen	0,1 +		3,0-4,0		Rompun 20 Min. vor Immobilisation
Große Antilopen			2,5-4,0		
	1,5 +	3,0		60 - 180	z.T.nicht ausreichend
Kleine Antilopen	1,5 +	5,0		60 - 180	z.T. Fesselung notwendig
Wildschafe u. -ziegen	1,0-1,5 +	3,0-4,0		60 - 120	z.T. Fesselung notwendig
Beuteltiere		10,0		30 - 60	z.T. unvollständige Immobilisation
Kleinsäuger		10,0-20,0		30 - 60	
Vögel	1,0 +	30,0		30 - 80	z.T. Exzitationen beim Aufwachen

Immobilon gegeben werden, und auch dann noch mußte einigen Zebras beim Aufstehen geholfen werden.

Bei den Schweinen, d. h. vor allem bei Pekaris und Hängebauchschweinen, erzielten wir mit der in der Tabelle angegebenen Dosis, einer Mischung von Vetalar und Hypnodil, befriedigende Immobilisation.

Beim männlichen Warzenschwein dagegen reichte die Wirkung dieser Präparate nicht aus, so daß wir auf Immobilon ausweichen mußten.

Bei Hirschen haben wir die Erfahrung gemacht, daß die großen Hirsche wie Barasingahirsche, Sambarhirsche und evtl. Wapitihirsche und Dybowskihirsche mit Rompun/Vetalar nur sehr ungenügend immobilisiert werden können und daß auch 3 - 6 mg Immobilon oft nicht ausreichend sind, so daß noch Rompun dazugegeben werden muß. Für mittlere und kleinere Hirscharten dagegen reicht Rompun/Vetalar völlig aus. Davidshirsche benötigen etwa halb soviel Rompun/Vetalar wie die anderen Hirscharten.

Bei den Rindern unterscheiden wir zwischen domestizierten Rinderrassen und Wildrindern. Während erstere mit geringen Dosen Rompun/Vetalar problemlos immobilisiert werden können, reichen z. B. bei Bison, Wisent, Gaur, Banteng und Kaffern- und Rotbüffel auch sehr hohe Gaben dieser Mischung oft nicht aus, so daß hier Immobilon das Mittel der Wahl bleibt.

Die Risiken der Narkose bei Giraffen sind allgemein bekannt. Wir möchten daher nur auf einige uns wesentlich erscheinende Gefahrenpunkte hinweisen. Beim Einsatz von Immobilon bei Giraffen, das sicherlich heute das Mittel der Wahl ist, kommt es, ähnlich wie bei Elefanten, fast immer zu sehr gefährlichen Stürzen, sobald die Wirkung voll eingetreten ist. Um hier schwere Verletzungen zu vermeiden, sollte die Giraffe in einen möglichst engen, stark mit Stroh ausgepolsterten Stall oder sogar in einen Zwangskäfig oder eine Kiste gebracht werden. Mit 0,1 mg/kg KM Rompun kann dann das Tier soweit sediert werden, daß es sich nicht mehr so stark gegen die Wirkung des Immobilons wehrt und leichter zu Boden geht. Während der gesamten Aktion ist der Kopf und Hals hochzulagern. Nach einer doppelten Volumenmenge Revivon intravenös sollte die Giraffe einige Minuten in Ruhe gelassen werden, damit die Immobilonwirkung beim ersten Aufstehversuch bereits vollständig abgeklungen ist.

Auch bei den Antilopen unterscheiden wir zwischen großen Antilopen wie Rappen-, Beisa-, Pferde-, Topi- und Kamaantilopen, bei denen wir bevorzugt Immobilon einsetzen, und kleinen Antilopen, die mit der Rompun/Vetalar-Kombination immobilisiert werden können. Die Wirkung der Kombination ist bei den einzelen Antilopenarten sehr unterschiedlich und reicht von starker Sedation ohne Abliegen bis zu vollständiger Immobilisation über mehrere Stunden hinweg.

Bei den Wildschafen und -ziegen ist die Immobilisation in der angegebenen Form unproblematisch.

Beuteltiere und Kleinsäuger können mit Vetalar allein soweit immobilisiert werden, daß kleinere, kurzzeitige Eingriffe vorgenommen werden können. Mit 0,5 - 1,0 mg/kg/KM Rompun zusätzlich kann auch hier die Wirkung verlängert und vertieft werden.

Abschließend noch einige Worte zu den Vögeln. Die von Heidenreich und Wissdorf (1978) für die Vögel angegebene Dosierung von 30 mg/kg/KM Vetalar bei allen Vögeln haben wir insofern etwas modifiziert, als wir jetzt etwa 1,0 mg/kg KM Rompun dazugeben, um vor allem die häufig auftretenden Exzitationen in der Aufwachphase zu dämpfen. Nach unseren Erfahrungen ist mit Hypnodil von Janssen zumindest bei Straußenvögeln eine wesentlich bessere Immobilisation ohne diese Exzitationen zu erreichen. Es wäre zu prüfen, ob Hypnodil nicht auch bei allen anderen Vogelarten gut einsetzbar ist.

Zusammenfassung:

Die Immobilisation und Narkose von Zootieren im Zoo Berlin

Es wird über den Einsatz von Rompun[R] (Xylazin), Vetalar[R] (Ketamin-Hydrochlorid), Immobilon[R] (Etorphin-Hydrochlorid) und vereinzelt Hypnodil[R] (Methoxymol) zur Immobilisation und Narkose der Zootiere im Zoo Berlin berichtet.

Anhand einer Tabelle werden genaue Angaben zur Dosierung dieser Medikamente einzeln oder in Kombination untereinander bei den verschiedenen Tierarten gemacht und die dabei gesammelten Erfahrungen mitgeteilt.

Summary:

Immobilisation and Anaesthesia of Zoo Animals in Berlin Zoo

Reported in this paper is the use of Rompun[R] (xylazine), Vetalar[R] (ketamine-hydrochloride), Immobilon[R] (etorphine-hydrochloride), and, to a lesser extent, of Hypnodil[R] (methoxymol) for immobilisation and anaesthesia of zoo animals in the Zoological Garden of Berlin. Accurately tabulated information is provided on doses of the above medicaments for isolated or combined administration to various species. Experience so far obtained is communicated.

Résumé :

Immobilisation ėt narcose d'animaux gardés au Jardin zoologique de Berlin

Les auteurs rapportent sur l'utilisation de Rompun[R] (Xylazin), de Vetalar[R] (Ketamine-chlorhydrate), Immobilon[R] (Etorphine-chlorhydrate) et sur l'application partielle d'Hypnodil[R] (Methoxymol) pour l'immobilisation et l'anesthésie des animaux gardés au jardin zoologique de Berlin. La présentation d'un tableau permet de donner des indications précises sur le dosage de ces préparations, appliquée seule ou combinée, chez les différentes espèces d'animaux et de faire état des expériences acquises à ce sujet.

Резюме:

Иммобилизация и наркоз животных в зоопарке Берлина.

Дается сообщение о применении для иммобилизации и наркоза животных следующих медикаментов: ромпуна (ксилацин), веталара (кетамин-гидрохлорид), иммобилона(эторфин-гидрохлорид) и в некоторых случаях гипнодила (митоксимоль). В таблице отражены данные по дозировке отдельных медикаментов для различных видов животных, описаны опытные результаты.

Literaturverzeichnis:

FRANZ, W. (1978): Narkoseerfahrungen bei Zebra und Kulan. Verhandlungsber. XX. Internat. Symp. Erkrankungen Zootiere, Dvur Kralove, 179 - 184.

GÖLTENBOTH, R. und H.-G. KLÖS (1976): Zur Immobilisation von Zootieren mit Vetalar und Rompun. Verhandlungsber. XVIII. Internat. Symp. Erkrankungen Zootiere, Innsbruck, 287 - 293.

HEIDENREICH, M. und H. WISSDORF (1978): Narkose bei Zoovögeln mit Ketaminhydrochlorid. Verhandlungsber. XX. Internat. Symp. Erkrankungen Zootiere, Dvur Kralove, 205 - 213.

KLÖPPEL, G. (1975): Immobilisation und Narkose bei Zoo- und Wildtieren. Berl. Münch. Tierärztl. Wschr. 88, 295 - 298.

KUNTZE, A. (1977): Kritische Analyse der Erfahrungen mit Ketamin-Xylazin bei der Immobilisation oder Narkose von Großkatzen. Verhandlungsber. XIX. Internat. Symp. Erkrankungen Zootiere, Poznan, 399 - 405.

KUNTZE, A. (1981): Sedierung und Stehendnarkose mit Xylazin beim Elefanten (Elephas maximus). Verhandlungsber. XXIII. Internat. Symp. Erkrankungen Zootiere, Halle/Saale, 267 - 271.

RÖKEN, B. O. (1975): Chemical Restraint and Anaesthesia in African Herbivores. Verhandlungsber. XVII. Internat. Symp. Erkrankungen Zootiere, Tunis, 135 - 153

SEIDEL, B. (1975): Zur Immobilisation und Narkose afrikanischer Tiere (Aves, Canidae, Felidae, Hippopotamidae, Hyaenidae, Pongidae, Cercopithecidae). Verhandlungsber. XVII. Internat. Symp. Erkrankungen Zootiere, Tunis, 117 - 133.

WIESNER, H. (1975): Zur Neuroleptanalgesie bei Zootieren und Gatterwild unter Anwendung des Telinjekt-Systems. Kleintierprax. 20, 18 - 24.

WIESNER, H. (1977): Zur Narkosepraxis mit dem Blasrohrgewehr. Kleintierprax. 22, 327 - 330.

WUNDERSEE, W.-J. und E. WERNER (1978): Die Anwendung von Etorphin-Hydrochlorid bei Elefanten und Wildequiden im Tierpark Berlin unter Berücksichtigung der suchtmittelrechtlichen Bestimmungen der DDR. Verhandlungsber. XX. Internat. Symp. Erkrankungen Zootiere, Dvur Kralove, 193 - 196.

Anschrift der Verfasser: Dr. R. G ö l t e n b o t h
und Direktor Prof. Dr. H.-G. K l ö s
Hardenbergplatz 8
1000 Berlin 30 Berlin (West)

Aus dem Zoologischen Garten der Stadt Frankfurt am Main (Direktor: Dr. R. F a u s t)

IMMOBILISATIONEN BEI EINIGEN SELTENEREN ZOOINSASSEN

Von G. K l ö p p e l

Die Immobilisation ist bei unseren Zoo-Patienten teils aus diagnostischen Gründen, teils zu therapeutischen Maßnahmen immer wieder notwendig. Bei einer großen Zahl von Tierarten haben sich im Laufe der letzten Jahre Standardmethoden herausgestellt, die als allgemein bekannt und oft auch schon bei der Zahl der insgesamt vorgenommenen Immobilisationen als relativ gesicherte Dosierungen angesprochen werden dürfen.
Für einige nicht häufig anzutreffende und nur in wenigen Gärten gepflegte Tierarten sollen hier einige Angaben gemacht werden. Aus eigener Erfahrung ist nur zu gut bekannt, wie unangenehm es ist, wenn man plötzlich vor der Notwendigkeit steht, eine Narkose machen zu müssen und nirgendwoher Anhaltspunkte zu bekommen sind, wie und womit am gefahrlosesten und am erfolgreichsten vorgegangen werden kann.

Mehr Erfahrungsaustausch gerade auf diesem Gebiet kann meines Erachtens gar nicht intensiv genug sein. Nur so können Standarddosierungen für die einzelnen Tierarten erarbeitet und fundiert werden, wobei wir uns ohnehin nur mit einem relativ kleinen Zahlenmaterial begnügen müssen, das mit der Praxis beim Haustier nicht im entferntesten zu vergleichen ist, von den Zahlen in der Humanmedizin überhaupt nicht zu reden.
Die Erfahrungen, die hier mitgeteilt werden, sind entsprechend begrenzt, können aber doch als Anhaltspunkte wertvoll sein. Auf die Notwendigkeit individuellen Vorgehens und sorgfältiger Beachtung der jeweiligen Umstände sowie der Konstitution des Patienten muß eigentlich nicht besonders hingewiesen werden. Das gilt für jede Narkose.

<u>Okapi</u> (17 Fälle)

Die Immobilisation beim Okapi ist bereits niedergelegt (K l ö p p e l, 1976) und kann nur durch weitere erfolgreich durchgeführte Narkosen bestätigt werden.

<u>Mhorr-Gazellen</u> (12 Fälle)

Die Mhorr-Gazellen, die der Zoo Frankfurt im Frühjahr 1981 erhielt, haben uns schon einige Probleme gebracht. Zunächst mußte die gesamte Gruppe immobilisiert werden, um sie aus der Quarantäne ins Zoogehege setzen zu können. Die Angaben des Herkunftszoos waren uns dabei sehr dienlich. Mit 1,4 bis 1,6 mg M 99 für adulte Weibchen und 1,8 bis 2 mg M 99 für adulte Männer waren gute Narkosen innerhalb von 5 - 8 Minuten zu erzielen. Jungtiere von ca. 6 Monaten erhielten 1,0 mg. Die Narkosetiefe reichte bei späteren Immobilisationen auch aus, um schmerzhafte und länger dauernde Eingriffe, wie Light-Cast-Verbände am gebrochenen Röhrbein oder eine Mark-Nagelung am Humerus durchzuführen.

<u>Bonobo</u> (16 Fälle)

Narkosen bei den Menschenaffenarten Gorilla, Orang-Utan und besonders beim Schimpansen sind schon häufig erfolgt. Den bereits vorliegenden Angaben (K l ö s - L a n g, 1976) habe ich nichts hinzuzufügen. Etwas anderes ist es mit dem Zwerg-Schimpansen, dem Bonobo.

Diese besonders lebhaften und leicht erregbaren Vettern benötigen offensichtlich Dosierungen, die deutlich über dem Niveau der Schimpansen liegen. Außerdem muß bedacht werden, daß durch den offenbar höheren Grundumsatz die Ausscheidung der applizierten Narkotika schneller erfolgt.
Dosierungsvorschlag: Ketanest 8 - 12 mg/kg KM.
Eintritt und Dauer der Narkose stehen im direkten Zusammenhang zur Dosierung. Schwerere Tiere benötigen im allgemeinen relativ niedrigere Dosierungen.

Mit 8 - 10 mg ist im allgemeinen noch keine völlige Immobilisation zu erzielen, lediglich einfache Eingriffe, wie Umsetzen oder Blutentnahme, Injektionen oder ähnliche Maßnahmen sind durchführbar. Auch 12 mg reichen für sehr schmerzhafte Eingriffe nicht immer aus. Darüber hinaus muß mit beginnenden Körperbewegungen bereits 25 - 35 Minuten nach der Applikation gerechnet werden, die gegebenenfalls eine Nachdosierung mit halber Dosis erforderlich machen.
Gewicht: adulte ♀ ca. 35 kg, ♂ 50 kg und darüber.
Noch eines erscheint erwähnenswert: Bei wiederholtem Anschuß eines Tieres erwirbt dieses damit "Erfahrung". Es war selbst auf die im Käfig üblichen kurzen Entfernungen von 3 - 5 m in der Lage, das ja relativ langsam anfliegende Geschoß aus dem Blasrohr vor dem Auftreffen auf den Körper mit der Hand abzulenken bzw. ganz wegzuschlagen.

Mähnenwolf (10 Fälle)

Narkosen bei den südamerikanischen Mähnenwölfen können mit einer Dosierung von 10 mg Ketanest plus 1 mg Rompun pro Kg KM in der Mischspritze eine gute Immobilisation erwarten lassen, die auch schmerzhafte Eingriffe ohne zusätzliche Maßnahmen gestattet. Nachdosierungen mit Ketanest in 1/2 bis 2/3 Dosierung wurden anstandslos vertragen. Für Kurznarkosen kann auf die Rompun-Beimischung verzichtet werden.
Durch ihr üppiges Haarkleid verleiten die Tiere sicherlich leicht zu Fehleinschätzungen des Gewichts. Meine Wägungen lagen für adulte Tiere zwischen 17 und 24 kg.

Spitzmaulnashorn (17 Fälle)

Durch besondere Umstände waren wir in der Vergangenheit gezwungen, bei unseren Spitzmaulnashörnern wiederholt Narkosen vorzunehmen. Dabei hat sich M 99 in einer Dosierung von etwa 3 mg pro Tier als sehr zuverlässig und intensiv wirksam erwiesen. Allerdings muß dabei die Injektion gut intramuskulär erfolgen, am besten in den Innenflächen der Hinterschenkel. Daß diese Applikation nicht immer ohne Schwierigkeiten oder nur mit viel Geduld durchgeführt werden kann, ist klar. Bei allen 4 Patienten wurde wiederholt die Injektion von Hand ausgeführt und dabei immer wieder die überraschende Duldsamkeit der doch oft als aggressiv verschrieenen Patienten festgestellt. Als anderer Applikationsort kann allenfalls noch bedingt die Anconäenmuskulatur in Frage kommen. Die Unterhalsgegend bietet zwar auch relativ weiche Hautpartien an, ein Anschuß dort, gleichgültig, mit welchem Applikationsgerät, erfordert aber eine besondere Schußtechnik, die ein möglichst senkrechtes Auftreffen des Geschosses garantiert, da sonst nicht mit einwandfreier Perforation der Haut oder sogar mit Abprallern gerechnet werden muß. Da dort die Injektion jedenfalls nicht intramuskulär erfolgen kann, empfiehlt sich die Zugabe von Hyaluronidase (Kinetin).

Erdferkel (7 Fälle)

Erdferkel stellen ebenfalls Zooinsassen dar, die nicht überall anzutreffen sind. In Frankfurt hat sich die Notwendigkeit zur Immobilisation dadurch mehrfach ergeben, daß sich bei zwei Tieren zum Teil mehrmals Abszesse im Kopfbereich gebildet haben. Die Kombination von Ketanest und Rompun ergibt eine gute Immobilisation bei einer Dosierung von 100 mg Rompun plus 250 mg Ketanest für adulte Tiere (Gewicht 35 - 40 kg). Für ein nicht erwachsenes weibliches Tier hat eine Dosis von 65 mg Rompun plus 150 mg Ketanest ausgereicht. Für die Injektion empfiehlt sich auch hier die Hinterschenkelmuskulatur. Bei Injektion in die Nackenmuskulatur sind weniger günstige Resultate zustande gekommen.

Hirscheber (12 Fälle)

Hirscheber werden nur in wenigen Zoologischen Gärten gepflegt. Neben Klauenkorrekturen haben die prachtvollen Zähne der Eber Eingriffe in Narkose notwendig gemacht. Diese im Kreisbogen rückwärts zum Kopf ständig weiterwachsenden Hauer bilden zwar das eindrucksvolle Merkmal der sonst unscheinbar dunkelgrauen primitiven Schweine. Sie stellen aber auch - wenn sie nicht abgebrochen sind - eine permanente Gefahr dar, da sie wieder in den Kopf, in die Stirn und Augenpartie einzuwachsen drohen. Sie müssen daher in regelmäßigen Abständen mehr oder weniger oft und mehr oder weniger stark gekürzt werden. Die Dosierungen, die sich als günstig und zweckdienlich herausgestellt haben, waren wie folgt:

Für ca. 60 bis 70 kg schwere Tiere 400 mg Ketanest plus 400 mg Rompun.

Für ca. 90 bis 100 kg schwere Patienten 500 mg Ketanest plus 500 mg Rompun.

In diesem Zusammenhang muß darauf hingewiesen werden, daß die Tiere deutlich schwerer sind als größenmäßig vergleichbare Hausschweine. Vor Einleitung der Narkose ist es ratsam, für weichen oder gut gepolsterten Untergrund zu sorgen, damit die Zähne nicht abbrechen, da anfangs Torkeln, Niederstürzen und Wiederaufstehversuche auftreten können.

Elefant (3 Fälle)

Bei Elefanten kommt es besonders in Zirkusunternehmen nicht selten zu Verletzungen an der Schwanzspitze, die ein chirurgisches Vorgehen erforderlich machen. Dies gilt vor allem dann, wenn es sich um Bißwunden mit Beschädigung des Knochens handelt, die die Amputation des Schwanzendes notwendig machen. Auch bei vielen Verletzungen ohne Knochenzertrümmerung erscheint mir in Anbetracht der bekannt schlechten Heiltendenz und der meist monatelangen Eiterungsprozesse eine Amputation mit Herstellung klarer Wundverhältnisse und Hautnaht durchaus überlegenswert.

Die gute sedierende Wirkung des Combelen beim Elefanten ist bekannt. Eine weit intensivere Wirkung wird durch eine Combelen-Rompun-Mischung erreicht. Jeweils 10 ml beider Präparate in der Mischspritze ergeben für einen adulten (über 20 Jahre alten) Elefanten mittlerer Größe - 2500 bis 3000 kg KM - eine intensive allgemeine Sedation mit sichtlicher Relaxation. Trotzdem reagierten solche Patienten noch sehr empfindlich mit Schwanzschlagen und Herumtreten, so daß damit allein keine sichere Operation durchführbar war. Deshalb wurde zusätzlich eine Sakralanästhesie gesetzt. Zwischen Kreuzbein und erstem Schwanzwirbel ist auch beim Elefanten im dorsalen Wirbelbereich eine ca. 2 bis 3 cm lange knochenfreie Partie fühlbar, die den Zugang zum Wirbelkanal gestattet und mit 7 bis 10 cm langer Kanüle (nicht zu dick, 1,0 - 1,2 mm) bei einem Einstichwinkel von 20 - 30 Grad zur Horizontalen gut erreicht werden kann. Appliziert wurden 20 ml einer 2 %-igen Hostacainlösung. Sie erbrachte eine gute Anästhesie des Schwanzes. Eine Wirkung auf den Anal-Bereich oder noch kranialere Körperpartien konnte nicht festgestellt werden.

Zusammenfassung:

Immobilisationen bei einigen selteneren Zooinsassen

Es werden Erfahrungen bei der Immobilisation einiger seltenerer Zoo-Insassen mitgeteilt und Behandlungsvorschläge gemacht, im einzelnen für Okapi, Mhorr-Gazelle, Bonobo, Mähnenwolf, Spitzmaulnashorn, Erdferkel und Hirscheber, weiterhin wird über eine Sakralanästhesie beim Elefanten berichtet.

Summary:

Immobilisation of Rare Zoo Animals

Experience obtained from immobilisation of some rare zoo species is reported in this paper, and some proposals for therapy are submitted. Specific reference is made to okapi, Mhorr gazelle, bonobo, maned wolf, black rhinoceros, and aardvark. Also reported is a case of sacral anaesthesia applied to elephant.

Résumé :

Immobilisations chez certaines espèces rares au jardin zoologique

L'auteur présente ses expériences faites dans le domaine de l'immobilisation de quelques espèces rares dans les zoos en suggérant en même temps des propositions de traitement, p.ex. pour okapis, gazelles Mhorr, bonobos, loups à crinière, rhinocéros noir et cochons de terre, et il fait en plus état d'une anesthésie sacrale.

Резюме:

Иммобилизация некоторых редких животных зоопарка.

Описываются некоторые методы иммобилизации редких животных зоопарка и ряд предложений по методам лечения окари, морр-газеллы,бонобо, гривастого волка носорога а также заркальной анестезии у слона.

Literaturverzeichnis:

KLÖPPEL, G. (1976): Giraffe und Okapi, in Klös, H-G. und E.M. Lang (1976), 206 - 213.

KLÖS, H.-G. und E.M. Lang (1976): Zootierkrankheiten Berlin-Hamburg: P. Paray.

Anschrift des Verfassers: Dr. G. K l ö p p e l
Tirolerstraße 91
6 Frankfurt am Main 70 (BRD)

Aus dem Tierpark Berlin (Direktor: Prof. Dr. sc. Dr. h.c. H. D a t h e) und dem Bereich Medizin (Charité) der Humboldt-Universität zu Berlin, Kinderklinik (Direktor: Prof. Dr. sc. med. P. G r o ß m a n n)

ANÄSTHESIE, HÄMATOLOGIE UND BIOCHEMIE BEIM KIANG (EQUUS HEMIONUS KIANG MOORCROFT,1841)

Von B. S e i d e l, G. S t r a u ß, W.-R. C a r i o und W. E g g e r t

Die zootiermedizinische Literatur enthält bisher keine Angaben über diese asiatische Wildeselform. Genaue Zahlen über freilebende Tiere sind zur Zeit nicht bekannt. Nach dem Internationalen Zuchtbuch für Halbesel lebten am 1. Januar 1978 in den Tiergärten außerhalb Chinas 17 Tiere; bis 1.1.1981 war diese Zahl auf 26 angewachsen. Der Gesamtbestand in Gefangenschaft übersteigt gegenwärtig vermutlich 50 Exemplare nicht (P o h l e, 1978 und 1981) - womit ihr außerordentlich hoher tiergärtnerischer Wert umrissen ist. Im Tierpark Berlin wurden im Jahre 1980 ein männliches und ein weibliches Tier eingestellt, die im Verlaufe von Transportuntersuchungen während 12 Monaten je viermal für hämatologische Tests medikamentell immobilisiert wurden. Nachstehend wird über die hierbei gemachten Erfahrungen sowie über die als erste Basiswerte uns wichtig erscheinenden Laborbefunde informiert.

Immobilisation:

Die erheblichen Schwierigkeiten und Risiken des mechanischen wie des medikamentellen Immobilisierens von wilden Equiden sind hinlänglich bekannt, so daß ihre neuerliche Aufzählung hier entbehrlich ist. Nach unseren (unveröffentlichten) bisher ausnahmslos guten Erfahrungen beim Kulan (Equus hemionus kulan [GROVES & MAZÁK] und Dschiggetai (Equus hemionus hemionus PALLAS) und den für diese verwandten Formen (einschl. Onager und 'Afrikanischer Wildesel') erreichbaren Literaturangaben ist die Kombination Etorphin/Acepromazin (Immobilon Large Animal®, RECKITT & COLMAN) das Immobilisanz der Wahl. Seine Hauptvorzüge liegen in der hohen Wirkstoffkonzentration (2,45 mg Etorphinhydrochlorid und 10 mg Acepromazinmaleat pro ml), die es für den Einsatz in Distanzprojektilen geeignet macht, und in der raschen Reversibilität durch Diprenorphin. Die wirksamen Dosen betragen 0,01 - 0,02 mg Etorphin und 0,05 - 0,1 mg Acepromazin pro kg Körpergewicht intramuskulär; als Antidot sind Diprenorphin und Cyprenorphin intravenös im Verhältnis 1-2 : 1 effektiv, bei Verwendung von Nalorphin ist die Aufwachphase verlängert (M a n t o n, 1966; H e c k and R i v e n b u r g, 1972; L u m b and J o n e s, 1973; J o n e s, 1973a und b, 1976, 1978; H a r t h o o r n, 1976; S v o b o d n i k, 1977; W u n d e r s e e und W e r n e r, 1978; F o w l e r, 1978; N o r t h of E n g l a n d Z o o l o g i c a l S o c i e t y, 1978; H e c k, 1980). Dosierung, Applikationsart und Verlauf unserer Einsätze sind Tab. 1 zu entnehmen.

Anmerkungen:

Die gewählten Dosierungen von 0,0089-0,0127 mg Etorphin pro kg Körpergewicht sind ausreichend für kurzzeitige Manipulationen wie Blutentnahme und Hufpflege. Für länger dauernde und chirurgische Eingriffe, die eine bessere Relaxation verlangen, muß eine Erhöhung des Promazinanteiles erwogen werden. Extreme Tachykardie, Blutdrucksteigerung (unter der die peripheren Venen prall gefüllt und ohne Kompression punktierbar sind), maximaler Muskeltremor und Schweißausbruch dürfen vergleichend mit unseren an Zebras und Przewalskipferden gewonnenen Erfahrungen als Ausdruck von Unterdosierung gelten, obwohl die hierbei sonst gefürchteten dyspnoischen Zustände ausblieben.

Die Dosierung des spezifischen Antidots im Verhältnis 1-1,5 : 1 i.v. bewirkt ein selbständiges Erheben der Tiere innerhalb von 90 Sekunden bis zu 3 Minuten. Zwar sofort danach voll koordinationsfähig, verfallen die Tiere fast regelmäßig nach 10-15 Minuten in erneute Somnolenz (mit erst jetzt eintretendem Penisprolaps und bradykardem Venenpuls), die durch zusätzliche intramuskuläre Applikation von Nalorphin (s. Tab. 1) gemildert und verkürzt werden kann. Das Auftreten dieser Spätsedierung ist auch von anderen Wildeseln - wir sahen sie mehrfach bei Kulanen - und dem Hausesel bekannt. Ursächlich wird hierfür eine Metabolisierung der N-Alkylsubstituenten des Diprenorphins vermutet, die den Antagonisten teilweise zu einem Agonisten umwandelt und die neuerliche Sedation bewirkt (D o b b s and L i n g, 1972; van L a u n, 1977; K l e i n, 1980; M ü l l e r et al., 1980). Daraus resultiert für alle Eselformen während der folgenden Stunden (in einem unserer Fälle bis zu 9^h) eine ganz besonders aufmerksame Nachsorge, um Traumatisierungen vorzubeugen. Saisondynamisch bedingte Abweichungen im Ablauf der von uns vorgenommenen Immobilisationen sind bei Umgebungstemperaturen von 1-15°C bisher nicht festzustellen.

II. Blut- und Serum-Untersuchungen:

Die Blutgewinnung erfolgte durch Punktion der Venae jugulares. Für die morphologischen Differenzierungen diente Heparin (5.000 U/ml, WEDDEL, U.K.) als Gerinnungshemmer; die Bestimmungen wurden innerhalb 60-90 Minuten vorgenommen. Die serumanalytischen Beurteilungen erfolgten nach Zwischenlagerung bei Kühlschranktemperaturen 20-24 Stunden nach der Blutentnahme gemäß den für uns verbindlichen Vorschriften des Arzneibuches der DDR / Teil Diagnostische Laboratoriumsmethoden (1975). Nomenklatur und Maßeinheiten der Untersuchungsergebnisse folgen weitestgehend den staatlichen Standards und den Empfehlungen der 30. Weltkonferenz (1977) über die Anwendung des Système International d' Unités - SI (L i p p e r t, 1980).

1. Hämatologische Befunde: siehe Tabelle 2.

2. Biochemische Befunde : siehe Tabelle 3.

Erläuterung zu verwendeten Abkürzungen und Symbolen:

Erc	-	Erythrozyten
Lkc	-	Leukozyten
PCV	-	Packed Cell Volume / Hämatokrit
MCH	-	Mean Cell Hemoglobin / Mittlerer Hämoglobingehalt des Einzelerythrozyten
MCHC	-	Mean Cell Hemoglobin Concentration / Mittlere Hämoglobinkonzentration der Erythrozyten
SGOT	-	Serum-Aspartat-Aminotransferase (früher Glutamat-Oxalat-Transaminase / ASAT)
SGPT	-	Serum-Alanin-Aminotransferase (früher Glutamat-Pyruvat-Transaminase / ALAT)
aP	-	alkalische Phosphatase
LDH	-	Lactatdehydrogenase
GLDH	-	Glutamatdehydrogenase
γ-GT	-	γ-Glutamyl-Transpeptidase
CHE	-	Cholinesterase
CPK	-	Creatinphosphokinase
AAP	-	Alaninaminopeptidase
CAP	-	Cystinaminopeptidase
LAP	-	Leucinaminopeptidase
LTT	-	Lipoprotein-Trübungstest

Tab. 1 Immobilisationen bei *Equus hemionus kiang* MOORCROFT, 1841

Tier	Alter/ Umgebungstemperatur	KGW kg	Medikament	Dosis •/kg	Medikation	Effekt (Minuten post applicationem) ±	↓	+	++	o	+	±	↑	−	Kommentar
♂	Adult (>3 Jahre) 2°C	300∞	E A D N	0,0094 mg 0,0383 mg 0,0115 mg 0,0333 mg	i.m.P. (E, A) i.v. i.m.H.	4	16	17	18	25	26	27	27'30''	9h	18': 37,2/54/20; geringe Relaxation, Penisprolaps in Erholungsphase
	4 Monate später/ 15°C	290	E A D N	0,0097 mg 0,0397 mg 0,0119 mg 0,0345 mg	i.m.P. (E, A) i.v. i.m.H.	2	4	6	10	22	23		24	55	10': 38,5/46/20; 16': 38,6/46/20; starker Muskeltremor, kurzzeitiger Penisprolaps
	9 Monate später/ 8°C	300∞	E A D N N	0,0098 mg 0,0400 mg 0,0130 mg 0,3333 mg 0,0500 mg	i.m.P. (E, A) i.v. i.m.H. i.m.H.	2	4		5	11 24	25	26	27	7h	1.500 IE Hyaluronidase uneffektiv; 23': 36,7; starker Muskeltremor, Schweißausbruch; während Erholungsphase bradykarder Venenpuls und Penisprolaps
	12 Monate später/ 1°C	300∞	E A D N	0,0106 mg 0,0433 mg 0,0150 mg 0,0417 mg	i.m.P. (E, A) i.v. i.m.H.	2	6	7	8	11		12	12'30''	50	8': 38,4/68/16; 10': 38,8; geringer Muskeltremor, Penisprolaps nach Gabe des Antidots.
♀	3 Jahre/ 2°C	275∞	E A D N	0,0089 mg 0,0367 mg 0,0115 mg 0,0333 mg	i.m.P. (E, A) i.v. i.m.H.	2	8	9	10	15	16	17	18	4h	10': 38,2/214/20; hochgradiger Muskeltremor, extreme Tachykardie
	4 Monate später/ 15°C	246	E A D N	0,0120 mg 0,0491 mg 0,0148 mg 0,0407 mg	i.m.P. (E, A) i.v. i.m.H.	3	10	11	12	15			16	30	10': 39,8/124/26; 14': 39,9/126/26; starker Muskeltremor, extremer Schweißausbruch
	9 Monate später/ 8°C	250∞	E A D N	0,0127 mg 0,0520 mg 0,0156 mg 0,0260 mg	i.m.P. (E, A) i.v. i.m.H.	3	7		8	11		12	13	50	Geringer Muskeltremor, keine Schweißsekretion
	12 Monate später/ 1°C	270∞	E A D N	0,0118 mg 0,0481 mg 0,0167 mg 0,0463 mg	i.m.P. (E, A) i.v. i.m.H.	3	5	6	7	11			12'30''	25	8': 38,3/108/24; 10': 38,8; starker Muskeltremor, Hypertonie, kein Schweißausbruch

Zeichenerklärung:

E = Etorphin, A = Acepromazin } Immobilon Large Animal® (RECKITT and COLMAN)

D = Diprenorphin = Revivon® (RECKITT and COLMAN)

N = Nalorphin (CHINOIN)

P. = Injektion per Dist-Inject-Pistole (Mod. 30)

H. = Injektion per Hand

∞ = geschätztes Gewicht

': / ': / ': = Temperatur °C / Pulsschläge pro Minute / Atemfrequenz pro Minute

± = Tranquility

↓/↑ = Ablegen/Aufstehen

\+ = Anästhesie (unvollständig)

++ = Anästhesie (vollständig)

o = Antidot

Tab. 2 Hämatologische Befunde bei <u>Equus hemionus kiang</u>

Monat	♂ Jan.	♂ Mai	♂ Okt.	♂ Jan.	♂ $\bar{x}$	♀ Jan.	♀ Mai	♀ Okt.	♀ Jan.	♀ $\bar{x}$
Umgebungstemperatur	2°C	15°C	8°C	1°C		2°C	15°C	8°C	1°C	
Erc (Mill./mm^3)	7,91	7,75	8,85	6,44	7,74	14,00	15,75	9,97	8,26	12,00
Hb (g%)	15,10	16,30	16,13	14,20	15,43	16,20	20,60	15,67	22,00	18,62
PCV (%)	45	53	50	46	48,5	57	68	49	62	59,0
MCV (fl)	56,89	68,39	56,50	71,43	63,30	40,71	43,17	49,15	75,06	52,02
MCH (fmol)	1,92	1,31	1,13	1,37	1,43	0,72	0,81	0,98	1,65	1,04
MCHC (mmol/l)	20,82	19,09	20,02	19,16	19,77	17,64	18,80	19,85	22,02	19,58
Lkc (ges./mm^3)	9.120	8.880	4.740	6.220	7.240	7.920	6.900	5.440	6.080	6.585
Basophile (%)	1	-	-	-	0,25	1	1	-	1	0,75
Eosinophile (%)	1	-	-	4	1,25	-	-	1	2	0,75
Stabkernige Neutrophile (%)	-	2	-	-	0,50	6	3	2	-	2,75
Segmentkern. Neutrophile (%)	68	69	65	63	66,25	42	50	50	48	47,50
Lymphozyten (%)	30	21	30	26	26,75	51	44	45	48	47,00
Monozyten (%)	-	8	5	7	5,0	-	2	2	1	1,25

Anmerkung: Mittelgradige Anisozytose und Poikilozytose <u>aller</u> Blutbilder.

Tab. 3 Biochemische Befunde bei *Equus hemionus kiang*

	♂				♀			
Monat	Jan.	Okt.	Jan.	$\bar{x}$	Jan.	Okt.	Jan.	$\bar{x}$
Gesamteiweiß (g%)		6,4				7,0		
Albumin (rel.%)		56				51		
α_1-Globulin (rel.%)		8				4		
α_2-Glubulin (rel.%)		11				9		
β -Globulin (rel.%)		9				15		
γ -Globulin (rel.%)		16				21		
Genetische Proteintypen:[x]								
Gc	F				F			
Haptoglobin	1-1				1-1			
Harnstoff-N (mmol/l)	13,6	13,6	14,3	13,8	10,7	9,3	17,3	12,43
Harnsäure (µmol/l)		36,3				35,7		
Kreatinin (µmol/l)	115	129	95	113	115	151	113	126,3
Bilirubin ges.(µmol/l)	4,4	<15,4			5,3	<15,4		
Cholesterol (mmol/l)	1,9	2,1	1,6	1,9	2,4			
SGOT (U/l)	316	419		367,5	315	408		361,5
SGPT (U/l)	33	25		29	30	25		27,5
aP (U/l)	40	35	31	35,3	49	50	35	44,7
LDH (U/l)	98				87			
GLDH (U/l)	2	33	14	16,3	3	46		24,5
γ -GT (U/l)	149	52	50	83,7	199	67	24	96,7
CHE (U/l)		2000				2000		
CPK (U/l)	11	8		9,5	17	8		12,5
AAP (U/l)		16				18		
CAP (U/l)		8,3				7,2		
LAP (U/l)	13				18			
Amylase i.S. (AE/l)	0,25	2,3	5,5	2,7	1,25	3,0	5,9	3,4
LTT (TE)	0,3	1,4	0,9	0,9	0,51	1,5	0,9	1,0
P anorg. (mmol/l)	1,00	0,81	1,00	0,94	1,26	1,16	1,16	1,14
Ca^{++} (mmol/l)	2,65	3,20	3,00	2,95	2,65	3,35	3,05	3,02
Na^{+} (mmol/l)	135	136	136	135,7	139	135	139	137,7
K^{+} (mmol/l)	5,1	6,0	6,0	5,7	4,9	5,4	5,6	5,3
Cl^{-} (mmol/l)	110				106			
Mg^{++} (mmol/l)	0,95				1,00			
Fe^{+++} (µmol/l)		39,9				39,0		
Cu^{++} (µmol/l)	16,37				17,94			

x = Gc-Bestimmung durch Immunofixationselektrophorese nach Alper and Johnson (1969) unter Verwendung eines Human-Anti-Gc von der Ziege.

Fortsetzung von Tab. 3

Aminosäuren (µmol/l):			[x] Normwerte für Menschen:
Asparaginsäure	41,35	14,3	6 ± 0,8
Glutaminsäure	193,1	197,3	99 (30-188)
Glycin	750,5	640,5	233 ± 8,5
Alanin	275,7	195,5	313 ± 8,3
Cystin	73,1	67,3	73 (28-126)
Valin	240,2	191,0	193 ± 8,3
Methionin	46,6	42,4	23 ± 2,3
Isoleucin	72,6	53,1	70 ± 3,8
Leucin	149,5	126,6	119 ± 5,9
Tyrosin	112,2	88,5	58 ± 2,3
Phenylalanin	105,9	70,7	56 ± 2,5

[x] = nach K l e i n b e r g e r et al. (1978).

III. Kommentar:

Die von unseren Tieren bisher gewonnenen Werte erlauben noch kein statistisch gesichertes Urteil über die Alters- oder Geschlechtsbezogenheit der einzelnen Parameter, ebensowenig lassen die beobachteten Schwankungen bereits eine Interpretation im Zusammenhang mit wechselnden Stoffwechselsituationen (Tranquilierung, Parasitenstatus, Muskelaktivität, Gravidität?) zu. Begrenzte Bezugnahme zu systematisch nahestehenden Formen bietet Tab. 4; zum besseren Vergleich wurden die Angaben der Originalzitate in die von uns verwendeten Maßeinheiten umgerechnet. Eine aussagefähige Interpretation unserer Befunde im Verhältnis zu anderen Equiden wird durch weitere Untersuchungen möglich.

Tab. 4 Hämatologische und biochemische Vergleichswerte (Literatur)

	Warmblutpferd	Maultier	Hausesel	Onager
Erc (Mill./mm^3)	b) 8,57-9,88	c) 7,8	f) 5,3	h) 6,9
Hb (g%)	b) 11,8-14,7	c) 15,4	f) 12,5	h) 17,7
PCV (%)	b) 34,5-41,4	c) 42,5	f) 37,2	h) 48,3
MCV (fl)	b) 40,1-47,8	c) 66,6	i) 57,8	h) 71,7
MCH (fmol)	b) 0,85-0,92	c) 1,51	i) 1,25	h) 1,63
MCHC (mmol/l)	b) 21,16-21,97	c) 22,49	i) 21,66	h) 22,93
Lkc (ges./mm^3)	b) 8.666-10.812	c) 8.000	i) 11.900	h) 10.600
Basophile (%)	b) 0,3-0,7	c) 0,6	f) 0	h) 0
Eosinophile (%)	b) 2,8-4,1	c) 5,4	f) 3,0	h) 1
Neutrophile (%)				h) 62,5
Stabkernige (%)	b) 0,1-0,4	c) 3,5	f) 1,8	
Segmentkernige (%)	b) 43,8-55	c) 45,9	f) 50,5	
Lymphozyten (%)	b) 36,0-47,9	c) 39,9	f) 43,5	h) 35,5
Monozyten (%)	b) 3,6-4,7	c) 4,5	f) 1,3	h) 1,5
Gesamteiweiß (g%)	a) 6,0-7,5	d) 6,9	f) 6,5	h) 7,4
Albumin (g%)	a) 2,9-3,8		f) 2,54	3,4
α_1-Globulin (g%)	a) 0,7-1,2		f) 1,02	
α_2-Globulin (g%)	a) 0,6-1,2		f) 0,48	
β-Globulin (g%)	a) 0,4-1,2		f) 0,35	
γ-Globulin (g%)	a) 0,91		f) 0,70	
Harnstoff-N (mmol/l)	i) 4,48	d) 21,04	f) 12,01	
Harnsäure (µmol/l)	a) 29,4-119,0	d) 25,21		
Bilirubin ges. (µmol/l)	i) 27,2	d) 17,4	f) 6,8	
Kreatinin (µmol/l)	l) -114,9	d) 98,7	f) 198,9	
Cholesterol (mmol/l)	i) 3,2	d) 1,8	f) 2,5	h) 1,9
SGOT (U/l)	i) 107	c) 117,8	k) "139 SEU"	
aP (U/l)	j) 157	c) 181,2	f) 131,4	h) 120,7
LDH (U/l)	j) 310	c) 236,9	f) "100 W.U."	
GLDH (U/l)	l) -8	c) 1,5		
γ-GT (U/l)	l) -15	c) 13,5		
CHE (U/l)	l) 2.500-4.000	c) 3.500		
CPK (U/l)	j) -50	c) 39,1		

a)- nach C o f f m a n (1980)

b)- nach S c h a l m (1975)

c)- nach W e i g e r t et al. (1980)

d)- nach S c h e c k et al. (1980)

e)- nach W e i g e r t et al. (1981)

f)- nach Y o u s e f (1979)

g)- nach N a y e r i (1978)

h)- nach J o n e s (1976)

i)- nach J e f f c o t t (1977)

j)- nach D V G (1976)

k)- nach D a v i s et al. (1978)

l)- nach S c h m i d l (1978)

Zusammenfassung:

Anästhesie, Hämatologie und Biochemie beim Kiang (Equus hemionus kiang MOORCROFT, 1841)

In einer Erstbeschreibung werden tabellarisch die bei acht Immobilisationen an 1,1 Kiangs gewonnenen Narkoseerfahrungen sowie blutmorphologische wie -biochemische Befunde mitgeteilt. Die letzteren werden verwandten Equidenformen gegenübergestellt.

Summary:

Anaesthesia, Haematology, and Biochemistry of Kiang (Equus hemionus kiang MOORCRAFT, 1841)

This is the first tabulated description ever of anaesthesiological experience as well as of findings relating to haematomorphology and haematobiochemistry of kiang. The data reported were obtained from eight immobilisations of 1,1 kiangs. They are compared with values recorded from related equine animals.

Résumé :

Anesthésie, hématologie et biochimie chez le kiang (Equus hemionus kiang MOORCROFT, 1841)

Voilà la première description, sous forme de tableau, des expériences faites sur 1,1 kiang sur le plan de la narcose dans le cadre de 8 immobilisations et des résultats des analyses hématologiques et biochimiques pour comparer ces derniers aux formes analogues d'équidés.

Резюме:

Анестезия, гематология и биохимия киангов (Equus hemionus Kiang)

Авторы обсуждают восьмикратное применение наркоза у киангов . Собраны гематологические и биохимические данные, которые соавнены с родственными формами Equiden

Literaturverzeichnis:

ALPER, C.A. and A.M. JOHNSON (1969): Immunelectrophoresis: A technique for the study of protein polymorphism. Vox Sang. 17, 445-452.

COFFMAN, J.R. (1980): Clinical Chemistries in the Horse / Hematology. Calif. Vet. Med. Assoc., 92nd Ann. Sci. Sem., Speaker's Syllabi, 186-219.

DAVIS, T.P., YOUSEF, M.K., EL-NOUTY, F.D. and H.D. JOHNSON (1978): Hormonal, Hematologic, and Other Biochemical Constituents in the Burro, Equus asinus. J. Equine Med. Surg. 2, 389-392.

DVG - Deutsche Veterinärmedizinische Gesellschaft (1977): Arbeitswerte in der Laboratoriumsdiagnostik. Beilage zu: Tierärztl. Prax. 4 (1976). zit. bei W e i g e r t et al. (1980).

DOBBS, H.E. and C.M. LING (1972): The Use of Etorphine/Acepromazine in the Horse and Donkey. Vet. Rec. 90, 40-41.

FOWLER, M.E. (1978): Restraint and Handling of Wild and Domestic Animals. Ames; Iowa State University Press, 332 pp.

GREEN, C.J. (1979): Animal Anaesthesia. Laboratory Animal Handbooks 8, London: Laboratory Animals Ltd.: 300 pp.

HARTHOORN, A.M. (1976): The Chemical Capture of Animals. London: Baillière Tindall: xvi + 416 pp.

HECK, H. and E. RIVENBURG (1972): Dosages of M-99 used on hoofed Mammals at Catskill Game Farm. D. Zool. Garten (N,F) 42, 282-287.

HECK, H. (1980): Use of M-99 on Wild Equines. Equus 2, 132-133.

JEFFCOTT, L.B. (1977): Clinical haematology of the horse. In: Comparative Clinical Haematology (ARCHER, R.K. and L.B. JEFFCOTT, eds.), Oxford/London/Edinburgh/Melbourne: Blackwell Scientific Publications, 161-213.

JONES, D.M. (1973a): The use of drugs for immobilisation, capture and translocation of non-domestic animals. Vet. Ann. 13, 320-352, zit. bei GREEN, C.J. (1979).

JONES, D.M. (1973b): A Rational Approach to the Use of Drugs for Sedation and Restraint of Larger Mammals. Proc. Assoc. Vet. Anaesth. Gr. Brit. Ireland, no. 4, 33-42.

JONES, D.M. (1976): The Husbandry and Veterinary Care of Wild Horses in Captivity. Equine Vet. J. 8, 140-146.

JONES, D.M. (1978): A Short Analysis of 2000 Ungulate Immobilizations Involving 71 Species Mainly from the Collections of the Zoological Society of London. Verhandlungsber. XX. Internat. Symp. Erkrankungen Zootiere, Dvůr Králové, 173-178.

KLEIN, L. (1980): Clinical Pharmacology of Agents Used in Restraint of Felidae and Hoofed Stock. Amer. Assoc. Zoo Vets Ann. Proc., Washington, D.C.,7-12.

KLEINBERGER, G., FERENCI, P., GASSNER, A., PICHLER, M. und H. LOCHS (1978): Unterschiede im Plasmaaminogramm bei Coma hepaticum und Coma diabeticum. Z. Gastroenterol. 16, 752-759.

LAUN, T. van (1977): Anaesthetizing Donkeys. Vet. Rec. 100, 391.

LIPPERT, H. (1980): SI-Einheiten in der Medizin. Jena: Fischer, 222 S.

LUMB, W.V. and J.W. JONES (1973): Veterinary Anesthesia. Philadelphia, PA: Lea & Febiger, 680 pp.

MANTON, V.J.A. (1966): Scientific Report, Zoological Society of London. zit. bei GREEN, C.J. (1979).

MÜLLER, R., RÜEDI, D., SCHATZMANN, U. und H. SÄGESSER (1980): Transportzwischenfälle bei Przewalskipferden. Equus 2, 79-81.

NAYERI, G.D. (1978): Blood Characteristics of the Adult Donkey. Zbl. Vet.-Med. 25A, 541-547.

NORTH OF ENGLAND ZOOLOGICAL SOCIETY / Upton-by Chester (1978): Annual Report, 22.

POHLE, C. (1978): Internationales Zuchtbuch für Halbesel, Heft 8: 446-449.

POHLE, C. (1981): Persönliche Mitteilung.

SCHALM, O.W. (1975): Equine Hematology: Part I. The Erythrocytes and Plasma. Part II. Thrombycytes and Leukocytes. Calif. Vet. 29, 13-14, 16, 18-19, 22-25.

SCHECK, K., WEIGERT, P., LEMMER, B. und W. NOREISCH (1980): Labordiagnostische Untersuchungen bei Haflinger Pferden und Maultieren (Tragtiere der Bundeswehr). 3. Substrate im Serum. Tierärztl. Prax. 8, 537-542.

SCHMIDL, M. (1978): Laboruntersuchungen für die Diagnose und Verlaufkontrolle. Mannheim: Boehringer. Zit. bei WEIGERT, P. et al. (1980).

SVOBODNIK, J. (1977): Sedace a neinhalační vedení anestesie u koňovitých lichokopytníků. Lynx (n.s.) 19, 77-80 [Cs; en]

WEIGERT, P., SCHECK, K., LEMMER, B. und W. NOREISCH (1980): Labordiagnostische Untersuchungen bei Haflinger Pferden und Maultieren (Tragtiere der Bundeswehr). 2. Enzymaktivitäten im Serum. Tierärztl. Prax. 8, 387-393.

WEIGERT, P., SCHECK, K., LEMMER, B. und W. NOREISCH (1981): Labordiagnostische Untersuchungen bei Haflinger Pferden und Maultieren (Tragtiere der Bundeswehr). 4. Mineralstoffe und Spurenelemente im Blut und Serum. Tierärztl. Prax. 9, 403-409.

WUNDERSEE, W.-J. und E. WERNER (1978): Die Anwendung von Etorphin hydrochlorid bei Elefanten und Wildequiden im Tierpark Berlin unter Berücksichtigung der suchtmittelrechtlichen Bestimmungen der DDR. Verhandlungsber. XX. Internat. Symp. Erkrankungen Zootiere, Dvůr Králové, 193-196.

YOUSEF, M.K. (1979): The Burro: A New Backyard Pet? Its Physiology and Survival. Calif. Vet. 33, 31-34.

Anschrift der Autoren: Dr. B. Seidel
Tierpark Berlin
1136 Berlin-Friedrichsfelde
Am Tierpark 125 (DDR)

Aus dem Zoologischen Garten Lesopark Chomutov (Direktor: Dr. J. K r á l í č e k)

BEITRAG ZUR MEDIKAMENTELLEN RUHIGSTELLUNG EINIGER SELTENER GEZÜCHTETER TIERARTEN

Von J. D o b i á š

In der verfügbaren Literatur findet man nur spärliche Angaben über die medikamentelle Ruhigstellung bei Tieren, die nicht sehr häufig vorkommen, oder nur am Rande des Interesses der Zoologischen Einrichtungen stehen. Im Lesopark Chomutov, zu dessen Programm die Zucht von Vertretern der europäischen Fauna gehört, wurde von uns in der täglichen Praxis die konkrete Lösung dieser Frage gefordert und dies besonders bei den: Mustiliden, Feliden, Castoriden und Caniden, im Zusammenhang mit der Behandlung von Hautkrankheiten und bei chirurgischen Eingriffen. Dabei erwies sich die Ruhigstellung als notwendig, und zwar nicht nur beim eigentlichen Eingriff, sondern auch beim gefahrlosen Umgang mit den Tieren, um sowohl die Möglichkeit der Verletzung der Pfleger, als auch der zu behandelnden Tiere auszuschließen.

Diese Bedingungen werden bei der mechanischen Fixation nicht erfüllt, die sich besonders bei den vorher genannten Tierarten als problematisch erwies. Die Wahl der Kombination der Präparate Ketalar (Park-Davis) und Rompun (Bayer) als Gemisch bot sich auf Grund der nahen phylogenetischen Verwandschaft der meisten Tierarten mit denen gearbeitet werden mußte an. Besonders bei Feliden wird diese Kombination laufend angewandt. Die Immobilisation mittels dieser Präparate ist gefahrlos und zeigt gute Ergebnisse. Das Tier ist relaxiert und es tritt eine gute Analgesie ein. Störende Nebenwirkungen treten nur selten auf und es besteht die Möglichkeit der Verwendung des Präparates bei geburtshilflichen Eingriffen ohne Beeinflussung der Frucht.

Bei der Anwendung richteten wir uns nach den Mengen-Dosierungen, die für Feliden empfohlen werden und diese bewegen sich für Ketamin von 6 - 20 mg/kg KM und bei Xylazin von 6 - 10 mg/kg KM (K l ö s und L a n g, 1970). Bei Anwendung eines Gemisches beider Präparate werden 3 - 8 mg/kg KM Ketamin und 2 - 4 mg/kg KM Xylazin eingesetzt.

Bei der Erstanwendung wurde das Gewicht des Tieres geschätzt. Die Mischspritze, die "ad hoc" zubereitet wurde, applizierten wir mit Hilfe eines Blasrohres i.m., vorwiegend in die Schenkelmuskulatur, in einigen Fällen auch in die Schultermuskulatur. Nach Erreichen der Ruhigstellung wurde das Tier gewogen und die verabreichte Menge des Wirkstoffes wurde auf ein Kilogramm Lebendgewicht umgerechnet. Nach Auswertung der Ergebnisse wurden die verabreichten Mengen erneut überprüft. Die Ergebnisse sind in Tabelle 1 zusammengefaßt.

Unmittelbar nach der Medikation verendete ein einziges Tier und zwar ein Europäischer Biber (Castor fiber), der allerdings im Verlaufe einer Sepsis, die nach Bißwunden entstanden war, behandelt wurde. Weitere Verluste traten nicht auf.

Wir möchten noch hinzufügen, daß wir des öfteren eine Ruhigstellung in kurzen Zeitabständen bei ein und demselben Tier durchführen mußten. Ein trächtiges Luchs-Weibchen (Lynx lynx) wurde wiederholt in der beschriebenen Weise bis 14 Tage vor der Niederkunft behandelt, ohne daß wir einen negativen Einfluß auf die Trächtigkeit und auf die Geburt feststellen konnten. Mit Rücksichtnahme auf die Zugehörigkeit des Rotfuchses (Vulpes vulpes) zu den Caniden verwendeten wir als Ausgangskombination die Präparate Combelen (Bayer) und Polamivet (Hoechst).

Tabelle 1:

Art	Gewicht kg KM	Ketalar 5 % mg/kg/KM	Rompun 2 % bzw. 20 % mg/kg/KM	Ruhigstellung		Zahl der Behandlung	Bemerkungen
				Beginn	Dauer		
Baummarder (Martes martes)	0,7	21,4	0,3 ml = 8,5 mg/kg	3'	20'	3	sehr gute Relaxation, Analgesie und Anästhesie
Fischotter (Lutra lutra)	7	10,7	1,5 ml = 4,2 mg/kg	3'-5'	30'	9	dto.
Europäischer Biber (Castor fiber)	18-20	3,7-4,1	1,5 ml =1,5-1,6mg/kg	5'-8'	40'	11	dto.
Luchs (Lynx lynx)	18-22	3,4-4,1	0,3 ml =1,3-1,6mg/kg	3'-10'	10'-30'	98	dto.
Puma (Puma concolor)	34	8,3-10,4	0,4 ml = 2,3 mg/kg	nicht ausgewertet		1	ungenügende Wirkung
Rotfuchs (Vulpes vulpes)	4,8-6	8,3-10,4	1 ml = 3,3-4,1mg/kg	5'-10'	18'-35'	4	gute Wirkung
Dachs (Meles meles)	10-12	6,7-7,0	0,1 ml =1,6-2,0mg/kg	5'-10'	20'	4	gute Wirkung

Wiederholt mußten wir allerdings eine nachfolgende Myoklonie der Skelettmuskulatur, übermäßigen Speichelfluß, sowie einen verschreckten Ausdruck des Tieres feststellen. Aus diesen Gründen haben wir uns auch bei Rotfüchsen auf eine Mischspritze Ketalar-Rompun umorientiert. Die Verwendung dieses Gemisches erzeugte keine negativen Nebenwirkungen. Auf Grund unserer Ergebnisse empfehlen wir die in Tabelle 2 zusammengefaßten Dosierungen.

Tabelle 2:

Art	Ketamin mg/kg KM	Xylazin mg/kg KM
Baummarder (Martes martes)	21 -22	8 - 9
Fischotter (Lutra lutra)	10 - 11	4
Dachs (Meles meles)	7	2
Europäischer Biber (Castor fiber)	4	1,5
Luchs (Lynx lynx)	4	1,5
Puma (Puma concolor)	8 - 10	3 - 4
Rotfuchs (Vulpes vulpes)	8 - 10	3 - 4

Zusammenfassung:

Beitrag zur medikamentellen Ruhigstellung einiger seltener gezüchteter Tierarten

Es wird der kombinierte Einsatz der Präparate Ketalar (Park-Davis) und Rompun (Bayer) zur Ruhigstellung einiger Tierarten beschrieben, die seltener tierärztliches Eingreifen erfordern und deren mechanische Fixation schwierig ist. Die genannte Kombination erwies sich als ungefährlich und vorteilhaft.

Summary:

Medicamentous Sedation of Some Rare Bred Animal Species

Ketalar (Park-Davis) and Rompun (Bayer) were used in combination for sedation of some animal species which required extraordinary veterinary intervention. Mechanical fixation of those animals usually is difficult. The above combination proved to be harmless and effective.

Résumé :

Contribution à la tranquillisation médicamenteuse de certaines espèces rares dans l'élevage

Il est question de l'utilisation combinée des préparations Ketalar (Park-Davis) et Rompun (Bayer) pour tranquilliser certaines espèces d'animaux qui nécessitent moins souvent une intervention du vétérinaire et dont la fixation mécanique est difficile. La combinaison mentionnée s'est avérée non dangereuse et avantageuse.

Резюме:

Сообщение о применение медикоментозных успокоительных средств у выращенных редких животных.

Сообщается о применение комбинированного препарита каталара и ромруна для успокоения некоторых видов животных при ветеринарных исследованиях и для фиксации на месте. Получены положительные результаты.

Literaturverzeichnis:

BONATH, K. (1969): Halothen-Narkose bei kleinen Säugetieren. Verhandlungsber. XI. Internat. Symp. Erkrankungen Zootiere, Zagreb, 147-151.

GÖLTENBOTH, R. und H.-G. KLÖS (1970): Erfahrungen mit Bay-Va 1470 bei der Ruhigstellung von Zootieren. Berl. Münch. Tierärztl. Wschr. 83, 147-151.

HIME, J.M. und D.M. JONES (1970): The use of Xylazin im Captive Wild Animals. Verhandlungsber. XII. Internat. Symp. Erkrankungen Zootiere, Budapest, 143-146.

KLÖS, H.-G. und E.M. LANG (1976): Zootierkrankheiten, Berlin-Hamburg: Paul Parey.

HÖNICH, M. (1970): Untersuchung über die Wirkung von Bay-Va-1470 beim Wild. Verhandlungsber. XII. Internat. Symp. Erkrankungen Zootiere, Budapest, 153-154.

KUNTZE, A. (1967): Klinische Beiträge zur Anästhesie und medikamentellen Immobilisation der Zootiere (Ursiden, Feliden, Ruminantier). Berlin-Hamburg: Paul Parey.

SEAL U.S. and J.G. MAYO (1970): Drug Immobilisation of the Carnivora. Internat. Zoo Yearb. 10, 157-170.

TSCHIRCH, W. (1973): Probleme und Ergebnisse der Wildnarkose. Beiträge zur Jagd und Wildforschung, VIII. 155-170.

ZUROWSKI, W. (1970): Anwendung vonTranquiliezerbei der Paarung und Gruppierung der Europäischen Biber (Castor fiber). Med. weteryn. 26, Nr. 2, 111-112.

WIESNER, H. (1977): Zur Narkosenpraxis mit dem "Blasrohrgewehr". Kleintierprax. 22, 327-330.

Anschrift des Verfassers: Dr. J. D o b i á š
Lesopark
43001 Chomutov (CSSR)

Aus dem Veterinärdienst im Zoo der Tiergesundheitsstation der Hauptstadt Budapest (Direktor: Dr. L. S u r á n y i) und dem Zoologischen und Botanischen Garten Budapest (Direktor: Prof. Dr. S. H o l d a s)

INHALATIONSNARKOSE BEI ZOOVÖGELN

Von I. T ó t h und Z. G r a f

Die parenterale Anästhesie ist eine leicht anwendbare, weit verbreitete Methode bei Vögeln in der Veterinärmedizin. Der Nachteil dieser Methode besteht in ihrer Unsteuerbarkeit. Außerdem wird die sichere Ausführung der für die Operationen erforderlichen Anästhesie durch die unterschiedliche Empfindlichkeit der einzelnen Spezies für die Narkosemittel erschwert (A m a n d, 1981).
Bei den kostbaren Zoovögeln ist es besonders wichtig, die Narkose schonend und steuerbar durchzuführen. Dieser Anspruch kann mit den Inhalationsnarkosegeräten verwirklicht werden. Bei der Auswahl des Gerätes soll man anspruchsvoll sein, denn ein Mißerfolg der Inhalationsnarkose kann auch bei Vögeln der mangelhaften Technik zugeschrieben werden (S a n f o r d, 1973).
Wir strebten bei der Auswahl des Narkosegerätes einen einfachen, leicht lieferbaren Atmungskreis an, der unabhängig von der Spezies, der Körpergröße und dem Alter der Vögel anwendbar war. Die von Mammalier abweichenden physiologischen Merkmale der Vögel wurden auch weitgehend berücksichtigt.
Der Respirationsapparat der Vögel dient nicht nur zum Gasaustausch, sondern auch für die Regulation des Flüssigkeitsvolumens des Körpers (K e m é n y, 1974; K o v á c s, 1962).
Die Lunge der Hausvögel steht mit 5 Luftsäcken in Verbindung. Die Luftsäcke nehmen am Gasaustausch nicht direkt teil, sondern sie speichern die Luft. Das Bronchialsystem der Vögel ist kompliziert aufgebaut (K e m é n y, 1974). Der Gasaustausch findet in den Kapillaren statt, die von den Parabronchien abstammen, aber sie stehen miteinander in Verbindung. Die Ventilation der Lunge erfolgt durch einfache Durchströmung. Die Lunge erhält die frische Luft beim Einatmen durch die Luftröhre, beim Ausatmen aus den Luftsäcken (A m a n d, 1981; S t u r k i e, 1954). Der aktive Gasaustausch soll beim Ausatmen größer sein (S a n f o r d, 1973; K e m é n y, 1974).
In solch einem kompliziert aufgebauten Bronchialsystem sind die Strömungsverhältnisse verzwickt, so daß die Beherrschung der Anästhesie schwierig ist (M a r l e y, and P a y n e, 1964). Durch vergleichende Untersuchungen konnte festgestellt werden, daß die Blutdissoziationskurven der Vögel im Vergleich zu denen der Mammalier steiler sind, aber es besteht kein signifikanter Unterschied im Gasaustausch (K e m é n y, 1974).
Die Narkosegeräte bestehen aus 2 Hauptteilen, dem Mischsystem und dem Atmungskreis. Das Mischsystem ist bei allen Geräten gegeben: Gasbehälter, Druckverminderer, Strommesser (Rotameter) und Vergaser. Die Atmungskreise können mannigfaltig sein. Sie können nach ihrem Aufbau und ihrer Funktion klassifiziert werden (Tabelle 1).

<u>Tabelle 1:</u> Klassifikation von Atmungskreisen

nach Aufbau		nach Funktion	
		Rückatmung	CO_2-Absorption
	Offenes System	keine	keine
	Halboffenes System	teilweise	keine
	Halbgeschlossenes System	teilweise	ja
	Geschlossenes System	vollständig	ja

Nach Berücksichtigung der Atmung der Vögel und der speziellen Ansprüche (z. B. aus der Körpergröße resultierende Schwierigkeiten) schien uns der halboffene Atmungskreis mit partieller Rückatmung für die Inhalationsnarkose der Vögel geeignet zu sein, wie er schon bei domestizierten Säugetieren mit Erfolg angewendet wurde (T ó t h, 1980).
Geräte mit diesem System haben mehrere Vorteile: Der Aufbau ist einfach, CO_2-Absorber ist überflüssig, sie sind leicht zu reinigen und leicht transportierbar. Die Kontamination der Luft des Operationsraumes mit Anästhesiemittel ist durch Kopplung mit einem Absorber oder Absaugschlauch zu vermeiden. Für diesen Atmungskreis ist charakteristisch, daß das ausgeatmete CO_2 aus dem System durch den frischen Gasstrom ausgespült wird. Die halboffenen Atmungskreise mit partieller Rückatmung (Abbildung 1) werden von M a p l e s o n hergestellt (S y k e s, 1968).

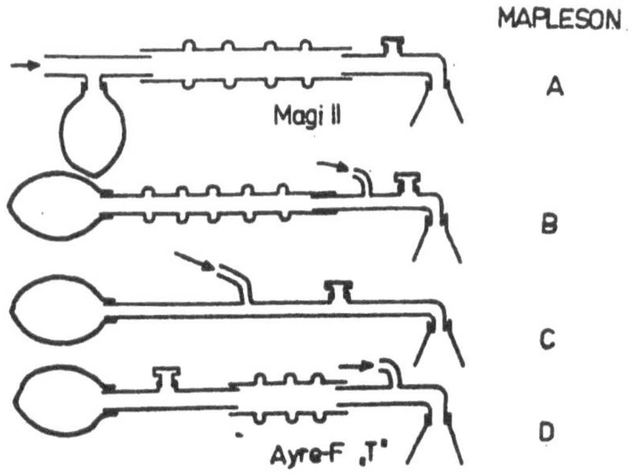

Die Vorteile und Nachteile der Atmungskreise abwägend, wählten wir den Typ M a p l e s o n "D", um unsere Vögel zu narkotisieren. Eine modifizierte Variation dieses Types wurde als ein universeller Atmungskreis vorgeschlagen (B a i n und S p o e r e l, 1972, 1973 und 1975), der seit dieser Zeit von Human-Anästhesiologen viel verwendet wurde. In der veterinärmedizinischen Anästhesie in Ungarn wurde diese Methode auch mit Erfolg angewendet (T ó t h, 1980).

Abbildung 2:

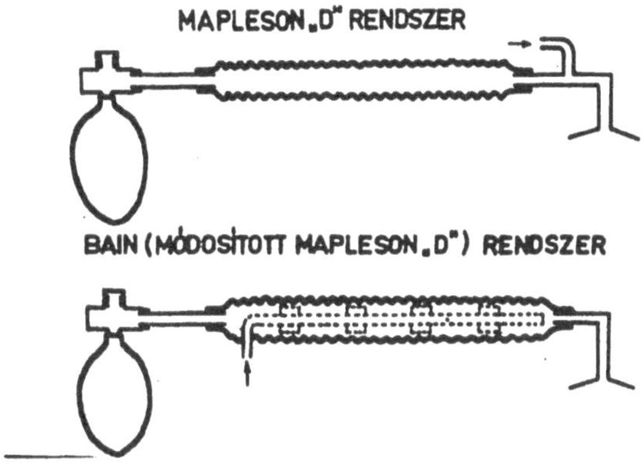

Die ausgeatmete Luft strömt in Richtung Ausatmungsventil in den Faltschlauch. In der gleichen Zeit unterstützt das nachfließende Frischgas einerseits die Ausströmung der Ausatmungsluft und füllt andererseits den Faltschlauch während der Ausatmungsphase kontinuierlich auf.

Abbildung 3:

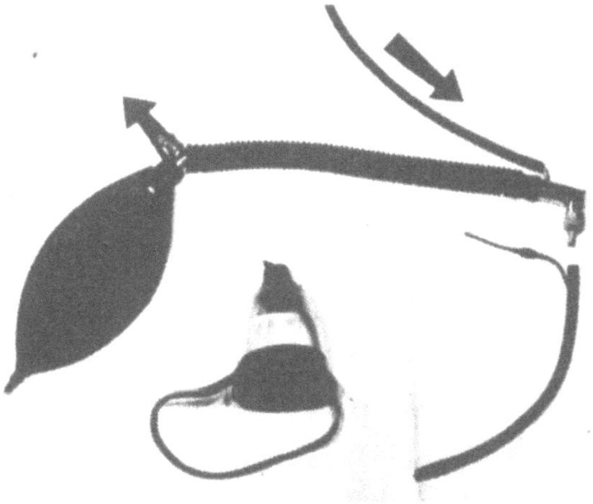

Während dieser Zeit nimmt das frische Gas im Faltschlauch die zurückgebliebene Feuchtigkeit und Wärme auf, so daß ein vorgewärmtes Gasgemisch mit einer relativen Feuchtigkeit von 80-90 % bei der nächsten Einatmung von dem Patienten eingeatmet wird. Diese Feuchtigkeit ist höher als die in den Zirkulationsatmungssystemen erreichbare. Mit totem Raum ist bei diesem System praktisch nicht zu rechnen. Charakteristisch ist die Tatsache, daß sich das frische Gas und die ausgeatmete Luft miteinander vermischen, so daß die Menge des CO_2 von der Strömung des frischen Gases abhängt.

Eigene Untersuchungen

Wir haben der Körpergröße und den Abweichungen des Minutenvolumens von Vögeln entsprechend 2 Atmungskreise gebaut. Für größere Vögel wurde ein 40 cm langer Faltschlauch mit einem Durchmesser von 22 mm verwendet. Das Volumen des Systems betrug 150 ml, wobei ein 4 l Ballon angeschlossen wurde. Für kleine Vögel wurde ein 8 cm langer Faltschlauch mit einem Durchmesser von 18 mm verwendet. Das Volumen betrug 60 ml und ein 600 ml Atmungsballon wurde zugesetzt. Der Durchmesser der Frischgasleitung war in beiden Fällen 6 mm. Wir verwendeten ausschließlich Halothan mit O_2 bei Vögeln verschiedenen Alters und unterschiedlicher Körpergröße (Tabelle 2). Wir fanden, daß der minimale Frischgasfluß auch bei kleinen Vögeln nicht niedriger als 100 ml/Minute sein sollte. Zur Einleitung der Narkose wurde eine hohe Halothankonzentration von 4-5 Vol % verwendet. Bei diesem Wert schliefen die Vögel nach 30 bis 60 Sek. ein. Während der Einleitungszeit zeigten sie Anzeichen der Exzitation, wie Kopfschütteln und Sträuben des Gefieders. Obwohl unsere Patienten vor der Narkose nicht nüchtern gehalten wurden, konnten wir weder in der Einleitungsphase noch beim Aufwachen Speicheln oder Regurgitation beobachten.

Tabelle 2:

Spezies	n	Dauer der Narkose	Indikation
Kolkrabe (Corvus corax)	1	15 Min.	Untersuchung
Saatkrähe (Corvus frugilegus)	1	20 Min.	Versuchstier
Turmfalke (Falco tinnunculus)	2	20- 25 Min.	Wundbehandlung
Mäusebussard (Buteo buteo)	5	30- 60 Min.	2x Osteosynthese 2x Versuchstier
Baumfalke (Falco subbuteo)	1	20 Min.	Untersuchung
Würgfalke (Falco cherrug)	1	10 Min.	Untersuchung
Waldohreule (Asio otus)	3	15-20 Min.	1x Untersuchung 2x Amputatio humeri
Wellensittich (Melopsittacus undulatus)	3	15-20 Min.	2x Osteosynthese 1x Untersuchung
Weißstorch (Ciconia ciconia)	3	20-30 Min.	Osteosynthese
Amsel (Turdus merula)	1	15 Min.	Osteosynthese
Stockente (Anas platyrhynchos)	3	20-30 Min.	Untersuchung
Wasserralle (Rallus aquaticus)	3	30 Min.	Osteosynthese
Uferschnepfe (Limosa limosa)	2	15 Min.	Amputation
Habicht (Accipiter gentilis)	2	30 Min.	Osteosynthese

Eine Prämedikation wurde nicht durchgeführt. Zur Aufrechterhaltung der Narkose wurden je nach Bedarf 0,25-1,5 Vol % Halothan unter Verwendung eines kalibrierten Vergasers mit Thermometer eingesetzt. Zur Narkoseeinleitung bei kleinen Vögeln wurde eine kleine zylindrische Glaskammer an den Atmungskreis angeschlossen; für größere Vögel wurde eine durchsichtige Plastikmaske mit Gummischeibe verwendet. In beiden Fällen konnten die Reaktionen der Vögel gut beobachtet werden.

Für die Beurteilung der Narkosetiefe kontrollierten wir einige Reflexe (Cornea-, Greifreflex), die Muskelrelaxation, die Reaktionen auf Geräusche, die Farbe der Haut und der Schleimhäute und die Atmungsfrequenz. Bei kostbaren Tieren wurde auch ein Cardiopieper verwendet. Wir fanden, daß das Vorhandensein oder Fehlen der Reflexe für die Beurteilung der Narkose nicht ausschlaggebend waren. Für ein zuverlässiges Zeichen der Narkose hielten wir das Erlöschen des Schmerzgefühles.

Nach der Einleitungsphase wurden die Patienten mit dem Trachealtubus für Babys intubiert; kleine Vögel wurden mit kleineren, selbst angefertigten Tuben intubiert. Die Narkose dauerte 15-40 Minuten. Beim Erwachen wurde das Anästhesiemittel mit einem erhöhten Sauerstoffstrom aus dem Gerät gespült; wir ließen reinen Sauerstoff 2-3 Minuten lang einatmen. Nach der Entfernung der Tuben ließen wir die Patienten in geräuscharmer Umgebung ausruhen. Das Aufwachen erfolgte verhältnismäßig schnell, im Durchschnitt nach 3-10 Minuten.

Diskussion

31 Zoovögel, zu 14 Spezies gehörig, wurden mit dem Anästhesiegerät "Mapleson D" mit Erfolg anästhesiert. Dabei handelte es sich teils um chirurgische Patienten teils um Versuchstiere ohne anästhetische Indikation. Das Gerät war für diesen Zweck unabhängig von Spezies, Körpergröße und Alter gut geeignet.
Die Vorteile des Atmungskreises vom Typ M a p l e s o n "D" können wie folgt zusammengefaßt werden:

- einfacher Aufbau
- leicht und gut transportierbar
- Ventile und Natronkalk sind nicht nötig
- wegen des geringen Luftwiderstandes ist er von Körpergröße und Alter unabhängig verwendbar
- geeignet für alle Anästhesiemittel
- sowohl für Spontanatmung als auch für kontrollierte Atmung geeignet
- hohe Luftfeuchtigkeit und garantiert
- kein toter Raum

Im Verlaufe unserer Untersuchungen konnten wir den Wert des Frischgasflusses nur empirisch bestimmen. Laut A m a n d (1981) beträgt dieser Wert bei Haus- und Zoovögeln wenigstens 200 ml/Minute und er schlug bei einem halboffenen System das dreifache Minuten - Volumen vor. Der Wert des Frischgasflusses betrug bei Spontanatmung in der Human-Anästhesiologie 100 ml/Minute/kg Körpergewicht, wobei der minimale Frischgasfluß bei 3,5 l/Minute liegt (B a i n und S p o e r e l, 1975, H e n e v i l l und A d a m s, 1976, S p o e r e l et al. 1978, P i r k l et al. 1978, Y o u n g and K a n g, 1977). Die Werte aus der Humanmedizin können wegen der abweichenden Körpergröße und Physiologie bei Vögeln nicht verwendet werden. Von den Daten von A m a n d (1981) ausgehend fanden wir als Wert des minimalen Frischgasflusses auch bei ganz kleinen Vögeln mindestens 100 ml/Minute.

Das einzige zuverlässige Zeichen für die Beurteilung der Narkosetiefe ist nach Mitteilungen in der Literatur (A m a n d, 1981, B o n á t h, 1979, S a n f o r d, 1973) übereinstimmend das Verschwinden des Schmerzgefühles.

Zusammenfassung:

Inhalationsnarkose bei Zoovögeln

Die Verfasser beschreiben ein einfaches, selbstgebautes Narkosegerät mit einem Atmungskreis vom Typ "Mapleson "D". Das Gerät konnte zur Anästhesie von Zoovögeln unabhängig von der Spezies und der Körpergröße mit Erfolg angewendet werden.

Summary:

Inhalation Anaesthesia on Zoo Birds

A simple, self-made Type Maplesion "D" anaesthesia apparatus with respiratory circulation is described by the authors of this paper. The apparatus has been used with good success on zoo birds of all sizes and species.

Résumé :

Narcose à inhalation chez des oiseaux gardés

Les auteurs décrivent un dispositif simple, construit par eux-mêmes, avec un circuit respiratoire du type "Mapleson "D". Indépendamment de l'espèce et du volume des oiseaux, l'appareil a pu être utilisé avec succès pour anesthésier des oiseaux gardés.

Резюме:

Ингаляционный наркоз у птиц, живущих в зоопарке.

Авторы применяли для наркоза простой прибор, собственной конструкции с одним дыхательным циклом типа "Маплезон" Д". Прибор применялся для анастезии птиц в зоопарке , в независимости от специй или размера птицы.

Literaturverzeichnis:

AMAND, W.B. (1980): Avian anasthetic agents and techniques. Proc. Am. Ass. Zoo Vet. Washington, D.C.

BAIN, J. A. and W. E. SPOEREL (1972): A streamlined anaesthetic system. Can. Anaesth. Soc. J. 19, 426.

BAIN, J. A. and W. E. SPOEREL (1973): Flow requirements for a modified Mapleson "D" system during controlled ventilation. Can. Anaesth. Soc. J. 20, 629.

BAIN, J. A., W. E. SPEOREL (1975): Prediction of arterial carbon dioxide tension dosing controlled ventilation with a modified Mapleson "D" system. Can. Anaesth. Soc. J. 22, 34.

HENEVILLE, J. D. and A. F. ADAMS (1976): The Bain anaesthetic system. Anaesthesia 31, 247.

KEMÉNY, A. (1974): Élettan. Budapest: Mezögazdaségi Kiadó 379.

KOVACS, Gy. (1962): Háziállatok anatómiája. Budapest: Mezögazdaségi Kiadó.

MARLEY, E. and J. P. PAYNE (1964): Halothane anaesthesia in the fowl. In Jones, O. G. (1964): New York: Small animal anaesthesia Perganon Press.

SANFORD, J. (1973): Avian anaesthesia. in William V. Lumbard and E. Wynn Jones (1973): Veterinary Anaesthesia. Philadelphia: Lea and Febiger

SPOEREL, W. E., R. R. Aitken and J. A. BAIN (1978): Spontaneous respiration with the Bain circuit. Can. Anaesth. Soc. J. 25, 30.

PIRKL, H. J., H. METZLER und W. F. Lirt (1978): Kontinuierliche massenspektrometrische CO_2-Messungen beim Bain-System unter kontrollierter Beatmung. Anaesthesist 27, 376.

SYKES, M. K. (1968): Rebreathing Circuits. Brit. J. Anaesth. 40, 666.

YOUNG, K., H. KANG and C. PAUL BOYAN (1977): Is the Bain breathing circuit the future anaesthesia system? An Evaluation Anaesthesia and Analgesia Current Researches 56, No. 1.

TOTH, J. (1980): Erfahrungen mit dem Mapleson "D" Anaesthesiegerät. Proceeding XIII. Congress of European Society of Veterinary Surgery held 5-7 th June. University of Veterinary Sciences. Budapest, 41.

STURKIE, P. D. (1954): Avian Physiology, Ithaca, N. Y. Comstock Publishing Associates.

BONATH, K. (1979): Narkose, Überwachung und klinische Reaktion, vergleichende Betrachtungen über Poikilotherme/Reptilien, Amphibien, Fische/ und Haustiere. Kleintier-Prax. 24, 185-198.

Anschrift der Verfasser: Dr. J. T ó t h und Dr. Z. G r a f
Föv. Állat-és Növénykert, Állatkerti krt. 8.
Budapest - H-1146 (Ungarische V.R.)

Aus der Allgemeinen und Experimentellen Chirurgie (Leiter: Prof. Dr. K. B o n a t h)
an der Chirurgischen Veterinärklinik der Justus-Liebig-Universität Gießen

TAUCHBADNARKOSE BEI FISCHEN

Von K. B o n a t h

Die Tauchbadnarkose der Fische entspricht der Inhalationsnarkose lungenatmender Wirbeltiere. Das in Wasser gelöste Narkotikum wird dabei über die Kiemen aufgenommen, die, den Lungen der Säugetiere, Vögel, Reptilien und zum Teil auch der Amphibien vergleichbar, die respiratorische Oberfläche der Fische darstellen.
Wie die Inhalationsnarkose höherer Wirbeltiere, so ist auch die Tauchbadnarkose der Fische steuerbar, so daß die Tiere durch Veränderung der Narkosemittelkonzentration jederzeit in oberflächliche oder tiefere Narkosestadien überführt werden können. Treten Narkosedepressionen auf, so lassen sich gefährdete Fische in Frischwasser "wiederbeleben", wie Säugetiere, denen zur Überwindung narkosebedingter Atem und Kreislaufdepressionen Frischluft oder vermehrt Sauerstoff zugeführt wird.
Indikationen für die Narkose der Fische sind in erster Linie wissenschaftliche Untersuchungen, die sich mit organfunktionellen Studien sowie physiologischen und zoologischen Fragestellungen befassen. In der Pharmakologie dienen Fischspezies mit auffälligen Verhaltensweisen als Testiere für die Wirkung von Psychopharmaka, die bei sedierten Fischen deutliche und gut reproduzierbare Verhaltensänderungen hervorrufen.
In der tierärztlichen Praxis erleichtert die Narkose die Durchführung klinischer Eingriffe und diagnostischer Untersuchungen. Das gilt im besonderen Maße für die Prophylaxe und Therapie bakterieller und parasitärer Erkrankungen, die Behandlung lokaler, durch Ektoparasiten-, Pilzbefall und Wunden hervorgerufene Erkrankungen von Haut und Kiemen bei Fischen sowie die Gewinnung von Blut und Proben erkrankter Organe (B e l l, 1964; B r o u s s e, 1974; B r o w n u. R i c h a r d s, 1979; D o m e r, 1971; E h r h a r d t et al., 1970; H e a l e y, 1964; H o w e l l u. T h o m a s, 1964; J o l l y et al., 1972; K e l l e r u. U m b r e i t, 1956; K i s c h, 1947; M a n n, 1966; M c F a r l a n d, 1960; M c F a r l a n d u. K l o n t z, 1969; M c F a r l a n d, 1971; M u e n c h, 1958; O n k s t et al., 1957; R a v i n u. T h a m, 1974; R e i c h e n b a c h - K l i n k e u. E l k a n, 1965; S c h ä p e r c l a u s, 1954; S c h i f f m a n n, 1959; S t e i n b r e c h t s e, 1957; W a l l a c h, 1971; W e s t h u e s u. F r i t s c h, 1961).

Große Bedeutung hat die medikamentelle Immobilisation von Fischen für die teich- und fischereiwirtschaftliche Praxis, zur Gewinnung von Samen- und Eizellen in Fischzuchtbetrieben, zum Messen und Markieren von Zuchttieren (H u b l o u, 1957: Von 1950 bis 1955 wurden in den USA 20 Mill. Salmoniden markiert), zum Beschneiden der Flossen etc. (A l l i s o n, 1961; B e l l, 1964; B e r g s t r ö m, 1967; C h i b a u. K i m u r a, 1966; D o l l a r, 1963; J o h n s o n, 1954; K r a l, 1971; M c B r i d e, et al., 1963; M c F a r l a n d, 1960; M c F a r l a n d u. K l o n t z, 1969; O s b o r n, 1951; P a r k h u r s t u. S m i t h, 1957; W a l l a c h, 1971).

Streßzustände und Sauerstoffmangel beim Transport lebender Fische führen zu erheblichen Verlusten, die sich durch geeignete Anaesthesieverfahren drastisch einschränken lassen. Für Fischzüchtereien, Zoologische Gärten und Schauaquarien, Zierfischhandlungen und Liebhaber, für das Neueinbürgern von Fischen in Seen, Teichen und Flüssen müssen aus wirtschaftlichen und technischen Gründen unzählige Tiere auf kleinstem Raum transportiert werden, ein Problem, das sich nur mit Hilfe medikamenteller Immobilisationsverfahren lösen läßt (B e l l, 1964; B e r g s t r ö m, 1967; C h i b a u. K i m u r a, 1966; C o l l i n s et al. 1963; C u e r r i e r, 1962; D o l l a r, 1963; F r y u. N o r r i s, 1962; H e a l y, 1964; I d l e r et al., 1961; M a r t i n u. S c o t t, 1959; M c F a r l a n d, 1960; M c F a r l a n d u. K l o n t z, 1969; M c- F a r l a n d u. N o r r i s, 1959; M e e h a n u. R e v e t, 1962; N e- m o t o, 1957; N o r r i s et al., 1960; O l l e n s c h l a g e r, 1979; R o d m a n n, 1963; S c h m i d, 1978; T e g g e, 1978; T h o m p s o n, 1959; W e b b, 1958).
Die Narkose bringt nicht nur dem Fisch sondern auch dem Menschen, der mit Fischen umgeht, Schonung und Erleichterung. (G i l b e r t, 1960, 1963: Narkose bis zu 250 kg schwerer Haie).Die Narkose erhöht die Sicherheit auf Erfolg für die genannten Vorhaben und führt damit zu besseren Ergebnissen, zu Arbeitserleichterung und Zeiteinsparung. Sie ermöglicht es, Fische je nach Spezies für mehrere Minuten bis Stunden ohne Schaden dem Wasser zu entnehmen, um Eingriffe an Land vornehmen zu können.

Narkosevorbereitung, -nachsorge, -steuerung und "Wiederbelebung"

Vor und nach Langzeitnarkose ist ein Nahrungsentzug von 24 bis 28 Stunden Dauer einzuhalten. Vor und nach kurzen Narkosen genügen bereits wenige Stunden.

Zur Herstellung des Narkosebades dient Wasser, das in Zusammensetzung und Temperatur dem Aufenthaltswasser des zu anästhesierenden Fisches entspricht. So lassen sich Narkosezwischenfälle, wie sie durch abrupte Änderung von Wasserqualität und -temperatur auftreten, weitgehend vermeiden.
Aufregungszuständen kann man vorbeugen, wenn man die Tiere schon vor Einleiten der Narkose in den mit Wasser gefüllten Narkosebehälter setzt und das bereits gelöste Anästhetikum erst dann hinzugibt, wenn die Tiere sich an die neue Umgebung gewöhnt haben.

Tabelle 1: Informationen über Art der Anästhetika, Konzentrationen (Dosierung), untersuchte Spezies, Narkosezeiten und Reaktionsbesonderheiten. Die Anästhetika sind als Freinamen angegeben, in Klammern finden sich die Namen von Handelspräparaten sowie der Hersteller (Auszugsweise aus Bonath, 1977).

A	=	Aufwachdauer
DAB 6	=	Deutsches Arzneibuch, 6. Auflage
E	=	Einleitdauer
h	=	Stunde
Kgw	=	Körpergewicht
l	=	Liter
g	=	Gramm
mg	=	Milligramm
min	=	Minute
s	=	Sekunde
T	=	Toleranzdauer

Anästhetikum	Narkosebadkonzentration/l Wasser	geprüft an (Spezies)	Narkosezeiten (Mittelwerte u. Standardabweichungen), Reaktionsbesonderheiten	Autoren
Amobarbital (als Na-Salz: Amytal, Fa. Serra, Heidelberg)	Konz. in Meerwasser: 105 mg/l	Alle Spezies	Sedierung	McFarland (1960, 1959), McFarland u. Klontz (1969)
	Konz. in Süßwasser: 53-69 mg/l	Alle Spezies	Sedierung	
	Konz. in Meerwasser: 118-171 mg/l	Alle Spezies	Toleranz	
	Konz. in Süßwasser: 69-87 mg/l	Alle Spezies	Toleranz Zunahme der narkot. Wirkung von Meer- über Frisch- u. weiches Wasser bis zum dest. Wasser (Calcium-Antagonist für Amobarbital-Na!)	
Clomethiazol (Distraneurin, Fa. Astra Chemicals), Wedel/Holstein)	250 mg/l	Phoxinus laevis	E. 170 s, T. 4 min	Chareton (1966), Charonnat et al. (1958, 1957)
	500 mg/l	Phoxinus laevis	E. 76 s, T. 5 min	
	1 g/l	Phoxinus laevis	E. 41 s, T. 11 min	
	2 g/l	Phoxinus laevis	E. 39 s, T. 15 min	
	250 mg/l	Carassius auratus	E. 200 s, T. 13 min	
	500 mg/l	Carassius auratus	E. 90 s, T. 18 min	
	1 g/l	Carassius auratus	E. 60 s, T. 36 min	
	2 g/l	Carassius auratus	E. 45 s, T. 60 min	
	letale Mindestdosis = 4 g/l			
Methylchinoline	10 - 13 mg/l	Salmonoidei	Tiefe Narkose	Bell (1964)
(als Quinaldine bei Fa. Merck, Darmstadt auf Anfrage erhältlich)	0,01-0,03 ml/l plus 0,01-0,03 ml Azeton/l (fördert Löslichkeit in Wasser)	Alle Spezies	E. 1 - 3 min A. 3 -20 min Für die meisten Spezies ist eine 3-fache narkot. Konzentration, bei Temperaturen von 10-26° C gut verträglich	Klontz u. Smith (1968), McFarland u. Klontz (1969)
Tricaine (als MS-222 Sandoz, Fa. Sandoz, Basel)	10 - 30 mg/l	Alle Spezies auch Fischbrut	<u>Sedierung:</u> Zum Transport in Plastikbeuteln, die in Eis verpackt werden. Narkoselösung mit O_2-angereicherter Luft überschichtet.	Allison (1961) Eisler u. Bakkiel (1960), Meehan u. Revet (1962), Thompson (1959) Webb (1956)
	4o - 50 mg/l 14 - 15° C	Spezies mit hohem O_2-Bedarf (z.B. Salmoniden)	<u>Narkose:</u> Einleitung 2,6±1,5 min Aufwachphase 3,5±4,0 min, erste Todesfälle bei Konzentrationen > 50 mg/l	Bonath (1977)
	50 - 130 mg/l	Spezies mit mittlerem O_2-Bedarf (z.B. Perca fluviatilis, Esox lucius, Barbus barbus, die meisten Zierfischarten)	Einleitung 3-20 min (Bleibt der Fisch bis zum Toleranzstadium im Narkosebad, so dauert die anschließende Narkose an Land 3-15 min)	Bonath (1977), Bovê (ohne Angabe des Erscheinungsjahres), Campbell und Davis (1963), McFarland und Klontz (1969), Thorson (1959)
	130 - 600 mg/l	Spezies mit niederem O_2-Bedarf (z.B. Cypriniden, Anguilla anguilla, Gobio gobio)		Bonath (1977), Wallach (1971), Bell (1964), Parkhurst und Smith (1957), Steinbrecht (1957), Bell u. Cowen (1959)
	1-1,7 g/l Meerwasser, Narkoselösung wird Haien und Rochen in die Kiemenöffnungen gesprüht oder den Kiemen über einen in die Mundhöhle eingeführten Schlauch zugeführt (siehe Text).	Selachier, Rajiformes	Einleitung = 1 min Aufwachphase 5-30 min	Gilbert und Wood (1957)

Fortsetzung Tab. 1

	1 g/l Meerwasser	Petromycon marinus	viermalige Applikation in Abständen von 1 h gut vertragen. Atemstillstand nach 1-2 min Einwirkdauer. In Wasser setzt Atmung nach 4-9 min, Muskelbewegung nach 8-12 min wieder ein.	Thorson (1959)
Urethan (als Äthylurethan (DAB 6) im Handel)	7,5 g/l 10 g/l Im allgemeinen wird die Narkose mit diesen Konzentrationen eingeleitet und dann mit 5 g/l fortgeführt.	Tinca tinca Cyprinus carpio	E. ca. 10 min Weitere Einwirkdauer von 5 min kann tödlich sein. A. in Frischwasser 10 - 12 min.	Westhues und Fritsch (1961)
	10 - 13 g/l	Fundulus parvipinnis	Gleichgewichtsverlust	McFarland (1960, 1959)
	≥ 13 g/l	Fundulus parvipinnis	Reflexlosigkeit	
	20 g/l	Salvelinus fontinalis Kgw. ca. 1360 g	Nach Einwirkdauer von 4-5 min in Eis verpackt, 75 min transportiert A. 30 bis < 120 min 10 % Todesfälle	Cuerrier (1952)
	30 - 50 g/l 3,5 - 4,5° C	Esox lucius, Esox sp.	Einwirkung bis zur völligen Relaxation, dann zum 1-5 stündigen Transport in Eisstückchen gebettet. A. nach 1 h Transport 5 - 75 min, nach 3 h 2 - 65 min, nach 5 h 1 - 30 min.	Schultz (1956)

Die narkotisierende Konzentration wird weitgehend vom Sauerstoffbedarf (Grundumsatz) der zu anästhesierenden Fischspezies bestimmt. Als Beispiele sind einerseits Salmoniden mit einem extrem hohen Sauerstoffbedarf zu nennen. Sie reagieren auf Narkotika wesentlich empfindlicher als Cypriniden andererseits, die auch in wenig sauerstoffhaltigem Wasser noch leben können. Tabellen 1 und 2 zeigen, daß Salmoniden schon mit geringsten Narkosemittelkonzentrationen in tiefe Narkosestadien überführt werden und die narkotische Breite eines Anästhetikums wesentlich geringer ist - schon geringe Überdosierung also zum Tode führen kann - als Cypriniden, die ein mehrfaches dieser Konzentration tolerieren. Zwischen diesen beiden Extremen liegen alle übrigen Spezies. Die narkotisierende Konzentration läßt sich also nach der Grundumsatzrate bestimmen, wobei die Konzentration für Spezies mit einem hohen Grundumsatz besonders vorsichtig zu wählen ist, weil Anästhetika hier nur eine geringe narkotische Breite, für Arten mit niederem Grundumsatz dagegen eine große narkotische Breite besitzen. Werden bei unbekannt reagierenden Spezies Narkosen durchgeführt, so sollte man an Einzeltieren vororientierende Tests in Lösungen mit aufsteigender Narkosemittelkonzentration durchführen, um unvorhersehbaren Narkosedepressionen vorzubeugen.

Schon in der Einleitung wurde darauf hingewiesen, daß Tauchbadnarkosen steuerbar sind. So können Fische durch Eintauchen in Lösungen mit niedriger oder hoher Konzentration je nach Art der Manipulation oder Schwere des Eingriffes in oberflächliche oder tiefe Narkosestadien überführt werden. Durch Umsetzen in Frischwasser lassen sich narkotisierte Tiere jederzeit kurzfristig wieder in narkosefreie Stadien überführen.

Tab. 2: (Bonath, 1977): Narkotisierende sowie letale Tricaine-Konzentration für je eine Fischspezies mit hohem (Salmo gairdneri), mittlerem (Gobio gobio) und niederem Sauerstoffbedarf

Spezies (Anzahl der Individuen)	Wirkung des Tricaine	Konzentration des Tricaine im Narkosebad (mg/l Wasser)	Temperatur des Narkosebades (°C)	Einwirkdauer des Narkosebades (min)	Dauer des Luftaufenthaltes narkotis.Fische
Salmo gairdneri (63)	Narkose	≤ 45	bis 15	< 10	< 5
	erste Todesfälle	50	13,5	15	4
Gobio gobio (47)	Narkose	> 100 bis < 200	bis 15	8	10
	erste Todesfälle	200	14,2	8	12
Carassius carassius (59)	Narkose	100 bis 500	bis 19	10	bis 300
	erste Todesfälle	600	15,5	70	5

Wie später noch ausführlicher besprochen wird, stagnieren die Bewegungen der Kiemendeckel in Vollnarkose häufig völlig und stellen damit ein wichtiges Indiz für den klinischen Zustand des narkotisierten Tieres dar. Setzen die Kiemendeckelbewegungen bei in Frischwasser umgesetzten Tieren nicht nach 30 bis 45 Sekunden wieder ein, so werden die Kiemen vom Anästhesisten aktiv durchspült, indem der Fisch mit geöffnetem Maul seiner Längsachse entsprechend im Wasser hin und herbewegt, damit zum Abatmen des Anästhetikums und schließlich zur Spontanatmung veranlaßt wird. Frischwasser kann den Kiemen auch durch einen in die Mundspalte eingeführten Schlauch zugeführt werden (G i l b e r t und W o o d, 1957, H e a l e y, 1964, K l o n t z und S m i t h, 1968). In bedrohlichen Fällen soll Kiemenspülung mit physiologischer Kochsalzlösung in Verbindung mit Massage der Herzgegend erfolgreich sein (H e a l e y, 1964).

Narkosetechnik

Fische werden, wie auch Amphibien (B o n a t h, 1977a) fast ausschließlich über ein Bad in einer Lösung des Anästhetikums in Wasser anästhesiert. Selten werden auch Injektionsnarkosen oder Hypothermieverfahren zum Zwecke der Schmerzausschaltung eingesetzt (B o n a t h, 1977b). Für das Narkosebad verwendet man Wasser, das in Zusammensetzung und Temperatur dem Aufenthaltswasser der zu narkotisierenden Fische entspricht. Das Anästhetikum (siehe Tabelle 1) wird darin durch Umrühren gelöst bzw. verteilt. In das Narkosebad eingesetzte Fische nehmen die Narkoselösung solange über die Kiemen auf, bis ein Konzentrationsausgleich zwischen Narkosebad und Körperflüssigkeit erreicht ist. Dieses Verfahren läßt sich für die unterschiedlichsten Bedürfnisse der zu anästhesierenden Fischart oder des operativen Eingriffes durch eine Reihe improvisierter Techniken modifizieren. So können Fische im Narkosebad anästhesiert und dann zur Durchführung tierärztlicher Eingriffe außerhalb des Wassers auf Operationspodest oder feuchtem Kissen gelagert werden. S c h ä p e r c l a u s (1954) legt mit Narkoselösung getränkte Watte unter die Kiemendeckel und dosiert je nach Bedarf Frischwasser oder Anästhetikum mit einer Pipette nach. G i l b e r t (1960, 1963), G i l b e r t und D o u g l a s (1960) sowie G i l b e r t und W o o d (1957) narkotisierten in einem Netz gefangene Haie und Rochen bis zu einem Körpergewicht von 250 kg, indem sie das Anästhetikum mit Hilfe einer Pumpe über eine Sprühlanze zunächst in die Kiemenöffnungen, nach einsetzender Wirkung dann in die Mundöffnung sprühen; je nach Konzentration des zugeführten Anästhetikums werden auf diese Weise alle Narkosestadien bis hin zur Euthanasie erreicht.

Gewisse Probleme ergeben sich bei Eingriffen an narkotisierten Salmoniden. Wegen ihres hohen Grundumsatzes können sie nur kurze Zeit außerhalb des Wassers gehalten werden. So sterben mit Tricaine narkotisierte Forellen (Salmo gairdneri), wenn sie sich länger als 4 Minuten an Land befinden. Dagegen überleben Karauschen (Carassius carassius) selbst 5 Stunden dauernde Landaufenthalte ohne nennenswerte Folgen. Den atemphysiologischen Bedürfnissen der betroffenen Spezies ist also in jedem Falle Rechnung zu tragen. Salmoniden werden deshalb an Land zusätzlich mit Sauerstoff angereichertem Wasser bzw. Narkoselösung versorgt. Diese können den Kiemen nach Vorschlägen von H e a l e y (1964) wahlweise aus zwei hochhängenden Behältern über einen Zweiwegehahn und einen in die Mundöffnung eingeführten Schlauch zugeführt werden.

Körperbewegung und Sauerstoffverbrauch von Fischen werden durch Anästhetika reduziert. Für Fischereibiologen und Fischwirte ist dieser Vorgang von großer praktischer Bedeutung, weil er die Voraussetzungen für stundenlange Transporte zahlreicher Individuen in kleinsten Wassermengen schafft. So konnte M a n n (1966) feststellen, daß 10 mg Tricaine/l Wasser - eine Konzentration, die bei weitem noch keine Anästhesie erzeugt - bei Salmo gairdneri-Setzlingen (Körperlänge 15 cm) nach 20 Minuten ein Absinken des Sauerstoffverbrauches um 60 %, 5 mg/l um 20-25 % von der Norm bewirken. Schon geringe Narkosemittelkonzentrationen führen also zur Aktivitätsminderung, die mit reduziertem Sauerstoffverbrauch einhergeht. Panik und Streßzustände lassen sich auf diese Weise vermeiden, Transportschäden oder gar Todesfälle verhindern. Erfahrungen von T h o m p s o n (1959) sollen als praktisches Beispiel dienen. Danach wurden Salmoniden in einer Narkoselösung mit 25 mg Tricaine pro Liter Wasser transportiert. Die Lösung wurde in Plastikbeuteln von sauerstoffangereicherter Luft überschichtet; die Beutel wurden dann in Eis verpackt. Der Transport dauerte 5 Stunden, Todesfälle traten nicht auf. Nach M a r t i n und S c o t t (1959) kann man Salmoniden sogar völlig ohne Wasser transportieren, indem man die Tiere zuvor mit 65 mg Tricaine/l Wasser narkotisiert und dann in Eis und Moos verpackt. Hierbei mußte bei einer Transportdauer von 4 bis 4,5 Stunden allerdings eine Todesrate von 10 % in Kauf genommen werden.

Narkoseüberwachung

Die Überwachung der Narkosetiefe bei Fischen anhand der Reflexe (Abb. 1) und des klinischen Zustandes unterscheidet sich in wesentlichen Punkten von denen höherer Wirbeltiere. Während sie bei Haussäugetieren und Vögeln noch weitgehend übereinstimmt, überwiegen bei den Reptilien bereits tierklassenspezifische Reaktionen (B o n a t h, 1972a, b, 1975, 1979). Je einfacher die phylogenetische Entwicklung der Wirbeltiere ist, umso weniger entsprechen die Möglichkeiten der Reflexprüfung den herkömmlichen Prinzipien der Narkoseüberwachung, die dem Tierarzt bei den Haustieren so geläufig sind. So bleiben bei den Fischen neben den Flossenbewegungen und den Reaktionen der Atmung letzlich nur noch der Flossenreflex, der durch Kneifen in die Flossen ausgelöst wird und, dem Zehenreflex der Säugetiere vergleichbar, ein Schmerzreflex ist, dann der Umkehrreflex, der vom Gleichgewichtsorgan bestimmt wird und dessen Ausfall der Fisch mit Seiten- oder Rückenlage anzeigt und schließlich der Muskeltonus, die zur Beurteilung der Narkosetiefe geeignet sind.

Abb. 1: Schema der Narkosestadien bei Fischen.

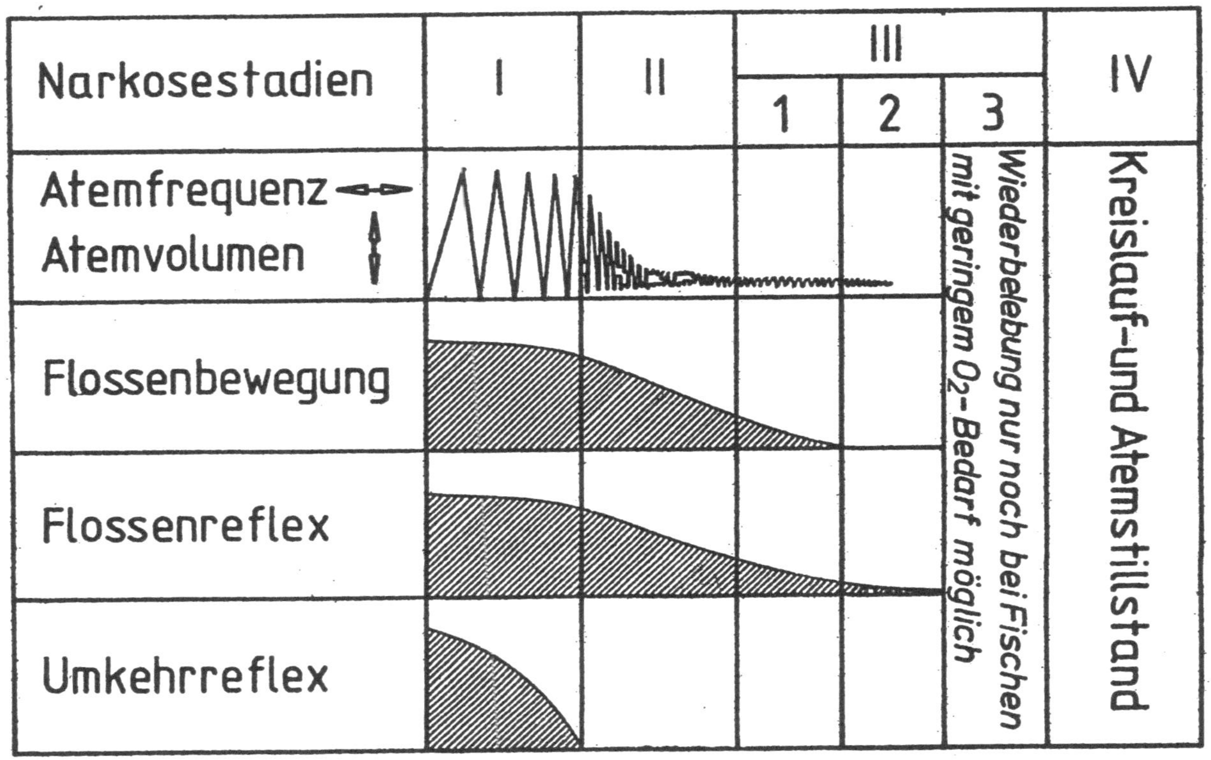

Narkosestadien (Abb. 1)

Stadium I = oberflächliche Sedierung:

Nach Einsetzen in das Narkosebad ruckartige Schwimmbewegungen. Fluchtreaktionen auf visuelle und taktile Reize sowie Klopfen gegen den Narkosebehälter werden allmählich schwächer. Kaum merklich torkelnde Schwimmbewegungen. Allmähliches Herabsinken auf den Boden. Zunahme der Atemfrequenz (Frequenz der Kiemendeckelbewegungen).

Stadium II = tiefe Sedierung:

Unkontrolliertes Torkeln, unkoordinierte Flossenbewegungen. Umkehrreflex erloschen. Flossenreflex (vorsichtiges Kneifen in die Flossen mit einer Pinzette) führt zu ruckartigen Schwimmbewegungen und Aufstehversuchen. Visuelle und taktile Reize werden nicht beantwortet. Die Atemfrequenz steigt an, die Atemtiefe (Amplitude der Kiemendeckelbewegungen) nimmt ab. Schmerzhafte Reize führen zur Atemfrequenzsteigerung.

Stadium III = Toleranzstadium:

(1.) Umkehrreflex erloschen. Undeutlich sichtbare, hochfrequente Flatteratmung. Schmerzhafte Reize bewirken kurzzeitige Zunahme der Atemtiefe jedoch kaum noch Flossenbewegung.
(2.) Atembewegungen sehr flach und kaum noch erkennbar oder völlig stagnierend. Auf schmerzhafte Reize hin wenige, deutlicher sichtbare Atemaktionen. Kiemendeckel abduziert. Flossenbewegungen völlig eingestellt (In diesem Stadium kann der Fisch über längere Zeit gehalten werden. Umsetzen in Frischwasser führt jederzeit zur Wiederbelebung).
(3.) Keinerlei Reizbeantwortung. Völliger Atemstillstand. Kiemendeckel auffallend weit gestellt. (Wiederbelebung bei Fischen mit hohem Sauerstoffbedarf nicht mehr, bei Spezies mit geringem Sauerstoffbedarf ab und zu noch möglich).

Stadium IV = irreversibles Narkosestadium:

Kreislauf- und Atemstillstand häufig durch extreme Weitstellung der Kiemendeckel angezeigt.

Während die Reaktionen des Gleichgewichtsorgans und das Verhalten der Atmung (Kiemendeckelbewegungen) zuverlässige Aussagen zur Narkosetiefe bei Fischen machen, sind alle übrigen Reaktionen und ihre zeitliche Zuordnung zu den verschiedenen Narkosestadien nicht immer eindeutig. Das gilt insbesondere für Reaktionen auf schmerzhafte Reize, die durch Kneifen in die Flossen ausgelöst werden. Sie können durchaus noch zu einer Reizbeantwortung führen, während alle übrigen Zeichen bereits für eine tiefe Anästhesie sprechen. Vermutlich handelt es sich hierbei um einen Spinalreflex, der später als der cerebrale Schmerzreflex ausfällt.

Einfluß von Wasserzusammensetzung und -temperatur auf die Narkose

Unterschiedliche Wasserzusammensetzung führt zu unterschiedlichen Narkosereaktionen. So reduziert Meerwasser die Wirkung der Barbiturate. Untersuchungen von Mc F a r l a n d (1959) belegen mit Zahlen, wie sehr sich dieser Einfluß bemerkbar macht. So benötigen Zahnkärpflinge der Gattung Fundulus für ein reflexfreies Anästhesiestadium in Süßwasser 70-87 mg Amobarbitalnatrium/l, in Meerwasser dagegen 120-170 mg. Von Mc F a r l a n d (1959) wird in diesem Zusammenhang der Kalziumgehalt des Meerwassers diskutiert. Neben der Wirkung der Barbiturate ist auch die des Tricaine in kalziumhaltigem Wasser reduziert (M a n n, 1966; Mc F a r l a n d, 1959, 1960; O n k s t et al., 1957).

Nach O n k s t et al. (1957) läßt sich der Kalziumantagonismus durch Kalzium-bindende Substanzen wie Citrat oder Dinatriumäthylen-diamintetraacetat aufheben.

Auf längeren Transporten kommt es zur Anreicherung des Aufenthaltswasser mit Stickstoff und CO_2. Schon geringe Narkosemittelkonzentrationen im Transportwasser setzen jedoch die Stoffwechselrate der Tiere derart herab, daß toxische Ammoniakansammlungen selbst bei hoher Belegdichte nicht erreicht werden. Ein Rückgang der CO_2-Abgabe läßt sich allerdings durch Narkotika nicht erreichen, so daß der pH-Wert in saure Bereiche abdriftet. Von den meisten Fischspezies wird ein pH-Wert zwischen 4,5 und 9,5 toleriert (W u h r m a n n , 1952). Zur Stabilisierung des pH kann man dem Transportwasser neutralisierende Pufferlösungen zusetzen. Empfohlen werden 1,3 g Tris-Puffer/l Wasser (= Trishydroxymethylaminomethan; Mc F a r - l a n d und N o r r i s , 1958; N e m o t o , 1957; R o d m a n , 1963) oder 1,5 g dibasisches Natriumphosphat/l ($NaH PO_4$). Beide erzeugen einen hohen Anfangs-pH-Wert, der sich mit einer Gabe von 0,7 ml Chlorwasserstoff/l reduzieren läßt.

Narkotisierte Fische sind gegenüber plötzlichen Temperaturänderungen besonders empfindlich. B e r g s t r ö m (1967) sowie C h e r k i n und C a t c h p o o l (1964) und Mc F a r l a n d und K l o n t z (1969) konnten nachweisen, daß die Toxizität von Narkotika bei Fischen mit Zunahme der Umgebungstemperatur ansteigt. So beträgt die LC_{50}+) für Propoxat bei 0°C im Narkosebad 9 mg/l, bei 16°C dagegen nur 3,3 mg/l Wasser. M e e h a n und R e v e t (1962) stellten fest, daß auch der plötzliche Wechsel von hohen zu tiefen Temperaturen die Narkosemittelempfindlichkeit von Fischen beeinflußt. Todesfälle nahmen um 20 % zu, wenn Jungfische der Spezies Oncorhynchus nerka aus einer Tricaine-Narkoselösung mit 15-16°C in eine mit 11°C umgesetzt wurden. Von nicht narkotisierten Tieren wurde der Temperaturwechsel dagegen ohne Todesfolgen vertragen.

Atmung und Kreislauf narkotisierter Fische

Mit zunehmender Narkosetiefe und anhaltender Narkosedauer werden die Kiemendeckelbewegungen immer flacher und ständig frequenter, so daß es schließlich zu einer kaum mehr erkennbaren, hochfrequenten Flatteratmung kommen kann. Synchron damit steigt auch die Pulsfrequenz an, die jedoch nur mit Hilfe eines Elektrokardiogramms ermittelt werden kann. Mc F a r l a n d (1959) hat den synchronen Verlauf von Herz- und Atemfrequenz bei narkotisierten Fischen experimentell untersucht und festgestellt, daß das Verhältnis beider bis zum mittleren Toleranzstadium mit 1,4 : 1,5 relativ konstant bleibt; C a m p b e l l und D a v i s (1963) sowie R a n d a l l (1962) bestätigen diese Beobachtungen.

Im Toleranzstadium gehen Herz- und Atemfrequenz dann wieder zurück. Wie das Schema der Narkosestadien zeigt, kann es im Stadium III/2 zum völligen Atemstillstand kommen. S h e l t o n und R a n d a l l (1962) haben diesen Zustand bei Tinca tinca mit 200 mg Tricaine/l Wasser erreicht. Nach anfänglicher Zunahme der Herzfrequenz von 30 auf 90/min, die von einem Anstieg der Atemfrequenz begleitet war, kam es dann mit der völligen Stagnation der Kiemenbewegungen zu einem Herzfrequenzabfall von 90 auf 45-55/min.

In der Aufwachphase normalisieren sich Atem- und Herzfrequenz sowie das Atemvolumen nach Umsetzen in Frischwasser dann allmählich wieder in umgekehrter Reihenfolge.

LC_{50} = Konzentration, die 50 % der Tiere tötet

Euthanasie bei Fischen

Medikamente zur schmerzlosen Tötung von Fischen können nur bei Arten mit hohem Sauerstoffbedarf eingesetzt werden. Überkonzentrationen von Anästhetika führen im Narkosebad dann schnell und sicher zum Tode der Tiere. Für Fische mit niederem Sauerstoffbedarf empfiehlt die University Federation of Animal Welfare (UFAW), London (1968) die Betäubung durch kräftigen Genickschlag mit anschließender Entblutung durch Halsschnitt. Nach S c h u l z (1976, 1978) werden Aale in einem Tuch fixiert und dann dekapitiert; auch kann man sie nach Elektroschock-Betäubung durch Halsschnitt entbluten.

Zusammenfassung:

Tauchbadnarkose bei Fischen

Die Tauchbadnarkose der Fische entspricht der Inhalationsnarkose lungenatmender Wirbeltiere und ist steuerbar. Der Sauerstoffverbrauch der Fische wird durch Narkose reduziert. Sedierte Fische können deshalb auf engstem Raum über längere Zeit transportiert, narkotisierte für tierärztliche Eingriffe an Land gehalten werden. Über Möglichkeiten der Narkoseüberwachung (Schema der Narkosestadien), den Einfluß der Narkose auf Atmung und Kreislauf sowie die Wirkung von Wasserzusammensetzung und -temperatur auf die Narkose wird berichtet.

Summary:

Immersion Anaesthesia of Fish

Immersion anaesthesia of fish is somewhat comparable to inhalation anaesthesia of vertebrates with pulmonary respiration, and it is controllable. Oxygen consumption of fish is minimised in anaesthesia. Sedated fish, therefore, can be transported in narrow space over long periods of time. Anaesthetised fish can be kept on land for veterinary treatment. Possibilities for monitoring of anaesthesia (diagram of phases of anaesthesia) are reported together with effects of anaesthesia on respiration and circulation as well as with effects of water composition and water temperature upon anaesthesia.

Résumé :

Anesthésie à immersion chez des poissons

L'anesthésie à immersion des poissons correspond à la narcose à inhalation de vertébrés à respiration pulmonaire et est réglable. La narcose réduit la consommation d'oxygène des poissons. Par conséquent, des poissons calmés peuvent être transportés pendant un bon moment et de manière serrée alors que des poissons narcotisés peuvent être gardés sur terre à des fins d'intervention vétérinaire. L'exposé évoque des possibilités de la surveillance de la narcose (schéma des stades de la narcose), l'influence de celle-ci sur la respiration et la circulation ainsi que les effets de la composition et de la température de l'eau sur l'anesthésie.

Резюме:

Водный наркоз рыб.

Водный наркоз для рыб соответствует ингаляционному наркозу легочнодышащих млекопитающих и может быть управляем. Количество кислорода , потребляемого рыбами с помощью наркоза редуцируется. Подверженные наркозу рыбы могут находится в небольшом аквариуме длительное время, что улучшает их транспорт и способствует содержанию некоторое время без воды для врачебного вмешательства. Сообщается наркозная схема, влияние наркоза на дыхание и кровообращение, а также влияние водного состава и температуры на наркоз.

Literaturverzeichnis

ALLISON, L.N. (1961): The effect of Tricaine methanesulfonate (MS-222) on the mortality of Brook trout sperm. Progve. Fish Cult., 23, 46-47.

BALL, J.N. and P.N. COWEN (1959): Urethane as a carcinogen and as an anästhetic for fishes. Nature, 184, 370.

BALL, G.R. (1964): A guide to the properties, characteristics and uses of some general anästhetics for fish. Bull. Fish. Res. Bd. Can. 148.

BERGSTRÖM, E. (1967): Propoxate as an anästhetic for salmon (Salmo salar L.). Swedish Salmon Res. Inst. Rep., 7, 1-11.

BONATH, K. (1972a): Zur Inhalationsnarkose von Hühnern, Tauben, Enten und anderen Vögeln mit Halothan und Äther und deren Wirkung auf Blutdruck, Herz-, Atemfrequenz und Körpertemperatur. Zbl. Vet. Med. A, 19, 639-660.

BONATH, K. (1979): Narkose, Überwachung und klinische Reaktionen - vergleichende Betrachtungen über Poikilotherme (Reptilien, Amphibien, Fische) und Haustiere. Kleintier-Prax. 24, 185-198.

BONATH, K. (1977): Narkose der Reptilien, Amphibien und Fische. Berlin, Hamburg: P. Parey.

BONATH, K. (1977a): Narkose der Amphibien. In Bonath, K.: Narkose der Reptilien, Amphibien und Fische. Berlin, Hamburg: P. Parey.

BONATH, K. (1977b): Narkose der Fische. In Bonath, K.: Narkose der Reptilien, Amphibien und Fische. Berlin, Hamburg: P. Parey.

BONATH, K. (1975): Zur Narkose der Reptilien. Verhandlungsber. XVII. Internat. Symp. Erkrankungen Zootiere. Tunis. 155-186.

BONATH, K. (1972b): Inhalations-, Injektions- und Lokalanästhesie der Vögel. Verhandlungsber. XIV. Internat. Symp. Erkrankungen Zootiere. Wroclaw, 57-70.

BOVE, F.J. (ohne Angabe des Erscheinungsjahres): MS-222 Sandoz. Das Anästhetikum und Sedativum für Fische, Frösche und andere Kaltblüter. Sandoz, Druck-Nr. 3350/401.

BROUSSE, J. et Y. GEORGES (1974): L'anästhésie des poissons. Thèse pour led doctorat vétérinaire, Toulouse.

BROWN, L.A. u. R.H. RICHARDS (1979): Surgical gonadectomy of fish: A technique for veterinary surgeons. Rec. 10, 104, 215.

BROWN, M.E. (1957): The Physiology of Fisches. 1. New York: Academic Press.

CAMPBELL, G.D. and D.H. DAVIES (1963): Effect of Ethyl m-aminobenzoate (MS-222) on the elasmobranch electrocardiograph. Nature, 198, 302.

CHARETON, J.Y. (1966): Action of Clomethiazole in experimental anoxia. Acta Psychiat. Scand., 192, 23-25.

CHARONNAT, R., LECHAT, P. et J. CHARETON (1958): Sur les propriétés pharmacodynamiques d'un dérivé thiazolique, 3e note: Action sur le système nerveux central. Thérapie, 13, 1-16.

CHARONNAT, R., LECHAT, P., J. CHARETON et P. VOLAT (1957): Sur les propriétés pharmacodynamiques d'un dérivé thiazolique, 2e note: Toxicité. Thérapie, 12, 954-959.

CHERKIN, A. and J.F. CATCHPOOL (1964): Temperature dependence fo anesthesia in Goldfish. Science, 144, 1460-1462.

CHIBA, K. and S. KIMURA (1966): Study on the efficacy narcotic, Propoxate, for transportation of live-fishes. Freshwat. Salm. Fish. Res., Druck-Nr. V 494, 1-18.

CUERRIER, J.P. (1952): Transfer of anästhetized adult Lake trout by means of aircraft. Can. Fish. Cult. 13, 1-4.

DOLLAR, A.M. (1963): Air transportation of living Rainbow trout. Progve. Fish Cult., 25, 167-168.

DOMER, F.R. (1971): General anästhetic doses for laboratory animals. Aus: Animal Experiments in Pharmacological Analysis, 565-573. Springfield: Ch. C. Thomas.

EHRHARDT, J.P., WISSOCQ, J.C. et P. NIAUSSAT (1970/71): Le clométhiazole, un nouvel anesthésique pour les animaux marins. C.R. Soc. Biol., Paris, 164, 1984-1988.

EISLER, R. and T. BACKIEL (1960): Narcotization of Chinook Salmon fingerlings with Tricaine methanesulfonate (MS-222). Trans. Am. Fish. Soc., 89, 164-167.

GILBERT, P.W. (1963): Lassen sich Angriffe durch Haie verhüten? Das Tier, 3, 18-22.

GILBERT, P.W. (1960): Why do sharks strike? Newsweek, 55/56, 62.

GILBERT, P.W. and S.D. DOUGLAS (1960): Electrocardiography of freeswimming sharks. Anat. Rec., 138, 351, Abstract.

GILBERT, P.W. and F.G. WOOD (1957): Method of anesthetizing large sharks and rays safely and rapidly. Science, 126, 212-213.

HACHISU, M., SHITOH, K., SEKIZAWA, Y. u. T. KOEDA (1980): Pharmacological analysis of the mechanism of action of phentiazamine, a piscine anesthetic. J. Pharm. Dyn. 3, 85-93.

HEALEY, E.G. (1964): Anästhesia of fishes. Various methods for immobilizing or anästhetizing fishes. Aus: Graham-Jones, O.: Small Animal Anästhesia, 59-70, Frankfurt: Pergamon Press,

HOWELL, J.J. and P.M. THOMAS (1964): Anesthetic effect of 4 Styrylpyridine on Lamprey and fish. Trans. Am. Fish. Soc., 93, 206-208.

HUBLOU, W.F. (1957): A method of using an anesthetic in marking fins. Progve. Fish. Cult., 19, 40-43.

JOLLY, D.W. (1972): Anästhesia of Fish. Vet. Rec. 91, 424-426.

KELLER, D.L. u. W.W. UMBREIT (1956): Chemically altered "permanent" behaviour patterns in fish and their cure by Reserpine. Science, 124, 407.

KISCH, B. (1947): A method to immobilize fish for cardiac and other experiments with procaine. Biol. Bull., 93, 208.

KLONTZ, G.W. and L.S. SMITH (1968): Methods of using fish as biological research subjects. Aus: Gay, W.I.: Methodes of Animal Experimentation, 3, 323-379 Academic Press, New York.

MANN, H. (1956): MS-222 Sandoz als Betäubungsmittel für Fische. VIII. Internat. Symp. Erkrankungen Zootiere. Leipzig. 319-324.

MARTIN, N.V. and D.C. SCOTT (1959): Use of Tricaine methanesulfonate (MS-222) in the transport of fish without water. Progve. Fish Cult., 21, 183-184.

McFARLAND, W.N. (1960): The use of anesthetics for the handling and transport of fishes. Rep. Calif. Dep. Fish. Game. 46, 407-431.

McFARLAND, W.N. (1959): A study of the effects of anesthetics on the behaviour and physiology of fishes. Science, 6, 23-55.

McFARLAND, W.N. u. G.W. KLONTZ (1969): Anesthesia in fishes. Fed. Proc., 28, 1535-1540.

McFARLAND, W.N. and K.S. NORRIS (1958): The control of pH by buffers in fish transport. Rep. Calif. Dep. Fish Game, 44, 291-310.

McFARLANE, R.W. (1971): Waiter! There's a Stitch in my fish. Vet. Rec., 89, 172-173.

MEEHAN, W.R. and L. REVET (1962): The effect of Tricaine methanesulfonate (MS-222) and/or chilled water on oxygen consumption of Sockeye salmon fry. Progve. Fish Cult., 24, 185-187.

MUENCH, B. (1958): Quinaldine, a new anesthetic for fish. Progve. Fish Cult., 20, 42-44.

NEMOTO, C.M. (1957): Experiments with methods for air transport of live fish. Progve. Fish. Cult., 19, 147-157.

OLLENSCHLÄGER, B. (1979): Tierschutzgerechte Hälterung, Transport und Töten von Fischen. Vortrag Münchner Fischereibiologisches Seminar 12.-15.3.79.

ONKST, H., JACOBY, J. and D.G. SCARPELLI (1957): Effect of calcium binding substances on rate and duration of narcosis. Proc. Soc. exp. Biol. (N.Y.), 96, 397-399.

OSBORN, P.E. (1951): Some experiments on the use of Thiouracil as an aid in holding and transporting fish. Progve. Fish. Cult., 13, 75-78.

PARKHURST, Z.E. and M.A. SMITH (1957): Various drugs as aids in spawning Rainbow trout. Fish. Cult., 19, 39.

RANDELL, D.J. (1962): Effects of an anästhetic on the heart and respirations of teleost fish. Nature 195, 506.

RAVIN, M.B. u. M.K. THAM (1974): The goldfish as an anesthesis and resuscitation teaching model. Anesthesiology, 40, 288-290.

REICHENBACH-KLINKE, H. and E. ELKAN (1965): The Principal Diseases of Lower Vertebrates. London: Academic Press.

RODMAN, D.T. (1963): Anesthetizing and air-transporting young white Sturgeons. Progve. Fish Cult., 25, 71-78.

SCHÄPERCLAUS, W. (1954): Fischkrankheiten. 3. Auflage, Berlin: Akademie-Verlag.

SCHIFFMANN, R.H. (1959): Method for repeated sampling of trout blood. Progve. Fish-Cult., 21, 151-153.

SCHMID, A. (1978): Medikamentöse Ruhigstellung von Fischen beim Transport. Du und das Tier, Archiv für Tierschutz 1, 34-37.

SCHULTZ, F.H. (1956): Transfer of enästhetized Pike and Yellow Walleys. Can. Fish. Cult., 18, 1-5.

SCHULZ, D. (1978): Zum tierschutzgerechten Betäuben und Töten von Fischen. Du und das Tier, Archiv für Tierschutz 1, 31-33.

SCHULZ, D. (1976): Tierschutzgerechtes Töten von Aalen. Aus: Tierschutzgerechtes Töten von Wirbeltieren. Archiv für tierärztliche Fortbildung. Hannover: Schlütersche Verlagsanstalt u. Druckerei.

SHELTON, G. and D.J. RANDALL (1962): The relationship between heart beat and respiration in teleost fish. Comp. Biochem. Physiol., 7, 237-250.

SMIT, G.L. and J. HATTINGH (1979): Anästhetic potency of MS-222 and neutralized MS-222 as studied in three freshwater fish spezies. Comparative Biochemistrv and Physiology 62, 2, 237.

STEINBRECHTS, K. (1957): Narkose von Fischen. Aquar.- u. Terrar.-Zschr., 10, 305-306.

TEGGE, G. (1978): Hälterung, Transport und Töten von Fischen. Du und das Tier, Archiv für Tierschutz 1, 8-9.

THOMPSON, R.B. (1959): Tricaine methanesulfonate (MS-222) in transport of Cutthroat trout. Progve. Fish. Cult., 21, 96.

THORSON, T.B. (1959): Tricaine methanesulfonate (MS-222) as an anesthetic for the sea Lamprey, petromyzon marinus. Copeia, 2, 163-165.

UFAW (1968): Methoden zur tierschutzgerechten Tötung von Tieren. London: The Universities Federation for Animal Welfare.

WALLACH, J.D. (1971): Management and medical care of Goldfish. J. Amer. vet. med. Ass. 159, 583-595.

WEBB, R.T. (1958): Distribution of Bluegill treated with Tricaine methanesulfonate (MS-222). Progve. Fish. Cult., 20, 69-72.

WESTHUES, M. und R. FRITSCH (1961): Die Narkose der Tiere. Bd. II. Allgemeinnarkose. Berlin und Hamburg: Parey.

WUHRMANN, K. (1952): Sur quelques principes de la toxicologie du poisson. Bullet. cent. belge Etud. Docum. Eaux, 15, 49-60.

Anschrift des Verfassers: Prof. Dr. Klaus B o n a t h
Chirurgische Veterinärklinik der
Justus-Liebig-Universität
Frankfurter Straße 108
BRD - 6300 Gießen

From the zoological garden Ljubljana

TREATMENT OF LARGE WOUND IN FOOT OF FEMALE ELEPHANT

By J. Kogovšek and T.J. Geršak

Only few species, most of them carniverous, so far have been in need of surgical operation in the Zoological Garden of Ljubljana. Inda, an elephant cow, two years of age, required surgical treatment, early 1981. In a competition for feed, Inda had been pushed over the barrier by an elephant older than herself and fell two metres into a ditch. Unfortunately, Inda did not fall straight down but got stuck on a piece of iron barrier which was pointed, 15 cm in length and 2.5 cm in thickness. The iron thorn was driven laterally into the left carpal part of her foot. Inda stayed hung on the pointed iron piece with her full body weight. No crane or other appropriate device was at hand to lift her up. Therefore, the decision was made to saw off the rod from the rest of the barrier. Inda dropped to the ground, and the iron went deep into her leg. The animal was quite confused but failed to exhibit signs of serious disorder. It was, clearly, impossible to remove the iron piece unless surgery was applied. The operation was performed on the elephant in standing position in an appropriate area of the zoo, on the same day.

Inda's body weight then was 1.000 kg. She was sedated by administration of 10 ml of Combelen. Local anaesthesia was applied by infiltration of 200 ml of two-per-cent procaine. The anaesthetic was introduced at points directly adjacent to the wound and into the distal part of it where the iron could be percutaneously palpated. Inda was fixed against the wall, with particular attention being given to her trunk and legs. The stab wound was more closely inspected, with the animal fixed, and proved to be not larger than the diameter of the iron rod, although Inda had been hanging on it more than 30 minutes. Yet, the wound widened greatly towards the subcutis in the volar region of the metacarpus. Many fasciae and flexors in the metacarpal area had been damaged when the animal was hanging, and sizeable bone abrasion was visible. Cords and fasciae had been torn into pieces.

An incision, 8 cm in length, was made in the volar part of the metacarpal area. The location of that surgical incision was 25 cm distal and in volar direction from the stab. The iron foreign body could be removed through that relatively long surgical incision by means of special forceps of bigger size. Some ruptured tissue was removed the same way. A rubber tube then was inserted into the wound. Both wounds were surtured, using silk No. 5. Tardomyocel L (Bayer) (20 ml) was additionally applied, before the leg was bandaged. Inda received, when the operation was over, 15.000 IU ATS (clostridium tetani) and long-acting penicillin with streptomycin, all of it being parenterally applied. Inda was kept separated from other animals, for the time being.

The treated leg was severely swollen and hardly used by Inda, three days from the operation. The rubber tube in the wound had not worked, and its withdrawal was immediately followed by discharge of about 100 ml of exudate. The bandage and some of the sutures had been torn into pieces by Inda, on the day before. The remaining sutures were loosened and turned useless for further treatment.

Inda's leg had turned phlegmonous by the sixth day from the operation. An oedema of extreme dimensions made the skin burst open six centimetres laterally in the antibrachial area. The general condition of the animal deteriorated. Inda was lying on the ground most of the day, which the authors' considered as a bad sign. Her temperature had been unchanged from the first day and stayed between 36.5 °C and 36.8 °C.

A layer of 50 per cent camphor and 50 per cent ichthyol, 0.5 cm in thickness, was applied to the elephant's leg from toes to shoulder for three consecutive days to cope with the phlegmon. Ultraviolet irradiation was started on the ninth day.

On the ninth day, the leg continued to be severely swollen, and the phlegmon was spreading to the shoulder joint. Inda's general condition was poor, with no strain out of the wound. The surgical wound was filled with demarcated tissue which had been unnoticed until then. The wound was taken care of and all accessible sequesters removed, before wound cleaning was started, using three-per-cent H_2O_2. Treatment was continued by repeated cleaning, each time accompanied by removal of newly accumulated demarcated tissue, and by cycles of ten-minute ultraviolet irradiation. Between three and four weeks had passed from the accident, before some granulated tissue was noticed on the edge of the original stab wound and, adjacent to it, a stripe of epithelium, 1mm in width. It was noticed at the same time that Inda began carefully trying to step on her injured leg. The swelling began to recede.

The amount of sequester did not change by the end of the fifth week. The skin rupture which had developed at the beginning from the extremely large oedema and on account of the inelasticity of elephant skin was smaller after the fourth week.

H_2O_2 wound cleaning and ultraviolet irradiation were continued daily, between the tenth and 32nd days from the accident.

The original stab wound was somehow completely healed two months after the accident, while another one and a half month was required before the surgical wound was healed. Last wound treatment was applied on the 32nd day. Inda was able to squash a large beet-root. Yet, she was still hobbling. Antibiotic treatment was discontinued the same day. Even ten months after the accident, the injured leg continued to be thicker than the other three, and an attentive visitor would still notice slight hobbling.

The following facts seem to deserve closer attention: Intramuscular injections injured the skin of the elephant to an extent which resulted in per-secundam healing of the wounds thus inflicted. Three phases were typical of each of these wounds, demarcation, granulation, and epithelisation. Healing of such sites took one full month. Medical treatment of this elephant was started without any previous experience. The authors had tried to obtain prior information and advice from other zoological gardens, including Zagreb and Munich but were told that the majority of comparable therapeutic attempts had been unsuccessful. Failure had been reported also in a number of publications.

Summary:

Treatment of Large Wound in Foot of Female Elephant

A female elephant, aged two years and weighing 1,000 kg, got accidentally stuck with her foot on a pointed iron rod and hung on it 30 minutes. The iron penetrated the leg in great depth and was surgically removed in local anaesthesia. Wound healing was complicated by phlegmon and took more than two months. Camphor, ichthyol, ultraviolet irradiation, and sequester clearing were used to cope with the three wound phases: demarcation, granulation, and epithelisation.

Zusammenfassung:

Behandlung einer großen Wunde bei Elefantenkuh

Eine zwei Jahre alte Elefantenkuh mit einem Körpergewicht von 1.000 kg hing nach einem Unfall 30 Minuten lang an einem spitzen Eisengitterdorn. Der tief in den Fuß eingedrungene Fremdkörper wurde in Lokalanästhesie chirurgisch entfernt. Die durch Phlegmone komplizierte Wundheilung dauerte über zwei Monate. Die drei Wundphasen, Abgrenzung, Granulierung, und Epitheldeckung wurden 32 Tage lang kontinuierlich behandelt. Kampfer- und Ichthyolbeschichtung, UV-Bestrahlung und Sequesterbeseitigung waren die Hauptmaßnahmen.

Résumé :

Traitement d'une grande plaie chez un éléphant femelle

Après avoir eu un accident, une éléphante de deux ans avec un poids corporel de 1.000 kilos était suspendue 30 minutes durant à une pointe d'une grille de fer. Le corps étranger qui était pénétré dans le pied en profondeur a été éliminé par intervention chirurgicale avec anesthésie locale. La guérison de la plaie compliquée par un phlegmon a duré plus de deux mois. Les trois phases de la lésion : délimitation, granulation et épithéliation ont été exposées à un traitement continu de 32 jours. Les mesures principales prises en l'occurrence ont été : application d'une couche de camphre et d'ichtyole, utilisation de rayons ultraviolets et élimination du séquestre.

Резюме:

Лечение большой раны слонихи.

Двухлетняя слониха ,весом в I 000 кг. наступила на металический шип, и находилась в этом состоянии 30 минут. Глубоко вонзившееся в ступню чужеродное тело было после локальной анестезии удалено хирургическим путем.При этом возникла флегмона. Рана заживала в течение двух месяцев. Лечение трех фаз раны: локализация, грануляция и покрытие эпителем контролировалось 32 дня. В основном применялась камфорная и ихтиоловая мазь , ультовиолетовое прогревание и удалялся гной

Address of authors: Dr. Joze K o g o v š e k
BF - VTOZD VETERINA
C. v. Mestni log 1
61ooo Ljubljana
(SFR Jugoslawien)

Aus dem Tierpark Berlin (Direktor: Prof. Dr. sc. Dr. h. c. H. D a t h e)

PODODERMATITIS PURULENTA BEIM PANZERNASHORN (RHINOCEROS UNICORNIS) - EIN FALLBERICHT

Von G. S t r a u ß und B. S e i d e l

Dickhäuter gehören in fast jedem Zoo zu den Publikumslieblingen und werden auf Grund ihrer Körpermasse und ihrer eigentümlichen Erscheinung oft stundenlang bestaunt. Unter den verschiedenen Nashornarten sind es besonders die Panzernashörner, die in ihrer Morphologie an die Tierwelt vergangener Zeiten erinnern. Leider ist die Zahl rezenter Vertreter dieser Art nicht sehr groß, und die Tiere zählen zu den Kostbarkeiten eines jeden Zoos. Dem 'Red Data Book' ist zu entnehmen, daß der Wildbestand im Jahre 1963 auf 625 Exemplare zurückgegangen war und im Jahre 1966 insgesamt 17,17 Exemplare in verschiedenen Zoos der Welt lebten. Erfreulicherweise ist nach heutigem Kenntnisstand die Zahl der Panzernashörner wieder im Steigen begriffen, und die Anzahl der im Zoo geborenen Jungtiere nimmt ebenfalls zu. J o n e s (1979) erwähnt bereits 1200 Panzernashörner in freier Wildbahn.

Mitteilungen über die Erkrankungen dieser Tierform gibt es im Vergleich zu anderen (z. B. Elefanten) wenige, von denen sich nur einige mit der Erkrankung der Haut beschäftigen (L a n g , 1976; J o h n e s , 1979; S i l b e r m a n und F u l t o n , 1979), sich jedoch dabei nur in sehr beschränktem Umfang auch der Extremitätenhaut und ihrer Anhänge widmen. Im Vordergrund stehen dabei in den wenigen bekannten Fällen Neubildungen an den Fußspitzen (B o e v e r , 1974 und 1976).

In der von J a r o f k e und K l ö s (1979) zusammengestellten Zuchtbuchauswertung scheint eine Pododermatitis bisher nicht zu tödlichen Erkrankungen eines Nashorns im Zoo geführt zu haben. Die Extremitätengesundheit ist dennoch für das Wohlbefinden gerade dieser schwergewichtigen Tiere von besonderem Interesse.

F o w l e r (1978) gibt an, daß neben der Kontrolle des Parasitenstatus, einer adäquaten Ernährung und günstiger Eingewöhnungsverhältnisse gerade dem Untergrund des Geheges große Bedeutung zukommt, der besonders weich sein muß, um die Füße der Tiere zu schonen. Diese Auffassung wird von J o n e s (1979) unterstützt und erweitert. Der Autor weist darauf hin, daß Fremdkörper wie Glas, Metall und scharfe Steine sehr leicht in die Sohle eindringen können und schwerwiegende Fissuren hinterlassen. Eine weitere Gefahr droht den Füßen der Nashörner durch einen anhaltend feuchten und verunreinigten Untergrund, denn auch auf diese Weise sollen Fissuren entstehen können, die dann sekundär besiedelt werden und sich als sehr therapieresistent erweisen. Nach H i t c h i n s und K e e p (1970) sind es vor allen Dingen hämolysierende und nicht hämolysierende Streptokokken und Staphylokokken, die eine besondere Rolle bei den Hauterkrankungen der Nashörner spielen. S i l b e r m a n und F u l t o n (1979) nennen noch Pseudomonas und Proteus sowie verschiedene Pilzarten als spezifische Keime der Hautkrankheiten.

Helfend soll eine Säuberung und Eröffnung der Wunden wirken, um einen Luftzutritt zu gewährleisten; an Medikamenten empfiehlt sich ein austrocknender, antiseptischer Puder.

Nach M c C u l l o c h und A r c h a d (1969) ist ein Therapieerfolg vom Auswaschen der Hautveränderungen mit einer Salzlösung abhängig. An weiteren Medikamenten werden verschiedene Antibiotika, Sulfonamide, Betamethason, Calziumglukonat und

Magnesiumsulfat genannt. Von Y o u n g (1966) stammt eine spezifische Rezeptur, bestehend aus 10 % Jodoform, 10 % Sulfanilamid, 50 % Benzolhexachlorid, 10 % Zinkoxid und 20 % "Stockholmer Teer", die bei Hauterkrankungen gute Dienste leisten soll.

Fallbeschreibung

Die Panzernashörner werden bei uns in einem beheizbaren mit Holzbohlen ausgelegten Stall (30 m^2 pro Tier) gehalten, es steht ihnen ein unbefestigter Auslauf von ca. 1500 m^2 bei günstiger Witterung zur Verfügung.
Der 1968 im Zoo von Mysore geborene Panzernashornbulle "Mysore I" wurde erstmals im März 1980 wegen einer umspringenden mittelgradigen Stützbeinlahmheit beider Hinterextremitäten vorgestellt. Da es sich bei dem Nashornbullen um ein relativ zutrauliches Tier handelt, konnte am folgenden Morgen eine genauere Untersuchung des Sohlenhorns ohne Immobilisation vorgenommen werden. Das Tier wurde morgens liegend angetroffen und konnte durch Bürstenmassage der Unterbauchregion dazu veranlaßt werden, sich unter deutlichen Lautäußerungen des Wohlbehagens so auf die Seite zu legen, daß alle vier Sohlenflächen sichtbar wurden. An beiden Hinterextremitäten konnten Hornhautulzerationen zwischen plantarer Mittelzehe (Phalanx III) und Sohlenfläche erkannt werden, in deren Mitte sich ein ca. 6 cm breiter und ca. 3,5 cm tief zu sondierender Fistelkanal feststellen ließ, aus dem sich auf Druck eine dickflüssige, gelblich gefärbte und übelriechende Flüssigkeit entleerte. Dazu fiel auf, daß insbesondere der Nagel der Mittelzehe eine übermäßige Länge erreicht hatte (vgl. Abb. 2). Bei der Beurteilung im Stand auf ebenem, festem Untergrund war deutlich zu erkennen, daß die Zehenspitzen sich bei voller Belastung der Extremität leicht von der Unterlage abhoben, wie es vergleichbar bei "Stallklauen" der Rinder im ersten Stadium oder bei überlangen Hufen der Pferde zu beobachten ist.

Die Behandlung der Erosionen erfolgte über einen Zeitraum von insgesamt 92 Tagen ohne Anwendung von Immobilisantien oder Tranquilizern und bestand aus einer Kombination von Wundbegradigung und antiseptischer Medikation. Wir entschlossen uns zu dieser lang andauernden Therapiemaßnahme, da es uns nicht wahrscheinlich erschien, beide Wunden mit wenigen Immobilisationen sicher zur Heilung zu bringen. Aus diesem Grunde wurde allmorgentlich versucht, am selbständig abgelegten und durch Bürstenmassage beruhigten Tier den Wundkanal schrittweise zu begradigen und zu erweitern und anschließend eine Wundspülung mittels Solupront[R] (VEB Jenapharm Serumwerk Bernburg) durchgeführt, abschließend wurde in den ersten 14 Tagen Nebacetin-Puder[R] (Fa. Byk Gulden Konstanz) und während der gesamten folgenden Periode Jodoform-Puder[R] (VEB Leipziger Arzneimittelwerk) in den Wundbereich verbracht.
Die am ersten Tage der Behandlung entnommene Probe führte zum Nachweis von Streptokokken; dem Resistogramm war eine Empfindlichkeit unter anderem auch gegenüber Neomyzin zu entnehmen [1]. Die von uns eingeleitete Therapie konnte somit als abgesichert eingestuft werden. Die Anwendung von Solupront[R] ergab sich auf Grund der antiseptischen, osmotisch wirksamen als auch granulationsfördernden Komponenten, was gleichermaßen für den Jodoform-Puder[R] zutreffend ist. Nach eigenen Erfahrungen ist diese aus der Dentalmedizin stammende Substanz für die Behandlung von Hautwunden bei Elefanten und Nashörnern ausgezeichnet wirksam und empfehlenswert.

Entscheidend für den Heilungsverlauf war allerdings das ständige Kürzen aller drei Zehennägel an beiden Hinterextremitäten, die ein über das Niveau der normalen Länge herausragendes Ausmaß erreicht hatten. In mehreren Sitzungen (wöchentlich einmal) wurde die Mittelzehe um ca. zwei cm mittels Raspel gekürzt, so daß eine physiologische Ballenfußung wiederhergestellt werden konnte.

[1] Herrn Dr. H.-D. S c h r ö d e r , Forschungsstelle für Wirbeltierforschung (im Tierpark Berlin) sei auch an dieser Stelle gedankt.

Für die Zeit der Behandlung wurde Stallaufenthalt angeordnet, der wöchentlich unterbrochen wurde, um das Tier bei guten Witterungsbedingungen im Freigehege mittels Wasserstrahl gründlich zu reinigen. Diese Maßnahme erschien uns für die Gesunderhaltung der Körperoberfläche wichtig, um Fissuren durch Austrocknung zu verhindern.

Nach Abschluß des o. g. Zeitraumes war der Fistelkanal ausgranuliert und auf 3 x 0,5 cm Größe retrahiert. Die Behandlung wurde in diesem Stadium beendet; bei einer Kontrolle ca. drei Monate später war der entsprechende Bereich völlig vernarbt.

Diskussion

Die Ätiologie der von uns beschriebenen Erkrankung kann noch nicht vollständig geklärt werden. Wir sehen eine den Extremitäten der Nashörner spezifische Entwicklung darin, daß es bei übermäßigem Wachstum des Zehenhorns oder ungenügendem Abrieb der wachsenden Partien zur Entstehung eines locus minoris resistentiae am Übergang vom Zehen- zum Sohlenhorn kommen kann. Durch das Wachstum der Zehen kommt es zur Verkleinerung des Winkels zwischen den Achsen von Zehe und Sohle (vgl. Abb. 1). Durch den daraus resultierenden ständigen Dehnungsreiz ist eine Zerrung der Lederhautabschnitte und der darüberliegenden Sohle an der erwähnten Stelle denkbar. Aus anfänglichen Mikroläsionen entstehen durch den Dauerreiz größere geschädigte Abschnitte, die der bakteriellen Besiedlung keine natürliche Schranke mehr bieten können. Die ständige Auseinandersetzung des Organismus führt zur Hyper-(Para-)keratose der Hornhautabschnitte, die sich in dem beschriebenem klinischen Bild manifestieren. J o n e s (1979) sieht einen feuchten Untergrund als prädisponierenden Faktor neben anderen direkt traumatisierenden Ursachen für die Fissurbildung und anschließende bakterielle Besiedlung an. Wir sind in unserem Falle jedoch der Meinung, daß es auch bei überlangen Zehen zur Entstehung von Fissuren kommen kann. Dabei ist zu bedenken, daß gerade in feuchten ungepflegten Ausläufen es nicht zu einer adäquaten Abnutzung des nachwachsenden Zehenhorns kommt und eine Überlänge der Zehen dadurch provoziert werden kann.

Die bei der bakteriologischen Untersuchung gefundenen Streptokokken decken sich mit Angaben aus der Literatur. Hingewiesen sei auf die mögliche Gefährlichkeit dieser Erkrankung. Der Abb. 1 ist zu entnehmen, daß gerade in diesem Bereich eine nur dünne Sohlenhornschicht das sehr nahe liegende Gelenk schützt. Bei möglicher Ausbreitung des Prozesses in die Tiefe des Gewebes ist ein Einbruch der Mikroorganismen in die Gelenkkapsel mit all den bekannten komplizierenden Faktoren denkbar.

Aus dem beschriebenen Fall läßt sich ableiten, daß es bei mangelnder Abnutzung des Zehenhorns zu einem spezifisch traumatischen Sohlengeschwür kommen kann, woraus sich die Notwendigkeit der Pflege der unteren Extremitätenabschnitte auch bei Nashörnern ableiten ließe.

Zusammenfassung:

Pododermatitis purulenta beim Panzernashorn (Rhinoceros unicornis) - ein Fallbericht

Es wird eine arttypische Entzündung der Sohlenlederhaut mit bakterieller Besiedlung bei einem Panzernashorn (Rhinoceros unicornis) beschrieben, die auf eine ungenügende Abnutzung des Zehenhorns zurückgeführt wird. Heilung konnte durch Wundumschneidung, Puderbehandlung und Wiederherstellung physiologischer Fußungsverhältnisse erreicht werden.

Summary:

Purulent Pododermatitis in Great Indian Rhinoceros (Rhinoceros unicornis) - Case Report

A case report is presented on successful conservative treatment of superinfected pododermatitis which had been caused by insufficient wearing of the digits horn. Healing was achieved by circumcision of the wound, powder treatment, and restoration of proper physiological foot conditions.

Résumé :

Pododermatitis purulenta chez le rhinocéros unicorne des Indes (Rhinoceros unicornis) - exposé d'un cas

L'exposé fait état d'une inflammation typique pour l'espèce de la peau de cuir de la plante du pied chez un rhinocéros unicorne des Indes où la plante est couverte d'une population bactérienne découlant de l'usure insuffisante de l'ongle du doigt. Il était possible de guérir l'animal en excisant la lésion, en applicant du talc et en rétablissant l'état physiologique du pied.

Резюме:

Pododermitis purulenta у панцерного носорога (Rhinoceros unicornis)

Описывается не типичное восполение кожи подошвы с бактериальным заселением у панцерного однорогого носорога. Заболевание обьясняется недостаточным изнашиванием рогового покрова пальцев. Выздаравливание было достигнуто обрезом рогового покрова вокруг раны, присыпкой пудрой и восстановлением физиологической позиции и функции ноги.

Literaturverzeichnis:

BOEVER, W. J. (1974): Interdigital Papilloma in a Black Rhinoceros. J. Am. Vet. Med. Ass., 165, 823.

BOEVER, W. J. (1976): Interdigital corns in a black rhinoceros. Vet. Med. Small Anim. Clin., 71, 827 - 830.

FOWLER, M. E. (1978): Zoo and Wild Animal Medicine. Philadelphia/London/Toronto, Saunders

GRASSÉ, P. P. (1955): Traité de Zoologie, Tome XVII, Fascicule I, Paris, Masson et Cie.

HITCHINS, P. M. und M. E. KEEP (1970): Observations on skin lesions of the black rhinoceros (Diceros bicornis Linn.) in the Hluhluwe game reserve Zululand. Lammergeyer, 12, 56 - 65.

International Union for Conservation of Nature and Natural Resources / Survival Service Commission (1966): Red Data Book. Vol. I - Mammalia, Morges (Suisse)

JAROFKE, D. und H.-G. KLÖS (1979): Erkrankungen bei in Gefangenschaft gehaltenen afrikanischen Nashörnern (Zuchtbuchauswertung). Verhandlungsber. XXI. Intern. Symp. Erkrankungen Zootiere, Mulhouse, 287 - 289.

JONES, D. M. (1979): The husbandry and veterinary care of rhinoceroses. Int. Zoo Yearb., London, 19, 239 - 252.

LANG, E. M. (1976): in Klös, H.-G. und Lang, E. M. Zootierkrankheiten, Berlin/Hamburg, Paul Parey.

McCULLOCH, B. und P. L. ARCHARD (1969): Mortalities associated with capture, translocation, trade and exhibition of black rhinoceroses. Int. Zoo Yearb., 9, 184.- 191.

SILBERMAN, M. S. und R. B. FULTON (1979): Medical Problems of Captive and Wild Rhinoceros - A Review of Literature and Personal Experiences. J. Zoo Nimal Medicine, 10, 6 - 16.

YOUNG, E. (1966): Treatment of Cutaneous Granulomata in the Black Rhinoceros (Diceros bicornis). Int. Zoo Yearb., London, 6, 276 - 277.

Anschrift der Verfasser: Dipl. Vet.-Med. G. Strauß
Am Tierpark 125
1136 Berlin (DDR)

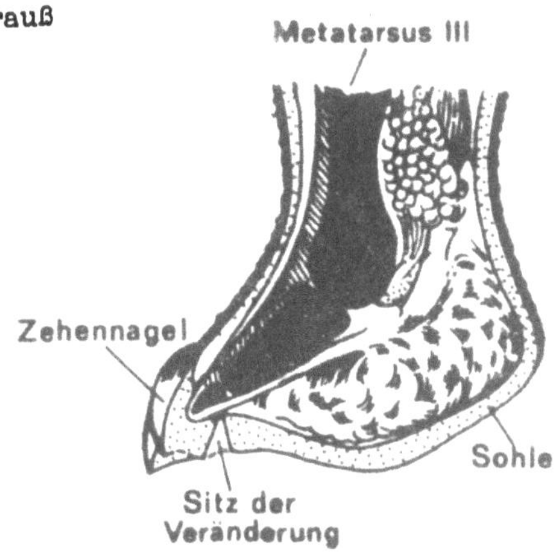

Abb. 1: Medianschnitt durch den Fuß eines Nashorns mit eingezeichneter Wundspalte; Anatomie aus G r a s s é (1955)

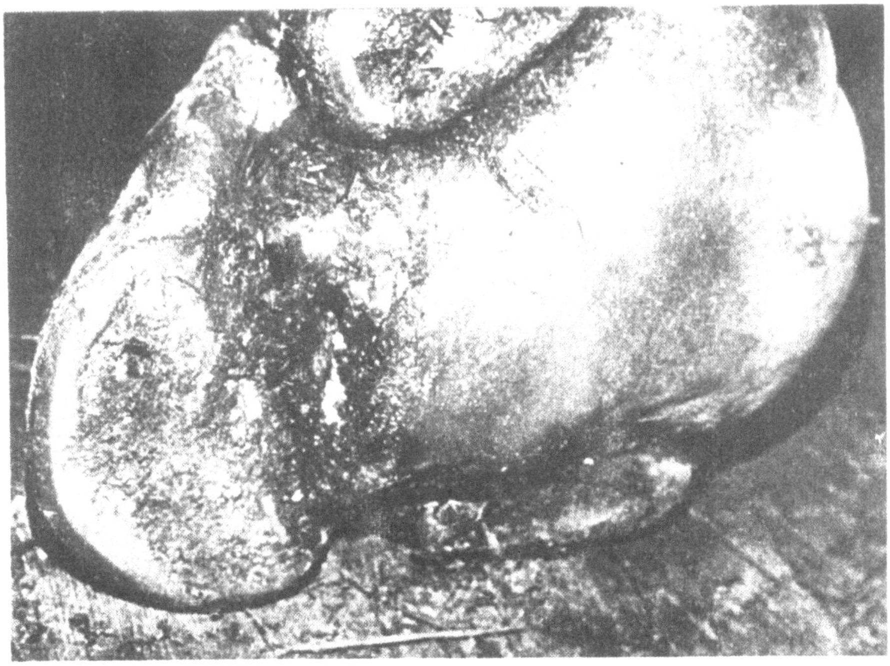

Abb. 2: **Ausmaß** der Veränderungen an der Sohlenfläche des Panzernashorns vor der Behandlung

Aus der Poliklinik für kleine Haus- und Heimtiere, Ambulanz für Exoten, Wild- und Zirkustiere (Leiter: VR Dr. habil. A. K u n t z e) Berlin.

ZUR KASTRATIONSTECHNIK BEI URSIDEN UND KRYTORCHIDEN TRAMPELTIEREN (CAMELUS BACTRIANUS)

Von A. K u n t z e

Der Umgang mit den zur Zirkusarbeit eingesetzten Wild- und exotischen Haustieren wird durch die Entfernung der Hoden (Kastration, Orchidektomie) wesentlich erleichtert. Im allgemeinen erfolgt der Eingriff bei gerade geschlechtsreifen Tieren. Präpubertäre Orchidektomien begünstigen Riesenwachstum. Unerläßlich ist der Eingriff bei den Bärenartigen, deren Arbeitsprogramm engsten körperlichen Kontakt zum Dompteur erfordert. Die Kastration des Bären gehört daher zu jenen Eingriffen, die vom betreuenden Tierarzt regelmäßig im Spätherbst d.h. bei knapp zweijährigen Tieren durchzuführen sind. Schon 1866 kastrierte R e y einen "russischen Schwarzbären". In unserem Jahrhundert berichten A n t o n i n i (1907), H u p k a (1926), L i n d n e r (1930), J a c q u i n (1960) und K u n t z e (1968) über Kastrationen verschiedenster Bärenspezies. Präzise Darstellungen des Operationsverganges fehlen, so daß vermutet werden muß, daß die Orchidektomien wahrscheinlich durch die Eröffnung des Scrotums erfolgten. Angeregt durch die ausführliche Beschreibung der Vasektomie beim Braunbären (W i s s d o r f et al. 1981) scheint es angebracht, die seit rund 20 Jahren praktizierte Operationstechnik zu beschreiben.

1. In Allgemeinnarkose (K u n t z e , 1980) wird der Bär in Rückenlage so fixiert, daß die Hinterextremitäten entweder maximal nach vorn ausgebunden oder breit seitlich weggespreizt werden können. Die Regiones pubica et inguinales werden in ganzer Breite einschließlich des Scrotums bis in Höhe des Ostium praeputiale geschoren und desinfiziert (Entfettung mit Optal, Jodtinkturanstrich). Dank kräftiger Pigmentation hebt sich das Scrotum (unabhängig von der Größe und Lokalisation der Testes) gut von der Umgebung ab. Je nach Größe, Alter und Art des Castrandus wird die Haut stets mehrere Zentimeter cranial des Scrotums etwa in der Medianlinie d.h. der verlängert gedachten Raphe scroti eröffnet. Hierzu wird zunächst der linke Hoden mit der rechten Hand soweit wie nur irgend möglich nach craniomedial vorgeschoben, so daß er als Schnittunterlage dienen kann. Verletzungen anderer Gewebe (Penis oder Präputium) sind damit ausgeschlossen. Die Tunica vaginalis communis wird nicht eröffnet. Der so bedeckt bleibende Hoden wird stumpf aus dem oft dicken Fettgewebe herausgedrückt und dann soweit vorgelagert, daß eine durch Kreuzstich fixierte Ligatur (Catgut Nr. 6 - 10, je nach Größe, Alter und Gewicht des Bären) mindestens 15 cm proximal des Hodens fest angezogen werden kann. Etwa 2 cm unterhalb der Ligatur wird der Hoden mit dem Emaskulator abgesetzt. Schließlich wird der rechte Hoden mit der linken Hand in die Operationswunde gedrückt und in der eben beschriebenen Weise entfernt. Die Wunden bleiben offen. Früher wurden sie mit wässriger Penicillinlösung, heute meist mit Becarmalpuder oder Ursophenikolsalbe (VEB Serumwerk Bernburg) abgedeckt.

2. Kryptorchidenoperation beim Trampeltier.
In den letzten Jahren wurden wiederholt männliche Kamele untersucht, die entweder als Kastraten oder vollwertige Hengste (d.h. mit beiden Testes im Scrotum) erworben werden sollten oder wurden. Die Scheinkastraten hatten zwei Narben in der Regio scrotalis, so daß der Käufer irreführend getäuscht wurde. Der Verkauf erfolgte während des Spätsommers, d.h. außerhalb der Kamelbrunstzeit, so daß der Käufer erst im folgenden Jahr auf den Betrug aufmerksam wurde. Nachdem früher mehrere Tiere erfolgreich gewandelt werden konnten, verblieb ein inzwischen ausgezeichnet eingearbeiteter "Wallach" (A) beim neuen Besitzer. Die ständig zunehmende Aggressivität des Tieres sowie die im Vergleich zu vollwertigen Hengsten längere Belästigung (Kollern, Harnpeitschen etc.) machten die Entfernung des kryptorchen Testikels unerläßlich.

Erst bei der beabsichtigten Kastration eines rund 2,5 Jahre alten Junghengstes (B), der ein Jahr vorher von seinem Züchter abgegeben worden war, wurde das Fehlen des rechten Hodens festgestellt. Der linke Hoden befand sich in situ.

Während beim ersten Patienten präoperativ in der rechten Regio inguinalis ein doppeltgänseeigroßes prallelastisches hodenähnliches Gebilde palpiert werden konnte, ließ sich bei B die Position des rechten Hodens weder durch inguinale noch rektale Untersuchung bestimmen.

Beide Patienten wurden in Combelen (je 12 ml i.m.) -Chloralhydratnarkose (je 50,0 10 % ig i.v.) mit dem Berliner Wurfzeug auf die rechte Seite gelegt. Kryptorche Pferde werden grundsätzlich so gelagert, daß die zu operierende Seite oben liegt (B e r g e - W e s t h u e s , 1961; D i e t z et al. 1977). Um der Regurgitation oder Aspiration von Vormageninhalt zu begegnen, wurde bewußt auf die für den Eingriff sehr viel günstigere Linkslagerung verzichtet. Der theoretisch ebenfalls günstigen Rückenlagerung, wie sie von den gleichen Autoren beim kryptorchen Schafbock empfohlen wird, standen in Form der prallen Höcker unüberwindliche anatomische Hindernisse entgegen. So mußte der Eingriff am halbschräg liegenden Patienten durchgeführt werden, wobei zur Erleichterung des Zugangs die linke Hinterextremität nach vorn ausgebunden wurde. Als hinderlich erwies sich das wie ein schlaffes Segel herabhängende Präputium, das nach der üblichen Operationsvorbereitung mit Tuchklemmen paramedian an die Bauchwand adaptiert wurde. Der ca. 10 - 12 cm lange Schnitt erfolgte bei A direkt über dem deutlich palpablen Hoden, beim zweiten Patienten dagegen parallel zur medialen Oberschenkelmuskulatur in Höhe des Leistenkanals. Hier konnte nach stumpfem Vorgehen in etwa 8 cm Tiefe die Spitze des angedeuteten Proc. vaginalis palpiert werden. Nach seiner Eröffnung konnte der nur knapp hühnereigroße, pappige Hoden hervorgezogen, ligiert und abgesetzt werden. Zum Unterschied von A gelang es nicht, bedeckt zu kastrieren. Der etwa 6 cm weite äußere Leistenring wurde mit 4 Catguthefte (Nr. 8) gerafft. Die Hautwunden wurden nach lokaler Antibiose (Ursophenikolsalbe / VEB Serumwerk Bernburg = Chloramphenikol) mit Einzelheften adaptiert. Im Abstand von 3 Tagen erhielten beide Kamelwallache zweimal je 5 Millionen I.E. Sulfastrepdipen i.m..Wundkomplikationen wurden nicht beobachtet und die Hefte eine Woche p.op. entfernt.

Diskussion:

Zum Zeitpunkt der Operation waren die kastrierten Bären mindestens 21 Monate alt und damit den Untersuchungsergebnissen von D i t t r i c h und K r o n b e r g e r (1963) zufolge geschlechtsreif. Alle Orchidektomien an Bären wurden - der Zirkustourneepause entsprechend - während der Wintermonate (November - Februar) durchgeführt. Die von W i s s d o r f et al. (1981) angeführten Kriterien konnten bei fertilen Tieren nicht beobachtet werden. Dagegen wird, wie schon früher erwähnt (K u n t z e , 1968), die Kastration nachweislich infertiler Bären (d.h. unter 20 Lebensmonaten) abgelehnt. Die präskrotale Schnittführung hat beim Bären offensichtlich mehrere Vorteile:

1. Es genügt eine einzige Schnittwunde.
2. Auch "tiefliegende" Testes können jederzeit entwickelt werden.
3. Der Schnitt liegt vor der Sitzfläche. Entzündliche Schwellungen, Ödeme oder andere Wundkomplikationen wurden nicht beobachtet. In allen Fällen erfolgte per primam Heilung.

Das Kastrationsverfahren basiert im Prinzip auf der von D i e t z und D o r n (1956 empfohlenen Operationstechnik beim geschlechtsreifen Eber. Die von ihnen erkannten Vorteile bei der Wundheilung können für den Bären voll bestätigt werden.

Demgegenüber ist die Kastration rechtsseitiger Kamelkryptorchiden außerordentlich mühevoll und für darin Ungeübte nicht zu empfehlen. Gut entwickelte Höcker verhindern hier operationsgünstige oder wenigstens erträgliche Lagerungen des Patienten. Der Zugang zum untenliegenden Operationsgebiet wird durch das großlappige Präputium und seine lockeren Anheftungen zusätzlich erschwert. Da iatrogene Keimeinschleppungen in das unübersichtliche Operationsgebiet nicht ausgeschlossen werden konnten, wurden hier zweimalige Depotantibiotikagaben für indiziert gehalten.

Zusammenfassung:

Zur Kastrationstechnik bei Ursiden und kryptorchiden Trampeltieren (Camelus bactrianus)

Die Kastration des geschlechtsreifen Bären erfolgt durch einen einzigen Schnitt, der deutlich craniomedial des Scrotums etwa 6 cm vor dem Ende der Raphe scroti liegt. Die rechtsseitige Kryptorchidenoperation (ein inguinaler, ein unvollständig abdominaler Kryptorchid) bei zwei erwachsenen Trampeltieren (Camelus bactrianus), die am schräg rechts liegenden Kamel vorgenommen wurde, wird beschrieben.

Summary:

Technique for Castration of Bears and Surgical Approach to Cryptorchidism of Two-Humped Camel (Camelus bactrianus)

Sexually mature bears are castrated by one single incision, clearly craniomedian from the scrotum and about 6 cm from the end of the raphe of the scrotum. A surgical approach to cryptorchidism of two adult two-humped camels (Camelus bactrianus) is also described. The animals were in dextrolateral lying position. One case was inguinal cryptorchidism and the other incomplete abdominal.

Résumé :

A propos de la technique de castration chez des ursidés et de cryptorchidie chez le chameau à deux bosses (Camelus bactrianus)

La castration de l'ours adulte se fait en une seule coupe située de manière significative en position craniomédiale du scrotum à peu près à 6 cm avant la fin du raphé croti. L'aeteur décrit l'opération à la cryptorchidie droite (cryptorchide inguinal, partiellement abdominal) chez deux chameaux à deux bosses adultes (Camelus bactrianus) effectuée au canal latéral oblique à droite.

Резюме:

О технике кастрации медведей и крипторхизма у верблюдов.

Кастрация половозрелого медведя производится одним разрезом ораниомедиально примерно в 6 см от конца **Raphe scroti** Описана также провасторонняя операция крипторхидий у двух взрослых верблюдов. Операция производилась на лежащем на правой стороне животном.

Literaturverzeichnis:

ANTONINI (1907): Jahresbericht über die Leistungen auf dem Gebiet der Veterinär-Medizin 27, 212.

BERGE, E. und M. WESTHUES (1961): Tierärztliche Operationslehre. Berlin und Hamburg: P. Parey.

DIETZ, O. und H.-J. DORN (1956): Die Kastation des geschlechtsreifen Ebers von der Regio pubis aus. Tierärztl. Umsch. 11, 86 - 88.

DIETZ, O., SCHAETZ, F., SCHLEITER, H. und R. TEUSCHER (1977): Anästhesie und Operationen bei Groß- und Kleintieren. Leipzig: S. Hirzel.

DITTRICH, L. und H. KRONBERGER (1963): Biologisch-anatomische Untersuchungen über die Fortpflanzungsbiologie des Braunbären (Ursus arctos L.) und anderer Ursiden in Gefangenschaft. Zschr. f. Säugetier kd. 28, 129 - 155.

HUPKA, E. (1926): Ein Beitrag zur Narkose und Kastration der Raubtiere. Dtsch. Tierärztl. Wschr. 34, 887.

JACQUIN, M. (1960): Contribution àl'étude de la contention des animaux sauvages. Application àla medicine et àla chirurgie des animaux de parc zoologiques. Vet. Diss. Alfort.

KUNTZE, A. (1968): Operationen am Genitaltrakt bei Zirkus- und Zootieren. Verhandlungsber. X. Internat. Symp. Erkrankungen Zootiere, Salzburg, 105 - 110.

KUNTZE, A. (1980): Operative Eingriffe an Raubtieren (Felidae, Ursidae) unter Ambulanz-Bedingungen (1970 - 1979). Verhandlungsber. XXII. Internat Symp. Erkrankungen Zootiere, Arnheim, 223 - 231.

LINDNER, W. (1930): Kastration zweier brauner Bären. Tierärztl. Rdsch. 36, 176 - 177.

REY (1866): Castration eines Bären. I. Médicine vétérinaire, Bd. 12 ref. in Repert. Thierheilk. (1867) 28, 175.

WISSDORF, H., BRANDT, H.-P. und L. DITTRICH (1981): Vasektomie eines männlichen Braunbären (Ursus arctos). Verhandlungsber. XXIII. Internat. Symp. Erkrankungen Zootiere, Halle/Saale, 313 - 316.

Anschrift des Verfassers: VR Dr. habil A. K u n t z e
Robert-Siewert-Str. 34
1157 Berlin (DDR)

Aus dem Zoologischen Garten Magdeburg (Direktor: Dipl. Biol. W. P u s c h - m a n n) und der Poliklinik für kleine Haus- und Zootiere Magdeburg (Leiter: Dr. K. K u t s c h m a n n)

PROBLEME DER HAUTNAHT BEI EINEM CHINESISCHEN ZWERGMUNTJAK (MUNTJACUS REEVESI)

Von M. N e u m a n n und K. K u t s c h m a n n

Am 9.9.81 wurde infolge einer Geburtsstörung bei einem ca. 3 Jahre alten chinesischen Zwergmuntjak (Muntjacus reevesi) ein Kaiserschnitt erforderlich. Nach erfolgter Sedierung und Immobilisation mittels "Hellabrunner Mischung" in einer Gesamtdosis von 1,7 ml wurde die Sectio caesarea in der linken Flanke mit senkrechter Schnittführung durchgeführt. Nach Verschluß des Uterus mittels fortlaufender Naht nach SCHMIEDEN und darübergelegter Naht nach LEMBERT wurden Peritoneum und Fascia transversa durch eine fortlaufende Naht, die Bauchmuskulatur durch Einzelhefte sowie die Haut durch eine rückläufige Naht nach WOLF verschlossen. Bei der Beschaffenheit der Haut fiel auf, daß sich zwischen Kutis und Subkutis ein etwa 4 - 5 mm starkes, schwartenähnliches Gewebe befindet, daß der Haut eine außerordentliche Festigkeit und derbe Konsistenz verleiht, die schon beim Anlegen des Hautschnittes aufgefallen war. Bei der Durchführung der rückläufigen Naht nach WOLF, in die Kutis und dieses schwartenähnliche Gewebe gleichzeitig mit einbezogen wurden, gab es daher unerwartete Schwierigkeiten hinsichtlich der Wahl der chirurgischen Nadeln sowie des einzusetzenden Kraftaufwandes beim Durchstechen der Haut.

Eine erste allgemeine Kontrolle erfolgte am 11.9.81. Das Tier verhielt sich im Gehege normal, zeigte aber nur wenig Freßlust. Zehn Tage nach der Operation wurden die Hauthefte versetzt gezogen, wobei sich eine leichte Nahtdehiszenz im dorsalen Wundwinkel anzudeuten schien. Die Wundnaht wurde lokal mit Aminovet versorgt. Am 5.10., also 26 Tage nach dem Eingriff, sollten die verbliebenen Hauthefte entfernt werden. Unmittelbar nach dem Ergreifen des sich bei gutem Allgemeinbefinden zeigenden Tieres klaffte die Hautwunde ca. 10 cm in der gesamten Längenausdehnung auseinander.
Das Tier wurde daraufhin mit 1,2 ml "Hellabrunner Mischung" i.m. in Allgemeinnarkose verbracht und eine Wundauffrischung vorgenommen. Es zeigte sich, daß das Nahtgebiet mit ca. 15 cm Länge und 3 cm Breite mit den noch darin befindlichen Dederonfäden völlig nekrotisiert und deutlich demarkiert war, so daß es sich in seiner Gesamtheit leicht vom kaudalen Wundrand, an dem es noch teilweise haftete, ablösen ließ. Eine Nahtdehiszenz im eigentlichen Sinne war nicht zu erkennen. Peritoneum und Bauchwandmuskulatur waren gut verwachsen und zeigten keinerlei Anzeichen von Nekrotisierungs- oder Demarkierungsvorgängen bzw. Wundinfektion.
Nach Auffrischung der Wundränder wurde zunächst unter Verwendung von schwer resorbierbarem Catgut das Unterhautbindegewebe mittels Knopfhefte gerafft. Danach wurde gleiches Material und gleiche Nahttechnik bei dem schwartenähnlichen Gewebe zwischen Subkutis und Kutis angewandt. Erst danach wurde die Kutis ebenfalls durch Einzelknopfhefte mit Dederon vernäht. Der ventrale Wundwinkel blieb ca. 1 cm geöffnet, um dem sich bildenden Wundsekret Abfluß zu bieten. Durch diese Öffnung wurde die vernähte Wunde einmalig mit Solupront gespült. Elf Tage nach dieser Wundnaht wurden alle Hauthefte entfernt und die komplikationslos verheilte zweite Naht zeigte keinerlei Anzeichen einer erneuten Demarkation.

Diskussion:

Die Ursachen für die Besonderheit bei der Beschaffenheit der Haut des Chinesischen Zwergmuntjaks liegen vermutlich in seiner Lebensweise. Bei der genannten Spezies handelt es sich um einen Buschschlüpfer, der jederzeit zu einer schnellen Flucht durch dorniges Gestrüpp und spitze dürre Äste bereit sein muß, die erhebliche, auch tiefer gehende Stich- und Rißverletzungen setzen könnten. Dagegen bietet die durch dieses schwartenähnliche Gewebe verstärkte Haut einen ausgezeichneten Schutz. Obwohl die von uns beschriebenen Komplikationen bei der Hautnaht von Zwergmuntjaks nicht in jedem Fall auftreten müssen (J a k s z t i e n, 1960), schien uns deren Möglichkeit und Abwendbarkeit durch oben genannte Nahttechnik an dieser Stelle erwähnenswert.

Zusammenfassung:

Probleme der Hautnaht bei einem Chinesischen Zwergmuntjak (Muntjacus reevesi)

Es wird über die Besonderheiten bei der Beschaffenheit des Integumentum commune beim Chinesischen Zwergmuntjak (Muntjacus reevesi) anläßlich einer Sectio caesarea berichtet. Dabei wird auf die sich daraus ergebenden Probleme bei der Hautnaht dieser Tierart hingewiesen.

Summary:

Problems of Skin Suture in Chinese Pigmy Muntjac (Muntjacus reevesi)

Reference is made to peculiarities in the condition of the common integument of Chinese pigmy muntjac (Muntjacus reevesi), in the context of caesarean section. The case is used to deal with general problems relating to skin suturing of this species.

Résumé :

Problèmes en rapport avec la suture cutanée chez un muntjac chinois (Muntjacus reevesi)

Les auteurs décrivent les particularités de l'état de l'integumentum commune chez le muntjac chinois nain (Muntjacus reevesi) en rapport avec une césarienne en évoquant à ce sujet les problèmes qui en résultent pour la suture cutanée appliquée sur cette espèce.

Резюме:

Проблемы кожного шва у Muntjacus reevesi

Сообщается об особенностях организации Integumentum commune у Muntjacus reevesi в связи с кессаревым сечением. При этом обсуждаются проблемы кожных швов у данного вида животных.

Literaturverzeichnis:

JAKSZTIEN, K.P. (1960): Beitrag zur Verwendung des Propaphenins in der Zootierpraxis. Mh. Vet. med. 15, 578 - 581.

Anschrift der Verfasser: Dipl. vet. med. M. N e u m a n n
3034 Magdeburg
S. Allendestr. 27 (DDR)

Aus dem Wissenschaftsbereich "Kleine Haus- und Heimtiere" der Sektion Tierproduktion und Veterinärmedizin der Karl-Marx-Universität Leipzig (Leiter: VR Prof. Dr. sc. med. vet. Vera Schmidt)

OPHTHALMO-CHIRURGISCHE EINGRIFFE BEI ZOOTIEREN

Von Vera Schmidt

Ophthalmo-chirurgische Eingriffe resultieren bei den Zootieren im wesentlichen aus folgenden Indikationen:

1. Rekonstruktive Manipulationen im Gefolge traumatischer Insulte,
2. korrigierende Eingriffe im Gefolge entzündlicher Zustände,
3. Behebung erworbener oder angeborener Behinderungen des visuellen Leistungsvermögens,
4. Beseitigung kosmetisch störender Defekte am oder im Auge.

In die erste Gruppe gehören vornehmlich jene Eingriffe, die durch Verletzungen mannigfacher Ursache an den äußeren Teilen des Auges notwendig werden. Im Interesse einer weiterhin unbehinderten Funktion der Schutzeinrichtungen des Auges (Lider, tränenproduzierende und -ableitende Gewebe, Bindehaut und Nickhaut) hat die möglichst vollständige Wiederherstellung des anatomischen Ausgangszustandes, möglicherweise im Falle von Gewebesubstanzverlusten auch unter Hinzuziehung plastischer chirurgischer Maßnahmen (Blepharoplastik) als oberstes Therapieprinzip zu gelten. Der chirurgische Eingriff sollte am immobilisierten Tier vorgenommen und hinsichtlich der Operationstechnik sehr sorgfältig ausgeführt werden. Intrakutannähte mit feinem, nicht oder nur schwer resorbierbarem und gewebeindifferentem Material (empfehlenswert sind monofile Polymerisate) begünstigen die komplette Wundrandadaption, vermindern Reizerscheinungen und entheben der Notwendigkeit der Fadenentfernung und damit einer weiteren Zwangseinwirkung auf das Tier. Perforierende Hornhautwunden ohne Substanzverlust sind unter Schonung des Endothels mit nicht resorbierbarem Material zu nähen. Von Spülungen ist wegen der Gefahr der Erregerverschleppung in tiefere Teile des Augapfels möglichst abzusehen. Zudem erfährt hierdurch die wundverschließende Wirkung des fibrinreichen, überstürzt gebildeten neuen Kammerwassers eine nachteilige Beeinflussung. In der Vorderkammer anzutreffende Blutkoagula lassen sich mit Hilfe spitz zugeschnittener und vorsichtig mit Pinzette durch den Wundspalt geführter Gelatineschwämmchen ansaugen und herausziehen. Substanzverluste der Hornhaut werden, da wegen des fehlenden Spenders an eine Keratoplastik kaum zu denken ist, mit Eihäutchen oder Konjunktiva (Bindehautplastik) abgedeckt und durch Heraufnähen der Nickhaut oder temporäres Vernähen der Lider zusätzlich gesichert. Zur Synechieprophylaxe ist bei zentral gelegenen Wunden die Pupille medikamentell weit (Mydriatika) und bei peripheren eng (Miotika) zu stellen. Die konjunktivale Einlage entsprechender arzneimitteltragender Folien garantiert eine Langzeitwirkung und erspart dem Therapeuten die sonst in kleineren Abständen zu wiederholende Applikation. Das Tier ist unter allgemeinen, wenn möglich, auch und besonders am Auge unter örtlichen antibiotischen Schutz zu stellen.

Entzündliche Zustände, insbesondere der Konjunktiva, führen nicht selten zu spastischen Lidrandeinrollungen. Es entsteht ein Circulus vitiosus, indem die Lideinrollung ihrerseits entzündliche Zustände der Konjunktiva und der Hornhaut unterhält.

Die chirurgische Korrektur der fehlerhaften Lidstellung wird unumgänglich, zumal das Zootier nur selten einer intensiven konservativen lokalen Augentherapie zugänglich ist, die beim domestizierten Haustier zunächst eingeleitet werden müßte. Das Prinzip der Korrektur der Lideinrollung (Entropium) besteht in einer Raffung der Lidhaut durch Exstirpation eines in Form und Größe entsprechend gewählten Hautstückchens. Für den Wundverschluß eignet sich auch hier die Intrakutannaht mit monofilem Polymerisat-Material, das reizlos ist und nicht gezogen werden muß.
Bei Equiden und Caniden neigt die Bindehaut im Prozeß entzündlicher Veränderungen zur follikulären Hyperplasie der insbesondere an der inneren Fläche der Nickhaut gelegenen Lymphzellpakete. Durch die höckrige, rauhe Oberfläche der Nickhaut kommt es zusätzlich zu Reizerscheinungen, schließlich zu Aufrauhungen des Hornhautepithels und damit zu hornhautgefährdenden Zuständen, insbesondere, wenn bakterielle Sekundärerreger hinzutreten.
Am sedierten oder immobilisierten Tier ist nach ausreichender Oberflächenanästhesie mit hornhautwärts gerichtetem kleinem scharfen Augenlöffel die mediale Nickhautfläche zu kürrettieren, wobei darauf zu achten ist, daß die unter der Lymphplatte liegende Tränendrüse nicht beschädigt wird. Um eine nachhaltige Wirkung zu erzielen, empfiehlt es sich, nach Abtupfen des Blutes mit einem in 2 %-iger $AgNO_3$-Lsg. getränktem Wattebausch (auf Watteträger aufgedreht) die frische Wundfläche zu touchieren (Vorsicht, nicht die Hornhaut mit dem Wattebausch benetzen!) und nach einer Einwirkungszeit von ca. 1 Min. mit physiologischer Kochsalzlösung zu neutralisieren. Gelingt es, die entzündungsauslösende Ursache abzustellen, kann mit dieser Manipulation und dem anschließenden Einbringen eines antibiotischen Ophthalmikums ein befriedigender Erfolg erzielt werden.

Unter den möglichen Behinderungen des visuellen Leistungsvermögens sollen hier solche abgehandelt werden, deren chirurgische Beseitigung möglich und sinnvoll ist. Sie betreffen vornehmlich die Linse beider Augen in Gestalt von Trübungen (grauer Star) und von Verlagerungen (Luxation), letztere miunter mit einer Hornhauttrübung (Ödem) gekoppelt. Die meisten Fälle der bei Zootieren auftretenden Linsentrübungen ohne oder mit Luxation resultieren aus Stoffwechselstörungen, die in fetalen oder postnatalen Lebensabschnitten auf der Grundlage nutritiver, infektiöser, toxischer, seltener traumatischer Einflüsse wirksam werden.
Die Entscheidung, inwieweit nur die Linse und nicht auch die durch gleiche Ursache äußerst gefährdete Netz- und Aderhaut degenerativen Prozessen unterlag, fällt mitunter schwer. Demzufolge muß die Entscheidung zur chirurgischen Entfernung der Augenlinse sehr behutsam getroffen werden. Sind Netz- und Aderhautveränderungen auszuschließen (hierfür sind neben einem gut ausgebildeten Pupillenreflex sorgfältige anamnestische Erhebungen, Verhaltensbeobachtungen und wenn möglich, elektroretinografische Erhebungen von Bedeutung), sollte man möglichst frühzeitig und aus Gründen der Gewährleistung einheitlicher Refraktionsverhältnisse dann sogleich beide Augen operieren.
Dieser Eingriff ist wegen möglicher Risikomomente dem erfahrenen Ophthalmo-Chirurgen zu überlassen. Erfahrungsgemäß benötigen die Tiere nach Abklingen aller durch die Operation erzeugten entzündlichen Veränderungen bis zu 4 Wochen der Einstellung auf die neuen Refraktionsverhältnisse.
Mitunter wird die Entscheidung zu einem chirurgischen Eingriff am Auge aus kosmetischen Erwägungen getroffen. Hierzu können z. B. Hyperplasien der Augenumgebung und der Nickhaut, Nickhaut-Knorpel-Anomalien, Pigmentmangel des Nickhautrandes, grauer Star oder Strabismus gehören.
Die häufiger zu beobachtende Epiphora (pathologisches Tränenträufeln) dagegen sollte nicht als kosmetisch unerfreuliches Erscheinungsbild toleriert werden, sondern Anlaß diagnostischer Erhebungen sein, die rechtzeitig auf die Spur schwerwiegender und folgenreicher Augenerkrankungen (Entzündung der Uvea, Linsenluxation, intraokuläre Parasiten) führen können.

Zusammenfassung:

Ophthalmo-chirurgische Eingriffe bei Zootieren

Es wird ein Überblick über die wichtigsten chirurgischen Augeneingriffe bei Zootieren gegeben.

Summary:

Ophthalmosurgical intervention with Zoo Animals

An account is given of the most important surgical operations on eyes of zoo animals.

Résumé :

Des interventions ophthalmo-chirurgicales chez des animaux captifs

Il s'agit là d'un aperçu sur les interventions chirurgicales essentielles en ophthalmologie chez des animaux captifs.

Резюме:

Глазные хирургические операции у животных зоопарка.

Дается обзор важнейших хирургических операций на глазах у зоологических животных

Anschrift der Verfasser: VR Prof. Dr. sc. med. vet. Vera Schmidt
7010 Leipzig
Zwickauer Str. 57 (DDR)

Aus der Sektion Tierproduktion und Veterinärmedizin der Karl-Marx-Universität Leipzig, WB Fortpflanzung landwirtschaftlicher Nutztiere (Leiter: VR Prof.Dr.sc. J. Schulz) und dem Zoologischen Garten Leipzig (Direktor: Doz. Dr. S. Seifert)

ZUR DIAGNOSTIK UND THERAPIE VON BRONCHOPNEUMONIEN BEI JUNGEN PAARHUFERN (ARTIODACTYLA)

Von K. Elze, K. Eulenberger und H.-J. Selbitz

Wie die verschiedensten Auswertungen von Sektionsmaterial und Patienten in den letzten 20 Jahren zeigten, stehen in der Erkrankungs- und Todesstatistik die Erkrankungen der Luftwege bei jungen Zoo-Paarhufern nach denen der Verdauungsorgane mit einer teils hohen Ziffer an zweiter Stelle. Frühdiagnostik und -therapie von Bronchopneumonien bei jungen Paarhufern sind deshalb in jedem Zoo zur Verhütung von Aufzuchtverlusten sehr entscheidend.

Infolge einer noch geringen Grundimmunität sowie einer geringeren lokalen Schleimhautimmunität treten bei den Jungtieren wesentlich schneller und heftiger als bei Alttieren Erkrankungen der Respirationsorgane auf (Mortelmans und Vercruysse, 1968; Schröder, 1968; Elze und Ehrentraut, 1968; Kronberger et al., 1974; Ippen und Schröder, 1976; Selbitz et al., 1978; Kretzschmar, 1980). Der derzeitige internationale Erkenntnisstand besagt, daß das klinische Manifestwerden von ständig vorhandenen Erregerbesiedelungen im offenen System des Respirationstraktes oder von Neubesiedelungen in sehr hohem Maße von Umweltfaktoren abhängig ist. Viele der bekannten in den oberen Luftwegen der jungen Paarhufer anzutreffenden Erreger (PJ-3-Viren; Adenoviren, Chlamydien, Mykoplasmen u.a.m.) haben zweifellos ihre ätiologische Bedeutung bei der Entstehung der Bronchopneumonien. Wie und in welcher Form diese klinisch verlaufen, ist aber vorrangig umweltabhängig. Folglich läßt sich bei den bronchopneumonischen Erkrankungen der jungen Paarhufer oft weder aus dem klinischen noch aus dem pathologisch-anatomischen Bild die ätiologische Spezifität ableiten.

Diagnostik:

Die klinische Diagnostik besitzt daher bezüglich der gründlichen Erfassung aller Feinheiten der Symptomatologie und des Krankheitsverlaufes große Bedeutung (Elze et al., 1973). Es gilt, über die klinische Diagnostik Verlauf, Status und das z.Zt. bestehende pathomorphologische Stadium des Erkrankungsprozesses im Respirationstrakt exakt zu erfassen und zu lokalisieren, um daraus eine auf die Symptomatik, die eingetretenen Veränderungen im Organ- und Funktionssystem spezifisch ausgerichtete Therapie und Prophylaxe ableiten zu können. Es genügt nicht, mit der Diagnose den Krankheitsprozeß als Bronchopneumonie schlechthin zu erkennen und anzusprechen.

In Form einer spezifischen Umweltanalyse sind die auslösenden Faktoren, wie z.B.:

- Kälte- und Wärmeeinflüsse
- Stallklima
- Hygienestatus u.a.m.

primär zu erfassen (Elze und Eulenberger, 1975).

Der Untersuchungsgang am Tier beinhaltet je nach Möglichkeit in Abhängigkeit von Tierart und Alter des Patienten:

- Anamnese
- Adspektion
- Erfassung vokaler Reaktionen
- Palpation

- Auskultation
- Perkussion
- Thermometrieren
- Kreislaufuntersuchung
- mikrobiologische und hämatologische Laboruntersuchungen
- Stall- und Umweltanalyse.

Schwerpunktfragen und Kriterien sind:

- Einzeltiererkrankungen oder Erkrankung mehrerer Tiere bzw. alle Tiere der Gruppe
- erfolgte Umstellungen oder Transporte
- plötzliche kurz- oder längerzeitig eingewirkte Kälte- oder Wärmebelastung
- Futteraufnahme
- Husten, atmungsbedingte Geräusche
- Nasenfluß
- Art der Dyspnoe

Differentialdiagnose:

Bei den katarrhalischen Bronchopneumonien liegt meist eine absteigende Entzündung des bronchoalveolären Hohlsystems vor. Durch die Ansammlung von Sekreten und entzündlichem Material ist die Atmung in den betroffenen Abschnitten stets vermindert. Neben Apathie, Inappetenz, im Anfangsstadium serösem, bald getrübtem Nasenausfluß und Fieber zwischen 40° und 41,5° C lassen die Form der Dyspnoe und das Auskultationsgeräusch am eindeutigsten Erkrankungsform, -stufe und dessen Sitz erkennen.

Grundsätzlich sind bei den katarrhalischen Bronchopneumonien der jungen Boviden, Kamele, Cerviden und Oviden sowohl Frequenz als auch Typ, Intensität und Rhythmus der Atmung sofort mit Erkrankungsbeginn verändert, die Tiere zeigen verschiedengradige, meist inspiratorische Dyspnoe.

Im akuten Stadium, solange nur eine mittelgradige Behinderung der Einatmung durch seröses Sekret vorliegt, herrscht noch der kostale Atmungstyp mit einer auf 50 bis 80 pro Minute erhöhten Frequenz bei verstärkter Intensität in Verbindung mit Verlängerung der Inspiration vor. Sind bei sehr vehementem Verlauf bereits im frühen Erkrankungsstadium größere Mengen von Sekret in Trachea, großen Bronchien sowie auch bereits den kleinen Bronchien angesammelt, so zeigen besonders junge Cerviden und Antilopen, aber auch Wildrinderkälber, schnell eine stärkere Atemnot. Die Tiere stehen ohne Bewegungsdrang mit gestreckter Kopf-Hals-Haltung sowie inspiratorisch stark erweiterten Nasenlöchern im Stall oder Gehege. Auskultatorisch dominiert im akuten Fall ein verschärftes bronchiales Atemgeräusch als Hinweis auf eine angestrengte Einatmung. Sehr früh im Erkrankungsverlauf kann zusätzlich auch bereits feuchtes Rasseln gehört werden. Feuchtes Rasseln ist ein Zeichen, daß an den Bronchialwänden reichlich flüssiges Sekret liegt, an dem die Atemluft vorbeifließt.

Bei zäherer Konsistenz des Entzündungsmaterials im leicht fortgeschrittenen Stadium stehen der schleimige Eiter und die Fibrinfetzen nicht selten im Bronchiallumen quer als gardinenartige Fetzen vor und vibrieren stark beim Vorbeistreichen der Atmungsluft und bedingen das starke, sogenannte trockene Rasseln, das nicht selten auch ohne Greifen der Tiere bei ruhiger Umgebung aus einige Entfernung wahrgenommen werden kann.

Im weiter fortgeschrittenen Stadium sind auch die Bronchioli respiratorii zum Teil verlegt. Jetzt kommt es häufig zum vikariierenden Lungenemphysem, das infolge katarrhalischer Bronchopneumonien immer wieder nachgewiesen werden konnte.

Die Atemnot erhöht sich weiter, es kommt zur exspiratorischen Dyspnoe mit stark pumpender, doppelschlägiger Abdominalatmung. Das physiologische passive Zusammenfallen des Brustkorbes erfolgt, die elastische Retraktionskraft der Lungen bleibt aber beim Emphysem ohne Erfolg, folglich muß - ein Zeichen sehr starker Atemnot - mittels einer ruckartig ansetzenden Bauchpresse, die Lunge für eine erneute Belüftung so weit wie möglich freigemacht werden. In diesem Stadium atmen die Tiere häufig mit offenem Maul und in krassen Fällen mit herausgestreckter zyanotischer Zunge.

Bei der fibrinösen Pneumonie haben wir eine ausgesprochen exspiratorische Dyspnoe, zum Teil sogenanntes Backenblasen und rötlich-braunen Nasenausfluß. Auskultatorisch ist ein starkes inspiratorisches Knistern beim Einströmen der Luft in die Bronchiolli respiratoriiund Alveolen typisch. Die fribrösen Bronchopneumonien treffen wir bei Ziegen, Schafen und Kamelen bei im Vordergrund stehenden Pasteurellosen (Pasteurella multocida) oder auch bei primär reinen Infektionen neugeborener Boviden und Kamele mit Pasteurella haemolytica an. In diesen Fällen haben wir ein sehr rasant verlaufendes Krankheitsgeschehen. Es bestehen gleichzeitig Symptome einer Septikämie. Sehr kennzeichnend ist das Vorhandensein von Blutstriemen im Nasenausfluß.

In sehr frühem Kolostralalter beobachtet man bei jungen Kamelen, aber auch Cerviden und Fohlen, vereinzelt sporadische Fälle der interstitiellen Pneumonie. Die Diagnostik ist sehr schwierig, obwohl die beiden Kriterien:

- plötzlich einsetzende jagende Atmung
- unauffälliges Auskultationsergebnis bei kostalem Atmungstyp

auch sehr charakteristisch sind.

Bei der interstitiellen Pneumonie handelt es sich um das Vorliegen einer meist primär viral bedingten Pneumonie. Sie hat einen intralobulären, interalveolären, perivaskulären und peribronchialen Verlauf. Das oft nicht genügend beachtete Symptom der hohen Atemfrequenz ist Ausdruck von plötzlichem Sauerstoffmangel infolge Verbreiterung der Sauerstoff-Diffusionsstrecke sowie einer mechanischen Verkleinerung der Alveolarlumina.

Bei den eitrig-abszedierenden Bronchopneumonien handelt es sich um metastasierende Infektionen mit Salmonellen, Klebsiellen, Corynebakterium pyogenes u.a.m.. Das klinische Bild ist nicht einheitlich. Ein verstärktes, über längere Zeit im ventralen Lungenfeld erfaßbares trockenes Rasselgeräusch und oftmals anhaltender eitriger Nasenfluß können als teilspezifische diagnostische Hinweise angesehen werden.

Therapie und Prophylaxe:

Das Auftreten von Bronchopneumonien der Jungtiere erfolgt - wie immer wieder zu beobachten - vorrangig:
- unter bestimmten Witterungsverhältnissen (heiße oder feuchtkalte Jahreszeit)
- bei ungenügender allgemeiner und lokaler Abwehr
- bei kurzzeitig gestörter Schleimhautdurchblutung infolge Erkältung oder Überhitzung
- bei lokalem Wärmeentzug
- bei funktionell gestörter Belüftung der Lungen
- Zufuhr von verunreinigter oder zu feuchtkalter Luft
- bei zu hoher Luftbewegung in Tiernähe u.a.m..

Folglich kann die in der Zoo- wie Haustierpraxis vorrangig auf die Erregerflora ausgerichtete Chemotherapie nicht genügen. Die zweifellos erforderliche Chemotherapie muß in ein umfassendes Bronchopneumoniebekämpfungsprogramm integriert sein.

Eine systematische Therapie muß folglich je nach Fall folgende Richtungen beinhalten:

- Durchblutungsförderung durch Kreislauftherapie
- Aufrechterhaltung, schnelle Wiederherstellung und Regulierung einer möglichst vollkommenen Belüftung und Beatmung des gesamten Bronchealen-Alveolar-Hohlraumsystems
- Sekretlösung
- Schutz der Tiere vor körperlicher Anstrengung (Ruhe!)
- Entzündungshemmung
- Einsatz von Rekonvaleszentenserum
- Erhöhung der Grundimmunität durch Paramunisierung und Interferonanwendung (S e l b i t z, 1979)
- Chemotherapie sowie
- gezielte Umweltgestaltung.

Im Speziellen bestehen je nach Fall folgende Möglichkeiten des Vorgehens bzw. Medikamenteneinsatzes:

- Gefäßerweiterung, Blutdruckherabsetzung und Lösung von Gefäßspasmen (Koffein, Spasmolytika)

- zur Stabilisierung der Herz- und Gefäßfunktionen können Digitalisate sowie ephedrinhaltige Präparate
- zur Gefäßabdichtung Calciumgluconicum
- zur Unterstützung des Kreislauf- und Atmungszentrums können
  - Lobelinum hydrochloricum 0,02 g i.m.
  - Pentamethylentetrazol 0,1 g i.m.
  - Dimethylamidum Acidi N-crotonyl-alphaaethylamino-butyrici plus 0,3 g
  - Dimethylamidum Acidi N-crotonyl-alpha propylamino-butyrici 0,3 g bukkal
- Zur Verbesserung der Belüftung und Sekretlösung können
  - Mixtura solvens
  - Bromhexinhydrochlorid (10 - 20 mg/die oral)
  - Lugolsche Lösung (0,2 - 2,0 ml/die oral)
- zur Entzündungshemmung und Verminderung der Exsudatbildung können Analgetika und Glukokortikoide (letztere aber nur in Verbindung mit Chemotherapeutika)
- zur Erhöhung der Grundimmunität (Phagozytoseaktivität, Aktivierung des Opsonin-Properdin-Komplementsystems, der lymphopoetischen Zellen, Interferoninduktion) können unspezifisch wirkende Proteine, Rhodanwasserstoffe
- zur spezifischen passiven und aktiven Abwehr können Rekonvaleszentenserum, handelsübliche Seren oder Vakzine (letztere bei entsprechendem Erregernachweis)
- zur Erregerbekämpfung sollten überlegt Sulfonamide und/oder Antibiotika unter Beachtung eines Antibiogrammes gezielt oral oder parenteral zum Einsatz kommen.

Grundlage jeder Bronchopneumoniebehandlung ist der Schutz vor körperlicher Belastung, Sicherung der ungestörten Schleimhautdurchblutung, schnelle Sicherung der Sekretlösung und weitestgehende und schnelle Wiederherstellung der Beatmung und Belüftung aller Lungengebiete.

Im Rahmen der Bekämpfung muß aber, wie bei allen Jungtiererkrankungen, die prophylaktisch günstige Gestaltung aller die Auslösung wie den Verlauf der Pathogenese beeinflussenden Umweltfaktoren im Vordergrund stehen. Es sind:

- Schutz vor Erkältung und Überhitzung im Stall, in Gehegen oder bei Transporten
- Schutz vor Überanstrengung der Jungtiere
- Sicherung eines Stall-Luft-Klimas von über 10° C bei einer Luftfeuchtigkeit von 60 - 80 rel. %
- Sicherung einer Lufterneuerungsrate von 20 - 90 m^3/Jungtier/h
- Sicherung einer Luftbewegung von $<$0,2 m/sec bei unteren Werten der Lufttemperatur und $<$0,4 m/sec bei ca. 20° C Lufttemperatur
- Sicherung einer hohen Grundimmunität durch gesicherte Kolostrumaufnahme über umsichtige Trächtigkeitsfürsorge und Sicherung eines guten Muttertier-Jungtier-Verhältnisses
- passive oder aktive Immunisierung mit spezifischen Seren oder Vakzinen
- Paramunisierung

Zusammenfassung:

Zur Diagnostik und Therapie von Bronchopneumonien bei jungen Paarhufern (Artiodactyla)

Bei Bronchopneumonien junger Zootiere muß vom Kliniker sehr schnell und exakt Lokalisation und Stadium der Erkrankung diagnostiziert werden. Die Behandlung muß neben der Chemotherapie vorrangig Entzündungshemmung, Sekretlösung und schnelle Wiederherstellung der Beatmung aller Lungengebiete beinhalten.

Summary:

Diagnosis and Therapy of Bronchopneumonia in Young Artiodactyls

Bronchopneumonia in young zoo animals calls for immediate and high-accuracy clinical action for precise localisation and severity assessment of the disease. Chemotherapy, antiphlogistic action, secretagogue measures, and no-delay restoration of respiratory functionality of all pulmonary areas should be priorities of treatment.

Résumé :

A propos du diagnostic et de la thérapie de broncho-pneumonies chez des jeunes artiodactyles

En cas de broncho-pneumonies de jeunes animaux captifs, le clinicien doit rapidement et exactement diagnostiquer la localisation et le stade de la maladie. En ce qui concerne sont traitement, il faut qu'il comprenne en dehors des mesures chimo-thérapeutiques en premier lieu des mesures permettant de mettre un terme à l'inflammation, la dissolution secrétoire et le rapide rétablissement de la respiration de toutes les parties pulmonaires.

Резюме:

О диагностике и терапии бронхиальной пневмонии у парнокопытных.

Сообщается о диагностики бронхиальной пневмонии и клинических проявлениях заболевания. Обсуждаются локализация и стадии заболевания. При лечение кроме хемотерапии применяются средства для снижения восполительных процессов, лекарства для растворения секрета.

Literaturverzeichnis:

ELZE, K. und W. EHRENTRAUT, (1968): Erkrankungen der Atmungsorgane bei neugeborenen Bären (Ursiden). Verhandlungsber. X. Internat. Symp. Erkrankungen Zootiere, Salzburg, 49 - 52.

ELZE, K., MEYER, H. und G. STEINBACH (1973): Jungtierkrankheiten, Jena: Fischer.

ELZE, K. und K. EULENBERGER, (1975): Grundlagen der Hygiene und Krankheitslehre. In: Wildtiere in Menschenhand. Berlin: VEB Deutscher Landwirtschaftsverlag, 274 - 347.

IPPEN, R. und H.-D. SCHRÖDER (1976): Beitrag zu den Erkrankungen der im Gebirge beheimateten Caprinae. Verhandlungsber. XVIII. Internat. Symp. Erkrankungen Zootiere, Innsbruck, 81 - 87.

KRETZSCHMAR, Chr. (1980): Untersuchungen zur Bedeutung von Parainfluenza-3, Boviner Virusdiarrhoe und Bovinen Adenoviren im Komplex der Enzootischen Pneumonie der Kälber. Mh. Vet.-Med. 35, 489 - 499.

KRONBERGER, H., SCHÜPPEL, K.-F. und D. ALTMANN (1974): Erfahrungen aus postmortalen Untersuchungen von Tieren des Thüringer Zooparkes Erfurt. Verhandlungsber. XVI. Internat. Symp. Erkrankungen Zootiere, Erfurt, 297 - 302.

MORTELMANS, J. und J. VERCRUYSSE (1968): A propos des affetions pulmonaires chez les ruminant's sauvages en captivité. Verhandlungsber. X. Internat. Symp. Erkrankungen Zootiere, Salzburg, 23 - 26.

SELBITZ, H.-J. (1979): Untersuchungen über die Rolle des Interferons als Faktor der unspezifischen Infektionsabwehr und Möglichkeiten des Einsatzes in der Veterinärmedizin. Dissertation A, Leipzig.

SELBITZ, H.-J., SEIFERT, S., VOIGT, A., ELZE, K., BERGMANN, A. und K. EULENBERGER (1978): Ergebnisse der bakteriologischen Untersuchungen bei Huftieren der Zoologischen Gärten Leipzig und Erfurt im Zeitraum von 1968 - 1977. Verhandlungsber. XX. Internat. Symp. Erkrankungen Zootiere, Dvur Králové, 21 - 30.

SCHRÖDER, H.-D. (1968): Erkrankungen der Respirationsorgane der Landraubtiere. Verhandlungsber. X. Internat. Symp. Erkrankungen Zootiere, Salzburg, 17 - 22.

Anschrift der Verfasser: VR Prof.Dr.sc.med.vet. Karl E l z e
7010 Leipzig, Margarete-Blank-Str.8 (DDR)

Aus dem Wissenschaftsbereich Anatomie, Histologie und Embryologie (Leiter: Prof. Dr. sc. med. vet. G. M i c h e l) und dem Wissenschaftsbereich Klein- und Heimtierkrankheiten (Leiter: VR Prof. Dr. sc. med. vet. Vera S c h m i d t) der Sektion Tierproduktion und Veterinärmedizin der Karl-Marx-Universität Leipzig und dem Zoologischen Garten Halle (Leiter: Dr. rer. nat. K.-G. W i t s t r u k)

ERGEBNISSE HISTOLOGISCHER UNTERSUCHUNGEN NACH ENTFERNUNG DER ANALBEUTEL BEIM STREIFENSKUNK (MEPHITIS MEPHITIS)

Von G. M i c h e l, Vera S c h m i d t und K.-G. W i t s t r u k

Obwohl das Stinktier ein "wirklich freundliches, sympathisches und ehrliches Tier" ist (G r z i m e k, 1975), wurde es erforderlich, daß wir weiteren für die Haltung im Zoo bestimmten 18 Tieren die Analbeutel, ihre einzige Waffe, exstirpieren mußten. Wir verwendeten die bereits beschriebene Methodik (S c h m i d t et al., 1979) der horizontalen Schnittführung auf ca. 20 mm Länge der rechts und links des Anus und 5 mm von ihm entfernt gelegenen Haut, einschließlich des Unterhaut-Fettgewebes. Nach weiterer Durchtrennung der nunmehr sichtbar werdenden derben, rosagrauen, mit Falten ausgestatteten kräftigen Muskelhülle präsentierte sich der unterschiedlich prall gefüllte, gelblich-weiß erscheinende Analbeutel, umgeben von einer dünnen, aber derbelastischen Hülle. Er ließ sich nach Anlegen eines ca. 1 cm langen Schnittes mithilfe eines spitz aufgesetzten Skalpells stumpf herauslösen und wurde am Beginn seines Ausführungsganges noch vor seiner Papille (vom Analbeutel her gesehen) mit Catgut 2/0 doppelt unterbunden und mittels Schere zwischen den 2 Unterbindungsstellen abgesetzt. Der Eingriff vollzog sich ohne Risiken unter der Wirkung von 40 mg/kg KM Vetalar $^{(R)}$, nach intramuskulärer Verabreichung.
Die Fixation des jeweiligen auf dem Rücken gelagerten Tieres erfolgte in der Hand des Tierpflegers mit Vorlagerung und Fixieren der Hinterbeine an die ventrale Bauchwand unter Auswärtsdrehen des Schwanzes.

Wie die Histologie der damaligen Extirpate (S c h m i d t et al., 1979) ergab, war der eigentliche sekretproduzierende Anteil des Drüsengewebes bei der von uns angewendeten Operationstechnik im Muskelgewebe verblieben. Wenn auch die Operation mit klinisch und funktionell befriedigendem Erfolg verlaufen war, blieb für uns die Frage nach dem Schicksal der verbliebenen drüsigen sekretproduzierenden Anteile in der Muskelschicht offen. Wir konnten dieser Frage nachgehen, nachdem sich bei einem der erstoperierten Tiere im 4. postoperativen Monat ein Rektumvorfall einstellte. Das Tier wurde der Euthanasie zugeführt. Bei der morphologischen Untersuchung des ehemaligen Operationsbereiches ist makroskopisch noch sehr deutlich die Papille als Mündungsstelle des Ausführungsganges der Stinkdrüse auszumachen. Histologisch lassen sich um einen relativ großen Hohlraum (ehemaliger Analbeutel) Reste von Drüsen nachweisen. Ihre Epithelien weisen jedoch kaum Zeichen von Aktivität auf. Im Gegenteil, sie zeigen deutliche Merkmale der Atrophie. Der durch die Operation entstandene Hohlraum mündet über einen Gang an der Spitze der Papille nach außen. In dem Hohlraum sind in geringem Grad Gewebereste, jedoch keine Zeichen von Sekret anzutreffen.
Um den Hohlraum liegt in der typischen Anordnung die Muskelhülle. Die Fasern zeigen die vor der Operation vorhandene vorwiegend zirkuläre Anordnung und setzen sich in die Fasersysteme der Papille fort.

Die morphologische Untersuchung bestätigt den Erfolg der Operation. Das Drüsengewebe ist weitgehend entfernt, Drüsenreste zeigen keine Merkmale der Sekretion, sie sind atrophisch. Demgegenüber erscheint die Muskelhülle in ihrer Ausbildung weitgehend erhalten. Die postoperativen klinischen und histologischen Ergebnisse berechtigen dazu, die beschriebene Operationsmethode der Exstirpation der Analbeutel zu empfehlen.

Zusammenfassung:

Ergebnisse histologischer Untersuchungen nach Entfernung der Analbeutel beim Streifenskunk (Mephitis mephitis)

Es wird kurz die Operationsmethode beschrieben und herausgestellt, daß in der Muskulatur verbleibende Teile der Analbeuteldrüse atrophieren.

Summary:

Results of Histological Examination of Skunk (Mephitis mephitis), following Removal of Anal Sacs

A brief account is given of the surgical technique, and the point is made that those parts of the anal sac gland remaining in the muscular system are likely to undergo atrophy.

Résumé :

Résultats d'examens histologiques après l'extirpation des sacs anaux chez la mouffette (Mephitis mephitis)

L'auteur décrit brièvement la méthode opérationnelle et met en évidence que les parties de la glande du sac anal restant dans la musculature s'atrophient.

Резюме:

Результаты гистологических исследований после удаления мнального мешка у полосатого скунка (Mephitis mephitis)

Описан оперативный метод, установлено остав шаяся после операции мускулатура анального мешка атрафируется.

Literaturverzeichnis:

GRZIMEK, B. (1975): Zwenzig Tiere und ein Mensch, Berlin: Henschel-Verlag.

SCHMIDT, Vera, K.-G. WITSTRUK und G. MICHEL (1979): Chirurgische Entfernung und morphologische Besonderheiten der Stinkdrüsen beim Streifenskunk (Mephitis mephitis). Verhandlungsber. XXI. Internat. Symp. Erkrankungen Zootiere, Mulhouse, 341.

Anschrift der Verfasser: VR Prof. Dr. sc. med. vet. Vera Schmidt
7010 Leipzig
Zwickauer Str. 57 (DDR)

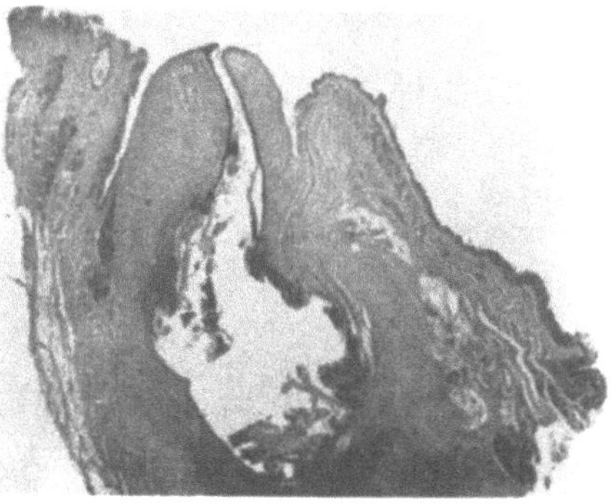

Abb. 1: Schnitt durch das Gebiet des Analbeutels eines Skunks 4 Monate nach Entfernung der Stinkdrüse. H.-E.-Färbung, Lupenaufnahme.
1) durch die Exstirpation der Drüse entstandener vergrößerter Hohlraum;
2) Reste der Stinkdrüse;
3) Muskelhülle;
4) Papille.

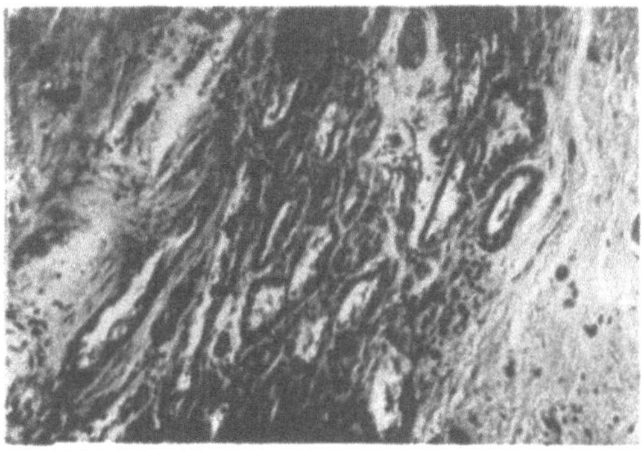

Abb. 2: Schnitt durch Reste der Stinkdrüse im Bereich des Analbeutels eines Skunks 4 Monate nach der Operation. H.-E.-Färbung, Proj. 10, Obj. 4.

Aus dem Bezirksinstitut für Veterinärwesen Schwerin (Direktor: VR Dr. F u c h s)
und dem Zoologischen Garten Schwerin (Direktor: Dipl.-Biol. D. Z s c h e i l e)

PROLAPSUS RECTI NACH EXSTIRPATION DER ANALBEUTEL BEIM SKUNK (MEPHITIS MEPHITIS)

Von G. A l b r e c h t und Karin Z s c h e i l e

Neben den Vertretern der Beuteltiere (Marsupialia) besitzen die der Ordnungen der Zahnarmen (Edentata), der Nagetiere (Rodentia) und der Fleischfresser (Carnivora) beidseits des Afters liegende Analbeutel ektodermalen Ursprungs. Sie produzieren und reservieren ein Sekret, das durch seinen Anteil an Butyl-Merkaptan einen markanten und lang anhaftenden Duftstoff enthält. Diesem Sekret wird für das Fortpflanzungsgeschehen, für die Markierung des Territoriums und für die Feindabwehr große Bedeutung zugesprochen.
Im spitzen Winkel zur Medianlinie des betreffenden Tieres verläuft von den Analbeuteln je ein Ausführgang in Richtung After, der in den Bereich der Linea anocutanea mündet. Die Mündungen weisen tierartliche Unterschiede auf und sind beim Skunk zu Papillen ausgebildet, die wahrscheinlich bei der Sekretabgabe dem Zielen dienen. S t u b b e (1969) beschreibt ausführlich ein kompliziertes System von 4 Muskelgruppen, die der Speicherung und Abgabe von Analbeutelsekret dienen. Die Analbeutel weisen bei verschiedenen Spezies unterschiedliche Merkmale auf (S t u b b e, 1970).
Da Skunks in den letzten 2 Jahrzehnten eine weite Verbreitung in tiergärtnerischen Einrichtungen gefunden haben, ja sogar in Haushalten verstärkt anzutreffen sind, ist es gebräuchlich, daß man diesen Skunks die Analbeutel exstirpiert. Neben anderen Autoren berichteten K l ö s und B ü r g e n e r (1963) sowie S c h m i d t et al. (1979) ausführlich über verschiedene Operationsmethoden, bei denen ein mehr oder weniger starker Prolapsus recti im Gefolge der Analbeutelexstirpation als gemeinsame unliebsam Begleiterscheinung nach der Operation auftrat.

Eigene Untersuchungen:

Vorausgeschickt sei, daß in mehr als 13 Jahren eigener Erfahrungen in der Kleintierchirurgie bei 98 Hunden verschiedener Rassen und unterschiedlichen Alters Analbeutel exstirpiert wurden, bei denen im Gefolge dieser Operation in keinem Falle ein Prolapsus ani et recti zu beobachten war.
Im Zoologischen Garten Schwerin wurden 1980 1,1 und 1981 4,1 Streifenskunks geboren und aufgezogen. Im Alter von 6 Wochen erfolgte unter Vetalarnarkose (40 mg/kg KM) jeweils die operative Entfernung der Analbeutel in Rückenlagerung der Patienten. Neben den beschriebenen Methoden mittels paramedianer bzw. paranaler Schnittführung gelangte eine weitere zur Anwendung. Bei der Durchführung der eigenen Methode an zwei Jungtieren erfolgte die Abklemmung der Papille mittels Péan, die gewissermaßen als Zügel diente. Danach durchtrennten wir die Schleimhaut und präparierten bei gleichzeitigem Wechsel des Instrumenteriums vom Lumen des Afters aus die Analbeutel heraus. Die Naht erfolgte mit Chromcatgut, Stärke 0.

Zwei Zielstellungen beachteten wir bei jeder Operationstechnik ganz besonders; das waren

1. Einhaltung steriler Kautelen
2. Schonung des Gewebes

Wir verzichteten bewußt auf den Einsatz von Antibiotika prae et post operationem und haben dabei gute Erfahrungen gemacht. Was wir jedoch bei jeder Operationstechnik bei unseren Skunks ebenfalls bestätigen mußten, waren Vorfälle des Rektums und zwar 1980 bei einem und 1981 bei drei Patienten.
1980 wurden die operierten Tiere auf Hobelspänen und 1981 zunächst auf trockenem Holzboden, später bei sonnigem Wetter auf begrastem Boden gehalten.
Die Tatsache, daß weder verschiedene Operationstechniken von unterschiedlichen Operateuren durchgeführt, noch die unterschiedliche Haltungs- und Fütterungsweise nach der Operation zur Verhinderung des Prolapsus recti führte, veranlaßte uns zu folgenden Überlegungen:
Als vermutliche Ursache des Prolapsus recti bei Skunks nehmen wir die bedeutend stärkere Bemuskelung der Analbeutel, Ausführungsgänge und Papillen dieser Tiere an, die wesentlich stärker ist, als die z. B. der Caniden. Teile der Muskulatur, die der Kontraktion der Analbeutel und der Austreibung des Sekrets dienen, bleiben bei schonender Operationstechnik erhalten. Nach der Operation kommt es infolge des bedingten Reflexes "Schmerz" zunächst zum Spasmus, später zum Dauerspasmus der verbliebenen glatten und quergestreiften Muskulatur. In dieser Phase ist der Vorfall der After- und Rektumschleimhaut bereits manifest. Die äußere Reizung durch ungeeignete Einstreu verschlimmert den Zustand.
Das eigentliche Fazit zu dieser Hypothese wäre, daß man bei der Analbeutelexstirpation der Skunks nicht unbedingt gewebeschonend vorgeht, sondern in erster Linie auf die Myotomie der der Kontraktion der Analbeutel dienenden Muskulatur achten müßte.
Ohne Zweifel spielen beim Prolapsus recti des Skunks neben den o.g. Gründen auch solche eine Rolle, wie die der Innervation und der Narbenstrikturen.
Die bei unseren Skunks beobachteten Prolapsus recti waren mit konservativer Therapie nicht zu beeinflussen. Deshalb narkotisierten wir die betreffenden Tiere erneut und setzten das vorgefallene Gewebe ab. Zirkulär wurden äußere Haut und Schleimhaut mit Dederoneinzelheften der Stärke 0 vereinigt. 8 Tage post operationem zogen wir die Hefte.
Histologisch ermittelten wir bei den Operationsprodukten iso- bis hochprismatische Zellen (Saumzellen) mit runden Kernen. Einzelne Becherzellen der Darmschleimhaut sind vor dem Übergang der Drüsenschleimhaut des Dickdarms in die kutane Schleimhaut des Afters zu erkennen.

Schlußfolgerungen:

Aus der Tatsache, daß wir noch keine optimale Operationstechnik zur Verhinderung des Prolapsus recti nach der Analbeutelexstirpation der Skunks gefunden haben, erwächst uns die Verpflichtung, bessere Möglichkeiten zu ermitteln. Gegenwärtig versuchen wir kryochirurgische Techniken zur verbesserten Entfernung der Analbeutel bei Skunks mit dem Ziel der Verhinderung von beschriebenen Vorfällen zu entwickeln.

Für die histologische Bearbeitung möchten wir Herrn Fachtierarzt Dr. Graubmann, Abt.-Leiter am BIV Schwerin und Frau Dr. Grütze, wissenschaftliche Mitarbeiterin am BIV Schwerin ganz herzlich danken.

Zusammenfassung:

Prolapsus recti nach Exstirpation der Analbeutel beim Skunk (Mephitis mephitis)

In der Literatur wurden Rektumvorfälle nach der Entfernung der Analbeutel bei Skunks beschrieben. Eigene Erfahrungen in Durchführung bekannter und einer bisher nicht veröffentlichten Operationstechnik bei der Exstirpation der Analbeutel der Skunks besagen, daß bisher die Verhinderung des Prolapsus recti post operationem nicht garantiert war. Die chirurgische Beseitigung des Rektumvorfalls stellt kein Problem dar. Sie ist aber mit einem erneuten Narkoserisiko verbunden.

Summary:

Rectal Prolapse of Skunk (Mephitis mephitis), following Extirpation of Anal Sacs

Cases of rectal prolapse, following extirpation of anal sacs of skunk have been described in literature. The authors' own experience so far obtained from using well known and unpublished surgical techniques for extirpation of analsacs of skunk has confirmed that in the past postoperative rectal prolapse could not be safely ruled out. Surgical removal of rectal prolapse is no problem, but it is associated with another anaesthetic risk.

Résumé :

Prolapsus recti après extirpation des sacs anaux chez le sconse (Mephitis mephitis)

La littérature décrit des prolapsus du rectum après extirpation des sacs anaux chez le sconse. Nos propres expériences dans l'application de techniques opérationnelles connues et d'une technique jusqu'alors non publiée en rapport avec l'extirpation des sacs anaux des sconses montrent que jusqu'à maintenant il n'y a pas eu de garanties concernant le fait d'empêcher le prolapsus recti post operationem. Quoique l'ablation chirurgicale du prolapsus recti ne pose pas de problème, elle est tout de même liée à un nouveau risque de narcose.

Резюме:

Prolapsus recti после удаления анльного мешка у скунка (Mephitis mephitis)

В литературе описаны случаи выпадания толстой кишки после удаления у скунка анального мешка. При современной оперативной технике выпадание толстой кишки не исключено, однако вшивание выпода не представляет хирургической проблемы, кроме опастности, связанной онаркозом.

Literaturverzeichnis:

KLÖS, H.-G. und H. BÜRGENER (1963): Mehrere Methoden der Stinkdrüsenexstirpation von im Zoologischen Garten geborenen Skunks. Zool. Garten (NF), 28, Heft 2/3, 93-97.

SCHMIDT, V., K.-G. WITSTRUK und G. MICHEL (1979): Chirurgische Entfernung und morphologische Besonderheiten der Stinkdrüsen beim Streifenskunk (Mephitis mephitis). Verhandlungsber. XXI. Internat. Symp. Erkrankungen Zootiere, Mulhouse, 341.

STUBBE, M. (1969): Die analen Markierungsorgane der Martes-Arten. Acta theriol., 14, 303-312.

STUBBE, M. (1970): Zur Evolution der analen Markierungsorgane bei Musteliden. Biol. Zbl., 89, 213-223.

Anschrift der Verfasser: Dr. G. Albrecht
Bezirksinstitut für
Veterinärwesen Schwerin
2700 Schwerin-Neumühle
Fasanenstraße 7 (DDR)

Aus dem Kittenberger Zoo in Veszprém (Direktor: L. K a s z a), dem Lehrstuhl für Pathologische Anatomie (Leiter: Prof. Dr. A. K a r d e v á n) der Universität für Veterinärwissenschaften zu Budapest und der Tiergesundheitsstation des Bezirkes Veszprém (Direktor: Dr. I. S e b e s t y é n)

TUBULONEPHROSE ALS MÖGLICHE TODESURSACHE BEI EINEM GORILLA

Von S. P a á l , L. K a s z a , G. B o r o s
und L. F á b i á n

Klinische Berichte über Erkrankungen der Verdauungs- und Harnorgane von Primaten, insbesondere von Menschenaffen, sind in der Fachliteratur nur spärlich zu finden (B r a c k , 1966). Auf die besondere Bedeutung der Haltungs- und Fütterungsbedingungen für den Gesundheitsstatus der in Gefangenschaft gehaltenen Affen wurde von I p p e n , 1966; K r o n b e r g e r , 1966 und L i n d a u , 1966 hingewiesen. Vom letztgenannten Autor wird mit Nachdruck darauf hingewiesen, daß alle mit der Affenpflege betrauten Mitarbeiter genau über die Ursachen der Verluste informiert sein müssen, um so mögliche Fehler bei der Haltung oder Fütterung ausschließen zu können. Über das klinische Bild einer bakteriellen Ruhr und deren Behandlung bei Menschenaffen berichtete G ö l t e n b o t h (1966). Zahlenangaben über die Häufigkeit des Auftretens von Erkrankungen der Harnorgane bei Primaten beliefen sich nach I p p e n (1966) auf 5 % und nach K r o n b e r g e r (1966) auf 10 % aller Organerkrankungen. Bei späteren Untersuchungen durch K r o n b e r g e r et al. (1971) wurden derartige Befunde bei 2,83 % und durch S ch ü p p e l et al. (1980) bei 16,67 % aller Organkrankheiten erhoben. In 27 Fällen waren die Erkrankungen der Harnorgane als Nebenbefunde einzuschätzen, und bei 4 Tieren wurden Tubulonephrosen als Todesursache nachgewiesen. Besonders herausgestellt werden soll, daß spezielle Angaben über derartige Erkrankungen bei Gorillas in der uns zugänglichen Literatur nicht aufzufinden waren.

Die eigenen Untersuchungen wurden an dem achtjährigen männlichen Gorilla "Gori" durchgeführt. Das Tier lebte seit 1977 im Zoologischen Garten Veszprém, befand sich in guter Kondition und war bislang niemals erkrankt. Am 15. 1. 1981 zeigte der Gorilla Erbrechen, Durchfall, Appetitlosigkeit und Schwächeerscheinungen. Er saß zusammengekauert auf dem Holzgestell des Käfigs oder am Boden dicht neben dem Gitter, wobei er mit den Armen den Leib bedeckte, wie es Menschen zu tun pflegen, die unter Bauchschmerzen leiden. An Nahrung nahm er fast ausschließlich Birnen, Äpfel, Ananas und Kirschkompott auf, wozu noch Tee gereicht wurde. Nach der Konsultation mit Humanmedizinern behandelten wir den 130 kg schweren Gorilla mit Antibiotika. Die Applikation der Präparate erfolgte mit Hilfe des Blasrohres. Am darauf folgenden Tage wiederholten wir die Behandlung, und der Zustand des Tieres schien sich zu bessern. Am dritten Tag erwies sich der Kot des Affen als fester, und der Appetit nahm zu. Dieser Zustand hielt bis zum 20. 1. 1981 an, dann kam es zu einem deutlichen Rückfall. Klinisch zeigten sich die gleichen Symptome wie vorher, und wir verabreichten Antibiotika und Humatin Sirup (Parke Davis) über einen Zeitraum von 3 Tagen, ohne daß es jedoch zu einer Besserung des Zustandes gekommen wäre. Der Patient nahm von seinem Pfleger in kleinen Mengen Kirschkompott und Joghurt, so daß wir auf diese Weise Vitamin B 12 mit verabreichen konnten. Das Tier wurde immer schwächer, aß schließlich nichts mehr und verstarb am 27. 1. 1981 in den Morgenstunden. Noch am gleichen Tage wurde die Sektion im Institut für Pathologische Anatomie der Universität in Budapest durchgeführt.

Der Ernährungszustand des Tieres war trotz der Erkrankung noch immer gut. Das Unterhautbindegewebe zeigte eine gelbliche Färbung, und die Bauchdecke war mittelgradig gespannt. Die blaurote Milz erwies sich als leicht vergrößert und zeigte eine weiche Konsistenz. Das Parenchym war im Anschnitt abstreichbar. Im Magen fiel eine leichte Rötung der Schleimhaut in der Fundusregion auf. Geringgradig vergrößert schien auch die Bauchspeicheldrüse, auf deren Oberfläche sowie auch auf deren Schnittfläche stecknadelkopfgroße Blutungen zu erkennen waren. Die gelbbraun erscheinenden Nieren waren trübe und etwas vergrößert. Auf der Schnittfläche zeigten sich Mark- und Rindenschicht als deutlich voneinander getrennt, wobei die Rindenschicht leicht verbreitert war. Das Nierenparenchym war brüchig und die Nierenkapsel leicht abziehbar. Im Nierenbecken und in der Harnblase konnten keine pathologischen Veränderungen festgestellt werden. Die Harnblase war mittelgradig gefüllt. Bei der Urinuntersuchung zeigte sich ein p_H-Wert von 5, der Eiweißnachweis fiel positiv aus, weiterhin konnte Blut und Bilirubin nachgewiesen werden. Alle weiteren Untersuchungen ergaben keine auffälligen Werte. Die Lunge des Tieres war ziegelrot und von elastischer Konsistenz. Nach Anschnitt entleerte sich ein schaumiges Sekret, das besonders in der Luftröhre und den Bronchien nachzuweisen war. Erwähnenswert bleibt der Hinweis, daß die Spitze des Herzens abgerundet war.

Die am Obduktionsmaterial vorgenommene bakteriologische Untersuchung ergab keine Hinweise auf eine bakterielle Infektion, womit bei der vorausgegangenen Antibiotikabehandlung auch nicht gerechnet werden konnte.

Die histologische Untersuchung ließ in den Schnitten der Bauchspeicheldrüse keine krankhaften Veränderungen deutlich werden, lediglich trat eine starke Erweiterung der Kapillaren hervor, und in einzelnen Langerhans'schen Inseln konnten Anhäufungen von Erythrozyten nachgewiesen werden. Ein derartiger Austritt von roten Blutkörperchen aus den Kapillaren in das Gewebe hatte kleine Gewebszerstörungen zur Folge. Im Nierengewebe zeigten sich umfangreiche Veränderungen im Tubulusepithel. Die einzelnen Zellen waren zum Teil stark vergrößert, und das Zytoplasma ließ eine schaumige Umwandlung deutlich werden. Gleichzeitig kam es zu einer Karyopyknose. Ganze Tubulusabschnitte zeigten eine deutliche eosinophile Anfärbung, wobei gleichzeitig die Kerne nicht mehr nachweisbar waren.

Als konkrete Befunde können, neben dem nachweislichen Lungenödem, petechiale Blutungen in den Langerhans'schen Inseln der Bauchspeicheldrüse und eine ausgeprägte Tubulonephrose genannt werden. Die eigentliche Ursache für die Veränderungen ließ sich nicht abklären. Dabei muß herausgestellt werden, daß der negative bakteriologische Befund keine gesicherte Aussage bietet, da der Untersuchung unmittelbar eine Antibiotikabehandlung des Tieres vorausging. Von wesentlicher Bedeutung dagegen erscheinen uns die schweren Veränderungen in der Niere, die wahrscheinlich den Tod des Tieres zur Folge hatten.

Zusammenfassung:

Tubulonephrose als mögliche Todesursache bei einem Gorilla

Es wird über die Erkrankung und den Tod eines achtjährigen männlichen Gorillas berichtet. Das an einer Verdauungsstörung leidende und behandelte Tier verstarb und zeigte bei der Obduktion neben einem Lungenödem eine ausgeprägte Tubulonephrose.

Summary:

Tubular Nephrosis - Possible Cause of Death of Gorilla

Disease and death of a male gorilla, eight years of age, is reported. The animal had suffered from and been treated for digestive disorders. Pulomonary oedema and tubular nephrosis were histologically established.

Résumé :

Néphrose tubulaire - cause mortelle possible d'un gorille

L'exposé décrit la maladie et la mort d'un gorille de huit ans. Cet animal mâle qui souffrait des troubles digestifs et qui était en traitement à ce sujet mourut et présentait à la dissection non seulement un œdeme pulmonaire mais aussi une néphrose tubulaire prononcée.

Резюме:

Тубулярный нефроз - взможная причина смерти гориллы.

Сообщается о заболевании и падеже 8-летней гориллы мужского пола. Животное страдало нарушением пищеварения. При секционных исследованиях кроме отека легких ярко выраженный тубулярный нефроз.

Literaturverzeichnis:

BRACK, M. (1967): Magen-Darmerkrankungen als Todesursachen bei Primaten. Verhandlungsber. IX. Internat. Symp. Erkrankungen Zootiere, Prag, 43 - 47.

GÖLTENBOTH, R. (1966): Ein Ausbruch von bakterieller Ruhr bei Menschenaffen. VIII. Internat. Symp. Erkrankungen Zootiere, Leipzig, 15 - 25.

IPPEN, R. (1966): Vergleichende Betrachtungen über die Ergebnisse von Zootiersektionen (Säugetiere). VIII. Internat. Symp. Erkrankungen Zootiere, Leipzig, 249 - 257.

KLONBERGER, H. (1966): Ergebnisse der Sektion von 890 Säugetieren aus Zoologischen Gärten. VIII. Internat. Symp. Erkrankungen Zootiere, Leipzig, 259 - 268.

KRONBERGER, H., K.-F. SCHÜPPEL, S. SEIFERT und D. ALTMANN (1971): Todesursachen von Primaten. Verhandlungsber. XIII. Internat. Symp. Erkrankungen Zootiere, Helsinki, 5 - 12.

LINDAU, K. H. (1966): Analyse der Tierverluste des Kölner Zoo in den Jahren 1961 bis 1964. VIII. Internat. Symp. Erkrankungen Zootiere, Leipzig, 239 - 248.

SCHÜPPEL, K.-P, SELBITZ, H.-J., SEIFERT, S. und D. ALTMANN (1980): Weitere Befunde bei Primatensektionen. Verhandlungsber. XXII. Internat. Symp. Erkrankungen Zootiere, Arnhem, 21 - 29.

Anschrift der Verfasser: Dr. med. vet. S. Paál
Tierklinik
Beloiannisz u. 12
H - 8200 Veszprém / UVR

Aus der Sektion Tierproduktion und Veterinärmedizin der Karl-Marx-Universität Leipzig, WB Fortpflanzung landwirtschaftlicher Nutztiere (Leiter: VR Prof.Dr.sc. J. Schulz) und dem Zoologischen Garten Leipzig (Direktor: Doz. Dr. S. Seifert)

ÜBER DEN EINSATZ VON HUMINSÄUREN ZUR PROPHYLAXE UND THERAPIE VON DURCHFÄLLEN BEI ZOOTIEREN

Von K. Elze

Prophylaxe und Therapie von Durchfällen müssen, wenn sie umfassend und kausal wirksam werden sollen, die große Breite der ätiologischen Faktoren wie auch die Pathogenese nichtinfektiös wie infektiös bedingter Durchfälle berücksichtigen und differenziert einschließen. Es kann sich bei der Behandlung von Durchfällen folglich keineswegs nur allein um eine antimikrobielle Chemotherapie handeln, selbst nicht bei infektiös bedingten Durchfällen. Sie muß neben vorerst kurzzeitigem Futter- und Wasserentzug, Kreislaufunterstützung, Wärmezufuhr und Sicherung des Wasser- und Elektrolyt-Haushaltes bzw. sofortiger therapeutischer Beeinflußung von Störungen im Wasser-, Elektrolyt- und Säure-Basen-Haushalt(Rossow et al., 1979; Schäfer und Verter, 1980; Elze et al., 1980) generell folgende Einflußrichtungen beinhalten:

- Antisorption von toxischen Rückständen, Eiweißabbauprodukten, Bakterientoxinen und selbst Bakterien
- Adsorption genannter Stoffe
- Schleimhautschutz durch deren Abdeckung, Schutz vor weiterer Reizung und erhöhter Elektrolyt- und Flüssigkeitsabgabe
- antiphlogistische Wirkung als lokalen Schutz vor weiterer Reizung und Eindringen toxischer Metaboliten über die entzündete Schleimhaut in Lymph- und Blutbahnen
- Adstringtion, Entquellung, Transsudations-, Exsudations- und Entzündungshemmung an den Bindegewebszellen des Stützgewebes einschließlich des Gefäßbindegewebes
- Desinfektion
- Regulation der Darmperistaltik
- bakteriostatische und/oder -zide Wirkung.

Die Behandlung von Durchfällen bei Jung- wie Alttieren erfordert stets den Einsatz dieses komplexen Wirkungsspektrums, damit anfangs noch nichtinfektiös bedingte Durchfälle nicht zur Basis für das Haften einer Infektion werden und andererseits damit bei infektiös bedingten Durchfällen die Auswirkungen auf den Organismus gemildert und die Regeneration ad integrum am entzündeten Darmabschnitt parallel mit der Liquidation der Erreger stattfindet. Es ist stets zu beachten, daß beim Jungtier sowie auch bei zahlreichen kleinen Haus-, Wild- und Zootierarten das Leben der Tiere nicht selten durch die Folgen des primär stets als Abwehrsymptom zu wertenden Durchfalls gefährdet ist.

Bei den Zootieren treten Erkrankungen des Magendarmkanals, wie aus zahlreichen Berichten (Lindau, 1966; Kronberger, 1966; Ippen, 1966; Christensen, 1967; Schröder, 1967; Klös und Lang, 1976; Elze et al., 1967, 1974, 1978; Ippen und Schröder, 1974; Steger, 1978; u. a.) von Klinikern wie Pathologen zu ersehen ist, in gleicher Weise wie bei den Haustieren am häufigsten auf. Unter ihnen stehen aus klinischer Sicht nichtinfektiös bedingte wie infektiös bedingte Durchfälle verschiedenster Genese mit Abstand im Vordergrund. Das betrifft verständlicherweise in sehr hohem Maße, wie auch bei landwirtschaftlichen Nutztieren und Haustieren, juvenile Tiere, aber nicht selten auch adulte Tiere der verschiedensten Tierarten. Während bei den Jungtieren die Durchfälle zum großen Teil auf infektiösen Faktorenerkrankungen (z.B. Koliinfektionen, Parasitosen, Rota-, Corona- oder andere Virusinfektionen) beruhen, ist die Diarrhoe der adulten Tiere häufig nichtinfektiös bedingt. Inwieweit ein schwer zu bestimmender Teil der infektiösen Faktorenerkrankungen der Jungtiere mit dem Hauptsymptom Diarrhoe nichtinfektiös bedingt beginnt, ist im Einzelfall schwer zu differenzieren.

Im Unterschied zu den Haustieren sind Durchfälle vegetativer Genese sowie auf Grund des sich bei einigen Tierarten doch von der natürlichen Nahrungsaufnahme der Wildtiere in freier Wildbahn unterscheidenden Nahrungsangebotes bei Zootieren häufiger. Als Beispiele seien nur genannt, daß Robben mit Gefrierfisch, Giraffen weniger mit Laub als Heu und Kraftfutter, Boviden vorrangig mit Heu, Feldbaugrüngut und Kraftfutter, Ursiden mit Gemüse, Brot und Fleisch, Elefanten mit Heu, Grünfutter, Hackfrüchten, Brot und Kraftfutter und die Feliden und Caniden zum großen Teil mit schierem Fleisch gefüttert werden müssen. Selbst bei tabellengemäßer Bedarfsdeckung entspricht die mehr oder weniger in allen Zoos der Welt eingesetzte Rationsgestaltung von der Struktur, Zusammensetzung und Zeiteinheit der Aufnahme her natürlich nur annähernd den Bedingungen in freier Wildbahn. Hinzu kommt, daß trotz aller Fütterungsverbote noch eine absolut nicht tierartspezifische Fütterung durch die Besucher erfolgt. Das bedeutet besonders eine nicht restlos überschaubare zusätzliche Fütterung von leicht verdaulichen Kohlenhydrate, speziell Rohrzucker, der den bettelnden Tieren die beliebteste Beifuttergabe ist.

Bei den einzelnen Tierarten kann auf Grund der Auswertung des Patientengutes im Zoo Leipzig (20 Jahre) sowie der Literaturberichte und internationalen Erfahrungen das gehäufte Auftreten von Durchfallgeschehen im allgemeinen in Verbindung mit folgenden Kausalkomplexen gesehen werden:

Bei den Jungtieren aller Tierarten stehen die infektiösen Faktorenerkrankungen Koliruhr, Clostridium perfringens-Enterotoxämien, Rotavirus- und Coronavirusinfektionen oder Infektionskrankheiten, wie z.B. infektiöse Gastroenteritis der Katzen, Salmonellosen, Endoparasitosen u.a.m. als primäre Ursachen von Durchfällen stark im Vordergrund. Bei den adulten Fleisch-, Fisch- und Allesfressern sind alimentär bedingte Diarrhoen auf Grund der Qualität der Futtermittel (z.B. wäßriges oder Clostridium perfringens-haltiges Fleisch, längere Zeit gelagerter Futterfisch, nicht tierartgerechtes Besucherfutter, bestimmte Obstsorten, bzw. deren Beschaffenheit) öfters zu beobachten. Bei Nachweis von Clostridium perfringens in den Faezes zeigt sich die Diarrhoe auch bei adulten Großkatzen und Bären meist sehr vehement.

Bei Primaten tritt sehr schnell und häufig bei geringster Erregung eine vegetativ bedingte Diarrhoe auf. Stets ist aber bei ihnen auch an eine Neuinfektion oder Wiederanreicherung eines Endoparasitenbefalles (z.B. Strongyloiden) zu denken. Bei den Unpaarhufern und Elefanten wird eine Diarrhoe sehr schnell bei Kreislaufbelastung, nach Aufnahme von Pfützenwasser, Sand, bei Grünfutterwechsel, bei Grünfuttergabe mit zu wenig Grobstruktur (< 4 cm Schlaggröße), bei Verfütterung von Hackfrüchten mit relativ hohem Nitratgehalt, nach Verstopfungskoliken u.a. beobachtet.
Bei den Schwielensohlern und Wiederkäuern beobachtet man nicht selten Durchfälle als Symptome von Pansenalkalosen oder Pansenazidosen.

In der Eingewöhnungszeit, im Frühjahr mit Beginn der Grünfuttergaben, bei hoher Eiweißkonzentration in der Futterration, oder auch bei individuell bedingter beliebter Aufnahme von Schmutz oder Sand dominieren die Pansenalkalosen mit dem anfangs im Vordergrund stehenden Bild eines ausgeprägten Durchfalles mit Absatz von wäßrigem und stinkendem Kot. Es kommt bei diesen Tieren zu einer verminderten Produktion von Fettsäuren und damit zu einer Erhöhung des pH-Wertes im Pansen. Eine Zunahme von B. proteus und E. coli in der Magenflora begünstigt im weiteren Verlaufe Fälnisprozesse und die Entstehung einer Gastroenteritis. Neben dem Durchfall stellen sich bald rezidivierende Tympanien und Intoxikationen ein. Rentiere, Rehe und auch Giraffen neigen besonders dazu. Verbreiteter und noch häufiger treten aber bei Wiederkäuern unter Zoohaltung Pansenazidosen mit einer Störung der pH-Regulation der Vormägen (E l z e et al., 1978) infolge Angebotes von Futterrationen mit zu wenig pansenmotorisch wirksamer Rohfaser, nicht ausreichender Struktur und zu hoher Konzentration leicht verdaulicher Kohlehydrate auf. In der Gabe meist sehr konzentrierter und leicht verdaulicher Kohlenhydraten, wie Würfelzucker, Kekse, Bonbons u.a.m. liegt auch die Hauptgefahr der Auslösung von Pansenazidosen infolge der Besucherfütterung. Über den Anstieg der Milchsäurebildung, die Entwicklung einer grampositiven Flora und die Hemmung der Wasserresorption kommt es zu Entzündungen der Schleimhaut des Pansens, des Labmagens und des Darmes sowie zu profusem, teils blutigem Durchfall. Durch die Entstehung von toxischen Aminen und Histaminen sowie B_1-Mangel kann es zu zentralnervösen Störungen und dem klinischen Bild einer verschiedengradigen Histaminintoxikation kommen.

Aus der gedrängten Analyse des Vorkommens, der Bedeutung, der Vielschichtigkeit, der Ätiologie sowie der Pathogenese und Klinik des Durchfallsyndroms bei Zootieren wird die ständig große Bedeutung einer Prophylaxe, Therapie und Metaphylaxe von Erkrankungen, die mit Durchfall einhergehen, deutlich erkennbar. Entsprechend der Vielschichtigkeit der Ätiologie und graduell auch der Pathogenese des "Durchfalls" ist der Kliniker stets bemüht, eine Durchfalltherapie mit breiter kausaler, aber ebenso schneller symptomatischer Wirkung einzusetzen. Das erfordert meistens den Einsatz mehrerer Präparate:

- Chemotherapeutika mit ihrer antimikrobiellen Wirkung
- Styptika mit ihrer beruhigenden, entzündungshemmenden absorbierenden und damit antitoxischen schleimhautschützenden leicht adstringierenden und zum Teil selbst desinfizierenden Wirkung sowie
- Infusionslösungen zur Sicherung oder Wiederherstellung eines ungestörten Wasser-Elektrolyt-Haushaltes.

In den ersten Jahrzehnten der schnellen Entwicklung der Chemotherapie löste der Einsatz von Sulfonamiden bzw. Antibiotika bei der Therapie von Durchfallgeschehen in der Veterinärmedizin generell sowie speziell auch in der Zootiermedizin den früher doch recht erfolgreichen Einsatz verschiedenster Styptika stark ab. Diesbezüglich ist eine Änderung im Gange. Die starke Resistenzentwicklung pathogener Keime, wie sie T r o l l d e n i e r (1980) an umfangreichem Untersuchungsmaterial und S e l b i t z (1981) speziell an Bakterienstämmen aus dem Untersuchungsmaterial des Zoologischen Gartens Leipzig nachweisen konnten, zwingt allerorts zu einem wesentlich kritischeren Einsatz von Chemotherapeutika und wiederum zur verstärkten Applikation von bekannten und neu in die Palette der Arzneifertigwaren aufgenommenen Styptika.

In der Zwischenzeit hat als sehr starke und bewährte Säule die gleichzeitige Infusionstherapie auch in der Veterinärmedizin einen festen Stellenwert in der Behandlung des Durchfallsyndroms eingenommen (R o s s o w et al., 1979; S c h ä f e r und V e r t e r , 1980; E l z e et al., 1980). Während die Infusionstherapie und der Schutz des Wasser- und Elektrolythaushaltes bei den Zootiersäuglingen mit Abstand im Vordergrund stehen, liegt der Schwerpunkt der Durchfallbehandlung bei halbwüchsigen Jungtieren sowie den adulten Zootieren im oralen Einsatz von Styptika mit breiter adsorptiver, schleimhautabdeckender, antiphlogistischer, adstringierender und soweit möglich noch desinfizierender und damit auch antimikrobieller Wirkung. Diese Kombinationswirkung beinhalten die wenigsten Styptika, deshalb muß sich der Kliniker stets für das eine oder andere Präparat entsprechend der spezifischen Indikation oder für relativ komplex wirkende Präparate beim Einsatz entscheiden. Letzteres ist bei Zootieren besonders schwierig, da die Präparate in den meisten Fällen ohne Zwang mit dem gereichten Tagesfutter oder einigen "Leckerbissen" aufgenommen werden müssen. Von den im Handel befindlichen Arzneifertigpräparaten der Gruppe der Styptika beinhalten die Huminsäurepräparate als spezifische Diätetika und Styptika sehr umfangreich die o.g. Kombinationswirkung. Bereits 1926 berichten K ö h l e r und S c h a d e über das Wirkungsspektrum und die Pharmakologie der Huminsäure aus der Sicht der Applikation in der Humanmedizin, sowie K ü h n e r t et al. (1980) über erzielte klinische Ergebnisse unter veterinärmedizinischen Aspekten. Aus diesem Grunde setzen wir das Huminsäurepräparat "Kalumin" des VEB Tierarznei Weinböhla, DDR, seit 1979 in breitem Maße zur Therapie von Durchfällen verschiedener Genese bei zahlreichen Jung- und Alttieren verschiedener Zoo- und Wildtierarten im Zoo Leipzig ein

Tabelle 1: Klinische Ergebnisse bei Einsatz von "Kalumin" bei Zootieren - Tierarten (TA), Anzahl an Patienten (n), Durchfallform (DF), Einstufung der Durchfallätiologie auf Grund des klinischen Bildes bzw. von Laboruntersuchungen (DÄ), Dosis und Zeitdauer der "Kalumin"-Applikation (DZK), Aufnahme (A), Beginn der Besserung (B), Resultat 1 bis 6 Monate nach Behandlung (R)

TA	n	DF	DÄ	DZK	A	B	R
Großkatzen (Sibirische Tiger, Löwen)	16	grau, wäßrig, schaumig	gierige Fleischaufnahme, Fleischqualität, coliforme Keime, Clostridium perfringens	tgl. 10-30 g p.o. 14 Tage	sehr gut mit Fleisch	2. Tag	Heilung
Eisbären	3	grau, wäßrig, schäumend, blutig	Fleischqualität, Clostridium perfringens, in Verbindung mit Infekt der Luftwege	tgl. 50 g p.o. adultes Tier	sehr gut mit Obst	3. Tag	Heilung
				tgl. 30 g p.o. halberwachsene Tiere	sehr gut mit Suppe	2. Tag	Heilung
Streifenhyäne	1	grüngrau, wäßrig	unbekannt	tgl. 30 g p.o. 10 Tage	sehr gut mit Fleisch	3. Tag	Heilung
Wisent	2	grün, wäßrig	gestörtes Puerperium, Jungtierdurchfall	tgl. 70 g p.o. 10 Tage adultes Tier	sehr gut mit Kraftfutter	4. Tag	1x Tötung 1x Heilung
Auerochse	2	grüngrau, wäßrig	Jungtierdurchfälle	tgl. 20 g p.o. 10 Tage Jungtier	sehr gut mit Kraftfutter	2. Tag	Heilung
Anoa	1	schwarzgrün, wäßrig	Bov. Enteroviren	2x tgl. 20 g/ 20 Tage adultes Tier	sehr gut mit Gemüse	wechselhaft 14. Tag	Heilung (plus Rindergammaglobulin
Buntbock	2	grünschwarz, dünnbreiig	Pansenazidose (?)	tgl. 20 g p.o. 15 Tage adultes Tier	mittelmäßig mit Kraftfutter	5. Tag	Heilung
Giraffen	6	grünbraun, pastös bis suppig	Pansenalkalose, Begleitsymptome von Endoparasitenbefall	tgl. 50 g p.o. 15 Tage adulte Tiere (Gruppenfütterung) tgl. 15 g p.o. 15 Tage Jungtier	sehr gut mit Gemüse	3.-5. Tag	Heilung (plus Wurmkur)
Elefanten	3	grünbraun, wäßrig	Enteralgia catarrhalis	tgl. 100-120 g p.o. 8 Tage adulte Tiere	sehr gut mit Brot und Kraftfutter oder über Grünfutter	2. Tag	1x Verendung (Magengeschwüre) 2x Heilung

Fortsetzung Tabelle 1:

TA	n	DF	DÄ	DZK	A	B	R
Pony	20	graugrün, wäßrig-pappig	Grünfutterwechsel	tgl. 40 g p.o. 5 Tage (Gruppenfütterung)	sehr gut mit Kraftfutter	2. Tag-	Heilung
Tieraffen (Klammeraffen, Bartaffen)	5	bräunlich, suppig	Koliruhr, Puerperium, Begleitsymptom bei Affektion der Luftwege	tgl. 2-3 g p.o. 15 Tage (Gruppenfütterung)	sehr gut mit Suppe	2. Tag bis 3. Tag	Heilung
Känguruh	2	schwarzbraun, suppig	Begleitsymptom bei Affektion der Luftwege	tgl. 10 g p.o. 10 Tage	gut mit Gemüse und Obst	2. Tag	Heilung

Das Huminsäurepräparat "Kalumin" wurde von allen Zootieren, bei denen es angewandt wurde, sehr gut aufgenommen. Die Aufnahme erfolgte am besten mit dem gewohnten Futter; in Flüssigkeit wird es schlechter aufgenommen. Es wurde wesentlich besser aufgenommen als oral zu applizierende Sulfonamide, Antibiotika oder Adstringentien.
Die therapeutische Wirksamkeit kann auf Grund der klinischen Ergebnisse als recht gut eingeschätzt werden. In allen Fällen zeigte sich aus klinischer Sicht sehr schnell eine recht gute diätetische und antiphlogistische sowie mild adstringierende Wirkung. Bei den Durchfällen, die ätiologisch auf eine Erregerbeteiligung zurückzuführen waren (Anreicherung coliformer Keime, Clostridium perfringens, Enterokokken, Virusinfektionen), scheint sich nach dem klinischen Verlauf bei Huminsäure-Anwendung, im Vergleich zu früheren Erkrankungsfällen mit ausschließlich chemotherapeutischer Versorgung, die antisorptive und adsorptive Wirkung sehr positiv auszuwirken und den Prozeß auf das Darmlumen zu lokalisieren. Dies war besonders bei den Großkatzen-, Bären- sowie Affenpatienten sehr auffällig.

Es ist aus klinischer Sicht zu schließen, daß sich im Unterschied zu Carbo medicinalis, wie in früheren humanmedizinischen Untersuchungen nachgewiesen, bei Huminsäuren in vivo der relative Adsorptionswert noch erhöht. Die ohne Huminsäure-Behandlung im Verlaufe des Durchfallgeschehens fortschreitenden Intoxikationserscheinungen waren bei den Patienten, die unter Huminsäuretherapie standen, nicht vorhanden. Das war klinisch sehr offensichtlich und auffallend. Bemerkenswert ist auch, daß die Tiere nach ein- bis zweimaliger Huminsäure-Behandlung trotz des anfänglich schweren Krankheitsbildes schnell wieder beginnen, gut Futter aufzunehmen.

Aus klinischer Sicht muß dieser Effekt besonders auf drei Wirkungsrichtungen zurückgeführt werden:

- durch die antiphlogistische Wirkung wird der Abdominalschmerz gemildert, der Verdauungstrakt wieder besser durchblutet und die physiologische Peristaltik tritt wieder ein,
- durch die antisorptive und adsorptive Hauptwirkung des Medikamentes wird das Einfluten toxisch wirkender Produkte und die Stoffwechsel- und Kreislaufbelastung vermindert,
- durch die hohe Pufferkapazität der Huminsäure kommt es nach dem klinischen Verlauf bei den Tieren mit Senkung oder Erhöhung des pH-Wertes des Magen- und Pansensaftes zu einer Normalisierung der Aziditätsverhältnisse.
  Nach früheren Untersuchungen besteht die Wirkung der Huminsäure darin, daß nach Bindung eines zu hohen Anteiles Salzsäure im Magen ein entsprechender Anteil an Huminsäure wieder frei wird und weitere Bindungen erfolgen können.

Mit dieser Wirkung erklärt sich die auffallend schnelle Besserung des Allgemeinbefindens und des Appetits bei den Fleischfressern und auch die etwas später, sich meist erst ab 4. Therapietag zeigende Wirkung (anhand der Kotbeschaffenheit gewertet) bei adulten Wiederkäuern mit Pansenalkalosen oder -azidosen.

Bei der sehr günstigen, vielschichtigen, ineinandergreifenden und ergänzenden Wirkung der Huminsäure gegenüber Funktionsstörungen und Entzündungen des Darmtraktes sowie damit in Verbindung stehender, von der Erkrankung des Verdauungstraktes ausgehender alimentär- oder erregerbedingter Intoxikation ist es verständlich, daß die Applikation bei einer Vielzahl von primär ätiologisch sehr unterschiedlichen Erkrankungen mit den Hauptsymptomen "Verdauungsstörung" bzw. "Diarrhoe" angezeigt ist. Es wirkt vorrangig symptomatisch und seine sehr gute Wirkung beruht auf der Unterbrechung des pathogenetischen Verlaufes. Deshalb ist auch die Palette der Applikationsindikation so relativ groß. Generell muß aber über die Prophylaxe die Ursache mittels tiergärtnerischer oder spezifischer medizinischer, gegebenenfalls auch spezieller medikamenteller Maßnahmen, z.B. Rationsgestaltung, Immunprophylaxe, planmäßige Entwurmung, Puerperalsteuerung, Diäternährung u.a.m. ausgeschaltet werden.

Bei allen Zootierarten und Individuen, die laut Tabelle einer "Kaluminbehandlung" unterzogen worden sind, zeigte sich sowohl lokal als auch allgemein eine absolute Verträglichkeit des Präparates bei oraler Applikation in angegebener Dosierung und Zeiteinheit. Die Tagesdosis lag bei den applizierten Mengen, differenziert nach Tierart, bei ca. 30 bis 500 mg/kg KM. Je nach den Freßgewohnheiten wurde die Tagesdosis auf einmal oder in mehreren Gaben gereicht. Bei einmaliger Gabe wurde die Dosis von einigen Tieren sofort auf einmal aufgenommen, von anderen im Laufe des Tages, entsprechend dem Appetit mit dem Futter verzehrt.

Zusammenfassung:

Über den Einsatz von Huminsäuren zur Prophylaxe und Therapie von Durchfällen bei Zootieren.

Es wird über den Therapieeffekt von Huminsäuren bei Durchfällen verschiedener Zootiere berichtet. Aufnahme, Verträglichkeit und Wirkung werden als gut eingeschätzt.

Summary:

Use of Humic Acids in Prophylaxis and Therapy of Diarrhoea in Zoo Animals

Reported in this paper is the therapeutic effectiveness of humic acids, in the context of diarrhoea of various zoo animals. Intake, tolerance, and action were found to be good.

Résumé :

A propos de l'utilisation d'acides huminiques pour la prophylaxie et la thérapie de diarrhées chez des animaux gardés

L'auteur mentionne les effets thérapeutiques des acides huminiques pour le traitement des diarrhées qui affectent différents animaux gardés. Il apprécie le fait que ces acides sont bien acceptés et tolérés et souligne leurs bons effets.

Резюме:

Применение гуминовой кислоты для профилактики и терапии поноса у животных зоопарка.

Сообщается о применении гуминовой кислоты при поносах уразличных животных зоопарка, обсуждаются прием, переносимость и действие данного препарата.

Literaturverzeichnis:

CHRISTENSEN, W. O. (1967): Erkrankungen der Verdauungsorgane bei den Wiederkäuern. Verhandlungsber. IX. Internat. Symp. Erkrankungen Zootiere, Prag, 15 - 23.

ELZE, K. (1967): Zur Coliinfektion bei Zootieren. Verhandlungsber. IX. Internat. Symp. Erkrankungen Zootiere, Prag, 57 - 64.

ELZE, K. (1978): Kolikerkrankungen bei Zooequiden. Verhandlungsber. XX. Internat. Symp. Erkrankungen Zootiere, Dvur Králové, 45 - 50.

ELZE, K., EULENBERGER, K., SEIFERT, S., KRONBERGER, H., SCHÜPPEL, K. F. und Ute SCHNURRBUSCH (1974): Auswertung der Krankengeschichten der Felidenpatienten (1958 - 1973) des Zoos Leipzig. Verhandlungsber. XVI. Internat. Symp. Erkrankungen Zootiere, Erfurt, 5 - 18.

ELZE, K., KRISCHE, Gisela, EULENBERGER, K. und K. F. SCHÜPPEL (1978): Pansenazidose und Pansenakalose bei Zoowiederkäuern. Verhandlungsber. XX. Internat. Symp. Erkrankungen Zootiere, Dvur Králové, 101 - 108.

ELZE, K., SCHULZ, J. und J. WILHELM (1980): Zur Senkung von Kälberverlusten. Mh. Vet.-Med. 35, 401 - 405.

IPPEN, R. (1966): Vergleichende Betrachtungen über die Ergebnisse von Zootiersektionen (Säugetiere) (Berlin). VIII. Internat. Symp. Erkrankungen Zootiere, Leipzig, 249 - 258.

IPPEN, R. und H.-D. SCHRÖDER (1974): Auswertung der postmortalen Untersuchungsergebnisse bei in Gefangenschaft gehaltenen Landraubtieren. Verhandlungsber. XVI. Internat. Symp. Erkrankungen Zootiere, Erfurt, 29 - 38.

KLÖS, H.-G. und E. M. LANG (1976): Zootierkrankheiten. Berlin und Hamburg: Paul-Parey.

KRONBERGER, H. (1966): Ergebnisse der Sektion von 890 Säugetieren aus Zoologischen Gärten. VIII. Internat. Symp. Erkrankungen Zootiere, Leipzig, 259 - 268.

KÜHNERT, M., FUCHS, V. und GOLBS, S. (1980): Charakterisierung und Anwendungsmöglichkeiten von Huminsäuren unter veterinärmedizinischen Aspekten. medicamentum 21, 116 - 126.

KÜHNERT, M., GOLBS, S. und V. FUCHS (1980): Zur Anwendung von Huminsäuren in Therapie und Metaphylaxe bei Enteritiserkrankungen des Kalbes. Mh. Vet.-Med. 35, 144 - 146.

LINDAU, K.-H. (1964): Analyse der Tierverluste des Kölner Zoo in den Jahren 1961 bis 1964. VIII. Internat. Symp. Erkrankungen Zootiere, Leipzig, 239 - 248.

ROSSOW, W. und W. VERTER (1979): Die Therapie des Diarrhoe-Syndroms beim neugeborenen Kalb. Mh. Vet.-Med. 34, 621.

SCHÄFER, M. und W. VERTER (1980): Infusionstherapie bei landwirtschaftlichen Nutztieren. Broschüre, VEB Serum-Werk Bernburg.

SCHRÖDER, H. D. (1967): Erkrankungen der Verdauungsorgane der Feliden. Verhandlungsber. IX. Internat. Symp. Erkrankungen Zootiere, Prag, 9 - 14.

SELBITZ, J. (1981): Zur Chemotherapeutikaresistenz von Bakterienstämmen aus dem Untersuchungsmaterial des Zoologischen Gartens Leipzig. Verhandlungsber. XXIII. Internat. Symp. Erkrankungen Zootiere, Halle, 95 - 102.

STEGER, G. (1978): Untersuchungsbefunde bei nicht domestizierten Huftieren 1939 - 1977. Verhandlungsber. XX. Internat. Symp. Erkrankungen Zootiere, Dvur Králové, 9 - 20.

TROLLDENIER, H. (1980): Die Resistenzentwicklung pathogener Keime aus veterinärmedizinischem Untersuchungsmaterial in den Jahren 1971 bis 1977. Mh. Vet.-Med. 35, 460 - 467.

TROLLDENIER, H. (1980): Zu veterinärmedizinischen Problemen der Chemotherapeutika-Strategie. medicamentum 21, 328 - 332.

Anschrift des Verfassers: VR Prof. Dr. sc. med. vet. Karl E l z e
7010 Leipzig
Marg. - Blank - Str. 8 (DDR)

Aus dem Tierpark Berlin (Direktor: Prof. Dr. sc. Dr. h. c. H. D a t h e), dem Forschungsinstitut für Lungenkrankheiten und Tuberkulose Berlin-Buch (Ärztlicher Direktor: OMR Dr. sc. med. W. S c h i l l i n g) und dem Wissenschaftsbereich Chirurgie und Röntgenologie (Leiter: Prof. Dr. sc. med. vet. O. D i e t z) der Sektion Tierproduktion und Veterinärmedizin der Humboldt-Universität zu Berlin.

EIN WEITERER BEITRAG ZUR TUBERKULOSEPROBLEMATIK BEI ZOOTIEREN

Von H.-D. S c h r ö d e r , W. K ä p p l e r ,
C. E n g e l m a n n , B. S e i d e l und E. N a g e l

Obwohl bereits vor nunmehr 100 Jahren mit der Entdeckung des "Tuberkelbacillus" durch Robert Koch eine der Grundvoraussetzungen für eine wirksame Bekämpfung der Tuberkulose gegeben war, erkranken, trotz aller Fortschritte in Diagnostik und Therapie, jährlich immer noch 4 bis 5 Millionen Menschen und etwa eine halbe Million erliegen dieser Zoonose. Allein aus dieser Tatsache geht hervor, daß es sich hierbei nicht nur um ein medizinisches, sondern vor allen Dingen um ein gesellschaftliches Problem handelt, denn der stärkste Rückgang der Tuberkulose ist zweifelsohne in Ländern mit staatlich geregelten Vorsorge- und Kontrollmaßnahmen zu verzeichnen. Dies trifft auch in ganz besonderem Maße für die Situation bei den landwirtschaftlichen Nutztieren zu, wobei hier noch zu berücksichtigen ist, daß diese Tiere im Rahmen der industriellen Tierproduktion, von Ausnahmen und speziellen Nutzungsrichtungen abgesehen, kaum noch höhere Lebensalter erreichen und somit auch die Infektionsmöglichkeiten geringer sind.
Ganz anders sehen diese Verhältnisse bei den Zootieren aus.
In tiergärtnerischen Einrichtungen ist man bemüht, die Tierbestände auf Grund ihres hohen ökonomischen und ideellen Wertes, nicht nur für Bildungs- und Erholungszwecke, sondern auch für die Zucht so lange wie möglich zu nutzen, um so von der Zuführung von Tieren aus der freien Wildbahn unabhängiger zu werden, ganz abgesehen davon, daß einige Tierarten kaum noch zu bekommen sind. Diese Bemühungen, unterstützt durch die ständige Verbesserung der Haltungsbedingungen, haben dazu geführt, daß viele Tiere ein ziemlich hohes Lebensalter erreichen. Hiermit steigt selbstverständlich auch das Expositionsrisiko. So gibt S c h l i e ß e r (1978) in einer Auswertung der prozentualen Häufigkeit für europäische Zoologische Gärten folgende Werte an:

Affen	1,7	bis	25,8 %
Raubkatzen	1,8	bis	9,6 %
Wiederkäuer	0,5	bis	13,5 %
Vögel	0,09	bis	17,0 %

Bei Reptilien ist auf Grund eigener Untersuchungen mit einer Häufigkeit von etwa 1 % zu rechnen (I p p e n und S c h r ö d e r , 1977), wobei zu berücksichtigen ist, daß in jüngster Zeit auch beim Menschen Infektionen mit M. fortuitum bzw. M. marinum beobachtet wurden, die ihren Ausgang von infizierten Reptilien nahmen. Diese wechselseitigen Infektionsmöglichkeiten müssen gerade bei der Tuberkuloseproblematik bei Zootieren berücksichtigt werden. So dürften die häufiger bei älteren Elefanten festgestellten durch M. tuberculosis bedingten Lungenveränderungen zweifelsfrei auf Infektionen durch tuberkulöse Menschen (Pfleger!) zurückzuführen sein (S c h u l z e und S t e u e r , 1961; D i t t r i c h , 1973 u. a.).

Ein anderes Problem stellen die Neuerwerbungen und der Tieraustausch dar. Letzterer kann z. B. zur Vermeidung der Inzucht in einer überalterten Gruppe oder zum Zwecke der Paarung notwendig werden. Hier liegt das Risiko zweifellos auf beiden Seiten. So berichtet D ó z s a (1964) über die Infektion eines Jaguars durch ein zur Paarung eingestelltes weibliches Tier, wobei die Erkrankung für beide Partner tödlich endete. Oft werden auch im Tierhandel Tiere angeboten, die im Ursprungsland künstlich aufgezogen wurden und sich durch die Aufnahme tuberkulosebakteriellhaltiger Milch einheimischer Rinder infiziert haben.

Über ein derartiges typisches Beispiel berichtet I p p e n (1969). Zwei Hirschziegenantilopen, die im Ursprungsland künstlich aufgezogen worden waren, verstarben noch in der Quarantänezeit. Bei der Sektion wurde eine generalisierte Miliartuberkulose festgestellt. Auch in Zagreb (H u b e r und M a r a n , 1958) war es durch Einstellung von Affen aus einem anderen Zoologischen Garten zur Ausbreitung der Tuberkulose im eigenen Affenbestand gekommen. Nach der Überschwemmungskatastrophe in der Stadt Osijek im Jahre 1966 war die vorübergehende Einstellung von Affen im Zoologischen Garten Zagreb erforderlich geworden. Da weder die erforderlichen Quarantäneräume noch genügend freie Plätze für die Unterbringung einer größeren Zahl von Neuankömmlingen zur Verfügung standen, mußten diese Affen in gemeinsamen Unterkünften mit den Tieren des Zoologischen Gartens Zagreb gehalten werden. Schon kurz nach der Einstellung wurden bei den neu eingestellten Tieren die verschiedenartigsten Krankheitsbilder beobachtet, und bereits drei Wochen nach der Einstellung starben die ersten Tiere an Tuberkulose. Im Verlaufe von drei Monaten erlagen 15 Affen dieser Infektion. Nachdem seit 10 Jahren im Zoologischen Garten Zagreb keine Tuberkulose mehr festgestellt worden war, erkrankten jetzt auch die Affen des eigenen Bestandes, und 10 Tiere erlagen der Infektion. Bei der Sektion wurden vorrangig grobknotige Lungenveränderungen und Miliartuberkulosen festgestellt. Die bakteriologische Untersuchung führte zum Nachweis von M. bovis. Obwohl hier zweifellos eine Notsituation vorlag und auch die örtlichen Bedingungen die Lage erschwerten, muß auch beim heutigen Stand der Tuberkulosediagnostik zugestanden werden, daß die Maßnahmen zur Verhinderung der Einschleppung einer Infektion durch diagnostische Schwierigkeiten beeinträchtigt werden.

So werden Tuberkulinisierungen so verschieden durchgeführt und mit so unterschiedlichen Tuberkulinkonzentrationen gearbeitet, daß ein echter Vergleich unmöglich ist. M c L a u g h i n und M a r r s (1978) , sowie O t t (1980) wiesen beispielsweise statistisch signifikante Unterschiede im Reaktionsausfall bei der Verwendung von sogenanntem Alttuberkulin (OT) und PPD (Prurified-Protein-Derivates) nach. Auch die Körperstelle, an der die Tuberkulinisierung vorgenommen wird, kann für den Reaktionsausfall entscheidend sein (T r o l l d e n i e r e t a l. , 1 9 6 6), ganz abgesehen davon, daß die Tuberkulinisierung im Arm- oder Bauchbereich ein erneutes Einfangen der Tiere zum Ablesen der Reaktion erfordert, während bei der Intrapalpebralprobe meistens darauf verzichtet werden kann. Auch der Hinweis von Infektionen durch atypische Mykobakterien erfordert eine Qualifizierung der Reaktion. So konnten V a l e r i o e t a l. (1978) erst nach mehrmaliger Tuberkulinisierung in monatlichen Abständen bei Rhesusaffen Infektionen durch M. kansasii nachweisen. Noch komplizierter scheint die Interpretation von Tuberkulinisierungsergebnissen bei Kamelen zu sein. So war bei Kamelen, die in der Tuberkulinreaktion positiv reagiert hatten, bei der Sektion kein Hinweis auf eine Tuberkuloseinfektion festzustellen (R a p l e y , 1976; K e n n e d y und B u s h , 1978), wobei offensichtlich die Ansichten, welche Hautdickenzunahme bei Kamelen als positiv zu bewerten sind, im Schrifttum sehr voneinander abweichen (A b r a m o v , 1963). Die Unzulänglichkeit von Tuberkulinisierungsergebnissen bei Raubkatzen ist hinreichend bekannt, so daß an dieser Stelle darauf nicht näher eingegangen werden muß.

Auch serologische Verfahren zur Feststellung einer Tuberkulose haben bei Zootieren nur bedingten Aussagewert. Während bei Affen noch eine relativ gute Übereinstimmung mit anderen Ergebnissen (Tuberkulinisierung, Sektion) festzustellen war, konnten bei Raubkatzen nur recht zweifelhafte Resultate erzielt werden (S c h r ö d e r , 1964). So wurdenbei einem Tiger mit einem Titer von 1 : 320 in der Hämagglutinationsreaktion nach Middlebrook und Dubus bei der Sektion keine Hinweise für das Vorliegen einer Tuberkuloseinfektion gefunden, sondern tumoröse Veränderungen in der Leber festgestellt. Inwieweit hier eine Verbesserung der Diagnostik durch den Einsatz des Lymphozytentransformationstestes erreicht werden kann, muß zukünftigen Untersuchungen vorbehalten bleiben.

Von der Röntgenuntersuchung sind ebenfalls nur bedingt aussagefähige Resultate zu erwarten, da einerseits bei vielen Tierarten die Differentialdiagnose zu anderen Erkrankungen äußerst schwierig ist und andererseits extrapIumonale Prozesse kaum zu diagnostizieren sind. Außerdem können röntgenologisch nur die Krankheitsprozesse ermittelt werden, die mit Größen-, Form- oder Dichteveränderungen einhergehen. Während H i e p e (1960) der Röntgenuntersuchung bei der Lungentuberkulose der Affen mehr Bedeutung beimißt als der Auskultation, hält R u c h (1959) die Röntgenaufnahme zur Kontrolle des Krankheitsverlaufes bei behandelten Tieren für geeignet, für die Erkennung frischer Prozesse aber nicht ausreichend. Auch bei den Feliden verläuft die Lungentuberkulose im allgemeinen als peribronchiale Pneumonie, die der gewöhnlichen katarrhalischen Bronchopneumonie sehr ähnlich, so daß K l ö p p e l (1959) selbst bei der Sektion noch Zweifel hatte. K u n t z e (1964) kommt schließlich zu der Ansicht, daß die Leistungsfähigkeit der Röntgenuntersuchung für die Diagnostik tuberkulöser Lungenveränderungen beim Zootier nicht überschätzt werden darf, und daß sie nie mehr als ein Hilfsmittel sein kann, das nur in Verbindung mit klinischen, allergischen und serologischen Proben sichere diagnostische Aussagen gestattet.

Sollte nun - trotz aller Schwierigkeiten - die Diagnose Tuberkulose mit an Sicherheit grenzender Wahrscheinlichkeit feststehen, so gehen die Meinungen, was mit diesen tuberkulösen Zootieren zu geschehen hat, weit auseinander. Während z. B. nach K l ö p p e l (1976) selbst bei Giraffe und Okapi sogar positive Reagenten unverzüglich ausgemerzt werden sollten und der Einsatz von Tuberkulostatika nur für Tiere vertretbar erscheint, die mit Reagenten in Berührung gekommen waren, ohne selbst positiv zu reagieren, vertritt G a s s (1976) die Ansicht, daß die erhobene Forderung nach sofortiger Euthanasie einer tuberkulosekranken Raubkatze beim heutigen Stand der therapeutischen Möglichkeiten nur von Fall zu Fall angezeigt ist. Andere Autoren machen die Entscheidung von der Ersetzbarkeit der betroffenen Tierarten abhängig. So werden Behandlungen bei sehr wertvollen und unersetzbaren Affen (G ö l t e n b o t h , 1976) und eben solchen Wildkaniden (G a n d r a s und S t i e g e r , 1976) für vertretbar gehalten, für tuberkulöse Kamele (U n g e r , 1976) und Hirsche (J a r o f k e , 1976) aber eine Tötung verlangt. Nachdem K l ö p p e l (1976) über die erfolgreiche Behandlung eines tuberkulösen Okapis berichtet hatte, haben wir im Verlaufe eines Tuberkuloseausbruches bei Tapiren einen Therapieversuch unternommen, über den im folgenden berichtet werden soll.

Im Tierpark Berlin werden seit 1963 Schabrackentapire (Tapirus indicus) gehalten. Zu den beiden aus Sumatra stammenden weiblichen Tieren kam 1966 ein Bulle aus einem Zoologischen Garten hinzu. Ernsthafte Erkrankungen wurden, abgesehen von einem Todesfall infolge Milzruptur nach Wälzen im Verlaufe einer Kolik, nicht beobachtet (S c h r ö d e r , 1978). Leichtere Läsionen der Haut und des Sohlenhornes waren auf die zwischenzeitlich nicht optimalen Haltungsbedingungen zurückzuführen. Immerhin wurde im Jahre 1967 das erste Jungtier geboren, das ohne Komplikationen von dem Muttertier aufgezogen wurde.

Im Oktober 1977 wurde dann eine Totgeburt beobachtet. Das ausgetragene Jungtier wurde morgens bei Dienstbeginn im Stall tot aufgefunden. Die Lunge war nicht beatmet. Beim Muttertier wurden ein sich von dieser Zeit an ständig verschlechternder Allgemeinzustand und auffallend häufiges und langes Liegen beobachtet. Am 23.12.1977 wurden betonte Abdominalatmung und Abfall der Körpertemperatur festgestellt. Trotz intensiver Behandlung trat am 25.12.1977 der Tod ein. Bei der Sektion wurde eine generalisierte Tuberkulose festgestellt, die sich vor allen Dingen in der Lunge und im Netz manifestierte. Aus diesen Veränderungen wurde M. bovis isoliert. Über ähnliche Befunde ist bereits mehrfach berichtet worden (L o v e l l , 1930; U r b a i n e t a l. , 1937; P a t t y n e t a l , 1967 und C h e v a l i e r e t a l . , 1969).
Daraufhin wurden die übrigen drei Tiere einer fünfmonatigen Behandlung mit INH unterzogen und entsprechende Sperr- und Sicherheitsmaßnahmen festgelegt.

Auf Weisung des Bezirkstierarztes mußten alle Tiere, die bis 12 Wochen vor dem Tod des Tieres Kontakt mit den Tapiren hatten, einer den spezifischen Möglichkeiten entsprechenden Untersuchung auf Tuberkulose unterzogen werden. Zwischenzeitlich wurden die Tiere tuberkulinisiert (Simultantest mit Säugertuberkulin /PPD/ " Dessau " und Geflügeltuberkulin /PPD/ " Dessau ")und Nasensekret zur bakteriologischen Untersuchung eingeschickt. Im Nasenschleim eines weiblichen Tieres konnte M. bovis nachgewiesen werden. Außerdem wurden bei zwei Tieren atypische Mykobakterien in den Nasensekretproben ermittelt. Mehrmalige Tuberkulinisierungen, sowohl intrakutan als auch intrapalpebral durchgeführt, erbrachten keine aussagefähigen Ergebnisse. Für die röntgenologische Untersuchung der Lungen wurden die Tiere in Seitenlage gebracht und im dextrosinistralen Strahlengang mit rasterabhängigem Fokus-Filmabstand geröntgt. Die Aufnahmedaten betrugen 120 kV / 40 mAs unter Verwendung des TUR D 1000. Zu den Fragen der hierfür erforderlichen Immobilisation bzw. Narkose wurde von uns in einer früheren Arbeit bereits Stellung genommen (S e i d e l e t a l . , 1981). Im Summationsbild beider Lungenfelder des männlichen Tieres waren azinös-nodöse, teilweise konfluierende Herde erkennbar. Daneben waren bronchopneumonische Lungenbezirke festzustellen. Ein Teil der Hilusdrüsen war vergrößert und verdichtet. Bei den weiblichen Tieren zeichneten sich im Überlagerungsbild beider Lungen in der Hilusregion konfluierende azinös-nodöse Infiltrationen ab. Außerdem waren auch in der Peripherie dieser Veränderungen exsudativ-käsige Umbildungen erkennbar. Daraufhin wurden in Abstimmung mit dem Bezirkstierarzt folgende Therapie-, Desinfektions- und Hygienemaßnahmen festgelegt:

1. Die Tiere werden über einen Zeitraum von drei Monaten einer Behandlung mit 1,2 g Rifampicin; 1,0 g INH und 20 mg Vitamin B_6 je Tier und Tag unterzogen.
2. Hierzu sind die Tiere isoliert unterzubringen und durch einen eigens für diesen Zweck abgestellten namentlich zu benennenden Tierpfleger zu betreuen, der keinen Kontakt zu anderen Säugetieren hat.
3. Die Abprodukte aus dem Sperrobjekt sind unschädlich zu beseitigen.
4. Von den Tieren ist vor Therapiebeginn, 14 Tage danach und dann im vierwöchigen Abstand Nasensekret oder Auswurf zur Untersuchung einzuschicken.
5. Nach Beendigung der Therapie sind röntgenologische Kontrolluntersuchungen durchzuführen.
6. Der besonders exponierte Personenkreis ist ärztlich zu überwachen.

Im Ergebnis dieses ersten Therapieabschnittes konnte festgestellt werden, daß die verabreichten Medikamente gut aufgenommen und vertragen wurden, sich der Allgemeinzustand des Bullen aber verschlechtert hatte. Auch röntgenologisch war keine Beeinflussung der Prozesse festzustellen. Da darüberhinaus im Nasensekret weiterhin M. bovis nachgewiesen wurde, entschlossen wir uns zur Euthanasie des Tieres. Bei der Sektion wurde eine generalisierte Tuberkulose mit umfangreichen kavernösen Prozessen in der Lunge ermittelt. Bei der bakteriologischen Untersuchung wurde M. bovis sowohl in der Lunge als auch in der Niere nachgewiesen. Bei der röntgenologischen Kontrolluntersuchung der weiblichen Tiere waren die Fleckschatten nicht mehr erkennbar. Die Transparenz des Lungengewebes war homogen, so daß auf eine günstige Beeinflussung der suspekten Herde durch die Therapie geschlossen werden konnte. Wir entschlossen uns daher, die Tiere für weitere drei Monate der bereits geschilderten Therapie zu unterziehen. Der Abgang von Nasensekret war so weit zurückgegangen, daß es schwierig wurde, Material für die Kontrolluntersuchungen zu gewinnen. Nach einer einmonatigen Behandlungspause haben wir uns dann schließlich, zur Stabilisierung des erreichten Gesundheitszustandes und der Verhütung von Rezidiven, für eine sechsmonatige Intervalltherapie entschieden, nach der zweimal wöchentlich jedem Tier 2,5 g INH; 1,2 g Rifampicin und 20 mg Vitamin B_6 über das Futter verabreicht wurden. Nach Abschluß dieser Intervalltherapie haben wir uns dann zur Absicherung der Diagnose und des Therapieerfolges entschlossen, bei einem Tier eine Thorakoskopie vorzunehmen.

Zur Durchführung der Thorakoskopie wurde das Tier mit 1,3 ml Immobilon immobilisiert und auf die rechte Körperseite gelegt. Nach Vorbereitung des Operationsfeldes wurde, nach Durchtrennung der Haut und der Interkostalmuskulatur, das Laparoskop durch den zwölften Interkostalspalt in den Brustraum eingeführt. Durch umfangreiche Verklebungen der Pleurablätter kollabierte die Lunge nicht in dem zu erwartenden Maße. Auf der Pleura pulmonalis waren disseminiert miliare Herdbildungen festzustellen, von denen Material für die histologische Untersuchung entnommen wurde. Außerdem wurde Pleuraexsudat für die bakteriologische Untersuchung abgesaugt. Nach Beendigung des Eingriffes wurde die passagär gelegte Pleuradränage nach etwa 30 Minuten gezogen und die Haut durch eine U-Naht verschlossen. Ein Pneumothorax war durch die bereits erwähnten Adhäsionen nicht zu befürchten.
Das Tier erholte sich gut und nahm bereits am nächsten Tag wieder normal das Futter auf. Die Operationswunde verheilte per priman. Durch die histologische Untersuchung wurde eine miliare Granulombildung nachgewiesen, die aber nicht auf das Vorliegen einer aktiven Tuberkulose hindeutete. Auch die kulturelle Untersuchung und der Tierversuch führten nicht zum Nachweis von Mykobakterien.

Diskussion und Schlußfolgerungen

Die Tuberkulose spielt in den Tierbeständen der tiergärtnerischen Einrichtungen immer noch eine bedeutende Rolle. Die Ursachen dafür sind u.a. in diagnostischen Schwierigkeiten, unerkannten Infektionsquellen, unkontrolliertem Tierhandel bzw. - tausch, Problemen bei der Desinfektion der möglichst natürlich gestalteten Gehege und Unterkünfte sowie in dem teilweise hohen Lebensalter vieler Tiere zu finden. Für eine weitere Eindämmung der Tuberkulose bei Zootieren sehen wir folgende Möglichkeiten:

1. Verbesserung der Diagnostik, wie beispielsweise Standardisierung der Tuberkulinisierung für die besonders betroffenen Tierarten, um zu echten Aussagen und Vergleichen zu kommen. Dazu gehört nicht nur die Festlegung der zu verwendenden Tuberkulinkonzentration und der zu wählenden Körperstelle, sondern auch die Einigung über die Anzahl der in der Quaratänezeit notwendigen Testungen, da die in den meisten Einrichtungen übliche einmalige Testung nachweislich diagnostisch nicht sicher genug ist. Außerdem sollte mehr die Möglichkeit der Untersuchung von Se- und Exkreten sowie von Bioptaten genutzt werden.

2. Schutzimpfung der besonders gefährdeten Tiergruppen, wie beispielsweise Affen und Feliden, mit BCG-Impfstoff unter besonderer Berücksichtigung der epizootiologischen Bestandssituation. Eine mögliche Beeinflussung der Tuberkulinisierungsergebnisse kann dabei in Kauf genommen werden, da sich die Möglichkeit einer Unterscheidung von Infektions- und Impftitern durch den Einsatz des Lymphozytentransformationstestes abzeichnet. Außerdem kommt der Tuberkulinisierung von Feliden, aufgrund ihrer diagnostischen Unsicherheit, sowieso keine praktische Bedeutung zu.

3. Chemoprophylaxe mit INH bei allen im selben Käfig und Gehege untergebrachten Tieren nach Feststellung eines Tuberkulosefalles und Durchführung von Desinfektionsmaßnahmen unter Berücksichtigung der jeweiligen spezifischen Bedingungen.

4. Regelmäßige Kontrolluntersuchung des Pflegepersonals unter besonderer Beachtung des exponierten Personenkreises.

5. Eine Behandlung tuberkulöser Zootiere ist nur in begründeten Ausnahmefällen (z.B. bei unersetzbaren oder vom Aussterben bedrohten Tierarten) unter definierten Bedingungen (Sperr-, Sicherheits- und Hygienemaßnahmen) und nach diagnostischer Abklärung der Therapieaussichten vertretbar. Aussicht auf Erfolg hat nur eine längere Kombinationstherapie nach Resistogramm bei noch nicht zu weit fortgeschrittenen Prozessen. Behandelte Tiere müssen selbstverständlich kontinuierlichen Kontrolluntersuchungen unterliegen, da es in Belastungssituationen zu Rezidiven kommen kann. Zum Aufbau tuberkulosefreier Bestände sollten die Nachkommen als infiziert erkannter Muttertiere künstlich aufgezogen werden.

Zusammenfassung:

Ein weiterer Beitrag zur Tuberkuloseproblematik bei Zootieren

Nach einem Überblick über die Tuberkuloseproblematik bei Zootieren wird in Auswertung eines Therapieversuches an Schabrackentapiren (Tapirus indicus) zu Fragen der Diagnostik und Therapie Stellung genommen. In diesem Zusammenhang wird auch die erfolgreiche Durchführung einer Thorakoskopie bei dieser Tierart erwähnt. Abschließend werden Wege zur weiteren Eindämmung der Tuberkulose bei Zootieren aufgezeigt.

Summary:

Problem of Tuberculosis in Zoo Animals

An account is given of the problem of tuberculosis in zoo animals. Reference is made to aspects of diagnosis and therapy, in evaluation of a therapeutic experiment with Malayan tapirs (Tapirus indicus). Successful thoracoscopy of this species is mentioned. Suggestions are made for more effective control of tuberculosis among zoo animals.

Résumé :

Une contribution nouvelle à la problématique de la tuberculose chez des animaux gardés

Après avoir donné un aperçu de la problématique de la tuberculose chez des animaux gardés, l'auteur prend position à propos des problèmes du diagnostic et de la thérapie en évaluant un test thérapeutique effectué sur un tapir de l'Inde (Tapirus indicus). A ce sujet, l'auteur mentionne la réussite d'une thoracoscopie faite sur cette espèce. Par la suite, il montre des voies permettant de limiter encore plus la tuberculose parmi les animaux de jardins zoologiques.

Резюме:

Дальнейшее сообщение по проблематике туберкулеза у животных зоопарка.

После обзора туберкулезной проблематики у зверей зоопарка, и оценки терапевтических опытов на тапире, обсуждаются вопросы диагностики и терапии. Сообщается также об уснешном проведение тораксскопии у этого вида животных. В дольнейшем указываются пути торможения развития туберкулеза у зверей зоопарка.

Literaturverzeichnis:

ABRAMOV, L.P. (1963): Diagnosis of Tuberculosis in Camels by the Ophthalmic and Intradermal Tuberculin Tests. Veterinarija 40, 26.

CHEVALIER, H.-J.; BÖHM , K.H. und J. SEEGER (1969): Humane Tuberkulose beim Tapir. Kleintierprax. 14, 213.

DITTRICH, L. (1973): Krankheiten und Verluste im Tierbestand. Jahresb. Zool. Garten Hannover, 18-22.

DÓZSA, I. (1964): Über einige interessante pathologische Fälle bei Raubtieren im Zoologischen Garten von Budapest. Tijdschr. Diergeneesk. 89, Suppl. 1, 110-114.

FOWLER, M.E. (1978): Zoo and Wild Animal Medicine. Philadelphia, London, Toronto: W.B. Sounders Company.

GANDRAS, R. und H. STIEGER (1976): Wildhunde und Hyänen. In K l ö s / L a n g (1976) Zootierkrankheiten, 88.

GASS, H. (1976): Katzen, Schleichkatzen, Marder. In K l ö s / L a n g (1976): Zootierkrankheiten, 97.

GÖLTENBOTH, R. (1976): Menschenaffen, Affen, Halbaffen. In K l ö s / L a n g (1976): Zootierkrankheiten, 64.

HIEPE, Th. (1960): Zur Klinik der Tuberkulose bei den Primaten. II. Internat. Symp. Erkrankungen Zootiere, Warszawa, 195-200.

HUBER, I. und B. MAŘAN (1968): Das Vorkommen von Tuberkulose bei Affen im Zoologischen Garten der Stadt Zagreb. Verhandlungsber. X. Internat. Symp. Erkrankungen Zootiere, Salzburg, 63-64.

IPPEN, R. (1969): Möglichkeiten und Wege einer Tuberkulosebekämpfung in zoologischen Gärten. Verhandlungsber. XI. Internat. Symp. Erkrankungen Zootiere, Zagreb, 25-33.

IPPEN, R. und H.-D. SCHRÖDER (1977): Zu den Erkrankungen der Reptilien. Verhandlungsber. XIX. Internat. Symp. Erkrankungen Zootiere, Poznań, 15-29.

JAROFKE, D. (1976): Hirsche. In K l ö s / L a n g (1976): Zootierkrankheiten, 199.

KENNEDY, S. and M. BUSH (1978): Evaluation of Tuberculin Testing and Lymphocyte Transformation in Bactrian Camels. In M o n t a l i , R.J. (1978): Mycobacterial Infections of Zoo Animals. Washington, D.C.: Smithsonian Institution Press., 139-143.

KLÖS, H.-G. und E.M. LANG (1976): Zootierkrankheiten. Berlin und Hamburg: P. P a r e y.

KLÖPPEL, G. (1959): Ein Beitrag zum Tuberkuloseproblem der Feliden. Kleintierprax., 4, 139-143.

KLÖPPEL, G. (1976): Giraffe und Okapi. In K l ö s / L a n g (1976), 208.

KUNTZE, A. (1964): Leistungsfähigkeit und Grenzen der Röntgenuntersuchung bei der Lungentuberkulose der Zootiere (Primaten, Ruminantier und Carnivoren). VI. Internat. Symp. Erkrankungen Zootiere, Wien, 95-101.

LOVELL, R. (1930): The isolation of tubercle bacilli from captive wild animals. J. comp. Pathol. 43, 205.

MC LAUGHLIN, R.M. and G.E. MARRS: Tuberculin Testing in Nonhuman Primates: OT vs. PPD. In M o n t a l i , R.J. (1978): Mycobacterial Infections of Zoo Animals, 123-128.

MONTALI, R.J. (1978): Mycobacterial Infections of Zoo Animals. Washington, D.C.: Smithsonian Institution Press.

OTT, J.E. (1980): TB Testing in Primates. Verhandlungsber. XXII. Internat. Symp. Erkrankungen Zootiere, Arnhem, 93-103.

PATTYN, S.R.; BOVERCOULLE , M.T.; MORTELMANS, J. and J. VERCRUYSSE (1967): Mycobacteria in mammals and birds in the Zoo of Antwerp. Acta. zool. path. Antwerp. 43, 125

RAPLEY, W.A. (1976): zitiert nach K e n n e d y und B u s h (1978).

RUCH, Th.C. (1959): Diseases of Laboratory Primates. Philadelphia / London: W.B. Saunders Company.

SCHLIESSER, Th. A. (1978): Prevalence of Tuberculosis and Mycobacterial Diseases in Some European Zoos. In M o n t a l i , R.J. (1978):; 29-32.

SCHRÖDER, H.-D. (1964): Ein Beitrag zur Diagnostik der Tuberkulose bei Zootieren. D. Zool. Garten (NF) 30, 244-247.

SCHRÖDER, H.-D. (1978): Beitrag zu den Erkrankungen der Unpaarhufer. Verhandlungsber. XX. Internat. Symp. Erkrankungen Zootiere, Dvůr Králové, 37-40.

SCHULZE, W. und H. STEUER (1961): Ein Beitrag zu den Erkrankungen der Elefanten. Zoo Leipzig - Stätte der Wissenschaft, 41 - 110. Leipzig: Geest und Portig.

SEIDEL B.; SCHRÖDER, H.-D. und G. STRAUSS (1981): Zur Immobilisation und Narkose bei Tapiren (Tapiridae). Verhandlungsber. XXIII. Internat. Symp. Erkrankungen Zootiere, Halle/Saale, 277-285.

TROLLDENIER, H.; SCHRÖDER, H.-D. und P.D. HOFFMANN (1966): Untersuchungen zur Tuberkulinreaktion und ihrer Nebenwirkungen beim Rhesusaffen (Macaca mulatta). Zbl. Vet. Med. 13, 5, 503-516.

UNGER, H. (1976): Kamele. In K l ö s / L a n g (1976): Zootierkrankheiten, 191.

URBAIN, A.; BULLIER, P. et J. NOUVEL (1937): Au sujet de la tuberculose des mammifères sauvages en captivité. Bull. Acad. vet. France 10, 350.

VALERIO , D.A.; DALGARD, D.W.; VOELKER, R.W.; MC CARROL, N.E. and R.C. GOOD (1978): Mycobacterium Kansasii Infection in Rhesus Monkeys. In M o n t a l i , R.J. (1978): Mycobacterial Infections of Zoo Animals., 145-150.

Anschrift der Verfasser: Dr. H.-D. S c h r ö d e r
Forschungsstelle für Wirbeltierforschung (im Tierpark Berlin)
der AdW der DDR
1136 Berlin-Friedrichsfelde
Am Tierpark 125 (DDR)

Aus dem Veterinärdienst im Zoo der Hauptstadt Budapest (Direktor: Dr. L. S u r á n y i), dem Lehrstuhl für Epidemiologie der Veterinärmedizinischen Universität Budapest (Leiter: Dr. T. Szent-Iványi) und dem Zoologischén und Botanischen Garten Budapest (Hauptdirektor: Dr. S. H o l d a s)

IN-VITRO-ZELLULARTEST ZUR DIAGNOSE DER TUBERKULOSE BEI AFFEN UND ELEFANTEN IM ZOOLOGISCHEN UND BOTANISCHEN GARTEN BUDAPEST

Von Z. G r a f und S. T u b o l y

Die Tuberkulose der Affen und Elefanten in Zoologischen Gärten wird durch Mycobacterium tuberculosis bzw. M. bovis verursacht. Bei Affen wurden aber auch durch M. avium verursachte Erkrankungen nachgewiesen (S m i t h , 1973; S e s l i n e 1975).

Die allergischen Proben zeigen im allgemeinen die Infektion und Erkrankung der Tiere zuverlässig an. Der allergische Zustand gegen Tuberkuloproteine resultiert aber nicht nur aus der Wirkung der Erreger der klassischen Tuberkulose, sondern bildet sich auch im Falle der atypischen Mykobakterien aus. In dieser Situation führt die Intradermalprobe zu einem sogenannten falsch-positiven Ergebnis. Bei Affen können z. B. Infektionen mit M. simiae (W e i s s f e i l e r et al. 1964) und anderen Mykobakterien (M. fortuitum) derartige Reaktionen zur Folge haben.

Die Intradermalprobe ist neben der klinischen Untersuchung wegen ihrer Einfachkeit in der Diagnostik bei Säugetieren die häuftigst angewandte Methode, obwohl sie in einem gewissen Teil der Fälle zu falsch-positiven bzw. falsch-negativen Resultaten führen kann. Die möglichen Ursachen dafür wurden von O t t (1980) zusammengefaßt. Nach Untersuchungen von F o x (zit. nach B r a c h e t k a , 1965) führte der Intradermaltest bei 4,7 % der im Zoo gehaltenen Affen zu falsch-positiven und bei 6,9 % zu falsch-negativen Resultaten. Die Zuverlässigkeit der Methode kann durch wiederholte Durchführung erhöht werden. Es gibt Zoologische Gärten, die mehrere Intradermalproben mit negativem Ausfall fordern, bevor neu eingestellte Affen aus der Quarantäne ins Affenhaus umgesetzt werden.
Von solchen Überlegungen ausgehend, wurden in den letzten Jahrzehnten Untersuchungen durchgeführt, die die In-vitro-Reaktion der Lymphozyten sowohl für die serologische Diagnostik als auch für die Differenzierung der Mykobakterien zum Gegenstand hatten. Mehrere Autoren (C o w l i n g , 1963; M i l l s , 1966) untersuchten, welche Veränderungen durch Tuberkuloproteine in Gewebekulturen aus Lymphozyten von Mantoux-positiven und -negativen Menschen induziert wurden. In der Gruppe von Mantoux-positiven Patienten konnte eine Zelltransformation von 20 % und bei negativen Patienten eine von 5 % beobachtet werden.

Bei an Fasanen durchgeführten Untersuchungen (T u b o l y und F á b i á n , 1978) wurde festgestellt, daß der Lymphozytenstimulationstest (LST) ein für die Feststellung einer Tuberkulose geeigneter Test war. Es konnte auch nachgewiesen werden, daß bei mit virulenten Stämmen artifiziell infizierten Fasanen das Tritium-thymidin in einem Ausmaß von 16 - 18 % von den Lymphozyten inkorporiert wurde, während bei mit avirulenten Mykobakterienstämmen sensibilisierten Tieren der Grad der Inkorporation bei 5 - 6 % lag.

In unseren Untersuchungen verglichen wir die Ergebnisse der Intradermalprobe mit denen des LST bei Affen und Elefanten.

Material und Methoden:

Der Affenbestand wurde wenigstens jährlich einmal auf Tuberkulose mit dem Intradermaltest, die neu eingestellten Tiere in der Quarantänezeit auch mit den üblichen Methoden untersucht. Unser Untersuchungsplan ist in Abbildung 1 dargestellt.

Abbildung 1: Untersuchungsplan

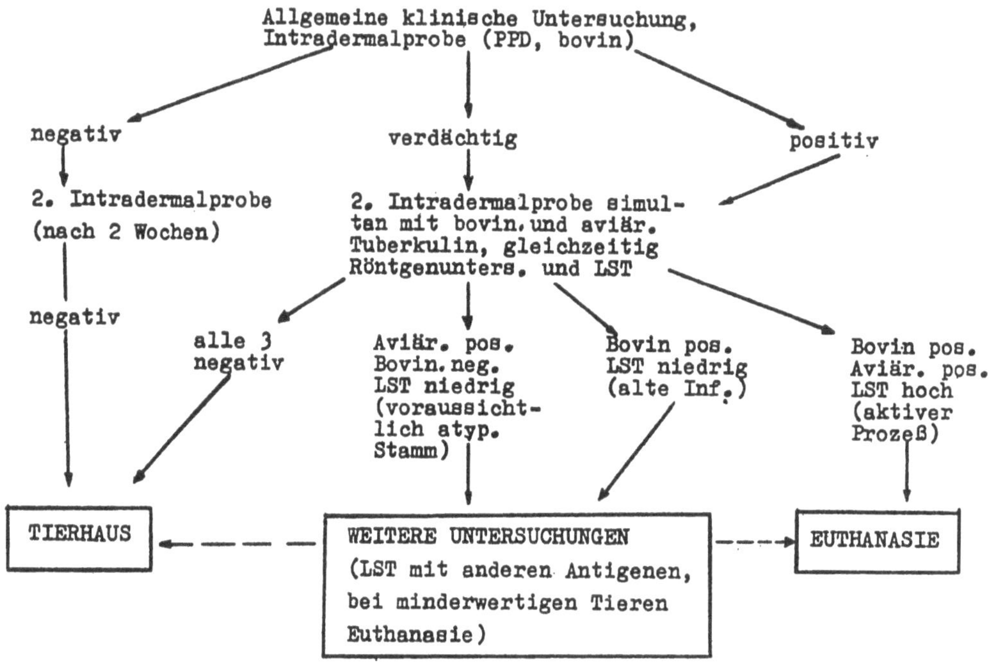

Wir untersuchten 76 Affen aus 31 Spezies, darunter 41 frischgekaufte Exemplare, die zunächst in der Quarantäne untersucht wurden. Die untersuchten Affen befanden sich im Alter von 6 Monaten bis über 20 Jahre, darunter gab es mehrere, die 10 - 15 Jahre lang im Zoo lebten. Während der Untersuchungszeit verendeten 12 Tiere an nicht-tuberkulösen Erkrankungen. Die bei der Intradermalprobe positiv und verdächtig reagierenden 11 Tiere wurden mit dem LST untersucht. Die 1,2 Asiatischen Elefanten wurden auch mehrmals mit der Intradermalprobe und dem LST kontrolliert. Ein Tier wurde im Jahre 1945 geboren, die 2 jüngeren (1,1; 1976 geboren) wurden 1979 aus Indien importiert.

Intradermalprobe:

Im Jahre 1978 verwendeten wir Standard-Tuberkulin (ST), und in den späteren Jahren wurde PPD appliziert. Eine Dosis bestand aus 0,1 ml Tuberkulin (= in beiden Fällen 5 000 E), verdünnt mit der gleichen Menge isotonischer Kochsalz-Lösung. Die Mischung wurde bei Affen intradermal ins obere Augenlid, unabhängig von der Körpergröße des Tieres, injiziert. Bei Elefanten applizierten wir in die Haut der Ohrmuschel. Die Beurteilung der Proben nahmen wir nach 24, 48 und 72 Stunden vor: kleine, kaum auffällige Schwellung stuften wir als verdächtig und auffällige Schwellung als positiv ein. Bei den Elefanten konnten mögliche Hautschwellungen nicht gemessen werden, so daß die Hautreaktion durch Palpation nach den bei Rindern gemachten Erfahrungen geprüft wurde. Laut Intradermalprobe verdächtige bzw. positive Affen und alle 3 Elefanten wurden auch mit dem LST untersucht.

Labordiagnostische Untersuchungen:

Die Blutentnahme führten wir 2 - 4 Tage nach der Beurteilung der Intradermalprobe durch. Die Separation der Lymphozyten erfolgte nach der Ficoll-Hypaque-Methode. Die Zellen wurden in Hanks-Lösung, die 10 % fötales Kälberserum enthielt, nach dreimaligem Waschen in einer Konzentration von 10^6 suspendiert. Zu den Lymphozytenkulturen wurden für die autoradiografischen Untersuchungen bovine Tuberkuloproteine in einer Konzentration von 200/ml gegeben und dann 72 Stunden lang in einem Milieu von 5 % CO_2 bei 37° C inkubiert. In der 56. Stunde wurde 10 μ Ci/ml 3H-TdR zugegeben. In der 72. Stunde wurden sie in Methanol fixiert und anschließend in eine Ilford-Nuclear K_2-Emulsion getaucht. Wir inkubierten die Platten in einer Dunkelkammer bei 4° C für 6 Tage. Vor der Fixierung entwickelten wir sie in einer ORWO A-49 Lösung. Die Färbung erfolgte nach May-Grünwald und die Beurteilung wurde mit dem Lichtmikroskop vorgenommen.

Ergebnisse

Unsere Ergebnisse sind in Tabelle 1 dargestellt. Die Intradermalprobe führte bei 3 Affen zu einem positiven und bei 8 Tieren zu einem verdächtigen Ergebnis. Alle 11 Tiere wurden mit dem LST untersucht. Bei 2 mit der Intradermalprobe positiv reagierenden Affen zeigte der LST auch eine hohe Zelltransformationsrate (20 - 22 %). Beide Tiere waren frisch importiert, und die klinische und röntgenologische Untersuchung waren negativ verlaufen. Nach der Euthanasie konnte nur bei einem Tier ein tuberkulöser Herd gefunden werden. Das laut Intradermalprobe positive dritte Tier (Cercopithecus neglectus) und die anderen 7 verdächtigen Tiere, bei denen der LST eine niedrige Transformationsrate zeigte, ließen wir im Affenhaus, wo sie auch jetzt noch leben. Gründliche Beobachtungen und wiederholte klinische und labordiagnostische Untersuchungen erbrachten bisher keine auf Tuberkulose hindeutenden Symptome.

Während der Untersuchungen starben 12 Affen, darunter ein laut Intradermaltest verdächtiges und LST-negatives Tier (Cebus apella), an anderen Krankheiten (CO-Vergiftungen, Gastroenteritiden, Tumoren, Bißverletzungen, Schwergeburt, Candidiasis und Nierenzirrhose), aber Tuberkulose konnte bei den Sektionen nicht festgestellt werden. Bei den Elefanten hatten wir den Verdacht, daß eine ältere Kuh (geb. 1945) infiziert sei, weil sie mehrere Jahre mit einem Bullen zusammen gehalten wurde, der 1979 an einer Nierenzirrhose verstarb und außerdem tuberkulöse Prozesse in der Lunge aufwies (G r a f und M é s z á r o s , 1980). Der Sektionsbefund des Bullen reizte uns, den Immunstatus der anderen Elefanten aufzuklären. Der Bulle war vor seinem Tode nicht auf Tuberkulose untersucht worden. Die durchgeführten Intradermalproben und LST ergaben keinen Hinweis auf Tuberkulose. Die Zuverlässigkeit unserer jetzt beschriebenen Untersuchungen scheint bestätigt zu sein, da die ältere, 1945 geborene Kuh während der Untersuchungszeit an Nierenzirrhose verstarb und keinerlei tuberkulöse Prozesse bei der Sektion aufwies.

Tabelle 1:

Spezies	Intradermaltest	LST (%)	Sektion	Histologie	Bemerkungen
Grauer Babuin (Papio anubis)	1978 pos.	18	negativ	negativ	euthanasiert
Blutbrustpavian (Theropithecus gelada)	1978 verdächtig	5			
Brazza-Meerkatze (Cercopithecus neglectus)	1978 verdächtig 1980 pos.	5 3			
Rainaffe (Cebus apella)	1978 verdächtig	5	CO-Vergiftung	negativ	
Weisshandgibbon (Hylobates lar)	1978 verdächtig 1980 verdächtig	5 7			
Grüne Meerkatze (Cercopithecus pygerythrus)	1978 verdächtig 1980 verdächtig	5 -			
Mohrenmaki (Lemur macaco)	1980 Apr. pos. 1980 Jul. pos.	21 22	Herd in Darmlymphknoten	pos.	euthanasiert
Weissschwanzguereza (Colobus guereza)	1980 verdächtig	4			
Weissschwanzguereza	1980 verdächtig	4			
Weissnasenmeerkatze (C. petaurista)	1980 verdächtig	7			
Gelber Pavian (Papio cynocephalus)	1981 verdächtig	7			
Asiat. Elefant ♀ geb. 1945 (Elephas max.)	1979 Apr. neg.-verd. 1979 Okt. neg.-verd. 1980 Sept. neg.-verd.	5 6 7	Nierenzirrhose	negativ	keine Tuberkulose
Asiat. Elefant ♀ geb. 1976	1980 Jan. neg. aviär verd. 1980 Sept. neg.	5 5			importiert aus Indien, 1979
Asiat. Elefant ♂ geb. 1976	1980 Jan. verd.-pos. aviär neg. 1980 Sept. neg.	7			importiert aus Indien, 1979

Diskussion

Die klinische Diagnostik der Tuberkulose ist auch heute noch an mehrere Methoden gebunden (siehe Tabelle 2).

Tabelle 2: Diagnostische Methoden

	Vorteile	Nachteile	Bemerkungen
Intradermal-probe (Mantoux)	einfach durchführbar, innerhalb von 2 Wochen wiederholbar	kann auch zu falsch-positiven und falsch-negativen Ergebnissen führen, bleibt nach BCG-Impfung lange pos. durch INH-Behandlung beeinflußt.	mindestens 1500 E müssen appliziert werden. Beurteilung nach 24, 48, 72 Stunden
Subkutanprobe		nicht zuverlässig	
Röntgenuntersuchung (Lungen, Knochen)		nur bei kleineren Tieren und im Spätstadium der Erkrankung aussagekräftig. Bei Affen selten Verkalkung, ähnelt der Pneumonie	Charakteristische Lungenveränderungen
Klinische Untersuchung		nicht spezifisch, nur im Spätstadium	
Bakteriologie	in pos. Fall absolut sicher	im neg. Fall nicht ausschlaggebend, dauert 6 - 8 Wochen	zu langsam
Blutsenkung		nicht spezifisch	nicht zuverlässig
Plasmaproteine und Serologie			nur zur Orientierung
LST	spezifisch auch in Anergie	gut ausgerüstetes Laboratorium nötig	zuverlässig

Die Ergebnisse der Methoden sollen gemeinsam ausgewertet werden. Zur Feststellung der Infektion und der frühzeitigen Erkennung der Erkrankung halten wir die Intradermalprobe und den LST für geeignet. Der letztere ist auch für die Differenzierung der parallergischen Reaktionen und der falsch-positiven und falsch-negativen Reaktionen geeignet. Nach unseren Kenntnissen ist der LST empfindlicher als die Intradermalprobe; er ist auch zur frühzeitigen Feststellung der Erkrankung geeignet. Die Zelltransformation, die die Basis des Testes darstellt, ist auch in der Phase der Anergie nachweisbar. Mit dem LST kann auch zwischen den durch virulenten und avirulenten Stämmen verursachten allergischen Zuständen unterschieden werden, wozu der Intradermaltest nur unter bestimmten Umständen geeignet ist.

In der Labordiagnostik der Tuberkulose werden die Komplementbindungs- und die Haemagglutinationsreaktion sowie der Agargelpräzipitationstest angewendet (T u b o l y , 1969). Der Komplementbindungstest mit einer Zuverlässigkeit von 60 % reicht nicht aus, wobei er bei Jungtieren sogar wegen des Vorkommens von Makroglobulinen im Serum zu falsch-positiven Reaktionen führen kann. Bei der durch M. paratuberculosis verursachten Erkrankung der Rinder ist die KBR zwar zur Herdendiagnostik, nicht aber für die Diagnose am Einzeltier geeignet (M u s c o p l a t , 1978). Der Haemagglutinationstest ist wegen der schlechten Reproduzierbarkeit auch nicht zuverlässig genug. Der Agargelpräzipitationstest wurde von P a r l e t t und Y u m e n s (1958) für zuverlässiger gehalten als die oben beschriebenen Methoden.
Almássy (1967) hält diesen Test bei kranken Tieren in 80 % der Fälle für zuverlässig, stellt aber fest, daß er nicht zur Feststellung von frischen Infektionen geeignet ist.

Wir halten aufgrund unserer Ergebnisse den LST für zuverlässiger als die oben beschriebenen serologischen Verfahren. Mit seiner Hilfe war es möglich, bei gleichzeitigem Einsatz mehrerer Antigene zwischen pathogenen und apathogenen Stämmen zu unterscheiden, die für den positiven Intradermaltest verantwortlich waren. Wir beabsichtigen, unsere Arbeit in dieser Richtung fortzuführen, denn obwohl die Anwendung des Intradermaltestes in der Diagnostik der Tuberkulose auch bei Zootieren üblich ist (K l ö s und L a n g , 1976; F o w l e r , 1978), fehlen doch die für die einzelnen Tierarten ausgearbeiteten und vereinheitlichten Methoden. Die in der Literatur gegebenen Hinweise gehen weit auseinander (siehe Tabelle 3).

Tabelle 3: Intradermaltest (Literaturübersicht)

Untersuchungsmaterial	Dosis	Körperregion	Beurteilung der pos. Reaktion	Autor
Zoovögel	0,05 ml PPD	Kamm	Schwellung	Karlson, A. G. in Montali (1978) 21 - 23.
Kamel	0,1 ml PPD	Hals	mehr als 5 mm	U.S. Dep. of Agric. 1974, Guide for Vet.
Kamel	-	Hals	mehr als 8 mm pos., 5-7 mm verdächtig, darunter negativ	Kennedy u. Bush in Montali (1978) 139 - 145.
Rhesusaffen	1500 E OT 250 E PPD	Augenlid und Bauch	Schätzung, Durchm.: 1-2 cm	Valerio, D.A. in Montali (1978) 145 - 151.
Tapir, Elefant, Nilpferd	1000 E OT	Konjunktivalsack, nach 3 Tagen wiederholen	Konjunktivitis nach 76 - 80 Stunden	Rapley, W.A. in Montali (1978) 163 - 173.
Affen, Carnivoren	2500 - 3000 E OT u. PPD	Augenlid	48 - 72 Stunden	
Seehund, Wiesel		Hinter-Extremität Schwanzunterseite	- -	Fowler, M.E. in Montali (1978) 179 - 185.
Großer Kudu	OT	Hals	Durchm: 1 - 2 cm	Lyvere, D.B. in Montali (1978) 189 - 193.
Damhirsch, Sika	1500 - 7000 E	Hals	nach 72 Stunden mehr als 4 mm = pos. 3 mm = verdächtig unter 3 mm = negativ	Kollias, G.V. in Montali (1980) 295 - 305.
Affen	2500 E	Augenlid	24 - 72 Stunden	Martin, D. P. in Fowler (1978) 541 - 544.

Trotz der vielfältigen Untersuchungsmethoden bleiben noch viele Fragen im Kampf gegen die Tuberkulose offen. Wenn die Untersuchungen auf eine Infektion mit pathogenen Mykobakterien hindeuten, sollte das fragliche Tier isoliert werden. Eine Behandlung kommt nur in Ausnahmefällen, wie z. B. bei sehr seltenen, unersetzbaren bzw. vom Aussterben bedrohten Spezies in Frage, und nur dann, wenn deren isolierte Haltung (Unterkunft, Pfleger, Ausrüstung) gesichert ist. Die Tiere bedeuten auch dann eine Gefahr, wenn die Untersuchungen einen alten, nicht mehr aktiven, abgekapselten tuberkulösen Prozeß ergeben. Der abgekapselte Herd kann bei verminderter Widerstandskraft des Tieres reaktiviert werden und somit für die Umgebung eine Infektionsquelle darstellen. Eine Behandlung führt selten zur vollständigen Heilung.

Aus diesem Grund halten wir es für nötig, den Tierbestand regelmäßig zu kontrollieren. Dazu gehören:

- Jährliche Tuberkulinisierung des Affenbestandes;
- Tuberkulinisierung empfänglicher Spezies bei Immobilisationen;
- strenge Maßnahmen und Untersuchungen während der Quarantänezeit;
- Sektion <u>aller</u> gestorbenen Tiere;
- präventive Behandlung aller Affen mit INH zweimal jährlich.

Zusammenfassung:

In-vitro-Zellulartest zur Diagnose der Tuberkulose bei Affen und Elefanten im Zoologischen und Botanischen Garten Budapest

Verfasser untersuchten mit Hilfe der Intradermalprobe 76 Affen (31 Spezies) und 3 Asiatische Elefanten auf Tuberkulose. Bei elf positiv oder verdächtig reagierenden Affen wurde der Lymphozytenstimulationstest (LST) durchgeführt. Die klinischen Ergebnisse wurden durch Sektionen bestätigt. Der LST hat sich für die frühzeitige Diagnostik der Tuberkulose als nützlich erwiesen und wird als gute Ergänzung betrachtet. Die klassischen diagnostischen Methoden haben nur im späteren Verlauf der Erkrankung eine Bedeutung. Die im Budapester Zoo gegen die Tuberkulose getroffenen Maßnahmen werden dargestellt.

Summary:

In Vitro Cellular Test for Diagnosis of Tuberculosis in Monkeys and Elephants of Zoological and Botanical Garden of Budapest

The intradermal test was used to examine 76 monkeys (31 species) and three Asian elephants for tuberculosis. Lymphocyte stimulation tests were applied to eleven monkeys which had produced positive or suspicious responses. The clinical findings were histologically confirmed. The lymphocyte stimulation test has proved to be useful for early diagnosis of tuberculosis and is considered to be an adequate complementary measure. Classical methods of diagnosis were found to be important only to more advanced stages of the disease. Action taken to cope with tuberculosis in the Zoological Garden of Budapest is described in some detail.

Résumé :

Test cellulaire in-vitro pour diagnostiquer la tuberculose chez des singes et chez des éléphants au Jardin zoologique et botanique de Budapest

A l'aide du test intradermal, les auteurs ont examiné 76 singes (31 espèces) et 3 éléphants asiatiques en vue de déterminer des cas de tuberculose. Ils ont appliqué sur 11 singes à réaction positive ou douteuse le test de stimulation lymphocytique (LST). Les résultats cliniques se sont vu confirmés par les dissections. Pour le diagnostic précoce de la tuberculose le LST s'est avéré utile et est considéré comme complément valable. Les méthodes diagnostiques classiques ne sont valables que pour le cours ultérieur de la maladie. Les auteurs présentent les mesures prises au zoo de Budapest contre la TBC.

Резюме:

Клеточный тест в витро по диагнозу туберкулеза у обезьян и слонов в зоопарке Будапешта.

Автор изучает с помощью интрадермальной пробы 76 обезья (3I специи) и 3 азиатских слонов на туберкулез. У II положительно или неясно реагирующих обезьян проводился лимфоцитостимулирующий тест. (ЛСТ). Клинические результаты были подтвержены при секционных исследованиях. ЛСТ был положительно охарактеризован для ранней диагностики туберкулеза . Классические методы заболевания и выявление туберкулеза имеют значение при поздних стадиях болезни. Обсуждаются мероприятия против туберкулеза в Будапешском зоопарке.

Literaturverzeichnis:

ALMÁSSY, K. und Gy. TAKÁTS (1961): Agardiffuziós precipitatiós vizsgálatok gümökóros állatok vérsavójával. Magyar Állatorvosok Lapja 10, 346.

BRACHETKA, J. (1965): Versuch einer Auswertung von über 8.500 Angaben über Krankheits- und Todesursachen im Schönbrunner Tiergarten. D. Zool. Gart. 31, 59 - 87.

COWLING, D. C., QUADLINO, B. and E. DAVIDSON (1963): Change Induced by Tuberculin in Leucocyte Cultures. Lancet. 2, 1091.

GRAF, Z. und J. MÉSZÁROS (1980): Ein Beitrag zu den Erkrankungen der Elefanten. Verhandlungsber. XXII. Internat. Symp. Erkrankungen Zootiere, Arnhem, 241 - 245.

FOWLER, M. E. (1978): Treating Giraffes with Isoniacid. In Montali (1978), 185 - 189.

FOWLER, M. E. (1978): Zoo and Wild Animal Medicine. Philadelphya, London, Toronto: W. B. Saunders Company.

KLÖS, H.-G. und E. M. LANG (1976): Zootierkrankheiten. Berlin, Hamburg: Paul Parey.

MILLS, J. A. (1966): Immunology Significance of Antigen Induced Lymphocyte Transformation in Vitro. J. Immun. 97, 239.

MONTALI, R. J. (1978): Mycobacterial Infections of Zoo Animals. Washington D. C.: Smithsonion Inst. Press.

MONTALI, R. J. (1980): The Comp. Path. of Zoo Animals, Washington D. C.: Smithsonion Inst.Press.

MUSCOPLAT, Ch. C. (1978): Mechanisms of Cell-Mediated Immunity, Tolerance and Anergy. In: Montali (1978), 77 - 84.

OTT, J. E. (1980): TB Testing in Primates. Verhandlungsber. XXII. Internat. Symp. Erkrankungen Zootiere, Arnhem, 93 - 104.

PARLETT, K. and G. P. YUMENS (1958): The Detection of Antibodies in the Serum of Tuberculous Patients by an Agar Doublediffusion Precipitation Technique. Amer. Rev. Tub. 77, 462.

SESLINE, D. H., SCHWARZ, L. W., OSBORNE, B. I., TYON, C. O., TERR, B. R., HOLMBERG, C., ANDERSON, G. A. and R. V. HENRIKSON (1975): M. avium Infection in three Rhesus Monkeys. J. Am. Vet. Med. Ass. 167, 639.

SMITH, E. K., HUNT, R. D., GARCIA, F. G., FRAZER, E.A., MERKAL, R. F. and A. G. KARLSON (1973): Avian Tuberculosis in Monkeys. Am. Rev. Resp. Dis. 107, 469.

TUBOLY, S. (1969): Különféle Mycobacteriumfajok antigén szerkezetének vizsgálata és összehasonlitása. Kand. Ért. Budapest.

TUBOLY, S. und D. SANDA (1974): Szenzibilis lymphocyták tuberkulinérzékenységének vizsgálata szövettenyészetben. Magy. Állato. Lapja, 29, 113 - 116.

TUBOLY, S. und L. FÁBIÁN (1978): Durch Mycobacterium avium-Stämme mit verschiedener Virulenz induzierte Immunantwort. Der Prakt. Tierarzt. 59, 504.

WEISSFEILER, J., TARASSOWA, W. and G. HOLLAND (1964): Atypical Mycobacteria in Monkeys. Acta Microbiol. Acad. Scient. Hungaricae. 11, 403.

Anschrift der Verfasser: Dr. Z. Graf
Föv. Állat- és Növénykert, Állatkerti kr. 8.
Budapest H - 1146 (Ungarische VR)

Aus dem Institut für Veterinär-Anatomie, -Histologie und -Embryologie der Universität Berlin-Dahlem

DIE PARENTERALE APPLIKATION BEIM VOGEL

Von D. Berens v. Rautenfeld und E. M. Hickel

Die hier vorgestellten parenteralen Applikationsmethoden (PA) sind an der Universität Berlin-Dahlem im Rahmen eines fakultativ durchgeführten Seminars zur Anatomie und Klinik der Nutz- und Ziervögel für den klinischen Unterricht für Studenten der Veterinärmedizin erarbeitet worden unter Berücksichtigung der in der Literatur bekannten Methoden. Bei der Zusammenstellung der wichtigsten PA sollen die beim Hausgeflügel bekannten Injektionsstellen auf ihre klinische Anwendbarkeit bei möglichst vielen Vogelspezies diskutiert werden. Dabei werden neue oder in der Literatur bisher kaum berücksichtigte PA wie die intraperitoneale Injektion und die intravenöse Injektion in die V. cutanea thoracoabdominalis und V. metatarsea plant. supf. sowie Methoden zur Darstellung des Lymphgefäßsystems, die intrapulmonale Injektion und die Luftsackinjektionsstellen genauer abgehandelt. Die Benennung angesprochener anatomischer Strukturen erfolgt nach der Nomina Anatomica Avium (Baumel et al., 1979).

1) Die intramuskuläre Injektion stellt die in der Vogelklinik bevorzugte Injektionsmethode dar. Unter Berücksichtigung möglichst vieler Vogelspezies empfiehlt es sich, in Anlehnung an die Untersuchung von Pohlmeyer und Wissdorf (1976) bei der Taube, die kraniodorsal gerichtete Kanüle unmittelbar parallel zur Christa mediana sterni am Übergang des mittleren in das kaudale Drittel in den oberflächlichen Brustmuskel einzustechen, da dort nur relativ feine Äste des Truncus pectoralis (A. thoracica ext.) die Brustmuskulatur versorgen. Durch diese Injektionstechnik wird das Auftreten von intramuskulären oder subkutanen Hämatomen nicht nur bei der Taube, sondern auch bei anderen Vögeln weitgehend verhindert. Ob die Bildung von Narben in der Muskulatur auf Grund häufig druchgeführter Injektionen bei einem Tier zur Einschränkung des Flugvermögens führen können, muß noch abgeklärt werden. Grundsätzlich darf die Kanüle nicht zu weit lateral der Christa mediana (sterni) in den Brustmuskel eingestochen werden, da sie sonst leicht durch die Incisura med. des Sternum in die Leber abgleiten kann. Allerdings fehlt bei zwei Dritteln der uns bekannten etwa 150 Skelette oder Skelettabbildungen verschiedener Vogelspezies eine tiefe Incisura med. Sie ist vorhanden bei den Hühnern, Truthühnern, Fasanen und Wachteln sowie bei einzelnen Spezies der Sperlingskäuze, Spechte, Grasmücken, Eisvögel und Jakumare.
Bei juvenilen Vögeln sollte darauf geachtet werden, daß die Pars hepatica des Sternum noch verknorpelt sein kann, wodurch infolge von Abwehrbewegungen des Tieres die Kanüle bei der hier vorgestellten Injektionsmethode durch den knorpeligen Anteil des Sternum in die Leber gelangen kann. Bei einigen wenigen Vogelspezies (bei der Spaltfußgans, bei den männlichen Manucodia und der männlichen Schalldrossel) bildet die Luftröhre Schlingen zwischen der äußeren Haut und dem äußeren Brustmuskel. Diese Luftröhrenschlingen sind allerdings leicht durch die Haut zu palpieren, so daß eine versehentliche Injektion in die Luftröhre vermieden werden kann.
Bei den Laufvögeln mit fast fehlender Brustmukulatur empfehlen wir die i.m. Injektion in den M. iliotibialis lat. der Beckengliedmaße, weil in diesem Injektionsgebiet starkkalibrige Nerven und Gefäße fehlen. Die Injektionsstelle wird direkt lateral in halber Höhe des Femur festgelegt.

2) Die subkutane Injektion kommt beim Vogel im Gegensatz zum Säugetier selten zur Anwendung, obwohl Myopathien infolge intramuskulärer Injektionen beim Vogel nicht selten auftreten. Aus angewandt anatomischer Sicht empfiehlt es sich, die s. c. Injektion im Bereich der gut verschieblichen äußeren Haut des Halses vorzunehmen. Wir injizieren in der kranialen Hälfte des Halses streng dorsomedian. Dadurch wird eine versehentliche Injektion in die Halsluftsäcke oder die beiderseits relativ dorsolateral verlaufende V. jugularis verhindert.

3) Die intraperitoneale Injektion soll nach Kronberger (1978) nicht durchgeführt werden, da die Injektionskanüle in das Luftsacksystem gelangen kann. Bei der i. p. Injektion im Bereich der kranioventralen Bauchwand kann die Leber, im Bereich der kaudoventralen Bauchwand der Bauchluftsack und im Bereich der lateralen Bauchwand der Brustluftsack von der Kanüle getroffen werden. Wir empfehlen, die i. p. Injektion im kaudalen Bereich der linken Leberbauchfellhöhle (Cavitas peritonealis hepatica vent. sin.) vorzunehmen (siehe Abb.). Im kranialen Bereich dieses Peritonealsackes liegt der linke Leberlappen, während der für die Injektion bestimmte kaudale Bereich dieses Raumes frei von Organen oder Luftsackanteilen ist. Dieser Peritonealsack wird durch die äußere Haut, das Mesenterium ventr. und das linke posthepatische Septum begrenzt. In letzterem liegt der Muskelmagen (Ventriculus), der die Eingeweidebauchfellhöhle (Cavitas peritonealis intestinalis) mit den beiden Bauchluftsäcken verdeckt. Über diese topographischen Verhältnisse gibt die Abbildung im Anhang Auskunft.
Für die Injektion wird der Vogel in Rückenlage gehalten. Das Injektionsgebiet liegt im kaudalen Drittel einer gedachten Verbindungslinie, die vom Ende des linken Legebeins (Os pubis) bis zum Mittelpunkt des kaudalen Brustbeinkammes (Margo caudalis sterni) auf der Bauchwand ermittelt wird. Zur exakten Festlegung der Injektionsstelle muß der Muskelmagen durch die Wand der äußeren Haut palpiert werden. Der Einstich der Kanüle kann nun im kaudalen Drittel der gedachten Verbindungslinie in Richtung Muskelmagen erfolgen. Die linke ventrale Leberbauchfellhöhle liegt direkt unter der äußeren Haut. Ein Abgleiten der Kanüle aus der linken Leberbauchfellhöhle in die Eingeweidebauchfellhöhle wird durch den Muskelmagen wie durch eine Barriere verhindert. Bei fleisch- und fischfressenden Vögeln ist die Wand des Muskelmagens relativ dünn, wodurch der Muskelmagen bei der Ermittlung der Injektionsstelle schwerer durch die äußere Haut zu palpieren ist. Trifft die Injektionskanüle die Wand des Muskelmagens, ist ein erheblicher Widerstand zu spüren. Die Gefahr der Leberpunktion besteht nur dann, wenn im kranialen Bereich der ermittelten Verbindungslinie zwischen dem Os pubis und dem Margo caudalis sterni injiziert wird.

4) Die Herzpunktion ist nicht ohne Risiko für den zu behandelnden Vogel durchzuführen, wodurch ihre Bedeutung in der Vogelklinik nur gering ist. Beim Hausgeflügel ist ein kranialer (Mac Arthur, 1950), kraniolateraler (Bittner, 1927) und kaudolateraler Zugang zum Herzen (Hofstad, 1950) beschrieben worden.
Der kraniale Zugang erfolgt durch die Brustöffnung zur Herzbasis. Bei einigen Vogelspezies (Enten, Gäsen, Schwänen, Kranichen, Pinguinen) kann das Herz nur mit langen Kanülen erreicht werden, weil die beiden Claviculae weit nach kranial vorgebogen sind. Darüber hinaus kommt es häufiger als bei den anderen Methoden der Herzpunktion zu Blutungen mit Todesfolge, wenn einer der großen Gefäßstämme kranial des Herzens punktiert wird.
Der kaudolaterale Zugang erfolgt durch die Christa med. sterni. Wie wir bereits im Kapitel über die i. m. Injektion ausgeführt haben, fehlt vielen Vögeln diese Inzisur, wodurch die Anwendbarkeit dieser Methode ganz erheblich eingeschränkt wird. Ist diese Inzisur vorhanden, so läßt sie sich schlecht durch die Brustmuskulatur palpieren. Darüber hinaus ist bei dieser Punktionstechnik die Gefahr einer Leberpunktion nicht auszuschließen.
Der kraniolaterale Zugang ist nach unseren Erfahrungen bei vielen Vogelarten die Methode der Wahl, sofern überhaupt eine Herzpunktion riskiert wird. Die Punktion sollte grundsätzlich auf der linken Seite erfolgen, da bei einigen Vögeln (wie Tölpeln, Spechten, Sperlingen) auf der rechten Seite die Leber im Injektionsgebiet liegt. In

Vorbereitung auf die Injektion wird auf der linken Körperseite eine Verbindungslinie zwischen dem Schultergelenk in der Achselhöhle und dem Mittelpunkt des Margo caudalis sterni festgelegt. Am Übergang zwischen dem kranialen und dem mittleren Drittel dieser Verbindungslinie wird die Kanüle horizontal durch die äußere Haut eingestochen. Die Kanüle durchdringt die Brustmuskulatur und gelangt zwischen dem Proc. craniolat. sterni und der ersten Costa sternalis in die linke Herzvorkammer. Die Kanüle liegt im Herzen, wenn sie sich durch die Bewegungsübertragung des Herzschlages rhythmisch bewegt.

5) Die Punktion des Venensystems erfolgt häufiger zur Diagnostik des Blutes als zur medikamentellen Applikation. Viele für Menschen und Säuger bekannte, der Diagnostik dienenden Untersuchungsmethoden des Blutes sind für Vögel unbekannt bzw. bedürfen noch einer Entwicklungszeit von Jahren unter Berücksichtigung möglichst zahlreicher unterschiedlicher Vogelarten. Dann wird auch der Technik der Blutentnahme bei den Zoovögeln eine größere Bedeutung zukommen.

Die V. jugularis eignet sich beim Kleinvogel von der Größe eines Wellensittichs (W a c h e n d ö r f e r , 1970) bis etwa zur Größe eines Nymphensittichs zur Punktion. Bei mittelgroßen und großen Vögeln kann die Drosselvene zur Entnahme größerer Blutmengen punktiert werden. Normalerweise ist die rechte Jugularvene größer als die linke, was jedoch nicht für alle Vögel gilt (wie einige Spezies der Tag- und Nachtgreifvögel). Die Drosselvenen der Vögel verlaufen im Gegensatz zu denen der Säuger relativ weit dorsal am Hals. Die im allgemeinen besser zur Punktion geeignete rechte Drosselvene wird von einem konturfederfreien Hautbezirk (lateraler Halsfederrain, Apterium cervicale lat.) bedeckt, weshalb ihr Verlauf unter der äußeren Haut leicht auszumachen ist. Bei der Punktion der Vene sollte beachtet werden, daß die Vene subadulter Vögel von Thymuslappen bedeckt ist. So kann die Spitze der Punktionskanüle in einem der Thymuslappen zu liegen kommen und bei weiteren Punktionsversuchen an der Vene entlanggleiten ohne sie zu treffen. Trifft die Kanüle den nahe der V. jugularis dex. verlaufenden N. vagus, so hat das keine Folgen für den Vogel.

Über die V. jugularis dex. kann darüber hinaus ein Katheter zur Röntgenkontrastdarstellung des Herzens bis zur rechten Vorkammer verlegt werden. Dabei muß darauf geachtet werden, daß die Wand der rechten Vorkammer außerordentlich dünn ist, und so durch das Ende des Katheters perforiert werden kann.

Die V. ulnaris prof. überkreuzt das Ellenbogengelenk (Junctura cubiti) medial. Die Vene ist nach B i t t n e r (1927) bei den Hausgeflügelspezies und auch bei den meisten mittelgroßen und großen Zoovögeln zur Punktion geeignet. Diese Vene ist bei den Laufvögeln nur rudimentär ausgebildet. Bei diesen Spezies sollte alternativ die V. metatarsea plant. supf. oder die V. jugularis dex. punktiert werden. Dazu müssen adulte Vögel in den meisten Fällen sediert werden.

Die V. cutanea thoracoabdominalis geht im Bereich der seitlichen Brustwand aus einem Ventral- und Dorsalast hervor, die jeweils ventral der Achselbeuge unter der äußeren Haut beim Huhn lokalisiert werden können. Der Ventralast eignet sich nach B e r g (1974) beim Huhn besser zur Blutentnahme als die V. ulnaris prof. Wir nutzen dieses Gefäß beim Huhn zur Verlegung von Dauerkathetern, die sich im Bereich der seitlichen Brustwand fixieren lassen. Nach unseren Erfahrungen ist die Vene bei Tauben, Enten, Papageien sowie Greif- und Laufvögeln zur Punktin ungeeignet, da sie ein zu kleines Kaliber aufweist, die äußere Haut über der Vene zu dicht mit Federn besetzt ist oder subkutanes Fett die Lokalisation der Vene durch die äußere Haut nicht ermöglicht. Durch Untersuchungen bei weiteren Vogelspezies sollte geklärt werden, ob diese Vene außer beim Huhn auch bei anderen Vögeln zur Punktion genutzt werden kann.

Die V. metatarsea plant. supf. zieht unter der äußeren Haut über die Beugeseite des Tarsometatarsus und dorsal über das Tarsalgelenk (Articulatio intertarsalis), das nicht dem des Säugers entspricht. Medial am Tibiotarsus geht die V. metatarsea plant. supf. in die V. tibialis caud. über. Die Vene läßt sich nach M u r d o c k and L e w i s (1964) bei der Ente und nach unseren Erfahrungen auch bei Gänsen, Schwänen und Laufvögeln punktieren. Ob diese Vene auch bei einigen Stelzvögeln und Greifvögeln

zur Punktion geeignet ist, konnten wir bisher nicht restlos klären. Bei adulten Tauben, Hühnern und Möwen und sicherlich auch anderen Vögeln kann der Verlauf der Vene unter den stark verhornten Hautschuppen medial am Tarsometatarsus nicht lokalisiert werden. Dagegen ist die Punktion bei juvenilen Möwen und Tauben durchaus möglich, weil die äußere Haut weniger stark verhornt ist. Eine indirekte Darstellung des Venenverlaufs ist jedoch auch bei adulten Tauben möglich. Appliziert man einen Markierungsfarbstoff (Tusche, Berliner Blau) intrakutan in den Sohlenballen einer adulten Taube, dann gelangt dieser Farbstoff über das Lymphkapillarnetz des Sohlenballens in zwei Lymphgefäße, welche die V. metatarsea plant. supf. dicht flankieren. Der Verlauf dieser markierten Lymphgefäße kann im Gegensatz zu der Vene durch die stark verhornte äußere Haut erkannt werden. Auf diese Weise ist eine Blindpunktion der Vene zwischen den markierten Lymphgefäßen relativ leicht möglich. In Vorbereitung der Venenpunktion werden die Hornschuppen medial am Metatarsus mechanisch und mit Alkohol entfernt. Die Punktion der V. metatarsea plant. supf. erfolgt distal der Articulatio intertarsalis und kann bei Laufvögeln auch proximal des Gelenkes vollzogen werden. Bei Enten und Laufvögeln bevorzugen wir stets diese Vene zur Entnahme von Blut, da im Gegensatz zur V. jugularis oder V. ulnaris prof. post punctionem seltener subepitheliale Hämatome auftreten.
Andere Venen wie die V. femoralis und V. mesenterica caud. sind nur durch operative Maßnahmen im Rahmen experimenteller Untersuchungen beim Vogel zur Punktion zugänglich (H i c k e l , in Vorbereitung).

6) Zur Untersuchung des Lymphgefäßsystems mit den darin integrierten Organen stehen beim Säuger (S i e f e r t et. al., 1980; W e n z e l - H o r a et al., im Druck) und Vogel (B e r e n s v. R a u t e n f e l d et al., 1981; H i c k e l , in Vorbereitung) zwei Applikationsmethoden zur Verfügung, und zwar die indirekte und direkte Lymphographie, welche in der klinischen Forschung sehr selten zur Anwendung kommen. Bei dem ideellen und finanziellen Wert vieler Zoovögel sollte die klinische Anwendung dieser Methoden auch in der Tiermedizin nicht vernachlässigt werden. Dazu müssen jedoch noch Kriterien zur röntgenologischen Diagnostik der Erkrankungen des lymphatischen Systems erarbeitet werden.
Bei der indirekten Lymphographie wird das wasserlösliche Kontrastmittel IOTASUL^{R} (S c h e r i n g AG, Berlin/Bergkamen) intrakutan appliziert, von wo das Kontrastmittel über interendotheliale Öffnungen der Lymphkapillarendothelzellen in das Lymphgefäßdrainagesystem gelangt. Diese Methode und das Kontrastmittel stehen noch in der klinischen Erprobung beim Menschen, so daß der Bezug von IOTASUL^{R} bisher nur für Forschungszwecke möglich ist. Wir haben indirekte Lymphographien bei Huhn, Ente, Gans, Schwan und Emu mit Erfolg, teilweise mehrmals bei einem Tier, über eine Untersuchungsperiode von 3 Monaten durchgeführt und konnten im Rahmen dieser Versuche keine immunologischen Reaktionen innerhalb der aviären Lymphknoten von Enten oder andere Nebenwirkungen feststellen. Das wasserlösliche Kontrastmittel wird über die Nieren ausgeschieden, so daß eine Anreicherung von IOTASUL^{R} in der Kloake röntgenologisch erfaßt werden kann. Es ist vorteilhaft, das Kontrastmittel mit einem elektromotorisch angetriebenen Injektor (Infusionspumpe Typ 5005, Fa. Infors) über 5 Applikationsstellen mit einer Injektionsgeschwindigkeit von 1 - 1,5 ml/min. möglichst intrakutan zu applizieren. Grundsätzlich ist jedoch auch die Applikation des Kontrastmittels mit einer Spritze möglich. Die röntgenologische Darstellung des Lymphgefäßsystems kann frühestens nach 10 Minuten intra injectionem erfolgen. Für die Durchführung dieser Technik eignen sich Vögel von der Mindestgröße einer Ente, da bei kleineren Vögeln die Kalibergröße der Lymphgefäße zur Röntgendarstellung nicht ausreicht. Normalerweise gelingt die Lymphographie bei Vögeln besser als bei Säugern, da die Wand der Lymphdrainagen im Gegensatz zum Säuger eine dickere, glatt muskulöse Media aufweist, durch die das wasserlösliche IOTASUL^{R} schlechter diffundieren kann. Grundsätzlich sollte der Vogel bei der Anwendung der Lymphographie sediert werden.
Die Gaumeninjektion wird im Grenzbereich zwischen der Mund-und Rachenhöhle möglichst nahe der dorsalen Medianen des Gaumens durchgeführt. Es gelingt von dieser Injektionsstelle aus, das Vas lymphaticum jugulare, seine muralen lymphoretikulären Formationen

(MLF) und die bei Enten, Gänsen und Schwänen ausgebildeten Brustlymphknoten röntgenologisch darzustellen. Bei den MLF handelt es sich um kleine primitive Lymphknoten, die in der Wand fast aller Lymphgefäße beim Vogel gerade noch auf einer Röntgenaufnahme erfaßt werden können. Reaktive MLF können wesentlich vergrößert sein.
Bei der Sohlenballeninjektion lassen sich die Lymphgefäße der Beckengliedmaße und ihre MLF röntgenologisch nachweisen. Darüber hinaus gelingt es allerdings nur durch den Einsatz eines elektromotorisch angetriebenen Injektors, die bei Enten, Gänsen und Schwänen vorhandenen Lendenlymphknoten und den kaudalen Anteil des Truncus thoracoabdominalis (Ductus thoracicus) bis zu den Lymphherzen (Cor lymphaticum) darzustellen. Die Lymphherzen liegen dorsal auf den letzten Querfortsätzen des Os lumbosacrale. Über das Lymphherz gelangt das Kontrastmittel in das Blutsystem.
Der kraniale Anteil des Truncus thoracoabdominalis läßt sich im allgemeinen nur durch eine Muskelmageninjektion mit Kontrastmittel bis in den Bereich des rechten oder linken Venenwinkel füllen. Dazu muß allerdings die Körperrumpfhöhle eröffnet werden, damit das Kontrastmittel in das subperitoneale Bindegewebe des kaudalen Blindsackes (Saccus caud.) des Muskelmagens (Ventriculus) injiziert werden kann.

Bei der direkten Lymphographie wird ein fettlösliches (LIPIODOL[R]) oder wasserlösliches (IOTASUL[R]) Kontrastmittel direkt in ein Lymphgefäß appliziert. Zunächst muß dazu das zur Injektion bestimmte Lymphgefäß mit einem Farbstoff (PATENTBLAU[R], BERLINER BLAU, TUSCHE) indirekt (Gaumen, Sohlenballen) markiert werden. In der Folge wird am narkotisierten Vogel das markierte Lymphgefäß freipräpariert. Die lymphvaskuläre Kontrastmittelinjektion sollte möglichst mit einem elektromotorisch angetriebenen Injektor über einen spitz ausgezogenen Polyäthylenkatheter (Außendurchmesser 0,3 mm) oder eine Braunüle ausgeführt werden. Der Katheter oder die Braunüle kann mit einem Faden oder Gewebekleber (HISTOACRYL[R] BLAU) in der Wand des Lymphgefäßes fixiert werden. Die intralymphvaskuläre Applikationsgeschwindigkeit beträgt zwischen 0,08 - 0,2 ml/min. bei einem Kontrastmittelgesamtvolumen von etwa 5 ml LIPIODOL[R] (UF) oder 10 ml IOTASUL[R]. Die Untersuchungsdauer beträgt etwa 60 Minuten.
Die Darstellung des Vas lymphaticum (l) jugulare wird durch die Gaumeninjektion mit einem Farbstoff erreicht. Es verläuft auf beiden Seiten des Halses gemeinsam mit der V. jugularis und dem N. vagus. Das Lymphgefäß ist links des Halses großkalibriger als rechts des Halses. Die Haut kann rechts dorsolateral direkt über dem Lymphgefäß oder ventromedian am Hals eröffnet werden. Die röntgenologischen Darstellungsmöglichkeiten bei der indirekten und direkten Lymphographie entsprechen sich.
Das paarig angelegte Vas l. tibiale caud. wird mit einem Farbstoff durch die Sohlenballeninjektion markiert und mediodistal am Tibiotarsus nahe der Articulatio intertarsalis freipräpariert. Die beiden Lymphgefäße flankieren die V. tibialis caud. und liegen nahe der gleichnamigen Arterie und dem N. plant. med. Weiter proximal am Tibiotarsus werden diese Strukturen vom M. gastrocnemius bedeckt. Die röntgenologische Darstellung des Lymphabflußsystems innerhalb der Körperrumpfhöhle gelingt mit der direkten Methode besser.
Über den Phallus (B e r e n s v. R a u t e n f e l d et al., 1974, 1977; H i c k e l , in Vorbereitung) können Kontrastmittel wie LIPIODOL[R], UROGRAFIN[R] oder IOTASUL[R] direkt in das Lymphgefäßsystem appliziert werden. Das ist möglich, weil die Erektion des Kopulationsorganes beim Vogel nicht durch Blut, sondern Lymphe erfolgt. Dieses sinusoide Lymphkapillarsystem des Phallus ist mit dem Lymphgefäßsystem des Körpers und darüber hinaus über die Lymphherzen mit dem Blutsystem verbunden. Die Punktion des Phallus kann neben der Applikation von Kontrastmitteln auch zur Applikation von Medikamenten und zur Gewinnung von Phalluslymphe genutzt werden. Nicht bei allen Vögeln ist ein Phallus in der Kloake ausgebildet. Die Phalluspunktion ist bei männlichen Vögeln mit langem Phallusschaft (Phallus protrudens) wie beim Strauß, Emu, Nandu, Kasuar, Ente, Gans, Schwan und Hokko sowie bei männlichen Vögeln mit kleinen Phallushügeln (Phallus nonprotrudens) wie beim Huhn, Truthuhn, Fasan, Pfau und Wachtel möglich. Bei weiblichen Tieren dieser

Spezies ist ein wesentlich kleinerer Phallus feminimus ausgebildet, der zur Punktion zu klein sein kann. In Vorbereitung auf die Punktion muß der Phallus aus der Kloake vorverlegt werden. Bei Vögeln mit langem Phallusschaft erfolgt die Injektion in die subepithelial gelegenen Lymphsinus des Phallus möglichst nahe der Samenrinne, während bei Vögeln mit einem Phallus nonprotrudens einer der Phallushügel punktiert werden kann.

7) Die Lungeninjektion kann zur Tötung genutzt werden, da die Lunge nicht sensibel innerviert ist. Die Punktion der Lunge gelingt stets in der Regio interscapularis zwischen dem gut zu palpierenden Schulterblatt (Scapula) einerseits und den gut zu palpierenden Brustwirbeln andererseits. Scapula und Lunge reichen bei den meisten Vögeln kaudal bis zur Ala preacetabularis ilii. Nur bei einigen Vögeln wie den Kranichen, Möwen, Taggreifvögeln und Straußen erreicht die Scapula das Ilium nicht. In Vorbereitung auf die Punktion sollte der Vogel auf dem Sternum liegend fixiert werden. Die Injektion erfolgt im kranialen Bereich der Regio interscapularis mit senkrecht zur Scapula und den Brustwirbeln geführter Kanüle. Dabei kann der Weg der Kanüle zur Lunge durch eine Rippe verlegt sein, wodurch die Punktion kranial oder kaudal dieser Rippe wiederholt werden muß. Die Kanüle liegt in der Lunge, wenn durch die applizierte Flüssigkeit intrapulmonale Rasselgeräusche zu vernehmen sind.

8) Die Luftsackinjektion kann zur Applikation von Medikamenten genutzt werden. Auf die Lufsackendoskopie zur Geschlechtsbestimmung oder zur Adspektion der Körperhöhlenorganen soll an dieser Stelle nicht eingegangen werden.
Die Punktion des Bauchluftsackes (Saccus abdominalis) erfolgt in einem Winkel, der vom Kaudalende der letzten vertebralen Rippe (Costa vertebralis) und Os ilium (Ala preacetabularis Os ilii) gebildet wird. Der Bauchluftsack liegt der lateralen Bauchwand direkt an. Durch die Injektion von Luft in die Bauchluftsäcke können verschiedene Bauchhöhlenorgane (Magen, Darm, Niere, Gonaden) röntgenologisch im Negativ-Kontrast dargestellt werden. Diese Methode gewährleistet nicht immer reproduzierbare Ergebnisse, weil die Anordnung der Luftsäcke zwischen den Bauchhöhlenorganen variieren kann. Da die Gonaden von den Bauchluftsäcken umgeben sind, könnte vermutet werden, daß mit der Negativ-Kontrasttechnik das Geschlecht röntgenologisch zu bestimmen sei. Erst weitere, am hiesigen Institut geplante Versuche sollen klären, wie weit diese Methode zur allgemeinen klinischen Anwendung geeignet ist.
Die Punktion des kaudalen Brustluftsackes (Saccus thoracicus caud.) erfolgt innerhalb des letzten Interkostalraumes im Bereich der Extremitas distalis der letzten Vertebralrippe (Costa vertebralis). Dieser Luftsack soll bei den Truthühnern fehlen.
Die Punktion des kranialen Bauchluftsackes (Saccus thoracicus cran.) wird zwischen den Sternalrippen (Costae sternales) des vorletzten Interkostalraumes vorgenommen. Beide Brustluftsäcke liegen der lateralen Brustwand direkt an. Dabei ist darauf zu achten. daß den Vertebralabschnitten der vorderen Rippen die Lunge aufliegt.
Der Schlüsselbeinluftsack (Saccus clavicularis) kann durch die Apertura interclavicularis punktiert werden. Der Luftsack umgibt die kranial des Herzens gelegenen Organe und Gefäße. In der Inspirationsphase kann sich der Schlüsselbeinluftsack kranial zwischen den beiden Schlüsselbeinen (Claviculae) bis unter die äußere Haut ausdehnen. Vor jeder Injektion sollte palpatorisch geklärt werden, ob Anteile des Ösophagus oder des Kropfes den Zugang zum Luftsack verdecken, was stets bei der Taube der Fall ist.

Zusammenfassung:

Die parenterale Applikation beim Vogel

Das beim Hausgeflügel bekannte Methodenpotential parenteraler Applikationsstellen wird auf seine Anwendbarkeit bei Zoo- und Wildvögeln diskutiert. Daneben werden neue parenterale Applikationsmethoden wie die intraperitoneale und intrapulmonale Injektion sowie neue Darstellungsmöglichkeiten des Lymphgefäßsystems vorgestellt.

Summary:

Sites for Parenteral Application in Birds

The methods known for parenteral application of substances to domestic birds are discussed for their applicability to zoo and wild birds. Also described are new methods of parenteral application, including intraperitoneal and intrapulmonary injection, as well as ways for representation of the lymphatic vessel system.

Résumé :

Application parenterale chez l'oiseau

L'auteur discute l'applicabilité sur des oiseaux captifs et sauvages du potentiel méthodique connu de points d'application parentérale pour la volaille domestique. En plus de cela, il présente de nouvelles méthodes d'application parentérale comme l'injection intrapéritonéale et l'injection intrapulmonaire ainsi que de nouvelles possibilités pour la présentation du système lymphatique.

Резюме:

Парентеральная аппликация у птиц.

Обсуждается парентеральная аппликация у птиц в зоопарке в сравнении с домашней птицей. При этом сообщается о новых методах аппликации интраперитониально и интрапульминально, а также об исследовании лимфососудистой системы.

Literaturverzeichnis:

BAUMEL, J. J., A. S. KING, A. M. LUCAS, J.E. BREAZILE and H. E. EVANS (1979): **Nomin Anatomica Avium.** Academic Press, London, New York, Toronto, Sydney, San Franzisco.

BERENS v. RAUTENFELD, D., F. PREUSS und F. FRICKE (1974): Neue Daten zur Erektion und Reposition des Erpelphallus. Der prakt. Tierarzt 10, 553 - 556.

BERENS v. RAUTENFELD, D. (1977): Mitteilung zur künstlichen Besamung, Geschlechts- und Altersbestimmung beim Strauß (Struthio camelus australis, GURNEY). Der prakt. Tierarzt 5, 359 - 364.

BERENS v. RAUTENFELD, D., K.-D. BUDRAS, E. M. HICKEL und R. LORENZ (1981): Zur angewandten Anatomie des Lymphgefäßsystems der Vögel. DVG, Fachgruppe Geflügel, II. Tagung "Krankheiten derVVögel", Kongreßbericht 136 - 141.

BERG, R. (1974): Angewandte und topographische Anatomie der Haustiere. F. Enke, Stuttgart.

BITTNER, H. (1927): Die Anatomie der zur Blutentnahme geeigneten Stellen beim Hausgeflügel. Berliner Tierärztl. Wschr. 34, 568 - 571.

HICKEL, E. M. (in Vorbereitung): Experimentelle und klinische Zugänge zum Kreislaufsystem verschiedener Vögel. Berlin-West: Vet. Med. Diss.

HOFSTAD, M. S. (1950): A Method of Bleeding Chickens from the Heart. Jour. Am. Vet. Med. Assoc. 116, 353 - 354.

KRONBERGER, H. (1978): Haltung von Vögeln. Krankheiten von Vögeln. Stuttgart/New York: G. Fischer.

MAC ARTHUR (1950): Simplified Heart Puncture in Poultry Diagnosis. Jour. Am. Vet. Med. Assoc. 116, 38 - 39.

MURDOCK, H. R. and J. O. D. LEWIS (1964): A Simple Method for Obtaining Blood from Ducks. Proc. Soc. Biol. and Med. 116, 51 - 52.

POHLMEYER, K. und H. WISSDORF (1976): Die Vaskularisation der Pektoralmuskulatur bei der Reisetaube (Columba livia, GMELIN 1789) im Hinblick auf die intramuskuläre Applikation von Medikamenten. Der prakt. Tierarzt 2, 71 - 74.

SIEFERT, H. M., W. MÜTZEL, C. SCHÖBEL, H.-J. WEINMANN, B. I. WENZEL-HORA, and U. SPECK (1980): Iotasul, a Water-soluble Contrast Agent for Direct and Indirect Lymphography. Results of Preclinical Investigations. Lymphology 13, 150-157.

WACHENDÖRFER, G. (1970): Hinweise zur Bestimmung des Chlortetrazyklin-Spiegels in Blut und Geweben von Psittaciden und Futterproben sowie zur Technik der Blutentnahme. Dtsch. Tierärztl. Wschr. 77, 558 - 561.

WENZEL-HORA, B. I., D. BERENS v. RAUTENFELD und H. M. SIEFERT (im Druck): Direkte und indirekte Lymphographie am Hund. Teil 1. tierärztl. praxis.

Anschrift der Verfasser: Prof. Dr. D. Berens v. Rautenfeld
Institut für Veterinär-Anatomie,
-Histologie und -Embryologie der
Universität Berlin-Dahlem
Koserstraße 20
1000 Berlin 33 (Berlin-West)

SCHEMA DER INTRAPERITONEALEN INJEKTION BEIM VOGEL

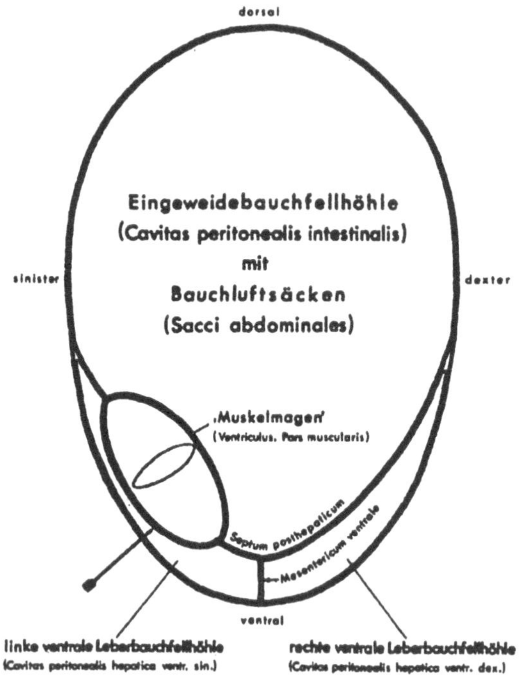

Aus dem Zoologischen Garten Landau (Leiter: Dr. R. S p e n g l e r)

DERMATOMYKOSE BEI EINER MÄHNENROBBE UND IHRE THERAPIE

Von R. S p e n g l e r

Anfang Januar 1980 fiel bei den täglichen Visiten im Zoo auf, daß das weibliche Tier unserer beiden 7-jährigen Mähnenrobben - das Tier hatte im Jahr zuvor ein totes Jungtier geboren - immer wieder an der linken Hinterflosse nagte. Nachdem bei uns die Futterkomplettierung relativ gewissenhaft und regelmäßig durchgeführt wird, - wir füttern Sprotten und Makrelen, die mit Vitamin-B-Tabletten und Meersalz angereichert werden - schlossen wir eine Mangelsituation, an die zunächst zu denken war, eigentlich aus und dachten mehr oder weniger daran, daß das Tier aus Langeweile mit dem Flossenbenagen begänne. Um für alle Fälle sicher zu gehen, gaben wir ganze Sepiaschalen ins Becken, mit denen das Tier dann auch spielte, sie zerbiß und teilweise auch aufnahm, was als zusätzliche Kalkmedikation beabsichtigt war.
Trotzdem ließ das Flossennagen nicht nach. Daraufhin verordnete 3 - 5 %-ige Salzbäder waren ebenfalls ohne therapeutischen Effekt. Etwa 8 Wochen nach Beginn des Flossennagens zeigte sich oberhalb der zweiten Zehe ein zunächst 1 cm breiter und etwa 3 cm langer Epitheldefekt, der das Tier zu immer häufigerem Benagen veranlaßte. Die Gabe von Celestamine Tabletten Byk-Essex (= Betamethason d-Chlorphenaminmaleat), die bei allergischen Dermatosen und Pruritus gute Wirkung zeigen, brachte keinen Stillstand des Prozesses, der zwischenzeitlich zu einem 6 - 7 cm langen und etwa 2 cm breiten Defekt führte. Aufgrund dieses fortgeschrittenen Befundes wurde zunächst beabsichtigt, das Tier zu narkotisieren und den Gewebedefekt radikal zu resezieren. Gehegebedingte Schwierigkeiten und Bedenken bezüglich der Sicherheit der Narkose ließen diese Absicht in der kalten Jahreszeit jedoch nicht so ohne weiteres realisieren, weshalb dieses Vorhaben zeitlich noch etwas verschoben wurde. Um in der Zwischenzeit den Prozeß eventuell zum Stillstand zu bringen, wurde das Tier rein empirisch mittels einer Lanzettspritze mit einer konzentrierten wässrigen Lösung von Gentianaviolett besprüht. Nach 5 Tagen wurde die Behandlung noch einmal wiederholt.
Zu den Triphenylmethanfarbstoffen zählend, findet Gentiana- oder Methylviolett als Desinfektionsmittel und Antisepticum auch heute noch in der Humanmedizin 1 % zum Pinseln oder 0,1 % zum Sprühen Anwendung. Es wirkt besonders auf grampositive Erreger, Kokken und gewisse Hautpilze (H e l w i g, 1961).
Auf diese etwas antiquiert wirkende Behandlungsweise hin ließ eigenartigerweise der Juckreiz und die dadurch ausgelöste Neigung zur Automutilation nach, was uns dazu bewog, die Ferndiagnose Mykose zu stellen und im Vertrauen auf die Richtigkeit dieser Diagnose - eine Gewebeuntersuchung war nicht möglich - sofort eine sechswöchige orale Therapie mit Fulcin S 500 (ICI-Pharma) einzuleiten. Die tägliche Dosis betrug 2 x 1 Tablette Fulcin S 500, das entspricht einer Tagesdosis von 1.000 mg Griseofulvin bei einem Schätzgewicht des Tieres von 70 kg. Der Epitheldefekt heilte daraufhin vollkommen ab. 8 Wochen nach Behandlungsbeginn waren keine Veränderungen mehr festzustellen.

Zusammenfassung:

Dermatomykose bei einer Mähnenrobbe und ihre Therapie

Verfasser berichtet über eine zunächst als solche nicht erkannbare Dermatomykose an der Hinterflosse einer Mähnenrobbe. Der Juckreiz führte zu Erscheinungen der Automutilation. Die Heilung erfolgte durch lokale Anwendung von Griseofulvin innerhalb von 8 Wochen.

Summary:

Therapy of Dermatomycosis in South American Sea Lion

Reported in this paper is a manifestation of dermatomycosis on the hind flipper of a South American sea lion. The process had been undefinable for some time. Pruritus, in that context, led to phenomena of automutilation. Healing was achieved within eight weeks by local application of gentian-violet in conjunction with oral administration of griseofulvin.

Résumé :

Dermatomycose chez des otaries à crinière d'Amérique du Sud et sa thérapie

L'auteur nous fait part d'une dermatomycose qui s'est manifestée à la nageoire arrière d'une otarie à crinière d'Amérique du Sud et qui, au début, n'a pu être dépistée comme telle. Le prurit a abouti à des phénomènes d'automutilation. Le traitement a réussi et se faisait localement en administrant du Gentianaviolett et oralement en donnant du Griseofulvin huit semaines durant.

Резюме:

Выявление дерматомикоза у ластоногого тюленя и его терапия.

Авторы докладывают о сначала не опознанном дерматомикозе на заднем плавнике ластоногого тюленя. Зуд привел к появлению автомутиляции. Излечение было достигнуто гентиновиолета и гризеофульвина в течение недель.

Literaturverzeichnis:

HELWIG, B. (1961): Moderne Arzneimittel. Stuttgart: Wissenschaftl. Verlagsgesellschaft

Anschrift des Verfassers: Dr. med. vet. Spengler
Veterinärdirektor
Sachsenstraße 36
6740 Landau i.d.Pf. (BRD)

Aus dem Veterinär-Anatomischen Institut (Direktor: Prof. Dr. J. Frewein), dem Institut für Veterinär-Pathologie (Direktor: Prof. Dr. H. Stünzi) und der Klinik für Zoo- und Heimtiere, Institut für Zuchthygiene (Direktor: Prof. Dr. K. Zerobin) der Universität Zürich

GEHÄUFT AUFTRETENDE FÄLLE VON PARAKERATOSE MIT EPITHELABLÖSUNG DER HAUT BEI LANDSCHILDKRÖTEN

Von F. Mettler, D. Palmer, A. Rübel und E. Isenbügel

Erkrankungen der Haut sind bei Landschildkröten selten (Ippen und Schröder, 1977; Keymer, 1978). Gelegentlich kommen mechanisch bedingte Läsionen mit subkutaner Abszeßbildung vor (Graham-Jones, 1961; Holt et al., 1977). Aus dem Thüringer Zoopart Erfurt stammt ein Bericht von Epithelablösungen, wobei drei frisch importierte Sporenschildkröten und eine Argentinische Landschildkröte betroffen waren (Altmann und Altmann, 1977). Daneben wurden Epithelablösungen im Zusammenhang mit Anorexie bei neun Landschildkröten beobachtet (Holt et al., 1979), und endlich wurden derartige Hautläsionen auch nach Vitamin-A-Injektionen bei europäischen Landschildkröten beschrieben (Kuntze, 1981). In den letzten 4 Jahren wurden in der Klinik für Zoo- und Heimtiere der Veterinär-Medizinischen Fakultät Zürich gehäuft generalisierte Epithelablösungen der Haut bei Landschildkröten beobachtet. Die Tiere stammten aus dem Zoo Zürich und aus Privathaltung aus der Gegend von Zürich.

Tiere folgender Arten waren betroffen:

Griechische Landschildkröten	(Testudo hermanni):	21 Tiere
Maurische Landschildkröten	(Testudo graeca):	5 Tiere
Sternschildkröten	(Geochelone (Testudo) elegans):	4 Tiere
Vierzehan-Landschildkröte	(Testudo horsfieldii):	1 Tier
Waldschildkröte	(Geochelone (Testudo) denticulata):	1 Tier
Glattrand-Gelenkschildkröte	(Kinixys belliana):	1 Tier

Fünf von diesen 33 Schildkröten überlebten die Krankheit. Es wurden 17 Tiere seziert und histologisch untersucht. Bei einigen wurden auch bakteriologische und mykologische Untersuchungen vorgenommen.

Eine epidemiologische Abklärung war unergiebig. Die Haltungsbedingungen waren in bezug auf Temperatur, Luftfeuchtigkeit und Unterkunft sehr verschieden. Einzelne Tiere wurden im Sommer im Freien gehalten und nach bekanntem Verfahren überwintert, andere lebten das ganze Jahr in Innenterrarien. Die Ernährung der Tiere war unterschiedlich. Einige Besitzer mischtem dem Futter ein Polyvitamin-Präparat bei. Ein jahreszeitlich gehäuftes Auftreten konnte nicht beobachtet werden. Vier Tiere erkrankten kurz nach dem Winterschlaf. Die meisten Tiere litten zusätzlich an Panzererweichung, Parasitosen oder sie wiesen Inappetenz auf. Deshalb waren viäle von ihnen bereits vor dem Auftreten der Epithelablösungen in tierärztlicher Behandlung.

Klinischer Verlauf und Therapie:

Bei einer Gruppe von Griechischen Landschildkröten verlief die Krankheit folgendermaßen:

Das Gelege einer Schildkröte wurde künstlich bebrütet und es schlüpften 11 Jungtiere. Diese wurden im Terrarium auf Sandboden aufgezogen. Mit 1 1/2 Jahren wurden die Tiere umgestellt und auf Holzspänen einheimischer Nadelhölzer gehalten. Die Fütterung bestand vorwiegend aus Salat, Früchten und Gemüse. Dem Futter wurde auch etwas Calciumcarbonat beigesetzt. Ein halbes Jahr später wurde der Panzer zunehmend weicher, worauf allen Tieren ein Vitamin A, D, E-Präparat in wässeriger Lösung intramuskulär verabreicht wurde. Vierzehn Tage später begann sich bei einer Schildkröte das Hautepithel abzulösen. Innerhalb von 3 Tagen zeigten alle Schildkröten ähnliche Erscheinungen, die mehr oder weniger stark ausgeprägt waren. Acht Tiere starben innerhalb weniger Tage oder sie wurden in extremis euthanasiert. Die übrigen drei erholten sich wieder.

Die flächenhaften Epithelablösungen begannen immer in den vom Panzer geschützten Gebieten, wo die Haut relativ dünn ist: Am Hals, um den Anus und proximal an Vorder- und Hintergliedmaßen. Von dort breiteten sich die Läsionen zum Kopf und an den Gliedmaßen nach distal aus. Die Krallen und der Panzer blieben jedoch immer unversehrt. Das Epithel hob sich meist in großen Blasen von der Unterlage ab, und anschließend wurde die Blasenwand in großen Stücken abgestoßen. Darunter kam eine graue oder rötliche feuchte Oberfläche zum Vorschein, die stellenweise gelbliche, schmierige Beläge aufwies. Unbehandelte Tiere wurden exsikkotisch und starben innerhalb weniger Tage. Fünf Tiere, die intensiv mit subkutanen Infusionen, Betadinbädern (Betadine[R], Purdue Frederick) und einem Antibiotika-Schutz behandelt wurden, überlebten die Krankheit. Um ein Austrocknen der Haut zu vermeiden, wurde diese mit einem gewebefreundlichen, antiseptischen Wundspray abgedeckt. Die vollständige Ausheilung dauerte mehrere Monate.

<u>Untersuchungsergebnisse:</u>

Bei den bakteriologischen und mykologischen Untersuchungen der Haut konnten keine spezifisch hautpathogenen Erreger, wie Beneckea chitinovora oder Dermatophylus congolensis, gefunden werden. Elektronenmikroskopisch konnten auch keine Viren nachgewiesen werden. Mikroskopisch sind in den abgelösten Keratinschichten andere Gram-positive oder Gram-negative Bakterien und Pilzhyphen zu erkennen.

Zum Studium der <u>normalen Histologie</u> der Schildkrötenhaut standen uns drei Kontrolltiere zur Verfügung. Die unveränderte Epidermis der Landschildkröten zeigte je nach Lokalisation unterschiedliche Erscheinungsbilder: Über dem Panzer wies das Stratum germinativum nur zwei Zellagen auf, die von einem dicken, nicht anfärbbaren Stratum corneum bedeckt waren. Ähnlich sah die Epidermis auch über den Schuppen und Platten der distalen Gliedmaßenabschmitte aus. In den Furchen zwischen diesen Erhebungen aber bestand das Stratum germinativum aus mehreren Zellagen und die darüberliegende Keratinschicht war locker und azidophil. Proximal an den Gliedmaßen, am Hals und um den Anus war das Stratum corneum bedeutend dünner. Es bestand vorwiegend aus azidophilem, daneben aber auch aus kompaktem, nicht anfärbbarem Keratin. Das Stratum germinativum wies hier 3 - 5, in Vertiefungen 5 - 8 Zellagen auf. Der Übergang vom Stratum germinativum zum Stratum corneum war stets abrupt.

Die bei erkrankten Schildkröten auftretende Ablösung in der Haut erwies sich histologisch als eine Trennung des Stratum corneum vom Stratum germinativum. Zwischen den zwei Schichten lag jeweils eine unterschiedlich breite Schicht von stark azidophilen Zellen mit pyknotischen Kernen (Parakeratose). Das Stratum germinativum war oft auf über 1o Zellagen verbreitert und wies vermehrt Mitosen auf (Akanthose). Interzellulär bestand ein ausgeprägtes Ödem (Spongiose). Die obersten ein bis zwei Zellagen des Stratum germinativum wiesen eine hydropische Degeneration auf. Meist kam es zwischen diesen Zellen und der darüberliegenden parakeratotischen Schicht zur Ablösung (subkorneale Akantholyse). Dabei gingen auch einzelne Epithelzellen zugrunde und heterophile Granulozyten wanderten ein. Stellenweise löste sich das Epithel im Bereich der Basalzellschicht, wobei großflächige Erosionen mit nachfolgender gemischtzelliger Infiltration entstanden. Im Bereich der Epithelläsionen bestand im Korium eine Ödematisierung mit starker Dilatation der Kapillaren sowie eine mäßige entzündliche Infiltration, die oft auch in die Subkutis reichte. Hier wurde bei den wenigen darauf untersuchten Tieren eine leichte Vermehrung der Mastzellen festgestellt.

Bei einigen Tieren wurden histologische Schnitte durch den Kopf und den Hals untersucht. Dabei zeigten sich bei einem Teil der Fälle Veränderungen an den Epithelien von Mundhöhle, Ösophagus, Nase und Augenlider. Im vorderen Teil der Mundhöhle hafteten dem Epithel azidophile, zellhaltige Massen an. Im hinteren Teil der Mundhöhle und im Ösophagus, wo im allgemeinen ein mehrschichtiges zylindrisches Epithel vorkam, war dieses bei einzelnen Tieren hyperplastisch und bestand aus kubischen, spindelförmigen oder abgeflachten Zellen. Tiere mit Nasenausfluß zeigten eine chronische Entzündung der Nasenschleimhaut. Auch eine leichte Entzündung des dritten Augenlides wurde beobachtet. Das Epithel der Harder'schen Drüsen war unverändert.

Diskussion

Von der Klinik für Zoo- und Heimtiere der Universität Zürich wurden jährlich etwa 160 Landschildkröten betreut. In den letzten 4 Jahren traten bei über 30 Fällen Hautveränderungen mit Epithelablösung auf. Über eine solche Häufigkeit gleichartiger Hautveränderungen bei Landschildkröten ist bis jetzt noch nicht berichtet worden. Das gleiche klinische Bild wurde wiederholt von K u n t z e (1981) beobachtet und ähnliche Hautläsionen bei vier Landschildkröten beschrieben (A l t m a n n und A l t m a n n , 1977). In zwei weiteren Arbeiten wird das Vorkommen von Epithelablösungen erwähnt (B u r k e , 1970; H o l t et al., 1979).

Die gleichzeitig symmetrisch auftretenden Veränderungen, die sich histologisch als Parakeratose, Akanthose und subcorneale Akanthose erweisen, deuten auf eine generalisierte Erkrankung hin. Da eine infektiöse Ursache mit großer Wahrscheinlichkeit ausgeschlossen wurde, müssen als mögliche Ursachen vor allem Mangelkrankheiten und Vergiftungen in Betracht gezogen werden. Epithelschädigungen durch Vitamin A-Mangel sind bei zahlreichen Säugetierarten, bei Vögeln und bei Reptilien bekannt. Bei Wasserschildkröten stehen dabei Augenveränderungen mit Lidschwellung und Metaplasie der Harder'schen Drüse im Vordergrund (W a l l a c h , 1971; Z w a r t , 1977). In fortgeschrittenen Fällen trat auch Anasarka auf (W a l l a c h , 1971). Gleichartige Augenveränderungen wurden auch bei Landschildkröten beobachtet und mit Vitamin A erfolgreich behandelt (G r a h a m - J o n e s , 1961). Bei Landschildkröten mit Nasenausfluß, Korneatrübung und Belägen in der Mundhöhle oder mit Hyperkeratose und großflächigen Hautabschilferungen wurde ebenfalls Vitamin A-Mangel vermutet (S t e u e r , 1966; B u r k e , 1970). Von der Ernährung her ist ein reiner Vitamin A-Mangel bei Landschildkröten weniger wahrscheinlich als bei Wasserschildkröten. Vielmehr scheint er bei Landschildkröten im Zusammenhang mit einer allgemeinen Mangelsituation aufzutreten. So waren Infektionen von Augen und oberen Luftwegen sowie Auflagerungen in der Mundhöhle oft mit Nahrungsverweigerung nach unsachgemäßer Überwinterung verbunden (G r a h a m - J o n e s , 1961).
Bei den von A l t m a n n und A l t m a n n (1977) beschriebenen Fällen mit ähnlichen Hautveränderungen, wie sie in der vorliegenden Arbeit vorgestellt wurden, handelte es sich offensichtlich um unterernährte Frischimporte. H o l t et al. (1979) beobachteten Anorexie und Epithelablösung bei neun Landschildkröten, von denen vier auch eine Panophthalmitis aufwiesen. Als Ursache vermuteten sie eine Hypovitaminose, da sich sieben Tiere nach einer Behandlung mit einem Polyvitamin-Präparat erholten.

Bei einigen unserer Fälle zeigten sich Entzündungen der Nasen- und Konjunktivalschleimhaut und Epithelmetaplasie in Mund-, Rachen- und Ösophagusschleimhaut, jedoch die für Vitamin A-Mangel spezifische Metaplasie der Harder'schen Drüsen fehlte. Die Tiere waren im allgemeinen in schlechtem Nährzustand. Vier zeigten die Epithelablösung im Anschluß an den Winterschlaf. Eine allgemeine Mangelsituation ist daher als Ursache für die Hautveränderungen einiger Tiere nicht auszuschließen.

Auffällig war, daß bei zahlreichen unserer Fälle die Epithelveränderungen in der Haut 2 - 6 Wochen nach einer Behandlung mit einem Vitamin A, D, E-Komplex auftraten. Die Vitamine wurden in wässeriger Lösung intramuskulär injiziert. Eine Beziehung zwischen dieser Behandlung und der Entstehung der Hautveränderungen scheint deshalb wahrscheinlich, um so mehr als auch durch K u n t z e (1981) anamnestisch Vitamin A-Gaben bei diesem Krankheitsbild eruiert wurden und bei zwei Tieren durch ein Vitamin A-Präparat experimentell erzeugt werden konnte. Es müssen jedoch weitere experimentelle Untersuchungen durchgeführt werden, um die Rolle des Medikaments bei diesem Krankheitsgeschehen abzuklären.

Zusammenfassung:

Gehäuft auftretende Fälle von Parakeratose mit Epithelablösung der Haut bei Landschildkröten

In den letzten vier Jahren traten in der Region von Zürich 33 Fälle von Epithelablösungen der Haut bei Landschildkröten auf. Neben spontanen Fällen erkrankten zahlreiche Tiere nach einer intramuskulären Injektion eines Vitamin A, D, E-Präparates in wässeriger Lösung.

Summary:

High Incidence of Parakeratosis accompanied by Detachment of Skin Epithelium among Tortoises

Thirty-three cases of epithelial detachment of skin were recorded from tortoises in the region of Zurich, over the past four years. There were spontaneous outbreaks, but many animals were affected following intramuscular injection of a vitamin A,D,E preparation in aqueous solution.

Резюме:

Часто встречающиеся случаи паракератоза с отслоением эпителия кожи земных черепах.

В последние 4 года в районе Цюриха обнаружено 33 случая отслоения эрителия кожи у земных черепах. Кроме споннтанно возникших случаев, животные заболели после инъекции витаминов А,Д,Е , в водной среде.

Literaturverzeichnis:

ALTMANN, D. und I. ALTMANN (1977): Haltung, Ernährung und Erkrankungen von Landschildkröten im Thüringer Zoopark Erfurt. Verhandlungsber. XIX. Internat. Symp. Erkrankungen Zootiere, Poznan, 69 - 79.

BURKE, T. J. (1970): Hypovitaminosis A. Internat. J. Turtle and Tortoise Ass. 4, 8 - 9.

GRAHAM-JONES, D. (1961): Some clinical conditions in the North African Tortoise ("Greek" Tortoise), Testudo graeca. Vet. Rec. 73, 317 - 321.

HOLT, P. E., COOPER, J. E. and J. R. NEEDHAM (1979): Diseases of tortoises: A review of seventy cases. J. Small Anim. Pract. 20, Poznan, 7 - 14.

IPPEN, R. und H.-D. SCHRÖDER (1977): Zu den Erkrankungen der Reptilien. Verhandlungsber. XIX. Internat. Symp. Erkrankungen Zootiere, Poznan, 15 - 29.

KEYMER, I. F. (1978): Diseases of chelonians: (1) Necropsy survey of tortoises. Vet. Rec. 103, 548 - 552.

KUNTZE, A. (1981): Therapiemöglichkeiten und -grenzen bei Reptilien. Mh. Vet.-Med. 36, 187 - 196.

STEUER, H. (1966): Ist die sogenannte Mundfäule der Reptilien eine Avitaminose? D. Zool. Gart. 32, 36 - 38.

WALLACH, J. D. (1971): Environmental and nutritional diseases of captive reptiles. J. Am.Vet. Med.Assoc. 159, 1632 - 1643.

ZWART, P. (1977): Haltungs- und Fütterungsfehler bei Reptilien. Verhandlungsber. XIX, Internat. Symp. Erkrankungen Zootiere, 269 - 286.

Anschrift der Verfasser: Dr. med. vet. F. M e t t l e r
Winterthurerstraße 260
CH-8057 Zürich (Schweiz)

Aus der Sektion Tierproduktion und Veterinärmedizin der Karl-Marx-Universität Leipzig, Wissenschaftsbereich Mikrobiologie und Tierseuchen (amt.Leiter: Dr.sc. G. H i l l e) und dem Zoologischen Garten Leipzig (Direktor: Doz.Dr. S. S e i f e r t)

ERHÖHUNG DER GRUNDIMMUNITÄT, PARAMUNISIERUNG UND INTERFERONANWENDUNG - NEUE ASPEKTE BEI DER BEKÄMPFUNG VON INFEKTIONSKRANKHEITEN -

Von H.-J. S e l b i t z

Bereits seit einigen Jahren ist ein Trend zu erkennen, der auf die stärkere Einbeziehung der unspezifischen oder nicht streng antigenspezifischen Abwehrmechanismen in die Bekämpfung von Infektionskrankheiten der Menschen und Tiere gerichtet ist.
Die Gründe dafür sind vor allem die Zunahme der Chemotherapeutikaresistenz, der empfindlich spürbare Mangel an antiviralen Medikamenten und die Tatsache, daß eine ganze Reihe von Infektionskrankheiten sich durch die spezifische Immunprophylaxe nicht in gewünschtem Maße beherrschen lassen. Hinzu kommen Restriktionen des Chemotherapeutikaeinsatzes, die sich aus Gründen des Gesundheitsschutzes der Menschen für die Anwendung dieser Präparate bei Tieren zwingend ergeben. Die im Vorjahr vorgelegte Auswertung der Resistenzprüfungen von Bakterienstämmen aus dem Untersuchungsmaterial des Zoologischen Gartens Leipzig beweist erneut die Bedeutung des Problems der Chemotherapeutikaresistenz für die tierärztliche Betreuung von Zootieren (S e l b i t z , 1981).

Die unbefriedigenden Resultate spezifischer immunprophylaktischer Maßnahmen bei bestimmten Infektionen sind vor allem darauf zurückzuführen, daß ubiquitär verbreitete, schwach virulente Erreger mit geringer Immunogenität auftreten und auch die große Anzahl pathogener Mikroorganismen eine allumfassende spezifische Immunisierung ausschließt (S t e i n b a c h und M ü l l e r , 1979). In den zurückliegenden Jahren ist viel über den Wandel in der Infektionsmedizin publiziert worden (H e i n i c k e et al., 1981; M e h l h o r n et al., 1978; M a y r , 1977). Das Wesen dieses Vorganges besteht kurz gesagt darin, daß die sogenannten "klassischen" Seuchen bzw. Infektionskrankheiten als Folge langjähriger planmäßiger Bekämpfung mehr und mehr in den Hintergrund gedrängt werden. Dagegen gewinnen schwachvirulente, häufig ubiquitäre Erreger ("opportunistische Keime") an Bedeutung, die als polyfaktoriell, multifaktoriell oder auch plurikausal bezeichnete Infektionskrankheiten hervorrufen, für die von vielen Autoren der Terminus infektiöse Faktorenkrankheiten verwendet wird. Ihr Hauptmerkmal besteht darin, daß, bei prinzipiell erhaltener Erreger-Wirt-Kausalität, sowohl das Zustandekommen als auch der Schweregrad der klinischen Manifestation zu einem wesentlich größeren Teil als bei den klassischen Seuchen durch Umweltbedingungen und die aktuelle Abwehrkapazität des Wirtsorganismus determiniert werden. Die Henle-Kochschen-Postulate sind also nicht in allen Fällen vollständig erfüllt.

Die Nutzung großer Tierkonzentrationen auf engem Raum, die für die intensive Tierproduktion charakteristisch ist, begünstigt diese Gruppe von Erkrankungen in gewisser Weise. Andererseits erwachsen aus den modernen Haltungsformen auch Faktoren, die die planmäßige Bekämpfung von Infektionen entscheidend verbessern (H e i n i c k e et al., 1981). Für die Zootierhaltung treffen viele dieser Gesichtspunkte ebenfalls zu, besonders die Konzentration der Tiere auf geringer Fläche. Erschwerend kommt hinzu, daß aufgrund der notwendigerweise oft über viele Jahre anhaltenden Belegung der Gehege mit Tieren gleicher Art kontinuierliche gründliche Desinfektionsmaßnahmen nach dem "alles rein - alles raus" - Prinzip nur selten ohne weiteres möglich sind und Kompromisse bei der Erregerverdünnung gemacht werden müssen. E l z e (1977) hat solche Faktoren der Zootierhaltung am Beispiel der Koliinfektionen neugeborener Ruminantia überzeugend dargestellt.

Grundimmunität und Paramunisierung

Versuche, die Infektionsabwehrmechanismen auf unspezifischem Wege zu stimulieren und damit einen Effekt für Prophylaxe und Therapie zu erzielen, wurden bereits vor Jahrzehnten unternommen. Nachdem durch die großen Erfolge des Antibiotikaeinsatzes diese Möglichkeiten für einige Zeit etwas aus dem Blickpunkt der medzinischen Forschung gerieten, finden sie seit Jahren unter den oben dargestellten Aspekten zunehmende Aufmerksamkeit. Das verwendete Begriffsspektrum ist leider recht verwirrend. Dazu gehören sowohl die Termini unspezifische Reiztherapie, Eiweißtherapie, Erhöhung der unspezifischen Immunität, der erworbenen aktiven Resistenz u.a.. Allen ist gemeinsam, daß die Steigerung der Infektionsabwehr auf dem Wege einer nicht antigenspezifischen Stimulation angestrebt wird.

In letzter Zeit beginnt sich der Terminus Grundimmunität durchzusetzen. Er umfaßt alle Faktoren der Infektionsabwehr, die nicht als Reaktion auf eine überstandene Infektion mit dem gleichen Erreger oder eine spezifische Impfung entstanden sind. Damit werden spezifische wie auch unspezifische Mechanismen erfaßt. Alle nicht streng antigenspezifischen Stimulationen können demnach als Erhöhung der Grundimmunität bezeichnet werden. Zu diesem Thema sei auf die gründliche und umfassende Arbeit von S t e i n b a c h und M ü l l e r (1979) verwiesen.

Mit dem Terminus Grundimmunität korrespondiert der von M a y r (1977) geprägte und in umfangreichen Untersuchungen untermauerte Begriff der Paramunität. Paramunität ist definiert als "... Zustand eines schnell entstandenen, ..., nichterreger- und nichtantigenspezifischen Schutzes eines Individuums gegenüber einer Mehrzahl ganz unterschiedlicher Infektionen, Toxine und Antigene ..." (M a y r , 1979). Von besonderem praktischem Interesse ist der Umstand, daß dieser Effekt nach entsprechender Induktion mit sogenannten Paramunitätsinducern sehr schnell, u. U. schon nach wenigen Stunden eintritt. Als Wirkprinzipien kommen in Frage: Erhöhung der Phagozytoseaktivität, Aktivierung des Opsonin-Properdin-Komplementsystems, der lymphopoetischen Zellen, Interferoninduktion und gesteigerte zelluläre Zytotoxizität (M a y r , 1979). Ein Paramunitätsinducer auf der Grundlage eines Avipoxvirus wurde von der Arbeitsgruppe um M a y r erfolgreich bei Rindern, Pferden, Schweinen, Hunden und auch zur Bekämpfung von Herpes zoster beim Menschen erprobt (M a y r und B r u n n e r , 1980; T h e i n et al., 1980; M a y r , 1979; M a y r et al., 1977). Auf die Möglichkeiten der Paramunisierung neugeborener Tiere machte M a y r - B i b r a c k (1980) aufmerksam. Letztgenannte Variante dürfte für Zoologische Gärten besonders interessant sein. Dieses Gebiet wird auch von der Impfung mit heterologem Impfstoff (M a y r et al., 1980) und den unspezifischen Effekten inaktivierter Enterobakterien-Oralimpfstoffe (R a e t t i g , 1979) tangiert.

Interferon

Interferon ist das Synonym für eine Gruppe unspezifisch wirkender Proteine, die für die antivirale, antitumoröse und immunmodulatorische Anwendung in der Medizin hervorragende Aufmerksamkeit gefunden haben und finden. Als I s a a c s und L i n d e m a n n (1957) über die Entdeckung des von ihnen Interferon genannten Wirkstoffes berichteten, begann eine Phase der intensiven Erforschung zunächst ganz unter dem Gesichtspunkt der antiviralen Aktivität. Bereits wenige Jahre nach der Entdeckung des Interferons wurde auch seine Eigenschaft beschrieben, das Wachstum von Zellen in vitro zu hemmen. Wegen möglicher Nutzung für die Tumorbekämpfung genießen diese antiproliferativen Potenzen besondere Beachtung. Als dritte Haupteigenschaft sind immunmodulatorische Effekte des Interferons von Bedeutung. Von vielen Autoren wird es deshalb zu den Lymphokinen gerechnet.

Wenn hier von Interferon gesprochen wird, geschieht das nur wegen der sprachlichen Übersichtlichkeit. Es ist längst nachgewiesen, daß es verschiedene Interferonarten gibt, die sich sowohl hinsichtlich der sie erzeugenden Zellen (besonders Leukozyten und Fibroblasten) als auch der Species, von der diese Zellen stammen, unterscheiden lassen.

Nachdem der erste Anlauf der Interferonforschung mit einer gewissen Enttäuschung geendet hatte und es einige Jahre etwas stiller geworden war, ist in den letzten Jahren international ein beachtlicher Aufschwung der Arbeiten über und mit Interferon zu verzeichnen. Interferone sind Glykoproteine, die lebende Zellen als Reaktion auf einen Kontakt mit Viren oder auch anderen sogenannten Induktoren (synthetische Polynukleotide, einige Bakterienarten, bakterielle Endotoxine, Globuline u.a.) bilden. Die Interferonerzeugung ist genetisch kodiert und wird durch die genannten Induktoren initiiert. Das so gebildete Interferon wirkt seinerseits auslösend auf die Synthese eines antiviralen Proteins, das der eigent-

liche Träger der antiviralen Wirkung ist. Sein Angriffspunkt liegt aber nicht am Erreger, sondern in der Wirtszelle. Dort wird über komplizierte und noch nicht restlos geklärte Mechanismen die Virusreplikation inhibiert. Die Hemmung der Transkription und/oder Translation der viralen Nukleinsäure wird dafür vor allem verantwortlich gemacht. Für die Information über weitere Einzelheiten des Interferonproblems sei auf die zahlreichen neueren Übersichtsarbeiten verwiesen (S e l b i t z et al., 1981; H i l f e n h a u s , 1981; Z s o h i e s c h e , 1980; A h l , 1980; S c o t t und T y r e l l , 1980). M a y r (1974) prägte die Begriffe passive Interferonisierung für den medizinischen Einsatz in lebenden Systemen erzeugten und isolierten (exogenen) Interferons und aktive Interferonisierung für die Stimulation des Patientenorganismus zur Interferonproduktion durch Applikation geeigneter Inducer. Interferon wirkt unspezifisch gegen viele Virusarten und -stämme und tritt im allgemeinen innerhalb der ersten 24 Stunden nach der Induktion auf. Seine Wirkung hält dann allerdings meist nur einige Tage an.
Der Schwerpunkt der humanmedizinischen Forschung liegt auf der Anwendung von Interferonpräparaten zur Krebsbehandlung, bei akuten respiratorischen Infektionen und auch infektiösen Hepatitiden. Dabei geht es um die Verabreichung exogener Interferone, während für die Veterinärmedizin vor allem aus ökonomischen Gründen die Induktion im Vordergrund steht. Außerdem kompliziert die Speciesspezifität der Interferone, auf die noch einzugehen sein wird, die veterinärmedizinische Anwendung der passiven Interferonisierung. Die interferoninduzierenden Eigenschaften einiger Lebendvakzinen haben besondere Bedeutung. Insgesamt besteht in der veterinärmedizinischen Interferonforschung noch Nachholebedarf.

1980 veröffentlichte W e i s s m a n n die Ergebnisse seiner Untersuchungen, in denen es gelungen war, Interferon auf gentechnischem Wege zu erzeugen. Nach Expression eines Interferongens in E. coli-Bakterien erzeugten diese Leukozyteninterferon. Diese Prinziplösung wurde sehr schnell von verschiedenen Arbeitsgruppen aufgegriffen, und eine ganze Reihe pharmazeutischer Unternehmen des Auslandes arbeiten bereits an entsprechenden Projekten. Das Verfahren könnte, positive Ergebnisse umfassender klinischer Tests natürlich vorausgesetzt, die gesamte Interferonforschung ungeheuer aktivieren, da ein Hauptproblem immer noch das Fehlen ausreichender Mengen entsprechend angereicherter und gereinigter und dabei einigermaßen preisgünstiger Interferonpräparate für gründliche Untersuchungen ist.

Zur bisherigen Anwendung bei Zootieren
Über Erfahrungen mit der Erhöhung der Grundimmunität bzw. Paramunisierung oder erst recht der Interferonanwendung bei Zootieren existieren in der Literatur sehr wenige Angaben.
Bei allen wichtigen landwirtschaftlichen Nutztieren und auch Hunden und Katzen wurden dagegen schon Untersuchungen zum Interferonproblem angestellt (S e l b i t z et al., 1981).
K o r n e e v a et al. (1975) setzten Interferon im Moskauer Zoo bei einer Pockeninfektion von Raubtieren und Ameisenbären ein. Die Infektion manifestierte sich bei den Raubtieren in einer Haut- und Lungenform, bei den Ameisenbären nur in der leichteren Hautform. Die Lungenform endete mit 100 %iger Letalität.
Interferon aus Kulturen menschlicher Leukozyten wurden den Tieren ohne Erfolg täglich zweimal als Aerosol appliziert. Für die Anwendung in der Zoopraxis wirkt sich die Speciesspezifität der Interferone besonders störend aus. Das bedeutet, daß der Wirkstoff in Zellen derjenigen Tierart bzw. Gattung erzeugt werden muß, bei der er eingesetzt werden soll. Es gibt zwar Anhaltspunkte dafür, daß die Erzeugung eines Interferons ohne diese Eigenschaft möglich sein wird (S t e w a r t , 1976, S i m o n , 1981), bis dahin muß aber für Zoos vor allem die Frage der Induktion untersucht werden.

Trotzdem ist die Eigenschaft der Speciesspezifität keineswegs absolut. So erwiesen sich Interferonpräparate aus Affenzellen nicht nur bei der gleichen Species sondern selbst bei anderen Primatengenera als wirksam. B u c k n a l l (1967, zit. n. M u r t h y und A n d e r s , 1970) stellte z.B. fest, daß Interferon aus Macaca-Zellen in Zellen der Genera Cercopitheous und Erythrocebus wirkte.
Ebenfalls gibt es Berichte über den Einsatz von Humaninterferon bei Affen. B i l l i a u et al. (1981) studierten die Gewebsverteilung von intramuskulär an Grüne Meerkatzen (Cercopitheous aethiops) verabreichtem α-(Leukozyten) - und ß-(Fibroblasten)-Interferon.

M a j e r et al. (1978) infizierten insgesamt 114 Cynomolgus-Affen mit einem Tollwut-Straßenvirus. 24 Stunden post infectionem wurden den Tieren dann 1 - 10 Millionen Einheiten Humaninterferon gespritzt. Während 90 - 100 % der Kontrolltiere der experimentellen Infektion erlagen, wurden etwa 50 % der interferonbehandelten Affen geschützt. Am wirksamsten war die Kombination von intramuskulärer und intralumbaler Applikation. Auch die Interferoninduktion scheint beim Schutz vor Tollwut eine gewisse Rolle zu spielen. W i k t o r et al. (1976) stellten fest, daß Rhesusaffen (Macaca mulatta) durch eine postinfektionelle Tollwutimpfung dann am besten geschützt wurden, wenn die Vakzine gleichzeitig die Interferonsynthese stimulierte.
Über die Interferoninduktion bei Affen berichteten u. a. A n d z a n a r i d z e et al. (1981). Bei Rhesusaffen (Macaca mulatta) konnte durch die intravenöse, intramuskuläre, endolumbale und subkonjunktivale Applikation synthetischer Polynukleotide (Polyinosyl-Polycytidylsäure im Komplex mit Poly-L-Lysin und Karboxymethylzellulose) die Interferonproduktion ausgelöst werden. Gewisse Schutzeffekte einer ähnlichen Induktion waren bereits früher gegenüber experimentellen Infektionen von Affen mit Vaccinia-Viren und Viren der Zeckenbißencephalitis nachgewiesen worden (A n d z a n a r i d z e et al., 1977; B u r g a s o v a et al., 1977).
Eine Vielzahl von Substanzen und Präparaten wurde bereits auf die Fähigkeit hin untersucht, die Grundimmunität oder auch einzelne Abwehrfaktoren zu stimulieren. Dazu gehört auch Levamisol, eine Verbindung, die als Anthelminthikum entwickelt wurde. Bei der Infektion einer Gour-Gruppe (Bos gaurus) setzte W i e s n e r (1978) erfolgreich ein Levamisol enthaltendes Präparat ein. Nachdem von 6 Tieren 3 nach 3-bis 7 tägiger Erkrankungsdauer verendet waren, erhielten die 3 übrigen Wildrinder über 6 Tage jeweils 8 mg Levamisol pro kg Körpermasse subkutan injiziert. Damit konnten die Tiere gerettet werden. W i e s n e r (1978) machte namentlich das Einsetzen der Therapie noch während des ein- bis dreitägigen Prodromalstadiums für den Erfolg verantwortlich. Vom Levamisol sind verschiedene immunmodulatorische Effekte bekannt, die sich vor allem auf zelluläre Reaktionen einschließlich der Produktion von Lymphokinen stützen (B r u n n e r und M u s c o p l a t , 1980). An Mäusen wurde auch die Fähigkeit zur Interferoninduktion nachgewiesen (M a t s u b a r a et al., 1979).

Diskussion:

Nach Meinung des Verfassers kann es als erwiesen gelten, daß der von vielen namhaften Autoren dargestellte Wandel in der Infektionsmedizin seit einigen Jahren die Frage nach Möglichkeiten einer unspezifischen Stimulierung der Abwehrmechanismen erneut aktuell werden ließ. Die Entwicklung bzw. weitere Bearbeitung dazu geeigneter Verfahren erscheint als durchaus erfolgversprechende und ökonomisch sinnvolle Ergänzung der bisherigen prophylaktischen und therapeutischen Möglichkeiten, nicht aber als Alternative oder gar neues "Allheilmittel".

Optimale Haltung und Fütterung müssen weiterhin als entscheidende Voraussetzungen für die Haltung gesunder Tiere vorrangig gesichert werden. Am Beispiel des Einflusses von Vitaminen auf die Infektionsabwehr wurde die Bedeutung der bedarfsgerechten Versorgung der Zootiere bereits früher dargelegt (E l z e und S e l b i t z , 1979).

Die medizinische Nutzung des Interferons ist vor allem wegen der bedeutenden potentiellen Indikationsgebiete in der Humanmedizin recht spektakulär geworden und wird international sehr intensiv bearbeitet. Der Stellenwert des Interferons ragt eindeutig aus dem anderer unspezifisch wirkender Abwehrfaktoren heraus.
Für die Veterinärmedizin ist für absehbare Zeit nur an die Interferoninduktion zu denken. Eine denkbare Ausnahme wäre der Einsatz von Humaninterferon bei Affen unter der Voraussetzung der Produktion ausreichender Wirkstoffmengen.

Es gilt zu beachten, daß jede Interferoninduktion wie jede unspezifische Stimulierung überhaupt, komplexe Reaktionen des Makroorganismus auslöst. Bei wissenschaftlichen Untersuchungen erweist es sich immer wieder als kompliziert, sichere Schlüsse aus in-vitro-Befunden bei Stimulationsversuchen zu ziehen, wodurch die Rolle von Infektions- und Schutzversuchen unterstrichen wird.

Die Indikationen für die Anwendung unspezifischer Stimulierungen und Nutzung unspezifischer Effekte sind für Zootiere gegeben, da hier viele Aspekte der modernen Nutztierhaltung zutreffen. Das betrifft vor allem die teilweise recht hohen Tierkonzentrationen und die große Bedeutung infektiöser Faktorenkrankheiten besonders bei Jungtieren in Beständen mit intensivem Zuchtgeschehen.

Vorliegender Beitrag verfolgt das Ziel der Orientierung über grundsätzliche Tendenzen auf dem Gebiet der unspezifischen Stimulierung und will zum Nachdenken über mögliche Anwendungen bei Zootieren anregen.

Zusammenfassung:

Erhöhung der Grundimmunität, Paramunisierung und Interferonanwendung - neue Aspekte bei der Bekämpfung von Infektionskrankheiten

Die unspezifische Stimulierung der Infektionsabwehr hat in den letzten Jahren wieder verstärktes Interesse gefunden. Insbesondere für die Bekämpfung der infektiösen Faktorenkrankheiten könnten die Paramunisierung bzw. die Erhöhung der Grundimmunität sinnvoll die bisherigen therapeutischen und prophylaktischen Maßnahmen ergänzen. Der besondere Stellenwert des Interferons wird herausgestellt. Für die bisherige Erprobung dieser Möglichkeiten bei Zootieren werden Beispiele genannt.

Summary:

Improvement of Basic Immunity, Para-Immunisation, and Use of Interferon - New Aspects for Control of Infectious Diseases

In recent years, interest has been increasingly restored in non-specific stimulation of defence against infectious diseases. Therapeutic and prophylactic approaches taken at present might be usefully flanked by para-immunisation or buildup of basic immunity, particularly in the control of infectious facterial diseases. Emphasised reference is made to the importance of interferon. The above proposals have been tested on zoo animals in practice, with some examples being given.

Résumé:

Augmentation de l'immunité de base, paramunisation et application de l'interferon - de nouveaux aspects de la lutte contre les maladies infectieuses

Au cours des dernières années, la stimulation non-spécifique de la défense organique contre les infections a trouvé de nouveau un intérêt plus grand. Pour combattre surtout les maladies aux facteurs infectieux, la paramunisation ou bien l'augmentation de l'immunité de base pourraient constituer un complément valable des mesures thérapeutiques et prophylactiques antérieures. L'auteur souligne l'importance particulière de l'interferon et cite des exemples qui montrent dans quelle mesure on peut se servir de ces possibilités.

Резюме:

Повышение основного иммунитета , параиммунизация и применение интерферона - новые аспекты по борьбе с инфекционными заболеваниями.

Не специфичное стимулирование защитных средств против инфекций в последние годы. обсуждается с повышенным интересом. Особенно подчеркивается для борьбы с инфекционными заболеваниями применение параиммунизации, повышение основного иммунитета , способных допалнить терапевтические и профилактические мероприятия. Особо выражено значение интерферона. Описаны некоторые примеры.

Literaturverzeichnis:

AHL, R. (1980): Interferon. Tierärztl. Umsch. 35, 777 - 780.

ANDZANARIDZE, O.G., BEKTEMIROV, T.A., BURGASOVA, M.P. und K.Ja. OGLEZNEV (1981): Produkcija interferona pro razlicnych sposobach vvedenija modifizirovannogo poli i. poli c. Vop. Virus. 4, 407 - 410.

ANDZANARIDZE, O.G., BEKTEMIROV, T.A. und M.P. BURGASOVA (1977): Vlijanie kompleksa poli i poli c s poli- l-lizinom na tecenie osnovakcinal'noj infekcii u obez'jan. Vop. Virus. 4, 339 - 343.

BILLIAU, A., HEREMANS, H., VERVERKEN, D., van DAMME, J., CARTON, H. und P. de SOMMER (1981): Tissue distribution of human interferons after exogenous administratin in rabbits, monkeys and mice. Arch. Virol. 68, 19 - 25.

BRUNNER, C.J. and C.C. MUSCOPLAT (1980): Immunmodulatory effects of levamisole. J. Amer. veter. med. Assoc. 176, 1159 - 1162.

BURGASOVA, M.P., ANDZANARIDZE, O.G., BEKTEMIROV, T.A., BOGOMOLOVA, N.N. und Ju. S. BORISKIN (1977): Vlijanie kompleksirovannogo poli i poli c s poli-l-lizinom na eksperimental'nyj klescevoj encefalit. Vop. Virus. 4, 438 - 441.

ELZE, K. (1977): Zur Bekämpfung von Koliseptikämie und Koliruhr der neugeborenen Ruminantia. Verhandlungsber. XIX. Internat. Symp. Erkrankungen Zootiere, Poznań, 203 - 208.

ELZE, K. und H.-J. SELBITZ (1979): Der Einfluß von Vitaminen auf Resistenz und Immunität. Verhandlungsber. XXI. Internat. Symp. Erkrankungen Zootiere, Mulhouse, 15 - 19.

HEINICKE, W., VOIGT, A. und G. HEIDER (1981): Infektionskrankheiten unter den Bedingungen der Spezialisierung und Konzentration in der Tierproduktion. Mh. Vet.-Med. 36, 721 - 724.

HILFENHAUS, J. (1981): Interferon - biologische Aktivitäten und Gewinnung. Chemie in unserer Zeit 15 (3), 71 - 77.

KORNEEVA, V.L., MARENIKOVA, S.S. und N.N. MALZEVA (1975): Kliniceskoe, epizootologiceskoe i virusologiceskoe izucenie ospy u dikich zvivotnych Moskovskogo zooparka. Verhandlungsber. XVII. Internat. Symp. Erkrankungen Zootiere, Tunis, 251 - 252.

MAJER, M., WEINMANN, E. und J. HILFENHAUS (1978): Die Bedeutung des Interferons für die Tollwut-Prophylaxe. Münch. med. Wschr. 128, 285 - 286.

MATSUBARA, S., SUZUKI, F. and N. ISHIDA (1979): The induction of interferon by levamisol in mice. Cell. Immunol. 43, 214 - 219.

MAYR, A. (1979): Erfahrungen mit dem Paramunitätsinducer PIND-AVI in der Tiermedizin. Prakt. Tierarzt 60, Sond.-Nr. , 35 - 40.

MAYR, A. (1977): Aktive Praemunisierung (I). Kleintierprax. 22, 85 - 87.

MAYR, A. (1974): "Interferonisierung": Eine neue Möglichkeit für die Prophylaxe und Therapie von Infektionskrankheiten. Berl. Münch. tierärztl. Wschr. 87, 465 - 472.

MAYR, A., BALJER, G. und M. BÜTTNER (1980): Aktive Schutzimpfung mit heterologen Impfstoffen. Tierärztl. Umsch. 35, 560 - 576.

MAYR, A. und R. BRUNNER (1980): Untersuchungen über die Wirksamkeit einer Paramunisierung zur Bekämpfung von Ferkelaufzuchtverlusten und der enzootischen Pneumonie der Schweine (Ferkelgrippe). Zbl. Vet. Med. B 27, 589 - 598.

MAYR, A., STICKL, H., WESTHUES, M., GILLESBERGER, W., SCHWARZ, D. und B. BIBRACK (1977): Therapie von Herpes zoster durch aktive Praemunisierung. Fortschritte Med. 95, 87 - 93, 119 - 122, 152 - 157.

MAYR-BIBRACK, B. (1980): Paramunisierung bei Neugeborenen. Prakt. Tierarzt 61, 715 - 718.

MEHLHORN, G., BEER, K. und W. METHLING (1978): Grundlagen und Aufgaben des antimikrobiellen Regimes unter besonderer Berücksichtigung der Verhütung und Bekämpfung infektiöser Faktorenkrankheiten. Mh. Vet.-Med. 33, 730 - 738.

MURTHY, Y.K.S. und H.-P. ANDERS (1970): Interferon. Angew. Chemie 82, 489 - 498.

RAETTIG, H. (1979): Ein Enteritis-Oralimpfstoff aus zwölf hitzeinaktivierten Enterobakteriazeen. 1. Mitt.: Theoretische und epidemiologische Grundlagen. Zbl. Bakt. Hyg., I. Abt. Orig. A 245, 287 - 300.

SCOTT, G.M. und D.A.J. TYRELL (1980): Interferon: therapeutic fact or fiction for the '8os? Brit. med. J. 280, 1558 - 1562.

SELBITZ, H.-J. (1981): Zur Chemotherapeutikaresistenz von Bakterienstämmen aus dem Untersuchungsmaterial des Zoologischen Gartens Leipzig. Verhandlungsber. XXIII. Internat. Symp. Erkrankungen Zootiere, Halle, 95 - 102.

SELBITZ, H.-J., VOIGT, A. und W. SCHÖNHERR (1981): Eigenschaften und Anwendungsmöglichkeiten des antiviralen Wirkstoffes Interferon. Fortschr.-Ber. Landwirtsch. u. Nahr. Güterwirtsch. 19, Heft 3 (44 Seiten).

SIMON, K.H. (1981): Interferon: Chemie, Anwendung, Produktion. Naturwiss. Rundschau 34, 104 - 113.

STEINBACH, G. und G. MÜLLER (1979): Grundimmunität und Möglichkeiten ihrer Erhöhung beim landwirtschaftlichen Nutztier. Fortschr.-Ber. Landwirtsch. u. Nahr. Güterwirtsch. 17, Heft 10 (37 Seiten).

STEWART, W.E. (1976): zit. in: Jungwirth. C. et al. (1976): Purification and chemical characterization of interferon. Conference Würzburg September 1975. Hoppe-Seyler's Zeitschr. physiol. Chemie 357, 121 - 126.

THEIN, P., LEISTNER, W. und H. HECHLER (1980): Erfahrungen mit dem Einsatz des Paramunitätsinducers PIND-AVI in der Pferdepraxis. Zbl. Vet. Med. B 27, 499 - 512.

WEISSMANN,Ch.(1980): E. coli als Interferon-Fabrik (Ein Gespräch mit Charles Weissmann, Zürich, über die Gentechnik als Innovationsprozeß). Umschau 80, 455 - 458.

WIESNER, H. (1978): Versuch einer prophylaktischen Therapie bei bösartigem Katarrhalfieber beim Gaur (Bos frontalis gaurus) mit Levamisol. Kleintierprax. 23,391 - 394.

WIKTOR, T.J., KOPROWSKI, H., MITCHELL, J.R. und T.C. MERIGAN (1976): Role of interferon in prophylaxis of rabies after exposure. J. infect. Dis. 133, A 260.

ZSCHIESCHE, W. (1980): Aktuelle Ergebnisse und Probleme der Interferonforschung. Deutsch. Gesundheits-Wesen 35, 1609 - 1618.

Anschrift des Verfassers: Dr. med. vet. H.-J. Selbitz
7010 Leipzig
Margarete-Blank-Str. 8 (DDR)

Aus dem Medizinischen Institut für Umwelthygiene Düsseldorf (Direktor: Prof. Dr. H.-W. Schlipköter), den Zoologischen Gärten Frankfurt/Main (Direktor: Dr. R. Faust) und Münster (Direktor: Dr. G. Ruempler) und dem Staatlichen Tierärztlichen Untersuchungsamt Heidelberg (Direktor: Prof. Dr. J. Nassal)

POCKENERKRANKUNGEN BEI ELEFANTEN UND NASHÖRNERN

Von J. Pilaski, K. Schaller, B. Matern, G. Klöppel und H. Mayer

Die Pockenerkrankungen der Zootiere, vor allem aber die der Elefanten und Nashörner, haben uns in den letzten beiden Jahrzehnten zahlreiche Rätsel aufgegeben, von denen nur ein Teil gelöst werden konnte. Sinn und Zweck dieses Beitrages soll es daher sein, den derzeitigen Kenntnisstand zu umreißen, eigene Ergebnisse mitzuteilen und auf die noch offenen Fragen hinzuweisen.

Pockenausbrüche

Nachdem Potel et al. (1963) "eine bösartige Haut- und Schleimhauterkrankung bei Elefanten" beschrieben hatten, die im Jahre 1960 im Zoologischen Garten Leipzig aufgetreten war und bei der ein als "Vakzinevirus" angesprochenes Pockenvirus als ätiologisches Agens nachgewiesen wurde, war das Interesse der Zootierärzte und Virologen an diesem Krankheitskomplex geweckt und es folgten weitere Berichte in der Literatur. Sie sind in Tabelle 1 zusammengestellt. Es fällt hierbei auf, daß diese Ausbrüche auf Mittel- und Osteuropa beschränkt sind. Berichte aus Westeuropa, vor allem aus Frankreich, Spanien und Großbritannien, fehlen bislang.

Diagnostik und Virus-Typisierung

Für eine Schnelldiagnose eignet sich der Direktnachweis des Virus aus den Pocken-Pusteln oder -Krusten im Elektronenmikroskop. Hierfür wird eine Verreibung des Materials auf einem Objektträger oder in einem Glasschälchen mit Aqua dest. durchgeführt. Anschließend wird ein winziger Tropfen davon auf ein Kupfernetzchen gebracht, und es erfolgt eine Negativkontrastierung mit Phosphorwolframsäure. Das Ergebnis liegt häufig schon nach 30 Minuten vor. Bei der Untersuchung verschiedener Proben, die im September 1977 im Bereich von Rücken und Kopf eines jungen Breitmaulnashorns entnommen wurden, fiel auf, daß der Virusnachweis in dem cerumenhaltigen Material aus dem Gehörgang leichter gelang als aus den Hautpusteln des Rückens (Schaller und Pilaski, 1979).
Zur Absicherung der Diagnose ist eine Virusisolierung auf der abgesenkten Chorioallantoismembran (CAM) des 12 Tage bebrüteten Hühnereis notwendig, wobei Aussehen und Größe der Effloreszenzen als biologische Marker dienen können. Die von Nashörnern und Elefanten stammenden Poxvirus-Isolate erzeugen auf der CAM 0,8 bis 1,5 mm große, graue Effloreszenzen mit einem hämorrhagischen Zentrum. Der Anteil etwas größerer, weißer Pocken liegt im allgemeinen zwischen 2 und 4 %. Mit Hilfe von Ultradünnschnitten kann man nach erfolgter Positivkontrastierung nach Millonig (1961) innerhalb der Effloreszenzen die Einschlußkörperchen nachweisen. Die Elefanten- und Nashornpockenviren erzeugen ähnlich wie einige Stämme des Kuhpockenvirus neben Einschlußkörperchen vom B-Typ andere charakteristische Inklusionen vom Typ A V+. Sie bestehen aus einer proteinhaltigen Matrix, in welcher die einzelnen Elementarkörperchen eingeschlossen sind (Kato et al., 1963; Baxby and Ghaboosi, 1977; Dales and Pogo, 1981).

Tabelle 1: Berichte über Kuhpockenähnliche Viruserkrankungen bei Zootieren in Europa

Ort	geograph. Koordinaten	Zeitpunkt d. Ausbruchs	betroffene Tierarten	Todesfälle	Übertragung auf Menschen	Virusnachweis und -Charakterisierung	Literaturangaben
Leipzig (Zool. Garten)	51,19 N 12,20 O	2.5.1960	5 Elephas maximus(2,3) 2 Loxodonta africana (1,1)	2	mehrere Fälle, davon 2 mit Augenveränderungen	positiv, Pockenvirus	P o t e l et al. (1963) H a s s (1963)
Tierpark Berlin	52,20 N 13,25 O	a) 17.9.1960 b) 20.9.1961	3 Elephas maximus(1,2) 1 Elephas maximus(1,0)	0 0	2 Fälle, davon 1 mit Erosion an Lippe Ø	positiv, Pockenvirus negativ	D a t h e (1967)
Erfurt (Thüringer Zoopark)	50,58 N 11,01 O	1962	1 Loxodonta africana (0,1)	0	Ø	positiv, "Vakzinevirus"	S p r ö s s i g et al. (1968)
Rotterdam (Zool. Garten)	51,55 N 4,28 O	23.11.1968	5 Okapia johnstoni	1 Jungtier	Ø	positiv, Kuhpockenvirus	Z w a r t et al. (1971)
Magdeburg (Zool. Garten)	52,07 N 11,38 O	3.7.1971	2 Elephas maximus(0,2) 1 Loxodonta africana (0,1)	0	Ø	positiv, dem Kupockenvirus ähnlich	K r e t z s c h m a r u. K ö t h e r (1972) K u n t z e et al. (1975)
Augsburg (Zirkus C.A.; vorher häufiger Ortswechsel)	48, 23 N 10,53 O (48,45-51,36 N 6,34-9,16 O)	7.-14.10.1971	11 Elephas maximus 4 Loxodonta africana	2 (0,2)	2 Fälle: lokale Infektionen an Unterarm bzw. Hand	positiv, "Vakzinevirus"	G e h r i n g et al. (1972); M a y e r et al. (1972); M a y e r (1973)
DDR (Staatszirkus)	?	20.3. 1972	12 Elephas maximus	1	Ø	positiv, Vakzinevirus	K u n t z e (1974); K u n t z e und N i e m e r (1974)
Liberec (Zool. Garten)	50,46 N 15,03 O	10.6.1972	2 Elephas maximus(0,2)	0	Ø	positiv	D y m l et al. (1973)
Moskau (Zool. Garten)	55,45 N 37,35 O	a) 13.11.1973 b) Okt. 1974	über 19 Felidae (Felis leo, F. pardus, Leopardus pardalis, Acinonyx jubatus u.a.) 2 Myrmecophaga jubata 2 Felis concolor; F. bengalensis (Jungtiere)	Lungenform: fast 100 % getötet	Ø Ø	positiv, Kuhpockenähnliches Virus	M a r e n n i k o v a et al. (1977, 1978); M a r e n n i k o v a and S h e l u k h i n a (1976)
Laxenburg bei Wien (Zirkus)	48,13 N 16,20 O	Anfang 1974	1 Elephas maximus	0	Ø	positiv, Kuhpockenähnliches Virus	K u b i n et al. (1975)
Münster (Allwetterzoo)	51,57 N 7, 37 O	5.9.1977	2 Ceratotherium simum(1,1)	0	Ø	positiv, Kuhpockenähnliches Virus	S c h a l l e r u. P i l a s k i (1979); P i l a s k i et al. (1981a)
Frankfurt/Main (Zool. Garten)	50,07 N 8,40 O	16.9.1977	3 Elephas maximus(0,3) 1 Loxodonta africana (0,1) 1 Diceros bicornis(1,0)	(1 nach 10 Mon.) (nach 20 Mon.) nach 4 Mon.	Ø	Positiv, Kuhpockenähnliches Virus	P i l a s k i et al. (1981a,b)
Weingarten bei Speyer (Zirkus F.)	49,19 N 8,26 O	19.2.1979	4 Loxodonta africana	1(1,0)	Ø	Ø	M a y e r (1979)

Das eigene Nashornpockenisolat "Münster NP/77" erzeugte ebenso wie das bei einer Indischen Elefantenkuh im Frankfurter Zoo isolierte Pockenvirus "Frankfurt EP/77" in Zellen der CAM typische Einschlußkörperchen vom Typ A V+ (Abb. 1 und 2; S c h a l l e r und P i l a s k i, 1979; P i l a s k i et al., 1981 a und b). Beide Stämme wurden daher auf Grund dieses wichtigen biologischen Markers in die Gruppe der "Kuhpockenähnlichen Viren" eingeordnet. Zusätzliche biologische Markerbestimmungen wie z. B. das Verhalten in Zellkulturen, in der Kaninchenhaut nach intrakutaner Inokulation, in der adulten Labormaus (Abb. 3) nach intracerebraler Infektion oder das Grenztemperaturverhalten auf der CAM können zur weiteren Charakterisierung des isolierten Virusstammes herangezogen werden.
Für eine genaue Typisierung der Isolate stehen heute moderne molekularbiologische Methoden zur Verfügung, die allerdings besonders eingerichteten Forschungslaboratorien vorbehalten bleiben werden. So konnten H a r p e r et al. (1979) mit Hilfe einer Analyse von Virus-Strukturproteinen Unterschiede zwischen den "Kuhpockenähnlichen Viren" und dem Vacciniavirus nachweisen. Eine weitere Analyse-Methode ist die Spaltung der gereinigten Virus-DNS mit Hilfe von Restriktionsenzymen (M ü l l e r et al., 1977). Nach eigenen Erfahrungen eignen sich die Enzyme Hind III, Eco RI, Xho I und Kpn I recht gut für eine Analyse der Orthopoxvirus-DNS (P i l a s k i et al., 1981 a). Die erhaltenen Spaltmuster lassen erkennen, daß sich die beiden Isolate "Münster NP/77" und "Frankfurt EP/77" untereinander und von zwei weiteren Elefantenpockenvirus-Isolaten (München EP-1 und Wien EP/74) trotz aller Ähnlichkeiten unterscheiden. Deutliche Unterschiede lassen die Restriktionsmuster der Elefanten- und Nashornpocken-DNS zu denen der Vacciniavirusstämme erkennen (Abb. 4).
Für die histologische Untersuchung von Biopsieproben oder Organproben verendeter Tiere ist es notwendig, verschiedene Fixationsmethoden anzuwenden, am besten die Fixation in einem Pikrinsäure-Formol-Eisessig-Gemisch (nach B o u i n, 1897; vergl. R o m e i s, 1968, § 304) und parallel dazu in 3 %-iger Glutaraldehydlösung, damit eine lichtmikroskopische und eine elektronenmikroskopische Untersuchung durchgeführt werden können. Bei dem Pockenausbruch im September 1977 im Frankfurter Zoo traten bei dem Nashornbullen "Peter" in den ersten Tagen einzelne Pusteln im Bereich der Haut des Rückens und der Hintergliedmaßen sowie auf der Nasenschleimhaut auf. Da sich sein Zustand in den nächsten Wochen zeitweise gebessert hatte, dachte nach 4 Monaten, als das Tier verendete, niemand mehr an ein am Krankheitsgeschehen ursächlich beteiligtes Pockenvirus. Erst der im Sektionsbericht erwähnte Lungenbefund ("chronische Pleuritis") führte beim Seniorautor zu dem Verdacht auf eine chronische Pockenerkrankung, zumal M a r e n n i k o v a et al. (1977) eine besondere Lungenform bei den von ihnen untersuchten pockenkranken Großkatzen beschrieben hatten. Vom zuständigen Veterinäruntersuchungsamt in Frankfurt wurden freundlicherweise histologische Präparate (H.-E.-Färbung) und in Paraffin eingebettete Lungengewebsproben des Spitzmaulnashorns zur Verfügung gestellt. Im Bereich der Pleura fanden sich entzündliche Veränderungen mit ballonierend bzw. retikulierend degenerierten Bezirken. Aus diesen Bereichen wurden Teile, die besonders verdächtig erschienen, herausgetrennt und nach erfolgter Entparaffinierung in Kunstharz (Araldit) für die Elektronenmikroskopie neu eingebettet. In den entsprechend kontrastierten Dünnschnitten konnten trotz der infolge dieser Prozedur nicht optimal erkennbaren Zellstrukturen eindeutig typische Einschlußkörperchen vom Typ A V+ nachgewiesen werden (Abb. 5). Die Ausmessung einzelner frei liegender Viruspartikeln am Rande der Inklusion ergab einen größten Durchmesser zwischen 250 und 300 nm. Das Beispiel soll zeigen, wie wichtig es ist, daß in den Untersuchungsämtern histologische Präparate und Gewebsproben aufbewahrt werden. Auch sollten wir in Zukunft daran denken, daß eine Pockenerkrankung bei Zootieren atypisch verlaufen kann.

Epidemiologie und Pathogenese

K u n t z e (1974) sowie K u n t z e und N i e m e r (1974) hielten bei dem von ihnen beschriebenen Pockenausbruch unter Elefanten in einem Zirkus der DDR eine Einschleppung von Vaccinia-Virus durch frisch vakzinierte Kinder für erwiesen. Trotzdem dürfte diese Vorstellung heute weitgehend überholt sein. Hierfür sprechen in erster Linie die DNS-Restriktionsmuster der bisher untersuchten Isolate Kuhpockenähnlicher Viren (Abb. 4). Es ist danach sehr unwahrscheinlich, daß die Poxvirus-DNS durch eine oder mehrere Elefanten-, Nashorn- oder Großkatzen-Passagen derart verändert wird, daß vom Vaccinia-Virus-DNS-Spaltmuster weitgehend abweichende Muster entstehen. Auch durch die Untersuchungen von M a r e n n i k o v a et al. (1977 u. 1978) ist dieser Infektionsweg nicht mehr wahrscheinlich. Den genannten Autoren gelang es, aus der Niere eines in Turkmenien gefangenen Gerbils (Rhombomys opimus) ein Virus zu isolieren, das ähnliche Eigenschaften wie das Kuhpockenvirus aufwies und mit dem aus Großkatzen des Moskauer Zoos isolierten Virus weitgehend identisch war. Eine Virus-Einschleppung in den Zoo erfolgte nach Meinung der Autoren durch Weiße Ratten, die zur Fütterung der Großkatzen verwendet wurden und bei denen zur fraglichen Zeit ein in seinen biologischen Eigenschaften identisches Virus isoliert werden konnte (M a r e n n i k o v a und S h•e l u k h i n a, 1976). Nach einer künstlichen Infektion von Gerbils (Rhombomys opimus) und Zieseln (Citellus fulvus) persistierte dieses Virus, nachdem die Tiere die Krankheit überstanden hatten, in den inneren Organen. So gelang es den Autoren, das Virus 3 Wochen nach der künstlichen Infektion aus Niere, Lunge, Milz und Urin, 5 Wochen post inf. jedoch nur aus der Niere und seltener aus Niere und Hoden gleichzeitig zu isolieren.

Durch eigene orientierende Infektionsversuche (P i l a s k i et al., 1981 b) mit adulten NMRI-Mäusen konnte gezeigt werden, daß bei den mit dem Virusstamm "Frankfurt EP/77" künstlich infizierten Tieren ab dem 10. Tag charakteristische Pocken-Pusteln im Bereich des Schwanzes auftreten können (Abb. 3). Nach Abheilen dieser Hautveränderungen kann sich jedoch offenbar ein chronisches Krankheitsstadium anschließen. So treten etwa 3 bis 5 Monate post inf. gelegentlich deutliche Verdikkungen im Bereich der Füße mit Zehenendnekrosen auf. Bei der Sektion einer am 125. Tag post inf. getöteten Maus konnte neben diesen beschriebenen Veränderungen eine deutliche Schwellung von Milz, Leber und Niere sowie entzündliche Veränderungen im Bereich beider Nieren nachgewiesen werden. Mit Hilfe der indirekten Immunfluoreszenzreaktion konnten einzelne infizierte Zellen in der Niere festgestellt werden. Der Befund wurde elektronenmikroskopisch überprüft. Es fanden sich ganz vereinzelt kleine Ansammlungen von typischen Poxvirus-Partikeln im Zytoplasma. Bei einer im Elefantenhaus des Frankfurter Zoos eingefangenen Hausmaus (Mus musculus) konnten am 12.5.78, also 8 Monate nach dem Pockenausbruch unter Elefanten und Nashörnern in diesem Haus, Veränderungen im Bereich der Füße und des Schwanzes festgestellt werden, die eine auffallende Ähnlichkeit mit dem beschriebenen chronischen Krankheitsbild der Weißen Maus nach einer künstlichen Infektion mit dem Virusstamm "Frankfurt EP/77" zeigten. Eine Virusisolierung gelang in diesem Stadium weder bei Wildmäusen noch bei künstlich infizierten Weißen Mäusen. Wir müssen also in Zukunft den Nagetieren, die in allen Zoos vorhanden sind, besondere Aufmerksamkeit widmen. Aus dem Blickwinkel der experimentellen Virus-Epidemiologie hat das Halten von Großsäugern fremder Klimaregionen in unserem Bereich eine auffallende Ähnlichkeit mit dem Aussetzen von Indikatoren (sentinel animals). Da eine besondere Empfänglichkeit der Elefanten und Nashörner für die kuhpockenähnlichen Viruserkrankungen als erwiesen angesehen werden muß, sollte es möglich sein - nach einer genauen Erfassung aller Ausbrüche und Typisierung der Virus-Isolate -, Verbreitungskarten für die kuhpockenähnlichen Viruserkrankungen in Europa anzufertigen.

Prophylaxe

Zur Immunprophylaxe haben wir ähnlich wie G e h r i n g und M a y e r (1978) den von Prof. Dr. A. M a y r, München, entwickelten MVA-Stamm verwandt. Es ist empfehlenswert, vor einer durchzuführenden Impfung die Antikörper-Titer zu überprüfen. Jungtiere zeigen auch in Beständen, in denen Jahre zuvor ein Pockenausbruch erfolgt war, gelegentlich (späterer Zukauf) negative Titer. Das ist sicher ein Grund dafür, daß sie bei Pockenausbrüchen häufig zuerst erkranken. Ob die Impfung, im Abstand eines oder von zwei Jahren wiederholt werden sollte, ist unklar. Weiterhin ist nicht geklärt, ob sie einen belastbaren Schutz gegen alle Typen der kuhpockenähnlichen Viruserkrankungen (z. B. Frankfurt EP/77) verleiht.

Zusammenfassung:

Pockenerkrankungen bei Elefanten und Nashörnern

Die in den letzten beiden Jahrzehnten durch kuhpockenähnliche Viren (B a x b y and G h a b o o s i, 1977) hervorgerufenen Krankheitsausbrüche in Zoologischen Gärten und Zirkusunternehmen Europas betrafen in erster Linie Elefanten (Elephas maximus, Loxodonta africana) und Nashörner (Ceratotherium simum, Diceros bicornis), daneben aber auch Angehörige der Säugetierfamilien Felidae und Giraffidae sowie der Ordnung Edentata. Es werden einige neuere Befunde zur Pathogenese, Epidemiologie, Diagnostik und Prophylaxe mitgeteilt.

Summary:

Outbreaks of Pox among Elephants and Rhinoceroses

Elephants (Elephas maximus and Loxodonta africana) as well as rhinoceroses (Ceratotherium sinum and Diceros bicornis) were more often than any other species affected by pathological outbreaks caused in zoological gardens and circuses of Europe by viruses which resembled the cowpox virus (Baxby and Ghaboosi, 1977) over the two last decades. Also involved were mammals of the felidae and giraffidae families and of the edentata order. Reported in this paper are some of the recent findings regarding pathogenesis, epidemiology, diagnoses, and prophylaxis.

Résumé :

Manifestations de la variole chez des éléphants et des rhinocéros

Les manifestations de variole constatées au cours des deux dernières décennies dans des jardins zoologiques et dans des cirques européens provoquées par des virus analogues à la vaccine (Baxby et Ghaboosi, 1977), ont en premier lieu frappé des éléphants (Elephas maximus, Loxodonta africana) et des rhinocéros (Cerathotherium simum, Diceros bicornis) mais aussi d'autres mammifères de la famille des félidés et des girafidés ainsi que de l'ordre des edentata. Les auteurs présentent quelques résultats récents concernant la pathogénie, l'épidémiologie, le diagnostic et la prophylaxie.

Резюме:

Оспенные заболевания у слонов и носорогов.

Авторы сообщают о возникновении оспенных заболеваний в последние два десятилетия у слонов и носорогов в зоопарках и цирках Европы. Поражения наблюдаются также у Felidae и Giraffidae в порядке Edentata . Описаны новые данные по патогенезу, эпидемиологии, диагностики и профилактике.

Literaturverzeichnis:

BAXBY, D. and B. GHABOOSI (1977): Laboratory Characteristics of Poxviruses Isolated from Captive Elephants in Germany. J. gen. Virol. 37, 407-414.

BOUIN, P. (1897): Etudes sur l'évolution normale et l'involution du tube séminifère. Ac. Anat. Micr. 1, 225-339.

DALES, S. and B. G. POGO (1981): Biology of Poxviruses. Wien, New York: Springer-Verlag.

DATHE, H. (1967): Über weitere Fälle von Elefantenpocken. D. Zool. Garten (NF) 33, 194-204.

DYML, B., P. DIMITROV, J. DOUSEK und P. MINARIK (1973): Pockenerkrankung bei Elefanten im Liberec-Zoo. Veterinářství 23, 232-235.

GEHRING, H., H. MAHNEL und H. MAYER (1972): Elefantenpocken. Zbl. Vet. Med. B 19, 258-261.

GEHRING, H. und H. MAYER (1978): Beitrag zur Diagnostik und Bekämpfung der Pockeninfektion bei Elefanten. D. Prakt. Tierarzt 59, 106-109.

HARPER, L., H. S. BEDSON and A. BUCHAN (1979): Identification of Orthopoxviruses by Polyacrylamide Gel Electrophoresis of Intracellular Polypeptides. I. Four Major Grouping. Virology 93, 435-444.

HASS, H. D. (1963): Über die Beteiligung des menschlichen Auges bei der in Leipzig aufgetretenen "Bösartigen Haut- und Schleimhauterkrankung der Elefanten". D. Zool. Garten (NF) 27, 104-106.

KATO, S., J. HARA, M. OGAWA, H. MIYAMOTO and J. KAMAHORA (1963): Inclusion markers of cowpox viruses and Alastrim virus. Biken J. 6, 233-235.

KRETZSCHMAR, C. und H. KÜTHER (1972): Verlauf und Ätiologie von Elefantenpockenerkrankungen im Magdeburger Zoologischen Garten. Verhandlungsber. XIV. Internat. Symp. Erkrankungen Zootiere, Wrozlaw, 197-210.

KUBIN, G., KÖLBL, O. und F. GERSTL (1975): Charakterisierung eines vom Elefanten isolierten Pockenvirusstammes. Wien. Tierärztl. Mschr. 62, 271-276.

KUNTZE, A. (1974): Zur Klinik der Pocken bei Asiatischen Elefanten (Elephas maximus). 1. Mitt.: Pockeneinbruch und Verlauf in einer elfköpfigen Elefantenherde.
Verhandlungsber. XVI. Internat. Symp. Erkrankungen Zootiere, Erfurt, 281-288.

KUNTZE, A. und U. NIEMER (1974): Zur Klinik der Pocken bei Asiatischen Elefanten. 2. Mitt.: Serologie und Epidemiologie. Verhandlungsber. XVI. Internat. Symp. Erkrankungen Zootiere, Erfurt, 291-296.

KUNTZE, A. , BÜRGER, M., JANCKE, S. und I. TÖPFER (1975): Exungulation aller Extremitäten bei einer Elefantin infolge einer Pockeninfektion. Mh. Vet.-Med. 30, 703-707.

MARENNIKOVA, S. S., and E. M. SHELUKHINA (1976): White rats as source of pox infection in Carnivora of the family Felidae. Acta virol. 20, 442.

MARENNIKOVA, S. S., MALTSEVA, N. N., KORNEEVA, V. I. and N. M. GARANINA (1977): Outbreak of Pox Diseases among Carnivora (Felidae) and Edentata. J. Inf. Dis. 135, 358-366.

MARENNIKOVA, S. S., I. D. LADNYI, Z. I. OGORODNIKOVA, E. M. SHELUKHINA and N. N. MALTSEVA (1978): Identification and Study of a Poxvirus Isolated From Wild Rodents in Turkmenia. Arch. Virol. 56, 7-14.

MAYER, H. (1973): Eine generalisierte Vaccinia-Pockeninfektion eines Zirkuselefanten als Ursache menschlicher Erkrankungen. Zbl. Bakt. I. Orig. A 224, 448-452.

MAYER, H. (1979): Unveröffentlichte Untersuchungsbefunde.

MAYER, H., GEHRING, H. und H. MAHNEL (1972): Elefantenpocken in einem Wanderzirkus. Verhandlungsber. XIV. Internat. Symp. Erkrankungen Zootiere, Wroclaw, 211-216.

MIKSCH, R. (1966): Serologische Differenzierung von Viren der Pockengruppe mit Hilfe der Präzipitation im Agar-Diffusionstest. Med. Diss. Erfurt.

MILLONIG, G. A. (1961): A modified procedure for lead staining of thin sections. J. biophys. biochem. Cytol. 11, 736.

MÜLLER, H. K., WITTEK, R., SCHAFFNER, W., SCHÜMPERLI, D., MENNA, A. and R. WYLER (1977): Comparison of Five Poxvirus Genomes by Analysis with Restriction Endonucleases Hind III, Bam I and Eco R I. J. gen. Virol. 38, 135-147.

PILASKI, J., SCHALLER, K., OLBERDING und H. FINKE (1981 a): Characterization of a poxvirus isolated from White Rhinoceros (Ceratotherium S. simum). Vortrag, 38. Tagung Dtsch. Gesellsch. Hyg. Mikrob., 5.-8.10.81, Göttingen.

PILASKI, J., KLÖPPEL, G. und B. MATERN (1981 b): Ein Pockenausbruch unter Elefanten und Nashörnern im Frankfurter Zoo. (in Vorbereitung).

POTEL, K., VOIGT, A., HIEPE, T., KRONBERGER, H., HEIDER, G., ELZE, K. und L. DITTRICH (1963): Eine bösartige Haut- und Schleimhauterkrankung bei Elefanten. D. Zool. Garten (NF) 27, 1-103.

ROMEIS, B. (1968): Mikroskopische Technik. München, Wien.

ZWART, P., R. GISPEN and J. C. PETERS (1971): Cowpox in Okapis (Okapia johnstoni) at Rotterdam Zoo. Brit. vet. J. 127, 20-24.

Danksagung:

Für die Überlassung von Virusstämmen zu Vergleichszwecken danken wir den Herren Dr. B a x b y, Liverpool, Dr. H e k k e r, Utrecht, Prof. Dr. K u b i n, Wien, und Prof. Dr. M a h n e l, München und für wichtige Literaturhinweise Herrn Dr. J a r o f k e, Berlin. Für ihre exakte technische Mitarbeit schulden wir Dank den Assistentinnen Gerlinde K a l w a, Hildegard H u s s und Irene L o m b e r g.

Anschrift der Verfasser: Dr. med. vet. J. P i l a s k i
Medizinisches Institut für Umwelthygiene
Auf'm Hennekamp 50
4000 Düsseldorf 1 (BRD)

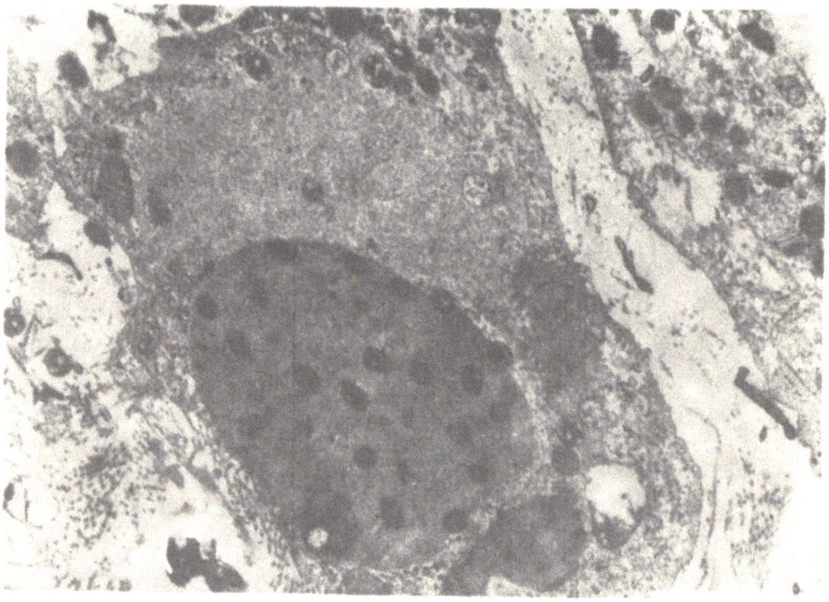

Abb. 1: Einschlußkörperchen vom Typ A V+ umgeben von Inklusionen vom B-Typ in einer Zelle der Chorioallantoismembran des bebrüteten Hühnereis (+35°C) 72 Stunden nach einer Infektion mit dem Virusisolat "Münster NP/77"

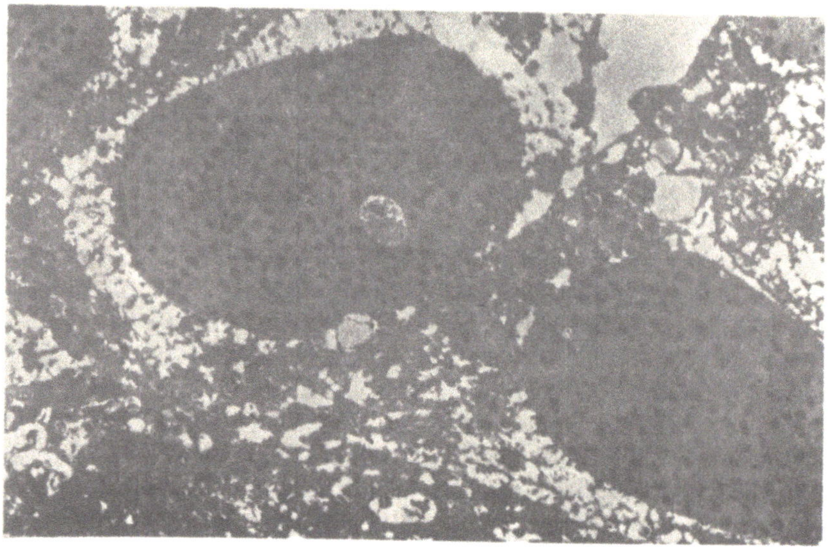

Abb. 2: Einschlußkörperchen vom Typ A V+ in Zellen der Chorioallantoismembran des bebrüteten Hühnereis (+35°C) 72 Stunden nach einer Infektion mit dem Virusisolat "Frankfurt EP/77"

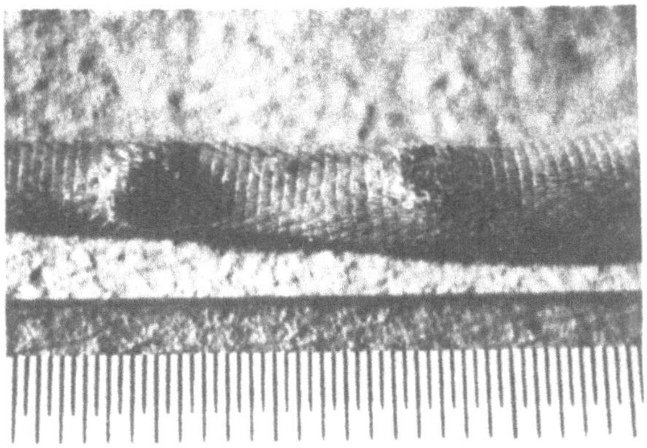

Abb. 3: Zwei Pockenpusteln im Bereich der Schwanzhaut einer adulten Weißen Maus 19 Tage nach einer künstlichen Infektion mit dem Virusstamm "Frankfurt EP/77"

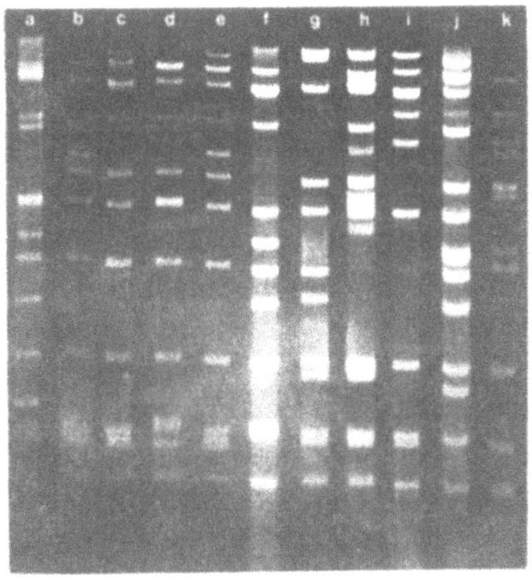

Abb. 4: Xho I-Spaltmuster von 11 Orthopoxvirus-DNS vergleichend: Positionen a-c: Elefantenpockenvirusstämme (a=Wien EP/74, b= Frankfurt EP/77, c= München EP-1); d= Nashornpockenvirus Münster NP/77; e= Stamm Moscow-73; f= Kuhpockenvirus, Stamm Brighton; g= Vacciniavirus, Stamm Elstree; h= Vacciniavirus, Stamm Bern; i= Vacciniavirus, Stamm MVA; j= Mäusepockenvirus, Stamm München (Vertikalelektrophorese; 0,6 % Agarose; Laufzeit 23 h).

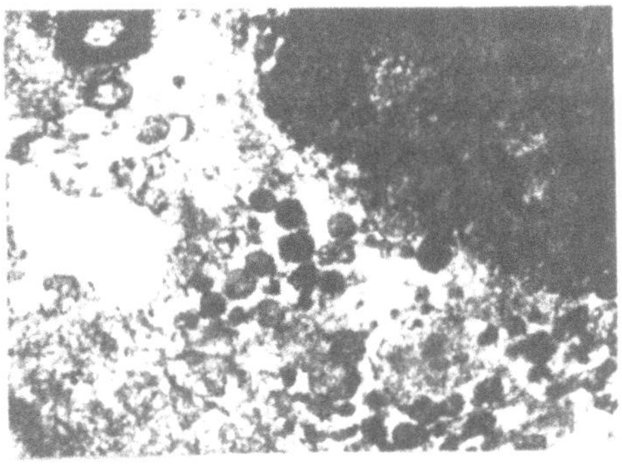

Abb. 5: Einschlußkörperchen vom Typ A V+ in einem durch retikulierende Degeneration gekennzeichneten Pleurabezirk eines Spitzmaulnashorns. Am Rande der Inklusion freiliegende Viruspartikeln. Paraffinpräparat nach Entparaffinierung, Einbettung in Araldit und Positivkontrastierung mit Bleicitrat.

Aus dem Zoologischen Garten Magdeburg (Direktor: Dipl.-Biol. W. Puschmann) und der Poliklinik für kleine Haus- und Zootiere Magdeburg (Leiter: Dr. K. Kutschmann)

ÜBER EINE VESIKULÄRE SCHLEIMHAUTERKRANKUNG UNGEKLÄRTER ÄTIOLOGIE BEI ASIATISCHEN ELEFANTEN

Von K. Kutschmann und W. Puschmann

Erkrankungen der Haut und Schleimhaut bei Elefanten sind wegen des folgenreichen Krankheitsverlaufes bei Pockeninfektionen besonders gefürchtet. Demzufolge lösen bläschenartige Schleimhautveränderungen in der Maulhöhle von Elefanten, verbunden mit Inappetenz, leichter bis mäßiger Körpertemperaturerhöhung und gestörtem Allgemeinbefinden leicht den Verdacht auf das Vorliegen von Pockeninfektionen aus.

In Magdeburg werden 0,3 Asiatische Elefanten (Elephas maximus) und 0,1 Afrikanischer Elefant (Loxodonta africana) gehalten. Die Asiatische Elefantin "Birma" kam am 8.1.1973 als etwa 3 1/2-jähriges Tier aus der Konkursmasse eines Zirkusses in den Zoo Magdeburg. Das Tier zeigte in der Vergangenheit wechselnde Lahmheiten, Steifbeinigkeit und gelegentlich Schwellungen der Beine. Sie gilt als kreislauflabil und zeigte bei einem vor Jahren von dritter Seite durchgeführtem EKG eine Herzschwäche. Sie steht seither fast ständig unter Ceglunat, das zeitweilig abgesetzt wurde. Die Folge davon waren erneute Anfälle von Herz- und Kreislaufschwäche, weshalb das Tier seit Mai 1979 unter ständiger Ceglunatbehandlung (12 Tabl./Tag) steht.

Die Asiatische Elefantin "Dacca" kam am 20.11.1972 im Alter von etwa 5 Jahren aus einer Tierhandlung. Abgesehen von einigen gutartigen, warzenähnlichen Hautneubildungen an Rüssel, Lippen und der linken Flanke war das Tier bisher klinisch unauffällig.

Die Asiatische Elefantin "Sari" traf am 23.6.1972 als ca. 4-jähriges Tier in Magdeburg ein. Vor dem Versand wurde die Elefantin einer Pockenschutzimpfung mit 2 ml attenuiertem Vacciniavirus (Stamm CVA-ENS), Hersteller: Institut für Mikrobiologie der Universität München, unterworfen. Auch dieses Tier zeigte in den Jahren 1973 - 1976 an Körper und Rüssel verschiedene, bis kinderfaustgroße wartenartige Hautneubildungen, die aber entweder von allein zurückgingen oder durch Abschnüren beseitigt werden konnten. Im August 1979 erkrankte das Tier schwer. Die klinischen Befunde lauteten hochgradige Apathie, Inappetenz, schwere Ataxien, massiver Tremor starke Gleichgewichtsstörungen und erhöhte Schmerzempfindlichkeit. Die damalige Verdachtsdiagnose lautete Clostridieninfekt, da in räumlicher Nachbarschaft kurz vorher nach perakutem Krankheitsverlauf 3 Wasserrehe (Hydropotes inermis) an labordiagnostisch nachgewiesenen Clostridienintoxikationen verstarben. Nach einer intensiven Behandlung, bei der neben einem antibiotischen Schutz vor allem Herz- und Kreislaufpräparate, krampflösende und schmerzstillende Medikamente und Vitaminsubstitution (Vitamin-B-Komplex) im Vordergrund standen, besserte sich der anfangs von Stunde zu Stunde wechselhafte Zustand des Tieres nach reichlich 14 Tagen. Ein anschließend am Unterbauch aufgetretenes, kürbisgroßes Ödem bildete sich im Verlauf der beiden Folgemonate langsam zurück.

Die Afrikanische Elefantin "Arusha" war bei ihrer Ankunft von der Fa. Ruhe am 31.5.1969 ca. 1 1/2 Jahre alt. Abgesehen von ihrer Neigung zu mehr oder minder heftigen Durchfällen war das Tier klinisch unauffällig.
In den ersten Monaten des Jahres 1981 beobachteten wir ein Krankheitsgeschehen bei den drei Asiatischen Elefanten (Elephas maximus), das unter den folgenden Symptomen verlief.

Kasuistik:

Nachdem die Asiatische Elefantin "Birma" vom 18.2.1981 bis 22.2.1981 wegen einer Lahmheit hinten links mit 40,0 ml Ursopen 300 000 und 40,0 ml Sulfastrepdipen i.m. behandelt worden war, zeigte sich auch bei dem zweiten in Magdeburg gehaltenen Asiatischen Elefanten "Dacca" eine Lahmheit. "Dacca" lahmte hinten und vorn links. Sie wurde mit 40,0 ml Ursopen 300 000, 40,0 ml Sulfastrepdipen und 200 mg Prednisolon i.m. behandelt. Am 25.2.81 wurden bei "Birma" und "Dacca" vesikuläre Veränderungen an der Backenschleimhaut festgestellt. Die Bläschen waren ca. zehnpfennigstückgroß und noch nicht eröffnet. Auf Grund dieses klinischen Befundes wurde zunächst der Verdacht auf das Vorliegen von Elefantenpocken ausgesprochen. Außer den erwähnten vesikulären Erscheinungen an der Backenschleimhaut wurdenbei "Dacca" Blut- und Schleimfetzen in den Kotballen festgestellt. Weiter konnte bei "Dacca" und "Birma" eine starke, beidseitige Konjunktivitis mit reichlicher Sekretion beobachtet werden. Der 3. Asiatische Elefant "Sari", sowie der Afrikanische Elefant "Arusha" waren zu diesem Zeitpunkt klinisch unauffällig und frei von den beschriebenen Symptomen.

Am nächsten Tag, dem 26.2.81, waren die Bläschen z.T. eröffnet. Beide Elefanten hatten sich in der Nacht nicht gelegt und hatten offenbar Schmerzen beim Bewegen. Es wurde nur eine geringe Menge Futter aufgenommen. Die Konjunktivitis bei beiden erkrankten Tieren bestand weiterhin. Ihr Allgemeinzustand war schlecht. In der Zeit vom 27.2. - 1.3.81 war der Zustand beider Tiere unverändert. Sie zeigten teilweise völlige Inappetenz. Auf Grund der bereits erwähnten Schmerzen beim Bewegen legten sie sich nicht. Von den erkrankten Tieren wurde viel und gierig Wasser aufgenommen. Die äußere Haut zeigte keinerlei Veränderungen.
Am 1.3.81 wurden auch bei "Sari" vesikuläre Veränderungen in der Maulhöhle beobachtet. Das Allgemeinbefinden von "Sari" war zu diesem Zeitpunkt auch stark gestört. Sie legte sich nachts nicht und nahm so gut wie kein Futter auf. Am 2. und 3.3.81 war der Zustand der Elefanten unverändert schlecht. Die Anzahl der auf der Maulhöhlenschleimhaut festgestellten, z.T. jetzt eröffneten Bläschen war leicht vermehrt und auch auf der Zunge waren solche z.T. eröffneten Vesikel festzustellen. Die eröffneten Bläschen hatten eine Wulst und waren in der Mitte kraterförmig eingezogen. In dieser kraterförmigen Vertiefung war die Schleimhaut relativ hart und fest. Es waren keinerlei Auflagerungen, nekrotische Zellmassen oder eitrige Beläge vorhanden. Deshalb schlugen auch alle Versuche zur Entnahme von Gewebeproben von diesen Stellen fehl.

Auf Grund des klinischen Zustandes der Maulhöhle, insbesondere der Form und des Aussehens der Schleimhautläsionen, sowie des völligen Fehlens von Veränderungen an der äußeren Haut, entschlossen wir uns am 4.3.81 den Verdacht auf das Vorliegen einer Elefantenpockenerkrankung aufzuheben. x)

---

x) An dieser Stelle möchten wir Herrn VR Prof. Dr. sc. E l z e für seine Tätigkeit als Konsiliarius danken.

Am 4.3.81 begann sich der Zustand der drei erkrankten Asiatischen Elefanten langsam günstiger zu entwickeln. Das Allgemeinbefinden wurde besser, auch der Appetit nahm zu und normalisierte sich in den nächsten Tagen annähernd.
Am 5.3.81 traten bei allen drei Asiatischen Elefanten Entzündungen mit schleimig-eitrigen Belägen an den Hautfalten beider Stoßzähne auf. Diese Entzündungen bildeten sich in den nächsten Tagen sehr schnell zurück. Nur bei "Birma" verschlechterte sich der Zustand der Haut um die Stoßzähne noch, war jedoch nach 8 Tagen abgeheilt.
Die vesikulären Veränderungen in der Maulhöhle zeigten aber bei allen drei erkrankten Asiatischen Elefanten eine sehr schlechte Heiltendenz. Wir führten das auf die bekannte Empfindlichkeit der Elefantenhaut und Schleimhaut zurück. (K u n t z e und J a n e t z k y, 1978) Bei "Birma" dauerte die Phase der Rekonvaleszenz relativ lange. Bis zum 13.3.81 war das Allgemeinbefinden gestört. Insbesondere die Futteraufnahme und Schwierigkeiten bei der Bewegung gaben zur Sorge Anlaß. Die Körpertemperatur der erkrankten Elefanten war nur leicht erhöht. Wir sehen im Verlauf der Körpertemperatur eine bei allen drei Tieren ausgeprägte Zweizipfligkeit (Abb. 1). Bemerkenswert ist noch, daß beim rektalen Messen der Körpertemperatur der Arm des Untersuchers an den ersten Tagen der Erkrankung durch Schleim und Blut verunreinigt war.

Behandlung:

Wegen des einheitlichen Vorgehens bei der Behandlung aller drei erkrankten Tiere soll der Therapieplan zusammen dargestellt werden.
Wegen des anfänglich bestehenden Pockenverdachtes wurde zu Beginn der Behandlung ein OTC-Präparat (Ursocyclin[R]) eingesetzt. Es wurde pro Elefant 100 ml Ursocyclin i.m. appliziert. Zur Unterstützung der Herz-Kreislauffunktion wurden pro Tier und Tag 20,0 ml Dicophedrin[R] s.c. injiziert.
Ab 2.3.81, dem 6. Behandlungstag, wurden die eingesetzten Antibiotika gewechselt. Die Elefanten bekamen jetzt jeweils 40,0 ml Ursopen 300 000 und 40,0 ml Sulfastrepdipen i.m.. Dazu oral, da jetzt die Futteraufnahme besser geworden war, je 30,0 Dragee Vitamin-B-Komplex, 30,0 g Vitamin C, 25,0 ml Circuvit-Tropfen und 15,0 ml Vitadral liqu. Diese Behandlung wurde bis zum 8.3.81 bei "Dacca", bis zum 9.3.81 bei "Sari" und bis zum 12.3.81 bei "Birma" festgesetzt.

Differentialdiagnose:

Bei dem geschilderten Krankheitsverlauf ist der anfangs geäußerte Pockenverdacht u.E. durchaus gerechtfertigt gewesen. Das gesamte Krankheitsbild der Elefantenpocken ist von P o t e l et al. (1963); D a t h e (1967); K r e t z s c h m a r und K ö t h e r (1972); M a y e r et al. (1972) und K u n t z e (1974) ausführlich geschildert worden.
Allerdings zeigte sich im Verlaufe des Krankheitsgeschehens unserer 0,3 Asiatischen Elefanten, daß das typische Bild der Pockenblase sich nicht ausbildete. Insbesondere nach dem Platzen der Bläschen fehlten die typischen eitrigen Beläge inmitten der Ephitelerosionen. Auch die gesamte äußere Haut war frei von typischen Veränderungen, die sich bei Pockeninfektionen der Elefanten nach 2 - 4 Tagen ausbilden. Abzugrenzen ist auch das von S a i l e r (1951) bei Elefanten beschriebene Kälberdiphtheroid. Bei uns fehlten die in diesem Falle beschriebenen Schwellungen der Schleimhäute der Zunge und des gesamten Kopfes. Auch fehlte in unserem Falle die eitrige Infektion der beschriebenen kleinen, gelblich geränderten Bläschen. MKS-Infektionen sind bei Elefanten bekannt (L i n d a u, 1964). Neben unspezifischen, allgemeinen Symptomen sind besonders die Ausbildung der bekannten Bläschen auf der Rüsselschleimhaut und an den Rändern von Nägeln und Sohlen erwähnenswert. Solche Erscheinungen traten bei uns nicht auf.

Ätiologie:

Alle Bemühungen durch bakteriologische, virologische und serologische Untersuchungen, ein infektiöses Agens direkt oder indirekt als Ursache der beschriebenen klinischen Symptome zu isolieren, schlugen fehl. x)
Obwohl uns der Nachweis eines Erregers nicht gelang, sind wir der Ansicht, daß ein bisher bei Elefanten noch nicht nachgewiesenes Herpesvirus die beschriebenen Erscheinungen ausgelöst haben könnte. Die negativen Abstriche und der zweizipflige Verlauf der Fieberkurve wurden von uns als Hinweise für eine Virusätiologie gedeutet. Auch der Krankheitsverlauf, der nacheinander die drei gehaltenen Asiatischen Elefanten betraf, jedoch unsere Afrikanische Elefantenkuh "Arusha" nicht erfaßte, spricht nach unserer Meinung für eine Virusinfektion.

Als Ausgangspunkt für eine mögliche derartige Infektion könnten die in unserem Falle im Dezember (23.12.80) 1980 im Magdeburger Dickhäuterhaus mit eingestellten 1,1 Flachland-Tapire (Tapirus terrestris) infrage kommen. Herpesvirusinfektionen bei Tapiren mit ähnlichem, allerdings dramatischerem klinischen Geschehen sind von R e i c h e l und M a y e r (1972) beschrieben worden.

Diskussion:

Bei der von uns in Magdeburg bei 0,3 Asiatischen Elefanten beobachteten vesikulären Entzündung der Schleimhäute der Maulhöhle handelt es sich mit sehr großer Wahrscheinlichkeit um ein durch ein Virus bedingtes infektiöses Geschehen. Der klinische Verlauf sowie die zweizipflige Fieberkurve scheinen diese These zu unterstützen. Vermutlich sind auch die anderen Teile des Verdauungsapparates von diesen entzündlichen Erscheinungen betroffen gewesen. Die blutig -schleimigen Kotbestandteile scheinen darauf hinzudeuten. Auffällig war bei den drei Tieren eine schon vor dem Auftreten der Bläschen festzustellende Lahmheit. Insbesondere das Hinlegen und Aufstehen schien den Tieren während des Verlaufs der Krankheit große Schmerzen zu bereiten. Möglicherweise waren aseptische Gelenkentzündungen die Ursache dieser Schmerzzustände.
Inwieweit der rechtzeitige, hochdosierte Einsatz von Antibiotika dazu beigetragen hat, das Krankheitsgeschehen zu beherrschen, bleibt dahingestellt, zumal bei Herpesinfektionen von OTC, Penizillin und Streptomycin keine Wirkung zu erwarten ist. Wir sind jedoch der Ansicht, daß auch in solchen Fällen, wo der Antibiotikaeinsatz keine kausale Therapie darstellt, der rechtzeitige, hochdosierte Einsatz von Breitbandantibiotika zur Unterdrückung von Sekundärinfektionen gerechtfertigt ist. Dadurch sind unter Umständen für die erkrankten Tiere lebensrettende Effekte zu erwarten. Das trifft unseres Erachtens besonders deshalb zu, da ähnliche bisher beschriebene Krankheitsfälle mit mehr oder weniger großen Verlusten verbunden waren (S a i l e r, 1951; R e i c h e l und M a y e r, 1972). Durch die von unserer Seite nur hypothetische Annahme der Vektorfunktion der neu im Dickhäuterhaus eingestellten Tapire sollte nur auf eine von vielen Möglichkeiten hingewiesen werden.

---

x) Für seine Bemühungen zur Sicherung der Diagnose sei Herrn CVR Dr. sc. Ch. K r e t z s c h m a r gedankt.

Zusammenfassung:

Über eine vesikuläre Schleimhauterkrankung ungeklärter Ätiologie bei Asiatischen Elefanten

Es wird eine vesikuläre Erkrankung der Schleimhäute bei 0,3 Asiatischen Elefanten beschrieben. Neben den bläschenartigen Veränderungen der Maulschleimhaut fielen eine mittelgradige Konjunktivitis sowie Bewegungsstörungen auf. Zur Behandlung wurden nacheinander OTC-, Penizillin- und Streptomyzin-Präparate sowie Herz- und Kreislaufmittel und Vitamine eingesetzt. Ein Erreger der vermutlichen Infektion konnte nicht nachgewiesen werden.

Summary:

Vesicular Disease of Mucous Membrane in Asian Elephant of Unknown Aetiology

A vesicular disease of the buccal mucous membranes in three Asian elephants is described in this paper. The vesicular changes were accompanied by moderate conjunctivitis and dyskinesia. Oxytetracycline, penicillin, and streptomycin preparations as well as cardiac stimulants and circulatory preparations and vitamins were consecutively used for therapy. A pathogen of what was assumed to be an infection could not be detected.

Résumé :

A propos d'une affection vésiculaire de la muqueuse à étiologie non-déterminée chez l'éléphant asiatique

L'exposé fait état d'une affection vésiculaire de la muqueuse chez 0,3 éléphants asiatiques. En dehors des altérations vésiculaires de la muqueuse buccale, on a constaté une conjonctivite à degré moyen ainsi que des troubles motoriques. Pour y remédier, on a utilisé de manière consécutive des préparations OTC, à la pénicilline et à la streptomycine ainsi que des médicaments pour le traitement de maladies cardiaques et de troubles circulatoires. Il n'était pas possible de déterminer l'agent pathogène de cette infection vraisemblable.

Резюме:

О везикулярном заболевании слизистых оболочек неизвестной этиологии у азиатского слона.

Сообщается о везикулярном заболевании слизистых оболочек у азиатских слонов. Кроме сыпных изменений слизистых оболочек морды животного, наблюдаются конъюктивиты и нарушения двигательного аппарата. Для лечения применялись оден за другим ОТС, пенициллин, стрептомицин, средства для улучшения кровообращения и витамины. Возбудитель заболевания не был обнаружен.

Literaturverzeichnis:

DATHE, H. (1967): Über weitere Fälle von Elefantenpocken. D. Zool. Garten (N) 33, 194.

KRETZSCHMAR, Ch. und H. KÜTHER (1972): Verlauf und Ätiologie von Elefantenpockenerkrankungen im Magdeburger Zoologischen Garten. Verhandlungsber. XIV. Internat. Symp. Erkrankungen Zootiere, Wroclaw, 197.

KUNTZE, A. (1974): Zur Klinik der Pocken bei Asiatischen Elefanten (Elephas maximus) Verhandlungsber. XVI. Internat. Symp. Erkrankungen Zootiere, Erfurt, 281.

KUNTZE, A. und V. JANETZKY (1978): Pockentiterbestimmungen bei Elefanten. Verhandlungsber. XX. Internat. Symp. Erkrankungen Zootiere, Dvur Kralove, 305.

LINDAU, K.H. (1964): Die Maul- und Klauenseuche in Zoologischen Gärten. VI. Internat. Symp. Erkrankungen Zootiere, Wien, 15 - 20.

MAYER, H., GEHRING, H. und H. MAHNEL: Elefantenpocken in einem Wanderzirkus. Verhandlungsber. XIV. Internat. Symp. Erkrankungen Zootiere, Wroclaw, 211.

POTEL, K., VOIGT, A., HIEPE, Th., KRONBERGER, H., HEIDER, G. ELZE und L. DITTRICH (1963): Eine bösartige Haut- und Schleimhauterkrankung bei Elefanten. D. Zool. Garten (NF) 27, 1 - 103.

REICHEL, K. und H. MAYER (1972): Herpesvirusinfektion bei Tapiren. Verhandlungsber. XIV. Internat. Symp. Erkrankungen Zootiere, Wroclaw, 221.

SAILER, O. (1951): Bericht über "Kälber-Diphterie" beim Elefanten. D. Zool. Garten (NF) 18, 103 - 105.

Anschrift der Verfasser: Dr. vet. med. K. K u t s c h m a n n
3080 Magdeburg
Liliencronstr. 4 (DDR)

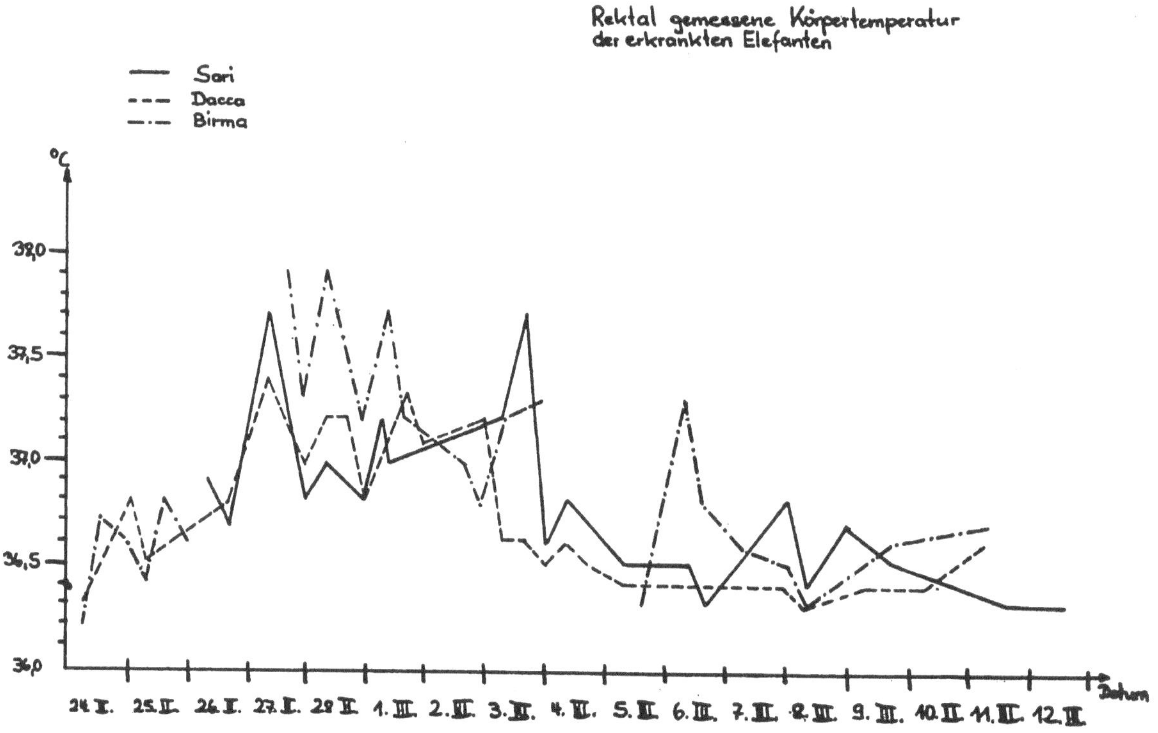

Aus dem Institut für Pathologie der Tierärztlichen Hochschule Hannover (Direktor: Prof. Dr. Dr. hc. L.-Cl. S c h u l z)

HERPES-VIRUS-HEPATITIS BEI BÄREN-BAUMKÄNGURUHS (DENDROLAGUS URSINUS)

Von H.-A. S c h o o n, S. U e b e r s c h ä r und H.-P. B r a n d t

Im Gegensatz zur Darstellung des sonstigen Krankheitsspektrums der Känguruhs im Schrifttum wird über den gesicherten Nachweis viraler Infektionen bei Marsupialia lediglich sporadisch berichtet.

So beschreiben B a g n a l l und W i l s o n (1974) eine Pockenvirusinfektion beim Roten Riesenkänguruh (Macropus rufus); S a b i n e und F i n n i e (zit. n. F i n n i e et al., 1976) beobachteten virusverdächtige Partikel im Zusammenhang mit einem Mammakarzinom bei einem Fleckschwanzbeutelmarder (Dasyurus maculatus). D i c k e n s (zit. n. F i n n i e et al., 1976) beschreibt eine Virushepatitis beim Koala (Phascolarctos cinereus) und S t a n l e y et al. (1964) eine Reovirusinfektion beim Känguruh.

Umfangreichere Erkenntnisse liegen ausschließlich über Herpesvirusinfektionen bei Beuteltieren in Australien vor. Eine Übersicht zur Pathomorphologie sowie zu diagnostischen Verfahren gibt die Tabelle 1.

Das klinische Bild der im allgemeinen enzootisch auftretenden Infektion wird von allen Autoren als perakut geschildert. Einzig faßbare Symptome sind ein kurzfristiger Temperaturanstieg auf 40°C sowie entzündliche Veränderungen der Schleimhäute des Verdauungs-, Respirations- und Genitaltraktes sowie der Augen (F i n n i e et al., 1976; F i n n i e, 1980; C a l l i n a n and K e f f o r d, 1981; W i l c k s et al., 1981), die jedoch auch fehlen können (D i c k s o n et al., 1980). Sofern vorhanden, verteilen sich die bei der Sektion zu erhebenden pathomorphologischen Hauptbefunde entsprechend der in Tabelle 1 gegebenen Übersicht. Die Schleimhautalterationen stellen sich als katarrhalisch-eitrige bis pseudomembranöse und diphtheroide Entzündungen mit Vesikelbildung dar. In diesen Bereichen sowie in Lunge und Leber lassen sich multiple Nekrosen und Nekrobiosen mit und ohne perifokalerentzündlicherDemarkation sowie intranukleäre eosinophile und basophile Einschlußkörperchen nachweisen (F i n n i e et al., 1976; D i c k s o n et al., 1980; F i n n i e, 1980; C a l l i n a n and K e f f o r d, 1981; W i l c k s et al., 1981).

Die jeweilige Diagnose wurde durch Kombination von kulturellen Verfahren mit der Transmissionselektronenmikroskopie, durch serologische bzw. durch serologische und kulturelle Untersuchungsmethoden gestellt (Tab. 1).

Eine nähere Charakterisierung des in der Literatur als PWHV (Parma wallaby-herpesvirus) bezeichneten Erregers nahmen W h a l l e y and W e b b e r (1979) vor, wobei sie unter anderem einen Dichtegradienten von 1,712 g/ml und eine mittlere Dauer eines Infektionszyklus von 25 h ermittelten. Die Kultivierung gelang ihnen fast ausschließlich in homologen Marsupialia-Zellkultursystemen. Eine Übertragung des isolierten Erregers auf andere Parma-wallabies glückte L i t t l e j o h n s et al. (zit. n. W h a l l e y u. W e b b e r, 1979). Sie erzeugten ein dem spontanen Auftreten vergleichbares Krankheitsbild. Angeregt durch entsprechende Be chreibungen von enzootischen Spontanerkrankungen bei Zootieren untersuchten W e b b e r and W h a l l e y (1978), serologisch 242 freilebende und 116 in Gefangenschaft lebende Makropoden auf Herpesvirusantikörper.

Tabelle 1: Herpes-Virus-Infektionen bei Känguruhs (Übersicht)

AUTOR	TIERART	PATHOMORPHOLOGIE (HAUPTBEFUNDE)					DIAGNOSE		
		Lunge	Leber	Genit.	Auge	Dig.Trakt	Serol.	Zellkult.	ELMI
FINNIE et al. (1976)	-Macrop. parma	•	•	•	•			•	•
FINNIE (1980)	-Macrop. eugenii			•	•	•	•		
	-Seton. brachyur.	•	•	•	•	•	•		
	-Potorous tridactyl.	•	•		•		•		
CALLINAN and KEFFORD (1981)	-Seton. brachyur.		•	•	•			•	•
	-Dorcops. muelleri luctuosa	•	•	•	•	•		•	•
	-Macrpo. fuliginos.	•	•			•		•	•
DICKSON et al. (1980)	-Aepypymn. rufescens		•					•	•
	-Bettong. penicill.		•					•	•
WILCKS et al. (1981)	-Dorcops. muelleri luctuosa	•	•	•		•	•	•	
	-Seton. brachyur.	•	•	•		•	•	•	

Anmerkung: ELMI = Elektronenmikroskopie

Sie ermittelten 23,9 % bzw. 41,4 % positiver Reagenten bei einem mittleren Serumtiter von 19,6 bzw. 109,2. Ähnliche Befunde liegen von K e r r et al. (1981) vor, die bei 216 freilebenden Grauen Riesenkänguruhs (Macropus giganteus) 69 % positive Reagenten herausfanden, bei einem mittleren Serumtiter von 105.

Da alle bisherigen Untersuchungsergebnisse lediglich das Vorkommen von Herpesvirusinfektionen bei Marsupialia auf dem australischen Kontinent um Gegenstand haben, sollen im folgenden die Befunde bei einer Virus-Hepatitis-Enzootie in einem Bären-Baumkänguruh-Bestand(Dendrolagus ursinus)eines norddeutschen Zoologischen Gartens beschrieben werden.

Material und Methoden:

Als Material dienten vier (1,3) adulte, sponten verendete Bären-Baumkänguruhs (Dendrolagus ursinus) aus einem Zoologischen Garten, die im Institut für Pathologie der Tierärztlichen Hochschule Hannover seziert wurden. An die makroskopische Befunderhebung schloß sich bei allen Tieren eine histopathologische Beurteilung verschiedener formalinfixierter Organsysteme mittels Hämatoxylin-Eosin, PAS und Phloxin-Tartrazin (n. A t t w o o d) gefärbter Paraffinschnitte an.

Formalinisiertes Lebergewebe wurde für die nachträglich durchgeführte Transmissionselektronenmikroskopie in mehrfach gewechseltem Cacodylatpuffer und Glutaraldehyd umfixiert. Die Einbettung erfolgte in Epon 812. Nach Durchsicht der Toluidinblau gefärbten Semidünnschnitte wurden von ausgewählten Lokalisationen Ultradünnschnitte hergestellt, kontrastiert und am Zeiss EM 10 beurteilt. Die Ergebnisse der bei allen Tieren durchgeführten bakteriologischen und parasitologischen Untersuchungen werden im Befundteil dargestellt.

Ergebnisse:

a) Anamnese:

Die vier etwa zwei Jahre alten Känguruhs entstammten einer Gruppenhaltung und verendeten innerhalb von 11 Tagen jeweils im Abstand von 3, 9 und 2 Tagen. Das klinische Bild der Erkrankung zeigte einen perakuten Verlauf. Zwei weibliche Tiere verstarben symptomlos, ein Männchen sowie ein Weibchen litten kurzfristig unter Asphyxie sowie Hustenanfällen und starben wenige Stunden nach Auftreten der Symptome. Therapeutische Maßnahmen konnten nicht mehr durchgeführt werden. Alle vier Bären-Baumkänguruhs befanden sich zum Zeitpunkt der Erkrankung seit mehr als einem Jahr im Zoo, in den sie vom selben Händler importiert worden waren. Während ihres Aufenthaltes entwickelten sie sich klinisch unauffällig, therapeutische Eingriffe waren bis auf eine Schwanzspitzenamputation bei einem Weibchen seit dem Ankauf nicht erforderlich.

b) Makroskopische Befunde:

Während die drei weiblichen Tiere sich in einem guten Ernährungszustand befanden, war das Männchen stark abgemagert, wobei das Kranzfurchenfett am Herzen sowie die Fettpolster der Nierenlager Anzeichen einer serösen Atrophie aufwiesen. Neben den Befunden für ein akutes Kreislaufversagen (Ventrikeldilatation rechts, Stauungshyperämie der großen Parenchyme, hochgradiges alveoläres Lungenödem) wurde eine systemische hämorrhagische Diathese festgestellt. Nieren, Leber und Blase zeigten ausgeprägte petechiale bis ekchymale Blutungen. Bei je zwei Weibchen manifestierte sich die Erkrankung unter anderem als fibrinöse Gastritis im "hind stomach", bzw. in einem Fall als fibrinöse Urethritis. Einen Hinweis für eine infektiöse Systemerkrankung lieferte bei zwei Tieren die mittel bis hochgradige Aktivierung aller lymphatischen Gewebe. Bei den übrigen zwei weiblichen Tieren deutete eine ausgeprägte Ödematisierung, Hyperämie und Schwellung der Mediastinallymphknoten in Verbindung mit einer serofibrinösen Pleuritis auf eine pulmonale Affektionen hin. Die Leber wies übereinstimmend bei allen Tieren neben den schon erwähnten subkapsulären und parenchymatösen Blutungen multifokale, diffus verteilte, grauweiße miliare Nekroseherde auf.

c) Histopathologie:

Gemeinsames Merkmal bei der histopathologischen Befunderhebung war der Nachweis frischer Nekrosen im Leber- und Lungenparenchym. So lag in jedem Falle eine hochgradige, disseminierte nekrotisierende Hepatitis vor. Die Hepatozyten zeigten alle Stadien degenerativer Kernveränderungen bis hin zur Karyolysis. In Arealen mit völliger Destruktion organspezifischer Strukturen lagen darüberhinaus ausgedehnte frische Blutungen vor. In der Peripherie dieser nekrotischen bzw. nekrobiotischen Herde ließen sich massenhaft intranukleäre, blasse, eosinophile oder auch basophile partiell phloxinophil reagierende Einschlußkörperchen nachweisen. Degenerative Erscheinungen zeigten sich hier als ausgeprägte Kernwandhyperchromasie mit und ohne Halo. Eine entzündliche Demarkation fehlte bis auf einzelne, teils zerfallene neutrophile Granulozyten fast völlig (Abb. 1 u. 2).

Neben einer mittelgradigen Fibrose sowie einer mäßigen Gallengangsproliferation in den Glissonschen Dreiecken lag eine geringgradige Sternzellhämosiderose in Verbindung mit einzelnen lympho-histiozytären interstitiellen Infiltraten sowie einer hochgradigen Aktivierung der Kupfer'schen Sternzellen vor. Sporadisch waren auch hier intranukleäre Einschlußkörperchen in den Gallengangsepithelien sowie in den eingewanderten Makrophagen nachweisbar. Auch die Lungenbefunde waren durch das Vorkommen wenn auch weniger Parenchymnekrosen und Nekrobiosen mit geringgradiger leukozytärer Reaktion gekennzeichnet. Daneben wurden Erscheinungen einer Desquamativpneumonie allein oder in Verbindung mit einer geringgradigen eitrig-alveolären Herdpneumonie beobachtet. Partiell phloxinophile Einschlußkörperchen konnten in den Bronchialepithelien, den Alveolarmakrophagen sowie einzelnen interstitiellen und peribronchialen Makrophagen nachgewiesen werden. Zusätzlich zeigte sich entsprechend den makroskopischen Befunden eine hochgradige Hyperämie und ein teils fibrinreiches Ödem. Durch die histologische Untersuchung der Nieren sowie der Blase konnte das Vorliegen frischer Blutungsherde bestätigt werden, ohne jedoch Hinweise für entzündliche Alterationen zu finden.

d) Elektronenmikroskopie:

Trotz der fortgeschrittenen Autolyse sowie der auch durch die erfolgte Umfixierung des Untersuchungsmaterials nicht völlig zu beseitigenden kristallinen Formalinniederschläge ließen sich elektronenmikroskopisch eindeutig sowohl intranukleär wie intrazytoplasmatisch Viruspartikel nachweisen. Es handelte sich um hexagonale, im allgemeinen erhaltene Nukleokapside mit einem mittleren Durchmesser von 110 nm, die aufgrund ihrer Größe sowie der typischen Morphologie als Herpes-Virus-Nukleokapside angesprochen werden konnten (Abb.3).

e) Bakteriologie - Parasitologie:

Eine parasitologische Untersuchung verlief negativ, durch bakteriologische Untersuchung wurde in der Lunge bei allen Tieren ein mittelgradiger Keimgehalt an alphahämolysierenden Streptokokken nachgewiesen.

Diskussion:

Die in der vorliegenden Untersuchung dargelegten Befunde stellen, soweit aus der zur Verfügung stehenden Literatur ersichtlich, die ersten durch elektronenmikroskopischen Erregernachweis als gesichert geltenden Fälle einer Herpes-Virus-Infektion bei Känguruhs außerhalb des australischen Kontinents dar.
Das klinische Bild dieser perakut verlaufenden Erkrankung mit enzootischem Charakter weist keinerlei kennzeichnende Symptome auf. Die von F i n n i e et al., (1976), F i n n i e (1980), C a l l i n a n and K e f f o r d (1981) und W i l c k s et al. (1981), beschriebenen Schleimhautalterationen der Konjunktiven, der Anogenitalregion sowie des oberen Verdauungstraktes wurden in Übereinstimmung mit D i c k s o n et al. (1980) nicht beobachtet.

Als krankheitsbestimmend und pathogenetisch bedeutsam stellten sich die Leber- und Lungenaffektionen als multiple frische Nekrosen mit intranukleären Einschlußkörperchen dar, wie sie in ähnlicher Weise von allen Autoren gefunden wurden (Tab. 1). Mittels einer transmissionselektronenmikroskopischen Untersuchung wurden die in der Leber nachgewiesenen Viruspartikel unter Zugrundelegung der von W h a l l e y and W e b b e r (1979) bei Känguruhs erhobenen Befunde als Herpesvirus charakterisiert. Die genannten Autoren ordnen das sogenannte PWHV (Parma wallaby-herpes-virus) als eigenständig zur Familie der Herpetoviridae gehörig ein. Sie vermuten aufgrund des kulturellen Wachstumsverhaltens eine selbständige Evolution innerhalb der Marsupialia.

W i c k s et al. (1981) isolierten aus spontan erkrankten "Dorcopsis wallabies" (Dorcopsis muelleri luctuosa) und "Quokkas" (Setonix brachyurus) ein von ihnen als QHV (Quokka-herpes-virus) beschriebenes Herpesvirus. Sie stellten enge serologische Beziehungen sowohl zum PWHV als auch zum Herpesvirus Typ I des Menschen fest. Aus diesem Grund wird von ihnen ein möglicher Wirtswechsel vom Menschen auf das Känguruh diskutiert, wobei für den neuen Wirt, indem sich das Virus aus einem an sich stabilen, latenten Virus-Wirtssystem löst, gravierende Konsequenzen im Sinne einer akuten Infektion auftreten. Als möglicher Infektionsweg wird eine aerogene Aufnahme von Virusmaterial mit und ohne "carrier" angenommen (C a l l i n a n and K e f f o r d, 1981).
Serologische Befunde von W e b b e r and W h a l l e y (1978) sowie K e r r et al. (1979) deuten auf eine weite Verbreitung latenter Virusinfektionen sowohl in freier Wildbahn als auch in Zoologischen Gärten hin. Bedingt durch den in Gefangenschaft bei Gruppenhaltung auftretenden "Crowding-Effekt" weisen wesentlich mehr dieser Tiere einen positiven, im allgemeinen höheren mittleren Serumtiter auf (W e b b e r and W h a l l e y, 1978; K e r r et al., 1981) und erkranken bei Einwirkung prädisponierender Faktoren klinisch manifest (F i n n i e, 1980; W e b b e r and W h a l l e y, 1978).

Eigene Befunde zur epizootiologischen Situation innerhalb des betroffenen Bestandes liegen nicht vor, es kann jedoch festgestellt werden, daß weder vor noch nach dieser Enzootie entsprechende Krankheitsbilder bei Känguruhsektionen gefunden wurden.
Aufgabe weiterer Untersuchungen sollte es sein, durch gezielte serologische Verfahren die Verbreitung positiver Reagenten innerhalb der Zoologischen Gärten zu ermitteln und, soweit möglich, durch entsprechende Maßnahmen das Auftreten dieser offensichtlich als "Faktorenkrankheit" vorkommenden Infektion wirksam zu verhindern. In letzterer Hinsicht ergeben sich so gewisse Übereinstimmungen mit dem Auftreten von Myopathien (F i n n i e, 1980; S c h o o n, 1981).

Zusammenfassung:

Herpes-Virus-Hepatitis bei Bären-Baumkänguruhs (Dendrolagus ursinus)

In der vorliegenden Arbeit wird erstmalig über das Vorkommen einer ätiologisch abgesicherten, enzootischen Herpes-Virus-Infektion außerhalb Australiens bei Bären-Baumkänguruhs (Dendrolagus ursinus) berichtet. Die klinischen, makroskopischen und histopathologischen sowie elektronenmikroskopischen Befunde werden dargestellt und anhand der Literatur diskutiert.

Summary:

Herpes Virus Hepatitis in Black Tree Kangaroo (Dendrolagus ursinus)

This is the first report ever on the occurrence of aetiologically secured enzootic herpes virus infection among black tree kangaroos (Dendrolagus ursinus) outside Australia. Clinical, macroscopic, histopathological, and electron-microscopic findings are described and discussed, with reference being made to data in the literature.

Résumé :

Hépatite au virus herpétique chez des kangourous d'arbre (Dendrolagus ursinus)

La communication décrit, pour la première fois, la présence d'une infection enzootique au virus herpétique à étiologie déterminée en dehors de l'Australie chez des kangourous d'arbre (Dendrolagus ursinus). Les résultats des analyses cliniques, macroscopiques et histo-pathologiques ainsi que ceux des examens au microscope électronique sont présentés et discutés sur la base de lalittérature.

Резюме:

Герпис-вирусный гепатит у медвежьего деревьевого кенгуру (Dendrolagus ursinus)

Обсуждаются клинические макроскопические гистопатологические а также электронномироскопические результаты в сравнении с литературой. Кроме того в работе в первые сообщаетсяо герписно-вирусной инфекции у австралийского (Dendrolagus ursinus)

Literaturverzeichnis:

BAGNALL, B.G. and G.R. WILSON (1974): Molluscum contagiosum in a red kangaroo. Aust. J. Dermatology, 15, 115-118.

CALLINAN, R.B. and B. KEFFORD (1981): Mortalities associated with herpesvirus infection in captive macropods. J. Wildlife Dis., 17, 311-317.

DICKENS, R.K. (1976): Pers. Mitteilung, zit. n. Finnie et al. Aust. Vet. J., 52, 294.

DICKSON, J., HOPKINSON, W.I. and C. COACKLEY (1980): Herpesvirus hepatitis in rat kangaroos. Aust. Vet. J., 56, 463-464.

FINNIE, E.P., LITTLEJOHNS, I.R. and H.C. ACLAND (1976): Mortalities in Parma wallabies (Macropus parma) associated with a probable herpesvirus. Aust. Vet. J., 52, 294.

FINNIE, E.P. (1980): A marsupial herpesvirus in: The Comparative Pathology of Zoo animals ed. by R.T. Montali and G. Migaki. A Symposium of the National Zoo, 179-182.

KERR, A., WHALLEY, J.M. and W.E. POOLE (1981): Herpesvirus neutralising antibody in grey kangaroos. Aust. Vet. J., 57, 347-348.

SABINE, I.M. and E.P. FINNIE (1976): Unveröffentlicht, zit. n. Finnie et al. Aust. Vet. J., 52, 294.

SCHOON, H.-A. (1981): Myopathien beim Känguruh. Verhandlungsber. XXIII. Internat. Symp. Erkrankungen Zootiere, Halle, 133-145.

WEBBER, C.E. and I.M. WHALLEY (1978): Widespread occurrence in australian marsupials of neutralising antibodies to a herpesvirus from a Parma Wallaby. Aust. J. Exp. Biol., 56, 351-357.

WHALLEY, I.M. and C.F. WEBBER (1979): Characteristics of Parma wallaby herpesvirus grown in marsupial cells J. gen. Virol., 45, 423-430.

WILCKS, G.R., KEFFORD, B. and R.B. CALLINAN (1981): Herpesvirus as a cause of fatal disease in australian wallabies J. comp. Pathol., 91, 461-465.

Anschrift der Verfasser: Dr. H.-A. Schoon
Institut für Pathologie
der Tierärztlichen Hochschule
Hannover
Bischofsholer-Damm 15
D - 3000 Hannover (BRD)

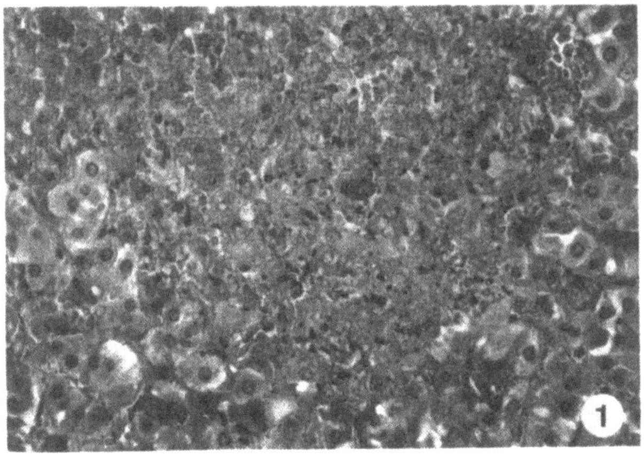

Abb. 1: Leber: Frische Nekrose mit Blutungen und einzelnen zerfallenen neutrophilen Granulozyten (H.-E., Vergr. 300x)

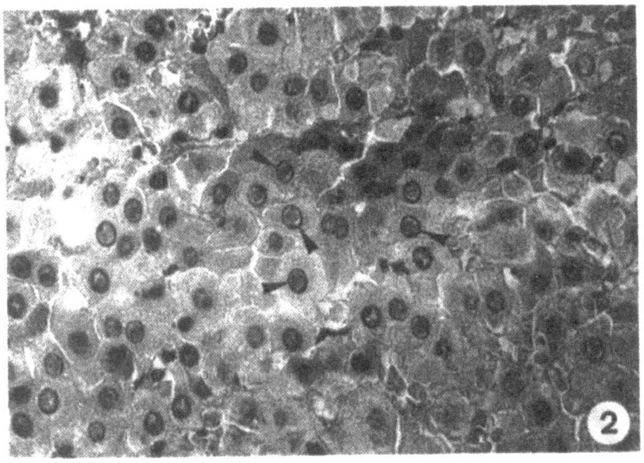

Abb. 2: Leber: Multiple intranukleäre Einschlußkörperchen (◄) mit und ohne Halo (H.-E., Vergr. 600x)

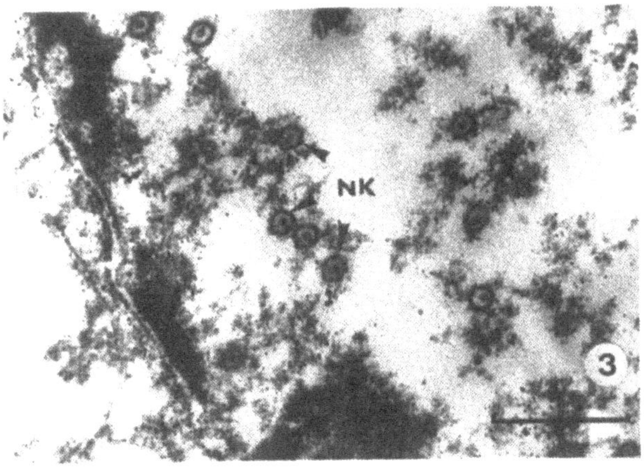

Abb. 3: Leber: Intranukleäre Viruskapside von Herpes-Viren (Durchmesser ca. 110 nm), Grundvergrößerung x55.000 (Eichstrecke 500 nm)

Aus der Staatlichen Tierärztlichen Gemeinschaftspraxis Stralsund (Leiter: Dr. H.-J. Schlüter)

ÜBER EINIGE TOLLWUTERKRANKUNGEN IN DEN TIERGÄRTEN DES BEZIRKES ROSTOCK

Von H.-J. Schlüter

Für den mitteleuropäischen Raum hat die Tollwut in erster Linie Bedeutung als gefährliche Zoonose. Die ökonomischen Schäden sind gering. In epizootologischer Hinsicht haben wir es mit der silvatischen Form zu tun. Als Hauptüberträger des Virus auf Haustiere fungiert der einheimische Rotfuchs. Wie Krumbiegel (1976) schreibt, gilt es als erwiesen, daß die Tollwut sämtliche Arten von Säugetieren befallen kann, dem zuzustimmen ist, und Kronberger und Schüppel (1972) spätestens haben bewiesen, daß auch Vögel das Tollwutvirus beherbergen und damit auch übertragen können. Die Anzahl der Veröffentlichungen über das Spektrum der Tierarten, bei denen Tollwut klinisch, pathohistologisch oder durch den Tierversuch nachgewiesen wurde, ist sehr umfangreich und es werden ständig neue Tierarten beschrieben, bei denen erstmalig der Virusnachweis erfolgte.

Im allgemeinen überleben erkrankte Tiere nicht. Es sollen jedoch inapperente Formen der Tollwut und auch latentes Virusträgertum vorkommen. Die Übertragung erfolgt meist durch den Biß wutkranker Tiere. Der orale Infektionsweg (Wojaczek-Steffke, 1966) und die Übertragung per inhalationem (Constantine, 1962)(sog. nonbite route) werden beschrieben.
In der DDR betreffen ca. 75 % der positiven Untersuchungsbefunde auf Tollwut Wildtiere. Unter ihnen erreicht der Rotfuchs mit etwa 65 % den höchsten Anteil, gefolgt vom Reh mit etwa 8 %. Der Rest von 1 - 2 % betrifft verschiedene andere Tierarten. Von den Haustieren fielen von den positiven Befunden ca. 10 % auf den Hund, ca. 8 % auf die Katze, ca. 4 % auf das Rind und ca. 1 - 2 % auf die kleinen Wiederkäuer. Für den Bezirk Rostock unterstreichen Wolter und Garlt (1978), daß in allen zehn Kreisen des Bezirkes positive Tollwutbefunde festgestellt werden konnten. Im Tollwutgeschehen, so stellten sie fest, sollen alle sechs Jahre Höhepunkte zu beobachten sein. Zwischenzeitlich ist ein absteigender und wieder ansteigender Verlauf zu verzeichnen. Fälle von Katzentollwut werden im Bezirk zunehmend häufiger beobachtet. Haushunde werden zum Teil geimpft, insbesondere jene, die ansteckungsgefährdet sind.
Über Tollwut in Tiergärten wurde mehrfach berichtet, so von Kast und Kraus (1967), Seils (1967), Seidel (1970), Münich und Steger (1974), Kolář (1976) u.a. Im Bezirk Rostock ereigneten sich in den vergangenen drei Jahren in vier Tiergärten Tollwuterkrankungen. Einerseits betraf es Zootiere, andererseits Wildtiere, die in den Garten eingedrungen waren und dort lebten.

Folgende Tollwutfälle traten auf:

1. Zoo Rostock

   0,1 Elch, Leittier der Gruppe
   Am 22.3.1978 wurde das Tier vorgestellt. Es sonderte sich von den übrigen Tieren ab und zeigte Scheuerwunden an Nasenrücken und Stirn, die auf starken Juckreiz schließen ließen. Tollwut konnte differentialdiagnostisch nicht ausgeschlossen werden. Am 23.3.1978 verstarb das Tier. Der Infektionsmodus war unbekannt. Jedoch wurden freilebende Rotfüchse im Zoo beobachtet. Andere Tiere der Gruppe erkrankten nicht.

2. Zoo Rostock

1,0 Dingo
Das Tier zeigte nach Aussagen der Pfleger am 3.4.1978 deutliche Aggressivität gegenüber der Partnerin. Bei der Adspektion wurde eine Umfangsvermehrung der Fangregion bemerkt. Das Tier selbst reagierte normal und war relativ ruhig. Es fraß den eigenen Kot. Es wurde Tollwutverdacht ausgesprochen und das Tier euthanasiert. Als das positive Untersuchungsergebnis vorlag, wurden die anderen im gleichen Käfig gehaltenen Dingos ebenfalls euthanasiert. Der Infektionsmodus ist unbekannt, vermutlich war ein Fuchs der Virusüberträger.

3. Zoo Rostock

Ratte
Ende April 1978 wurde in der Nähe des Elchgeheges eine tote Ratte gefunden und pathohistologisch untersucht. Das Ergebnis war positiv.

4. Tierpark Greifswald

Rotfuchs
Am 30.6.1978 wurde, ohne vorher klinische Symptome gezeigt zu haben, der vom Tierpark jahrelang allein gehaltene Rotfuchs in seinem Käfig tot aufgefunden. In der Vergangenheit wurde das Tier mehrfach zu Trainingszwecken für Jagdhunde (Schliefanlage) genutzt. Der Infektionsmodus ist unbekannt.

5. Tierpark Stralsund

0,1 Korsak
Am 14.6.1980 wurde das Tier im Käfig tot aufgefunden. Klinische Symptome zeigte das Tier vorher nicht. Im gleichen Käfig befand sich noch das Männchen. Es erkrankte nicht. Der Infektionsmodus ist unbekannt. Zwei Tierpfleger mußten schutzgeimpft werden.

6. Tierpark Stralsund

Junger Rotfuchs (Wildtier)
Der Kadaver dieses Tieres wurde im Luchskäfig am 6.7.1980 von den Pflegern gefunden. Vermutlich haben die Luchse den in ihren Käfig eingedrungenen Fuchs getötet. Die 1,1 Luchse erkrankten nicht.

7. Tierpark Stralsund

1,0 Iltis
Das einzeln gehaltene Tier wurde am 21.8.80 tierärztlich behandelt. Es wies eine alte Verletzung oberhalb des rechten Auges auf, die chirurgisch versorgt wurde. Ohne weitere Symptome zu zeigen, verstarb das Tier am 23.8.1980. Bemerkenswert ist, daß der Käfig ca. 1 m vom Erdboden entfernt auf Metallstützen stand und ein engmaschiges Drahtwerk besaß. Der Infektionsmodus ist unbekannt. Tollwutschutzgeimpft wurden der Tierarzt und eine Pflegerin.

8. Tierpark Wolgast

0,1 Dingo
Am 18.2.1981 erkrankte ein säugendes Dingoweibchen (7 Welpen) mit folgenden Symptomen: Schleimiges Erbrechen, Inappetenz und Lähmungserscheinungen, die von caudal nach cranial fortschritten. Aggressivität bestand nicht. Die Erkrankung dauerte bis zum Exitus vier Tage. Am 10.1.1981 mußte es zu einer Beißerei am Käfiggitter mit einem sich außerhalb des Käfigs befindlichen Tier gekommen sein. Darauf deuteten Blutspuren hin.

Verletzungen des Dingoweibchens waren nicht zu erkennen. Eine Woche zuvor war vom Tierparkpersonal ein Rotfuchs innerhalb des Gartengeländes gesehen worden, der geringe Scheu vor den Menschen und einen leicht schwankenden Gang aufwies.

9. Tierpark Wolgast

Dingowelpe, ca. 8 Wochen alt
Am 4.3.1981 erkrankte ein Welpe des am 22.2.1981 an Tollwut verendeten Dingoweibchens (siehe Fall 8). Nach zweitägiger Krankheitsdauer, während der er anfangs unspezifische, später Lähmungserscheinungen zeigte, verstarb das Tier. Am nächsten Tag erkrankte ein weiterer Welpe, der innerhalb von 24 Stunden verstarb. Weitere Untersuchungen wurden nicht durchgeführt. Die gesamte Dingofamilie wurde euthanasiert.
Vier Personen mußten schutzgeimpft werden.

10. Tierpark Stralsund

Steinmarder (Wildtier)
Am 26.10.1981 wurde das Tier, das außer mangelnder Scheu vor den Menschen, keine weiteren Symptome zeigte, von den Pflegern durch Schläge getötet.

Abschließend zu diesen Tollwutfällen sei folgendes bemerkt:

Es wurde in jedem Fall eine vier-monatige Sperre des Tierhandels bzw. der Tierumsetzungen ohne kreistierärztliche Genehmigung ausgesprochen. Die weiteren amtstierärztlich festgelegten Maßnahmen waren je nach Situation unterschiedlich. Sie reichten von Reinigungs- und Desinfektionsanweisungen, Belehrungen, verstärkte Beobachtungen des Tierbestandes bis hin zu Teil- oder Vollsperrungen des Tiergartens.

Weiterhin sei folgendes herausgestellt:

Es waren in der Mehrzahl Karnivoren erkrankt (8 Fälle).
In vielen Fällen waren die Symptome nicht typisch für Tollwut bzw. das Tier wurde plötzlich tot aufgefunden, was die Notwendigkeit der Sektion aller gefallenen Tiere unterstreicht. Die Tollwutfälle verteilen sich fast über das ganze Jahr.
Neben erkrankten Zootieren (7 Fälle) waren auch eingedrungene Wildtiere tollwutpositiv.

Alle vier Tiergärten befinden sich am Stadtrand und grenzen an Parks, Wälder oder Ödland und in fast allen sind suspekte Füchse in der Vergangenheit beobachtet worden.

Diskussion:

Wie Literaturangaben über Tollwuterkrankungen bei Zootieren und die geschilderte Situation in den Tiergärten des Bezirkes Rostock beweisen, ist mit dieser Erkrankung in den Tiergärten zu rechnen. Insbesondere sind Tiergärten gefährdet, die so gelegen sind, daß ein direkter Kontakt zur freien Wildbahn besteht und diese enzootisch verseucht ist. Das wird unterstrichen durch Untersuchungen verschiedener Autoren, die zusammenfassende Sektionsergebnisse veröffentlicht haben (M e h r i n g, 1965; S o s n o w s k i, 1977; S t e g e r, 1978). Andererseits wird über Einzelfälle berichtet, die praktische Ausnahmen darstellen (I p p e n und S c h r ö d e r, 1974; M ü n i c h und S t e g e r, 1974).
Uns kommt die Aufgabe zu, die Zootiere und den Menschen vor einer Infektion mit dem Tollwutvirus zu schützen und ggf. die Seuche zu liquidieren. Den Wildfuchs und das Wildreh könnte man durch entsprechende Gestaltung des Außenzaunes und bestimmter Gehegeumfriedung fernhalten.

Andere suspekte Wildtiere, wie Marder und Ratten oder wildernde Katzen, sind kaum fernzuhalten. Diese Maßnahme ist also in keinem Fall absolut sicher. Wir könnten zum Zweiten die besonders suspekten Zootiere immunisieren, wie es z.B. K u s c h n a r e w (1981) beschreibt. Dieses Verfahren ist jedoch aufwendig und birgt in sich die Gefahr, daß die Immunität nicht in jedem Fall ausreichend ist. Andererseits berichten I r m e r und S c h l e g e l (1981) über erfolgreiche Schutzimpfungen bei wild lebenden Jungfüchsen als Maßnahme zur Tollwutbekämpfung in der freien Wildbahn. Vielleicht sollte man dieses Verfahren dann durchführen, wenn die Tollwutfälle in einem Tiergarten sich stark häufen. Als weitere Schutzmaßnahmen sind zu nennen: Ständige intensive Schadnagerbekämpfung im Zoo, kein freies Herumlaufenlassen irgendwelcher anderer Tierarten wie z.B. Katzen, entweder Abschuß oder Fang in den Garten eingedrungener Wild- oder verwilderter Tiere. In der Umgebung des Parks muß die Population der Füchse, anderer Kleinkarnivoren und wildernder Katzen und Hunde dezimiert bzw. liquidiert werden. Eventuell könnte man eine Immunisierung der Jungfüchse gegen Tollwut in Erwägung ziehen. Alles in allem sind es nur Möglichkeiten, die Gefahr einer Tollwutinfektion der Zootiere zu mindern aber nicht restlos zu verhindern.

Die zweite Frage betrifft die durchzuführenden Maßnahmen, wenn tatsächlich im Zoo ein Tollwutfall aufgetreten ist. Grundsätzlich ist zu fordern, daß in keinem Tiergarten ein direkter Kontakt zwischen Besucher und Zootier zu gestatten ist. Auch sollten die einzelnen Käfige bzw. Gehege so gestaltet sein, daß eine Weiterverbreitung der Tollwut, aber auch anderer Infektionskrankheiten, unter den Zootieren weitestgehend ausgeschlossen ist. Ein Problem stellt sich in Form der Kinder- und Streichelzoos. Hier ist, um eine gewisse Sicherheit zu gewährleisten, zu fordern: Die Abteilungen müssen möglichst schadnagerfrei gehalten und fuchssicher zu umzäunen sein. Nachts sind diese Tiere in fest verschließbare Unterkünfte zu verbringen.

Im Grundsätzlichen ist jeder Verdacht auf eine mögliche Tollwutinfektion und natürlich jeder Tollwutfall meldepflichtig. Die daraufhin erforderlichen Maßnahmen sind sicher in jedem Land gesetzlich definiert und werden amtstierärztlich entsprechend den Gegebenheiten angewandt. In der DDR sind die Weisungen Nr. 4 und 5 vom 24.10.1974 zur Tierseuchenverordnung bzw. ihrer Durchführungsbestimmungen und die Weisungen 3/78 vom 8.2.1978 und 1/81 vom 26.1.1981 des Leiters des Veterinärwesens verbindlich.
Selbstverständlich gibt es keine Weisung, die die spezifische Situation eines Tierparks berücksichtigt bzw. beinhaltet. Folgende Maßnahmen wären jedoch bei einem Tollwutverdacht oder nach staatlicher Feststellung der Tollwut unter Berücksichtigung der o. g. Angaben, insbesondere der Kontaktunterbindung von Zootier und Besucher, zu treffen und zu kontrollieren:
Wiederholte aktenkundige Belehrung des Pflegepersonals über das Wesen der Tollwut. Insbesondere ist darauf hinzuweisen, daß eine direkte Kontaktaufnahme mit ansteckungsverdächtigen und verdächtigen Tieren zu unterbleiben hat.

Absolut sichere Isolierung der Gehege, Anlagen u.ä.,in denen sich ansteckungsverdächtige oder verdächtige Tiere befinden,von den Besuchern. Diese Tiere werden ausschließlich von ganz bestimmten Pflegern versorgt, deren Arbeitsgerätschaften, Kittel, Stiefel, Handschuhe und Schutzbrille im gesperrten Bereich verbleiben. Hier sind Möglichkeiten der Desinfektion von Stiefel, Handschuh und Händenzu schaffen. Kittel werden vor der Übergabe zum Waschen ebenfalls desinfiziert. Im isolierten Bereich verbleiben auch Dung und Futterreste. Dung ist zu stapeln. Der Zootierbestand ist von allen Mitarbeitern verstärkt zu beobachten. Bei verdächtigen klinischen Erscheinungen, die auch nur den geringsten Verdacht auf Tollwut aufkommen lassen, ist der Tierarzt oder Kreistierarzt zu informieren.

Der isolierte Bereich ist wiederholt zu reinigen und zu desinfizieren. Anzuwendende Desinfektionsmittel sind: 5 %-iges Formalin, 3 %-ige Natronlauge oder Chlorkalk in Form dicker Chlorkalkmilch (Verhältnis 1 : 3).

An der Grenze zum isolierten Bereich sind Schilder mit der Aufschrift: "Unbefugten ist das Betreten verboten" aufzustellen.

Im Tierpark ist eine verstärkte Schadnagerbekämpfung durchzuführen.
In der Umgebung des Zoos hat gegebenenfalls eine intensive Bekämpfung von Raubwild und Raubzeug zu erfolgen. Der Erfolg ist zu erfassen. Getötete und gefallene Tiere sind zur Tollwutuntersuchung an die nächstgelegene Untersuchungsstelle zu schicken.

Veranstaltungen mit Tieren sind untersagt.
Tierhandel und Tierumsetzungen bedürfen der Zustimmung des Amtstierarztes.

Man sollte vermeiden, eine ganze tiergärtnerische Einrichtung zu sperren, da es sich um eine vielbesuchte kulturelle Einrichtung handelt. Diese Maßnahme kann nur bei sehr kleinen, unübersichtlichen und nicht umfriedeten Einrichtungen das Mittel der Wahl sein. Es ist jedoch, wie oben ausgeführt wurde, ein gewisses Mindestmaß an Vorkehrungen unerläßlich, um die Sicherheit vor einer Tollwutinfektion der Menschen zu gewährleisten.

Zusammenfassung:

Über einige Tollwuterkrankungen in den Tiergärten des Bezirkes Rostock

Es werden zehn Tollwutfälle in verschiedenen Tiergärten beschrieben. Daraus ableitend werden die Möglichkeiten diskutiert, die vorhanden sind, um Zootiere vor einer Tollwutinfektion zu schützen und welche Maßnahmen ergriffen werden sollten, wenn eine Tollwuterkrankung in derartigen Einrichtungen aufgetreten ist.

Summary:

Rabies Outbreaks in Zoological Gardens of Rostock Region

Described are ten cases of rabies in various zoological gardens. Ways and means are discussed, in that context, to protect zoo animals from rabies infection and to take action when an outbreak has occurred.

Résumé :

A propos de quelques cas de rage dans les jardins des animaux du district de Rostock

Les auteurs discutent dix cas de rage s'étant produits dans différents jardins des animaux tout en déduisant les possibilités existant permettant de protéger les animaux gardés d'une infection à la rage et en réfléchissant sur les mesures à prendre au cas où la rage se manifeste dans de tels établissements.

Резюме:

Сообщение о некоторых случаях бешенства в зоопарках района Ростока.

Сообщается о десяти случаях бешенства в зоопарках. Обсуждаются методы защиты животных от бешенства в зоопарках и мероприятия при возникновении инфекции.

Literaturverzeichnis:

CONSTANTINE, G. (1962): Rabies Transmission by Nonbite Route. Pbl. Hlth. Rep. 77, 287, zit. nach Pitzschke, H. und Gottschalk, C. (1963): Untersuchungen über die Rolle wildlebender Kleinsäuger in der Infektionskette der Tollwut. Mh. Vet. Med. 18, 471 - 473.

IPPEN, R. und H.-D. SCHRÖDER (1974): Auswertung der postmortalen Untersuchungsergebnisse bei in Gefangenschaft gehaltenen Landraubtieren. Verhandlungsber. XVI. Internat. Symp. Erkrankungen Zootiere, Erfurt, 29 - 39.

IRMER, S. und H.-L. SCHLEGEL (1981): Impfung von Jungfüchsen - eine Alternative zur Tollwutbekämpfung? Versuch einer Kosten - Nutzen - Analyse. Berl. Münch. Tierärztl. Wschr. 94, 202 - 207.

KAST, A. und M. KRAUS (1967): Tollwut im Zoo. Kleintierprax. 12, 1 - 3.

KOLAR, Zd. (1976): Tollwut bei einem Karpatenluchs. Verhandlungsber. XVIII. Internat. Symp. Erkrankungen Zootiere, Innsbruck, 103 - 104.

KRONBERGER, H. und K.-F. SCHÜPPEL (1972): Ergebnisse der postmortalen Untersuchungen von 4000 Vögeln. Verhandlungsber. XIV. Internat. Symp. Erkrankungen Zootiere, Wroclaw, 29 - 35.

KRUMBIEGEL, I. (1976): Die Tollwut der freilebenden Säugetiere - und was der Zoologe dazu sagt. Hameln: Eigenverlag.

KUSCHNAREW, W.P. (1981): Nekotorie aspekti primenenija Sredstw profilaktiki infektionnich zabole wanii w uslowijach zooparka. Verhandlungsber. XXIII. Internat. Symp. Erkrankungen Zootiere, Halle, 115 - 117.

MEHRING, M. (1965): Beitrag zur Pathologie der Säugetiere Zoologischer Gärten. Vet. med. Diss., Hannover.

MÜNICH, U. und G. STEGER (1974): Diagnostische Befunde der Veterinäruntersuchungsanstalt Nürnberg bei Raubtieren (1939 - 1973). Verhandlungsber. XVI. Internat. Symp. Erkrankungen Zootiere, Erfurt, 19 - 27.

SEIDEL, B. (1970): Beitrag zur Tollwut beim Zootier. Verhandlungsber. XI. Internat. Symp. Erkrankungen Zootiere, Budapest, 201 - 203.

SEILS, H. (1967): Tollwut bei einem Mufflon. Mh. Vet. Med. 22, 656 - 657.

SOSNOWSKI, A. (1977): Infektionskrankheiten im Zoologischen Garten Lodz in den Jahren 1961 - 1975. Verhandlungsber. XIX. Internat. Symp. Erkrankungen Zootiere, Poznan, 147 - 151.

STEGER, G. (1978): Untersuchungsbefunde bei nichtdomestizierten Huftieren 1939 - 1977. Verhandlungsber. XX. Internat. Symp. Erkrankungen Zootiere, Dvur Kralove, 9 - 19.

WALTER, R. und Ch. GARLT (1978): Probleme der Tollwut im Bezirk Rostock, Tierhygiene Informationen, Sonderheft: 10 Jahre Bezirksinstitut für Veterinärwesen Rostock.

WOJACZEK-STEFFKE, E. (1966): Über die mutmaßliche Rolle der Muriden bei der Verbreitung der Tollwut. Mh. Vet. Med. 21., 626 - 631.

Anschrift des Verfassers: Dr. med. vet. H.-J. S c h l ü t e r
2300 Stralsund
Knieperdamm 76 (DDR)

Московский зоопарк (Директор В.В.Спицин)

ВСПЫШКА ОРНИТОЗА У ПОПУГАЕВ В МОСКОВСКОМ ЗООПАРКЕ.

В.И. К о р н е е в а , Н.М. Г а р а н и н а

Коллекция попугаев вместе с некоторыми другими видами птиц в Московском зоопарке размещается в одноэтажном деревянном здании под условным названием "попугайчик" имеющем два смежных зала. В одном из залов экспонируются крупные и средние поругаи: несколько видов какаду, ар, амазонов, лори, а также китайские (Psittacula derbiana) и черноухие (Pionis menstruas) попугаи. Кроме того здесь содердатся турако Хартлауба (Turaco hartlaubi) , рогатый ворон (Bucorvus abisssinicus) гололицый гокко (Crax fasciolata) пестрый носорог (Anthracoceros coron.)и другие. Всего к началу заболевания насчитывалось 50 птиц, относящихся 24 видам, из которых 44 особи I9 видов попугаи. В другом зале содержатся разные виды птиц: цапли, перепела, мелкие утки, кулики, туканы и мелкие певчие птицы, всего I90 особей. Обслуживают птиц 3 рабочих и специалист зоотехник.

В конце марта I98I г. в группе попугаев внезапно начался падеж. За 5 дней пало 8 попугаев разных видов: кубинский (Amazona leucocephala) синелобый (Amazona aestiva) венесуэльский(Amazona amazonica) амазоны, малый желтохохлый (Cacatua sulphuria) молуккский (Cacatuo moluccensis)какаду, синежелтый ара (ARa ararauna)масковый неразлучник (Agapornis person.).Все трупы павших птиц были направлены для патологоанатомического вскрытия и установления диагноза в Московскую городскую бактериологическую ветеринарную лабораторию.
Из клинических признаков заболевания наблюдали общую слабость (птица сидела нахохлившись с закрытыми глазами, голову прятала под крыло), пониженный или полностью отсутствующий аппетит, диаррею, выделение слизи из носовых отверстий, затрудненное дыхание. На 4-й - 5-й день птица погибала. Учитывая внезапность возникновения заболевания, тяжесть его течения и высокую летальность в первые дни возникло подозрение на токсикоинфекцию. Были приняты соответствующие меры: корма направлены для химико-токсикологического исследования, проведена санитарная обработка помещения. Птицам перорально назначены антисептические средства, витамины и нитрофурановые препараты. Так как , несмотря на принятые меры, заболевание прогрессировало и падеж попугаев продолжался, на 5-й день была взята кровь для исследования на орнитоз от четырех попугаев, подозрительных в заболевании; у 3-х зеленокрылых (Ara chloropthera) и одного синежелтого ара.
Серологические исследования сыворотки крови подтвердили диагноз - орнитоз, при РСДК задержка гемолиза в разведении сыворотки I: 8 ++++ до I : 64 ++++. Далее было обследовано серологически (РСДК) на орнитоз все поголовье контактирующих птиц. При этом у 7 птиц получены положительные результаты с задержкой гемолиза в разведении сыворотки I : 8 ++++ до I : 64 ++++ (3-х зеленокрылых и I-го синежелтого ара, у 2-х черных какаду (Probosciger aterimus) и I-го черноухого попугая). Исследование крови от попугаев на орнитоз проводилось неоднократно, через месяц от начала заболевания отмечен рост титра антител в группе зеленокрылых ара с задержкой гемолиза до I:I28 ++++.

Одновременно было проведено серологическое исследование крови и аллергическая проба у лиц, контактировавших с больными попугаями, при этом получен отрицательный результат. Всего за период с 26 марта до 23 апреля пало 23 разных попугая (крупных и средних). Трупы исследовались в Московской городской ветбаклаборатории, и один труп - в отделе экспериментальной иммунологии Казанского ветеринарного института для проведения специальных вирусологических исследований.

При патолого-анатомических исследованиях наблюдались следующие изменения: печень бледная с мягкими очагами некроза; селезенка темная резко набухшая, увеличена, капсула напряжена кишечник гиперемирован, слизистая оболочка отечна, точечное кровоизлияние. При гистологическом исследовании обнаружен кариолизис печеночных клеток с очагами коагуляционного некроза (те же наблюдения у И.И. Терских, I957г.).
При исследовании трупа красного ара (Ara macao) в Казанском ветеринарном институте, в мазках отпечатках из паренхиматозных органов и из желточных мешков куриных эмбрионов погибших на 5-6-й день после заражения, обнаружены оксифильные включения, по своим морфологическим свойствам напоминающие возбудителей из группы хламидий.

Мы предполалаем, что источником инфекции явились 4 черных какаду, которые поступили в зоопарк в ноябре и декабре I980г. и некоторое время содержались совместно со всеми попугаями зоопарка, а затем были изолированы. В последующем у двух из них при серологическом (РСДК) исследовании крови подтвержден орнитоз, причем клинические признаки болезни отсутствовали. Возможна латентная форма заболевания (И.И.Терских, I956,I957г.; И.С.Безнадежный, I959г.). Всему поголовью попугаев проводилась антибиотикотерапия препаратом тетрациклинового ряда - вибрамицином, в дозе 2 мг/кг веса на фоне общеукрепляющей терапии (витамины, глюкоза, мед и т.д.) курсами продолжительностью до 30 дней.

Резюме:

Вспышка орнитоза у попугаев в Московском зоопарке.

Весной I98I года в Московском зоопарке от орнитоза пало 23 попугая. Источником инфекции явились 4 какаду, вновь поступившие в зоопарк . Всему поголовью попугаев вводился вибрамицин в дозе 2 мг/кг веса на фоне укрепляющей терапии витамиминами, глюкозой и медом. Курс терапии продолжался 30 дней.

Zusammenfassung:

Ornithoseausbruch bei Papageien im Moskauer Zoo

Im Frühling 1981 sind im Moskauer Zoo 23 Papageien an Ornithose verstorben. Als Infektionsquelle wurden die neu erworbenen Kakadus ermittelt. Serologische Untersuchungen haben die Diagnose bestätigt. Alle Papageien des Zoos wurden daraufhin über 3o Tage mit Vibramyzin behandelt. Außerdem bekamen die Tiere Vitamine, Glukose und Honig.

Summary:

Outbreak of Ornithosis among Parrots in Zoological Garden of Moscow

Ornithosis was the cause of death of 23 parrots in the Zoological Garden of Moscow, in spring 1981. Recently purchased cockatoos were identified as the source of infection. The diagnosis was confirmed by serological tests. All parrots kept in the zoo, consequently, were given vibramycin treatment for 30 days. Also administered were vitamins, glucose, and honey.

Literaturverzeichnis:

BEZNADYOJNY, I.S. (1959): "Ornithosis", Epidemiology and Prophylaxis, Medgiz (in russian)

TERSKIH, I.I. (1969): Psittakosis and Ornithosis. Microbiology, Epidemiology and Immunology revue, n° 10, p. 62 (in russian)

TERSKIH, I.I. (1957): Ornithosis in the USSR. Dissertation.(in russian)

Адрес автора: В.И. К о р н е е в а
СССР, Москва, Грузинская улица № I.

From Research Institute of VŮ ZOO Dvůr Králové n.L. (Director: Ing. J. Vágner CSc.) and Regional Station of Hygiene and Epidemiology Hradec Králové (Director: MUDr. Jitka Procházková)

KLEBSIELLA PNEUMONIAE INFECTION IN SOME AFRICAN ZOO-KEPT UNGULATES

By Eva Mikulicová, V. Mikulica, and I. Dvořáček

Introduction

The appearance of Klebsiella pneumoniae is that of an immobile stick with capsule. It is gram-negative and non-sporulating, and it has been identified as a member of the Klebsiella sub-tribe which is part of the tribe of enterobacteria. Being widespread under natural conditions, it has been found to infect man and animals. The germ causes lobar pneumonia in man, with additional complications having been experienced in children, for example, influenza, measles, and tuberculosis. Klebsiella pneumoniae also has become known for its trend towards forming abscesses and as a possible source of sepsis (Patočka, 1972). In clinically intact individuals, under physiological conditions, Klebsiella pneumoniae colonisation has been recorded from the digestive tract as well as from upper parts of the respiratory tract (Sprössig and Anger, 1979). Klebsiella pneumoniae also has been found to be a source of bovine mastitis (Vařejka, 1970). In horses, generally, the germ has caused purulent endometritis (Tillmann, 1973) or septicaemia, the latter in newborn foals (Elze et al., 1975). Klebsiella infection has been reported in the context of chinchilla, concomitant with catarrhal pneumonia, in mink, concomitant with pleuropneumonia, multiple abscesses, furunculosis, and ascending phlegmon (Löliger, 1970), as well as in orang-utan, apes, and monkeys (Elze et al., 1975; Müller et al., 1975). However, Klebsiella pneumoniae so far had never been described, in the context of African ungulates.

The following clinical findings were obtained from Grevy's zebra (Equus grevyi): A young animal, born on August 13th, 1981, was extremely weak and could not suck unless assisted by an attendant. Vitamins A, D, and E, serum against streptococcosis bullorum equorum, penicillin, and streptomycin were applied to the animal, on the second and third days of age but could not prevent death on the fourth day.

The following pathologico-anatomic findings were recorded: Eye bulbs were deeply sunken, conjunctiva of pale-pink colour with yellow tinge. Recovered from the abdominal cavity were about 500 ml of a yellow liquid. Mesenterium and omentum were oedematous. About 100 ml of yellowish-pink liquid were detected in the thoracic cavity. The pleura was found to be spattered with tough vessels. Lungs were extensively affected with inflammatory foci of red-violet colour, the affected parts of the lobes being enlarged. The cut surface of the myocardium was of light grey to brown discoloration. The liver was enlarged, with blunt margin which was brown and violet on both surface and cut area. There were some scattered yellow spots on the surface of the diaphragm which reached one centimetre deep into the liver parenchyma. A lienal tumour was also detected. The spleen was covered with multiple petechiae and vibices which flowed together to form a largely purple surface of the organ. A thin greenish-yellow liquid was drained from the stomach, but no alterations were macroscopically recorded from the gastric wall. The mucous membrane of the small intestine was swollen, hyperaemic, diffuse, and reddish. Colon and rectum were filled up with meconium. Mesenteric lymph nodes in the small intestine formed a suppurative centre of some two centimetres with whitish pus. Carpal and tarsal joints were swollen and surrounded by oedematous tissue. Serosal liquids were clear and synovial membranes hyperaemic. Many parts of the skeletal muscles were pale on cutting, with only few muscular regions being of normal flesh colour.

The following pathohistological findings were recorded: The lung pattern was that of typical lobar pneumonia in the phase of hepatisation. Clod-like hyaline dystrophy and destruction of fibres were recordable from the myocardium. Focal necrosis was macroscopically recordable from the liver together with parenchymal hyperaemia. The small intestine was affected by acute catarrhal enteritis. The above clod-like hyaline myodystrophy could be seen from muscles samples which had been taken from fore and hind extremities. Histiocytary cellular reactions were recorded from skeletal muscles and tongue, and lymphoceles were observed in areas of dystropic change of muscle fibres.

The following bacteriological findings were recorded: Klebsiella pneumoniae, enterobacter cloacae were identified in lung, brain, and mesenteric lymph nodes, while Klebsiella pneumoniae, Escherichia coli, enterobacter cloacae were recorded from meconium in the intestinal tract.

The following clinical findings were established from a male bongo (Taurotragus euryceros) aged six years: It was on July 1st, 1981, when torpidity was noted together with hard, abdominal breathing and phlegmy discharge from the nostrils. Penicillin and streptomycin were intramuscularly injected for four days. Pneumonia symptoms recurred on July 22nd. Chloramphenicol in oily solution then was intramuscularly injected for another eleven days. The condition of the animal improved to an extent that even copulation was observed on August 6th, 1981. Yet, the animal died on August 12th.

The following pathologico-anatomic findings were recorded: Numerous extended concretions were found to exist in the thoracic cavity, between costal and pulmonary pleura. Large abscesses, holding about three litres of more or less inspissated yellowish pus, were located in both diaphragmatic lobes of the lung. A similar abscess, but smaller, was situated in the right cardiac lobe. Three quarters of the pulmonary tissue were affected by inflammatory processes of dark violet coloration and tough consistence. Foam mixed with pus flowed out of the bronchi, when they were cut open. Bronchial mucous membrane was of reddish colour. Mediastinal lymph nodes were enlarged and severely haemorrhagic. The liver, too, was enlarged, with greyish-brown rounded margins. Its surface and cut area were softly marbled. The spleen was flat, with sharp margins and of greyish-red coloration in the cut area. Ligaments were clearly getting out. Mucous membranes of both abomasum and small intestine were reddish-violet and oedematous, the latter containing thin liquid. The renal cortex was grey-yellow and of fragile consistence.

The following pathohistological findings were recorded: Lung walls were covered with abscesses, ligamentous tissue, and pyogenic membranes with leucocytes. The exterior of the abscesses was covered with hepatised lung tissue. Presence of lobar pneumonia was established by incision. Haemorrhagic lymphadenitis was recorded from the mediastinal lymph nodes. Centro-acinotic necrosis was observed in the liver. The spleen was atrophic and with small follicles of tough haemosiderosis. Kidneys were afflicted with tubular dystrophy. Pronounced capillary hyperaemia was recordable from all organs.

The following bacteriological findings were recorded: Klebsiella pneumoniae and, occasionally, Diplococcus pneumoniae were established from the abscess in the diaphragmatic lobe of the lung and from samples of liver tissue. Klebsiella pneumoniae and, occasionally, Corynebacterium pyogenes were recorded from the abscess in the right cardiac lobe. There was also Escherichia coli, Neiseria sp., in mesenteric lymph nodes. Liver, heart, and kidney were negative.

A white-tailed gnu (Connochaetes gnou) died of a trauma. The following germs were isolated from cultured samples which otherwise had not exhibited any pathological alterations: Escherichia coli, Klebsiella pneumoniae, and Pseudomonas aeruginosa. The material received at the authors' laboratory was cultured on blood agar, Endo agar, and deoxycholate agar. Presence of Klebsiella was established in the first culturing passage. Large mucosal colonies were seen on the medium with a trend towards integration. Phlegmy fibre was visible, when colonies were touched by a noose and the noose withdrawn. Isolation and cleaning of the cultures were followed by microscopic verification of purity and biochemical identification.

The following results were obtained from biochemical identification:

H_2S -, Gas of glucose +, mannitol +, lysine decarboxylase+, indole-, ornithine decarboxylase -, siemons citrate +, urea +, movement -, oxidase -. Biochemical identification was the foundation on which the isolated germs were identified as Klebsiella pneumoniae (Schindler et al., 1979).

Summary:

Klebsiella Pneumoniae Infection in some African Zoo-Kept Ungulates

A Grevy's zebra foal was infected with Klebsiella pneumoniae. Lobar pneumonia and sepsis were included in the findings. Mixed infection, with Klebsiella pneumoniae being predominant, was established from an adult bongo. The same germ was recorded from a white-tailed gnu which had died of trauma. Clinical, pathologico-anatomic, pathohistological, and bacteriological findings are described in great detail.

Zusammenfassung:

Klebsiella-pneumoniae-Infektionen in einigen afrikanischen Huftieren im Zoo

Berichtet wird über Klebsiella-pneumoniae-Infektionen bei drei Zootieren, einem Grevy-Zebrafohlen, einem erwachsenen Bongo und einem Weißschwanzgnu. Bei dem Bongo handelte es sich um eine Mischinfektion, bei der jedoch Klebsiella pneumoniae die Hauptrolle spielte. Die klinischen, pathologisch-anatomischen, pathohistologischen und bakteriologischen Befunde werden ausführlich dargelegt.

Résumé :

A propos des infections au Klebsiella pneumoniae chez certains ongulés africains au jardin zoologique

L'auteur décrit des infections au Klebsiella pneumoniae qui ont frappé un zèbre de Grevy, un bongo et un gnou. Alors que l'infection chez le zèbre était caractérisée par une pneumonie lobaire et une septicémie, les germes ont été isolés chez le bongo des altérations pulmonaires. La détermination du microbe Klebsiella dans les intestins du gnou qui mourut à la suite d'un traumatisme n'a pas d'importance pathogène.

Резюме:

Пневмонийная инфекция у африканских зебр в зоопарке, вызванная клебсиллой.

Сообщается о пневмонийной инфекции, вызванной клебсиллой у зебры Греви, бонго и гну. В то время как заболевание у зебры протекало с диагнозом лобарной пневмонии с последующим сепсисом, у бонго были из легочных абсессов выделены бациллы. Полученные из кишечной флоры , погибшей в результате травмы гну, не имели патологического значения.

References:

ELZE, K., BÜHRDEL, P., EULENBERGER, K., SEIFERT, S., KRONBERGER, H., and A. BERGMANN (1975): Klebsiella pneumoniae - Infektion bei Orang-Utans (Pongo pygmaeus). Proc. Internat. Symp. Diseases Zoo Anim., Tunis, 285 - 291.

LÖLIGER, H.-Ch. (1970): Pelztierkrankheiten. Jena, G. Fischer Verlag.

MÜLLER, R., RÜEDI, D., and J. NICOLET (1975): Klebsiella-Infektionen bei Affen und Halbaffen. Proc. XVIII. Internat. Symp. Diseases Zoo Anim., Tunis, 293 - 296.

PATOČKA, F. (1972): Lékařská mikrobiologie, Praha, Avicenum.

SCHINDLER, J., DUBEN, J., and V. POUČKOVA (1979): Standartní metody identifikace gramnegativních fakultativně anaerobních tyčinek. Acta epidemiol. et microbiol., Suppl. No. 9, 1.

SPRÖSSIG, H., and G. ANGER (1979): Mikrobiologické vademecum. Praha, Avicenum.

TILLMANN, H. (1973): Klinische Erkenntnisse zu den Paarungsinfektionen mit Klebsiellen beim Pferd. Prakt. Tierarzt, 54, 191 - 194.

VAŘEJKA, F. (1970): Veterinární mikrobiologie. Scriptum VŠV, Praha, SNPL.

Address of authors: Eva M i k u l i c o v á
Zoological Garden
544 01 Dvůr Králové nad Labem
ČSSR

Aus der Staatlichen Tierärztlichen Gemeinschaftspraxis Wettin (Leiter: Dr. O. Zabel) und dem Zoologischen Garten Halle/S. (Direktor: Dr. K.-G. Witstruk)

KLEBSIELLEN-INFEKTION BEIM GREVY-ZEBRA (EQUUS GREVYI)

Von H. Heymann

Klebsiellen kommen als saprophytäre Keime des Respirations- und Darmtraktes sowohl beim Menschen als auch bei vielen Tieren vor. Dabei kann die Anzahl gesunder Keimträger beim Menschen etwa 20 % betragen (Sprößig und Anger, 1972), und nach klinischer Manifestation mit septikämischen Verlauf ist die Erkrankung auch heute noch sehr gefürchtet. Klebsiellen sind gegen Umweltfaktoren und Chemotherapeutika sehr widerstandsfähig und verändern ständig ihre Empfindlichkeit gegenüber den Antibiotika. Sie kommen überall in der Natur vor.

Klinische und pathologische Beobachtungen bei Tieren wurden im folgenden mir zugängigen Schrifttum beschrieben:
Beer (1980): Mastitis bei Rind und Schwein, Einzelerkrankungen und Bestandsenzootien bei Farmnerzen und Chinchilla. Blobel (1981): Genitalerkrankungen beim Pferd in Form von eitriger Endometritis und Neugeborenenseptikämie.
Ippen und Schröder (1974) fanden 1 mal Klebsiellen bei Feliden als Todesursache. Ungureanu et al. (1970) beschreiben einen Klebsiellenbefund in der Lunge eines Luchses. Holzinger et al. (1974) fanden Klebsiellen neben Salmonellen in einem Gelenkabstrich eines Gepardenwelpen.
Löliger (1970) berichtet über verlustreiche Bestandsenzootien bei Nerzen, vereinzelt bei Chinchillas, vorwiegend unter dem Bild multipler Furunkel und Abszesse, Phlegmonen, eitriger Pleuropneumonien, eitriger Gallenblasenentzündungen und auch Harnblasenentzündungen.

Nach Elze et al. (1975) erkrankten 2 Orang-Utans schwer an einer Klebsiella pneumoniae-Sepsis. Ein Tier verstarb, das andere konnte durch stationäre Intensivbehandlung gerettet werden. Dabei betonen die Autoren, daß Klebsiellenbefunde auch beim Pflegepersonal zu verzeichnen waren.

Auch Pferde, Hunde und Kälber erkranken an schweren Pneumonien und Septikämien infolge Klebsiellose.
Kageruka et al. (1971) berichten von 3 Fällen (einem Gibbon, einer Meerkatze und einem Nachtaffen) mit Bronchopneunomien und tödlichem Verlauf. Die Kontakttiere erkrankten nicht!

Nach Klös und Lang (1976) werden Klebsiellen-Infektionen bei Affen mit z. T. seuchenartigem Charakter beschrieben. Daneben werden gleiche Pleuropneumonien mit letalem Ausgang bei Känguruhs und Nagern erwähnt.

Müller et al. (1975) berichten über hochgradige Resistenzminderung frisch importierter Affen und hohe Verluste durch Klebsiella-Infektionen, Typ 15 und 65, die auch beim Menschen vorkommen.

Behlert (1979) zitiert Wallace et al. (1933) mit Klebsiella "paralytica" beim Elch - auch "moos disease" genannt - sowie eine Lungenentzündung bei einem Axishirsch durch Klebsiella pneumoniae. Hierbei wird auch von der Toxinwirkung dieser Keime mit letalem Ausgang gesprochen. Nach der starken Vermehrung in einem der Organe werden Endotoxine frei, die zu heftigen exsudativen Entzündungen mit

Gewebsnekrosen führen und nach Resorption auch schwere Allgemeinerscheinungen bis zur Lähmung der Hinterhand verursachen.

Auch S a l a j k a (1968) vermutet, daß die Krankheitserscheinungen auf allergische Reaktionen gegenüber den Endotoxinen zurückzuführen sind. Sekundär kann es zur Septikämie kommen.

E l z e et al. (1975) betonen, daß im Einzelfalle eine Infektion klinisch dann manifest wird, wenn ungünstige Umwelteinflüsse vorliegen. Sicher begünstigen zugleich mehrere Faktoren, wie mangelhafte Immunabwehr, andere vorausgegangene Infekte, Streß-Situationen, Haltungs-und Ernährungsfehler sowie Konstitution und Kondition des Tieres das Angehen einer Infektion.
Auch Formen von "Erreger-Hospitalismus" mit vermehrten Auftreten pathogener und weitgehend resistenter Keime, wie z. B. E. coli, Clostridien, Salmonellen, Streptokokken, Pasteurellen und auch Klebsiellen, neben verschiedenen Viren, können durchaus auch in guten, aber langjährigen Anlagen auftreten. - Sanierungen hatten bei Menschen und Tieren nur temporären Erfolg. Durch die moderne Antibiose werden oft spezifische Erreger-Nachweise erschwert oder gelingen überhaupt nicht. Resistenzerscheinungen sind außerdem nie auszuschließen und tragen mit zum Hospitalismus bei. Die Antibiogramme kommen oft zu spät.

Kasuistik:

Bei der Ankunft zweier Grevy-Zebras (1,1 ca. 5 Jahre alt) im Juni 1981 hatten beide Tiere über den Augenbögen leichte Hautabschürfungen. Die Kotuntersuchungen im Juli und August waren negativ. Im Oktober lag einmal Kokzidienbefall vor. Ende Juli wurde die Zebrastute einmal kurz für 2 Tage krank gemeldet, lief auf allen Gliedmaßen steif, erholte sich aber nach Diätmaßnahmen.
Am 1. 10. verliert die Stute Haare, magert ab, frißt aber gut. Erst am 11. 10. ist ein deutlich kranker Eindruck festzustellen. Inzwischen zeigt auch der Hengst Erscheinungen mit follikulärer Nasenentzündung, kleinsten Knötchen im Bereich der Nüstern, Ober- und Unterlippen. An der rechten Hintergliedmaße wurden leichte Hautabschürfungen und Schwellungen beobachtet. Der Appetit war infolge Schluckbeschwerden gestört, zeitweise lagen Speichelfluß mit Schaumbildung und verstärkte Atmung vor. Nach einer AH_3-Antihistamin-Gabe und wiederholtem Zusatz von Essigwasser zum Adstringieren und zur Keimhemmung, wurden 1 - 2 Dosen Pheliquin S "AWD" - ein orales Penizillin - zu je 2,4 Mill. E zur Antibiose oral verabreicht, d. h. im Schleim und Tee aufgenommen. Tagsüber erfolgte ständiger Frischluftaufenthalt. Soweit noch Trockenfutter aufgenommen wurde, konnte das sogenannte Drusepulver täglich zugesetzt werden. Beide Tiere fraßen das Heu schlecht. Vom 13. bis 15. 10. verschlechterte sich der Zustand bei dem Hengst sehr, die Nüstern waren total verklebt und z. T. von stark riechendem eitrig aussehendem Sekret begleitet. Auch an den Innenflächen der Vordergliedmaßen zeigten sich Knötchen, die Atemnot und die Schluckbeschwerden (Speichelfluß) nahmen zu. Im Trinkwasser wurde zusätzlich Vitamin-B-Komplex 15 ml verabreicht, während mittels Blasrohr 2 x 3 ml Vitamin AD_3EC gegeben werden konnte. Vom 16. zum 17. 10. kam es zum Exitus.

Am 19. 10. zeigte die Stute beim Atmen ein schnarchendes Geräusch und fraß nicht mehr. In diesem schwerkrankem Zustand - inzwischen konnte der Verdacht einer Klebsiellen-Infektion beim Hengst mit entsprechendem Antibiogramm ermittelt werden - war die Stute stark apathisch, taumelte und stürzte schließlich zu Boden. Am liegenden Zebra konnte das Wurfzeug zur Fesselung angelegt werden, um eine Infusion von 160 ml Dextrofusal, 5 ml Dicophedrin und 30 ml Ursophenicol (Chloramphenicol) vorzunehmen. Die Temperatur betrug 36,4° bei hoher Pulszahl; die Konjunktiven waren schmutzig-verwaschen rot. Am 20. 10. während der Behandlung trat der Exitus ein.

+ Dem Kollegen VR Dr. Franz von der Universitäts-Tierklinik Halle/S. danke ich für die stets hilfreiche Unterstützung.

Pathologisch-anatomische und bakteriologische Befunde:

Beide Sektionen erbrachten Klebsiellen-Befunde: beim Hengst wurden aus allen Organen in großer Zahl Klebsiellen in Reinkultur isoliert, während bei der Stute nur aus dem Darm Klebsiellen isoliert werden konnten. Der Hengst zeigte pathologisch-anatomisch eine hochgradige Gallengangsentzündung. Zusätzlich wurde im Anreicherungsverfahren Salmonella typhi-murium nachgewiesen. Die Leber war grau-weiß.

Das erste Antibiogramm gegenüber den Klebsiellen ergab Resistenz gegenüber Penicillin und Sulfonamide, Empfindlichkeit für Streptomycin, Chloramphenicol, Nitrofurantoin und Neomycin sowie verminderte Empfindlichkeit für OTC.

Bei der Stute lag eine nekrotisierende Tonsillitis sowie Darmentzündung vor. Die Schleimhäute waren blaß, der Magen mäßig gefüllt, Leber und Nieren o.b.B. Hautläsionen waren auch hier im Bereich der Nüstern z. T. verschorft. In der Lunge wurde ein Emphysem vorgefunden, weiterhin subepikardiale Blutungen, teilweise auch im Myocard. Alle übrigen Organe waren ohne besonderen Befund. Aus den Tonsillen wurde in Reinkultur Streptococcus zooepidemicus angezüchtet. Das Antibiogramm erbrachte Resistenz gegenüber Neomycin und Sulfonamid, während verminderte Empfindlichkeit für Penicillin, OTC, Chloramphenicol, Nitrofurantoin und für Streptomycin vorlag.

Schlußfolgerungen:

Während und nach der Erkrankung der Tiere wurden ständig gründliche Desinfektionen der Gehege und auch Nachbarstallungen vor allem bei den Equiden mit Formalin durchgeführt. Es kam bisher zu keinen weiteren Erkrankungen. Nach eventuellen Klebsiellen-Ausscheidern muß weiterhin in allen infrage kommenden Gruppen gesucht werden. Keimträger (auch unter Menschen) sind nach Möglichkeit zu isolieren und zu behandeln. Prophylaktisch sollte auch in guten alten Anlagen neben der vorgeschriebenen Quarantäne eine konsequente Reinigung und Desinfektion vor Neubelegungen durchgeführt werden. In der Quarantänezeit sind wiederholte, dreimalige bakteriologische Untersuchungen neben der Parasitenkontrolle und Behandlung durchzuführen. Zu dichte Belegungen mit engstem Kontakt - vor allem im Winter - sind zu vermeiden.
Die Abwehrkraft der Tiere ist durch optimale Haltungs- und Fütterungsverhältnisse, mit zusätzlichen Vitaminen und Mineralstoffen, neben UV-Bestrahlungen und reichlichem Bewegungsraum an der Frischluft zu erhöhen.

Zusammenfassung:

Klebsiellen-Infektion beim Grevy-Zebra (Equus grevyi)

Nach einem Literaturüberblick werden die Kasuistik und Sektionsbefunde zweier an Klebsiellen-Infektionen gestorbener Zebras und die Schlußfolgerungen erläutert.

Summary:

Klebsiella Infection in Grevy's Zebra (Equus grevyi)

A literature review is followed by description of the case histories and histological findings obtained from two zebras which had died of Klebsiella infection. Conclusions are discussed.

Résumé :

Infection aux bacilles de Klebs chez un zèbre de Grévy (Equus grevyi)

Après avoir donné un aperçu sur la littérature, l'auteur explique les cas et les résultats des dissections de deux zèbres morts à la suite d'une infection aux bacilles de Klebs et présente les conclusions à en tirer.

Резюме:

Инфекция клебсиллы у зебры Греви (Equus grevyi)

На основе литературного абзора сообщается казуистика и секционные результаты исследований двух зебр, погибших от клебсилловой инфекции, дается заключение.

Literaturverzeichnis:

BEER, J. (1980): Infektionskrankheiten der Haustiere, 2. Aufl. Jena: Fischer

BLOBEL, H. und T. SCHLIESSER (1981): Handbuch der bakteriellen Infektionen bei Tieren Jena: Fischer

BEHLERT, CL. (1979): Immobilisation und Krankheiten der Hirsche Diss. Berlin-Dahlem, 85.

BEHLERT, O. (1979): Immobilisation und Krankheiten der Raubkatzen und Schleichkatzen. Diss. Berlin-Dahlem, 111.

ELZE, K., BÜHRDEL, P., EULENBERGER, K., SEIFERT, S., KRONBERGER, H. und A. BERGMANN (1975): Klebsiella pneumoniae-Infektion bei Orang-Utans, Verhandlungsber. XVII. Internat. Symp. Erkrankungen Zootiere, Tunis, 285 - 291.

IPPEN, R. und H.-D. SCHRÖDER (1974): Auswertung der postmortalen Untersuchungsergebnisse bei in Gefangenschaft gehaltenen Landraubtieren, Verhandlungsber. XVI. Internat. Symp. Erkrankungen Zootiere, Erfurt, 29 - 37.

KLÖS, H.-G. und E. M. LANG (1976): Zootier-Krankheiten. Berlin-Hamburg: Parey

LÖLIGER, H.-Ch. (1970): Pelztierkrankheiten. Jena: Fischer

MÜLLER, R., RÜEDI, D. und J. NICOLET (1975): Klebsiellen-Infektion bei Affen, Verhandlungsber. XVII. Internat. Symp. Erkrankungen Zootiere, Tunis, 293 - 296.

UNGUREANU, C., IORDACHE, A., COCIU, M., DÁNESCU, A., MICU, N. and D. MOSTACON (1970): The Frequency of Bacterial Diseases in Animals in the Zoological Garden of Bucharest. Verhandlungsber. XII. Internat. Symp. Erkrankungen Zootiere, Budapest, 219 - 223.

Anschrift des Verfassers: Dr. H. Heymann
4030 Halle (DDR)
Marsstr. 4

Aus dem Veterinärmedizinischen Zentralinstitut Budapest (Direktor: Dr. Csaba S z e n t m i k l ó s s y) und der Bezirksstation für Tiergesundheit Békés - Békéscsaba (Direktor: Dr. Jenö J o ó)

PSEUDOTUBERKULOSE IN EINEM GROßTRAPPENBESTAND UND VERGLEICH DER VERÄNDERUNGEN MIT DENEN NACH EXPERIMENTELLER TUBERKULOSEINFEKTION

Von B. K ö r m e n d y, V. S z t o j k o v, É. I v a n i c s, J. I l l é s und G. C s a t á r i

Die Pseudotuberkulose ist eine seit langem bekannte Erkrankung und wurde schon bei zahlreichen Säugetieren und Vogelarten beschrieben. Bei Großtrappen wurde sie unseres Wissens bislang noch nicht festgestellt. Die Großtrappe (Otis tarda) steht in Ungarn seit 1969 unter Schutz. Hier befinden sich etwa 40 % der europäischen Großtrappenbestände. Zum Schutz dieser Tiere wurde im Jahre 1978 in unmittelbarer Nähe der größten freilebenden Population eine Großtrappenfarm errichtet. Dort werden die aus den verlassenen Nestern gesammelten Eier nach einer bereits früher ausgearbeiteten Methode erbrütet und die Jungtiere aufgezogen. Während der Zucht werden auch Verluste beobachtet. In unserem Material wurden tuberkuloseähnliche Veränderungen festgestellt. Durch histologische und bakteriologische Untersuchungen konnten wir feststellen, daß die Veränderungen durch Yersinia pseudotuberculosis verursacht worden waren.
In den unter künstlichen Bedingungen gehaltenen Vogelpopulationen kommen häufig durch Mycobacterium avium bedingte Infektionen vor. Unsere Versuche dienten zur Feststellung der Anfälligkeit der Großtrappen gegenüber Mycobacterium avium sowie zur Analyse der diagnostischen Veränderungen.

Eigene Untersuchungen:

Auf der Großtrappenfarm befanden sich im Frühjahr 1980 insgesamt 45 Großtrappen, von denen die meisten aus den im Jahre 1979 gesammelten Eiern erbrütet wurden, und zum Zeitpunkt der Untersuchungen etwa 1 Jahr alt waren. Bei den übrigen Tieren handelte es sich um eingefangene, meist ältere Großtrappen. Zur Fütterung der Tiere auf der Farm dienten neben pflanzlichen Futterstoffen auch weiße Mäuse. Die Mäuse wurden in abgesonderten Futterkammern oft wochenlang vorrätig gehalten.

Die Todesfälle in unserem Großtrappenbestand begannen am 26. März. Innerhalb der nächsten 6 Wochen starben 5 Tiere. Die Untersuchungen begannen beim vierten Todesfall. Zwischen dem 4. und 5. Fall lagen 4 Tage. Von den betroffenen Tieren waren vier einjährig und ein Tier 5 Jahre alt. In den Kadavern wurden tuberkuloseähnliche Veränderungen beobachtet. Die Untersuchungen wurden nun durch histologische und bakteriologische Verfahren ergänzt. Da die pathologischen Befunde bei der Pseudotuberkulose und Tuberkulose ähnlich sind, haben wir ein Versuchstier mit Mycobacterium avium infiziert.

Material und Methode:

1.) Nach der makroskopischen Untersuchung der beiden Großtrappenkadaver wurden von Leber und Milz Schnitte angefertigt und mit Haematoxilin-Eosin gefärbt. Die bakteriologische Untersuchung der Leber- und Milzproben wurde auf einem Nährboden mit 5 %-igem Rinderblut bei 37°C unter aeroben Bedingungen vorgenommen.

Neben der Gram-Färbung haben wir folgende biochemische Tests durchgeführt: Oxydase, Katalase, Gelatinase, Ornithin-Dekarboxylase, Harnstoff, Beta-Galaktosidase, Indol, Nitrat-Reduktion, Glykose, Arabinose, Maltose, Mannit, Salizin, Rhamnose, Trehalose, Lactose und Sorbit, sowie Kontrolle der Produktion von Schwefelwasserstoff. Die Untersuchung der Mobilität erfolgte bei 22°C und 37°C.

2.) Im Tierversuch wurde eine 8 Mon. alte, 3 kg schwere weibliche Großtrappe 2 mal oral im Abstand von 2 Wochen mit je 500.000 Keimen von Mycobacterium avium infiziert. Der zur Infektion verwendete Stamm (168/V/79) wurde aus einem Sperling (Passer domesticus) isoliert und gehört dem hühnerpathogenen Serotype II an. Das Tier wurde über 104 Tage unter Beobachtung gehalten. Danach wurde die Großtrappe getötet und pathologisch-anatomisch und histologisch untersucht. Es wurde versucht, aus der Milz und Leber des Tieres Mycobacterium avium auf einem Nährboden nach Löwenstein-Jensen zu isolieren. Die Nährböden wurden 6 Wochen lang bei 37°C inkubiert. Das Isolat wurde nach Gram und Ziehl-Neelsen gefärbt und seine Glyzerin- und 5 %-ige NaCl-Toleranz (W a y n e, 1976), die Pigmentbildung (W a y n e, 1974), die K_2TeO_3-Reduktion und das Tween 80-Hydrolisationsvermögen (K u b i c a und D y e, 1966) geprüft. Außerdem wurde die semiquantitative Katalaseprobe durchgeführt (K u b i c a et al., 1966) und die Bildung von Arylsulfatase (W a y n e, 1961) mit folgenden Substraten untersucht: Azetamid, Benzamid, Harnstoff, Isonikotinamid, Nikotinamid, Pirazinamid, Salyzilamid, Allantrin, Saccinamid und Malonamid.

<u>Ergebnisse:</u>

zu 1.) Bei der Sektion konnten in der geschwollenen Leber und Milz Knoten von einem Durchmesser von 1-3 mm beobachtet werden. Ähnliche Knoten wurden auch in der Niere und im Knochenmark gefunden. Die aufgeschnittenen Knoten wiesen abgestorbene, trockene Massen auf und waren von der Umgebung nicht durch eine Kapsel abgesetzt. Im Gegensatz zur Miliartuberkulose waren die Herde in allen Organen gleichgroß und ohne Kapsel. Ferner waren eine fibrinöse Entzündung der Luftsäcke und des Perikards und epikardiale Blutungen zu beobachten. Die Schleimhaut der Därme war geschwollen und gerötet, der Darminhalt dünnflüssig und von grauweißer Farbe. In den Organen konnten bei der histologischen Untersuchung nekrotische Herde und durch Bakterien bedingte Embolien festgestellt werden.

Aus Leber und Milz konnte bei der bakteriologischen Untersuchung innerhalb von 24 Stunden ein Gram-negativer anhämolysierender Keim isoliert werden, der sich biochemisch wie folgt verhielt: Oxydase negativ, Katalase positiv, Beta-Galactosidase positiv, Harnstoff positiv, Nitrat reduzierend und Glukose, Arabinose, Maltose, Mannit, Salizin, Rhamnose, Mellibiose sowie Trehalose spaltend. Der Stamm baute Lactose und Sorbit nicht ab, war Indol negativ, produzierte keinen Schwefelwasserstoff. Er verfügte nicht über das Enzym Ornithin-Decarboxylase und war bei 37°C unbeweglich. Auf Grund der Untersuchungen handelte es sich um Yersinia pseudotuberkulosis. Um die Typisierung des Stammes wurde Prof. Dr. K n a p p, Nürnberg, gebeten. Prof. K n a p p hat den Stamm als Yersinia pseudotuberculosis, Serotype I bestimmt.

zu 2.) Die Großtrappe hat nach der Infektion mit Mycobacterium avium während der Beobachtungszeit keine Gewichtsabnahme gezeigt. Bei der Sektion am 104. Tag nach der Infektion waren in den Organen des Tieres keine mit dem bloßen Auge sichtbaren Anzeichen, die auf Tuberkulose hindeuteten, wahrnehmbar.

Bei der histologischen Untersuchung aber konnten in der linken Lungenhälfte im peribronchialenLungengewebe Herde ermittelt werden, die aus Epitheloidzellen und Lymphozyten bestanden. In der Umgebung der Nekrose konnten einige Riesenzellen vom Fremdkörpertyp beobachtet werden. In der Ziehl-Neelsen-Färbung des histologischen Schnittpräparates konnten säure- und alkoholfeste Bakterien festgestellt werden. In Milz, Leber und Niere konnten keine auf Tuberkulose hindeutenden histologischen Veränderungen beobachtet werden. Beim Versuch der Isolierung der Mykobacterien aus den Organen konnte aus der Lunge am 22. Tag in großer Menge und aus Leber und Milz am 31. Tag einige nicht pigmentierte, Gram-positive und nach Ziehl-Neelsen färbbare Bakterienkolonien beobachtet werden. Diese haben sich bei 45°C gut, bei 28°C innerhalb von 30 Tagen dagegen nur schwach entwickelt und sind auf dem Nährboden nach Lövenstein-Jensen überhaupt nicht gewachsen. Die Stämme haben NO_3 und K_2TeO_3 nicht reduziert, Tween 80 nicht hydrolisiert und Arylsulfatase wurde nicht gebildet. Nikotinamid und Pirazinamid wurden abgebaut. Auf Grund der Untersuchungen konnte festgestellt werden, daß die Isolate mit den Stämmen identisch waren, die zur Infektion herangezogen worden waren. Sie haben sich als Mycobacterium avium, Serotyp II erwiesen.

Diskussion:

Mit Hilfe der makroskopischen pathologisch-anatomischen Untersuchungen konnten wir bei Großtrappenkadavern zwischen Tuberkulose und Pseudotuberkulose nicht mit Sicherheit unterscheiden. Die Tatsache, daß es äußerst selten zur Sektion von Großtrappen kommt, erklärt, daß uns die Empfindlichkeit dieser Tiere gegenüber einer Mycobacterium-avium-Infektion nicht bekannt war. Es war auch unklar, ob die unter künstlichen Bedingungen gezüchtete Großtrappe auf eine experimentelle Infektion mit Mycobacterium avium nur lokal oder aber mit einer Allgemeinerkrankung reagiert. Die beschriebenen Befunde haben uns auf die Möglichkeit der Infektion mit Yersinia pseudotuberkulosis aufmerksam gemacht. Die mikroskopische Untersuchung der von Leber und Milz angefertigten und nach Ziehl-Neelsen gefärbten Präparate haben die Vermutung bekräftigt, während die bakteriologischen Untersuchungen den Beweis erbrachten.

Der Infektionsversuch an der Großtrappe hat bewiesen, daß dieses Tier für die Infektion mit Mycobakterium avium empfindlich ist. In unserem Fall nehmen wir an, daß die Veränderungen in der Lunge infolge eines Verschluckens aufgetreten sind. Auf Grund unserer Untersuchungen halten wir die Möglichkeit der oralen Infektion nicht für ausgeschlossen, aber wir haben auch keine Beweise dafür erbracht. Die Großtrappe scheint Infektionen mit Mycobakterium avium gegenüber resistenter zu sein als dies bei Fasanen der Fall ist.

Zusammenfassung:

Pseudotuberkulose in einem Großtrappenbestand und Vergleich der Veränderungen mit denen nach experimenteller Tuberkuloseinfektion

Die Autoren haben in einem Trappenbestand (Otis tarda) durch Pseudotuberkulose bedingte Verluste festgestellt. Die pathologisch-anatomischen Veränderungen, die bei der Pseudotuberkulose bzw. nach einer künstlichen Mycobacterium-avium-Infektion auftraten, wurden verglichen.

Die Trappe hat sich gegenüber einer M. avium-Infektion als ziemlich resistent erwiesen.

Summary:

Pseudotuberculosis in Bustard Flock and Comparison of Pathological Changes with those following Experimental Tuberculosis Infection

Loss caused by pseudotuberculosis was recorded by the authors from a bustard flock (Otis tarda). A comparison was made between pathologico-anatomic lesions resulting from pseudo-tuberculosis, on the one hand, and those induced by artificial mycobacterium avium infection, on the other.

Résumé :

Pseudotuberculose chez les outardes barbues et comparaison des changements apparus à ceux s'étant produits à la suite d'une infection tuberculeuse expérimentale

Dans un groupe d'outardes barbues (Otis tarda), les auteurs ont constaté des pertes dues à une pseudotuberculose. Ils se sont livrés à une comparaison des changements pathologiques et anatomiques s'étant produits en cas de pseudotuberculose ou après une infection artificielle à Mycobacterium-avium.
Ils ont constaté que l'outarde est assez résistante à la tuberculose.

Резюме:

Выявление псевдотуберкулеза у дроф **Otis tarda** и сравнение изменений с экспериментально вызванной туберкулезной инфекцией.

Авторы сообщают о патерях в составе дроф, вызванных псевдотуберкулезом. Сравниваются патологические изменения , вызванные псевдотуберкулезом с поражениями, полученными при экспериментально вызванном туберкулезе. Установлена высокая резистентность дрофы по отношению к туберкулезу.

Literaturverzeichnis:

COWAN and STEEL'S: Manual for the identification of medical bacteria cambridge: 1974. Cambridge University Press.

BÖNICKE, R. (1969): Bull. Int. Union Tuberc. 32, 13.

KUBICA, G., JONES, W. and V. ABBOT (1966): Amer. Rev. Resp. Dis. 94, 400.

KUBICA, G. and W. DYE: Laboratory Methods for Clinical and Public Health Mycobacteriology. Publ. Hlth. Serv. Publ. No: 1547. Washington USA. Goverment Printing Office.

VIRTANEN, S. (1960): Acta Tuberculosa Scand. Suppl. 1. 48, 119.

WAYNE, L. (1974): Int. J. System. Bact. 24. 412.

WAYNE, L. (1961): Amer. J. Clin. Path. 36. 185.

WAYNE, L. (1976): Int. J. System. Bact. 26. 311.

Anschrift der Verfasser: Dr. B. K ö r m e n d y
Veterinärmedizinisches Zentralinstitut,
1581 Budapest Pf. 2
(Ungarische V.R.)

Aus dem Zoologischen Garten Duisburg (Direktor: Dr. W. G e w a l t)

NOTIZEN ZUR BEHANDLUNG EINER MISCHINFEKTION BEI EINEM WEISSWAL (DELPHINAPTERUS LEUCAS)

Von F. O s t e n r a t h

Dramatische Szenen, anstrengende Tage und lange Nächte bescherte uns im Juli 1981 der seit dem Jahre 1975 im WALARIUM des Zoo Duisburg lebende Weißwalmann "Ferdinand", nachdem in der Haltung des Tieres (wie auch der mit ihm vergesellschafteten 2 ♀♀ Belugas) bis dahin nie größere Probleme aufgetreten waren.

Erste unspezifische Anzeichen seines Unwohlseins bestanden in reduzierter Nahrungsaufnahme und Verweigerung der Dressurleistungen im täglichen Schauprogramm (auch mit diesen schwerfälligen Zahnwalen wird täglich zwei- bis dreimal - analog zu den Dressurvorführungen der Großen Tümmler (Tursiops truncatus) in unserem DELPHINARIUM und den im gleichen Bassin befindlichen Jacobitas (Cephalorhynchus commersoni) - ein Trainings- und Vorführungsprogramm gezeigt. Dazu kam offenbar Hautjucken, das durch ständiges Reiben des ganzen Körpers, insbesondere der Bauchseite und des Kopfes an den Beckenwänden bzw. den hölzernen Schleusentoren deutlich wurde. Ferner fielen erhöhte Temperatur der Mundhöhle und starker, unangenehmer Geruch der ausgestoßenen Atemluft auf.

Der Verdacht auf eine bakterielle Infektion unbekannter Genese lag nahe, und da wir bei einem derart kostbaren Tier kein Risiko eingehen wollten, andererseits gute Erfahrungen in der Verabreichung von Trimethoprim und Sulphadiazin an Zahnwale vorliegen, erhielt der Wal im Abstand von 6 Stunden 25 Tabletten Tribrissen 80 (= 2000 mg Trimethoprim und 10.000 mg Sulphadiazin pro Applikation bei einem geschätzten Körpergewicht von 850 kg). Die Behandlung wurde über 5 Tage bei Aufnahme von nur 2 - 4 kg Futterfischen (eine normale Tagesration besteht aus 10 - 12 kg div. Futterfischen und Tintenfischen) durchgeführt, brachte aber keinen spürbaren Erfolg. Nach Absetzen des Präparates wurde die Nahrungsaufnahme zeitweilig ganz eingestellt.

Am zweiten Tag nach Beendigung der Sulfonamidbehandlung entschlossen wir uns, den Wal "trockenzulegen", um Blut zu punktieren, dessen Analyse Aufschluß über die Art der Erkrankung geben sollte. Da nicht nur der Allgemeinzustand schlechter geworden war, sondern auch die Scheuerbewegungen am Bauch zugenommen hatten, Kot nur sehr unregelmäßig und in veränderter Konsistenz abgesetzt wurde, nahmen wir "im gleichen Arbeitsgang" eine Gastroskopie vor. x) Das Ergebnis war einigermaßen bestürzend: Der Magen war austapeziert mit einer dicken Schicht Silikonkautschuk, wie er zum Dichten und Verfugen von Wasserbecken (bzw. Aquarienglasscheiben) Verwendung findet. Die sofort eingeleitete Magenspülung erbrachte zwei Futtereimer randvoll gefüllt mit mehrere Zentimeter langen, weichen, unverdaubaren Silikonkautschukstreifen. Trotz der an mehreren Tagen hintereinander vorgenommenen Spülungen, die nun nur noch wenig zutage förderten, trat keine nennenswerte Besserung des Gesundheitszustandes ein, von einer geringfügig vermehrten Futteraufnahme abgesehen.

---

x) An dieser Stelle möchten wir den leitenden Ärzten der Inneren Abt. des Bethesda-Krankhenhauses in Duisburg, Prof. Dr. Schröder und Dr. Olenik nebst Mitarbeiterinnen und Mitarbeitern, sowie Dr. A. Greenwood (Manchester/England) für die schnelle und unkomplizierte Hilfe Dank sagen.

Am fünften Tag nach der Blutentnahme erhielten wir den Befund, der ebenso überraschend wie alarmierend war: in 1 ml Blut wurden ca. 50 000 Schimmelpilzkeime nachgewiesen. Eine Typendifferenzierung konnte zu diesem Zeitpunkt nicht vorgenommen werden, auch spätere Untersuchungen erbrachten keine eindeutige Klärung.

Zusätzlich zu dieser Mykose wurden sowohl anaerob als auch aerob wachsende Corynebakterien (C. parvum) im Blut nachgewiesen.
Wir setzten sofort Miconazol (Daktar i. v./Janssen GmbH) ein, wobei wir die Humandosis für die intravenöse Infusion zugrunde legten. Danach sollen je nach Ausmaß der Infektion und dem Körpergewicht des Patienten zwischen 600 und 1200 mg pro Tag ausreichen. Die intravenöse Applikation erfolgte über mehrere Tage. Da wegen der Gefahr von nicht vorhersehbaren Schockzuständen und wegen fehlender Erfahrungen beim Einsatz von Miconazol bei Weißwalen allergrößte Vorsicht geboten und auch keine geeignete Elektrolytlösung in der benötigten Menge rasch genug beschaffbar war, entschlossen wir uns, nach folgendem Dosierungsschema vorzugehen:

> Als Initialdosis 25 Ampullen Daktar i. v. zu
> 20 ml à 200 mg Miconazol = 5000 mg jeweils zweimal
> am ersten Tag, und an den folgenden Tagen
> jeweils 5000 mg in einer Applikation für 24 Stunden.

Injiziert wurde von dorsal in die sehr gut und einfach zu punktierenden Venen der Fluke (Schwanzflosse); das Injizieren nahm allerdings jedesmal fast 2 Stunden in Anspruch. Das Tier selbst wurde auf Schaumgummimatten plaziert und nur der Kopf und die Schwanzfluke mit Hilfe einiger kräftiger Männer fixiert, so daß eine langsame intravenöse Infusion mindestens in den ersten zwei Behandlungstagen möglich war.

Zusätzlich zu dem Antimykotikum injizierten wir noch tief intramuskulär in die Rückenmuskulatur:

> 50 ml Vitaminkombination, forte
> 25 ml Vitamin B-Komplex
> 5 ml Laurabolin
> 5 ml Selenit
> 10 ml Vitamin C.

Zu jeder Behandlung mußte selbstverständlich das gesamte Seewasser des 4 m tiefen Quarantänebeckens abgelassen und im Anschluß daran wieder aufgefüllt werden.

Bereits 24 Stunden nach der ersten Daktar-Gabe besserte sich das Befinden und Verhalten des mittlerweile stark abgemagerten Wales zusehends. Schwimmfreudigkeit, aber auch Aggressivität gegenüber seinem Pflegepersonal und Appetit nahmen deutlich zu, wenn auch zunächst nur bis zu max. 5 kg Makrelen freiwillig gefressen wurden. Deshalb verabreichten wir auf dem Wege der Zwangsfütterung dem Tier nach Ablauf jeder Injektion zwischen 6 und 10 kg Makrelen (versehen mit den üblichen Vitamin- und Mineralstoffgemischen). Am dritten Tag nach der Erstinjektion gebärdete sich der Beluga bereits so aggressiv, daß nur unter großen Schwierigkeiten und Vorsichtsmaßnahmen gearbeitet werden konnte. Mit dem vierten Tag beendeten wir die Behandlung. Gleichzeitig nahmen wir Blut zu Kontrollzwecken, dessen Analyse den Erfolg der Behandlung bestätigte: Es konnten weder Pilze noch Bakterien nachgewiesen werden.
Zwar ließ der volle Appetit noch länger auf sich warten, was möglicherweise auch an Verletzungen im Schlundbereich, hervorgerufen durch das mehrfache Einführen der Magensonde sowie den Maßnahmen der Zwangsfütterung, gelegen haben könnte.

Zu Beginn des siebenten Tages nach Einsetzen der Behandlung fraß "Ferdinand" erstmals wieder mehr als 5 kg Fisch selbständig und nahm auch am gleichen Tage einige seiner Dressuren wieder auf. Am achten Tag steigerte er seine Futterration auf 11 kg und erreichte am elften Tag knapp 20 kg, bis wir einer weiteren Steigerung Grenzen setzten. Bereits 3 Wochen später zeigten sich weder bei der Ausübung seiner Dressurtätigkeit noch in seinem sonstigen Verhalten irgendwelche Beeinträchtigungen, die daran erinnert hätten, daß der Wal sich in akuter Lebensgefahr befunden hatte.

Zusammenfassung:

Notizen zur Behandlung einer Mischinfektion bei einem Weißwal (Delphinapterus leucas)

Die erfolgreiche Behandlung eines an einer Mischinfektion (Pilze/Bakterien) erkrankten Weißwals (Delphinapterus leucas) mit Miconazol wird beschrieben sowie eine Gastroskopie mit anschließender Magenspülung kurz erwähnt.

Summary:

Comments on Treatment of White Whale (Delphinapterus leucas) for Compound Infection

Reported in this paper is successful treatment of a white whale (Delphinapterus leucas) for compound infection based on fungi and bacteria. Miconazole was used. Reference is also made to a gastroscopy followed by gastric irrigation.

Résumé :

Notes à propos du traitement d'une infection mixte chez une baleine (Delphinapterus leucas)

Il est question du traitement réussi d'une baleine blanche (Delphinapterus leucas) atteinte d'une infection mixte (champignons/bactéries) sur laquelle avait été appliqué du Miconazol et d'une gastroscopie avec lavage d'estomac à la suite.

Резюме:

Резюме:

Сообщение о лечение смешанной инфекции у белого кита (Delphinapterus leucas)

Описано успешное лечение белого кита от смешанной грибково-бактериальной инфекции микозолом, дается также сообщение проведенной гастроскопии и последующем промывании желудка.

Anschrift des Verfassers: Dipl.-Biologe F. O s t e n r a t h
Zoologischer Garten Duisburg,
Mulheimerstr. 273
D-4100 Duisburg 1 (BRD)

Факультет Ветеринарной Инженерии, г. Ходмезеварашархей и университет Ветеринарных наук , г. Будапешт, Венгрия (Б.Э г р и).

АНАЛИЗ НЕКОТОРЫХ АНТРОПОЗООНОЗНЫХ ЗАБОЛЕВАНИЙ ДИКИХ ЖИВОТНЫХ НА ОСНОВЕ ЗАРЕГИСТРИРОВАННЫХ ЧЕЛОВЕЧЕСКИХ ЗАРАЖЕНИЙ С 1970 ПО 1980 Г.

В. Е г р и

В эпидемиологии и эпизоотологии заболеваний клещевым энцефалитом, бешенством и туляремией людей и диких животных , встречающихся в Венгрии с 1970 по 1980 г., определенную роль играют лисы, зайцы, косули , а также кровососущие насекомые (клещи, блохи и комары(.

I. Клещевой Энцефалит

Клещевой энцефалит относится к так называемым "сезонным энцефалитом" и является болезнью диких животных, однако заболевание угрожает и здоровью человека, находящегося на эндемических территориях, источником заражения является в основном вирус клещевого энцефалита , относяшейся к семейству Togaviridae и роду. Flavovirus Болезнь считается профессиональным заболеванием среди работников лесхозов, шахтеров, охотников спортсменов некоторых видов спорта ,а также для людей находящихся в лесу. Частота заражения в эпидемическом очаге болезни зависит от взаимосвязи вирусв, резервуара и вектора. Из яйца клеща зараженного вирусом клещевого энцефалита, развивается клещ, способный при кровососании заразить дикое животное, из крови которого новые клещи заражаются вирусом, размножающимся в слюнной железе животного.

И так, при оптимальных условиях, возбудитель болезни может постоянно циркулировать между векторами (членистоногое) и резервуарами (позвоночные) (I6). Важное значение имеет и трансовариальный путь передачи возбудителя, тоесть сами векторы могут быть резервуарами. Частота заболевания людей следует за спариванием клещей приблизительно с двухнедельным запозданием, выявлены два пика поражений , первого в конце весны и летом, второго, менщего, осенью. (I6).

В Венгрии в естественных очагах заболевания векторами являются клещи: Ixodes ricinus, I. trianguliceps, Dermacentor marginatus, D.pictus, Haemaphysalis concinna, H.inermis/13,16 Векторами являются также комары семейства: Culicidae,/Mansonia richardii, Anopheles maculipennis, Aedes cantans, Ae.flavescens, Ae.caspius, Ae.vexans/16/.
При поддерживании природного очага заболевания, из числа мелких млекопитающих важную ррль играют мыши, полевки, землеройки, сони кроты и ежи. По отечественным данным (I6) антитела, задерживающие гемагглютинацию вируса, идентифицированы у грызунов рода Apodemus /A.flavicollis, A.sylvaticus/, и кротов Talpa europea.

Из диких лесных млекопитающих большую роль в распространении вектора болезни играют косули, олени, лисицы, представители семейства куних и другие хищные.

Заражение людей происходит по месту укуса насекомым в подкожную соединительную ткань. Заболевание проявляется после двухнедельной инкубации инфлуенцаподобным состоянием, менингитом, энцефалитом, полиэнцефалитом и гемипаретическими симптомами. Эти признаки обьясняютс склонностью вируса к экстрапирамидальной системе, к некоторым частям головного мозга, и в первую очередь к моторным клеткам шейного отдела спинного мозга. Вероятно этой склонностью обьяняется заболевания миэлитами и параличи мускулатуры плеча. (4,7,28). Летальность заболевания равна приблизительно I%. После перенесения болезни остается прочный иммунитет.

При серологических исследованиях у венгерского населения , проживающего в районах эпидемических очагов найдено 50-60% перенесение заболеваемости клещевым энцефалитом. Многие жители переболели инаппарентной формой болезни. Идентификация антител возможна уже в первые дни заболевания. При серологических исследованиях проб крови, взятых в острой и реконвалестентной стадии болезни, возможно сравнение титров антител, для определения наличия заражения. Раньше всего появляются антитела , задерживающие гемагглютинацию, позже - комплементно-связывающие и только потом - вирусонейтрализующие, наличие которых можно идентифицировать в крови человека до конца жизни.

Клещевой энцефалит встречается почти во всех областях Венгрии.(4). Естественные очаги заболевания представлены кустарнико-дубовыми лесами, связанными с естественными очагами Австрии, Югославии и Чехословакии (7). Исследования числа заражений человека клещевым энцефалитом представляет определенные трудности, так как большое количество заболеваний докладывается сан.- эпидемиологическим станциям в качестве инфекционного энцефалита или серозного менингита.

В период С I970 по I980 г. зарегистрировано 2826 так называемых инфекционных энцефалитов , среди которых I773 оказались положительными на реакцию гемагглютинации.
Пик заболевания наступал обычно наступает в июне-июле, возможный второй , меньший встречается в октябре-ноябре. Меньше всего поражений зарегистрировано в январе.
В I979 году сотрудники государственной санитарно -эпидемиологической станции впервые в своем периодическом издании сообщили об исследовании антител, задерживающих гемагглютинацию вируса (КЕНАС-РЗГАКЭ), а такжк об идентификации антител, относящихся к классу специфических I M.

Количество зарегистрированных ,выявленных серологически заболеваний в Венгрии с I970 по I980 г. было следующее:

I970 г.-I47 случаев	I976 г. - I75 случаев
I97I г. -86 "	I977 г. - I42 "
I972 г. -I96 "	I978 г. - 252 "
I973 г. -I23 "	I979 г. - 28I "
I974 г. - 90 "	I980 г. - I45 "
I975 г. -I36 "	

(I7, I8, I9, 20, 2I, 22, 23, 24, 25, 27, 26.).

Графическую характеристику изменения количества зарегистрированных больных лиц клещевым энцефалитом в период с I970 по I980 г. отражает рис. 3.

При исследовании кривой графика (КЭ) видно, что пики количества зарегистрированных серологически положительных заболеваний появлялись в анализированном периоде с 3-4 годичной переодичностью /I972, I976, I979/.

II Бешенство.

По данным НО, каждый год от бешенства умерает 3 000- 6 000 тысячи человек.(I3).
Вирус бешенства , относящийся к семейству Rhabdoviridae и роду $Lyss_a$-Virus описан у многих видов животных (32). Энзотии бешенства обнаружены у лисиц, волков, диких кошек, косулей, барсуков, оленей, шакалов, гиен, куниц, белок, львов, медведей и других животных,в первую очередь в Венгрии подвергаются бешенству лисицы, 0,2-I,0% составляют косули , барсуки и дикие кошки.
В совместном издании АО, НО, OIE / Animal Health Yearbook, 1981 / состав диких животных Венгрии по бешенству характеризуется средней заболнваемостью.
Важной причиной распространения бешенства в стране является чрезмерное размножение лисиц, мелких грызунов и насекомоядных млекопитающих /представляющих пищу для лисиц/.(II,I2).
Важным фактором является выделение из мелких грызунов в центральной части Европы бешенство-подобных вирусов из Apodemus flavicollis,A.sylvaticus (29),играющих роль и в поддерживании природных очагов клещевого энцефалита.

Заражение бешенством может произойти при укусе и при царапание с попаданием вируса в ранку. Клинические симптомы проявляются после укуса зараженными животными в I5-30%.(I3).
Вирус бешенства размножается в центральной нервной системе и в слюнных железах зараженного животного (7); тоснее, при инкубации на месте укуса, вирус размножается в миоцитах и только после этого поражаются нервные окончания.

Вирус попадает вдоль нервов по нейроаксону в центральную нервную систему и главным образом в сером веществе головного мозга вызывает характерные для бешенства патологические изменения, в том числе энцефаломиелит (9, 32). Из головного мозга вдоль нервов возбудитель попадает в слюнные железы и другие органы.

В диагностике заболевания в Венгрии пользуются тремя методами:

а). С целью определения тельца Бабеша-Негри готовятся мазки отпечатки или срезы из предилекционных мест центральной нервной системы с помощью окрашивания по Герлаху или Селлерсу./ Аммоновы рога, мозговой ствол, мозжечок, продолговатый мозг, спинной мозг/.

б). Иммунофлюоресцентное исследование.

в). Биопроба на белых мышах.

Инкубацтонный период заболевания длится примерно от 2 до 8 недель(7, I5), при естественном пути заражения инкубационный период часто удленяется, а при искусственном давольно редко(3I), но у молодых особей он всегда короче. Время манифестации клинических признаков всегда зависит от расстояния укуса или царапания от центральной нервной системы.

Бешенство имеет три типа: "Лесное бешенство"- распространители дикие животные, как лисы, косули, барсуки и пр. "Гордское бешенство"- распространители главным образом собаки и кошки. "Вампирное бешенство"- распространители летучие мыши, последнее в Венгрии не имеет значения. У зараженных животных после одно-двухдневной меланхолии начинается маниачный период, который характеризуется помимо гидрофобии нуждой к блужданию. Больное животное способно уходить вплоть до 200 км. от своего биотипа и при стадии возбуждения кусать животных и людей. На основе современных нейрологических и нейрофизиологических исследований определено, что центром буйства,боязни и нужды к блужданию , а также "становление ручными" -является антеромедиальная часть гипоталамуса, лимбическая система. (8).

В Венгрии, несмотря на основательные и последовательные мероприятия по профилактике болезни, /истребление лисиц с помощью дымовых свеч, сбор блуждающих собак, иммунизации и т. д/,в каждом третьем году были зарегистрированы энзоотии "лесного бешенства". В период исследований обнаружено всего лишь одно импортированное человеческое заболевание /I979/, которое после пятинедельной инкубации и развития клинических признаков, закончилось смертью больного. С I970 по I980 г. зарегистрировано всего 8060 заболеваний животных и среди них бешенству были подвержены 9I,8% лисиц.

Графическую характеристику количества укусов лиц , подозреваемых в бешенстве, в сравнении с количеством диагностицированных заболеваний животных, отражает рисунок 4.
Из кривой графика видно, что количество укусов лиц , подазреваемых в бешенстве /КУ/, следует за кривую, определяющую количество диагностицированных заболеваний бешенством животных /КБЖ/. Наивысшее число укусов у лиц , подозреваемых в заболевании бешенством а также количество животных больных бешенством обнаружено в основном в марте-январе, что наверно связано со спариванием лисиц.

Эпизоотия "лесного бешенства", которая повторяется с трехлетней периодичностью, в I978 г. достигла максимума. В I979 году эпизоотия бешенства в Венгрии была одной из самых выраженных в Европе.

Исследуя математическими методами графические кривые, найдена взаимосвязь между кривой , показывающих изменения количества зарегистрированных больных лиц клещевым энцефалитом и кривой отражающей количество диагностицированных заболеваний животных бешенством в Венгрии с I970 по I980 г.
При сравнении данных, дающих основные точки двух кривых /КЭ, КБЖ/, обаружена положительная корреляция / r = 0,842, = 4,68, P = I,0%/.

Таблица I.

Количественные взаимоотношения среди животных, больных бешенством /диагносцированные случаи/ в Венгрии с 1970 по 1980 г. / по данным Ветеринарных Станций / /17, 18, 19, 20, 27 /

Названия животных	Годы										
	1970	1971	1972	1973	1974	1975	1976	1977	1978	1979	1980
Лисицы	169	524	852	288	292	572	704	657	1232	1217	862
Другие дикие животные+	1	9	10	1	4	9	17	18	22	9	2
Дикие животные вместе	170	533	862	289	296	581	721	675	1254	1226	864
Домашние жив. вместе	14	19	52	38	36	39	61	92	86	96	56
Всего животных	184	552	914	327	332	620	782	767	1340	1322	920

+ Косуля, барсук, дикая кошка, заяц, олень, муфлон, дикий кабан, хорёк.

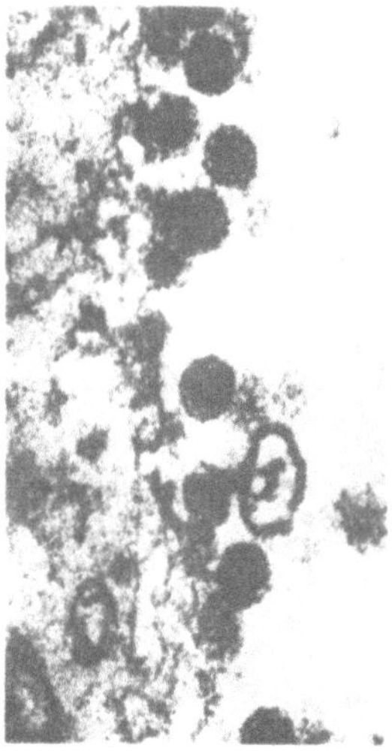

Рис. I.
Скопление вирионов вируса Клещевого энцефалита
/ ЭМ-снимок х 350000/
/ по Жданову В. М., 1975 /

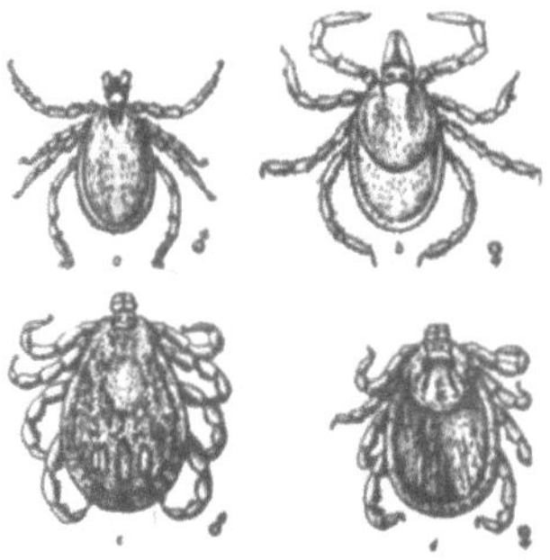

a-b-Ixodes ricinus
c-d-Dermacentor marginatus

Рис. 2.
Виды клещей распространяющих клещевой энцефалит

/ по Kotlán S.-Kobulej T., 1972/.

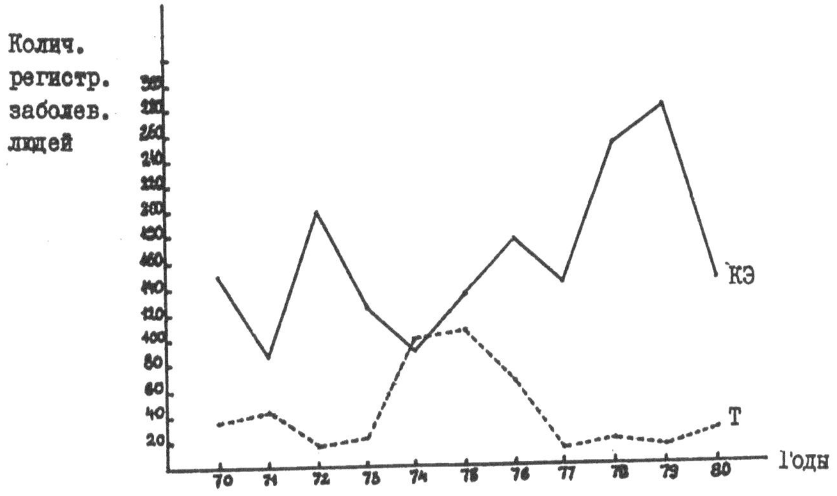

Рис.3.

Графическая характеристика изменения количества регистрированных больных людей клещевым энцефалитом/КЭ/ и туляремией/Т/ в Венгрии с 1970 по 1980г.

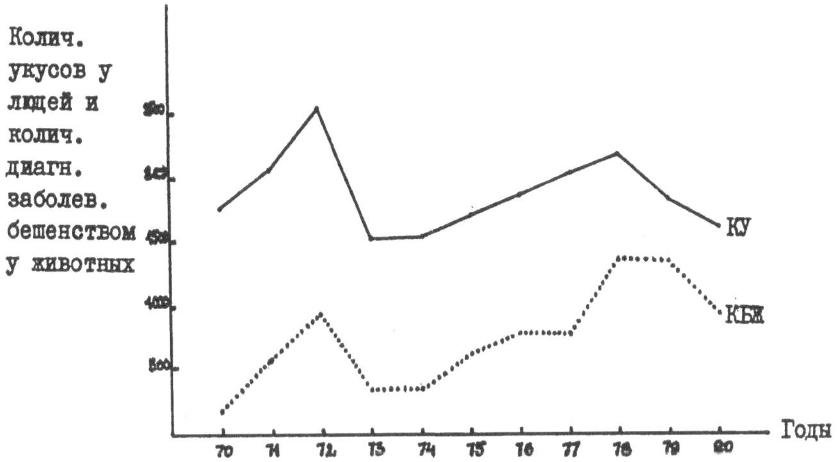

Рис.4.

Графическая характеристика количества укусов людей подозреваемых в бешенстве/КУ/ в сравнении с количеством диагносцированных заболеваний бешенством животных /КБЖ/ в Венгрии с 1970 по 1980 г.

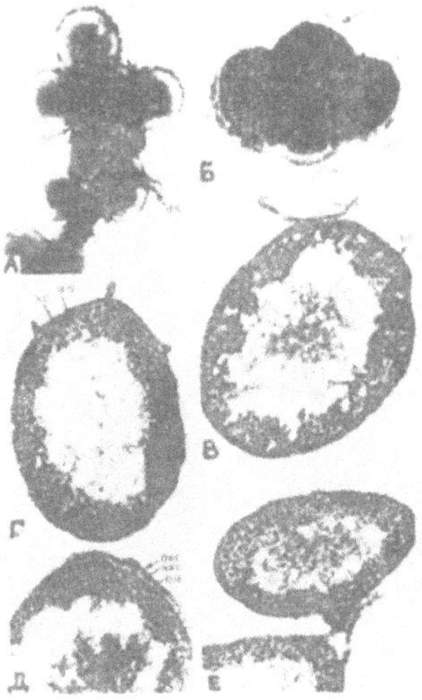

А. Francisella tularensis
штамм № 503 стационарная фаза
x 40000
Б. Francisella tularensis
вокруг клеток слизистый покров
x 40000
В. Francisella tularensis
ультратонкий срез клетки
x 80000
Г. Francisella novicida
стационарная фаза
x 80000
Д.-Е. Francisella tularensis
штамм № 503
x 100000, x 50000
/Avakyan A.A.-Kac L.N.-Pavlova I.B.
1972./

III. Туляремия.

Первыми, возбудителя туляремии, этого овоидного,грамотрицательного, палочковидного, плеоморфного микроорганизма, описали Mc Coy et Chapin, 1912/ 14/.
Бактерия Bacterium tularense в последствии получила название Franciseälla tularensis.
В Венгрии туляремия известна с 1951 года на тех территориях, которые образовались в последствии увеличения западно-словатского и восточно-австрийского эндемического очага. На тех местностях, где туляремия была зарегистрированной болезнью среди диких животных, количество заболеваний с 1970 по 1980 г. постепенно уменьшилось.

Совместное издание АО, НО, OIE относит туляремию к группе "прочих пастерелезов" и , характеризуя венгерские особенности болезни, называет спорадической болезнью зайцев. Однако кроме зайцев туляремия обнаружена у разных видов грызунов, насекомоядных, лисиц, определенную роль в качестве резервуаров играют дикие птицы (6) и членистоногие. Зайцы - русаки часто играют роль вектора в передаче возбудителя туляремии человеку. По эпизоологии болезни, важным фактором является то, что домашние кролики долго могут носить возбудителя без проявления клинических признаков у зайцев - русаков клинические признаки заболевания проявляются давольно быстро.

Человек заражается возбудителями туляремии при охоте, вскрытии животных, употреблении недожаренного мяса или через зараженную питьевую воду, а также клещами по трансмиссивному пути. 14 видов клещей могут быть возбудителями болезни. Например в клеще Dermacentor marginatus возбудитель туляремии может находиться в течение 710 дней. (Дорфеев,1974).Определенную роль в распространении заболевания играют и другие членистоногие / блохи, вши, комары/. (7, 10, 15). Инубационный период болезни длится чаще всего до трех дней, однако может и варьировать от одного до десяти дней.
В анализируемом периоде с 1970 по 1980 г., В Венгрии в этиологии туляремийных заболеваний людей обнаружена тесная взаимосвязь с больными животными: 36% заражений происходило от зайцев и кроликов, около 25% - от хомяков и 2% - от ондатр и полевок. В трех случаях заражение произошло от полевых птиц, в двух - от клещей и в единичных случаях от кошек или других домашних животных. У двух процентов заболевших, причиной заражения явилось проведение сельскохозяйственных работ на зараженных территориях.

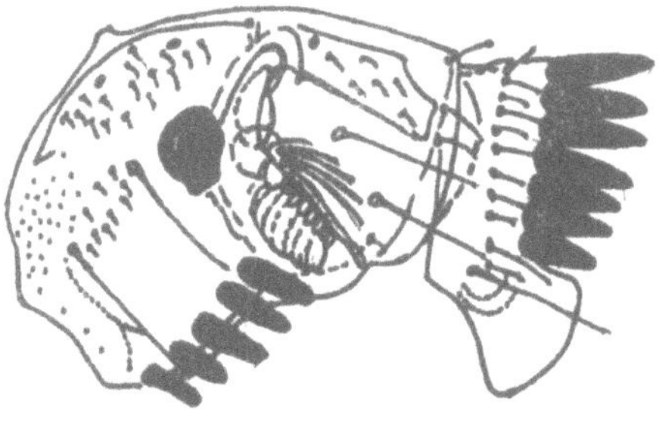

Рис. 6.

Spilopsyllus cuniculi
/ПО Hopkins Rothchild // 34 /

Вектором распространения туляремии между зайцами является

Рис.6.

Зарегистрированные 460 туляремийных заболеваний в большенстве случаев были связаны с ловом и вскрытием диких животных, обработкой продуктов животноводства или потреблением зараженных мясных продуктов. (I7, I8, I9, 20, 2I, 22, 23, 24, 25, 26, 27). В зависимости от места внедрения инфекции различаются некоторые формы туляремии. С I970 по I980 г. встречались чаще всего кутаногландулярная, гландулярная а также окулогландулярная, пульмональная и абдоминальная форма болезни. Были отмечены подмышечная, тонзиллогландулярная, торакальная и тифозная форма туляремии. Графическую характеристику изменения количества туляремийных заболеваний отражает рисунок № 3.

Резюме:

Анализ некоторых антропозоонозных заболеваний диких животных на основе зарегистрированных человеческих заражений с I970 по I980 г.

Авторы сообщают заражениях людей и животных в период с I970 по I980 г. клещевым энцефалитом, бешенством и туляремией. Описаны различные возможности заражений.

Zusammenfassung:

Analyse einiger Zoonosen bei Wildtieren aufgrund der Feststellung dieser Erkrankungen beim Menschen im Zeitraum von 1970 - 1980.

Die Autoren berichten über das Vorkommen von Zoonosen bei Menschen und Tieren im Zeitraum von 1970 - 1980 und gehen dabei besonders auf die Infektionsquellen bei der Zeckenenzephalitis, der Tollwut und der Tularämie ein.

Summary:

Analysis of Zoonoses of Wild-Living Animals, Derived from Diagnosis of Some Diseases in Man, between 1970 and 1980

Reported is the occurrence of zoonoses in man and animals, between 1970 and 1980, with particular reference being made to sources of infection of tick encephalitis, rabies, and tularaemia.

Адрес автора: Б. Э Г Р И

Венгрия, Будапешт . ул Ленина I5. Ветеринарномедицинский университет

H-680I Ходмецоварзархелу, почтовое отделение 79.

From Royal Zoological and Botanical Gardens Blijdorp Zoo (Director: I. D. van Dam)

EPIDEMIOLOGY IN A CAPTIVE GALLIFORM POPULATION IN BLIJDORP ZOO

By H.T. Frankenhuis, J.A. Assink, J.J. Stuster, and J. Nijboer

Introduction

A fairly large collection of galliform birds has been maintained at Blijdorp Zoo over many years. General health has seemed to be good. Animals died occasionally, but egg hatching was regular. Post-mortem examinations as well as hatching and rearing results have been compiled and evaluated for the purpose of establishing a conclusive epidemiological pattern without which proper identification of veterinary problems has proved to be difficult in any given animal population.

Material and methods

All post mortems of galliform birds kept at Blijdorp Zoo, between 1974 and 1980, were collected and categorised by causes of death, seasonal mortality, and age-dependent mortality. The Institute of Exotic Animal Pathology at the Veterinary Faculty of Utrecht (Prof.Dr. P. Zwart) actually had been in charge of bird necropsy, between 1974 and 1978. All post-mortem examinations were performed at the Veterinary Department of Blijdorp Zoo, in 1979 and 1980. Hatching and rearing records have been evaluated for the breeding seasons, from 1979 through 1981. Eggs which failed to hatch and chicks which died below the age of seven weeks were cultured for bacteria, with galliform, anseriform, and some additionally selected bird species being involved.

Results and discussion

Adult and sub-adult individuals: While population and management procedures were kept quite constant throughout all years involved, mortality figures of 1979 and 1980 were twice as high as those recorded from the period between 1974 and 1978, as may be seen from Table 1. Fivefold decrease through enteritis, remarkable decrease in pneumonia and helminthiasis, and sixfold increase in casualties caused by trauma were other noticeable phenomena of the same period. While the occurrence of such changes within a short period of time might have been quite confusing, the following explanations were derived from interviews with curators and keepers:

- All dead birds should have been moved to Utrecht, a distance of 60 km. So, most of the juvenile, sub-adult, and "inexpensive" were not sent at all for post-mortem examination. This explained the difference between annual mortality figures recorded from the above two periods.
- Another explanation was associated with causes of death. Only selected samples of each of the categories were sent for post-mortem examination. Other individuals were not sent to Utrecht, for example, birds that died from trauma or had been euthanised for skeletal deformation.

Nevertheless, the total number of adult and sub-adult birds which died between 1974 and 1978, according to stock lists, seemed to suggest that the drop in mortality from enteritis, pneumonia, and helminthiasis could be regarded as a genuine decrease.

Growing incidence of septicaemia has remained to be inexplicable, but it might be attributable to differences between examiners and their procedures.

These examples confirmed the great importance of adequate record keeping. No conclusive information could be derived from seasonal death tolls in 1979 and 1980 (Table 2), but subdivision by adult and sub-adult birds (the latter being between seven weeks and one year of age) revealed that mortality in the six cold months was twice as high as in the rest of the year, with deaths by infectious diseases, including enteritis and pneumonia, being even seven times as high as mortality for the same causes in spring and summer. Figures quoted in this paper may be considered low, but there is a trend towards more comprehensive zootechnical research and more work is being done.

Eggs and juvenile birds: The number of galliform birds raised to adult age was very low in 1979, as may be seen from Table 3. The number of eggs with positive hatching results was doubled and the number of galliform birds raised to adult age increased four times, probably owing to chloramine spray disinfection during incubation. Results again were very poor in 1981. The number of chicks reared to adult age did not drop dramatically, but only very few eggs hatched. Poor breeding results in 1981 were reported also by some pheasant breeders. Inclement weather was the only explanation found. Hatching and rearing results of anseriform birds, on the other hand, improved in 1981, though incubator, building, and keepers were all the same for the two species.

The extent to which eggs of galliform birds were contaminated was much lower than what had been recorded from eggs of anseriform birds, as shown in Table 4. All eggs were cleaned before incubation, but no proper disinfection was applied. During incubation, the contamination rate of eggs of anseriform birds apparently had not bearings whatsoever on eggs of galliform birds. However, a comparatively high percentage of dead galliform and anseriform chicks were found to have been contaminated during the first six weeks after hatching (Table 5), probably due to contact with eggshells of anseriform birds and with incubators. Hence, separate incubators should be used for galliform, anseriform, and other birds. The majority of zoological gardens, no doubt, will be faced with the same problems with which poultry breeders had been confronted 30 years back unless adequate desinfection of eggs and incubators as well as separate incubator rooms and separate rearing units are introduced.

True, the number of cases has been too small in certain instances for percentual conclusions, but there seems to be a discernible trend. The tables enclosed to this paper, hopefully, will provide a useful model for identification of zootechnical problems in a population of galliform birds. It has been demonstrated by simple calculation that annual loss of birds in monetary terms due to lack of proper accommodation had been six times as high as expenditures on a proper breeding and rearing unit would have been.

Summary:

Epidemiology in a Captive Galliform Population in Blijdorp Zoo.

Good record keeping is essential to proper identification of veterinary and management problems in a captive galliform population. Post mortem evaluation showed that winter mortality had been twice as high as figures in spring and summer, with the gap growing to a factor of seven, in the context of deaths caused by infectious diseases. Hatching and rearing records suggested that high mortality among galliform chicks due to infectious diseases had been caused by contamination of anseriform eggs and absence of proper desinfection before incubation.

Резюме:

Эпидемиология популяции куринных.

Обширная статистика играет положительную роль при распознавании и определении ветеринарно-медицинских проблем у куринных, содержащихся в неволе, При оценке секционных исследований обнаружена повышенная смертность в два раза в холодное время года, чем весной и летом. При инфекционных заболеваниях смертность птицы повышалась в семь раз. Загрязненные яйца водной птицы а также недостаточная дезинфекция перед сидением на яйцах является причиной инфекционных заболеваний и повышенной смертности куринных.

Zusammenfassung:

Epidemiologie einer Hühnervogelpopulation

Eine gute Statistik is wesentlich für die Erkennung und Bestimmung veterinärmedizinischer und haltungsmäßiger Probleme bei Hühnervögeln in Gefangenschaft. Bei der Auswertung von Sektionsbefunden zeigte sich, daß die Mortalität in der kalten Jahreszeit doppelt so hoch war wie in Frühjahr und Sommer. Bei Todesfällen nach Infektionskrankheiten war sie siebenmal so hoch. Schlupf- und Aufzuchtergebnisse weisen verschmutzte Eier von Wasservögeln sowie unzureichende Desinfektion vor dem Brüten als wesentliche Ursachen für die hohe Sterblichkeitsrate bei Hühnervögeln nach Infektionskrankheiten aus.

Résumé :

Epidémiologie d'une population de galliformes

De bonnes statistiques sont essentielles pour reconnaître et pour déterminer des problèmes qui se posent chez des galliformes gardés en captivité sur le plan de la médicine vétérinaire et dans le domaine de leur élevage. Le dépouillement des résultats des dissections a révelé que la mortalité en saison froide était deux fois plus élevée qu'en printemps et en été. En cas de morts s'étant produits à la suite de maladies infectieuses, elle était sept fois plus élevée. Les résultats atteints en rapport avec l'éclosion et avec l'élevage ont démontré que des oeufs salis par des oiseaux aquatiques et des insuffisances de la désinfection précédant l'action de couver ont constitué les causes essentielles du taux de mortalité élevé chez des galliformes à la suite de maladies infectieuses.

Table 1

Causes of death of (sub)adult galliform birds in Blijdorp Zoo (1974 - 1980)

Causes of death	1974 - 1978 n	(%)	1979 - 1980 n	(%)	1979 - 1980 adult	sub-adult
Enteritis	13	23.6	2	4.5	2	-
Hepatitis	2		1		1	-
Nephritis	3		2		2	-
Pneumonia	5	9.1	-		-	-
Cardiovascular disorders	5	9.1	5	11.4	5	-
Septicaemia	2	3.6	7	15.9	3	4
Mycoplasma	-		6*	13.6	6	-
Other infectious diseases (TB etc)	5	9.1	2	4.5	2	-
Helminthiasis	7	12.7	-		-	-
Tumours	3		1		1	-
Skeletal deformation	-		3		-	3
Traumata	2	3.6	9	20.5	5	4
Negative	7	12.7	6	13.6	2	4
Total	55		44		29	15

*All normal chickens (Gallus domesticus)

Table 2

Seasonal mortality among galliform birds (1979 - 1980)

(Number of animals which died of infectious diseases given in parentheses)

Months	Adult	Sub-adult	Total
1 - 3	5 (3)	-	5
4 - 6	2	3 (2)	5
7 - 9	7 (2)	10 (2)	17
10-12	15 (12)	2	17
Total	29 (17)	15 (4)	44

Table 3

Hatching and rearing results in Blijdorp Zoo, Rotterdam (1979 - 1981)

	Galliform birds			Anseriform birds			Other selected birds		
	1979	1980	1981	1979	1980	1981	1979	1980	1981
	n (%)	n (%)	n (%)	n (%)	n (%)	n (%)	n (%)	n (%)	n(%)
Number of eggs	86 (100)	93 (100)	163 (100)	235 (100)	285 (100)	136 (100)	23 (100)	48 (100)	*
Not hatched**	62 (72.1)	51 (54.8)	130 (79.8)	125 (53.1)	166 (61.8)	60 (44.1)	12 (52.2)	39 (81.2)	
Hatched	24 (27.9)	42 (45.2)	35 (21.5)	102 (43.4)	110 (38.6)	76 (55.9)	11 (47.8)	18 (37.5)	
Reared to adult age (% of total)	7 (8.1)	29 (31.2)	19 (11.7)	65 (27.7)	73 (25.6)	50 (36.8)	2 (8.7)	10 (20.8)	
Reared to adult age (% of eggs hatched)	7 (29.2)	29 (69.1)	19 (54.3)	65 (63.7)	73 (66.4)	50 (65.8)	2 (18.2)	10 (55.6)	

* Too small number

** Unfertilised, embryonic death, broken, etc.

Table 4

Bacteriological findings from unhatched eggs (Blijdorp Zoo, Rotterdam, 1979 - 1981)

	Galliform birds			Anseriform birds			Other selected birds		
	1979	1980	1981	1979	1980	1981	1979	1980	1981
	n (%)	n (%)	n (%)	n (%)	n (%)	n (%)	n (%)	n (%)	n(%)
Number of unhatched eggs, total	62 (100)	51 (100)	130(100)	125(100)	166(100)	60 (100)	12 (100)	39(100)	9(100)
Number of eggs cultured	6 (9.7)	14 (27.5)	14(18.2)	9(7.2)	37(22.3)	3 (5)	10 (83.3)	3(7.7)	9(100)
Number of contaminated eggs	0	1 (7.0)	2(14.3)	5(55.6)	10(27.0)	1 (33.3)	5 (50.0)	2(66.7)	1(11.1)
E. coli	-	-	2(14.3)	3(33.3)	3(8.1)	1 (33.3)	2 (20.0)	2(66.7)	-
Staphylococci	-	-	-	2(22.2)	2(5.4)	-	1 (10.0)	-	-
Other bacteria	-	1 (7.0)	-	-	5(13.5)	-	2 (20.0)	-	1(11.1)

Table 5

Bacteriological findings obtained from chickens which died below the age of seven weeks (Blijdorp Zoo, Rotterdam, 1979 - 1981)

	Galliform birds			Anseriform birds			Other selected birds		
	1979	1980	1981	1979	1980	1981	1979	1980	1981
	n (%)	n (%)	n (%)	n (%)	n (%)	n (%)	n (%)	n (%)	n(%)
Number of dead chickens	17 (100)	13 (100)	16 (100)	37 (100)	37 (100)	26 (100)	9 (100)	8 (100)	5(100)
Number of chickens cultured	11 (64.7)	12 (92.3)	8 (50)	14 (37.8)	11 (29.7)	6 (23)	7 (77.8)	2(25.0)	5(100)
Contaminated	7 (63.6)	7 (58.3)	3 (37.5)	7 (50.0)	8 (72.7)	5 (83.3)	7 (100)	2 (100)	2(40)
E. coli	2 (18.2)	4 (33.3)	2 (25.0)	6 (42.9)	6 (75.0)	5 (83.3)	4 (57.1)	1 (50)	1(20)
Staphylococci	3 (27.3)	-	2 (25.0)	-	-	-	2 (28.6)	-	-
Other bacteria	2 (18.2)	3 (25.0)	1 (12.5)	2 (14.3)	5 (62.5)	-	2 (28.6)	3 (?)	2(40)

Address of authors: Dr. M. T. Frankenhuis
Diergaarde Blijdorp
VAN AERSSENLAAN 49
3000 Am Rotterdam
Postbus 532 (Niederlande)

From the San Diego Zoo (Director: Ch. L. Bieler)

RENAL SPOROZOA OBSERVED AT SAN DIEGO ZOO

By L. A. Griner

Over a 15-year period, from 1964 to 1978, approximately 12.500 animals from the San Diego Zoo and Wild Animal Park, were necropsied. Routine histologic studies were not made on all of the specimens during the earlier years as the pathology program was being established.

Sporozoa were seen in sections of the kidneys of 20 specimens, nine amphibians, one reptilian and one avian. Table 1. The organisms have not been identified. On the basis of morphology and life history stages of the parasites in the Canada goose and the shearwater, it is believed that they are coccidia. Likewise, the oocysts seen in the Horned frogs would suggest that they may also be coccidia. Only schizont and possibly macrogamete stages of a protozoa were observed in the renal pelvis of the owls and the Palm nut vulture.

Gross evidence of nephritis was noted in the Canada goose, shearwater, Snowy owl and Palm nut vulture. The kidneys were slightly enlarged and a few pale foci were present. Gross evidence of renal disease was not noted in the othér specimens. Detection of the protozoa was made when kidney tissues were examined microscopically. The stages of the life cycle observed, and tissue response to the protozoa, are summarized in table 1.

Table 1. Renal sporozoa observed at San Diego Zoo

Species	No. infected	Life cycle stages	Location in kidney	Pathologic response
Asiatic horned frog (Megophrys nasuta)	9	Oocysts	Glomeruli and tubules	No significant change
Boa constrictor (Boa constrictor)	1	Oocysts	Glomeruli and tubules	No significant change
Canada goose (Anser canadensis)	1	Oocysts, schizonts, gametocytes	Tubules	Gross evidence of nephritis; chronic inflammation, infiltration of lymphocytes, plasma cells; focal necrosis
Shearwater (Puffinus opisthomelas)	1	Oocysts	Tubules, renal pelvic epithelium	Kidneys swollen. Moderate lymphocyte infiltration; focal fibrosis
Striped owl (Asio clamator)	2	Schizonts	Renal pelvic epithelium	None
Short-eared owl (Asio flammeus)	1	Schizonts	Renal pelvic epithelium	None
Great eagle owl (Bubo bubo)	1	Schizonts	Renal pelvic epithelium	Moderate mononuclear cell infiltration
Turkomen eagle owl (Bubo bubo omissus)	1	Schizonts	Renal pelvic epithelium	Moderate mononuclear cell infiltration
Pacific horned owl (Bubo virginiatus)	1	Schizonts	Renal pelvic epithelium	Moderate mononuclear cell infiltration
Snowy owl (Nyctea scandiaca)	1	Schizonts	Renal pelvic epithelium	Gross evidence of nephritis, lymphocytes, plasma cells, fibrosis
Palm nut vulture (Gypohierax angolensis)	1	Schizonts	Renal pelvic epithelium	Pale foci seen grossly. Moderate infiltrations of mononuclear cells

Summary:

Renal sporozoa observed at San Diego Zoo

Sporozoa were seen in kidneys of 20 animals necropsied at the San Diego Zoo.

Zusammenfassung:

Sporozoa-Befall der Nieren bei Tieren im Zoo San Diego

Bei 20 Tieren des Sektionsmaterials aus dem Zoo von San Diego konnten Sporozoa in den Nieren gefunden werden.

Résumé :

Infestation de sporozoa dans les reins d'animaux du jardin zoologique de San Diego

Le matériel de dissection de 20 animaux du jardin zoologique de San Diego a révélé la présence de sporozoa dans les reins.

Резюме:

Спорозоа- поражения почек у зверей зоопарка Сан Диего.

УУ20 животных в зоопарке Сан Диего при секционных исследованиях обнаружены в почках спорозоа.

Address of author: L. A. Griner, D.V.M.
San Diego Zoo
P. O. Box 551
San Diego, California 92112 (USA)

Aus dem Institut für Veterinär-Pathologie der Justus Liebig-Universität Giessen
(Direktor: Prof. Dr. E. W e i s s)

ZUR PATHOLOGIE DER AMÖBIASIS BEI SCHLANKAFFEN (COLOBIDAE)

Von H. F r a n k

Die durch Entamoeba histolytica verursachte Amöbiasis des Menschen manifestiert sich klinisch meist als Amöbendysenterie und ist pathologisch-anatomisch durch eine ulzerativ-nekrotisierende Typhlo-colitis, in einem Teil der Fälle auch durch Auftreten sogenannter Leberabszesse gekennzeichnet. Andere Organe (Lunge, Gehirn) sind selten betroffen.

Von allen Menschenaffenarten sind gleichartige Krankheitsbilder bekannt (S u l d e y , 1924; P a t t e n , 1939; L i n k e , 1967; K l ö p p e l , 1971; L y o n , 1971), wobei in einigen tödlich verlaufenden Fällen auch eine Beteiligung der Leber beobachtet wurde (K o c h und D e i m e l , 1952; F r e m m i n g et al., 1955; M i l l e r und B r a y , 1966).

Über die Amöbiasis niederer Affen liegen widersprüchliche Angaben vor. Während von C a s t e l l a n i (1908) bei einem Makaken und von E i c h h o r n und G a l l a g h e r (1916), A m y x et al. (1978) sowie in einem eigenen unveröffentlichen Fall bei Klammeraffen auch "Amöbenabszesse" in der Leber gefunden wurden, weisen B u r r o w s (1972) und G ö l t e n b o t h (1976) darauf hin, daß bei der Amöbiasis der niederen Affen die Veränderungen auf den Dickdarm beschränkt seien. Eine bis dahin weder beim Menschen noch bei Affen beschriebene Organmanifestation beobachteten G e i s e l et al. (1975) bei einem Kleideraffen. Sie fanden eine massive Amöbiasis mit Nekrosenbildung im Magen und in der Leber, bei gleichzeitig unverändertem Darm. Daß es sich hierbei nicht nur um einen Einzelfall handelt, sondern offenbar um eine bei Schlankaffen häufigere Organmanifestation der Amöbiasis, soll nachfolgend anhand weiterer gleichartiger Fälle gezeigt werden.

Eigene Untersuchungen

Anamnese

Von März bis August 1975 starben im Zoologischen Garten Frankfurt/M. drei Kleideraffen (Pygathrix nemaeus L.), und zwar ein sechs Wochen altes weibliches, ein zweijähriges männliches und ein adultes männliches Tier unbekannten Alters.

Zwei dieser Tiere kamen bei uns zur Obduktion, vom dritten standen Paraffinblöcke von Organmaterial zur Verfügung +). Die Krankheit war bei allen Kleideraffen unter einem ähnlichen Bild verlaufen: verminderte Nahrungsaufnahme, rapider Gewichtsverlust und Erbrechen. Das Jungtier war, nachdem die Mutter unter ähnlichen Erscheinungen gestorben war, drei Tage künstlich ernährt worden. Eine spezifische Therapie gegen Amöben war nur bei den beiden älteren Tieren durchgeführt worden (M a t e r n , 1980).

Im März 1981 starb außerdem ein ca. fünfjähriger weiblicher Guereza (Colobus abyssinicus), bei dem keine vorherigen Krankheitssymptome bemerkt worden waren.

+) Für die Überlassung des Untersuchungsmaterials und des pathologisch-anatomischen Befundes danke ich Herrn Dr. M a n z , damals Staatl. Veterinär-Untersuchungsamt Frankfurt/Main.

Pathologisch-anatomische Befunde

Die Sektion erfolgte 3 - 24 Stunden nach dem Tode. Alle Tiere waren abgemagert. Der Magen war unterschiedlich gut gefüllt und enthielt in zwei Fällen in reichlicher Menge blutig durchsetzten Schleim. Die Schleimhaut der vorderen Magenabteilungen (Praesaccus, Saccus, teilweise auch Anfangsteil des Tubus) wies in den einzelnen Fällen unterschiedlich ausgeprägte bis pfennigstückgroße, grau-weiße, konfluierende Nekroseherde, teils auch bis linsengroße hämorrhagische Erosionen sowie in einem Fall ein ca. zehnpfennigstückgroßes, tiefes Ulkus mit wallartigem Rand auf.

Die Leber war geschwollen, hellbraunrot und mit multiplen grau-weißen, stecknadelkopf- bis kastaniengroßen, mehr oder weniger scharf begrenzten Nekroseherden durchsetzt.. Diese waren auf der Schnittfläche teils trocken, teils zentral erweicht und ließen nach Abstreichen des erweichten Inhaltes eine kleinwabig-gekammerte Struktur erkennen. Im Bereich dieser Veränderungen lag eine ausgeprägte chronisch-fibroplastische Perihepatitis vor (Abb. 1). In einem Fall bestand eine chronische Peritonitis mit umfangreichen Verwachsungen. Der Darm wies bei dem Jungtier eine mittelgradige katarrhalische Enteritis auf. Herdförmige Blutungen waren in einem Fall in der Schleimhaut, in einem anderen in der Serosa des Darmes zu erkennen. Die Lunge wies bei dem adulten männlichen Kleideraffen mehrere bis zu kastaniengroße, trockene, gelbe Nekrosen auf. Bei dem Jungtier fanden sich in allen Lappen hirsekorngroße, dunkelrote, verdichtete Herde. Bei zwei Tieren bestand ein mittelgradiges, alveoläres Emphysem.

Histologische Befunde

Organmaterial wurde in 10 %-igem Formalin fixiert und in Paraplast eingebettet. An den ca. 6 u dicken Schnitten wurden folgende Färbungen durchgeführt: Hämalaun-Eosin , PAS, Grocott, Giemsa, Weigert's Elastica-van Gieson, Eisenhämatoxylin nach Heidenhain, Trichrom-Masson, Berliner-Blau und Kongorot.

Im Magen (Praesaccus, Saccus und Anfangsteil des Tubus) aller Tiere überwogen diphtheroid-nekrotisierende Veränderungen, die weitgehend auf die Schleimhaut beschränkt waren und bei zwei Tieren eine mäßige gemischtzellig-entzündliche Reaktion, in einem Fall eine ausgeprägte mononukleäre Zellinfiltration in der Propria erkennen ließen. Bei dem jungen Kleideraffen und dem Guereza dehnten sich die Nekrosen bis in die Muskelschicht aus und waren von einer mittelgradigen granulozytären Reaktion begleitet. Bei diesen nicht behandelten Tieren fanden sich im Bereich der Nekrosen und ausgeprägter im angrenzenden Parenchym zahlreiche Gewebsformen von E. histolytica. Außerdem waren Amöben im Lumen submuköser Gefäße nachweisbar. Daneben waren im nekrotischen Gewebe ausgedehnte Bakterien-, in einem Fall auch Pilzrasen anzutreffen.

Die Leberveränderungen bestanden aus miliaren und größeren, teils landkartenartig konfluierenden Nekrosen, die häufig zentral eitrig eingeschmolzen waren. In der Peripherie akuter Veränderungen ließen sich vorwiegend starker Kernzerfall bei nur mäßiger granulozytärer Reaktion erkennen. Hingegen waren die älteren Herde entweder durch einen überwiegend aus Makrophagen bestehenden Wall oder lympho-plasmazelluläre Infiltrate mit bindegewebiger Abkapselung gekennzeichnet. Im Bereich der akuten Herdveränderungen ließen sich zahlreiche Gewebsformen von E. histolytica nachweisen. Innerhalb der Nekrosen waren die Parasiten manchmal nur schattenhaft, im angrenzenden Parenchym sehr gut erkennbar. Hier fanden sie sich vorwiegend in den Sinusoiden. Am deutlichsten ließen sich die Amöben mit der Grocott- und PAS-Färbung darstellen (Abb. 2).

Bei einem behandelten Tier konnten intakte Amöben nicht nachgewiesen werden. Jedoch fanden sich massenhaft phagozytierte PAS- und Grocott-positive Reste in den zahlreichen Makrophagen. In allen Fällen fielen außer diesen Veränderungen vereinzelte submiliare Granulome und in der Umgebung der Nekroseherde eine ausgeprägte RES-Proliferation sowie Hämosiderose der Leber- und Kupfferschen Sternzellen auf.

Die nekrotischen Veränderungen in der Lunge eines Tieres entsprachen denen in der Leber. Daneben fanden sich ein alveoläres Ödem und eine mittelgradige herdförmige Desquamativpneumonie. Bei den Herdveränderungen in der Lunge des Jungtieres handelte es sich um eine beginnende Aspirationspneumonie, wie zahlreiche Bakterienrasen und Pflanzenteile im eitrigen Exsudat der Bronchien erkennen ließen.

Bakteriologische Untersuchung

Die bakteriologische Untersuchung ergab das Vorliegen einer unspezifischen Mischflora. Eine spezielle Untersuchung auf Nekrosebakterien und Salmonellen verlief in jedem Fall negativ.

Diskussion

Die vorliegenden Befunde stimmen weitgehend mit den von G e i s e l et al. (1975) beschriebenen überein. Auffallend, da von anderen Affen und vom Menschen abweichend, ist die Lokalisation der Amöbenläsionen im Magen. Der Grund hierfür dürfte in den besonderen anatomischen und funktionellen Gegebenheiten dieses Organes bei den Schlankaffen liegen, das äußerlich durch großes Volumen und Haustrierung auffällt und somit gewisse Ähnlichkeit mit dem Magen der Tylopoden und Känguruhs oder dem Dickdarm mancher Herbivoren aufweist. Nach K u h n (1964) besteht der Magen der Colobiden aus vier mehr oder weniger deutlich getrennten Teilen: Praesaccus, Saccus, Tubus und Pars pylorica, wovon die ersten beiden Abteilungen als Gärkammern für die Blätterkost dieser Nahrungsspezialisten dienen. In diesen liegt normalerweise ein pH-Wert um 7 vor, der erst vom Tubus an nach kaudal in den sauren Bereich absinkt (K u h n , 1964). Damit wäre in den vorderen Magenabteilungen, in denen auch die morphologischen Veränderungen liegen, unter normalen Verhältnissen ein für Amöben geeignetes Milieu gegeben. Die Vermutung von G e i s e l at al. (1975), daß in dem normalerweise sauren Magenmilieu erst durch eine Änderung der Sekretzusammensetzung der Aufenthalt für die Amöben ermöglicht werde, trifft somit nicht zu. Welche Voraussetzungen den Amöben eine Gewebeinvasion mittels der von ihnen produzierten trypsin- und pepsinähnlichen Enzyme (S p e n c e r , 1973) ermöglichen, ist noch nicht geklärt. Vom Menschen ist seit langem bekannt, daß die Anwesenheit von Amöben im Verdauungstrakt nicht gleichzeitig eine Erkrankung bedeutet (S p e n c e r , 1973; W i l c o c k s und M a n s o n - B a h r , 1974). Bei den Affen scheint auch eine unterschiedliche Resistenz eine Rolle zu spielen. So sind nach Untersuchungen von L a p i n et al. (1972) asiatische Makaken wesentlich resistenter gegen eine Amöbenerkrankung als Neuweltaffen. Die Ursache für das Fehlen von Amöben in den Magennekrosen zweier Tiere ist wahrscheinlich in der vorausgegangenen Behandlung zu sehen. Dies trifft auch für den Leberbefund in einem Falle zu, in dem nur phagozytierte Reste von Amöben nachweisbar waren.

Bei einem Tier fanden sich neben chronischen, amöbenfreien Veränderungen in Lunge und Leber akute Nekrosen, die Amöben enthielten. Dies könnte in einer Reinfektion nach erfolgreicher Behandlung oder einer Exazerbation infolge unvollständigen therapeutischen Effektes begründet sein. Die Amöbenveränderungen in der Lunge dürften auf hämatogenem Wege entstanden sein, da Hinweise für eine direkte transdiaphragmatische Ausbreitung, wie sie beim Menschen nach "Amöbenabszessen" der Leber häufiger vorkommt (S p e n c e r , 1973), fehlten.

Im Hinblick auf die vorliegenden Ergebnisse erscheint interessant, daß bei früheren Todesfällen von Schlankaffen im Frankfurter Zoologischen Garten bei 11 Tieren (Guerezas, Kleideraffen, Nasenaffen und Hulman) multiple Magen- und Lebernekrosen festgestellt wurden, die ätiologisch ungeklärt blieben (M a t e r n , mündliche Mitteilung). Gleichermaßen verdient ein Hinweis von B r a c k (1967) Interesse, der als Todesursache bei 10 Colobiden eine ätiologisch ungeklärte, vorwiegend auf Praesaccus und Saccus beschränkte, nekrotisch-ulzerative Gastritis fand. Eine ursächlich vermutete Nekrobazillose konnte dabei in keinem Fall bakteriologisch nachgewiesen werden.

Unter dem jetzigen Aspekt könnte zumindest bei einem Teil dieser Fälle eine Amöbiasis als Ursache in Betracht kommen.

Zur Diagnose wäre abschließend zu sagen, daß das Auftreten nekrotischer Veränderungen im vorderen Magenbereich und in der Leber bei Schlankaffen in erster Linie an das Vorliegen einer Amöbiasis denken lassen sollte. Differentialdiagnostisch kommen Nekrobazillose, Yersiniose und Mykosen in Betracht, die sich jedoch durch entsprechenden Erregernachweis ausschließen lassen.

Der histologische Nachweis der Amöben gelingt am besten mit der Grocott- und PAS-Färbung. Wichtig ist eine möglichst baldige Entnahme des Materials, da diese Parasiten relativ schnell nach dem Tode durch Autolyse zugrunde gehen und dann nicht mehr nachweisbar sind. Dies könnte auch mit ein Grund dafür sein, daß die Erkrankung bisher kaum diagnostiziert wurde.

Zusammenfassung:

Zur Pathologie der Amöbiasis bei Schlankaffen (Colobidae)

Es wird über drei tödlich verlaufende Fälle von invasiver Amöbiasis bei Kleideraffen (Pygathrix nemaeus L.) und einen Fall bei einem Guereza (Colobus abyssinicus) aus einem Zoo berichtet.

Charakteristische Befunde waren Schleimhautnekrosen und Ulzera in den vorderen Magenabteilungen sowie multiple Nekrosen in der Leber. In einem Fall war auch die Lunge betroffen. Der Grund für die von den übrigen Primaten abweichende Lokalisation der Primärveränderung wird in den besonderen anatomischen und funktionellen Gegebenheiten des Schlankaffenmagens vermutet.

Summary:

Pathology of Amoebiasis in Leaf Monkeys (Colobidae)

Reported in this paper are three fatal cases of invasive amoebiasis in douc langurs (pygathrix nemaeus L.) and one case in a guereza (Colobus abyssinicus). All animals had been kept in a zoological garden. Necrotic and ulcerative gastritis and multiple necrotic lesions in the liver as well as the same kind of ncecrotic lesions in the lung in one case had been the most characteristic findings. The fact that the primary changes deviated in location from findings usually obtainable from other primates has been attributed to peculiar anatomic and functional conditions of the gastric organ of leaf monkeys.

Résumé :

A propos de la pathologie de l'amibiase chez des singes (Colobidae)

L'auteur parle de trois cas d'amibiase invasive à issue létale chez des Pygathrix nemaeus L. et évoque un cas qui s'est manifesté chez un guéréza (Colobus abyssinicus) d'un jardin zoologique.

Pour le dépistage étaient caractéristiques des nécroses à la muqueuse, des ulcères dans les sections antérieures de l'estomac ainsi que des nécroses multiples du foie. Dans un de ces cas, le poumon avait été affecté également. L'auteur croit que les conditions anatomiques et fonctionnelles particulières de l'estomac des colobidés sont la cause de la localisation différente des altérations primaires par rapport aux autres primates.

Резюме:

О патологии амебиоза у обезьян (Colobidae)

Сообщается о трех случаях амебиоза со смертельным исходом у Pygathrix nemaeus L. и одном случае у Colobus abyssinicus. Выявлены характерные изменения в слизистой оболочке желудка в виде некроза и язв.В одном случае было охвачено легкое Причиной отклоняющейся от других приматов локализации являются,повсей вероятности, анатомические и функциональные особенности желудка у этих обезьян.

Literaturverzeichnis:

AMYX, H. L. ASHER, D. M. NASH, T. E., GIBBS, C. J. and D.C. GAJDUSEK (1978): Hepatic amebiasis in spider monkeys. Amer. J. Trop. Med. Hyg. 27, 888.

BRACK, M. (1967): Magen-Darmerkrankungen als Todesursache bei Primaten. Verhandlungsber. IX. Internat. Symp. Erkrankungen Zootiere, Prag, 43 - 52.

BURROWS, R. B. (1972) in: FIENNES, R. N. T., Pathology of Simian Primates, Bd. II, 2 - 28, Basel, München, Paris, London, Sydney: S. Karger.

CASTELLANI, A. (1908): Note an a liver abscess of amoebic origin in a monkey. Parasitology 1, 101 - 102.

EICHHORN, A. and B. GALLAGHER (1916): Spontaneous amebic dysentery in monkeys. J. infect. Dis. 19, 395 - 407.

FREMMING, B. D., VOGEL, F. S., BENSON, R. E. and R. J. YOUNG (1955): A fatal case of amebiasis with liver abscesses and ulcerative colitis in a chimpanzee. J. Am. Vet. Med. Ass. 126, 406 - 4o7.

GEISEL, O., KRAMPPITZ, H.E. und E. WILLAERT (1975): Invasive Amöbiasis bei einem Kleideraffen (Pygathrix nemaeus L. 1771) durch Entamoeba histolytica. Berl. Münch. Tierärztl. Wschr. 88, 52 - 55.

GÖLTENBOTH, R. (1976) in: KLÖS, H. G. und E. M. LANG, Zootierkrankheiten, 57, Berlin und Hamburg: P. Parey.

KLÖPPEL, G. 1971): Amöben-Dysenterie bei Menschenaffen. Verhandlungsber. XIII. Internat. Symp. Erkrankungen Zootiere, Helsinki, 111 - 114..

KOCH, W. und B. DEIMEL (1952): Über Krankheiten der Menschenaffen, Jena: G. Fischer.

KUHN, H. (1964): Zur Kenntnis von Bau und Funktion des Magens der Schlankaffen (Colobinae). Folia primat. 2, 193 - 221.

LAPIN, B. A., DZHIKIDZE, E. K. and L. A. YAKOLEVA (1972) in: FIENNES, R. N. T., Pathology of Simian Primates. Bd. I., 689, Basel, München, Paris, London, Sydney: S. Karger.

LINKE, K. (1967): Entamoeba histolytica bei einem Junggorilla. Verhandlungsber. IX. Internat. Symp. Erkrankungen Zootiere, Prag,91 - 93.

LYON, D. G. (1971): A survey of parasitic problems, treatment and control at Chester Zoo. Verhandlungsber. XIII. Internat. Symp. Erkrankungen Zootiere, Helsinki, 147 - 152.

MATERN, B. (1980): Versuche zur medikamentellen Bekämpfung der Amöbiasis bei Affen. Verhandlungsber. XXII. Internat. Symp. Erkrankungen Zootiere, Arnheim, 135 - 137.

MILLER, M. J. and R. S. BRAY (1966): Entamoeba histolytica infections in the chimpanzee (Pan satyrus). J. Parasitol. 52, 386.

PATTEN, R. A. (1939): Amebic dysentery in organ-utans (Simia satyrus). Austr. Vet. 15, 68 - 71.

SPENCER, H. (1973): Tropical Pathology. In: DOERR, W., SEIFERT, G. und E. UEHLINGER, Spezielle pathologische Anatomie, Bd. 8, Berlin, Heidelberg, New York: Springer.

SULDEY, E.W. (1924): Dysenterie amebienne spontanée chez le chimpanzé (Troglodytes niger). Bull. soc. Path. exot. 17, 771 - 773.

WILCOCKS, C. and P. E. C. MANSON-BAHR (1974): Manson's Tropical Diseases, 17. Aufl., London: Baillière-Tindall.

Anschrift des Verfassers: Dr. H. Frank
Institut für Veterinär-Pathologie
der Justus Liebig-Universität Giessen
Frankfurter Straße 96
6300 Giessen (BRD)

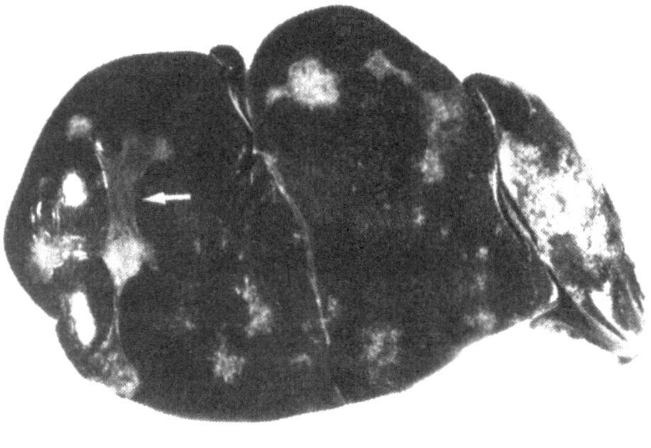

Abb. 1: Leber mit Amöbenveränderungen und sekundärer herdförmiger fibroplastischer Perihepatitis (Pfeil !)

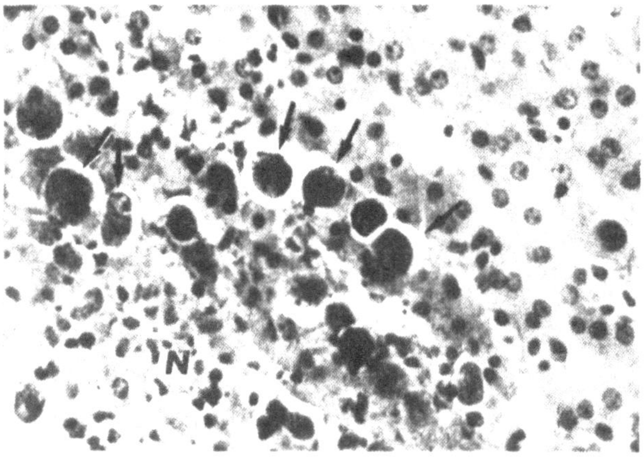

Abb. 2: Amöben (Pfeile !) in der Peripherie eines Nekroseherdes (N) der Leber. (PAS, x 560)

Darjeeling Govt. College, P.G. Department of Zoology, Darjeeling, India

INTESTINAL COCCIDIA IN SPOTTED DEER (AXIS AXIS) IN SUNDARBANS TIGER RESERVE

By D. Mandal and A. Choudhury

Introduction

A coccidian parasite of the family of Eimeriidae Minchin, 1903, has been recorded from faecal samples of spotted deer (Axis axis) during an investigation on protozoan parasites of wild mammals in Sundarbans Tiger Reserve. An account is given in this report of the morphological identity and systematic position of a new species of the Eimeria genus.

Material and methods

Fresh faecal samples were collected and mixed with 2.5 per cent potassium dichromate solution. Collecting took place primarily during dawn and dusk. Pellets were crushed and properly mixed with potassium dichromate solution and passed through two layers of cheesecloth to remove coarse particles. They were then poured into Petri dishes and filled up to a depth of less than 4 mm. Sporulation was allowed to take place at room temperature, and oocysts were concentrated by centrifugal flotation. Observation under an oil-immersion lens of the Olympus binocular research microscope was concentrated primarily on sporulated oocysts. A Zeiss ocular micrometer was used for measurement, and drawings were made by means of a Leitz camera lucida.

Results

The following characteristics were exhibited by the Eimeria oocysts studied:
Only unsporulated oocysts passed the faeces. OOcysts were of subspherical outline, with yellowish-green coloration. They were between 12.65 µm and 14.57 µm in length and between 9.90 µm and 11.50 µm in width, average length being 13.62 µm and average width 10.82 µm. Oocyst walls consisted of a thin exterior and a thick interior layer, its thickness measuring between 0.80 µm and 1.0 µm. The sporont was finely granular and almost spherical in shape. It was situated within the oocyst, leaving clearance around the mass. There was no micropyle. Polar granules were not discernible. Oocystic residues generally were lacking, but a few refractile bodies were found in some cases.

Sporulation was completed at room temperature (between 28°C and 30°C) within two or three days. Each of the oocysts contained four sporocysts. The latter were cylindrical, slightly curved, one end being narrower than the other. The broader end had a shining globular area. Sporocyst measures were between 6.60 µm and 8.25 µm in length and between 2.20 µm and 3.30 µm in width. Sporocystic residuals were not detectable.

Each of the sporocysts contained two sporozoites, elongated, club-shaped, with tapered anterior end and blunt posterior end. A globular refractile body was detected at the posterior end of the sporozoites. The broader end of one sporozoite was opposed to the nar-

Table 1 Measures of Eimeria spp. from some cervid hosts

E. wassilewskyi Rastegaieff	Length /um	Width /um	Micropyle
Host: Axis axis			
Pellérdy (1974)	18.0	14.0	
	29.0	28.0	Present, 4.5 /um in diameter.
Mandal and Nair (1974)	18.5	14.25	
	(17.5-19.5)	(13.5-15.5)	Present, 3.5-4.5 /um in diameter
Host: Cervus elephus			
Yakimoff (1934)	28.0	20.8	Present
	(21.0-30.0)	(18.0-24.0)	
Host: Cervus nippon			
Yakimoff (1934)	27.0	19.0-21.0	Absent
E. cheetali Bhatia, 1968			
Host: Axis axis	26.3	14.8	Present, 2.0-2.6 /um in width
	(24.0-31.0)	(14.0-16.0)	
Host: Antilope cervicapra	23.3	13.5	Present
	(17.0-27.0)	(11.0-16.0)	
Eimeria sp. Bhatia, 1968			
Host: Axis axis	40.0	25.0	Present, 1 /um in width
E. cervis sp.nov.			
Host: Axis axis	13.62	10.82	Absent
	(12.65-14.57)	(9.9-11.5)	
E. parva			
Host: sheep, goat, deer			
Christensen (1938)	16.5	14.0	
	(12.0-23.0)	(10.0-19.0)	
see Pellérdy (1974) Kotlan et al.	(11.0-14.0)	(9.0-12.0)	
Balozet (1932)	17.0	13.0	Absent
Shah & Joshi (1963)	20.0	19.0	
	(16.0-23.0)	(14.0-22.0)	

(x) Note: scatter in parentheses

Camera lucida drawings:

A. Unsporulated oocyst of Eimeria cervis sp. nov.

B. Sporulated oocyst of Eimeria cervis sp. nov.

rower end of the other in the same sporocyst. Sporozoites were between 3.30 µm and 6.05 µm in length and between 1.10 µm and 1.76 µm in width, average length being 4.69 µm and average width 1.39 µm. The position of the nucleus in the sporozoite was not precisely located. No clinical changes which might have been attributable to the presence of Eimerian oocysts were recordable from the stool.

Discussion

Eimeria in Axis axis has been studied and reported by various authors, including Rastegaieff (1930), Bhatia (1968), Pande et al. (1970), Mandal and Nair (1974). Eimeria species was recorded from various cervid hosts by Pellérdy (1974). More detailed morphometric parameters of Eimeria spp. in Axis axis and in some related hosts are given in Table 1. Eimeria oocysts studied and reported in this paper differed from Eimeria wassilewsky Rastegaieff, 1930, as well as from E. cheetali Bhatia, 1968, and E. sp. Bhatia, 1968, by smaller size and absence of micropyle. The oocyst under review seemed to be somewhat similar to that of E. dawari which had been described by Bhatia et al. (1973), in the context of Muntiacus muntijaka, but dimensions were different. It was closer in similarity to E. parva of sheep and goat. Ryšavý (1954) reported an oocyst similar to E. parva which he had detected in four different cervid hosts. In this context, the following conclusion was drawn by Pellérdy (1974): "... since it does not seem likely that systematically relatively remote hosts have common Eimerian parasites, the coccidia of domestic goat, sheep, and fallow deer should be regarded as independent species until reliable proof emerges from cross-infection experiments." The oocyst under review in this paper differs distinctly from others in morphometric and morphological parameters. The authors, therefore, suggest the name of Eimeria cervis sp. nov. as a new species identity. The authors also are aware of Levine's opinion (1963) regarding developments in coccidian classification and, consequently, concede that its synonym might be elucidated in the course of further studies.

Acknowledgement

The authors are under a debt of gratitude to the Directorate of Forests in the Government of West Bengal and to Mr. K.K. Chakraborty, former Project Tiger Field Director, for the permission to work in the Sundarbans forest area. One of the authors (D. Mandal) gratefully acknowledges the financial support granted by the Government of India, Ministry of Agriculture and Irrigation, through President F.R.I. & C. Dehra Dun. He also wishes to thank Dr. B. Dasgupta, Principal of the Darjeeling Govt. College, for all he has done to encourage these studies.

Summary:

Intestinal Coccidia in Spotted Deer (Axis axis) in Sundarbans Tiger Reserve

Morphological parameters and detailed measures of Eimeria cervis sp. nov. are reported in this paper. They were studied in the context of spotted deer (Axis axis) in Sundarbans Tiger Reserve, West Bengal, India.

Zusammenfassung:

Kokzidien bei Axishirschen (Axis axis) im Sundarbans-Tigerreservat

Behandelt werden Morphologie sowie detaillierte Messungen an Eimeria cervis sp. nov. Die Untersuchungen erfolgten an Axishirschen (Axis axis) aus dem Sundarbans-Tigerreservat in Westbengalen, Indien.

Résumé:

Coocidia intestinal des cerfs Axis (Axis axis) de la Réserve de Tigres de Sundarbans

L' exposé constitue une contribution à la morphologie et à l' analyse detailée des dimensions à Eimeria cervis sp. nov. Les études ont été faites dans le contexte des cerfs Axis (Axis axis) de la Réserve de tigres de Sundarbans, Bengals Ouest, Inde.

Резюме:

Кокцидии у оленей (Axis axis) вСунданрбанс- тигровом резервате.

Было проведено лечение и различные измерения на Eimeria cervis sp. Исследования проводились на оленях (Axis axis) в Вестбенгалии, в Индии.

References:

BHATIA, B.L. (1968): On hitherto unrecorded Eimerian oocyst from wild ruminants. Ind. J. Microbiol. 8, 249 - 254.

BHATIA, B.B., CHAUHAN, P.P.S., ARORA, G.S., and R.D. AGRAWAL (1973): Species composition of coccidia of some mammals and birds at Zoological Gardens of Delhi and Lucknow. Ind. J. Anim. Sci. 43 (10), 944 - 947.

LEVINE, N.D. (1963): Coccidiosis. Ann. Rev. Microbiol. 17, 179 - 198.

MANDAL, A.K., and K.N. NAIR (1974): Observation on Eimeria wassilewskyi Rastegaieff (protozoa : Eimeriidae) from Axis axis (Erxleben) in Andaman Island. Ind. Acta Protozool. Vol. XIII, 15, VI. 221 - 224

PANDE, B.P., BHATIA, B.B., CHAUHAN, P.P.S., and R.K. GARG (1970): Species composition of coccidia of some mammals and birds in zoological gardens. Lucknow (U.P.) Ind. J. Anim. Sci. 40, 154 - 166.

PELLERDY, L.P. (1974): Coccidia and coccidiosis. Akademiai Kiado, Budapest, Hungary.

RASTEGAIEFF, E.F. (1930): Zur Frage über Kokzidien wilder Tiere. Arch. Protistenk. 71, 377 - 404.

RYSAVY, B. (1974): Příspěvek k pozání kokeidié nasieh i dovezenýeh obratloveu. Ceskosl. Parasit. 1, 131 - 174.

YAKIMOFF, W.L. (1934): Die Biberkokzidiose. Berl. Tierärztl. Wschr. 50, 294.

Address of authors: D. Mandal
Postgraduate Department of Zoology
Darjeeling Govt. College
Dist. Darjeeling
West Bengal (India)

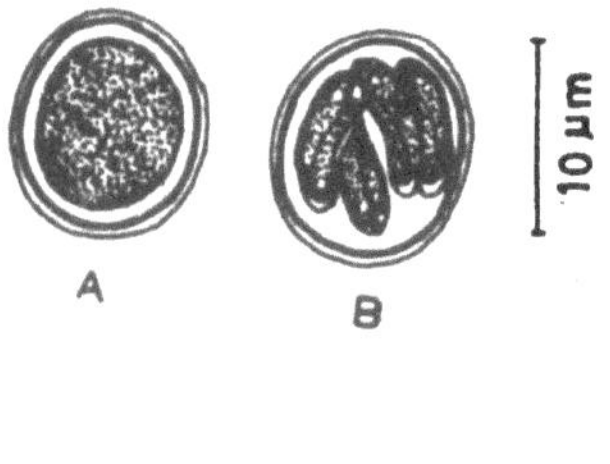

Fig. 1

Zoological Garden of Alipore, Calcutta, and University of Calcutta, Department of Zoology, Protozoology Laboratory, Calcutta, India

RELATIONSHIP BETWEEN SPORULATION AND EFFECTS OF TEMPERATURE AND CHEMICAL EXPOSURES ON ISOSPOROID COCCIDIUM IN A WHITE TIGER (PANTHERA TIGRIS TIGRIS LINN.) IN ZOOLOGICAL GARDEN OF CALCUTTA

By S.K. Chaudhuri and A. Choudhury

Introduction

Reported in this paper is the relationship between sporulation and the effect of exposure to various temperatures and chemicals on oocysts of Isospora felis (Wasielewski, 1904, and Wenyon, 1923) in a male white tiger, an albino variety of Panthera tigris tigris Linn., kept in the Zoological Garden of Calcutta. This record of Isospora felis infection is believed to be reported for the first time. White tiger is of majestic appearance, with icy blue-green eyes and grey-brown stripes on off-white ground. Oocysts of Isospora felis were collected from faecal samples of the animal and are described in detail in this paper. Reference is made also to clinical symptoms, prophylaxis, and steps taken for anticoccidial therapy.

Material and methods

Faecal samples were collected immediately after defaecation and moved in a vial to a laboratory on the same compound. The vial had been half-filled with 2.5 per cent solution of potassium dichromate ($K_2Cr_2O_7$), with some air space being left on top of the surface. The material was passed through two layers of cheesecloth to remove coarse particles. Some of the samples were placed in Petri dishes with 2.5 per cent potassium dichromate solution for proper sporulation. Petri dish dimensions were 15 mm x 20 mm. The depth of fill was kept below 4 mm. Air bubbles were introduced intermittently at room temperature. Sporulated oocysts were microscopically examined by a method which had been proposed by Kenneth et al. (1977). They were treated at room temperature as control material. Immediately after defaecation, the oocysts, which had been cleared of coarse particles or debris were exposed to various chemicals at room temperature, namely to five, ten, and 15 per cent solution of sodium chloride, two, five, and ten per cent solution of copper sulphate, normal solution of sodium bicarbonate, and 40 per cent formalin solution. Fifty oocysts from each of the Petri dishes were checked in eight-hour intervals for three days.

The oocyst batches kept in the above solutions of varying concentrations then were exposed to different temperatures, 20°C, 25°C, 30°C, 35°C, and 40°C. Samples of each of the Petri dishes again were checked in eight-hour intervals, for two days.

A Zeiss ocular micrometer with oil-immersion lens (100x) was used for measurement, while microphotographs of oocysts, sporocysts, and sporozoites were taken by means of a Leica M-3 camera.

Results

Morphometric description of sporulated oocysts

The double-walled oocyst was found to be oval in shape and tapered towards its anterior end. The outer part of the wall was thinner than the inner part. Fifty sporulated normal oocysts were morphometrically measured. They were between 41.0 µm and 49.5 µm in length, the average being 46.0 µm, and between 29.0 µm and 34.2 µm in width, the mean value being 31.0 µm. Accommodated in each of the oocysts were two sporocysts of equal size. No micropyle was discernible in an oocyst. There were neither oocyst residuals nor polar granules. Elliptical sporocysts were between 20.5 µm and 24.0 µm in length, the average being 21.0 µm, and between 15.9 µm and 19.0 µm in width, the average coming to 16.9 µm. There was plenty of sporocyst residuum with granules (Fig. 1). Four sausage-shaped sporozoites which were slightly tapered towards their head ends were held by each of the sporocysts. Each of the sporozoites had a large refractile globule at its posterior end. Ten sporozoites were measured. They were between 11.9 µm and 15.3 µm in length, the average being 12.7 µm, and between 2.55 µm and 4.25 µm in width, the average being 3.9 µm.

Table 1

Morphometric assessment of Isospora felis oocysts by different authors (first established by W a s i e l e w s k i, 1904, and W e n y o n, 1923)

Authors	Host	Length µm	Width µm	Average µm
Reichenow (1921)	Domestic cat	33 - 45	23 - 35	-
Kotlán (1961)	Domestic cat	30 - 45	26 - 36	-
Levine (1961)	Lion, dog, domestic cat	32 - 53	26 - 43	43 x 33
Shah (1970)	Domestic cat	38 - 51	27 - 39	41.6 x 30.5
Pande, Bhatia, Chauhan, and Grag (1970)	Indian lion	23 - 33	20 - 28	26 x 22
Chaudhuri and Choudhury (1980)	"Tigon" (hybrid carnivore)	40.8 - 49.3	28.9 - 34.0	45.97 x 31.05
Authors of this paper	Tiger (albino variety)	41 - 49.5	29 - 34.2	46 x 31

Sporulation time and percentage of successful sporulation in 2.5 per cent potassium dichromate solution at room temperature

The sporulation time required by Isospora felis in white tiger at room temperature was found to be between 64 and 72 hours. Room temperatures recorded during that period of time varied between 25°C minimum and 35°C maximum. Air bubbles were blown through the faecal samples for proper aeration of the oocysts. Approximately 85 per cent of all oocysts sporulated. C h a u d h u r i and C h o u d h u r y (1980) reported successful sporulation at room temperature in the same medium of 78 per cent of Isospora felis oocysts of "Tigon".

Table 2

Effects of exposure to chemicals on sporulation at room temperature

Exposure hr	Control 2.5 p.c. $K_2Cr_2O_7$ solution	Experimental material: Sodium chlor.sol. 5%	Sodium chlor.sol. 10%	Sodium chlor.sol. 15%	Copper sulph.sol. 2%	Copper sulph.sol. 5%	Copper sulph.sol. 10%	Normal sol. sod.bicarb.	Formalin sol. 40 %
8	NC	NC	NC	NC	NC	NC	NC	NC	NC
16	SS	SS	SS	SS	SS	SS	SS	NC	IS
24	NS	NS	NS	50%⌧	NS	NS	NS	IS	⌧ (Fig. 2)
32	NS	NS	IS	⌧	NS	NS	⌧	50% CS	
40	25%	NS	50%CS		NS	NS		85% CS	
48	25%	NS	70%⌧		NS	NS		⌧	
56	60%	15%	90%⌧		1[illegible]	4%			
64	85%	25%	SOD		12%	4%			
72	85%	30%	OD		12%	5%			

Key: NC no change, SS sporulation started, IS irregular sporogony, NS normal sporogony, ⌧ died, CS ceased sporogony, SOD sporulated oocysts deformed, OD oocysts deformed

Table 3

Effects of different temperatures and chemical exposures on sporulation of Isospora felis oocysts

Exposure hr	Control material 2.5% $K_2Cr_2O_7$ sol. Temperature, °C					Experimental material 5% sodium chloride solution Temperature, °C					10% sodium chloride solut Temperature, °C				
	20	25	30	35	40	20	25	30	35	40	20	25	30	35	40
8	NC	SS	NS	NS	95%S	NC	NC	SS	NS	25%S	SS	IS	IS	IS	⌧
16	NS	NS	90%S	87%S	DS	NS	NS	20%S	15%S	OD	5%S	IS	IS	⌧	
24	NS	85%S	85%S	DS	30%⌧	NS	30%S	SOD	SOD	SOD	10%S	⌧	⌧		
32	NS	85%S	NS	90%S	SOD	25%S	33%S	SOD	SOD	⌧	CS				
40	90%S	90%S	SOD	SOD	SOD	35%S	SOD	SOD	SOD		SOD				
48	90%S	SOD	SOD	10%⌧	25%⌧	SOD	SOD	AD	AD		SOD				
	15% sodium chlor.sol.					2% copper sulphate solution					5% copper sulphate sol.				
	20	25	30	35	40	20	25	30	35	40	20	25	30	35	40
8	SS	IS	IS	⌧	⌧	NS	NS	NS	IS	IS	NS	NS	NS	IS	IS
16	CS	IS	⌧			NS	NS	NS	⌧		NS	13%S	20%S	SOD	SOD
24	10%S	⌧				8%S	10%S	15%S	20%S	SOD	NS	18%S	20%S	5%S	⌧
32	⌧					15%S	15%S	20%S	SOD	SOD	10%S	SOD	SOD	SOD	IS
40						20%S	SOD	SOD	SOD	SOD	15%S	SOD	SOD	SOD	SOD
48						SOD	SOD	SOD	SOD	SOD	SOD	⌧			
	10% copper sulph.sol.					normal sol.sodium bicarbon.					40% formalin solution				
	20	25	30	35	40	20	25	30	35	40	20	25	30	35	40
8	IS	IS	⌧			IS	IS	⌧			IS	⌧			
16	⌧					IS	⌧				⌧				
24						□									
32															
40															
48															

Key: NC no change, SS sporulation started, S sporulated oocysts, NS normal sporogony, IS irregular sporogony, ⌧ died, DS deformation of oocysts started, OD oocysts deformed, SOD sporulated oocysts deformed, CS ceased sporogony, AD all oocysts deformed

Clinical symptoms

The affected white tiger lost appetite and strength. Faeces turned liquid, almost watery, and were of extremely foul odour.

Control of coccidiosis in white tiger

Sulphamethazine (ICI) has proved to be highly effective in anticoccidial therapy of feline animals. It was found to be non-toxic to the host animal treated. It has been regularly used on anticoccidial treatment of feline animals in the authors' zoological garden. Approximate live weight of the affected white tiger was 150 kg. Coccidiosis in the animal was successfully controlled by administration of three tablets of 5 g of sulphamethazine in the feed ration, followed by half that dose on the following day.

Discussion

Studies into Isospora felis were first initiated by W a s i e l e w s k i (1904) and continued, more recently and in greater detail, by W e n y o n (1923). Sporulation time of Isospora felis was first recorded by W e t z e l (1925) and found to be somewhat between 48 and 60 hours. No reference was made by him to temperature. R a o and H i r e g a u d a r (1952) found Isospora felis oocysts to undergo complete sporulation in five per cent dichromate solution, after they had been allowed to stay "overnight". No temperature was mentioned by them either. The oocysts obtained from white tiger (albino variety) by the authors of this paper were kept in 2.5 per cent potassium dichromate solution at various temperatures, including room temperature. These were treated as control material.

Effects on sporulation of exposure of Isospora felis oocysts to various chemicals in different concentrations at room temperature were compared with results obtained from treatment in common culturing medium (Table 2). Some remarkable findings were recorded by the authors of this paper regarding viability of Isospora felis oocysts which had been exposed to 15 per cent sodium chloride culture at room temperature. These findings differed from those reported by B o n d e i s (1936) who found that oocysts of Eimeria pfeifferi died in 15 per cent solution of sodium chloride in 24 hours. However, D u n c a n (1959a) reported about the same oocyst species to survive ten days in the same solution. The authors measured oocyst viability by the criterion of infectivity. K a r (1947) reported that oocysts of Eimeria stiedae and Eimeria perforans survived 24 hours in ten per cent solution of copper sulphate, while Isospora felis died in the same medium after 32 hours.

Effects of exposure to various chemicals at different temperature levels on both sporulation and viability of Isospora felis oocysts are given in Table 3. Sporogony was found to be highly irregular in different experimental media. Sporoblasts underwent distortion and turned elliptical in shape instead of staying spherical. Sporulated oocysts became wrinkled (Fig. 3).

Tolerance and viability values of Isospora felis oocysts in response to differentiated environmental conditions are given in Tables 2 and 3. Data on effects of chemical substances at different temperature levels, including room temperature, on sporulation and viability of oocysts of Isospora felis in white tiger may have significant bearings on practice, in that prophylaxis against feline coccidiosis can be designed with close adjustment to natural conditions. Chemical substances with lethality to Isospora felis oocysts, as shown in Tables 2 and 3, can be used for disinfection of enclosures in which feline animals are kept.

Acknowledgement:

The authors wish to thank Mr. A.K. D a s, Director of the Zoological Garden of Calcutta, for his kind interest in this work. The first author is under a debt of gratitude also to Dr. S.K. M i t r a, Veterinary Pathologist of the Zoological Garden of Calcutta, for his encouragement ans assistance.

Summary:

Relationship between Sporulation and Eff-cts of Temperature and Chemical Exposures on Isosporoid Coccidium in a White Tiger (Panthera tigris tigris Linn.) in Zoological Garden of Calcutta

Oöcysts of Isospora felis were studied and tested for sporulation and viability when exposed to various chemical at different temperature levels. Potassium dichromate solution, 2.5 per cent in concentration, was used for control. The oocysts had been obtained for investigation from a white tiger (albino variety) in the Zoological Garden of Calcutta, India. A morphometric assessment of Isospora felis oocysts is also given.

Zusammenfassung:

Auswirkungen verschiedenartiger chemischer Expositionen in unterschiedlichen Temperaturbereichen auf Sporenbildung und Lebensfähigkeit von Isospora-felis-Oözysten bei einem weißen Tiger im Zoo von Kalkutta

Sporenbildung und Lebensfähigkeit von Oozysten von Isospora felis wurden nach unterschiedlichen chemischen Expositionen in mehreren Temperaturbereichen untersucht. Als Kontrollsubstanz diente Kaliumdichromat in 2,5-prozentiger Konzentration. Die Oozysten waren zur Untersuchung aus Kotproben von einem weißen Tiger (Albino) im Zoo von Kalkutta gewonnen worden. Sie wurden auch morphometrisch beurteilt. Die Ergebnisse sind in Tabellen und Abbildungen dargestellt.

Резюме:

Влияние различных химических экспозиций в различных температурных областях на образование и жизниспособность изоспора-фелис- оцист у белого тигра в Калькуте.

Образование спор и жизнеспособность оцист изоспоры фелис исследовались в зависимости от химических экспозиций и температурных областей. Контрольным веществом являлся калийбихромат в 2,5% концентрации. Оцистын выделялись из кала белого тигра в зоопарке Калькуты. Результаты морфометрических исследований отражены в таблицах и рисунках.

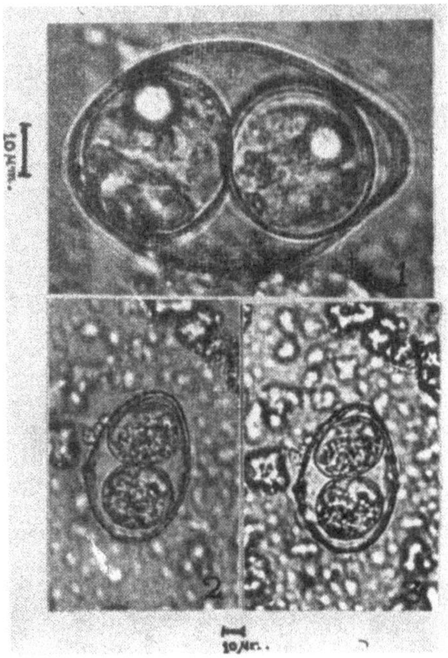

Figures

Fig. 1 Normal sporulated oocyst (magnification factor: 1,000)

Fig. 2 Oocyst died in 40 per cent formalin solution at room temperature in 24 hours (magnification factor: 400)

Fig. 3 Oocyst wall wrinkled in ten per cent sodium chloride solution at 30°C in 16 hours (magnification factor: 400)

References:

BONDEIS, C.M. (1936): Contribution a l'etude de la coccidiose intestinale du pigeon-voyageur. Trav.Lab.Zool.Parasitol.Fac.Med. Lille, 29 - 36.

CHAUDHURI, S.K.,.and A. CHOUDHURRY (1980): Investigation of coccidiosis in "Tigon", a hybrid carnivore kept in the Zoological Garden of Calcutta, India. Proc. XXII. Int. Symp. on Diseases of Zoo and Wild Animals, 267 - 272.

DUNCAN, S. (1959a): The effects of some chemical and physical agents on the oocysts of the pigeon coccidium, Eimeria labbeana (Pinto, 1928). J. Parasitol. 45, 193 - 197.

KAR, A.B. (1947): Some new chemical agents for control of rabbit coccidiosis. Current Sci. 16, 287 - 288.

KOTLÁN, S. (1961): Parazitologia. Budapest, Mezogazdasagi Kiado.

KENNETH, S. TODD Jr, and J.V. ERNST (1977): Coccidia of mammals except man. In: Parasitic Protozoa, ed. by KREIER, J.P., Acad. Press, 3, 71 - 99.

PANDE, B.P., BHATIA, B.B., CHAUHAN, P.P.S., and R.K. GRAG (1970): Species composition of coccidia of some of the mammals and birds at the Zoological Garden, Lucknow (Uttar Pradesh). Ind.J.Anim.Sci. 40, 154 - 166.

REICHENOW, E. (1921): Die Hämokokzidien der Eidechsen. Arch. Protistenk 42, 179.

RAO, S.R., and L.S. HIREGAUDAR (1952): Coccidiosis in cats and dogs in Bombay. Ind. Vet.J. 29, 109 - 112.

SHAH, H.L. (1970): Sporogony of the oocysts of Isospora felis (Wenyon, 1923) from the cat. J. Protozool. 17, 609 - 614.

WASIELEWSKI, T.V. (1904): Studien und Mikrophotogramme zur Kenntnis der pathogenen Protozoen. I. Untersuchungen über den Bau, die Entwicklung und über die pathogene Bedeutung der Kokzidien, Leipzig.

WENYON, C.M. (1923): Coccidiosis of cats and dogs and the status of the Osospora of man. Ann.Trp.Med.Parasit. 17, 231 - 288.

WETZEL, R. (1925): Ein Beitrag zur Kokzidiose der Katze.Dtsch.Tierärztl.Wschr. 33, 97 - 101.

Address of authors:

S. K. Chaudhuri
Zoological Garden of Alipore,
Calcutta - 27,(India)

Aus dem Institut für Experimentelle Pathologie und Therapie der Akademie der Medizinischen Wissenschaften der UdSSR (Direktor: Prof. Dr. B. A. Lapin) und dem Tierpark Berlin (Direktor: Prof. Dr. sc. Dr. h.c. H. Dathe)

PARASITENBEFALL BEI MANTELPAVIANEN (PAPIO HAMADRYAS)

Von A. T. Movčan und W. Tscherner

Im Institut für Experimentelle Pathologie und Therapie in Suchumi werden zur Zeit etwa 1400 Mantelpaviane (Papio hamadryas) gehalten. Sie stammen entweder direkt aus Afrika (Kenia und Äthiopien) oder sind bereits in Suchumi geboren worden. Während auf dem Institutsgelände die Affen konventionell in Käfigen oder Freianlagen untergebracht sind, hat man 1974 begonnen, Paviane in den Bergen des Kaukasus, ca. 20 km von Suchumi entfernt, anzusiedeln. Das dicht mit Laubwald und Unterholz bedeckte Territorium der Paviane ist 2,5 km^2 groß, wird an seiner Schmalseite von einem Gebirgsfluß begrenzt und zieht sich von 180 m ü.d.M. bis auf 900 m ü.d.M. bergan. Die Paviane suchen sich ihr Futter selbst. Aus Gründen der Beobachtung und Kontrolle erhalten sie auf einer kleinen, am Flußufer gelegenen Lichtung regelmäßig Zusatzfutter. Ein akustisches Signal lockt die Tiere dazu aus dem Walde. Im Herbst 1981 lebten dort annähernd 150 Paviane in zwei Herden.

Aus diesem Bestand wurden 60 Tiere einzeln untersucht, weitere 149 Affen kamen aus den Käfigen und Freianlagen des Instituts zur Untersuchung. Von diesen 209 Pavianen wurden Kotproben entnommen. Die koproskopischen Befunde konnten durch parasitologische Sektionen einiger Tiere ergänzt werden. Eine Wurmbehandlung war bis zum Zeitpunkt der Untersuchungen (1977 und 1978) nicht erfolgt.

Über einige der Untersuchungsergebnisse soll nun insbesondere im Hinblick auf die Unterbringung und Herkunft der Tiere berichtet werden.

Von 103 in Suchumi geborenen und in Käfigen untergebrachten Tieren waren 92 mit Parasiten befallen: Trichuris (89), Strongyloides (40), Oxyuriden (1); Balantidium (69); Milbenlarven im Kot (1).

Von 18 in Suchumi geborenen und in Freianlagen gehaltenen Affen waren 14 befallen: Trichuris (9), Strongyloides (7), Echinococcus in der Leber (2), Hymenolepis (1); Balantidium (2).

Nur bei in Suchumi geborenen Käfigtieren waren Altersunterschiede im Befall mit Trichuris und Strongyloides feststellbar, weil lediglich hier genügend Tiere in den einzelnen Altersgruppen zur Verfügung standen. Ältere Tiere (über 3 Jahre alt) waren mit Trichuris geringfügig, mit Strongyloides deutlich weniger befallen als jüngere.

Von 20 aus der Wildbahn stammenden und in Käfige verbrachten Pavianen waren 18 befallen: Trichuris (17), Strongyloides (4), Oesophagostomum (1); Balantidium (16).

Von 8 aus der Wildbahn in Freigehege überführten Pavianen wiesen 6 einen Parasitenbefall auf: Trichuris (5), Strongyloides (2).

Von den 60 aus dem Bergreservat untersuchten Affen waren 59 mit Parasiten befallen: Trichuris (56), Strongyloides (43), Oesophagostomum (8); Balantidium (10); Milbenlarven (1).

Interpretation der Ergebnisse: Unabhängig von der Herkunft war die Extensität des Parasitenbefalls bei den auf dem Institutsgelände in Suchumi in Käfigen untergebrachten Pavianen höher als bei den in Freianlagen lebenden Artgenossen. Wenngleich diese Aussage aufgrund der unterschiedlichen Zahl der in den einzelnen Gruppen untersuchten Tiere etwas eingeschränkt werden muß, so wird sie doch vor allem beim Trichuris- und Balantidiumbefall recht deutlich. Eine Ursache dafür ist sicher die relativ große Zahl von Tieren pro Käfig. Noch höher lag die Befallsextensität bei den Pavianen des Bergreservats; auch war die Eiausscheidung hier intensiver, und es traten Todesfälle auf, die durch Peitschenwürmer verursacht worden waren (vgl. L a p i n et al., 1980). Polyparasitismus, d. h. Befall eines Tieres mit mehreren Parasitenarten gleichzeitig, wurde hier ebenfalls öfter beobachtet als bei den Affen auf dem Institutsgelände.

Die Ursache für den offensichtlich stärkeren Befall der im Gebirge frei lebenden Paviane sehen wir darin, daß sich alle Tiere regelmäßig zur Fütterung auf ein und derselben Fläche einfinden. Es kommt so zu einer Konzentration von Invasionsstadien und deren Aufnahme wird begünstigt.

In allen untersuchten Gruppen dominierte Peitschenwurmbefall über den mit Zwergfaden- und Knötchenwürmern. Die beiden letzteren Parasiten sind mit Sicherheit durch Direktimporte in den Primatenbestand von Suchumi eingeschleppt worden. Während sich Zwergfadenwürmer in allen in der Sowjetunion geborenen Affengruppen nachweisen ließen, konnten wir Knötchenwürmer nur bei den im Bergreservat geborenen Pavianen beobachten, nicht aber bei 103 in der Station geborenen Affen. Trichuris trichiura ist hingegen in der Umgebung von Suchumi beim Menschen sehr verbreitet, und da die Peitschenwürmer der Affen und des Menschen dieser Art zugerechnet werden, ist der hohe Befallsgrad der Paviane in Suchumi möglicherweise durch ständigen Nachschub von Eiern dieses Parasiten mit verunreinigtem Futter erklärbar. Auf demselben Wege ist wohl auch der Befall mit den Echinokokkenhydatiden bei zwei in Suchumi geborenen Pavianen zustandegekommen.
Balantidium coli kommt bei vielen Affenarten der Alten Welt vor und kann weichen oder dünnflüssigen Kotabsatz verursachen (vgl. L e v i n e , 1970; B u r r o w s 1972). Die Intensität der Zystenausscheidung war in den meisten der von uns untersuchten Fällen gering.
Larven von Lungenmilben werden bei Kotuntersuchungen nur zufällig gefunden (P o v a r , 1965), da diese Parasiten sehr wahrscheinlich durch direkten Kontakt von Tier zu Tier übertragen werden (siehe dazu K i m , 1974).

Alle untersuchten Paviane waren im wesentlichen mit den gleichen Parasiten befallen, unabhängig von Unterbringung, Herkunft und Alter. Die Frage ist, welche Parasiten ursprünglich, also schon in Afrika, in der Affenpopulation vorgekommen sind und welche erst nach dem Kontakt mit dem Menschen bzw. mit anderen Affenarten erworben worden sind. Für derartige Aussagen notwendige Freilanduntersuchungen gibt es bislang zu wenige. Immerhin weisen sie übereinstimmend (vgl. M y e r s and K u n t z 1965; K u n t z and M o o r e , 1973; M c C o n n e l l , 1977) Knötchenwürmer als häufigste Helminthen bei verschiedenen Pavianarten aus. Auffällig ist, daß Zwergfadenwürmer in den beigegebenen Parasitenlisten fehlen. Demgegenüber ergaben erste koprologische Untersuchungen an 38 soeben aus Äthiopien in die Quarantäne verbrachten Mentalpavianen, die wir 1979 durchführen konnten, einen hohen Befallsgrad mit diesen Helminthen. Unter Gefangenschaftsbedingungen sind außerdem andere Affenarten als Befallsquelle möglich. Besonders häufig ist Strongyloides-Befall bei asiatischen Makaken. Bei Bärenmakaken und Rhesusaffen in Suchumi haben wir Zwergfadenwürmer als dominierende Parasiten ermitteln können (T s c h e r n e r und M ö v č a n , 1977). Ob Trichuris trichiura ein natürlicher Parasit der Paviane und darüber hinaus der Affen überhaupt ist, konnte bislang nicht befriedigend geklärt werden. In Gefangenschaft sind jedenfalls zahlreiche Tieraffen und alle Menschenaffen für diesen Parasiten empfänglich.

Zusammenfassung:

Parasitenbefall bei Mantelpavianen (Papio hamadryas)

209 Mantelpaviane (Papio hamadryas) wurden koprologisch auf Parasitenbefall untersucht. Häufigste Parasitenarten waren Trichuris trichiura, Strongyloides fuelleborni und Balantidium coli.

Summary:

Parasitisation of Hamadryas Baboon (Papio hamadryas)

Coprological tests for parasitisation were applied to 209 hamadryas baboons (Papio hamadryas). Trichuris trichuria, Strongyloides fuelleborni, and Balantidium coli were the most common parasite species recorded.

Résumé :

Infestation de parasites chez des babouins (Papio hamadryas)

L'examen coproscopique de 209 babouins (Papio hamadryas) a révélé que les parasites les plus fréquents ont été : Trichuris trichiura, Strongyloides fuelleborni, Balantidium coli.

Резюме:

Заражение паразитами павианов (Papio hamadryas)

Обследованы на паразитные заражения 209 павианов (Papio hamadryas) Корпологически были выявлены следующие виды паразитов: Trichuris tricharia, Strongyloides fuelleborni, Balandidium coli.

Literaturverzeichnis:

BURROWS, R. B. (1972): Protozoa of the intestinal tract. In: Pathology of Simian Primates, part II, 2 - 28. Basel: Karger.

KIM, J. C. S. (1974): Distribution and life cycle stages of lung mites (Pneumonyssus spp.). J. med. Prim. 3, 105 - 119.

KUNTZ, R. E. and J. A. MOORE (1973): Commensals and parasites of African baboons (Papio cynocephalus L. 1766): Captured in Rift Valley Province of Central Kenya. J. med. Prim. 2, 236 - 241.

LAPIN, B. A., MOVČAN, A. T., ČALJAN, V. G., KRILOVA, R. I., i W. TSCHERNER (1980): Patologija obez'jan v uslovijach svobodnogo-soderžanija v zapovednike Zapadnaja Gumista. Verhandlungsber. XXII. Internat. Symp. Erkrankungen Zootiere, Arnhem, 129 - 133.

LEVINE, N. D. (1970): Protozoan parasites of nonhuman primates as zoonotic agents. Lab. Animal Care 20, 377 - 382.

McCONNELL, E. E. (1977): Parasitic diseases observed in free-ranging and captive baboons. Compar. Pathol. Bull. 9, p. 2.

MYERS, Betty J. and R. E. KUNTZ (1965): A checklist of parasites reported for the baboon. Primates 6, 137 - 194.

PQVAR, M. L. (1965): Lung mites (Pneumonyssus simicola) in the feces of Macaca mulatta. Labor. Primate News 4, p. 4.

TSCHERNER, W. und A. T. MOVČAN (1977): Helminthenfunde bei frisch importierten Bärenmakaken (Macaca arctoides) und Rhesusaffen (Macaca mulatta). Verhandlungsber. XIX. Internat. Symp. Erkrankungen Zootiere, Poznań, 259 - 262.

Anschrift der Verfasser: A. T. M o v c a n , P 66 Gora Trapezija, Suchumi (UdSSR)

From University of Ljubljana, Faculty of Biological Engineering, Veterinary Department, Ljubljana, Yugoslavia

NEMATODES OF SUBORDER FILARIATA SKRJABIN, 1915, IN FALCONIFORM AND PASSERIFORM BIRDS IN YUGOSLAVIA - INCIDENCE AND PATHOGENICITY

By J. B r g l e z

Introduction

Nematodes of the suborder of Filariata Skrjabin, 1915, usually are long, white, filiform parasites with slender cuticle. Lips are undeveloped in the head end, though indistinct lips are present in certain species. Some forms are characterised by peculiar cuticular formation. Their relatively short oesophagus usually is divided into two parts with spicules which may be all the same in appearance or absolutely different from each other or similar. The vulva is situated in the anterior part of the body. The tail end is bluntly rounded. Some males have caudal alae.

Adult parasites normally are located in synovial, orbital, and other body cavities, but the pericardium, brain tissue, calcaneum, knee joint, kidneys, subcutaneous tissue, oesophageal region, intermuscular connective tissue, other solid or liquid connective tissues, mucous membrane, skin, lungs, and bronchi are some of the other preferred sites.

There are about 250 species of filariids which parasitise on birds all over the world. Most of the parasites are associated to the following families: Aproctidae Skrjabin et Shikhobalova, 1945; Diplotriaenidae (Skrjabin, 1915) Anderson, 1958; Splendidofilariidae Sonin, 1962; Oswaldofilariidae Sonin, 1968, and others.

The latter parasite species are more or less geographically confined and restricted to some orders of birds to which they induce characteristic lesions. Filarial parasites are more resistant than others to anthelmintics. Their life cycle is so structured that intermediate hosts are difficult to exterminate. This may be a particular problem in a zoological environment with coexistance of many different birds in high quantity in one and the same area in which intermediate hosts are abundant.

An account is given in this paper of the incidence of filarial nematodes by those geographical areas in Yugoslavia in which naturally infested falconiform and passeriform birds were found. Also provided is preliminary information on gross clinical and histopathological changes recorded from infected birds.

History

Knowledge is scarce about the occurrence of filarial parasites in birds in Yugoslavia. Detection of Filaria foveolata Molin from Falcon communis in the area of Vinica, Slovenia, and occurrence of Filaria monticelliana Stossich in Sylvia atricapilla and in Poecile palustris in the area of Zagreb, Croatia, were reported by S t o s s i c h (1890). S o n i n (1968) interpreted Filaria monticelliana as a synonym of Diplotriaena tridens (Molin, 1858) Boulenger, 1928.

The following filariids were found in birds in the areas of Trieste and in Ospo, northern Italy, according to reports by S t o s s i c h (1890, 1892): Filaria foveolata, T. tricuspis, Filaria nodulosa, and Filaria attenuata. S o n i n (1968) thought Filaria attenuata to bea synonym of Diplotriaena tricuspis (Fedtshenko, 1874).

Material and methods

More than 2,500 birds of 128 species were examined in Slovenia and other regions of Yugoslavia in a 16-year survey of the nemathelmintic fauna of birds. Almost 300 parasites were identified and described in 52 papers and two monographs which included also accounts of minute details regarding material and methods.

Results

The following filarial nematodes so far have been recorded from falconiform and passeriform birds in Yugoslavia:

1. Serratospiculum guttatum (Schneider, 1866) Skrjabin, 1915, from body cavities and air sacs of kestrel, Falco tinnunculus;
2. Diplotriaena tricuspis (Fedtshenko, 1874) from body cavities and air sacs of hooded crow, Corvus cornix, rook, C. frugilegus, jackdaw, C. monedula, alpine chough, Pyrrhococrax graculus, and jay, Garrulus glandarius. The parasite was very common in these birds throughout Yugoslavia.
3. D. tridens (Molin, 1858) from body cavities of red-backed shrike, Lanius collurio;
4. D. obtusa (Rudolphi, 1802) Henry et Ozoux, 1909, from air sac of swallow, Hirundo rustica;
5. D. henryi Blanc, 1919, from body cavities and air sacs of mistle thrush, Turdus viscivorus, and bee-eater, Merops apiaster;
6. Ornithofilaria mavis (Leiper, 1909) Gönnert, 1937, from knee joint of fieldfare, Turdus pilaris.

The tissues damages were clinically and histopathologically examined, and the conclusion was drawn that all filarial species of the Diplotriaenidae Skrjabin, 1915, family caused severe mechanical destruction of air sac walls. They also induced pleural adhesion and damage to lungs. Lungs of animals which had suffered severe persistent infestation over long periods of time quite often had been turned largely into necrotic and fibrous tissue. Adhesion of abdominal organs was also noticed together with widespread granulomatous and fibrous response of the animals concerned. Proventriculus, intestine, and testes were involved in aggravating fibrous tissue growth, which resulted in adhesions. Neutrophils and eosinophils were found to be predominant in the early phases, while macrophages were present in growing quantity. Dead worms and microfilariae, surrounded by dense masses of small lymphocytes, were frequent findings. Severity of infestation seemed to result from several factors. Long worms, the females among them measuring up to 20 cm, tended to coil up and to inflict considerable damage to surrounding tissue.

Filariids of the Diplotriaenidae family are considered by the author as being highly pathogenic and even fatal to certain falconiform and passeriform species. The route of parasitisation is from the abdominal cavity into abdominal organs. In penetrating those organs, the parasites are responsible for severe fibrous adhesion and damage. The host is always killed.

Summary

Nematodes of Suborder Filariata Skrjabin, 1915, in Falconiform and Passeriform Birds in Yugoslavia - Incidence and Pathogenicity

The following nematode species of suborder Filariata Skrjabin, 1915, were recorded from birds in Yugoslavia: Serratospiculum guttatum from kestrel, Diplotriaena tricuspis from hooded crow, rook, jackdaw, alpine chough, and jay, D. tridens from red-backed shrike, D. obtusa from swallow, D. henryi Blanc from mistle thrush and bee-eater as well as Ornithofilaria mavis from fieldfare. Resulting tissue lesions are described.

Zusammenfassung

Auftreten und Pathogenität von Nematoden der Unterordnung Filariata Skrjabin, 1915, bei Falconiformes und Passeriformes in Jugoslawien

Bei Vögeln in Jugoslawien wurden die folgenden Nematoden der Unterordnung Filariata Skrjabin, 1915, gefunden: Serratospiculum guttatum bei Falken, Diplotriaena tricuspis bei Nebelkrähen, Saatkrähen, Dohlen, Alpenkrähen und Eichelhähern, D. tridens von Neuntötern, D. obtusa von Schwalben, D. henryi Blanc von Misteldrosseln und Bienenessern sowie Ornithofilaria mavis von Wacholderdrosseln. Die durch die Parasiten verursachten Gewebsveränderungen werden beschrieben.

Résumé :

Présence et caractère pathogène de nématodes du sous-ordre Filariata Skrjabin, 1915, chez des falconiformes et des passériformes en Yougoslavie

Les nématodes suivants du sous-ordre de Filariata Skrjabin, 1915, ont été dépistés chez des oiseaux en Yougoslavie : Serratospiculum guttatum chez des faucons, Diplotriaena tricuspis chez des corneilles mantelées, des freux, des choucas, des craves à bec rouge et chez des geais, D. tridens chez des pies grièche écorcheur, D. obtusa chez des hirondelles, D. henryi Blanc chez des grives draine et des méropidés ainsi qu'Ornithofilaria mavis chez des grives litorne. Les altérations aux tissus provoquées par les parasites sont décrites en même temps.

Резюме:

Выявление и патогенность нематод подотряда филариата Скрябина 1915 у Falconiformes и Passeriformes в Югославии.

У птиц в Югославии найдены следующие подотряды нематод филариаты Скрябина 1915: Serratospiculum g. у соколов, Diplotriaana tricusp. у туманной вороны, посевной вороны; галки, альпийской вороны, сойки, D. obtusa у ласточки и т.д. Данные паразиты вызывают изменения в тканях.

References:

BRGLEZ, J. (1977): Zajedavci pri pticah v Sloveniji. Trematoda. Supplement 3. Zb. Biotehn. fak. Vet., pp. 297.

BRGLEZ, J. (1981): Zajedavci pri pticah v Sloveniji. Cestoda, Nematoda, Acanthocephala. Supplement 6. Zb. Biotehn. fak. Vet., pp. 410.

SONIN, M.D. (1968): Principles of nematodology. Vol. 21. Filariata of animals and man and the diseases caused by them. Part II. Diplotriaenidae. Moskva, Nauka, pp. 390.

STOSSICH, M. (1890): Elminti della Croazia. Glasn. Hrv. Nar. Društ. 5, 129 - 136.

STOSSICH, M. (1890): Elminti veneti raccolti dal Dr. Alessandro Conte de Ninni. Boll. Soc. adriat. Sci. nat. 12, 49 - 56.

STOSSICH, M. (1892): Osservationi elminthologiche, Glasn. Hrv. Nar. Društ. 7, 64 - 73.

Address of author: Prof. Dr. J. B r g l e z
VTOZD za veterinarstvo BF
61.ooo Ljubljana (SFR Yugoslavia)

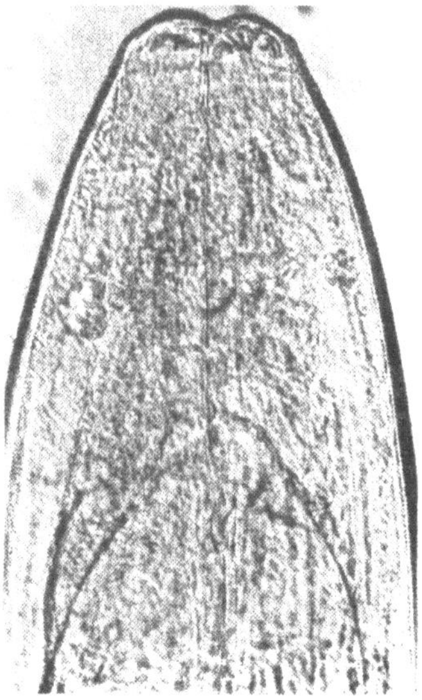

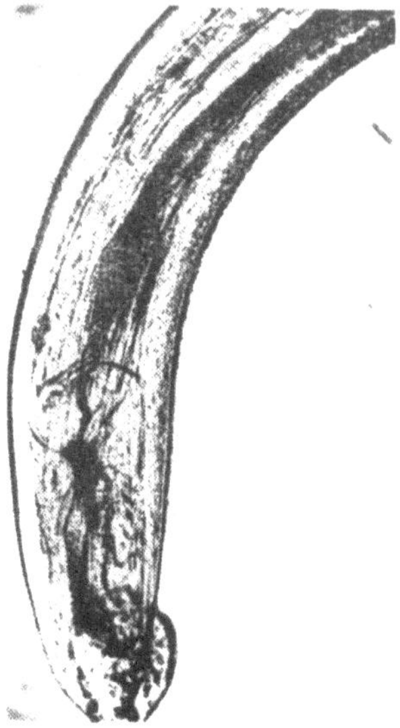

Fig. 1: Serratospiculum guttatum, head end

Fig. 2: Serratospiculum guttatum, tail of male

Fig. 3: Diplotriaena tricuspis, head end

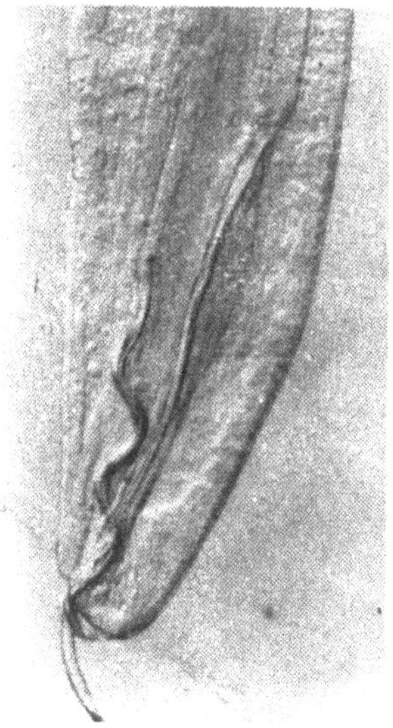

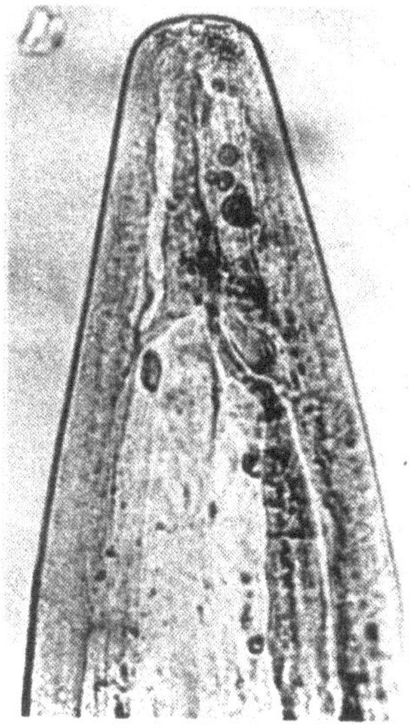

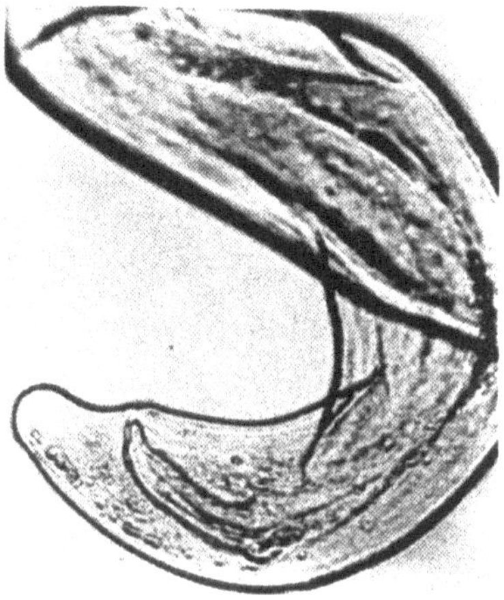

Fig. 4: Diplotriaena tricuspis, tail of male

Fig. 5: Ornithofilaria mavis, head end

Fig. 6: Ornithofilaria mavis, tail of male

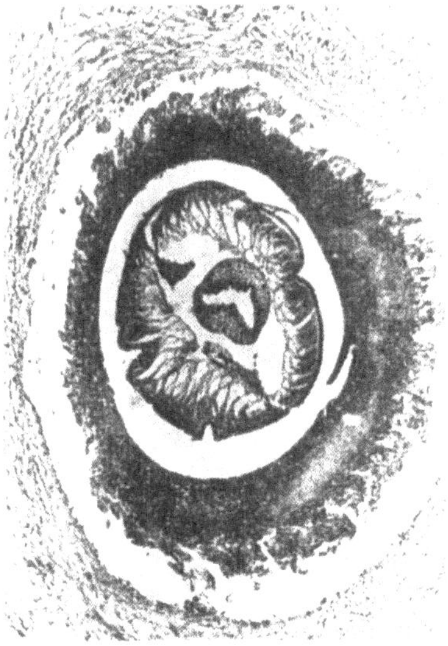

Fig. 7: Transverse section of thick-walled cyst in adhesion between lung and air sac in Falco tinunnculus, infested with Serratospiculum guttatum

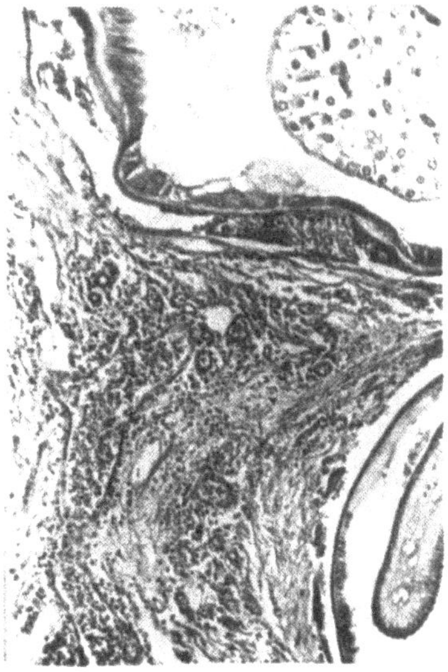

Fig. 8: Transverse section of fibrous tissue around teste infiltrated with eosinophils in Garrulus glandarius infested with Diplotriaena tricuspis

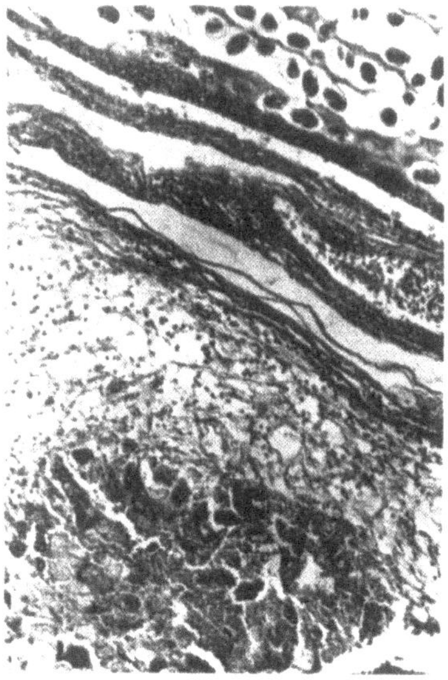

Fig. 9: Longitudinal section of thick-walled cyst in subperitoneal part of proventriculus in Turdus viscivorus

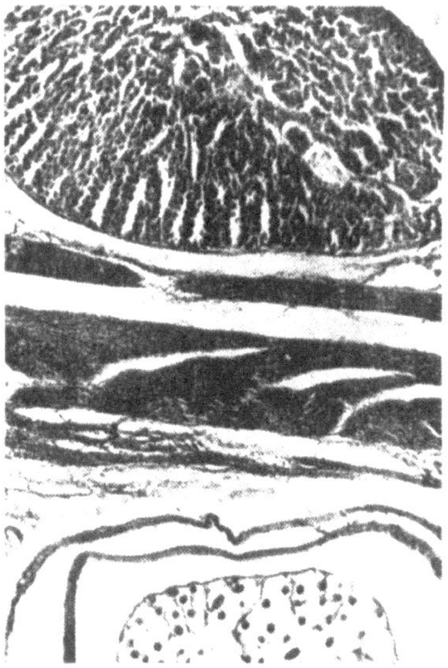

Fig. 1o: Changes in glandular and muscular part of proventriculus of Turdus visvivorus, infested with Diplotriaena henryi

Aus der Hoechst Aktiengesellschaft, Pharma Forschung, Frankfurt am Main

ZUR BEHANDLUNG DES HELMINTHENBEFALLES BEIM WILDGEFLÜGEL MIT PANACUR[R]

Von R. K i r s c h und K. F i s c h b a c h

Einleitung:

Panacur (Fenbendazol, Hoechst AG) hat dank seiner Wirkungsbreite und seiner extrem günstigen Verträglichkeit ein weites Feld bei der anthelminthischen Behandlung von Haus-, Zoo- und Wildtieren. Während zahlreiche Untersuchungen über eine erfolgreiche Entwurmung bei Haus- und Wildsäugern vorliegen, gibt es nur wenige Mitteilungen, die über den Einsatz beim Geflügel und insbesondere beim Wildgeflügel berichten.
Nachfolgend schildern wir unsere Erfahrungen bei der Entwurmung von Fasanen (Phasianus colchicus colchicus) und Rebhühnern (Perdix perdix).

Material und Methoden:

Die Untersuchungen wurden in sieben Fasanerien mit zusammen 330 Tieren im Alter von ca. 5 Wochen bis 4 Monaten und einem Rebhuhnzuchtbetrieb mit 25 etwa 4 Monate alten Tieren vorgenommen. Die Fasanen waren in Volieren untergebracht; im allgemeinen wurden 5 - 6 Fasanen auf etwa 10 m^2 Fläche gehalten. In Bestand 7 mit 60 Fasanen war die Voliere nur ca. 50 m^2 groß. Eine Wechselhaltung zwischen besetzten und unbesetzten Volieren war nicht möglich, so daß eine ständige Verseuchung mit Wurmeiern nicht zu vermeiden war. Die Rebhühner wurden in einem Bestand (A) in einer ca. 50 m^2 großen Voliere gehalten; der zweite Bestand (B) hatte Intensivhaltung in einer Stallung mit Holzdiele und Wechselstreu.

Den Wurmbefall stellten wir durch Untersuchung von Sammelkotproben an möglichst nur frisch abgesetztem Kot fest. Die Probenentnahme erfolgte vor Behandlung und mehrfach bis 31 Tage nach Behandlungsende, wobei die Zahl der Proben einem Viertel der Tierzahl entsprach, mindestens aber 10 Proben umfaßte. Moribunde oder wegen ausgeprägter Krankheitserscheinungen verendete Tiere kamen zur Sektion mit parasitologischer Untersuchung. Die Untersuchung der Sammelkotproben erfolgte mittels Kochsalzflotation (qualitativer Nachweis) oder quantitativ im McMaster-Verfahren nach W e t z e l (1951). Die kleinste hierbei nachgewiesene Eizahl betrug bei Verarbeitung von 2 g Kot 66 Eier.

Zur Behandlung der Fasanen kam Panacur Pulver 4 % zur Anwendung, das in der Dosierung von 100 ppm in Mehlfutter eingemischt (2,5 g Panacur Pulver 4 % pro kg Futter) und an vier aufeinanderfolgenden Tagen als Alleinfutter gegeben wurde. In Bestand 1 wurde Panacur Pulver 4 % täglich entsprechend einer Dosierung von 100 ppm über das Mehlfutter gestreut. Rebhühner erhielten für 4 Tage bestandseigenes Körnerfutter, das mit Panacur Suspension 2,5 % (4 ml Suspension pro kg Futter = 100 ppm) in einem Eimer oder einem Plastiksack durch kräftiges Schütteln und Rühren gut vermischt wurde, so daß ein feiner Panacur-Film auf den Körnern entstand.

Resultate:

Die Versuchsergebnisse sind in den Tabellen 1 und 2 niedergelegt. Sowohl bei Fasanen wie Rebhühnern wurde ein Befall mit Syngamus trachea und/oder Capillaria spp. festgestellt, in einem weiteren Bestand trat auch Heterakis spec. auf. In allen Beständen besserte sich das klinische Erscheinungsbild der vorher zum Teil moribunden Tiere innerhalb weniger Tage. In den Sammelproben konnten keine oder nur noch wenige Eier von Syngamus trachea bzw. Capillaria spp. nachgewiesen werden.

Diskussion:

E n i g k und D e y H a z r a (1975a, 1976) berichten über gute Behandlungserfolge beim Wildgeflügel, das durch Syngamus trachea, Capillaria obsignata und Heterakis spec. befallen war. Nach Verabreichung eines Futters an 3 Tagen mit einem FBZ-Gehalt von 60 ppm ergab sich koprologisch ein Effekt von > 95 - 100 %. In den vorliegenden Befunden konnten wir herausstellen, daß mit der einheitlichen Dosis von 100 ppm FBZ an vier aufeinanderfolgenden Tagen (4 x 24^h) im Futter die durch Syngamus trachea und Capillaria spp. hervorgerufenen ökonomisch wichtigen Helminthosen erfolgreich zu behandeln sind. Bei dieser Dosierung werden täglich 5 - 7,5 mg FBZ/kg KM aufgenommen, insgesamt also 20 - 30 mg/kg KM. Wegen der guten Verträglichkeit und der Geschmacksneutralität von Fenbendazol war die Applikation einfach und sicher. Eine Verteilung der therapeutischen Dosis auf mehrere Tage ist empfehlenswert, damit auch geschwächte Tiere (z.B. als Folge stärkerer Verwurmung) oder kleinere Tiere, die bei zu wenig Futterfläche abgedrängt werden, genügend Fenbendazol erhalten.

Der 10 Tage nach Behandlung schwach Capillaria-positive Befund in Bestand 6 (Tabelle 1) ist auf unzureichende Hygiene zurückzuführen. Es muß davon ausgegangen werden, daß bei der Probenentnahme in dem stark verunreinigten Auslauf auch aus der Zeit vor Behandlung stammender Kot zur Untersuchung kam. Nach gründlicher Säuberung ließen sich an einem späteren Zeitpunkt keine Helmintheneier nachweisen. Der in Bestand 7 (Tabelle 1) positive Befund 10 Tage nach Ende der Therapie beruht gleichfalls auf einer schlechten Hygiene: die nur ca. 50 m^2 große Voliere war stark überbesetzt und wegen des nassen Sommers sehr feucht, eine starke Anreicherung von Wurmeiern ist die Folge. Laut Auskunft des Besitzers werden hier seit Jahren Fasanen gezüchtet, eine Reinigung der Voliere erfolgt aber nur alle drei bis vier Wochen. Der positive Befund am 23. Tag nach Behandlungsende kann auch Folge einer Reinfektion sein; die Präpatenzzeit bei Capillaria spp. beträgt 19 - 26 Tage (bei F r i e d h o f f und S. E h l e r s - B h o d i g e n , 1965). In Bestand 3 (Tabelle 1) ist der schwach positive Nachweis von Syngamus trachea-Eiern auch durch eine Re-Infektion zu erklären; der Boden in diesem Bestand war infolge des nassen Sommers ebenfalls sehr feucht und für eine starke Vermehrung präparasitischer Stadien geeignet. Die Präpatenzperiode dieses Helminthen wird mit 18 - 20 Tagen angegeben (S o u l s b y , 1965). Bei der Übertragung der Syngamose spielen eine wichtige Rolle Regenwürmer als Transportwirte, die aber in trockenen Sommern nur selten an die Oberfläche kommen (E n i g k und D e y - H a z r a , 1975a).

Träger von Syngamus sind u.a. Krähen, Dohlen und Stare (B a r u š und G r o s c h a f t , 1965); Capillaria-Arten sind bei Staren, Drosseln und Sperlingsvögeln zu beobachten. Somit kommen für eine ständige Neuinfektion der Volieren, die alle Außenkontakt hatten, auch die oben genannten Wildvögel in Betracht, wie dies auch von W e g n e r und R ü e d i (1981) beschrieben wurde.

Von Syngamus trachea ist in erster Linie Junggeflügel befallen; bei älteren Tieren bildet sich nach Infektion eine Immunität aus, die gegen weitere Infektionen schützt (O l i v e r , 1944). Dies mag erklären, daß in den Beständen 6 und 7 ein Befall mit Syngamus trachea nicht festgestellt werden konnte. Untersuchungen von E n i g k und D e y - H a z r a (1975a) an artifiziell mit Syngamus trachea infizierten Putenküken haben ergeben, daß mit Fenbendazol auch die unreifen Entwicklungsstadien dieses Parasiten beseitigt werden. Bereits in der niedrigen Dosis von 5 mg FBZ/kg KM x 3^d bei individueller Applikation wurden 7 Tage und 15 Tage alte Würmer zu > 99 % bzw. > 98 % eliminiert. Aufgrund dieser Untersuchungen ist davon auszugehen, daß auch beim Wildgeflügel die Jugendstadien des Luftröhrenwurmes erfaßt werden. Ebenso kann man dies für die unreifen Stadien von Capillaria spp. voraussetzen, auch wenn dieses nur bei Capillaria obsignata in Hühnerküken (E n i g k et al., 1975b) bzw. in Tauben (K i r s c h und D e g e n h a r d t , 1979; S c u p i n und N a n n e n , 1980) nach artifizieller Infektion bestätigt wurde. Die Biologie der Haarwürmer stimmt bei den einzelnen Wirten jedoch überein, ihre Wirtsspezifität ist nicht sehr ausgeprägt und alle Hühnervögel haben fast dieselbe Capillaria-Fauna.

Wie Tabelle 2 zu entnehmen ist, spielt ein Syngamus-Befall bei Intensiv-Haltung im Stall auf Wechselstreu keine Rolle. Hieraus ergibt sich, daß die Ansteckung durch freie oder in der Eischale befindliche dritte Larven von untergeordneter Bedeutung ist (E n i g k und D e y - H a z r a , 1975a).

Unsere Untersuchungen beweisen, daß auch in stark verseuchten Volieren mit Fenbendazol - ggf. bei nach kurzer Zeit auftretenden Re-Infektionen durch Wiederholungsbehandlungen - die bedeutenden Wildgeflügel-Helminthosen wirksam zu bekämpfen sind und sich damit wirtschaftliche Verluste vermeiden lassen.

Tabelle 1: Wirksamkeit von Fenbendazol auf Helminthen bei Fasanen

Behandlung mit 100 ppm an 4 aufeinanderfolgenden Tagen

Bestimmung der Eizahl pro Gramm Kot (EpG) und/oder NaCl-Anreicherung

Bestand	Tierzahl	Kotbefund von Sammelproben						Bemerkungen
		Syngamus trachea			Capillaria spp.			
		VOR	...Tage nach Behandlung		VOR	...Tage nach Behandlung		
1	20	a)	7^d / 0					ca. 5 Wochen alte Tiere mit ausgeprägten klinischen Erscheinungen: erschwertes Atmen bei gestrecktem Hals, Husten
2	60				b)	7^d / 0		10 - 12 Wochen alte Tiere mit z.T. gestörtem Allgemeinbefinden: Trauern, gesträubtes Gefieder
3	60	+	18^d / (+)	31^d / (+)	(+) c)	18^d / 0	31^d / 0	ca. 8 Wochen alte Tiere z.T. mit klinischen Erscheinungen: erschwertes Atmen, Husten VOR Behandlung: im Kot Heterakis-Eier
4	60	+	0	0	0	(+)	0	ca. 12 Wochen alte Tiere z.T. mit klinischen Erscheinungen: erschwertes Atmen, Husten
5	25	++	10^d / 0	28^d / (+)	+	10^d / 0	28^d / 0	6 - 8 Wochen alte Tiere z.T. mit klinischen Erscheinungen: erschwertes Atmen, Husten
6	45				+	66	23^d / 0	3 - 4 Monate alte Tiere; physiologisches Allgemeinbefinden
7	60				++ 1666	266	333	3 - 4 Monate alte Tiere; gestörtes Allgemeinbefinden (Trauern, gesträubtes Gefieder) bei 25 % der Tiere; sehr schlechte Hygiene

Legende zu Tabelle 1:

0	=	keine Eier nachweisbar	Kochsalzanreicherung (qualitativer Nachweis)
(+)	=	vereinzelt Eier	
+	=	wenige Eier	
++	=	viele Eier	

(a) = 2 Tiere jeweils viele Syngamus trachea

(b) = 2 Tiere jeweils 60 Capillaria obsignata

(c) = 1. Tier: 35 S. trachea, 40 Capillaria spp. >100 Heterakis spec.
2. Tier: 15 S. trachea, >100 Heterakis spec.
3. Tier: 26 S. trachea, 29 Heterakis spec.

Tabelle 2: Wirksamkeit von Fenbendazol auf Syngamus trachea und Capillaria spp. bei Rebhühnern

Behandlung mit 100 ppm an vier aufeinanderfolgenden Tagen
Bestimmung der Eizahl pro Gramm Kot (EpG)

Bestand	Tierzahl	Eier pro Gramm Kot in Sammelkotproben: Syngamus trachea VOR Behandlung	Syngamus trachea NACH Behandlung	Capillaria spp. VOR Behandlung	Capillaria spp. NACH Behandlung	Bemerkungen
A	11	2466	66	933	0	ca. 4 Wochen alte Tiere mit physiologischem Allgemeinbefinden; Voliere-Haltung
B	14	0	0	66	0	4 - 5 Monate alte Tiere mit physiologischem Allgemeinbefinden; Intensiv-Haltung im Stall

Zusammenfassung:

Zur Behandlung des Helminthenbefalles beim Wildgeflügel mit Panacur^R

330 Fasanen (Phasianus colchicus colchicus) und 25 Rebhühner (Perdix perdix) mit natürlichem Befall durch Syngamus trachea und/oder Capillaria spp. sowie in einem Bestand Heterakis spec. wurden mit Panacur erfolgreich entwurmt.

Es konnte eine ausgesprochen gute Wirksamkeit festgestellt werden; in einzelnen Fällen koprologisch positive Befunde nach der Behandlung müssen auf eine Re-Infektion infolge schlechter Hygiene zurückgeführt werden.

Summary:

Panacour^R treatment of Helminthiasis in Wild Fowl

The deworming by means of Panaour^R succeeded in 330 pheasants (Phasianus colchicus colchicus) and 25 partridges (Perdix perdix) naturally infected with Syngamus trachea and/or Capillaria spp. as well as Heterakis spec. in the case of one breeding.

The efficacy proved to be very high; isolated instances of positive coprological findings after the treatment must be attributed to a reinfection due to poor hygiene.

Résumé:

Traitement par le Panacur^R de L'Helminthiase du gibier á plume

Le Panacur^R a permis de traiter avec succès 330 faisans (Phasianus colchicus colchicus) et 25 perdrix (Perdix perdix) présentant une infection naturelle par diverses espèces de Syngamus trachea et/ou Capillaria, ainsi que d'Heterakis dans le cas d'un èlevage.

L'efficacité s'est révélée très élevée; les résultats coprologiques positifs observés dans quelques cas après le traitement doivent être attribués à une réinfection due à un manque d'hygiène.

Резюме:

Применение пенакура у диких птиц при поражении гельминтами.

330 фазанов (Phasianus colchicus colchicus) и 25 куропаток (Perdix perdix) подвергались лечению пенакуром при естественных заражениях Syngamus trachea, Capillaria Наблюдается высокая чувствительность медикамента . Повторные инфекции объясняются недостаточными гигиеническими условиями.

Literaturverzeichnis:

BARUŠ, V. und J. GROSCHAFT (1965): The occurrence of the nematodes Syngamus (Syngamus) trachea (Montagu, 1811), and S. (Ornithogamus) merulae (Baylis, 1926) in free living birds of Czechoslovakia. Acta Soc. Zool. Bohemoslov. 29, 97-107.

ENIGK, K. und A. DEY-HAZRA (1975a): Zum Auftreten und zur Behandlung des Syngamusbefalles beim Haus- und Wildgeflügel. Berl. Münch. Tierärztl. Wschr. 88, 166-168.

ENIGK, K., DEY-HAZRA, A. und J. BATKE (1975b): Die Behandlung des Ascaridia-, Heterakis- und Capillaria-Befalles des Hausgeflügels. Tierärztl. Umschau 30, 324 - 329.

ENIGK, K. und A. DEY-HAZRA (1976): Die Behandlung des Helminthenbefalles wildlebender Säugetiere und Vögel mit Fenbendazol. Kleintierprax. 21, 133 - 140.

FRIEDHOFF, K. und S. EHLERS-BHODIGEN (1965): Zur Diagnose und Epizootologie des Capillariabefalles beim Haushuhn. Dtsch. tierärztl. Wschr. 72, 470 - 478.

KIRSCH, R. und H. DEGENHARDT (1979): Zur Wirksamkeit von Fenbendazol auf unreife und reife Stadien von Capillaria obsignata und Ascaridia columbae bei Tauben im controlled test. Tierärztl. Umschau 34, 767 - 771.

OLIVER, L. (1944): Acquired resistance in chickens, turkeys, and ringnecked pheasants to the gapeworm Syngamus trachea. J. Parasitol. 30, 69 - 76.

SCUPIN, E. und H. NANNEN (1980): Verträglichkeit und Wirksamkeit von Fenbendazol bei Tauben. Blauen Hefte 62, 65 - 72.

SOULSBY, E.J.L. (1965): Textbook of Vet. Clinical Parasitology, Vol. I, 1. Aufl., Blackwell Scientific Publications Oxford.

WAGNER, A. und D. RÜEDI (1981): Nachweis von Endoparasiten bei Vögeln des Zoologischen Gartens Basel. Welche Rolle spielen Wildvögel als Überträger? Schweiz. Arch. Tierheilk. 123, 467 - 481.

WETZEL, R. (1951): Verbesserte McMaster-Kammer zum Auszählen von Wurmeiern. Tierärztl. Umschau 6, 209 - 210.

Anschrift der Verfasser: Dr. R. Kirsch und Dr. K. Fischbach
Hoechst AG, Helminthologie
Postfach 80 03 20
D-6230 Frankfurt/M. 80 (BRD)

From Research Institute of VŮ ZOO Dvůr Králové n.L. (Director: Ing. J. V á g n e r, CSc.)

DICTYOCAULUS VIVIPARUS IN ROTSCHILD'S GIRAFFE (GIRAFFA CAMELOPARDALIS ROTSCHILDI)

By P. M o u c h a and V. M i k u l i c a

Dictyocaulus viviparus, a lungworm, is the causative factor of a cosmopolitan parasitic disease. Its life cycle is subdivided, one part in grass and two parts in a host. Deer species (cervidae) are the most common hosts. The parasite was quite often found in red, fallow, and roe deer in Poland (D r o z d z , 1966), in red and roe deer in Britain (D u n n , 1967). M a s o n , et al. (1967) found it in wapiti in New Zealand. In Czechoslovakia, 31 per cent of Dictyocaulus viviparus have been reportedly recorded from red deer, 19 per cent from roe deer, 15 per cent from fallow deer, and one per cent from mouflon (P á v et al., 1981). Cattle was found to be the most common host, next to the above deer species (P á v et al., 1981; B o c h et al., 1977; M a n u e l , 1979), but some other members of the bovidae family have been involved, as well. The lungworm was recorded from eland (Taurotragus oryx), blue wildbeest (Connochaetes taurinus), Coke's hartebeest (Alcelaphus buselaphus cokii), and korrigum hartebeest (Damaliscus lunatus) (D i n n i k and S a c h s , 1968; S a c h s and S a c h s , 1968), all in Africa.

While the same lungworm has been recorded from various zoo-kept species of the families of cervidae and bovidae (J a r o š , et al., 1966; S c h n u r r b u s c h , 1973; S t e g e r , 1978; T s c h e r n e r , 1978), it had not been detected so far in wild-living or captive giraffes.

A couple of Rotschild's giraffes, two years of age, was imported to the Zoological Garden of Dvůr Králové, early summer 1981. They had been born in another zoological garden, and they had lived there for several months before their arrival in the authors' place. Their general condition was not really good, with occasional coughing being observed. On arrival, they were separated in a quarantine box. The male died a few days after arrival, before faeces had been parasitologically examined.

The following pathological findings were recorded: The animal had been in poor condition. Its eyes had been deeply sunken, the conjunctiva being of china-white colour. The mucous membrane of the buccal cavity was greyish-white and anaemic. Plenty of whitish worms, approximately three centimetres in length, were recovered from a greyish-yellow foamy liquid in the nostrils. They were identified as Dictyocaulus viviparus. Something between two and three litres of straw-coloured liquid were drained from thoracic and abdominal cavities. Plenty of nematodes were located in phlegm throughout the trachea (Fig. 1) and in the bronchi. The lung was whitish to cream-coloured, rigid, and slightly elastic. The lung tissue emitted a rustling sound when cut. Many grey-white foci, between two and three millimetres in diameter, were showing in incision areas, primarily along smaller bronchi. The right apical lobe and the peripheral area of the left were of deep purple coloration, both on the surface and in incision areas. These altered regions, characteristically, were like rubber in consistence, cutting surfaces being moist, glossy, and of slight rigidity. The smaller lobes were whitish and with grey-white centres along the smaller bronchi and elsewhere. Adult worms were histologically recorded from bronchi. They had caused bronchitis accompanied by highly pronounced cellular exudation (Fig. 2). Numerous larvae of parasites were found distributed in lung tissue around bronchi (Fig. 3). These centres of highly intensive larval occurrence were strongly infiltrated with eosinophils, neutrophils, and plasmatic cells. Alveolar septa around them were packed with cellular infiltration. Fibres of unstriated bronchial muscles had undergone hypertrophy, in some cases. Alveolar emphysema and catarrhal pneumonia were also detected. Mediastinal lymph nodes were succulent and enlarged, their cutting areas being slightly but clearly visibly coloured in dark pigmentation. The pericardium was massively coated with a layer which originated from serosal fat atrophy. The layer of serosal tissue rested 1.5 cm or 2.0 cm high on the cardiac base and was sporadically interspersed with spots of petechial haemorrhage. The myocardium was of dimly grey-brown discoloration, with granular myocardial dystrophy being histologically established. The Liver was anaemic and of light brown colour. Cutting areas in the spleen were anaemic, too, with distinct margins and a whitish capsule. The wall of the abomasum was of dark purple colour and severely inflamed. Very many nematodes were recorded from its surface. They were identified as Haemonchus contortus. The walls of the duodenum and jejunum were of velvet appearance, oedematous, pink, and with sporadically distributed dots of haemorrhage. Acute catarrhal enteritis was histologically established. The colonic wall was anaemic, its mucous membrane being unchanged. Faeces in the rectum were of solid paste consistence, but no physiological type of faeces had been formed. Serosal atrophy had occurred to perirenal fat. Kidneys were anaemic.

Lungworm larvae (Dictyocaulus viviparus) as well as eggs of Haemonchus contortus and Trichuris sp. were established by parasitological examination of the female animal's faeces. Therapeutic action was taken immediately on the basis of ten per cent granulated Mebenvet, with 15 mg of active principle (mebendazole) being used as dose per kilogram of body weight. The drug was orally administered in grain for three days. Parasitological tests of faecal samples were repeated one week and one month after the end of treatment. Results were negative, and the giraffe was allowed to join the herd.

Pasture sites contaminated with faeces from sick animals were natural sources of infection. Lungworm larvae (Dictyocaulus vivipaurs) were found in grass of such sites throughout the year (M a r t i m e z , 1978). Originally healthy animals were thus infected. The same route of infection was found to be possible in zoological gardens, for example, when animals are moved to different enclosures which had not been adequately sanitated. Repetitive invasion and re-invasion supported dissemination of parasites among non-traditional hosts, as it happened in the authors' case. Dictyocaulus viviparus was new as a parasite in giraffe and, therefore, particularly pernicious, which was assumed to have been the real cause of death of the two-year animal. Juvenile species of traditional hosts, several months of age, were found to be highly vulnerable to this disease, and many deaths were recorded. Adults, however, exhibited relatively strong resistance to infection, and clinical symptoms were quite rare, fallow deer being an example (M c D i a r m i d , 1975). The morphological signs were analogous to lungworm infection (Dictyocaulus viviparus) of cattle and roe deer, as described, for example, by N i e b e r l e and C o h r s (1970).

The cases reported in this paper are likely to support the demand for stringent observation of quarantine rules for all new arrivals in zoological gardens, since this has proved to be the most dependable approach to defence against group contamination.

Summary:

Dictyocaulus Viviparus in Rotschild's Giraffe (Giraffa Camelopardalis rotschildi)

All pathological findings recorded from two Rotschild's giraffes with lungworm infection are described in great detail. Detailed reference is made to histological findings recorded from one of the animals which died in extremely poor condition. The other animal was treated, using mebendazole, with full success.

Zusammenfassung:

Dictyocaulus viviparus bei Rotschildgiraffen (Giraffa cemalopardalis rotschildi)

Im Detail werden sämtlich pathologischen Befunde von zwei Rotschildgiraffen mit Lungenwurminfektion beschrieben. Bei einem der beiden Tiere, das in extrem geschwächtem Zustand verstarb, wird ausführlich auf die Ergebnisse der histologischen Untersuchungen eingegangen. Das andere Tier wurde mit gutem Erfolg mit Mebendazol behandelt.

Résumé :

Dictyocaulus viviparus chez des girafes de Rotschild (Giraffa camelopardalis rotschildi)

L'étude décrit la mort d'une girafe de Rotschild à la suite d'une invasion aux vers pulmonaires et la thérapie réussie sur une autre girafe qui avait été traitée par du Mebendazol (à une dose de 15 mg/kg KM).

Резюме:

Dictyocaulus viviparus у жирафов Родшилда (Giraffa carmelopardalis rodsch.)

В работе описан случай гибели жирафа Родшилда от нематодной инфекции вида Dictyocaulus viviparus другое животное было вылечено от выше указанного заболевания применением мебендазола в дозе I5 мг/кг. веса жирафа.

Referances:

BOCH, J., and R. SUPPERER (1977): Veterinärmedizinische Parasitologie. 2nd Ed., Berlin, Hamburg, P. Parey.

DINNIK, J.A., and R. SACHS (1968): A gigantic protostrongylus, Protostrongylus africanus sp. nov., and other lung nematodes of antelopes of the Serengeti, Tanzania. Parasitology 58, 819 - 829.

DROZDZ, J. (1966): Studies on helminths and helminthiases in cervidae: II. The helminth fauna in cervidae in Poland. Acta Parasitol. Polon. 14, 1 - 13.

DUNN, A.M. (1967): Endoparasites of deer. Deer, J. Br. Deer Soc. 1, 85 - 90.

JAROŠ, Z., VALENTA, Z., and D. ZAJÍČEK (1966): A list of helminths from the section material of the Zoological Garden of Prague, 1954 - 1964. Helmintologia 7, 281 - 290.

MANUEL, M.F. (1979): Parasitic diseases of ruminants in the Philippines. J.Vet.Med. 18, 1 - 15.

MARTIMEZ, F., et al. (1978): Bionomía de las larvas de Dictyocaulus viviparus. (Nematoda: Dictyocaulidae). Arch. Zootecnia 27, 303 - 315.

MASON, P.C., and H.J.F. McALLUM (1976): Dictyocaulus viviparus and Elaphostrongylus cervi in wapiti. N.Z.Vet.J. 24, 23.

McDIARMID, A. (1975): Some disorders of wild deer in the United Kingdom. Vet. Rec. 97,6-9.

NIEBERLE, K., and P. COHRS (1970): Lehrbuch der speziellen pathologischen Anatomie der Haustiere. 5th Ed., Jena, G. Fischer.

PAV, J. et al. (1981): Choroby lovné zvěře. SZN Prague.

SACHS, R., and C. SACHS (1968): A survey of parasitic infestation of wild herbivores in the Serengeti regien in northern Tanzania and the Lake Rukwa region in southern Tanzania. Bull. epizoot. Dis. Afr. 16, 455 - 472.

SCHNURRBUSCH, U., et al. (1973): Zur Bekämpfung des Magen-Darm-Strongyliden und Lungenwurmbefalls bei Moschusochsen, Waldbisons, Schneeziegen und Buntböcken. Proc. XV. Internat. Symp. Diseases Zoo Anim., Kolmarden, 97 - 102.

STEGER, G. (1978): Untersuchungsbefunde bei nicht domestizierten Huftieren. Proc. XX. Internat. Symp. Diseases Zoo Anim., Dvůr Králové, 9 - 19.

TSCHERNER, W. (1978): Koprologische Untersuchungen bei Huftieren des Tierparks Berlin. Proc. XX. Internat. Symp. Diseases Zoo Anim., Dvůr Králové, 137 - 143.

Address of authors: P. M o u c h a and V. M i k u l i c a
Zoological Garden
544 01 Dvůr Králové nad Labem
ČSSR

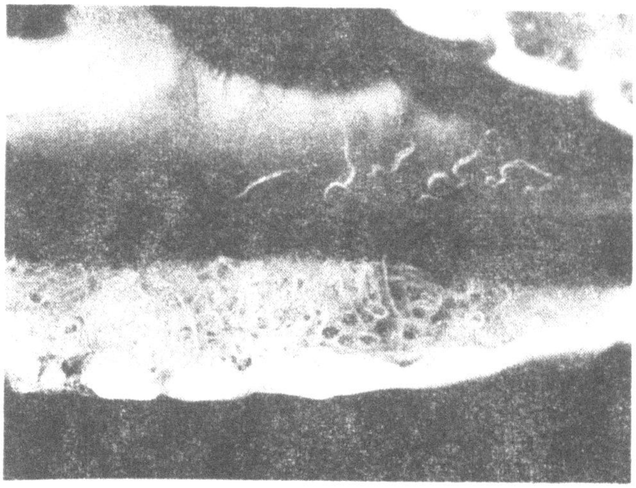

Fig.1: Dictyocaulus viviparus in trachea.

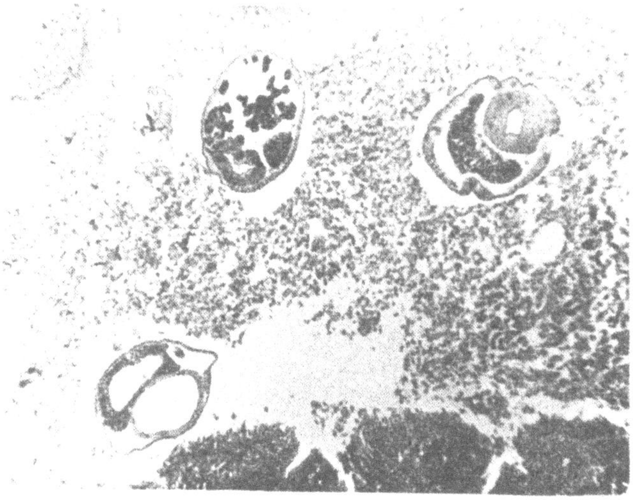

Fig.2: Adult worms in bronchus. (13 x)

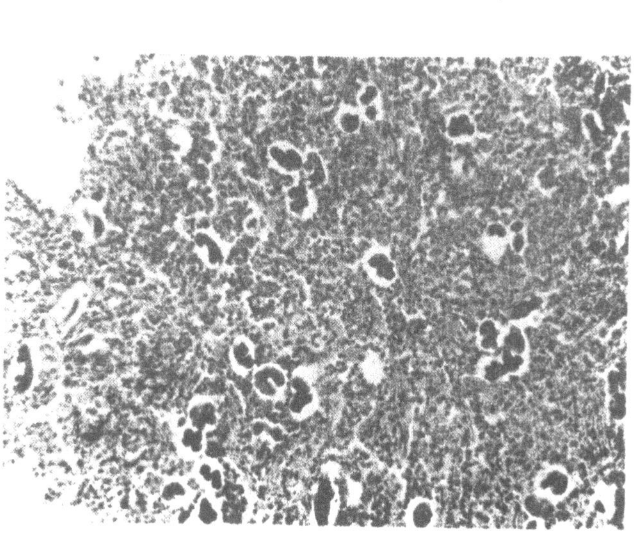

Fig.3: Larvae of lungworm in lung tissue. (26 x)

Aus dem Bezirksinstitut für Veterinärwesen Cottbus (Direktor: Ob.-Vet.-Rat Dr. H.-J. K o w a l e w s k i) und dem Tierpark Cottbus (Direktor: Dipl.-Biol. K. J a c o b)

SIMULIOTOXIKOSE BEIM REN (RANGIFER TARANDUS)

Von A. W i l h e l m , P. B e t k e , und K. J a c o b

Durch Kriebelmücken (Simuliidae) ausgelöste Schadensfälle bei Weidetieren sind in Europa seit langem bekannt. Das trifft besonders für die Balkanstaaten zu, wo seit dem 18. Jahrhundert hohe Tierverluste mit dem Massenauftreten von Kriebelmücken in Zusammenhang gebracht werden (M a r e k et al., 1944). Jedoch ist nach unseren Kenntnissen über Todesfälle durch Kriebelmücken bei Zootieren noch nicht berichtet worden.

Auf dem Territorium der DDR zeigt die Ausbreitung der Kriebelmücken seit dem Jahre 1970 eine ständig steigende Tendenz (G r ä f n e r und B e t k e , im Druck).
Am 16. August 1981 verendete im Tierpark Cottbus ein zweijähriges männliches Hausren. Dieses Ren (Rangifer tarandus) war erst wenige Wochen zuvor einer Gruppe von vier weiblichen Tieren zugesellt worden.
Die ausnahmslos dunkel gefärbten Ren-Kühe hatten das isabellfarbige männliche Tier immer abgedrängt und nicht in die Unterkunftshütten hineingelassen. Das verendete Ren wurde außerhalb der Hütte im Gehege aufgefunden. Bei der Untersuchung des kachektischen Tieres stellten wir dichtsitzende, burgunderrote, feine Blutpunkte und Blutverkrustungen an den Ohrmuschelinnenflächen, im Bereich der Augenlider und Nasenlöcher, im Skrotalbereich, am Präputium, in der Leistengegend und an den Schenkelinnenflächen fest. Es bestanden blutige Unterhautödeme, Epikardblutungen, Vermehrung der Pleuralflüssigkeit und ein Stauungsödem der Lunge. In den Blutkrusten auf der Haut wurden zahlreiche tote Simuliiden gefunden. Auf Grund der beschriebenen Befunde wurde die Diagnose Simuliotoxikose gestellt. Bei in diesem Zusammenhang durchgeführten Untersuchungen im Tierparkgelände wurden fliegende Imagines und am Spreeufer gesammelte Puppen als B o o p h t h o r a e r y t h r o c e p h a l a identifiziert.

Der Tierpark Cottbus liegt am Rande des bekannten Branitzer Parkes in unmittelbarer Nähe der Spree. Die Fließgewässer im Bereich des Tierparks stehen in direkter Verbindung mit dem Fluß.
Vom 27. Juli bis 10. August 1981 führte die Spree infolge langanhaltender Niederschläge Hochwasser. Die Pegelstände erreichten mehr als 3,50 m über dem Normalstand. Weite, vor allem von Erlengebüsch und Gräsern bestandene Flächen im eingedeichten Uferbereich standen unter Wasser. In der Woche vom 17. - 21. August 1981 wurde ein Pegel von nur noch etwa 0,5 m über dem Normalstand erreicht. Vom 14. - 16. August 1981 kam es zu einer erheblichen Erwärmung mit relativ hohen Tagessummen der Sonnenscheindauer, nachdem es zuvor regnerisch gewesen war. Dadurch begünstigt kam es zu einer Kriebelmückenplage mit Massenanflug von Simuliiden der Art B o o p h t h o r a e r y t h r o c e p h a l a. Noch drei Tage später konnten mehr als 300 Anflüge pro Minute und Tier (Ren) beobachtet werden. Auch am 24. August 1981 wurden bei Rentieren und Kamelen noch bis 200 Simuliiden pro Minute und Tier festgestellt. Bevorzugte Anflugstellen waren die Innenseiten der Ohrmuscheln, die Innenseiten der Unterschenkel und die äußeren Genitalien. Bei eingefangenen Imagines und vom Spreeufer entnommenen Puppengehäusen handelte es sich auch zu diesem Zeitpunkt wieder um B o o p h t h o r a e r y t h r o c e p h a l a. Die Puppen saßen an Uferpflanzen in 0,3 bis 1 m Höhe über dem Boden, also im Niveau des vorherigen Hochwasser-Pegelstandes.

In unmittelbarer Wassernähe (bis 5 cm über der Wasseroberfläche) und im Wasser lebten die Entwicklungsstadien (Larven und Puppen) noch.
Weitere im Spreegebiet festgestellte Arten waren zu dieser Zeit O d a g m i a o r n a t a als mammophile und zwei nicht näher bestimmte E u s i m u l i u m - Arten als Vogel-Kriebelmücken.
Daß unter natürlichen Gegebenheiten auch Rentiere von Kriebelmücken befallen werden können, beschreibt schon W i l h e l m i (1920). Ebenfalls ist bekannt, daß Simuliiden zu jenen Dipteren-Arten zählen, die in Säugetierrevieren zoologischer Gärten beobachtet werden (K ü h l b o r n, 1981).
Abgesehen von den durch Kriebelmückenbefall direkt verursachten Schadwirkungen (Leistungsbeeinträchtigung, wie z. B. bei Kühen Milchrückgang; entzündliche Haut- und Unterhautveränderungen mit Ödembildung; Atembeschwerden durch Ödeme und Entzündung der Schleimhäute der oberen Luftwege; Intoxikation als die sogenannte Simuliotoxikose im engeren Sinne) muß die Bedeutung der Simuliiden als Überträger von Parasiten (z. B. Filarien und Protozoen wie Hämosporidien der Gattung L e u k o z y t o z o o n, T a k l a et al., 1981), Bakterien (z. B. C o r y n e b a c t e r i u m p y o g e n e s und F r a n c i s e l l a t u l a r e n s i s) und Viren (z. B. das Myxomatose-Virus) beachtet werden (K u t z e r et. al., 1981).
Bei massenhaftem Auftreten von Kriebelmücken im DDR-Bezirk Schwerin, das zu Krankheits- und Todesfällen bei Weidetieren führte, wurde zwar B o o p h t h o r a e r y t h r o c e p h a l a als sehr pathogene Art festgestellt, jedoch waren am Schadgeschehen meist weitere Arten, W i l h e l m i a e q u i n a, W i l h e l m i a l i n e a t a sowie O d a g m i a o r n a t a, beteiligt und im Untersuchungsgebiet vertreten (G r ä f n e r, 1981, c). Die Entwicklung der Kriebelmücken vom Ei bis zum Imago ist arten- und wetterbedingt unterschiedlich lange: Die mammophilen Arten O d a g m i a o r n a t a, B o o p h t h o r a e r y t h r o c e p h a l a, W i l h e l m i a e q u i n a und W i l h e l m i a l i n e a t a benötigen im Sommer 4 bis 7 Wochen. Die Weibchen legen die Eier in Fließgewässern ab. Nur dort können sich die Larven entwickeln. Das Eiablageverhalten ist bei den einzelnen Kriebelmückenarten unterschiedlich. B o o p h t h o r a e r y t h r o c e p h a l a legt beispielsweise die Eier in Schichten nur auf Pflanzen, die wenigstens teilweise an oder auf der Wasseroberfläche liegen und benetzt werden.
Nach dem Schlupf der Erstlarven werden bis zur Verpuppung sieben Larvenstadien durchlaufen (R ü h m, 1967). Die Dauer der Puppenruhe ist temperaturabhängig und beträgt durchschnittlich etwa 10 Tage. Zuerst schlüpfen immer die Männchen, ein bis zwei Tage später die Weibchen. Nur die Weibchen saugen Blut. Die Männchen ernähren sich vorwiegend von Pflanzensäften. Vor der Befruchtung müssen die Weibchen Blut gesaugt haben. Eine Eireifung ist sonst nicht möglich. Zur Blutaufnahme werden stets Warmblüter (Säugetiere und Vögel) aufgesucht. Die Orientierung auf Wirte erfolgt primär olfaktorisch, erst aus nächster Entfernung visuell. G r ä f n e r (1981, b) beobachtete, daß frisch ausgetriebene Rinderherden in Windrichtung zum Fließgewässer aus einer Entfernung von 7 km über Hügel, Seen und geschlossene Waldgebiete hinweg angeflogen wurden.
Für die Gesamteinschätzung eines Kriebelmückenvorkommens sind die Kenntnisse der pathogenen Arten und ihrer Populationsdynamik von Bedeutung. Nach G r ä f n e r (1981, a) haben in anderen Ländern gesammelte Erfahrungen dabei nur bedingte Gültigkeit für heimische Arten und Biotope. Während der möglichen Zeit der Schadwirkung durch Kriebelmücken (ab Mitte Mai bis September) ist in dafür prädisponierten Biotopen bei plötzlichen Todesfällen von Zootieren oder bei Intoxikationen differentialdiagnostisch eine Simuliotoxikose auszuschließen.

Es ist dann ratsam, gefährdete Tiere nur in der Nacht (nach Sonnenuntergang bis kurz vor Sonnenaufgang) oder tagsüber nur bei kaltem und regnerischem Wetter in die Außenanlagen hinaus zu lassen. Im gefährdeten Zeitraum sollten die Tiere zumindest die Möglichkeit haben, stets ihre Stallung aufsuchen zu können.

Zusammenfassung:

Simuliotoxikose beim Ren (R a n g i f e r t a r a n d u s)

Ein männliches Ren verendete nach Massenanflug von Simuliidae der Art Boophthora erythrocephala. Auf die ständig steigende Tendenz der Ausbreitung von Simuliidae in der DDR wird hingewiesen. Auch Zootiere sind gefährdet. Auf die zusätzliche Bedeutung der Simuliidae auch als Überträger von Infektionskrankheiten wird hingewiesen. Einige Besonderheiten der Biologie der Simuliidae werden beschrieben.

Summary:

Simuliotoxicosis in Reindeer (Rangifer tarandus)

A male reindeer died after having been approaches by large swarms of Boophthora erythrocephala blackflies. Reference is made to a steadily rising trend in the occurrence of simuliidae throughout the GDR. Zoo animals are in danger, as well. The blackfly also can be an important vector of infectious diseases. Certain biological peculiarities of simuliidae are described.

Résumé:

Simuliotoxicose chez le renne (Rangifer tarandus)

Un renne mâle succombe à la suite d'une infestation massive de simulies du genre Boophthora erythrocephala. Les auteurs soulignent la tendance croissante d'une propagation de simulies en R.D.A. qui met aussi en cause l'existence des animaux gardés. Ils mettent en même temps en relief l'importance des simulies en tant qu'agents de transmission de maladies infectieuses. Ils décrivent en plus certaines particularités de la biologie des simulies.

Резюме:

Симулиотоксикоз у северного оленя.

Описывается случай массового нападения мошки семейства (Simuliidae), рода (Boophthora erythrocephala), с летальным исходом на северного оленя. Указывается на возрастающую тенденцию распространения мошки на территории ГДР. Отмечается угроза нападения мошки на животных зоопарков и ее роль как переносчика болезней. Отражены особенности в биологии развития мошки.

Literaturverzeichnis:

GRÄFNER, G. (1981, a): Zur Populationsdynamik mammophiler Kriebelmückenarten. Mh. Vet.-Med. 36, 606-610.

GRÄFNER, G. (1981, b): Zur Biologie und Verhaltensweise von mammophilen Kriebelmücken und ihrer Entwicklungsstadien. Mh. Vet.-Med. 36, 610-612.

GRÄFNER, G. (1981, c): Zur Charakteristik des örtlichen Vorkommens von Kriebelmücken (Diptera; Simuliidae) im Bezirk Schwerin. Angew. Parasitol. 22, 144-146.

GRÄFNER, G. u. P. BETKE (1982): Zur Bedeutung des Kriebelmückenbefalles bei Weidetieren mit einem geschichtlichen Überblick über das Vorkommen von Kriebelmücken (Diptera; Simuliidae) auf dem Territorium der DDR. Mh. Vet.-Med. (im Druck).

KÜHLHORN, F. (1981): Über Dipteren im Säugetierbereich zoologischer Gärten unter Berücksichtigung infektionsmedizinischer Gesichtspunkte. Angew. Parasitol. 22, 92-103.

KUTZER, E., M. CAR und J. FANTA (1981): Zur Kriebelmückenplage in Oesterreich. Wien. tierärztl. Mschr. 68, 22-32.

MAREK, J., R. MANNINGER und J.v. MOCSY (1944): Kriebelmücken. In: Spezielle Pathologie und Therapie der Haustiere. 9. Auflage. Jena: Gustav-Fischer.

ROHM, W. (1967): Zur Verbreitung und Bedeutung der blutsaugenden Simuliiden im Aller-Leine-Gebiet. Z. angew. Ent. 59, 403-421.

TAKLA, M., W. THIEL und L. ULLRICH (1981): Leukozytozooninfektion bei Sittichen. tierärztl. prax. 9, 203-209.

WILHELMI, J. (1920): Die Kriebelmückenplage. Jena: G. Fischer

Anschrift der Verfasser: Dr. med. vet. A. W i l h e l m
Bezirksinstitut für Veterinärwesen
PSF 19/I, 7500 Cottbus 1 (DDR)

Aus dem Zoologischen Garten Berlin (Direktor: Prof. Dr. H.-G. K l ö s)

IMMOBILISIERUNG UND KRANKHEITEN VON ZWERGFLUSSPFERDEN

(Auswertung einer Umfrage bei mehr als 100 Zoologischen Gärten)

Von D. J a r o f k e und H.-G. K l ö s

Wir verschickten an alle Halter von Zwergflußpferden unseren Fragebogen. Nur aus sehr wenigen Zoologischen Gärten erhielten wir keine Antwort. In fünf Fällen war weder über eine Erkrankung noch über eine Immobilisation zu berichten. So lagen uns schließlich Angaben über 147 Tiere aus 45 Zwergflußpferdhaltungen zur Auswertung vor, die in einer Tabelle übersichtlich dargestellt sind.

Betrachtet man die tabellarische Übersicht der Zwergflußpferde, so fällt auf, daß diese Tiere vor allem an Veränderungen der Haut leiden. So sind es vor allem Hautrisse, Abszesse und Hautverletzungen durch Artgenossen, die ein tierärztliches Eingreifen notwendig machen. Die Ursache der vielen Hautveränderungen läßt sich anhand der uns gemachten Angaben nicht klären. Bemerkenswert ist, daß diese Erscheinungen auch ohne Behandlung mit dem Eintritt der wärmeren Jahreszeit abklingen. Im Zoo Berlin bieten wir unseren Zwergflußpferden in dem zuvor gründlich gereinigten Bassin täglich frisches Wasser mit einer Temperatur von 25-30° C an und haben bei unseren Tieren noch keine Hautveränderungen beobachtet.
Das aggressive Verhalten dieser Tierart verursacht nicht nur schwere Verletzungen der adulten Tiere, sondern es kommt in sehr vielen Fällen zum Tode der Neugeborenen. Gelegentliche Diarrhöen und Obstipationen können bei sofortiger Behandlung fast immer erfolgreich behandelt werden.
Mehr Sorgen bereitet den Tierärzten das übermäßige Zahnwachstum, das nur unter Vollnarkose, und bei einigen Tieren sogar wiederholt, durch das Abschneiden des Zahnes bis zu einem Drittel behoben werden konnte. In einem Zoologischen Garten mußten drei Tiere zu unterschiedlichen Zeiten immobilisiert werden, um Grassamen, die sich unter den Augenlidern als Fremdkörper festgesetzt hatten, zu entfernen.
In zwei Fällen konnte man erfolgreich eine Nabelbruchoperation durchführen. In mehreren Fällen mußte Geburtshilfe geleistet werden.
Parasiten sind für diese Tiergruppe bedeutungslos.
Die große Variationsbreite der Medikamentenkombination bei der Immobilisation weist auf die Schwierigkeit hin, eine zuverlässige Narkose zu erreichen. Das oft eingesetzte M99 bzw. Immobilon in der Dosierung von 2,45 mg-7 mg/Tier, in einem Fall sogar 12 mg, ist ausreichend, jedoch stellen sich dabei nicht selten einige Nebenwirkungen ein. So findet man gelegentlich Exzitationen mit Maulaufreißen sowie eine hundesitzige Stellung des Tieres während der Anflutungsphase. Der Einsatz von Xylazine in einer Dosierung bis zu 1200 mg/Tier führte zum Ablegen des Tieres, reichte jedoch nicht für eine Operation aus. Die häufig eingesetzte Kombination 250 mg Sernyl zusammen mit 250 mg Promazine führt zu einer guten Immobilisation, jedoch steht den Tierärzten das Präparat Sernyl nicht mehr zur Verfügung.

Der Einsatz von Vetalar in einer Dosierung von 1650 mg/Tier zusammen mit 200 mg Rompun verabreicht in vier Portionen reichte nicht aus, um eine klaffende Wunde zu nähen. Einige Autoren weisen auch darauf hin, daß man unbedingt lange Nadeln nehmen müßte, da sonst der Wirkstoff in das Fett injiziert wird, und dann mit einem Nachschlaf am folgenden Tag zu rechnen ist.

Die Todesursachen dieser Tierart sind Enteritiden, multiple Abszesse und Traumen bei Neugeborenen sowie Halbwüchsigen. In zwei Fällen trat der Tod durch einen Fremdkörper ein. Interessant ist, daß in zwei Zwergflußpferdhaltungen jeweils bei einem Tier eine Niere fehlte.

Zusammenfassung:

Immobilisierung und Krankheiten von Zwergflußpferden
(Auswertung einer Umfrage bei mehr als 100 Zoologischen Gärten)

Zwergflußpferde leiden vor allem an Veränderungen der Haut. Das aggressive Verhalten dieser Tierart führt oft zu Hautschäden und Traumen insbesondere bei Jungtieren. Enteritiden lassen sich im allgemeinen gut beeinflussen. In vielen Fällen wird über übermäßiges Zahnwachstum berichtet. Die Kürzung der Zähne ist nur am immobilisierten Tier möglich. Zu Immobilisation eignen sich Immobilon[R] und Sernyl[R] mit Promazine. Eine Reihe von weiteren Präparaten kam in verschiedenen Dosierungen und Kombinationen zum Einsatz.

Summary:

Immobilisation and Diseases of Pigmy Hippopotamus

(Evaluation of an inquiry and replies received from more than 100 zoological gardens)

Pathological changes of the skin are among the most common ailments of pigmy hippopotami. It is the aggressive behaviour of the species which has often resulted in skin damage and other traumatic impact, with young animals being more often affected than old. Courses of enteritis generally are properly controllable. There has been frequent reference to excessive tusk growth. Tusks can be cut short only with the animal immobilised. Immobilon[R] and Sernyl[R] with promazine proved to be suitable for immobilisation. A number of additional preparations has been also used in different dosages and combinations.

Résumé :

L'immobilisation et les maladies d'hippopotames nains (dépouillement d'une enquête effectuée dans plus de 100 jardins zoologiques)

Des hippopotames nains souffrent avant tout des altérations de la peau lesquelles sont souvent dues de même que les traumatismes surtout chez les jeunes au comportement agressif de l'espèce. En règle générale, il est possible de traiter les entérites avec succès. Dans un grand nombre de cas il est question d'une croissance excessive des dents. Pour les raccourcir, il faut immobiliser l'animal. Immobilon[R] et Sernyl[R] combiné avec Promazine se prêtent particulièrement pour l'immobilisation. Toute une série d'autres préparations à dosage et à combinaison différents ont été utilisées.

Резюме:

Иммобилизация и заболевания карликового бегемота.

(отчет опроса более 100 зоологических садов.)

Бегемоты страдают часто поражением кожи. Агрессивное поведение этого вида часто приводит к травматическим поражениям кожи у молодых животных. Во многих случаях сообщается о усиленном росте зубов. Укорачивание зубов возможно только на иммобилизированных животных. Для иммобилизации применяется иммобилон и сернул с промацином. В таблице отражен целый ряд препаратов вразличной дозировке и комбинации.

Anschrift der Verfasser: Dr. D. J a r o f k e
und Direktor Prof. Dr. H.-G. K l ö s
Hardenbergplatz 8
1000 Berlin 30, Berlin (West)

ZWERGFLUSSPFERDE

Reg.Nr.	Anzahl/ Alter	Klinische Diagnose	Behandlung	Immobilisation Wirkstoff	Immobilisation Reaktion	Sektionsbefund	Bemerkungen
3/1	1,0/ juv.	Apathie, Freßunlust, erh. Temp.	10,0 Ampicillin 5,0 Voren Terramycin-L, Effortil 4 Tage lang				genesen
3/2	1,0/ juv.	Apathie, eiterige Rhinitis	8 Kapseln Vibramycin, 9 Tage später: Terramycin-L, Effortil, Voren				genesen
3/3	0,1/ adult	Abszeß: rechtes Karpalgelenk Diagnose geändert: Knochensequester.	Abszeßspaltung, 12,0 Omnamycin, 1 Paratorpen-Injektor Abszeß mehrmals eröffnet, Reverin, Paratorpen-Injektor	1,0 Immobilon 2,0 Revivon sublingual	Schwere Krämpfe, schaumige Salivation, Erstickungsgefahr!		genesen
3/4	0,1/ juv.	Unterkühlung nach Transport, Apathie	100ml Chloromycetin-Palmitat, 15ml Chloromycetin, 5,0 Effortil, Vecortenol			kein Befund	nach 7 Tagen verendet
3/5	1,0/ juv.	Neuankömmling Enteritis	5,0 Effortil, 5,0 Tricrescovit, 5,0 Streptopen, 1 Op Enterosedivsaft 5,0 Chloromycetin i.m. Glycofusal-Infusion 8 Behandlungen insgesamt			Enteritis durch Ernährungs- und Stoffwechselstörungen	nach 10 Tagen verendet
3/6	0,1/ adult	Hautabszesse	20ml Chloromycetin 3 Paratorpen-Injektoren 3 Tage später: Chloromycetin per os 40mg/täglich 8 Tage später: 20ml Chloromycetin 5ml Effortil 10ml Tricrescovit			multiple Hautabszesse, Abmagerung	
3/7	0,1/ adult	eiterige Dermatitis	10x 10g Supramycin-Konzentrat 30x500mg Chlortetracyclin-Kapseln 200ml Neomycin Susp.				genesen
3/8	1,0/ adult					eiterige Pneumonie, Gastritis, Salmonellose	
3/9	1,0/					Vormagenverstopfung	
3/10	1,0/					Lungenödem, Leberverfettung, Klebsielleninfekt	
3/11	1,0/					Stoffwechselstörungen	
3/12	0,1/ adult					Kachexie	
4/1	1,0/ adult	Hautwunden	Salben, Linco-Spectin, Halamid ins Wasserbecken, Injektionen: Ampicilline, Cresca, Spasmentral, Dexadreson, Albipen	1,75ml Immobilon 1,5 ml Revivon		Gastroenteritis	keine Heilung, Tier starb

Reg.Nr.	Anzahl/ Alter	Klinische Diagnose	Behandlung	ZWERGFLUSSPFERDE Immobilisation Wirkstoff	Reaktion	Sektionsbefund	Bemerkungen
4/2	0,1/ adult	Hautwunden	wie 4/1				genesen
5/1	1,0			3x100 mg Taractan/ Tag	liegt mehr als gewöhnlich		Sedation für Paarungsversuch
	dasselbe	Hautverletzungen	4x250mg Rixapen über 5 Tage			Dermatitis auf Rücken, Diarrhöe	
5/2	0,1/ adult	wiederholte Diarrhöe	Carbopulbit (Bayer), Sulfaguanidine 5g/Tg über 5 Tage, Ridzol 10%			Neubildung im Vormagen 3x5cm	
	dasselbe	Hautverletzung durch 1,0	Marfanil-Prontalbin Puder, Madribon (Roche), 500mg Tabletten: 4 Tage/2 Tabletten				
5/3	0,1/ adult	Einwuchs der 4 Canini in Gingiva	Absägen von Zahnteilen	2mg/kg/KM =500mg/Tier Sernylan, 1 Amp. Coramine i. m.	legt sich nach 10 Minuten, schläft 3-4 Stunden		
	dasselbe	Einwuchs der 4 Canini in Gingiva	Absägen von Zahnteilen	1mg/kg/KM =250mg/Tier Sernylan, 1 Amp. Priamide			
	dasselbe	wiederholte Diarrhöe	Diät(gekochter Reis mit Karotten), Carbopulbit, Sulfaguanidin 5g/Tag über 5 Tage, Furoxone: 10 Tabletten je 100mg und Ridzol 10%, 2 g über das Futter				parasitol. negativ
5/4	1,0/ adult	Maul durch 1,0 verletzt	4 Madribontabl./Tag				
	dasselbe	verlängerte Canini	Absägen von Zahnteilen	300mg/Tier (196 kg) Sernylan, nach 15 Minuten 50mg Sernylan	Salivation		
	dasselbe	verlängerte Canini		200mg/Tier Sernylan	2xdurchgeführt		
	dasselbe	wiederholte Diarrhöe	4x2mg/Tag Immodium Carbopulbit, 10x100mg Furoxone, zuzüglich Elektrolyte				parasitol. negativ
	dasselbe	Abszeß, Streptococcus pyogenes verlängerte Zähne	Abszeßspaltung, Antibiotika, Absägen v. Zahnteilen	125mg/Tier Sernylan			
6/1	1/ juv.		Blutentnahme	0,5mg/Tier (50kg) Immobilon Revivon sublingual	depressive Atmung, nach 10 Minuten Antidot		
6/2	1					purulente Pneumonie	
9/1	mehrere		Vakzination gegen Eastern & Western Encephalomyelitis				
9/2	1,0/ 1 Tag	Trauma durch Mutter				Leberruptur	
13/1	1	Obstipation	10g Aloe in etwas Gras gegeben				12 Stunden nach Therapie Kotabsatz

ZWERGFLUSSPFERDE							
				Immobilisation			
Reg.Nr.	Anzahl/ Alter	Klinische Diagnose	Behandlung	Wirkstoff	Reaktion	Sektionsbefund	Bemerkungen
13/2	0,1/ adult		Euthanasie	1,0 Immobilon			
13/3	1,0/ adult 31 Jahre		Euthanasie durch Entbluten	1,2 Immobilon nach 30 Minuten 0,3 Immobilon	Maulaufreißen, Zittern	chron. Enteritis, herdförmige Ulcerationen in Magen und Darm mit resultierender toxischer Hepatitis	
13/4	1,0/ adult		Zahnbehandlung: im Zwangskäfig am stehenden Tier	750mg Vetalar/Tier (250 kg)	gute Sedation		
13/5	0,1/ adult		Euthanasie Tötung durch Kopfschuß	100mg Sernylan/Tier 60 mg Sernylan per Hand nach 30 Minuten 140mg Sernylan/Tier 1 Stunde nach 1. Dosis	Taumeln 15 Min. nach 1. Dosis Abliegen nach 2. Dosis tiefe Sedation		
13/6	0,1/ adult		Euthanasie Entbluten während Narkose	500mg/Tier Sernylan 500mg/Tier Sernylan 2. Dosis	ruhige Lage nach 5 Minuten, aber keine tiefe Narkose		
13/7	0,1/ 6 Tage	vermuteter Milchmangel der Mutter (Jauchetrinken?)				akuter Darmkatarrh mit enterogener Intoxikation, Leberdystrophie, Ausscheidungsnephrose, akute Myocarditis	
13/8	1,0/ 1 Tag	gestorben 10 Stunden nach Geburt				fast weiße Muskulatur	
13/9	0,1/ 2 Tage	Lebensschwäche				chron. intrauterin erworbene Myocarditis mit Schwielenbildung	
16/1	1	Bißverletzungen	Betsolan oder Aureomycin-Creme				
16/2 und 16/3	2		versuchte Handaufzucht				ohne Erfolg
16/4	1		erfolgreiche Handaufzucht				
17/1	0,1/ adult	Bißverletzungen	3mill. Einheiten Procain, Penicillin-G/Tag über 8 Tage				
17/2	0,1/ adult		Hormonimplantat (Melengestrol Acetat) 10. 12. 1979	12mg M99 14mg M50/50 nochmals 4mg M50/50 nach 30 Minuten 4mg M50/50	Muskelzittern während Sedation, später für mehrere Tage steif		Zuchterfolg am 12. 7. 1980

Reg.Nr.	Anzahl/ Alter	Klinische Diagnose	Behandlung	ZWERGFLUSSPFERDE Immobilisation Wirkstoff	Reaktion	Sektionsbefund	Bemerkungen
	dasselbe		Hormonimplantat	20mg Rompun nach 15 Minuten 7 mg M99 2x1 mg M99 i. v.	Exzitation		gestorben während Immobilisation, Autor will zukünftig 250mg Sernylan mit 250mg Acepromacine kombinieren
17/3	0,1/ adult					Embolie im Mesenteriums des Dickdarms	
18/1	1,0/ 2 Monate	Korneatrübung in Auge Vascularisation von der medialen Seite	0,2 Gentamycin und 0,2 Paleosin (Orgotcin) und 0,2 Flocillin subconjunctival 2 x im Abstand von 3 Tagen				schneller Heilungsprozeß, keine Folgeerscheinungen
18/2	0,1/ adult	Abgang Plazenta erst nach 24 Stunden					Jungtier durch anderes Weibchen oder Männchen getötet
18/3	0,1/ adult	Lahmheit	Antibiotika (Resultat:Diarrhöe) Abbruch der Antibiotikagaben (wurde fast nur im Wasser gehalten)				genesen
18/4	0,1/ adult	4 Tage post partum Puerperalsepsis, Apathie, blutiger Scheidenausfluß	Aufenthalt im Wasser erlaubt				genesen nach 2 Tagen
18/5	1,0/ adult	häufiges Kauen mit Salivation	Zähne bis Zahnfleisch gekürzt, Benzathine Pen G	250mg Sernylan mit 250mg Promacine			Heilung
18/6	0,1/ adult		rektale und vaginale Untersuchung				Jungtier durch Artgenossen getötet
18/7	1,0/ 1 Jahr					Harnblasenruptur, Pneumonie	
19/1	1,0/ 7 Jahre	Magenüberladung mit Intoxikation	250 $MgSO_4$/50g Aktivkohle durch Magensonde	10,0 Combelen i. m.	keine Wirkung		gestorben nach 6 Stunden
22/1	1,0/ adult	Abszeß in Fußmuskulatur	3x5g Bolus Tribrissen /Tag über 5 Tage			großer Abszeß in Lendengegend, Streptococcus sp. Magengeschwüre, Nierenzysten, chron. Orchitis der hypoplastischen Hoden, extreme Abnutzung der Backenzähne, teilweise Zahnfleischüberwucherung	

Reg.Nr.	Anzahl/ Alter	Klinische Diagnose	Behandlung	Immobilisation Wirkstoff	Immobilisation Reaktion	Sektionsbefund	Bemerkungen
			ZWERGFLUSSPFERDE				
22/2	1,0					Hypothermie	
27/1	0,1/ adult	nach Abort	1,0g Ampicillin über 2 Tage				genesen
27/2	0,1/ adult	Verstopfung	Paraffin				
29/1	1,0/ adult	dreimalige Kotstauung	Einlauf mit Wasser			Magenüberladung, schlechte Verdauung	
33/1	mehrere	Dermatiden im Winter und Frühjahr	lokale Behandlung, Vitamingaben				Behandlung ohne Erfolg, Selbstheilung im Sommer
33/2	0,1/ adult			1,2 Immobilon 1,2 Revivon	Narkosewirkungseintritt nach 5 Minuten		
33/3 und 33/4	0,1/ adult	Nervosität durch Überbelegung, Verwundung der Jungen mit Stoßzähnen durch Mütter	2/3 der Stoßzähne wurden entfernt				danach keine Probleme
33/5	0,1/ 5 Monate	Verletzungen durch Muttertier Abszesse				Sepsis	
34/1	1	Hautverletzungen nach Transport					schnelles Abheilen
34/2			Tetanus-Toxoid, Tetanus-Antitoxin				
34/3	0,1/ 28 Jahre	Gewichtsverlust	Antibiotika				genesen
34/4	0,1/ 26 Jahre					Herz- Kreislauffehler	
34/5	0,1/ 32 Jahre					Bronchopneumonie	
37/1	0,1		keine			Bronchopneumonie, Glomerulonephritis	
37/2	1,0/ adult	Obstipation später Abszeß nach Injektion	6,0 Metapyrin 6,0 Spasmonal wiederholte Gaben von 3x4 Kapseln OTC, 250mg per os (1 Vitamin-B-Komplex-Gabe)				genesen
37/3	0,1					Glomeronephritis	
39/1	1	Hautabszeß	Antibiotika				genesen
39/2	1					Pneumonie	
42/1	mehrere	Hautverletzungen durch Bisse	keine				
47/1	1/ adult	Diarrhöe	10,0 Oxytetracylin i. m. 10,0 Neuroboran i. m. /Tag über 5 Tage				genesen

Reg.Nr.	Anzahl/ Alter	Klinische Diagnose	Behandlung	Immobilisation Wirkstoff	Immobilisation Reaktion	Sektionsbefund	Bemerkungen
			Z W E R G F L U S S P F E R D E				
53/1	1,0/ 23 Jahre	teilweise Lähmung der hinteren Körperhälfte	Versuch: mit Analgetika, euthanasiert				
53/2	0,1 adult		Geburtshilfe	1mg Etorphine und 100mg Azaperone 3mg Diprenorphine			Mutter und Jungtier genesen
	dasselbe		Geburtshilfe	0,6mg Etorphine und 60,0mg Azaperone 3mg Diprenorphine			Mutter und Jungtier genesen
	dasselbe		Geburtshilfe	0,4mg Etorphine 30,0mg Acepromazine 1,2mg Diprenorphine		Tod des Muttertieres durch Schock	Jungtier stirbt am selben Tag
62/1		Arthritis				Arthritis	
63/1	0,1/ adult	Hautabschürfungen nach Ausbruch	8,0 TetracyclineL.A. 3,0 Distrobian Gentamycine Chloramphenicol-Spray				genesen
66/1	1,0/ 1 Tag					Coliseptikämie	von der Mutter verstoßen
66/2	1,0/ adult	Grassamen unter Augenlid, überlange Zähne	Entfernung des Fremdkörpers, Zähne gekürzt, 10,0mg Depo medrol. Sofradex Augensalbe 40,0 Vetspen (Procaine Penicillin)	siehe 66/6			genesen
	dasselbe	überlange Zähne	Zähne gekürzt	siehe 66/6			genesen
	dasselbe	überlange Zähne	Zähne gekürzt	siehe 66/6			genesen
66/3	1,0/ Handaufzucht ab 2. Tag	Enteritis	Neostat oral, 20mg Gentamycin				genesen
66/4	0,1/ adult	3 Grassamen unter unterem Augenlid	Augenbehandlung nach Immobilisation	siehe 66/6			genesen
66/5	0,1/ adult	Grassamen unter unterem Augenlid	Fremdkörperentfernung und Augenbehandlung				genesen
66/6	13		Immobilisation	1,0-1,5 Immobilon 50mg Rompun Revivon	18-36 Stunden Nachschlaf		
66/7	0,1/ subadult			1,25mg/kg/ KM mit 0,6mg Promazine	nicht zufriedenstellend		

Reg.Nr.	Anzahl/ Alter	Klinische Diagnose	Behandlung	Immobilisation Wirkstoff	Immobilisation Reaktion	Sektionsbefund	Bemerkungen
			Z W E R G F L U S S P F E R D E				
67/1	1,0/ adult	Abszesse, mehrere Zahnfrakturen durch Beißen in Umzäunung, geringgradig Coccidien im Kot					
67/2	0,1/ adult	14 Tage nach Geburt blutiger Scheidenausfluß, frißt schlecht	8,0 Penicillin Streptomycin 3,0 Oxytocin				genesen
	dasselbe	geringgradig Coccidien im Kot					
	dasselbe	Gewichtsverlust, Apathie	Blutentnahme für Untersuchung, 3cm von unteren Zähnen, etwas von oberen Zähnen abgesägt, Tbc-Test in rechter Schwanzseite, war negativ				
70/1	1/ adult			1200mg Xylazine	Tier wurde ruhig, legte sich nicht ab		
70/2	1/ adult	überlange Zähne	Kürzen der Zähne	800mg Xylazine	Tier legt sich nicht ab		
70/3	1/ adult			800mg Xylazine	Tier legt sich nicht ab		
73/1	1,0/ adult		Entwurmung mit Thibenzole (30mg/kg/KM)				
73/2	0,1/ adult	tiefe Bißverletzungen durch Bullen	3x Valvanol/Klistierspritze, gespült				
73/3	0,1/ adult	Diarrhöe	500g Stulmisan 3 Tage 1 Beutel Furostrept und Farostip 2 Tage				
73/4	0,1/ juv.	Omphalophlebitis	3g Binotal/Tag über 5 Tage				
	dasselbe	Nabelbruch	5DMgroße Bruchpforte operiert, 1,5g Chloramphenicol oral für 6 Tage 5 Borgal mit Blasrohr als Nachbehandlung				
73/5	1,0/ juv.	Bißverletzungen durch Mutter	je 4 Tabletten Eusprin und Blauspray an 3 Tagen				
79/1	1/ adult	überlange Zähne	gekürzt mit Säge	250mg Phencyclidine mit 250mg Spazine L.M.	gute Immobilisation		
79/2	1/ juv.	getötet durch Mutter am 50. Tag					
79/3	0,1/ adult	gestorben während Immobilisation		5mg M99	gestorben	Abszeß in Lunge, Corynebakt.pyogenes	

Reg.Nr.	Anzahl/ Alter	Klinische Diagnose	Behandlung	Immobilisation Wirkstoff	Immobilisation Reaktion	Sektionsbefund	Bemerkungen
			ZWERGFLUSSPFERDE				
79/4	1,0/ adult	Fußprobleme, überlange Zähne	Fußproblem durch weiche Matten beseitigt, Zähne während Immobilisation gekürzt	Kombination von Promazine und Phencyclidine	problemlos		
79/5	1,1	Coccicidien	Sulfadiamethaxine				
83/1 und 83/2	2,0	bei Geburt ertrunken					
83/3 und 83/4	1,1	gestorben in den ersten Lebenstagen				Lungenentzündung	
83/5	1,0/ adult					Icterus, Enteritis, Peritonitis	
84/1	1,0 adult					Herzfehler, Nephritis, Toxämie	
88/1	1/ adult	großer Abszeß an linker Mandibel	große Dosen Tetracyclin in Maulhöhle gespritzt				
93/1	0,1/ 6 Monate	Apathie, Ataxie nach Transport, Hautverletzungen	Oxytetracyclin				genesen
	dasselbe	Abszeß	gespalten im Zwangskäfig, gespült mit H_2O_2				genesen
	dasselbe	Diarrhöe	Diät, Carboadsorbens				genesen
93/2	1,0/ adult	Diarrhöe	Diät, Carboadsorbens				genesen
93/3	0,1/ adult	handflächengroße Verbrennung der linken Gesichtshälfte	Rivacillin				genesen
93/4	0,1/ adult	Alterskachexie				Emphysema et antracosis pulmonum Kachexia senilitas	
93/5	1,0/ adult	überlange Zähne Enteritis, Obturation	Kürzung im Zwangskäfig			gestorben durch Fremdkörper (Teil eines Gummischlauches)	genesen
93/6	0,1/ adult	mehrere Wunden, Abszesse	Euthanasiert mit 32(?) Jahren wegen Senilität			Gastroenteritis, Tumor des Eierstocks	
93/8	0,1/ I Tag	getötet durch Mutter am Tag der Geburt					
94/1	0,1/ subadult	Abszesse in Haut	2 x 10,0 Penicillin mit Langzeitwirkung				
	dasselbe	überlange Zähne	Zahnkürzung	1,5 mg M99 kombiniert mit 10,0 mg Azaperone			

Reg.Nr.	Anzahl/ Alter	Klinische Diagnose	Behandlung	ZWERGFLUSSPFERDE Immobilisation Wirkstoff	Reaktion	Sektionsbefund	Bemerkungen
94/2	0,1/ adult	überlange Zähne	Zähne gekürzt, Ecken abgefeilt	2mg M99			
94/3	0,1/ adult	überlange Zähne	Zähne gekürzt, Ecken abgefeilt	2mg M99 5mg Diprenorphine MCl			
94/4	0,1/ adult	leidet seit 5-6 Jahren an Hautabszessen, überlange Zähne	gestorben während Immobilisation	2mg M99	gestorben während Immobilisation	Hautveränderungen aufgrund Abszesse Leberdegeneration Vermehrung von Melaninkörnchen in Basis der Epidermis	
97/1	1,0/ adult					Darmperforation durch Glas	
97/2	0,1/ adult	getötet durch 1,0					
98/1	1/ adult	subcutane Abszesse	Antibiotika				genesen
101/1	1/ adult	Pneumonie	Antibiotika, Elektrolyte			Pneumonia	
101/2	0,1/ adult	gestorben während Transport				Überhitzung	
101/3	0,1/ adult					Bronchopneumonie	33 Jahre alt geworden
104/1	1/ adult	Hautrisse	Pennicillin 5ml Dexametazone 4ml				diätetischer Zusatz: Weizenkeimöl
112/1	mehrere Neugeborene					durch andere Käfiginsassen getötet	
112/2	1/ adult			4mg M99 mit 10mg Xylazine			
	dasselbe			900mg Ketamine mit 100mg Xylazine			
115/1	1,0/ adult	ohne Krankheitsanzeichen gestorben				Enterotoxämie	restlichen Tiere behandelt: 5mg/kg/KM Oxytetracyclin über 5 Tage
118/1	1,0/ adult	komplizierte Mandibulafraktur					
119/1	3/ Neugeborene	2 gestorben durch Verletzungen durch Eltern				2 gestorben durch Verletzungen durch Eltern	
123/1	0,1/ adult		Tbc-Test	175mg Sernylan mit 200mg Spacine	ausreichende Immobilisation		
123/2	1,0/ adult		Zahnextraktion	310mg Sernylan mit 350mg Spacine	sehr gute Immobilisation, langsames Erwachen		

Reg.Nr.	Anzahl/ Alter	Klinische Diagnose	Behandlung	ZWERGFLUSSPFERDE Immobilisation Wirkstoff	Reaktion	Sektionsbefund	Bemerkungen
123/3	1,0/ adult		Zahnkürzung	300mg Spacicine 260mg Sernylan, Atropin	ausreichende Wirkung		
123/4	1,0/ adult		Zahnkürzung	250mg Sernylan 250mg Promazin			
123/5	0,1/ adult	positiver Tbc-Test an Schwanzfalte	Euthanasie			Polycystische Niere, Tumor	
123/6	1,0/ 29 Jahre	Arthritis				Infarkte des Dünndarms, Lungenödem	
123/7	0,1					Rektumprolaps, linke Niere fehlt, rechte Niere Glomerulosclerose, Pneumonie, Hautulcerationen	
123/8	1/ neonat.					Hydrocephalus	
123/9	0,1/		Handaufzucht				
126/1	1,0/ subadult					Akute Pneumonie, hämorrhagische Enteritis, rechte Niere fehlt	
126/2	1,0/ adult 4 Jahre					zahlreiche Hautabszesse, Streptokokken, Myocard enthielt verkalkte Gebiete etwa 3mm Ø	
126/3	0,1/ adult	Hautabszesse				zahlr. Abszesse an Kopf, Extremitäten, Rücken u. Flanken	
126/4	0,1/ adult					Fibrom auf dem Kopf	
126/5	0,1/ adult			240mg Valium	leichte Sedation, ruhte den Rest des Tages		gleiche Dosis bei anderer Gelegenheit ohne Erfolg
126/6	1,0/ adult	Katarakt am linken Auge					
126/7	1/ adult	Immobilisation zwecks Untersuchung		3mg M99 mit 180mg Xylazine 4mg M50/50 i. v.	Exzitationen und Opisthotonus		
126/8	1,0/ adult	Kolik-Obstipation	Einlauf: Seifenwasser, Antibiotika, Muskelrelaxantien				genesen
126/9	0,1/ adult	Abszesse, haemolysierende Streptokokken	Tribrissen, Ampicillin, Chloramphenicol				genesen

ZWERGFLUSSPFERDE

Reg.Nr.	Anzahl/ Alter	Klinische Diagnose	Behandlung	Immobilisation Wirkstoff	Immobilisation Reaktion	Sektionsbefund	Bemerkungen
129/1	1,0/ adult	überlange Zähne, verletzte Oberlippenschleimhaut	Abschleifen d. Zähne, Betadinspülungen, Stromorgyleinlagen	15mg/kg/KM Ketamin mit 2mg/kg/KM Rompun			
129/2	0,1/ adult	Euterentzündung	Sulfonamide per os, Vetidrex parenteral	10mg/kg/KM Vetalar mit 2mg/kg/KM Rompun			
129/3	0,1 1 Monat					Sepsis, Pasteurella multocida (Leber, Milz, Nieren)	
129/4	0,1/ 8 Tage	versuchte Handaufzucht				Ansammlung verklumpter, harter Milch in Magen, die nicht in Dünndarm gelangte	
132/1	0,1 1 Jahr	Nabelbruch	Operation, Antibiotikaversorgung	100mg Sernyl mit 50mg Propionyl-Promazin			genesen
	dasselbe		Fädenziehen nach Operation	100mg Sernyl mit 50mg Propionyl-Promazin, nachdosiert 75mg Sernyl 53 Minuten später	reicht gerade zum Fädenziehen		
132/2	1,0/ adult	Coccidien					
135/1	1,0/ adult		Ruhigstellung vor dem Zusammenlassen eines Paares	100mg Librium	ohne Wirkung		
135/2	0,1/ adult		Ruhigstellung vor dem Zusammenlassen des Paares	100mg Librium	ohne Wirkung		
	dasselbe	Bißverletzung durch 1,0		1750mg/Tier Vetalar (in 4 Dosen) mit 200mg/Tier Rompun u. 2,0 Combelen	Tier taumelt		konnte nicht operiert werden
	dasselbe	Schwergeburt	Extraktion	2,45mg M99 1,0 Revivon	ungenügend immobilisiert		Jungtier von 0,1 aufgezogen
135/3	0,1/ adult	Abmagerung, Diarrhöe Salmonella enteritis	10,0 Chloromycetin i. m. 5,0mg Ampicillin/Tag über 4 Tage oral				genesen

Aus dem Institut für Veterinär-Pathologie (Direktor: Prof. Dr. H. S t ü n z i) und der Klinik für Zoo- und Heimtiere, Institut für Zuchthygiene (Direktor: Prof. Dr. K. Z e r o b i n) der Universität Zürich

TODESURSACHEN BEI KLEINKANTSCHILS DES ZÜRCHER ZOOS IM ZEITRAUM 1972 - 1981

Von B. H a u s e r , D. P a l m e r und E. I s e n b ü g e l

Der malaysische Kleinkantschil (Tragulus javanicus O s b e c k , 1765) gehört zur Familie der Hirschferkel (Tragulidae), welche als primitivste Wiederkäuer betrachtet werden. Die Familie ist mit drei Arten in Asien und einer Art in Afrika verbreitet.

Tabelle 1 vermittelt eine Übersicht über die systematische Stellung des Kleinkantschils (leicht modifiziert nach R o b i n (1979); G r z i m e k (1973)):

Ordnung:	Paarhufer	(Artiodactyla)
Unterordnung:	Wiederkäuer	(Ruminantia)
Teilordnung:	Zwerghirsche	(Tragulina)
Familie:	Hirschferkel	(Tragulidae)
Gattung:	Kantschils	(Tragulus)
Arten:	Afrikanisches Hirschferkel	(Hyemoschus aquaticus)
	Großkantschil	(Tragulus napu)
	Kleinkantschil	(Tragulus javanicus)
	Fleckenkantschil	(Tragulus meminna)

Seit dem Erstimport von 2,3 Tieren im Jahr 1972 durch C. R. S c h m i d t hält und züchtet der Zoologische Garten in Zürich diese Zwerghirsche und pflegt zur Zeit einen Bestand von 4,6 Tieren. Die Tiere des Zürcher Zoos werden in zwei verschiedenen Unterbringungen gehalten. Ein nach den Plänen des Medical Research Institutes in Kuala Lumpur, Malaysia, hergestelltes Käfigsystem aus gegeneinander abschieberbaren Boxen mit Hobelspan-Einstreu beherbergt eine Gruppe, während die zweite in einer zweiteiligen geräumigen, als Biotop eingerichteten, verglasten Schauanlage im Elefantenhaus lebt. In der gleichen Anlage befinden sich fliegende Hunde, Mainas und Rulrul. Die Boxenhaltung ist dem Publikum nicht einsichtbar.

Über das Freilandverhalten der Zwerghirsche ist wegen der vornehmlich nächtlichen Lebensweise und der außerordentlichen Scheue dieser Tiere fast nichts bekannt. Das Verhalten des Kleinkantschils wurde im Zürcher Zoo von R o b i n (1979) untersucht.

Aufgrund der hohen Streßanfälligkeit dieser Tiere und ihrer ungestümen Fluchtreaktionen, die auch bei längerer Haltung in Menschenobhut nicht abgelegt werden, sind die Kleinkantschils auch heute noch heikle Pfleglinge. Die Fütterung stellt indessen kein Problem dar.

Sektionsbefunde

Im Berichtszeitraum 1972 - 1981 wurden insgesamt 10 Tiere importiert, 41 Jungtiere im Zoologischen Garten geboren (16,24 + 1) und 40 Todesfälle und Totgeburten registriert. Von den 33 im Institut für Veterinär-Pathologie sezierten Tieren waren 16 Tiere bis 10 Tage alt, 17 zwischen 3 Monaten und 6 Jahren. Die Kadaver wurden routinemäßig seziert, wobei auf eine Untersuchung des Skeletts und des Zentralnervensystems in vielen Fällen verzichtet werden mußte. Meistens wurden bakteriologische und histologische, gelegentlich parasitologische und histochemische Untersuchungen durchgeführt. In einem Fall wurde der Kupfergehalt der Leber bestimmt.

Die Tabelle 2 ermöglicht einen Überblick über die Sektionsbefunde.

Ergänzende Erläuterungen werden im Text gegeben. Aus Gründen der Übersichtlichkeit wird nach Alter und Todesursachen gegliedert.

Tabelle 2 JUNGTIERE

Tier-Nr.	Alter	Geschlecht	Gewicht	Diagnose
1	1 Tg.	männlich	150 g	Verhungern
2	1 Tg.	männlich	-	Verhungern
3	2 Tg.	weiblich	110 g	Verhungern, subakute Lebernekrosen
4	3 Tg.	männlich	140 g	Verhungern
5	0 Tg.	weiblich	130 g	Totgeburt, fettige Leberdegeneration
6	0 Tg.	weiblich	180 g	Totgeburt
7	0 Tg.	weiblich	150 g	Totgeburt
8	2 Tg.	weiblich	150 g	Coli-Sepsis
9	3 Tg.	weiblich	150 g	Coli-Sepsis
10	3 Tg.	weiblich	160 g	Coli-Sepsis
11	2 Tg.	weiblich	130 g	Femurfraktur (durch Muttertier), akutes Lungenödem
12	7 Tg.	männlich	190 g	Aspirationspneumonie (teilweise Handaufzucht
13	8 Tg.	weiblich	-	interstitielle Pneumonie, Kachexie
14	0 Tg.	männlich	-	unklar
15	5 Tg.	weiblich	184	unklar
16	10 Tg.	weiblich	100 g	unklar (Magen-Darm: gut gefüllt)
ADULTE TIERE				
17	3 Mt.	männlich	650 g	Schock
18	2 J	weiblich	1,750 kg	Schock
19	2 J.	männlich	1,400 kg	Schock
20	adult	männlich	1,000 kg	Schock
21	adult	männlich	1,270 kg	Schock
22	10 Mt.	weiblich	1,500 kg	akute Hämolyse
23	18 Mt.	weiblich	1,440 kg	akute Hämolyse
24	4 J.	männlich	1,280 kg	akute Hämolyse
25	6 J.	männlich	1,300 kg	akute Hämolyse, chronische interstitielle Nephritis, mässige akute eitrige Pneumonie
26	adult	weiblich	1,650 kg	akute Hämolyse
27	1/2 J.	männlich	1,380 kg	Verlegung der Harnröhre
28	14 Mt.	weiblich	1,400 kg	Kachexie; Tod in Narkose
29	1 1/2 J.	weiblich	1,840 kg	Torsio uteri (geburtsreifer, 255 g schwerer Fetus)

Tier-Nr.	Alter	Geschlecht	Gewicht	Diagnose
30	3 J.	männlich	1,180 kg	Kachexie, mässige Oesophagus-dilatation, akute Aspirations-pneumonie
31	3 J.	männlich	1,450 kg	akute Skelettmuskeldegeneration, Hautulcus ventral des Brustbeins
32	4 J.	männlich	1,300 kg	frischer Infarkt eines Leberlappens
33	5 J.	weiblich	1,800 kg	chronische abszedierende Entzündung ventral des Brustbeins (Fuso-bacterium necrophorum) - akute nekrotisierende Pneumonie (Fuso-bacterium necrophorum)

1. Todesfälle bei Jungtieren

Eigentliche Jungtierkrankheiten traten nur bei Tieren im Alter von 0 bis 10 Tagen auf. Die Tabelle 3 stellt die mutmaßlichen Todesursachen in Abhängigkeit vom Lebensalter in Tagen dar:

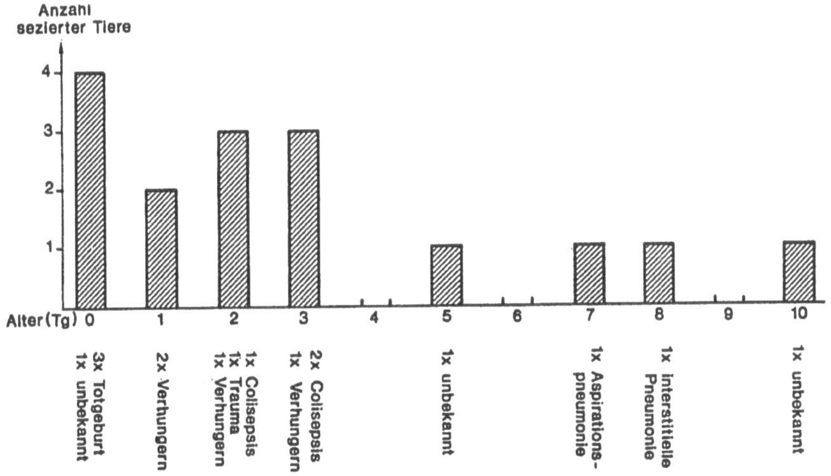

Die Diagnose "Verhungern" wurde aufgrund der vollständigen Atrophie der Fettdepots und des Fehlens von Milchnahrung im Magen gestellt. Die Ursache des Verhungerns konnte im allgemeinen nicht eruiert werden. Lediglich bei einem Jungtier, welches im Alter von 2 Tagen starb, deuteten in Reparation begriffene Lebernekrosen darauf hin, daß eine intrauterin erworbene Infektionskrankheit zu einer Lebensschwäche geführt haben könnte. Eine bakteriologische Untersuchung der Organe verlief allerdings negativ. Mangelhafte Milchproduktion der Mutter konnte in diesem Fall aufgrund des prall wirkenden Euters ausgeschlossen werden.

Vollständige Nichtentfaltung der Lunge bei zur Geburtsreife entwickelten Jungtieren gestattete, die Diagnose Totgeburt zu stellen. Anhaltspunkte für Infektionskrankheiten oder Mißbildungen fanden sich nicht. Die Plazenta fetalis konnte allerdings nie untersucht werden. Aborte wurden nie beobachtet.

Die Diagnose Coli-Sepsis wurde dann gestellt, wenn mindestens zwei parenchymatöse Organe einen mittleren bis hohen Gehalt an E. coli aufwiesen. Histologisch ließen sich höchstens unbedeutende und unspezifische Veränderungen finden. Laut Anamnese waren alle 3 Tiere von Geburt an untergewichtig und zum Teil schwach, so daß die Infektion wohl eher als ein sekundäres Ereignis betrachtet werden muß.

2. Todesfälle bei adulten Tieren

Nach R o b i n (1979) werden weibliche Tiere im Alter von 6 Monaten geschlechtsreif, männliche mit 8 Monaten. Von den 17 in diesem Abschnitt beschriebenen Tieren müssen aufgrund dieser Angaben 15 als adult betrachtet werden. In der Altersspanne von 10 Tagen bis zur Geschlechtsreife starben lediglich zwei Tiere (Alter: 3 und 6 Monate). Da bei diesen keine spezifischen Jungtierkrankheiten diagnostiziert wurden, sollen sie ebenfalls in diesem Abschnitt beschrieben werden.

a) Schock

Kantschils sind ausgesprochen scheue Tiere, welche in der Natur ein verborgenes Leben führen. Es ist daher nicht erstaunlich, daß die Eingewöhnung in einen engbegrenzten Lebensraum, welcher die Fluchtmöglichkeiten erheblich einschränkt und eine stark erhöhte Zahl von Störungsquellen in sich birgt, große Risiken mit sich bringt. Von insgesamt 10 neuimportierten Tieren starben denn auch 5 (4 männlich und 1 weiblich) zwischen 13 und 21 Tagen, während sie noch im Quarantäneraum untergebracht waren. Zwei davon lagen auf der Seite fest und starben nach 2 Stunden, die restlichen wurden tot aufgefunden. Die Sektionsbilder waren sich im wesentlichen gleich: Im Vordergrund stand eine starke akute Stauung der Leber und, in einem Teil der Fälle, von Lunge, Nieren und Milz in wechselnder Kombination. Zweimal fanden sich außerdem Lungenblutungen. Die stets negativ verlaufende bakteriologische Untersuchungen und die histologischen Befunde ließen eine Infektionskrankheit ausschließen. Als Todesursache kam deshalb kaum etwas anderes als Schock in Betracht, dessen genaue Pathogenese aufgrund des Sektionsbildes leider nicht rekonstruiert werden konnte.

b) Hämolyse

Vom 22. Oktober bis zum 14. November 1975 starben 4 Tiere hintereinander. Drei davon wurden tot aufgefunden, das vierte zeigte einige Stunden vor dem Tod Zittern, Schwäche und Opisthotonus. Zwei Jahre später, am 19. September 1977, starb ein weiteres Tier, nachdem es vier Tage lang durch pumpende Atmung aufgefallen war. Alle diese 5 Tiere wiesen ein gleichartiges Sektionsbild auf. Die Nieren waren mit einer Ausnahme schwarzrot verfärbt, der Harnblaseninhalt, mindestens in 2 Fällen, dunkelbraunrot. Die größeren Gefäße enthielten Fibringerinnsel. Die Lunge konnte ödematös oder emphysematös sein. Ikterus wurde in keinem der 5 Fälle beobachtet. Histologisch standen Nierenveränderungen im Vordergrund. Die Tubuluslumina waren angeschoppt mit amorphen gelborangen Massen, welche meist zylindrisch und im Querschnitt nicht selten hexagonal geformt waren. Diese Massen waren nach Microincineration positiv für Eisen und zeigten eine deutliche Peroxidase-Reaktion (Lepehne, Reaktion mit Diaminobenzidine), die Berlinerblau- und Turnbullblau-Reaktion fielen negativ aus (Methoden siehe L u n a (1968); B u r c k (1973); S t e r n b e r g e r (1979)). Aufgrund dieser histochemischen Eigenschaften durfte geschlossen werden, daß sie sich aus Hämoglobin zusammensetzen. Zusätzlich enthielten die Tubuluslumina Eiweißtropfen und in mindestens einem Fall Erythrozytenkonglomerate. Die Tubulusepithelien waren im allgemeinen komprimiert und in ihrem Zytoplasma war eine mäßige Zahl von Hämosideringranula eingeschlossen. Die Glomerulumkapillaren waren lichtmikroskopisch nicht offensichtlich verändert. Die übrigen Organe zeigten inkonstante Veränderungen. Die in je einem Fall zu beobachtenden akuten zentrolobulären Lebernekrosen und degenerative Verfettung waren vermutlich hypoxämisch bedingt. Von der in einem Fall vorhandenen Kupferzellhämosiderose konnte nicht gesagt werden, ob sie vorher bestanden hatte oder nicht. Anzeichen für extramedulläre Hämatopoese waren nie zu beobachten. In einem Fall war die Lunge mäßig akut entzündet. In 4 Fällen durchgeführte bakteriologische Untersuchungen und die in einem Fall veranlaßte Kupferanalyse im Lebergewebe verliefen negativ. Aufgrund der beschriebenen Befunde muß auf eine perakute bis akute Hämolyse mit Hämoglobinurie und in mindestens einem Fall zusätzlich auf eine Hämaturie geschlossen werden. Leider fanden sich keinerlei konkrete Hinweise auf eine mögliche Ätiologie des Leidens.

Diskussion

Die Tatsache, daß 20 von 41 im Zürcher Zoo geborenen Kantschils innerhalb der ersten 10 Lebenstage starben, weist darauf hin, daß die Aufzucht bei diesen Tieren erhebliche Schwierigkeiten bietet. Erstaunlich ist, daß die Quote erfolgreicher Aufzucht von Muttertier zu Muttertier stark variierte: Während eine Mutter 12 von 14 Jungen großziehen konnte, überlebten bei einer zweiten nur 2 von 7, und einer weiteren starben alle 5 Jungtiere. Daraus läßt sich wohl der Schluß ziehen, daß die Qualität der Muttertiere für die Aufzucht von entscheidender Bedeutung war und daß Umweltfaktoren eher sekundär ins Gewicht fielen. Infolge ihrer natürlichen Scheuheit war eine Beobachtung der Muttertiere post partum nur beschränkt möglich. Es blieb deshalb unklar, ob mangelhafte Milchproduktion oder reduzierte Saugfähigkeit des Jungtieres zur Schwächung und dadurch schließlich zu Verhungern oder terminaler Coli-Sepsis führte. Fehlverhalten der Mutter als Folge eines sozialen Druckes innerhalb der Gruppe konnte ebenfalls nicht ausgeschlossen werden. Lediglich in 2 Fällen - 2 Schwergeburten, eine davon mit Kaiserschnitt - wurden konkrete Hinweise auf die Todesursachen gefunden.

Nach I p p e n und S c h r ö d e r (1973) führten hohe Außentemperaturen während des Transports bei mehreren Kantschils zu einem Kreislaufversagen. Die vom Zürcher Zoo importierten Tiere überlebten zwar den Transport, 5 von 10 starben aber innerhalb 3 Wochen nach dem Eintreffen an Schock.
Es scheint deshalb außerordentlich wichtig zu sein, daß den Tieren nicht nur während des Transports sondern auch während der Anpassungszeit ein optimaler Schutz gegen Störungen aus der Außenwelt geboten wird.

Die Ursache der perakuten Hämolyse, welcher 5 Tiere erlagen, blieb leider rätselhaft. Drei der Tiere waren bereits im Zoo geboren worden, die anderen zwei hatten nach dem Import über 2 Jahre lang im Zoo gelebt. Aufgrund dieser Tatsache schien eine fatal verlaufende Infektion mit Blutparasiten unwahrscheinlich zu sein. Es fiel zwar auf, daß alle Tiere zu derselben Jahreszeit gestorben waren; physikalische Einflüsse wie beispielsweise abrupte Temperaturstürze konnten jedoch als Ursache ausgeschlossen werden, da die Tiere immer in Räumen mit konstanten klimatischen Bedingungen gehalten worden waren. Einzig toxische Ursachen konnten nicht gänzlich ausgeschlossen werden (z. B. gespritztes Gemüse).

Von den Einzelfällen verdienen lediglich die zweimal beobachteten Nekrosen ventral des Brustbeins nochmals kurz erwähnt zu werden: I p p e n und S c h r ö d e r (1973) beschrieben nämlich ähnliche Veränderungen, welche sie als transportbedingte Dekubituserscheinungen interpretierten. Auch in unseren Fällen kam kaum etwas anderes als Dekubitus in Betracht, welcher indessen weder auf ein längerdauerndes Festliegen noch auf einen Transport zurückgeführt werden konnte, sondern am ehesten auf zu harte oder zu rauhe Unterlage zurückgeführt werden mußte.

Zusammenfassung:

Todesursachen bei Kleinkantschils des Zürcher Zoos im Zeitraum 1972 - 1981

Sechzehn Kleinkantschils im Alter von 0 - 10 Tagen wurden entweder tot geboren oder starben an mangelhafter Nahrungsaufnahme und deren Folgen (Verhungern, Coli-Sepsis, Aspirationspneumonie infolge künstlicher Ernährung). Bei 17 subadulten und adulten Tieren wurden in 5 Fällen Schock innerhalb von 3 Wochen nach dem Import, in 5 Fällen Hämolyse unbekannter Ursache und in 7 Fällen andere Todesursachen festgestellt.

Summary:

Causes of Deaths among Lesser Malay Mouse Deer in Zurich Zoo, 1972 - 1981

Perinatal death occurred to 16 lesser malay mouse deer, within the first ten days of age. They were stillborn or died of inadequate feed intake and its sequels (starvation, E. coli septicaemia, aspiration pneumonia due to hand rearing). Five in 17 subadult and adult animals died of shock, within three weeks from import, another five of haemolysis of unknown aetiology, and seven of other causes.

Résumé :

Causes mortelles de chevrotains malais (Tragulus javanicus) au jardin zoologique de Zurich dans la période allant de 1972 à 1981

Seize chevrotains malais à l'âge de 0 à 10 jours étaient ou mort-nés ou sont morts à la suite d'une alimentation insuffisante et de ses conséquences (morts de faim, de septicémie colibacillaire, de pneumonie par aspiration de lait artificiel). Chez dix-sept animaux morts à l'âge adulte ou subadulte, nous avons constaté que la mort avait été causée chez 5 d'entre eux par un choc survenu dans les 3 semaines suivant l'importation, chez 5 autres par une hémolyse d'étiologie non déterminée et chez les 7 derniers par des causes diverses.

Резюме:

Причины падежа мелких кантшил в зоопарке города Цюриха за период с I972 по I98I г.

I6 мелких кантшил в возрасте от 0 до I0 дней били рождены мертвыми или погибли от недостаточного приема пищи и последствий: погибли от голода, от коли-сепсиса , аспирационной пневмонии в результате искусственного введения пищи. У I7 субадультных и адультных животных в пяти случаях в течение 3 недель после импортного ввоза выявлен шок, в 5 случаях обнаружен гемолиз и в 7 случаях другие заболевания. Все они явились причиной гибели животных.

Literaturverzeichnis:

BURCK, H.-C. (1973): Histologische Technik. Stuttgart: Georg Thieme, 142.

GRZIMEKS Tierleben, Säugetiere 4 (1973): Systematische Übersicht. Zürich: Kindler, 515 - 522.

IPPEN, R. und H.-D. SCHRÖDER (1973): Über Transportverluste bei Zootieren. Verhandlungsber. XV. Internat. Symp. Erkrankungen Zootiere, Kolmarden, 167 - 176.

LUNA, L. G. (Editor) (1968): Manual of Histologic Staining Methods of the Armed Forces Institute of Pathology. 3rd ed. New York: McGraw-Hill, 178 - 181.

ROBIN, N. P. (1979): Zum Verhalten des Kleinkantschils (Tragulus javanicus OSBECK 1765). Diss. Phil. II. Zürich: Juris.

STERNBERGER, L. A. (1979): Immunocytochemistry. 2nd ed. New York: John Wiley and Sons, 126.

Anschrift der Verfasser: B. Hauser und D. Palmer
Institut für Veterinär-Pathologie
Winterthurerstraße 260
8057 Zürich (Schweiz)

CAUSES OF DEATHS OF BIRDS IN ZOOLOGICAL GARDEN OF LJUBLJANA, BETWEEN 1975 AND 1980

By M. P o g a č n i k and T. G e r š a k

Introduction

Something between 700 and 800 birds, representing between 70 and 80 species, are kept in the Zoological Garden of Ljubljana. More recent developments have been characterised by numerical increase in the number of exotic birds and numerical decrease in the number of European species. A Haliaetus albicilla, which died at the age of 39 years in 1981, had been the oldest bird ever kept in the Zoo. An analysis of causes of deaths over the past five years will be given in this paper. Pathologico-anatomic autopsy, one of the most convenient approaches to diagnosis, was used together with various techniques of laboratory diagnosis. Being aware of similar analyses by other authors in the past, the authors of this paper compared their own results with those of others (2, 4, 5).

Results and discussion

The death toll among birds over the past five years has been 230, bringing the annual average to 46 and the annual mortality rate to 7.5 per cent. Death curves always were at their highest in the fourth quarter of every year and low in the first.

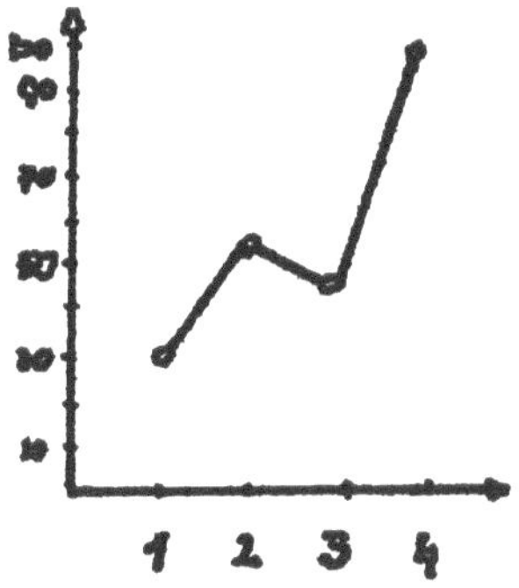

Fig. 1 Quarterly death curves

1 January to March (30)
2 April to June (55)
3 July to September (45)
4 October to December (100)

The highest mortality was recorded from psittacidae, by far the largest community in this Zoo, and from gallus spp. Diseases which caused death and the bird species affected are summarised in Table 1. Trauma ranked on top of the list (29 per cent), followed by enteritis (19 per cent), suffocation (nine per cent), and other ailments or accidents. Most of the traumatic cases were associated with cannibalism, fights in pairing seasons, flights between cages, attacks by wild animals, and inadequate accommodation. A number of birds was hurt by careless visitors. Many aquatic birds were found drowned due to poor design of edges of ponds or lakes.

There were numerous cases of enteritis of unknown aetiology which were not even elucidated by parasitological and bacteriological tests. The authors concluded that enteritis, accompanied by diarrhoea, leading to death usually had resulted from sudden change in diet or ambient temperature. Mortality peaks were quite often recorded on days following Sundays or holidays as a result of inappropriate feeding by visitors. Other causes of death were noted but found to be less important.

Studies into death rates by species revealed 14 per cent for gallus spp., six per cent for anatidae, and two per cent for psittacidae, with a mean value of eight per cent being established for all other bird species.

Table 1 Causes of deaths by bird species, between 1975 and 1980

		GALLUS SPP.	PHASIANIDAE	NUMIDIDAE	MELEAGRIDAE	PAVO CRISTATUS	ANATINAE	ANSERINAE	CYGNEAE	FRINGILLIDAE	CICONIIDAE	PSITTACIDAE	DROMAEIDAE	LARIDAE	STRINGIDAE	ACCIPITRIDAE	TOTAL
PHYSICAL CAUSES	SUFFOCATIO	1			4	1	1o		4			2					22
	HYPOTHERMIA	1							1	6		12					2o
	TRAUMA	1o	1o	2	3	2		1		5	1	26	1	4		2	67
ORGANIC DISEASES	SENIUM									1							1
	CACHEXIA				1												1
	OBSTRUCTIO OESOPHAGI						1										1
	OBSTRUCTIO OVIDUCTI CUM OVO	2										1					3
	INTOXICATIO ALIMENTARIA		1						2		1						4
	ENTERITIS	3	6				1		1	6		24			1		42
	MYOCARDITIS	1															1
	HEPATITIS									1							1
	DEGENERATIO ADIPOSA HEPATIS			1													1
	CIRRHOSIS HEPATIS						2							1			3
	NECROSIS HEPATIS											1	1				2
	HYPERTHYREOIDOSIS	1															1
	URICOSIS						2										2
	RUPTURA CORDIS		1									1					2
	NEOPLASMA											3					3
INFECTIOUS DISEASES	SEPSIS								1								1
	PNEUMONIA								1						1		2
	ERYSIPELAS					1											1
	LYSTERIOSIS	5															5
	CRD	1	1														2
	ASPERGILLOSIS											1				1	2
PARASITIC DISEASES	COCCIDIOSIS	11		1													12
	HISTOMONIASIS	1	2		1	9											13
	ASCARIDOSIS	1										4					5
	SYNGAMOSIS		2		1												3
	ETC. PARASITOSIS								1			6					7
	TOTAL	38	23	4	1o	13	12	5	12	18	2	81	2	5	2	3	230

Reasons for deaths with different kinds of birds from 1975-198o

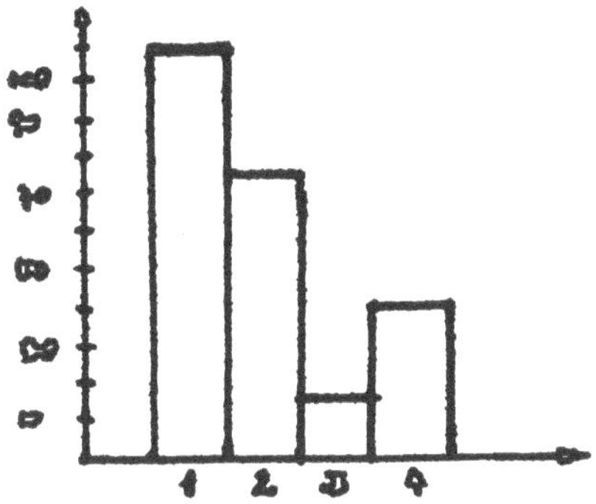

Fig. 2 Causes of deaths of birds, 1975 through 1980

1 Traumata (109)
2 Organic diseases (76)
3 Infectious diseases (13)
4 Parasitoses (40)

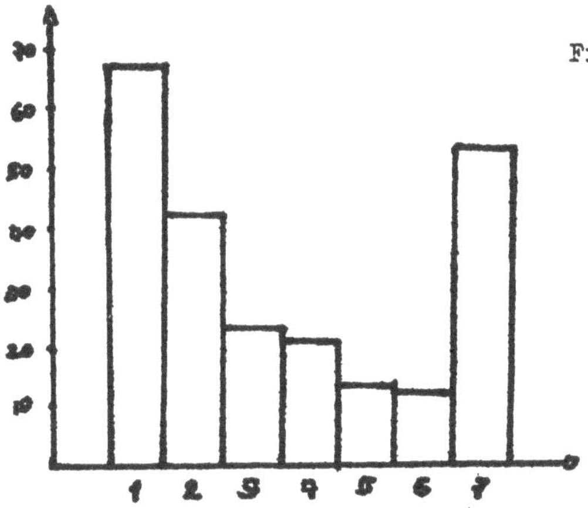

Fig. 3 Causes of deaths of birds, 1975 through 1980

1 Traumata (67)
2 Enteritis (42)
3 Suffocation (22)
4 Hypothermia (20)
5 Histomoniasis (13)
6 Coccidiosis (12)
7 Other (54)

Incidence of infectious diseases with fatal result in the past five years was lower than figures had been in previous periods, primarily owing to action taken by the management of the Garden, such as planfully distributed accommodation, enlargement of living space, and closer observance of zoological garden hygiene. Generally, infectious diseases are shown to be quite frequent among zoo birds (1), except for Listeriosis which is rare and of sporadic occurrence, according to various authors (6). In the Zoological Garden of Ljubljana, there were two outbreaks of Listeriosis in two different kinds of gallus spp. in two months.

Forty birds died of parasitoses in the period under review. Coccidiosis and histomoniasis were the most common causes. Most of the deaths occurred in periods of high humidity, when sources of infection could not even be stopped by preventive and therapeutic action. Re-infection with parasitoses was attributable primarily to high moisture in the ground of the entire zoo site.

The results so far obtained by the authors of this paper are likely to suggest that bird mortality in the Zoological Garden of Ljubljana has been very similar to situations in other zoological gardens for both spectrum and severity of diseases which had caused deaths. This, however, is not considered a major problem to bird breeding and habitation.

Summary:

Causes of Deaths of Birds in Zoological Garden of Ljubljana, between 1975 and 1980

The causes of death of 230 birds in a community of roughly 800 individuals were analysed by bird species, diseases, and seasons. Infectious diseases were lower in incidence than before due to proper managerial action. Mortality rates recorded did not pose a problem to breeding and keeping.

Zusammenfassung:

Todesfälle bei Vögeln im Zoologischen Garten von Ljubljana in der Zeit von 1975 bis 1980

Die Todesursachen von 230 von insgesamt etwa 800 im Zoo von Ljubljana gehaltenen Vögeln wurden nach Vogelarten, Krankheitsbildern und Jahreszeiten untersucht. Die Häufigkeit von Infektionserkrankungen konnte durch zoohygienische und andere tiergärtnerische Maßnahmen gesenkt werden. Die Mortalität stellt für die Aufzucht und Haltung in Ljubljana kein kritisches Problem dar.

Резюме:

Падеж птиц в зоопарке Любильяны в течение периода с I975 по I980 г.

Исследовались причины падежа 230 птиц резличных видов из общего колическтва 800 птиц в зависимости от вида,болезни и времени года.Частота заболеваний может быть снижена врезультате улучшения зоогигиенических и профилактических мероприятий. Смертность птиц в Люблияне не влияет на их разведение.

References:

KLÖS, H.G., and E.M. LANG (1976): Zootierkrankheiten. Verlag Paul Parey, Berlin-Hamburg.

PETRAK, M.L. (1969): Diseases of Cage and Aviary Birds. Lea and Febiger, Philadelphia.

HERCEG, M., HUBER, I., MARAN, B., ČUTURIĆ, S., and A. VRANČIĆ (1972): Zur Sektionsstatistik bei Vögeln des Zoologischen Gartens der Stadt Zagreb. Proceedings of XIV. International Symposium on Diseases of Zoo Animals, Wroclaw, Poland, 1972, pp. 37 - 42, Akademie-Verlag Berlin.

BRGLEZ, J., and L. ŠENK (Some Data on Pathological and Parasitological Findings recorded from Birds in Slovenia in Captivity and Freedom.

IPPEN, R., and H.D. SCHRÖDER: Ein Beitrag zu den Erkrankungen der Zoovögel.

Proceedings of XIV. International Symposium on Diseases of Zoo Animals, Wroclaw, Poland, 1972, pp. 11 - 29, Akademie-Verlag Berlin.

HOFSTAD, M.S., CALNEK, B.W., HELMBOLT, C.F., REID, W.M., and M.W. YODER Jr. (1972): Diseases of Poultry. The Iowa State University Press, Ames.

Address of authors: Dr. M. P o g a c n i k
Universität Jugoslawien
61115 Ljubljana - p. p. 25 (SFRJ)

Centre National d'Etudes sur la Rage, Services Vétérinaires, B.P. N° 9
54220 - M a l z e v i l l e

CONTRIBUTION A L'ETUDE DE LA BIOLOGIE DU RENARD ROUX
QUELQUES DONNES SUR LA PHYSIOLOGIE ET LA PATHOLOGIE DE L'ESPECE

Par J. B l a n c o u , M.F.A. A u b e r t et G. B l o c h

Les données concernant l'élevage du renard roux en captivité, en particulier celles concernant son alimentation et sa reproduction étant publiées précédemment (Artois et coll.) nous rapportons ici celles concernant plus particulièrement sa physiologie et sa pathologie.
Ces données sont encore incomplètes : nous ne les présentons que parce que nous n'en n'avons pas trouvé l'équivalent dans d'autres publications, et que ces résultats, même préliminaires, peuvent être utiles à une meilleure connaissance de la biologie de l'espèce.
Nous exposerons successsivement les données concernant la physiologie (paramètres biochimiques, hématologiques et immunologiques) puis celles concernant la pathologie (parasitisme et maladies infectieuses) après avoir décrit les matériels et méthodes employés dans cette étude.

Matériel et méthodes

Matériel :

1. Les animaux : il s'agissait dans tous les cas soit de renards obtenus au terrier dans les conditions précédemment décrites, et élevés dans la station expérimentale d'Atton en Meurthe-et-Moselle (Bloch 1980) soit de renards sauvages capturés dans la forêt de M e i n e près de la ville de Toul située dans le même département.

2. Le matériel d'analyse : le matériel d'analyse est constitué par les prélèvements effectués sur les renards (sang, fèces etc....) dans les conditions décrites ci-dessous et le matériel spécifiquement nécessaire à ces analyses est indiqué pour chacune d'entre elles, au paragraphe "méthodes".

Méthodes :

1. Les prélèvements :

° Les prélèvements de sang sont effectués à la veine jugulaire soit sur E.D.T.A. (étude hématologique) soit sans anti-coagulants (études sérologiques) en tubes vacutainer B.D. de 10 ml reliés à un miniperfuseur plastique monté sur aiguille 25 mm (12/10) permettant un prélèvement aisé.

° Les prélèvements de fèces (analyse coproscopique) sont effectués individuellement et analysés aussitôt.

° Les autres prélèvements (lésions organiques "post-mortem", ponctions au biopsies pour recherche d'agents infectieux) sont effectués soit lors de l'autopsie soit sur l'animal vivant contenu et tranquillisé.

°La recherche spécifique des trichines sur les prélèvements musculaires après digestion pepsique, a été décrite en détail par ailleurs (Artois et Gérard, 1981).

2. Les analyses biochimiques :

° Les mesures ont été effectuées à l'aide des appareils suivants :

- spectrophotomètre de flamme par émission et absorption atomique (BECKMAN)
- appareil d'éléctrophorèse (APELAB) avec enregistreur automatique
- ensemble automatique d'analyses en point final LKB-CLINICON

° Les méthodes d'analyse ont été effectuées selon le détail rapporté au tableau n° 1. L'étalonnage nécessaire à chaque méthode d'analyse a été réalisé avec des solutions standard de concentrations connues et le contrôle de qualité, d'exactitude et de reproductibilité a été effectué à l'aide de sérums de contrôle titrés polyvalents (BIO-MERIEUX) lors de chaque série d'analyses.

Tableau n° 1

TABLEAU 1 : METHODES D'ANALYSES BIOCHIMIQUES UTILISEES ET PRINCIPE DE L'ANALYSE

METHODE	PRINCIPE	ELEMENT ANALYSE
Méthode d'analyse physique		
° Spectrophotométrie de flamme	° par émission	SODIUM - POTASSIUM
	° par absorption atomique	MAGNESIUM
° Electrophorèse de zone	° séparation sur acétate de cellulose	FRACTION PROTEIQUE
Méthode d'analyse automatique en point final		
- par voie chimique	° Réaction au bleu de méthyl-thymol en présence de 8 - hydroxyquinoléine	CALCIUM
	° Sans déprotéinisation, réaction de réduction du phosphomolybdate par le SO_4Fe	PHOSPHORE
	° Réaction du Biuret	PROTEINES
	° Réaction addition albumine à la solution de vert de bromocrésol en tampon succinate	ALBUMINE
	° Calcul par différence entre Protéines et Albumine	GLOBULINES
- par voie enzymatique	° Glucose oxydase, para-aminophénazone et peroxydase	GLUCOSE
	° Uréase (réaction de Berthelot)	UREE
	° Cholestérol oxydase, para-amino phenazone et peroxydase.	CHOLESTEROL

3. Les analyses hématologiques :

° La numération des lignées rouges et blanches a été faite par comptage électronique (Coulter - counter Mod. F. Coultronic S.A.)

° La formule leucocytaire a été établie sur frottis colorés par méthode de MAY - GRUNWALD GIEMSA après comptage de 200 éléments.

° L'hématocrite (en volume erythrocytaire / 100 ml de sang) a été mesuré par micro-méthode (microhematocritcentrifuge HAWKSLEY).

° L'hémoglobine a été dosée par la mesure de la cyanméthémoglobine au spectrophotomètre (hémoglobinomètre lib. mod. 1 Apelab).

4. Les analyses immunologiques :

Ces analyses ont consisté en l'exploration de la réactivité lymphocytaire par le test dit "de transformation lymphoblastique" vis-à-vis de trois lectines végétales mitogènes :la phyto-hémagglutinine (PHA), la concanavaline A (con A) et la Poke Weed mitogen (PWM) à la concentration de 1µ gramme/ml. La réactivité lymphocytaire est mesurée par le taux d'incorporation de thymidine méthyle (2µ curie) mesurée au compteur à scintillation liquide +,

5. Les analyses sérologiques :

Elles concernaient les maladies les plus fréquemment rapportées ou soupçonnées chez le renard, et on été effectuées selon les méthodes suivantes :

° Leptospiroses : méthode d'agglutination-lyse vis-à-vis de 7 sérotypes
° Toxoplasmose : méthode d'agglutination directe avec test au mercapto-éthanol (antigène Bio-Mérieux)
° Maladie de Rubarth : séro-neutralisation (en culture de cellules de chien) vis-à-vis du virus de Rubarth.
° Gastro-entérite transmissible (porcine) et encéphalo-myocardite : séro-neutralisation en culture de cellules (R-P. ou L.) en microplaques, vis-à vis du virus T.G.E. ou E. M. (souche L 2 de l'Institut Pasteur).

6. Autres analyses :

D'autres analyses ont été faites soit à partir de prélèvements sur l'animal vivant, soit "post-mortem". Ces analyses utilisaient soit des techniques coproscopiques classiques de recherche des oeufs de parasites, soit des techniques bactériologiques courantes (isolement d'agents pathogènes puis identification au typage biochimique ou sérologique) soit des techniques d'anatomopathologie usuelles, sur coupes de 5 m. d'organes en bloc de paraffine, colorées à l'hématoxyline éosine.

7. Test statistiques :

Selon les caractéristiques des échantillons nous avons comparé les données sanguines en utilisant les test suivants : test non paramétrique de Mann-Whitney), test de Cochran, ou test de Student (Gremy et Salmon, 1969).

+ Cette technique étant maintenant classique nous ne la décrirons pas ici, mais remercions vivement le Dr. C. Janot (Centre Régional de Transfusions Sanguines VANDOEUVRE 54500) d'avoir bien voulu nous aider à réaliser ces analyses et accepté d'en publier ici les résultats préliminaires.

TABLEAU 2 A : PARAMETRES BIOCHIMIQUES CHEZ HUIT RENARDS ADULTES EN CAPTIVITE EN HIVER (JANVIER)

N°	sexe	âge	Na g/l	K mg/l	Ca mg/l	Mg mg/l	P mg/l	Urée g/l	Lipides g/l	Cholest. g/l	Protéine g/l	Alb. g/l	Glob. g/l	Rapport A/G
1	M	9 mois environ	3,33	159,9	85,60	22,8	42,30	0,99	6,24	1,33	72,14	34,28	37,76	1,09
2	M	9 mois	3,47	175,5	97,53	22,8	50,86	0,95	7,03	2,11	73,32	39,66	33,66	0,84
3	M	id.	3,42	179,4	93,30	22,8	53,15	0,56	7,31	2,75	68,21	33,28	34,93	1,04
4	M	id.	3,49	210,6	108,12	24,2	56,29	0,29	7,34	1,89	68,21	41,23	26,98	0,65
5	M	id.	3,42	175,5	97,19	22,8	28,32	0,57	6,83	2,57	63,10	35,40	27,70	0,78
6	M	id.	3,40	202,8	97,03	18,6	54,86	0,53	7,03	2,28	68,80	32,88	35,92	1,09
7	F	id.	3,38	183,3	102,40	20	52,58	0,63	7,51	2,53	68,01	35,72	33,29	0,90
8	F	id.	3,24	163,8	111,48	21,4	34,89	0,99	N.D	1,60	74,30	37,37	36,93	0,98
	Moyenne		3,39	181,4	99,08	21,9	46,66	0,69	7,04	2,13	69,51	36,23	33,40	0,92
	Ecart - Type		0,08	17,6	8,21	1,8	10,3	0,26	0,42	0,50	3,62	2,99	4,03	0,16

Moyenne et écart type ont été calculés en utilisant les données se rapportant aux mâles et aux femelles.

N.D. = non déterminé.

TABLEAU 2 B : PARAMETRES BIOCHIMIQUES CHEZ HUIT RENARDS ADULTES EN CAPTIVITE EN ETE (AOUT)

N°	Sexe	âge	Na g/l	K mg/l	Ca mg/l	Mg mg/l	P mg/l	Urée g/l	Lipides g/l	Cholest. g/l	Protéine g/l	Alb. g/l	Globul. g/l	Rapport A/G
9	M	1 an	3,45	226,2	102,81	25,6	62,80	0,42	5,90	1,57	75,71	36,35	39,36	0,92
10	M	1 an	3,35	206,7	99,35	23,6	56,25	0,47	6,25	1,97	69,28	36,83	32,45	1,13
11	M	1 an	3,35	218,4	97,72	21,4	52,50	0,71	6,48	2,47	84,68	33,70	50,98	0,66
12	M	1 an	3,35	202,8	99,54	22,8	70,60	0,48	5,39	1,25	77,07	33,86	43,21	0,78
13	M	1 an	3,33	214,5	99,90	25,6	64,05	0,86	6,55	1,57	75,12	36,27	38,85	0,93
14	F	1 an	3,26	202,8	103,17	22,1	51,88	0,51	5,74	2,23	70,45	37,64	32,81	1,14
15	F	1 an	3,31	202,8	101,54	24,2	36,90	0,41	5,46	1,37	67,52	41,34	30,69	1,34
16	F	1 an	3,35	198,9	97,72	24,2	47,20	0,37	6,02	1,46	80,39	36,11	44,28	0,81
							M F							
	Moyenne		3,34	209,1	100,22	23,7	61,2 45,3	0,53	5,97	1,74	75,03	36,51	39,08	0,96
	Ecart - Type		0,05	9,54	2,10	1,53	7,1 7,7 *	0,17	0,44	0,44	5,82	2,39	6,96	0,22
Significativité de la différence observée avec le tableau 2 A			non s.	très s.	non s.	non s.	s. **	non s.	haut^{t}. s.	non s.	s.	non s.	non s.	non s.

* Il existe une différence significative entre mâles et femelles.

** la comparaison est limitée aux mâles.

s. = significative (différence -)

TABLEAU 2 C : PARAMETRES BIOCHIMIQUES CHEZ SIX SUJETS SAUVAGES ADULTES (EN AUTOMNE - HIVER)

N°	Dute prise de sang	Sexe	Age	Na g/l	K mg/l	Ca mg/l	Mg mg/l	P mg/l	Urée g/l	Lipides g/l	cholest g/l	Protéine g/l	Alb. g/l	Globul. g/l	Rapport A/G
17	01.2.80	M		3,28	159,9	104,45	32,8	75,91	1,05	7,29	1,82	70,06	37,07	32,99	1,12
18	06.2.80	M	10 mois	3,47	195	82,98	27,2	40,33	0,28	6,46	1,68	72,20	40,61	31,59	1,28
19	26.2.80	F	11 mois	3,35	187,2	93,17	27,9	43,13	0,49	7,06	1,80	65,18	31,29	33,89	0,92
20	15.5.80	M	14 mois	ND	ND	ND	ND	53,75	0,54	ND	ND	72,45	32,90	39,55	0,83
21	02.11.80	M		ND	ND	95,68	ND	ND	0,94	ND	3,12	ND	ND	ND	ND
22	02.11.80	F		3,35	198,9	100,39	34,2	62,28	0,42	8,15	1,60	68,60	33,67	34,93	1,03
23	02.11.80	F	7 mois	ND	ND	ND	ND	ND	0,83	ND	4,25	ND	ND	ND	ND
	Moyenne			3,36	185,3	95,3	30,5	55,1	0,65	7,24	2,38	69,01	35,1	34,6	1,04
	Ecart - Type			0,08	17,6	8,2	3,5	14,6	0,29	0,7	1,08	2,95 *	3,7	3,03	0,18
Significativité de la différence observée avec l'ensemble des données des tableaux 2 A et 2 B.				non s.		non s.	s.	non s.	non s.		non s.		non s.	non s.	non s.
Significativité de la différence observée avec les données du tableau 2 A.					non s.					non s.		non s.			

* Etant donné la différence significative observée entre le taux de protéine titré chez les renards captifs en été et en hiver, le chiffre obtenu pour le renard n° 20, n'a pas été pris en compte dans le calcul de la moyenne et de l'écart type.

ND = non déterminé.

TABLEAU 3 A : VALFURS MOYENNES DES PARAMETRES HEMATOLOGIQUES CHEZ 21 RENARDS ADULTES
(AGES DE 14 A 20 MOIS)

Date du prélévement	JUIN	SEPTEMBRE	JANVIER
Age des renards	14 mois	17 mois	20 mois
Nombre d'individus	10	5	6
Leucocytes / mm^3	7.093 ± 2740 *	10.118 ± 7426	10.509 ± 2960 *
% Lymphocytes	35,5	39,8	26,8
% Neutrophiles	52,2	43	51
% Eosinophiles	12,1	15	19,9
% Basophiles	0,2	0	0
% Monocytes	1	2,2	2,3
Hematies (x 10^2)	62.830 ± 22.458 *	50.268 ± 11.520	42.036 ± 9.262 *
Hematocrite %	53 ± 9	53 ± 7,5	54 ± 4,8
Hemaglobine (g/100 ml)	16,4 ± 2,2	17,3 ± 1,8	16,9 ± 2,2

* indique une différence significative entre les 2 ou les 3 valeurs situées sur la même ligne. L'intervalle de confiance a été calculé égal à 1,96 fois l'écart type.

TABLEAU 3 B : VALEURS MOYENNES DES PARAMETRES HEMATOLOGIQUES CHEZ 25 RENARDEAUX SUB-ADULTES
(AGES DE 5 A 9 MOIS)

Date du prélévement	SEPTEMBRE	JANVIER
Age des renards	5 mois	9 mois
nombre d'individus	8	17
Leucocytes / mm ^{3}	16.972 ± 13.758	12.541 ± 9.272
% Leucocytes	34,8	42,2
% Neutrophiles	48,2	41,3
% Eosinophiles	14,5	14,5
% Basophiles	0	0
% Monocytes	2,5	2
Hematies (x 10^2)	24.375 ± 19.811	33.415 ± 23.262
Hematocrite %	46,6 ± 10,7	50,8 ± 10,7
Hemoglobine (g / 100 ml)	14,3 ± 3,7	15,7 ± 4,6

TABLEAU 3 C : VALEURS DES PARAMETRES HEMATOLOGIQUES CHEZ 6 RENARDS SAUVAGES ADULTES

Date du prélévement	Février	Mai	Novembre	Novembre	Novembre	Février	Moyennes Hivernales
N° du renard	17	20	21	22	23	24	
Leucocytes / mm ^{3}	6500	10600	-	5300	-	7300	6367 ± 1973 *
% Leucocytes	84	84	72	70	68	94	77,6
% Neutrophiles	0	1	0	5	1	2	1,6
% Eosinophiles	1	0	1	0	0	0	0,4
% Basophiles	12	9	21	20	25	2	16
% Monocytes	3	6	6	5	6	2	4,4
Hématies (x 10^2)	98600	114.420	-	124.000	-	90000	104200 ± 3464

* Résultat significativement différent de la moyenne observée pour les renards adultes captifs en hiver (voir tableau 3 A).

Résultats :

Les résultats sont rapportés en deux temps, puisque les uns concernent la physiologie et les autres la pathologie de l'espèce.

1. **Résultats concernant la physiologie :**

Les trois résultats principaux de cette étude concernent la détermination de quelques paramètres biochimiques, hématologiques et immunologiques de l'espèce.

° **Paramètres biochimiques :**

Tous les paramètres étudiés figurent aux tableaux 2 A, B et C. Les moyennes ont été calculées.

Le tableau 2 A représente les données hivernales des renards captifs : compte tenu du petit nombre de femelles, aucune comparaison entre sexe n'est possible. Les moyennes ont donc été calculées sur la totalité des individus.

Le tableau 2 B représente les données estivales des renards captifs : la seule différence significative notée entre sexe se rapporte au Phosphore, dont le taux apparaît plus élevé chez les mâles.

Entre les données hivernales et estivales on note trois variations significatives : le taux de protéine est plus élevé en été qu'en hiver, le taux de phosphore augmente aussi (au moins chez les mâles) et le taux de lipide, au contraire, diminue en hiver.

Le tableau 2 C représente les données que nous avons pu obtenir à partir de renards libres. Lorsqu'il s'est agi de comparer des paramètres qui chez les renards captifs n'avaient pas varié avec la saison, les données des renards libres ont été comparées à la totalité des renards captifs. Dans le cas contraire, la comparaison n'a été établie qu'avec les données hivernales (8 renards) en excluant le seul renard libre piégé en dehors de l'hiver (n° 20). La seule différence significative entre les données de renards captifs et libres apparaît au niveau du magnésium sanguin, qui est plus faible chez les renards captifs.

° Paramètres hématologiques :

Les paramètres étudiés figurent aux tableaux 3 A, B et C.

Le tableau 3 A contient les données relatives aux renards captifs : On observe de juin à janvier une diminution significative du nombre d'hématies et parallèlement une augmentation du nombre de leucocytes.

Le tableau 3 B contient les données relatives à 25 renards sub-adultes captifs : On n'observe aucune différence significative entre les sujets âgés de 5 mois et ceux de 9 mois. Cependant, comparé aux échantillons prélévés sur les adultes aux mêmes périodes (septembre et janvier) le nombre d'hématies est significativement plus faible chez les jeunes sujets. De même le taux d'hémoglobine est plus faible chez les renardeaux de 5 mois comparé aux adultes pendant la même période (septembre).

Le tableau 3 C contient quelques données relatives à 6 renards sauvages adultes : On note par comparaison aux renards captifs (données hivernales) que les renards libres ont moins de leucocytes, et plus d'hématies.

° Paramètres immunulogiques :

Le tableau 4 permet de connaître les valeurs des index de transformation lymphoblastique mesurant la réactivité lymphocytaire "T" (PHA, Con A) ou "B" (PWM) chez le renard, et de les comparer à celles d'autres animaux (voir discussion).

2. Résultats concernant la pathologie :

Les trois principaux résultats de cette étude concernent soit l'exploration des réactions sérologiques de jeunes sujets sauvages, soit celle de leur parasitisme, soit l'étude systématique de troubles pathologiques reconnus à l'autopsie de sujets sauvages ou à l'observation clinique de sujets en captivité.

Nous exclurons, bien sûr, de cette étude les données concernant la rage, pour laquelle existent des articles spécialisés très complets.

° Les réactions sérologiques :

Pour les cinq types d'anticorps recherchés sur les sérums de renards récemment parvenus au Centre (donc avant contamination éventuelle en captivité) les résultats ont été les suivants :

- Recherches totalement négatives : Ces deux recherches concernaient la maladie de Rubarth (sur 42 sujets différents) et l'encéphalomyocardite (sur 156 sujets différents).

- Recherches ayant mis des anticorps en évidence :

  Ces trois recherches concernaient :

+ la toxoplasmose : Sur 42 renards examinés 38 présentaient des titres en anticorps (1/4 à 1/32) signalisant une affection résiduelle ou une contamination très ancienne, en 4 seulement des titres (1/32 à 1/28) signant une affection plus récente (quelques mois).

+ la leptospirose : Sur les 42 renards examinés aucun n'avait produit d'anticorps vis-à-vis des sérotypes Leptospira icterohe morragiae, grippothyphosa, pomona, hyos ou canicola. Deux présentaient des titres suspects (agglutination lyse à 50 % aux dilutions 1/100 et 1/300) vis-à-vis du sérotype L. australis et deux autres (agglutination-lyse à 50 % à la dilution 1/100) vis-à-vis du sérotype L. Sejroe.

+ la gastro-entérite transmissible : Sur les 156 renards examinés 9 présentaient des titres en anticorps considérés comme significatifs (1/4 en moyenne) bien qu'inférieurs à ceux pouvant être reconnus habituellement chez le chien.

° Le parasitisme :

Ces recherches ont été réalisées sur un certain nombre de cadavres de renards adressés au Centre en ce qui concerne les ecto parasites (réservoir possible de virus rabique ?) ou Trichinella spiralis (zoonose), et sur des prélèvements coproscopiques effectués chez des renards vivants reçus à la Station d'Atton.

Les résultats obtenus à l'occasion de ces recherches sont les suivants :

+ Ecto-parasites :

Nous ne décrirons pas ici les espèces d'ecto-parasites reconnues ou identifiées avec précision au cours de ces travaux antérieurs (2 et 3) mais signalerons que ce parasitisme externe peut accompagner des troubles graves chez les jeunes animaux.

Ainsi en 1977, 38 renardeaux venus de trois régions différentes de France, étaient-ils atteints simultanément de gale sarcoptique et d'otocariase, couverts de puces (Ctenocephalides canis surtout) et de tiques (Pholeoixodes hexagonus, et Ph. Canisuga essentiellement) : 7 d'entre eux moururent d'affections intercurrents avant de pouvoir être totalement déparasités.

+ Trichinose :

Entre juin 1976 et mars 1981, 806 renards ont été examinés pour rechercher les larves de Trichine.

Vingt-cinq d'entre eux se sont révélés porteurs de ce parasite, dans les départements de l'Ain, des Hautes Alpes, de la Côte d'Or, de la Drôme, de l'Isère, du Jura, de la Lozère, du Puy-de-Dome, de la Savoie et de la Haute-Savoie.

Le comptage des kystes au trichinoscope a révélé un taux d'infestation variant de 1 à 200 larves par gramme de muscle chez les sujets parasités.

+ Analyses coproscopiques :

Au mois de mai 1979, 19 renardeaux nouvellement arrivés au Centre ont fait l'objet d'un prélèvement individuel de fèces pour analyse coproscopique avant traitement antihelmintique systématique.

Les résultats de cet examens corpscopique sont rapportés au tableau ci-dessous :

Renards numéros : / oeufs ou larves de :	1	2	3	4	5	6	7	8	9	10	11	12	13	14	15	16	17	18	19
TAENIA sp (oeufs)	0	0	0	0	0	0	0	0	0	0	0	0	0	0	0	1	0	0	0
UNCINARIA STENOCEPHALA (oeufs)	0	0	0	0	0	2	0	0	0	0	0	0	0	1	0	0	0	0	0
ANCYLOSTOMA sp (oeufs)	0	0	0	0	0	2	0	0	0	0	0	0	0	1	0	0	0	0	0
AERULOSTRONGYLUS (Larves)	0	0	0	0	0	0	0	0	0	0	0	1	0	0	0	0	0	0	0
TRICHURIS VULPIS (oeufs)	0	0	0	0	1	0	0	0	0	1	0	0	0	2	0	0	0	0	0
TOXOCARA VULPIS (oeufs)	1	1	0	1	1	1	2	0	0	1	0	0	0	0	1	0	0	0	0
ISOSPORA BIGEMINA (ookystes)	0	3	0	0	2	2	0	0	0	2	0	0	3	0	3	2	2	2	1
ISOSPORA RIVALTA (ookystes)	2	-	0	0	0	0	0	0	0	0	0	0	0	0	3	2	0	0	0

0 = absence totale d'oeufs à la coproscopie
1 = parasitisme léger
2 = parasitisme moyen
3 = parasitisme important.

Remarque : En 1976 une forte infestation de coccidiose fut notée chez les jeunes renardeaux dont 5 moururent des suites de leur parasitisme.

o <u>Les analyses bactériologiques</u> :

Au cours des nombreuses analyses bactériologiques pratiquées sur les cadavres de renards morts des causes non directement connues + (inoculation expérimentale ou accidents) les bactéries les plus fréquemment isolées ont été : <u>Salmonella Hadar</u>, <u>Staphylococcus aureus</u>, <u>Escherichia coli</u>, <u>Streptococcus pyogenes</u> et <u>Streptococcus du groupe G</u>.

A part le dernier germe aucune de ces bactéries ne présentait de pouvoir pathogène spécifique élevé pour le renard. Par contre, en ce qui concerne <u>le streptococcus G.</u> il a été isolé à cinq reprises, en un mois, de cinq renardeaux sauvages morts brutalement après un épisode hyperthermique élevé et un affaiblissement général. A l'autopsie il était possible de reconnaître une congestion généralisée du cadavre et une lésion locale inflammatoire très étendue prenant son origine dans une micro-lésion cutanée (porte d'entrée du streptocoque). Le streptocoque, isolé de la plupart des organes, du coeur, se montrait très pathogène par voie musculaire pour le renard chez lequel il était ainsi possible de reproduire la maladie naturelle.

Ce germe se montrait églament pathogène pour la souris qu'il tuait, en quelques jours, avec abcès milaires généralisés (mais avec des doses supérieures à celles nécessaires

+ sur 6 ans (1973-1979) le nombre de renards ainsi morts en captivité était de 63/381, soit 16,3 %

pour tuer le renard). Nous pouvons donc considérer avec D.K. Blackmore (Blackmore 1965) que le streptocoque est une bactérie spécifiquement et hautement pathogène pour l'espèce vulpine, confirmant aussi Grini (Grini, 1945).

° Les analyses anatomopathologiques :

Sur 39 cadavres de renards autopsiés (la plupart tués à la chasse ou par accidents de la route) 10, près du quart donc, présentaient des lésions pathologiques macroscopiquement visibles, mais non évolutives.

- Néphrite interstitielle chronique (5 cas)
- Hépatite chronique sclérosante (2 cas)
- Kératite nécrosante (1 cas)
- Kyste épidermoïde (1 cas)
- Tumeur osseuse du maxillaire inférieur (1 cas).

Ces lésions (particulièrement celles des néphrites chroniques) prouvent que, même chez les individus sauvages, l'espèce paie un tribut assez lourd à la pathologie "conventionnelle" lorsque ce n'est pas la rage qui en limite les effectifs. Ceci confirme les rapports d'autres auteurs (Chaddock, 1948, Kasandjan, 1977, Lloyd, 1980, Ross et Fairley, 1969).

Conclusion - discussion

Les résultats précédents rapportés n'ont pas l'ambition de dresser un catalogue exhaustif des paramètres physiologiques, ni des cas pathologiques rencontrés chez le renard, mais de faire part d'un certain nombre de chiffres ou d'observations qui permettent, peu à peu, de préciser nos connaissances sur l'espèce.

Cette connaissance ne prendra toute sa valeur que comparée à celle que nous avons déjà soit d'autres canidés domestiques (chiens) soit de renards observés dans d'autres conditions.

Cette comparaison a fourni les résultats suivants :

° Concernant la physiologie :

- Les paramètres biochimiques

Chez les renards captifs les valeurs observées sont, dans l'ensemble très proches de celles rapportées chez le chien (Vaissaire, 1977). Les vairations significatives de ces paramètres n'ont été notées qu'en fonction du sexe (phosphorémie plus élevée chez les mâles) et de la saison. Dans ce dernier cas on remarque qu'en été la phosphorémie et la protéinémie sont accrues alors que la lipémie est abaissée. Ces deux dernières variations peuvent être rapportées à l'élévation thermique ambiante comme cela a été observé chez le chien (Vaissaire, 1972) mais les délais post-prandiaux (non contrôlables chez les renards) sont peut-être aussi à prendre en considération. Les variations en fonction de l'âge n'ont pas été étudiées: il est probable qu'elles existent comme chez les autres carnivores (Kaminski et Balbierz, 1964, Kuschniruk et Cherkaschenko, 1971, Wasmund, 1967).

Le profil biochimique du renard sauvage paraît identique à celui de son congénère captif du même âge, à la même saison, sauf en ce qui concerne le taux sanguin de magnésium significativement plus faible (21,9 mg/l) lorsque l'animal est captif que lorsqu'il est en liberté (30,5 mg)/l). Dans ce dernier cas l'influence de l'alimentation pourrait être prépondérante (carence ?) et donc être corrigée par un apport complémenmentaire.

° Les paramètre hématologiques :

Les variations, et la significativité de ces variations, en fonction de l'âge et du sexe des renards et de la saison à laquelle a été réalisée l'analyse ont été examinés précédemment et se rapprochent de celles rapportées par d'autres auteurs (Kaminski et Podliachouk, 1966). La comparaison, à conditions équivalentes (âge, sexe, saison) des résultats obtenus chez le chien (Vaissaire, 1972) et le renard montre chez ces derniers une tendance à posséder moins d'hématies que le chien (mais, par contre, plus d'hémoglobine) et plus de leucocytes. Parmi ces derniers les lymphocytes et les granulocytes éosinophiles sont en proportion plus grands que celle classiquement rapportée chez le chien, cet accroissement étant compensé par une diminution de la proportion de granulocytes neutrophiles. Ces observations complètent celles de Irzhak (1964) et Dieterich (1970) et indiquent également que le nombre d'hématies décroit en saison froide, compensé par un accroissement du nombre de leucocytes.

Par ailleurs on constate que chez le renard, comme chez le chien (Vaissaire, 1972), les jeunes sujets ont un nombre d'hématies inférieur à celui des adultes. Chez les sujets adultes vivant en liberté le nombre d'hématies est plus élevé que chez les sujets captifs (alors que le nombre de leucocytes est inférieur) ce qui semble refléter un meilleur état physiologique en général ...

° Les paramètres immunologiques :

L'examen des valeurs trouvées concernant la réactivité lymphocytaire "B" ou "T" montre que, si elles sont très différentes de celles de l'homme (valeur extrême des index de transformation à la PHA = 72 et 801, moyenne : 98,8) elles sont par contre très proches de celles du chien (valeur extrême : 1,2 à 27,2 moyenne : 10,6).

Ceci autorise, dans une certaine mesure, à extrapoler du chien au renard les méthodes d'exploration de l'immunité à médiation cellulaire "in vitro" ou "in vivo".

Concernant la pathologie :

+ Les réactions sérologiques :

L'absence d'anticorps dirigés contre la maladie de Rubarth est à noter puisque, dans d'autres populations de renards cette maladie (qui se manifeste sous la forme d'une encéphalite) a été signalée comme assez fréquente (Hadgman et Bowden, 1960, Ikzah, 1964, Kaminski et Balbierz, 1964, Kaminski et Podliachouk, 1966, Kazandjan, 1977). L'absence d'anticorps contre l'encéphalomyocardite ("E.M.C. group virus") était plus logique puisque ce sont les rongeurs qui constituent classiquement le réservoir naturel de ce virus. Mais, compte tenu de la part que tiennent ces micromammifères dans le régime alimentaire du renard, il aurait été plausible de constater une contamination inter-spécifique de ce dernier.

La présence d'anticorps, même à un taux réduit, a par ailleurs confirmé le rôle porteur ou vecteur du renard en matière de toxoplasmose (Tizard et al., 1976) ou de leptospirose (Ross et Fairley, 1969). La présence (à un taux faible, il est vrai) d'anticorps contre la gastroentérite transmissible confirme le rôle possible du renard dans la transmission de ce coronavirus comme l'avait déjà rappelé Boutet (6).

+ Le parasitisme intestinal :

Le parasitisme observé chez les 19 renardeaux sauvages paraît assez varié, quoique discret. Seule l'infestation par les coccidies apparaît comme fréquent et sévère ce qui est peut-être dû aux conditions particulières d'habitat (terrier) de jeunes renards, ou à l'année en cause. En effet chez 2482 renards captifs morts en captivité, Chaddock, 1948, n'avait noté que 5 cas de coccidiose.

Remerciements

Nous remercions vivement, toutes les personnes du Centre National d'Etudes sur la Rage et la Pathologie des Animaux Sauvages qui ont participé directement ou indirectement à ce travail, et particulièrement Monsieur Y. Gerard, Agent technique de Laboratoire en ce qui concerne les analyses bactériologiques et coproscopiques.

Nous sommes très reconnaissants aux organismes suivants, qui ont bien voulu accepter de participer à ce travail en réalisant un certain nombre d'analyses sur les prélèvements de renards :

° Laboratoire Central de Recherches Vétérinaires (M.G. Gayot, Mme Olga Ursache, Mrs. L. Chevrier, R. Gaumont, J.P. Gillet) et Madame Yvette Clerge pour sa collaboration technique : analyses biochimiques, hématologiques et sérologiques.

° Laboratoire de la Direction des Services Vétérinaires de Meurthe et Moselle (M. J.M. Baradel) : analyses hématologiques et parasitologiques.

° Ecole Nationale Vétérinaire d'Alfort (Professeurs Anne Moraillon, A. Marchand et B. Toma : analyses sérologiques.

° Centre Régional de Transfusion Sanguine de Brabois, Service d'Immuno-Hématologie (Dr. C. Janot) : tests de transformation lymphoblastique.

Résumé :

Contribution à l'étude de la biologie du renard roux - quelques données sur la physiologie et la pathologie de l'espèce

Les auteurs ont déterminé, chez des renards sauvages (en liberté ou en captivité), un certain nombre de paramètres concernant la physiologie de l'espèce (paramètres biochimiques usuels, paramètres hématologiques, réactivité lymphocytaire) ou sa pathologie (parasitisme externe et interne, maladies bactériennes ou virales).

Zusammenfassung :

Beitrag zum Studium der Biologie des Rotfuchses - einige Angaben über die Physiologie und die Pathologie der Gattung

Die Autoren haben bei Wildfüchsen (in Freiheit und in Gefangenschaft lebend) eine Reihe von Parametern bezüglich der Physiologie der Gattung (die üblichen biochemischen Parameter, hämatologische Parameter, Lymphozytenreaktivität) oder bezüglich ihrer Pathologie bestimmt (äußerer und innerer Parasitismus, bakterielle oder Viruserkrankungen).

Summary:

Biological Study into Fox - Physiological and Pathological Data

Several genus-related physiological parameters of fox, wild-living and in captivity, were studied together with pathological aspects, with reference being made to general biochemical and haematological values, lymphocyte reactivity, external and internal parasitism, bacterial diseases, and virus diseases.

Резюме:

Изучение биологии красных лисиц - данные по физиологии и патологии вида.

Авторы сообщают о некоторых физиологических, биохимических и гематологических параметрах у красных лисиц. Описаны также результаты патологических исследований в связи с выявлением паразитов, бактериальных и вирусных заболеваний у лисиц, живущих на свободе и в зоопарке.

Bibliographie :

ARTOIS, M. et Y. GERARD (1981) : Enquête épidémiologique sur la trichinose des animaux sauvages en France, Bull. Acad. Vét. de France, 54 (1), 59-64

AUBERT, M.F.A. (1975) : Contribution à l'étude du parasitisme du renard (Vulpes vulpes) par les ixodidae (Acarina) dans le Nord de la France, Acarologia, 17, 3, 452-479

AUBERT, M.F.A. et J.C. BEAUCOURNU (1976) : Contribution à l'étude du parasitisme du renard (Vulpes vulpes L.) et de quelques autres carnivores sauvages par les siphonapteres dans le Nord de la France, Ann. Parasitol. Hum. Comp. 51, 143 - 156

BLACKMORE, D.K. (1965) : A survey of disease in british wild foxes (Vulpes vulpes). Vet. Rec. 76, 527 - 533

BLOCK, G. (1980) : le renard roux (Vulpes vulpes) en captivité. Entretien - Manipulation - Eléments de biologie. Thèse Doct. Vét., Toulouse

BOUTET, P. (1977) : Contribution à l'étude épidémiologique de la gastroentérite transmissible du porc en Bretagne, Thèse Doct. Vét., Alfort

CHADDOCK, T.T. (1948) : Ten years autopsy of foxes. Vet. Med. 43, 13

DIETERICH, R.A. (1970) : Hematologic values of some artic mammals. J. Am Vet. Med. Ass. 157, 604 - 606

GREMY, F. et D. SALMON (1969) : Bases statistiques pour la recherche médicale et biologique. Duned. Ed. 412 pp.

GRINI, O. (1945) : Occurence in animals of hemolytic streptococci belonging to group G. Skand. Vet. 35, 614 - 621

HODGMANS, F.J. et BOWDEN, R.S.T. (1960) : Virus diseases in wild foxes, Vet.Rec. 72, 168

IKZAK, L.T. (1964) : The red blood picture in foxes, Tr. Pechord. Ilychskii Gos. Zapov. Sykt., 11, 133 - 135

KAMINSKI, M. et H. BALBIERZ (1964) : Serum proteins in canidae : species, race and individual differences. Proc. Euro. Conf. Animal Blood Groups 9th, Prague, 337 - 345

KAMINSKI, M. et L. PODLIACHOUK (1966) : Blood groups and serum of foxes. Proc. Europ. Conf. Animal Blood Groups and Biochemical Polymorphism, Paris, 10, 315 - 318

KAZANDJAN, R.R. (1977) : Contribution à l'étude de la pathologie du renard, Thèse Doct. Vét. Lyon

KUSHNIRUK, V.A. et N.I. CHERKASHCHENKO (1971) : Age changes in protein composition of blood serum in Mustela vison Sehr and sivler black fox, Vestn. Zool. 5, 85 - 86

LLOYD, H.G. (1980) : The red fox, London, B.T. Batsford Ltd.

ROSS, J.G. et J.S. FAIRLEY (1969) : Studies of diseases in the red foxes (Vulpes vulpes) in Northern Ireland. J. Zool. 157, 375 - 381

TIZARD, I.R., BILLET, J.B. et R. RAMSDEN (1976) : The prevalence of antibodies against Toxoplasma gondii in some Ontario mammals. J. Wildlife Dis.12, 322 - 325

VAISSAIRE, J.P. (1972) : Le chien, animal de laboratoire, Paris, Vigot Ed.

WASMUND, U. (1967) : Vergleichende Untersuchungen an Blutproteinen einiger Arten der Familie Canidae Gray, 1821. Zschr. Wiss. Zoll. 176, 331 - 378

L'adresse d'auteur : J. B l a n c o u
Services Vétérinaires Centre National d'Etudes sur la Rage
B.P.N. N° 9 -
54220 - Malzeville (France)

Renard / Résultat du test *	(1) TEMOINS	(2) AVEC PHYTO-HEMAGLUTININE	(3) AVEC CONCANAVALINE A	(4) AVEC POKE-WEED MITOGEN
18	212 ± 164	3662 ± 504 [17]	5435 ± 1032 [25,6]	5294 ± 1173 [25]
42	708 ± 109	2396 ± 175 [3,3]	5701 ± 1612 [8]	6943 ± 1509 [9,8]
43	330 ± 192	1877 ± 493 [5,7]	3755 ± 673 [11,3]	3906 ± 882 [12]
61	552 ± 162	4059 ± 675 [7,3]	8381 ± 693 [15]	19172 ± 2453 [34,7]
K 05	374 ± 244	2655 ± 806 [7]	6749 ± 1247 [18]	4779 ± 566 [12,7]
K M	617 ± 258	6507 ± 1235 [10,5]	13442 ± 2476 [21,7]	8125 ± 1640 [13]
9	309 ± 50	1740 ± 369 [5,6]	3524 ± 211 [11,4]	4518 ± 580 [14,6]
20	172 ± 81	677 ± 71 [4]	1777 ± 148 [10]	569 ± 69 [3,3]
35	166 ± 38	1595 ± 458 [9,6]	2428 ± 364 [14,6]	2015 ± 304 [12]
37	528 ± 316	320 ± 62 [1]	987 ± 202 [1,8]	1044 ± 60 [2]

TABLEAU 4 : REACTIVITE LYMPHOCYTAIRE (TEST DE TRANSFORMATION LYMPHOBLASTIQUE) VIS A VIS DE TROIS LECTINES PHYTOMITOGENES: PHYTOHEMAGLUTININE, CONCANAVALINE A ET PHYTOLACCA OU POKEWEED MITOGEN

* les deux premiers chiffres (col. 2,3 et 4) indiquent la radioactivité lymphocytaire après incubation des cellules durant 4 jours (en coup par minute) ± l'intervalle de confiance à $P < 0,05$, le troisième (encadré) indique l'index de transformation lymphoblastique calculé par rapport aux résultats des témoins (col. 1).

From the Department of Medicine, School of Veterinary Medicine, University of California, Davis, California.

DYNAMICS OF THE IMMUNE RESPONSE IN REPTILES

By F. L. FRYE

The waning years of the 19th century witnessed the early development of research in the ability of reptiles to respond immunologically to natural and experimental infections. In these early studies, turtles (Widal and Sicard, 1897) and American alligators (Metschnikoff, 1905) were utilized. Cohen (1977), reviewed the literature and confirmed the belief that humoral antibody production and immunological memory have evolved in all vertebrate classes.

During the past forty years there has been intense interest focused on the ability of reptiles to mount an immune response to antigenic challenge. With the advent of technological advances in measuring the induction and amplification of such responses, has come an understanding of the capacity of reptiles to meet such challenges.

Good and Papermaster (1964) discussed the ability of several species of reptiles to respond to a variety of bacterial and viral antigens by producing agglutinating and neutralizing antibodies. Since the publication of that landmark paper, many others have investigated the subject of comparative immunology with special reference to reptiles.

Many extrinsic factors such as nutritional state, environmental temperature, population dynamics, season of the year and other ecological forces greatly influence immune responsiveness (Allen and Mc Daniel, 1937; Ambrosius, 1976; Avtalion, et al, 1976; Borysenko and Lewis, 1979; Borysenko and Tulipan, 1973; Elkan, 1976; Evans, 1963; Hussein, et al, 1979, 1979b; Kendall and Minton, 1973; Kollias, 1982; Wright and Shapiro, 1973). Antigen type and the adjuvant employed may also influence antibody production. Reptiles suffering from under- or malnutrition and/or severe parasitism may be in moderate to severe negative nitrogen balance and thus will be less able to mount adequate antibody responses to any given antigenic stimulus. The physiological stress of recent capture or transport, overcrowding and intercurrent infectious or metabolic disease may also diminish immune processes.

Hussein, et al, (1979b) found that the lizard (Scincus scincus) formed humoral antibodies to injected rat erythrocytes more quickly in the summer and autumn and more slowly in the spring. These investigators observed that the splenic white pulp was highly depleted in the winter. By spring, lymphoid organs started to regenerate. The kinetics and magnitude of this lizard's humoral response to foreign red blood cells correllates with the state of lymphoid tissue development which, in turn, is affected by seasonal variations (Hussein, et al, 1979b). Captive reptiles whose native habitat is in the northern hemisphere will generally possess seasonal lymphoid cycles which vary considerably from other reptiles whose native habitat is in the southern hemisphere. Under optimum captive conditions the seasonality of these animals can be duplicated by manipulating the temperature, humidity and photoperiod to match that at a particular latitude, longitude and elevation. This is being done in some zoos now.

Local immune mechanisms, the mononuclear phagocyte system, and granulocytic leukocytes play significant roles in the immuncompetence of reptiles (K o l l i a s , 1982). Humoral, cell-mediated immunity and the abovementioned environmental factors are immensely important to the successful defense against a plethora of reptilian pathogens. These factors will be discussed in this brief communication.

HUMORAL IMMUNE MECHANISMS

Immunocompetence is developed at a very early age in some reptiles. Injection of washed sheep red blood cells into 24-hour old hatchlings of the lizard (Calotes versicolor) produced significant numbers of plaque-forming cells in the spleens of the hosts (K a n a k a m b i k a and M u t h u k k r u p p a n , 1972). By injecting other hatchlings intracoelomically with the spleen cells of adult conspecific lizards, these investigators demonstrated an immuno(in)competence or tolerance, for the conspecific cells did not induce graft versus host reactions. Thus, the ability to respond to sheep red blood cells was present at hatching, but these young lizards were tolerant to the spleen cells from unrelated lizard donors of their own species.

When newly hatched snapping turtles (Chelydra serpentina) were injected with spleen cells from unrelated conspecific turtles, a lethal graft versus host reaction could be induced, but the reaction appeared to be rather temperature dependent. When maintained at 30° C 73 % of the turtles exhibited graft versus reactions, but when the test subjects were maintained at 20° C, only 35 % of the turtles reacted (B o r y - s e n k o , 1976, 1976b; B o r y s e n k o and T u l i p a n , 1973). Immunologically mature turtles (4 months old) were not affected by the spleen inocula, and spleen cells from an adult xenogenic donor turtle (Chrysemys picta) were ineffective in inducing graft versus host reactions in newly hatched (Chelydra serpentina) (B o r y s e n k o , 1969).

There has been evidence in at least one chelonian species, (Testudo iberia) agglutinins to an homologous antigen (Brucella abortus) can be transferred across the maternal circulation to the developing eggs (M a u n g , 1963). The concentration of these agglutinins was found to be one-sixteenth that present in the maternal plasma. Other data on maternal transfer of antibodies has been reported (A m b r o s i u s , 1976).

Host resistance mediated by antibody response to viral capsid or envelope antigens is highly specific, and thus is greatly limited in host protection by cross immunity even against more than one antigenic type of the same virus (K o l l i a s , 1982).

Many naturally occurring antibodies to a very wide variety of pathogens have been found in reptiles, thus suggesting epizootic infections or, at least, overwintering and/or reservoir host-parasite partnerships. These often involve widely disparate phylogenetic or taxonomic relationships. Examples are the presence of neutralizing antibodies to Western Equine Encephalomyelitis virus and Eastern Equine Encephalomyelitis virus in a number of North American reptile species (G e b h a r d t , et al, 1964; K a r s t a d , 1961; S i m p s o n , 1968; T h o m a s , et al, 1958, 1960; W h i t e , 1963).

IMMUNOGLOBULIN CLASSES IN REPTILES

A m b r o s i u s (1976) reviewd the literature and listed the characteristics of each reptilian order. His data indicates that the rhyncocephalian (Sphenodon punctatum) possesses two types of immunoglobulins: 1) the 18s immunoglobulin resembles IgM of higher vertebrates in polypeptide structure. It is a pentameric molecule in which the subunits consist of two light chains and two heavy chains. 2) The 7s immunoglobulin is antigenically related to the 18s Ig, having the same type of light chains, but differing in the heavy chains. It appears similar in size to that found in some turtles. Antiboda activity was found only in the 18s Immunoglobulin (M a r c h a l ò n i s , et al, 1969).

The American alligator (Alligator mississippiensis) was found to have two isotypes of immunoglobulins: 1) a 19s with an IgM configuration and a molecular weight of 900.000 and, 2) an as yet incompletely characterized lighter immunoglobulin with a molecular weight of 160.000 (S a l u k , 1970).

Lizards have been reported to produce at least two isotypes of immunoglobulins: low molecular weight and high molecular weight Igs (A m b r o s i u s , 1976). In another study, a third isotype was found with antibody activity. Therefore, an IgM-like high molecular weight immunoglobulin and two lighter 7.3s and a 6.8s Ig are known.

Snakes within the family Colubridae have been reported to produce a 7s Ig to bovine serum albumin (BSA) and a 19s immunoglobulin in response to keyhole limpet hemocyanin (KLH) (S a l a n i k o and M i n t o n , 1973).

The production of immunoglobulin classes in chelnoians has been studied extensively. Three classes of immunoglobulins were found in the sea turtle (Chelonia mydas) (B e n e d i c t and P o l l a r d , 1972). A m b r o s i u s (1976), pointed to the fact that after repeated immunization, the tortoise (Testudo hermani) responded with a sequence of high molecular weight and low mol. wt. immunoglobulins. These antibodies were comparable to the IgM-IgG sequences in mammals, but slower to react. They were characterized as a high mol. wt. $early_1$, low mol. wt. $early_2$, low mol. wt. $late_1$ and an extremely low mol. wt. $late_2$.

Again, the physiological effect of temperature upon immunochemical synthesis must be emphasized, for each study has confirmed that this production ist highly dependent on the temperature at which the animals were maintained (A l l e n and Mc D a n i e l 1937; A m b r o s i u s , 1976; B o r y s e n k o , 1976; and K a r s t a d t , 1963). In one study, the response of the lizard (Dipsosaurus dorsalis) to typhoid vaccine was measured at different temperatures. The response was poor to non-existent at 25°, good at 35° and moderately good at 40° C. Furthermore, when the test lizards were immunized at 35° and then transferred to 25°, the antibody response was inhibited; in the reverse situation, the response was enhanced (E v a n s , 1963). These findings are consonant with the generality that most, if not all, biochemical reactions possess optimum reaction temperatures. One may infer that plasma cell-related immunoglobulin synthesis also is affected by temperature.

IgA, IgD and IgE classes of immunoglobulins have not been demonstrated in reptiles although at least one mucosal immunoglobulin is known. Complement components and a complement system similar, but not homologous to that found in most terrestrial mammals have been found in some reptiles (D a y , 1970), but factor XII (Hageman) is lacking in reptiles (R a t n o f f , 1966). The role that complement may play in the response to antigenic challenge in reptiles include 1) virolysis; 2) cytolysis; recruitment and enlistment of other humoral and cellular effector systems;

4) induction of histamine release from mast cells; 5) leukocytic chemotaxis or directed migration into an area of injury or infection; and 6) release of phagocytic lysosomal constituents (F u d e n b e r g , et al, 1976).

CELL-MEDIATED IMMUNITY (CMI)

Cell-mediated immunity in reptiles has been studied through the transplantation of splenic cells and full-thickness skin allografts and xenografts (B o r y s e n k o , 1969, 1969b, 1976b; B o r y s e n k o and C o o p e r , 1972; B o r y s e n k o and T u l i p a n , 1973; B r a u n , 1977; C o o p e r , 1969; C o o p e r and A p o n t e , 1968; P i t c h a p p a n and M u t c h u k k a r u p p a n , 1977). As might be expected, the temperature at which the test animals were maintained had an effect upon the survivability of donor cells and tissues in the host subjects.

During the initiation of cell-mediated immunity, macrophages appear to facilitate the recruitment of antigen-sensitive thymus-derived lymphocytes. Interactions between mononuclear phagocytes and sensitized lymphocytes occur during the cellular response to antigenic stimulation. One non-thymic site of thymus-derived lymphocytes (T cells) ist the splenic white pulp. These cells are to be found immediately surrounding the small, sheathed arterioles. In those reptilian species, especially snakes, in which the spleen ist divided by septa, the white pulp is invested by fibers and contains T lymphocytes, reticular cells (macrophages) and arterioles (B o r y s e n k o and C o o p e r , 1972, F r y e , 1981; H u s s e i n , et al, 1979, 1979b; P i t c h a p p a n and M u t h u k k a r u p p a n , 1977).

In reptiles, the sites of major tissues are the thymus, bone marrow, and gut-associated lymphoid aggregates. The sites of major secondary lymphoid tissues are the spleen and, where present, primitive lymph nodes.

In has been known for over a century that in reptiles the macrophages, and small and large mononuclear leukocytes function as phagocytes. Recently, two cell lines, hitherto unkown to be phagocytic were added to the list:
1) heterophil granulocytes have been observed with phagocytized bacteria and,
2) thrombocytes have been found with intracytoplasmic phagocytized erythrocytes and bacteria (F r y e , 1981).

To date, very few clinical trials have been performed to test the efficacy of induced immunization in reptiles. Recently, a bacterin containing a killed bacterial suspension was employed to protect snakes from homologous infection (Dr. J. L. K i e l , unpublished data, 1981).

Summary:

Dynamics of the Immune Response in Reptiles

A brief review of the humoral and cell-mediated immune mechanisms and immunoglobulin classes in reptiles was presented. Extrinsic factors such as nutrition, environmental (and body) temperature, seasonality and population density influence the immune response to antigenic stimuli in reptiles.

Zusammenfassung:

Über die Dynamik der Immunreaktionen bei Reptilien

Es wird ein Überblick über die humoralen und zellulären Immunmechanismen und Immunoglobulinklassen bei Reptilien gegeben. Die Immunreaktionen bei Reptilien auf Antigenreize werden durch äußere Faktoren wie Ernährung, Umwelt- und Körpertemperatur, Jahreszeit und Besatzdichte beeinflußt.

Résumé:

Mécanismes des immunoréactions chez des reptiles

L'auteur décrit les immunomécanismes humoraux et cellulaires et les classes d'immunoglobuline chez des reptiles. Les immunoréactions des reptiles aux antigènes sont influées par des facteurs extérieurs tels que la nutrition, la température ambiante et corporelle, la saison et la densité des populations.

Резюме:

Динамика иммунной реакции у пресмыкающихся.

Был изложен краткий обзор гуморальных и клеточно- посредованных иммунных механизмов и иммунноглобулиновых классов у пресмыкающихся. Внешние факторы как диета, температура тела и окружающей среды, сезонность и плотность распространения популяции влияют у пресмыкающихся на антигенное раздражение.

References:

ALLEN, F. W. and E. C. Mc DANIEL (1937): A Study of the Relation of Temperature to Antibody Formation in Cold-Blooded Animals. J. Immunol. 32, 143 - 152.

AMBROSIUS, H. (1976): Immunoglobulins and Antibody Production in Reptiles. In: J. J. Marchalonis, ed. Comparative Immunology. Oxford: Blackwell, 298 - 334.

AVTALION, R. R., WEISS, E. and T. MOALEM (1976): Regulatory Effects of Temperature upon Immunity in Ectothermic Vertebrates. In: J. J. Marchalonis, ed. Comparative Immunology. Oxford: Blackwell, 227 - 238.

BENEDICT, A. A. and L. W. POLLARD (1972): Three Classes of Immunoglobulins Found in the Sea Turtle, (Chelonia mydas). Folia Microb. 17, 75 - 78.

BORYSENKO, M. (1969): Skin Allograft and Xenograft Rejection in the Snapping Turtle, (Chelydra serpentina). J. Exptl. Zool. 170, 341 - 358.

BORYSENKO, M. (1969b): The Maturation of the Capacity to Reject Skin Allografts and Xenografts in the Snapping Turtle, (Chelydra serpentina). J. Exptl. Zool. 17, 359 - 364.

BORYSENKO M. (1976): Ultrastructural Analysis of Normal and Immunized Spleen of the Snapping Turtle, (Chelydra serpentina). J. Morph. 149, 223 - 242.

BORYSENKO, M. (1976b): Changes in Spleen Histology in Response to Antigenic Stimulation in the Snapping Turtle, (Chelydra serpentina). J. Morph. 149, 243 - 264.

BORYSENKO, M. and E. L. COOPER (1972): Lymphoid Tissue in the Snapping Turtle, (Chelydra serpentina). J. Morph. 138, 487 - 481.

BORYSENKO, M. and S. LEWIS (1979): The Effect of Malnutrition on Immunocompetence and whole body Resistance to Infection in (Chelydra serpentina). Dev. Comp. Immunol. 3, 89 - 100.

BORYSENKO, M. and P. TULIPAND (1973): The Graft-Versus Host Reaction in the Snapping Turtle, (Chelydra serpentina). Transplantation 16, 496 - 504.

BRAUN, R. (1977): Experimentelle Untersuchungen über das Immunbiologische Reaktionsvermögen von Boa constrictor Linnaeus, 1758. Diss. Universität Hohenheim.

COHEN, N. (1977): Phylogenetic Emergence of Lymphoid Tissue Cells. In: J. J. Marchalonis, ed. Lymphocyte Structure and Function. New York: Marcel Dekker, 149 - 202.

COOPER, E. L. (1969): Skin Transplant Rejection in Apodan Amphibians and Lacertian Reptiles. Am. Zool. 9, 333 (abstr).

COOPER, E. L. and A. APONTE (1968): Chronic Allograft Rejection in the Iguana, (Ctenosaure pectinata). Proc. Soc. Exptl. Biol. Med. 128, 150 - 154.

DAY, N. K. B., GEWURZ, H., JOHANNSEN, R., FINSTADT, J. and R. A. GOOD (1970): Complement and Complement-Like Activity in Lower Vertebrates and Invertebrates. J. Exp. Med. 132, 941 - 950.

DESSAUER, H. (1974): Plasma Proteins of Reptiles. In: M. Florkin and B. T. Scheer, eds. Chemical Zoology, Sect. II-Reptilia. New York: Academic Press.

ELKAN, E. (1976): Notes on Feverish Lizards and Pseudomonas aerugines . Brit. J. Herpetol. 5, 545 - 546.

EVANS, E. E. (1963): Comparative Immunology. Antibody Response in (Dipsosaurus dorsalis) at Different Temperatures. Proc. Soc. Exp. Biol. Med. 112, 531 - 533.

EVANS, E. E., KENT, S. P. ATTKEBERGER, M., SEIBERT, C., BRYANT, R. E. and B. BOOTH (1965): Antibody Synthesis in Poikilothermic Vertebrates. Ann. N. Y. Acad. Sci. 126, 629 - 646.

FRAIR, W. (1963): Blood Group Studies with Turtles. Science, 140, 1412 - 1414.

FRYE, F. L. (1981): Biomedical and Surgical Aspects of Captive Reptile Husbandry. Edwardsville, Kansas: VM Publishing, Inc.

FUDENBERG, H. H., STITES, D. P., CALDWELL, J. L. and V. WEISS (1976): The Complement Systems. In: Basic and Clinical Immunology. Los Altos, California: Lange Medical Publiscations.

GEBHARDT, L. P., STANTON, G. L., HILL, D.W. and G. C. COLLETT (1964): Natural Overwintering Hosts of the Virus of Western Equine Encephalitis. New Engl. J. Med. 272, 172 - 177.

GOOD, R. A. and B. W. PAPERMASTER (1964): Ontogeny and Phylogeny of Adaptive Immunity. Adv. Immunol. 4, 1 - 115.

HUSSEIN, M. F., BADIR, N., EL RIDI, R. and M. AKEF (1976): Lymphoid Tissues of the Snake, (Spalerosophis diadema), in the Different Seasons. Dev. Comp. Immunol. 3, 77 - 88.

HUSSEIN, M. F., BADIR, N., EL RIDI, R. and S. EL DEEB (1979b): Seasonal Variation on Immune Systems of the Lizard, (Scincus scincus). J. Exp. Zool. 209, 91 - 96.

KANAKAMBIKA, P. and V. MUTHUKKARUPPAN (1972): Immunological Competence in the Newly Hatched Lizard, (Calotes versicolor). Proc. Soc. Exp. Biol. Med. 140, 21 - 23.

KARSTAD, L. (1961): Reptiles as Possible Reservoir Hosts for Eastern Encephalitis Virus. Trans. N. Amer. Wildlife Conf. 26, 186.

KARSTAD, L. (1963): Influence of Low Body Temperature on Establishment of Prolonged Infections in Animal Reservoirs. Sci. Proc. 100th Ann. Meeting of the Amer. Vet. Med.Assoc.

KENDALL, S. and S. MINTON (1973): Immune Responses of Snakes. Copeia, 3, 504 - 515.

KLUGER, M. J., RINGLER, D. H. and M. R. ANVER (1975): Fever and Survival. Science, 188, 166 - 168.

KOLLIAS, G. V. (1982): Immunological Aspects of Infectious Disease in Reptiles and Amphibians. In: G. L. Hoff, F. L. Frye and E. R. Jacobsond, eds. Diseases of Amphibians and Reptiles. New York: Plenum Medical Book Co. (In Press.)

MARCHALONIS, J. J., EALEY, E. H. M. and E. DIENER (1969): Immune Response of the Tuatara, (Sphenodon punctatum). Austral. J. Exp. Biol. Med. Sci. 47, 367.

MAUNG, R.T. (1963): Immunity in the Tortoise, (Testudo iberia). J. Path. Bact. 85, 51 - 66.

METSCHNIKOFF, E. I. I. (1905): Immunity in the Infective Diseases (Engl. Transl.) Cambridge: University Press.

PITCHAPPAN, R. and MUTHUKKARUPPAN, V. (1977): Thymus-Dependet Lymphoid Regions in the Spleen of the Lizard (Calotes versicolor). J. Exptl. Zool. 199, 177 - 188.

PORTIS, J. and J. E. COE (1975): The Secretory Immunoglobin of Reptiles and Amphibians. Nature (London) 258, 547 - 548.

RATNOFF, O. D. (1966): The Biology and Pathology of the Initial Stages of Blood Coagulation. In: E. B. Brown and C. V. Moore, Eds. Progress in Hematology, Vol. V. New York: Grune and Stratton. 204 - 245.

SALANITRO, S. K. and S. A. MINTON (1973): Immune Response of Snakes. Copeia, 1973, 504.

SALUK, P. H., KRAUSS, J. and L. W. CLEM (1970): The Presence of Two Antigenically Distinct Light Chains (and) in Alligator Immunoglobulins. Proc. Soc. Exp. Biol. Med. 133, 365 - 369.

SIMPSON, D. I. H. (1968): Arboviruses and Free-Living Wild Animals. Symp. Zool. Soc. London 24, 13 - 28.

THOMAS, L. A., EKLUND, E. M. and W. A. RUSH (1958): Susceptibility of Garter Snakes (Thamnophis sp.) to Western Equine Encephalomyelitis Virus. Proc. Soc. Exp. Biol. Med. 99, 698 - 700.

WHITE, F. H. (1963): Leptospiral Agglutinins in Snake Serums. Am. J. Vet. Res. 24, 179 - 182.

WIDAL and SICARD (1897): Influence de l'organisme sur les Prorietes Acquises par les Humeurs du fait de l'infection (L'agglutination chez quelques animaux a sang froid). Comp. Rend. Soc. Biol. 49, 1047 - 1050.

WRIGHT, R. and H. SHAPIRO (1973): Primary and Secondary Immune Responses of the Desert Iguana, (Dipsosaurus dorsalis). Herpetologicy 29, 275.

Address of author: F. L. F R Y E , D. V. M., M. S.
741 Plum Lane
Davis, California 95616
(U.S.A.)

Aus dem Anatomischen Institut der Tierärztlichen Hochschule Hannover, Arbeitsbereich Embryologie und Angewandte Anatomie und dem Institut für Zuchthygiene der Universität Zürich, Abteilung Zoo- und Heimtiere.

BEITRAG ZUR AUSBILDUNG DER TUBEROSITAS TIBIAE BEI GIBBONS (HYLOBATIDAE) UND SIAMANGS (SYMPHALANGUS SYNDACTYLUS)

Von H. W i s s d o r f und E. I s e n b ü g e l

Im Rahmen der systematischen Röntgenuntersuchung von verstorbenen Jungtieren des Zoologischen Gartens Hannover fielen Befunde im Bereich der Tuberositas tibiae bei Schopfgibbons auf. Während im zugängigen Schrifttum Angeben über Altersbestimmung bei Feten von Orang-Utan (S e i f e r t, 1972) und eine Studie über die Anatomie von Schimpanse und Orang-Utan (O w e n, 1835) vorliegen, untersuchte H a l a c z e k (1972) morphologisch-metrisch 35 Tibiae von Gibbons und 8 von Siamangs. Er fand bei Gibbons eine wenig erhabene Tuberositas tibiae, die weiter distal liegt als bei Meerkatzenartigen (Cercopithecidae). Bei Siamangs erwähnt er die Tuberositas tibiae nicht, stellt sie aber in einer Abbildung dar.

Material:

Zur Röntgenuntersuchung gelangten ein 10 Monate altes männliches und ein 19 Monate altes männliches Jungtier von Schopfgibbons (Hylobates concolor).
Von Herrn Dr. S c h r ö d e r (Tierpark Berlin) wurde eine weitere Röntgenaufnahme eines als 24 Monate alt geschätzten männlichen Tieres zur Verfügung gestellt. Osteologische Studien wurden an 3,1 Siamangskeletten des Zoologischen Instituts der Tierärztlichen Hochschule Hannover, an dem Skelett eines männlichen Silbergibbons (Hylobates moloch) des Zoologischen Forschungsinstitutes und Museums Alexander Koenig in Bonn und an 12 Skeletten von Gibbons sowie Siamangs des Anthropologischen Institutes der Universität Zürich durchgeführt.[x]

Befunde:

Bei der Betrachtung der Röntgenaufnahmen des Kniegelenkes der beiden jungen Schopfgibbons (Abb. 1, 2) fiel die Form des proximalen Tibiaendes bei latero-lateralem Strahlengang auf. Die Tibia ist hier bei beiden Tieren kranial, im Ansatzbereich des Ligamentum patellae, auffallend abgeflacht (Abb. 1, 2/ 2). Die gleichen Befunde zeigt das Röntgenbild des etwa 24 Monate alten Tieres aus dem Tierpark Berlin. (Abb. 3/2).
An den 4 untersuchten Siamangskeletten des Zoologischen Institutes der Tierärztlichen Hochschule Hannover, von denen ein Tier als juvenil, ein Tier als subadult, ein Tier als 2 Jahre alt gekennzeichnet waren, zeigten die Knochen ebenfalls eine auffallende Abglachung. Nur bei dem als adult gekennzeichneten Tier ließ sich hier eine flache Tuberositas tibiae nachweisen, die noch nicht vollständig mit der Tibia verwachsen war (Abb. 6/2).
Bei dem Silbergibbon aus dem Museum Alexander Koenig-Bonn waren alle Epiphysenscheiben im Bereich des Kniegelenkes verkalkt, eine Tuberositas tibiae aber nicht sichtbar.
Die untersuchten Tibiae aus dem Anthropologischen Institut der Universität Zürich zeigten bei einem Siamang eine deutliche Anlage einer flachen Tuberositas tibiae (Abb. 4C/2), die durch ihre Apophysenfuge erkennbar ist und schon mit der proximalen Tibiaepiphyse verwachsen ist.

[x]Wir danken Herrn Professor Dr. Biegert, Zürich und Herrn Professor Dr. Nobis, Bonn für die freundliche Bereitstellung von Untersuchungsmaterial.

Diskussion:

Die Röntgenbefunde ließen die Vermutung aufkommen, daß es bei Gibbons, die sich in der Hauptsache hangelnd fortbewegen, nicht zur Ausbildung der Tuberositas tibiae, einer Apophyse kranial am proximalen Tibiaende kommt. Diese Befunde wurden durch die Ergebnisse der Skelettuntersuchungen juveniler und subadulter Siamangs und Gibbons unterstrichen. Nur die Befunde an dem als adult gekennzeichneten Siamangskelett (Abb. 6/2) und dem ohne Altersangabe (Abb. 4C/2), bei denen eine Tuberositas tibiae ausgebildet war, widersprachen diesen Überlegungen. Hieraus läßt sich aussagen, daß bei Gibbons bis zu 2 Jahren röntgenologisch keine Tuberositas tibiae nachzuweisen ist.

Die osteologischen Befunde, bei denen keine Tuberositas tibiae vorlag, sind mit Vorsicht zu deuten, da eine in der Entwicklung befindliche Apophyse sich bei der Mazeration ab- oder aufgelöst haben kann. Wann es bei Gibbons zu einer Anlage der Tuberositas tibiae kommt, ist bis jetzt aus Materialmangel nicht festzulegen. Bis zum Alter von 2 Jahren ist diese Apophyse sicher nicht ausgebildet. Da Gibbons erst im Alter von 7 bis 9 Jahren ihre Zuchtreife erreichen und die Tuberositas tibiae beim Menschen erst im Alter von 9 bis 14,5 Jahren (B i r k n e r, 1977) röntgenologisch darstellbar ist, kann aus den vorliegenden Röntgenbildern nur ausgesagt werden, daß diese auffallenden Befunde als "ohne Besonderheiten" gewertet werden müssen.

Zusammenfassung:

Beitrag zur Ausbildung der Tuberositas tibiae bei Gibbons (Hylobatidae) und Siamangs (Symphalangus syndactylus)

Es werden Röntgen- und Skelettbefunde proximal an der Tibia bei Gibbons und Siamangs beschrieben, wobei das Fehlen der Tuberositas-tibiaeanlage bei Gibbons und Siamangs bis zum Alter von 2 Jahren als sicher anzusehen ist. Daß eine flache Tuberositas tibiae bei Siamangs trotz der hauptsächlich hangelnden Fortbewegung später angelegt wird, beweisen die Skelettbefunde.

Summary:

Tibial Tuberosity in Gibbon (Hylobatidae) and Siamang (Symphalangus syndactylus)

Described in this paper are radiological and skeletal findings recorded from the proximal end of the tibia in gibbons and siamangs. Absence of tibial tuberosity disposition in gibbon and siamang up to the age of two years can be assumed with certainty. Skeletal findings are likely to produce hard evidence to the effect that in the siamangs flat tibial tuberosity had developed somewhat beyond the above age limit, notwithstanding the fact that movement had been primarily in hang position.

Résumé :

A propos de la formation de tuberositas-tibiae chez des gibbons (Hylobatidae) et chez des Symphalangus syndactylus

L'auteur décrit des résultats d'examens radioscopiques et d'examens de squelettes à proximité du tibia chez des gibbons et chez des siamangs où il faut considérer comme acquis le manque d'un système de tubérosité de tibia chez des gibbons et des siamangs de moins de 2 ans. Les examens des squelettes démontrent que les siamangs forment plus tard une tuberositas tibiae plate en dépit de leurs mouvements surtout en état de suspension.

Резюме:

Сообщение об образовании Tuberositas tibiae у гиббонов и сиамангов.

Описаны рентгеновские исследования скелета молодых гиббонов и сиамангов. Обнаружено у животных до 2-х летнего возраста отсутствие Tuberositas tibiae
Как показывают рентгеновские картины, у сиамангов Tuberositas tibiae развивается в последствии.

Literaturnachweis:

BIRKNER, R. (1977): Das typische Röntgenbild des Skeletts. Urban und Schwarzenberg.

HALACZEK, B. (1972): Die Langknochen der Hinterextremität bei simischen Primaten. Phil. Diss., Zürich.

OWEN, R. (1835): On the Anatomy of the Chimpanzee and Orang Utan. Transactions of the zoological society of London. Vol. I 221-275.

SEIFERT, S. (1972): Zur Altersbestimmung und zu den Reifezeichen bei Feten des Orang-Utans (Pongo pygmaeus Hoppius 1763). Zool. Gart. N.F., 12, 121-130.

Anschrift der Verfasser: Prof. Dr. H. W i s s d o r f
Anatomisches Institut der Tierärztlichen Hochschule
Hannover - Arbeitsbereich Embryologie und Angewandte
Anatomie -
Bischofsholer Damm 15
D - 3000 Hannover (BRD)

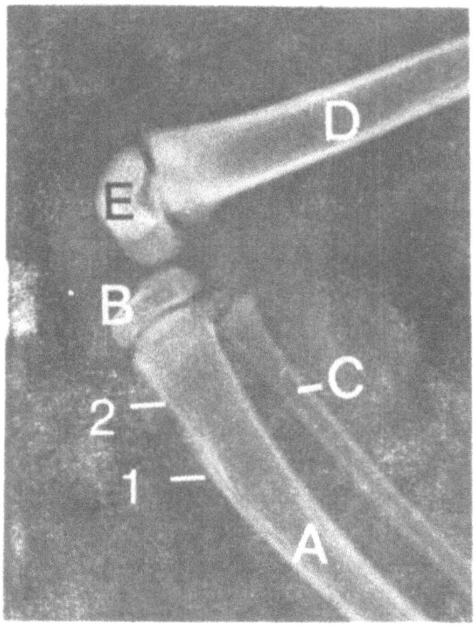

Abb. 1: Rechtes Kniegelenk eines 10 Monate alten männlichen Hylobates concolor. Latero-lateraler Strahlengang 66 Kv 4 mAs
A Tibiadiaphyse; B proximale Tibiaepiphyse; C Fibuladiaphyse; D Femurdiaphyse; E distale Femurepiphyse; 1 Margo cranialis; 2 Einziehung im Bereich der Tuberositas tibiae.

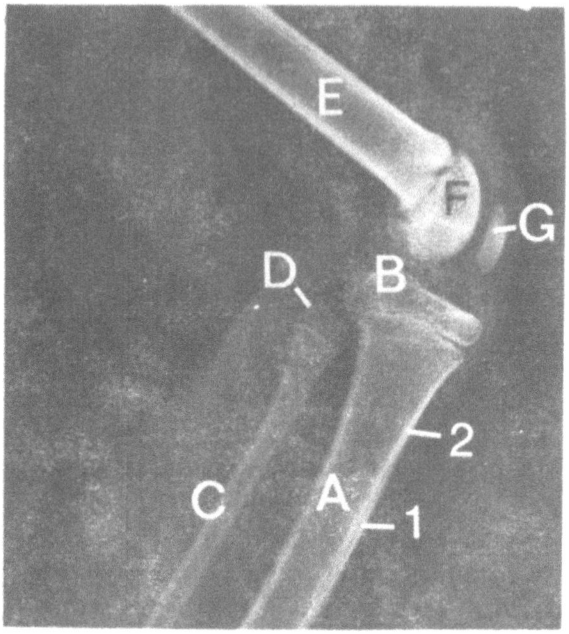

Abb. 2: Linkes Kniegelenk eines 19 Monate alten männlichen Hylobates concolor. Latero-lateraler Strahlengang 65 Kv, 4,8 mAs
A Tibiadiaphyse; B proximale Tibiaepiphyse; C Fibuladiaphyse; D proximale Fibulaepiphyse; E distale Femurepiphyse; G Patella.
1 Margo cranialis; 2 Einziehung im Bereich der Tuberositas tibiae.

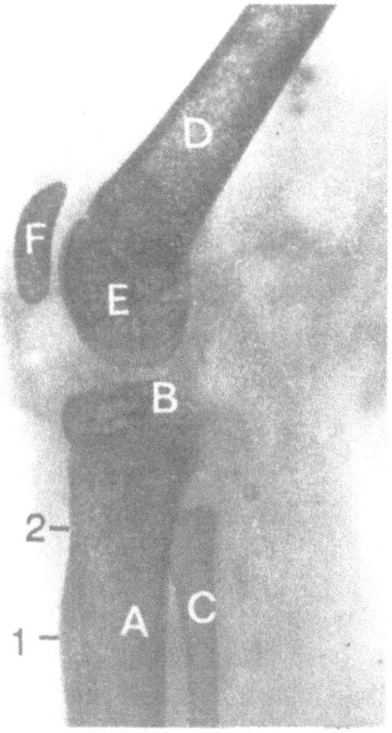

Abb. 3: Rechtes Kniegelenk eines 24 Monate alt geschätzten Schopfgibbon. Latero-lateraler Strahlengang. (Aufn.Tierklinik Tp.Berl,)
A Tibiadiaphyse; B proximale Tibiaepiphyse; C Fibuladiaphyse; D Femurdiaphyse; E distale Femurepiphyse; F Patella.
1 Margo cranialis; 2 Einziehung im Bereich der Tuberositas tibiae.

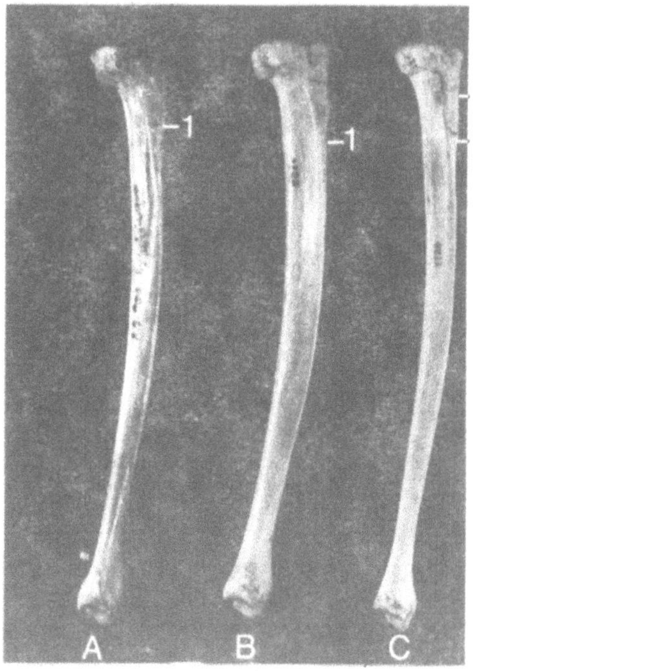

Abb. 4: A - C Drei rechte Tibiae von Symphalangus. A weiblich, subadult; B männlich, adult; C weiblich ohne Altersangabe mit typischer, flacher Tuberositas tibiae (2), die schon mit der proximalen Tibiaepiphyse verwachsen ist.
1 Margo cranialis; 2 Apophyse der Tuberositas tibiae

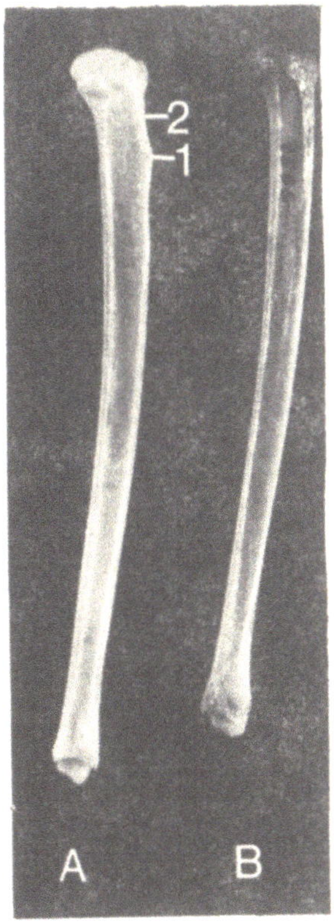

Abb. 5: A, B 2 rechte Tibiae von Hylobates.
1 Margo cranialis;
2 deutliche Einziehung im Bereich der Tuberositas tibiae

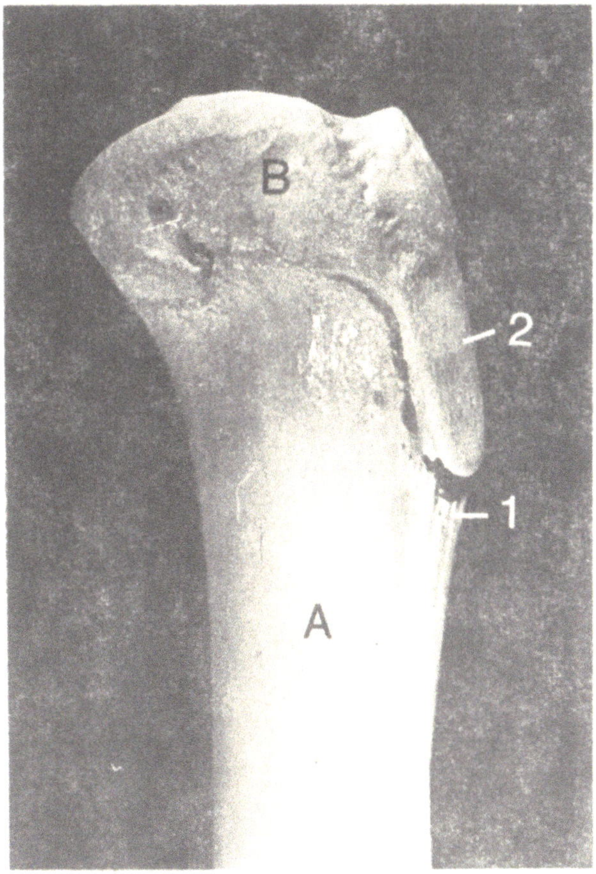

Abb. 6: Proximales Ende einer rechten Tibia vom Siamang.
A Tibiadiaphyse; B Proximale Tibiaepiphyse.
1 Margo cranialis; 2 Tuberositas tibiae mit proximaler Tibiaepiphyse verwachsen, aber noch nicht mit der Tibiadiaphyse.

Hungarian Academy of Sciences, Research Institute of Veterinary Medicine
(Director: Prof. Dr. J. Mészáros) and Central Veterinary Institute
(Director: Dr. Cs. Szentmiklóssy), Budapest, Hungary

RETICULO-ENDOTHELIOSIS IN PHEASANT

By Cs. N. Drén, R. Glávits,
E. Sághy, F. Rátz,
J. Ping, and V. Sztojkov

Introduction

Members of the avian reticulo-endotheliosis virus (REV) group have been isolated from turkey (for review see Biggs, 1980), duck (Grimes and Purchase, 1973, for review see Purchase and Witter, 1975), Japanese quail (Carlson et al., 1974), and chicken (Kawamura et al., 1976; Jackson et al., 1977; Bagust and Dennett, 1977).

No reports so far have been published, to the authors' knowledge, about conditions resembling reticulo-endotheliosis or REV isolation with regard to species of the Phasianinae sub-family, though Taylor and Olson (1972) found ring-necked pheasant (Phasianus colchicus torquatus) to be susceptible to infection by the REV-T strain (Robinson and Twiehaus, 1974).

Subject of this report is a lymphoreticular tumour, so far unknown in pheasant, which was associated with infection by a C-type oncovirus, the latter being in close serological relationship with the REV group.

Material and methods

Pheasants, about six months of age, from a small breeding stock were submitted for diagnosis to the Central Veterinary Institute. Post-mortem examination of dead or necropsied pheasants was followed by collection of suspicious tumorous lesions and suspicious organs for histological examination and virus isolation (Purchase, 1975). Virus antigens in infected chicken embryo fibroblast (CEF) or duck embryo fibroblast (DEF) tissue cultures were detected by means of indirect immunofluorescence (Witter et al., 1970). Suspicious tissue fragments and/or tissue culture cells were fixed in two-per-cent glutaraldehyde for ultrastructural studies, then post-fixed in osmium-tetroxide, and after dehydration, they were embedded in araldite. For electronmicroscopic investigation, ultra-thin sections were stained with uranyl-aaetate/lead citrate.

Antibodies to REV and Marek's disease virus (MDV) were detected by the agar-gel precipitation test (Ianconescu, 1977; Chubb and Churchill, 1968). Antibodies to the four sub-groups of exogenous avian leucosis viruses were assayed by the virus neutralisation test (Chubb and Biggs, 1968).

Pheasants, aged four days, and SPF chickens, aged one day, were intra-abdominally inoculated with the material used also for virus isolation, in transmission experiments. Dead or culled ailing animals from transmission experiments were processed just like field cases.

Results

Pea-size nodules were recordable from the head, mouth, and various internal organs, including crop, spleen, liver, kidneys, lungs, air sac, and, sometimes, muscles, all in post-mortem examination of field cases. Histological examination of those tumorous lesions and other internal organs, except the central nervous system and peripheral nerves, revealed infiltration and proliferation of undifferentiated lymphoreticular cells.

Pheasant chicks inoculated with tumour and/or spleen homogenate died or were culled, between 16 and 34 days after inoculation. Chickens inoculated with the same material died between five and 42 days from inoculation, two out of ten in the first transmission experiment and the remaining eight in the second. Gross and histological lesions in the experimentally inoculated animals were similar to those found in the field cases, except runting syndrome and distinct feathering defect which were not seen in field cases at all.

Distinct cytopathic effects were recordable from tissue cultures, as early as three days after inoculation, using the same material as in transmission experiments. Formation of medium-size syncytium was one of the most characteristic features of this cytopathic effect, particularly in DEF. Bright granular fluorescence was visible in the cytoplasm of infected cultures, following cell treatment, using an anti-REV-T immune serum. However, no fluorescence whatsoever occurred in the wake of cell treatment by means of an anti-MDV immune serum.

C-type oncovirus particles were shown primarily in membrane-bound vesicles in cytoplasm of infected cells by electron-microscopic examination. Budding forms, too, were occasionally recordable.

Virus of similar characteristics was re-isolated from experimentally infected chickens

Neither cytopathic effects nor virus particles were detectable form non-inoculated control cultures.

No antibodies against MDV or avian leucosis-sarcoma viruses were found to be present in sera from field cases or experimentally inoculated groups. However, antibodies against REV appeared in two of nine sera obtained from field cases.

Discussion

MDV ist very unlikely to play any role in the tumorous cases reviewed in this paper, for the following reasons: 1. It proved impossible to isolate MDV in susceptible tissue cultures. 2. The histological leasions were different from MDV. 3. Antibodies against MDV were not detectable from sera of field cases or experimentally infected birds.

The very fact that no antibodies against A, B, C, and D sub-groups of exogenous avian leucosis-sarcoma viruses were detectable in field sera seemed to negate their role in such cases. Relevance of endogenous virus of the Phasianinae sub-family, however, cannot be ruled out safely (P u r c h a s e et al., 1977). Further biological and biochemical analyses will be required for elucidation.

Nevertheless, the tumour condition observed by the authors in pheasants is assumed to be closely associated with a C-type oncovirus infection; there was close serological and morphological similarity with the REV group of viruses. That assumption appeared to have been strongly supported by regular isolation of C-type virus from tissue cultures prepared from both field cases and experimentally infected birds, and, on top of all that, typical reticulo-endotheliosis could be induced by this material in young pheasants and chickens.

Summary:

Reticulo-Endotheliosis in Pheasant

Studies were conducted into an outbreak of lymphoproliferative disease among pheasants. A C-type oncovirus, which exhibited antigenic relationship with the reticulo-endotheliosis virus group, was isolated from the tumour homogenate. The same virus was isolated from pheasants and chickens to which reticulo-endotheliosis had been induced by the tumour homogenate.

Zusammenfassung:

Retikuloendotheliose bei Fasanen

Es wird über ein bis jetzt unbekanntes Krankheitsbild der Retikuloendotheliose bei Fasanen berichtet. Dabei wurde ein Oncovirus vom C Typ aus einer Geschwulst isoliert, das eine serologische Verwandtschaft mit der reticuloendothelialen Virusgruppe aufweist. Das gleiche Virus konnte aus den mit dem Geschwulstmaterial experimentell infizierten Fasanen- und Hühnerkücken reisoliert werden, die an einer Retikuloendotheliose erkrankt waren.

Résumé :

Endothéliose réticulaire chez des faisans

L'auteur présente une affection jusqu'ici inconnue chez les faisans en rapport avec l'endothéliose réticulaire. Ils ont isolé un oncovirus du type C d'une tumeur qui présente une parenté sérologique avec le groupe des virus de l'endothéliose réticulaire. Ils ont pu réisoler le même virus de petits faisans et de jeunes poulets infectés avec le matériel de tumeur à des fins d'expériences atteints d'endothéliose réticulaire.

Резюме:

Ретикулоэндотелиоз у фазанов.

Авторы сообщают о заболевании фазанов ретикулоэндотелиозом. Из суспензии опухоли выделен онко-вирус типа С, сходный серологически с ретикулоэндотелиозом. Такой же вирус был выделен из экспериментально зараженных молодых фазанов и цыплят.

References:

BAGGUST, T. j. and D. P. DENNETT (1977): Reticuloendotheliosis virus: Experimental infection of poultry and immunofluorescent identification of Australian isolates. Aust. vet. J. 53, 506 - 508.

BIGGS, P. M. (1980): The biology of avian leukosis. In Leukemias, lymphomas and papillomas: comparative aspects /ed. P. A. Bachman/, Taylor and Francis, London, pp. 233 - 246.

CARLSON, H. C., SEWRIGHT, G. L. and J. R. PETTIT (1974): Reticuloendotheliosis in japanese quails. Avian Pathol. 3, 169 - 175.

CHUBB, R. C. and P. M. BIGGS (1968): The neutralization of Roussarcoma virus. J. gen. Virol. 3, 87 - 96.

CHUBB, R.C. and A. E. CHURCHILL (1968): Precipitating antibodies associated with Marek's disease. Vet. Rec. 82, 4 - 13.

GRIMES, T. M. and H. G. PURCHASE (1973): Reticuloendotheliosis in a duck. Aust. vet. J. 49, 466 - 471.

IANCONESCU, M. (1977): Reticuloendotheliosis antigen for the agar gel precipitation test. Avian. Pathol. 6, 259 - 267.

JACKSON, C. A. W., DUNN, S. E., SMITH, D. I., GILCHRIST, R. T. and P. A. MACQEEN (1977): Proventriculitis, "nakanuke" and reticuloendotheliosis in chickens following vaccination with herpesvirus of turkey /HVT/. Aust. vet. J. 53, 457 - 459.

KAWAMURA, H., WAKABAYASHI, T., YAMAGUCHI, S., TANAGUCHI, T., TAKAYANGI, N., SATO, S., SAKIYA, S. and T. HORIUCHI (1976): Inoculation experiment of Marek's disease vaccine contaminated with reticuloendotheliosis virus. Natl. Inst. Anim. Hlth. Q. /Japan/ 16, 135 - 140.

PURCHASE, H. G. (1975): Reticuloendotheliosis. In Isolation and identification of avian pathogens /eds. Hitchner, S. B., Domermuth, C. H., Purchase, H. G. and J. E. Williams /Arnold Printing Corporation, Ithaca, pp. 155 - 159.

PURCHASE, H. G., OKAZAKI, W., VOGT, P. K., HANAFUSA, H., BURMESTER, B. R. and L. B. CRITTENDEN (1977): Oncogenicity of avian leukosis viruses. Infect. Immun. 15, 423 - 428.

PURCHASE, H. G. and R. L. WITTER (1975): The reticuloendotheliosis. Curr. Top. Microbiol. Immun. 71, 103 - 124.

ROBINSON, F. R. and M. J. TWIEHAUSE (1974): Isolation of the avian reticuloendotheliosis virus /strain T /. Avian Dis. 18, 278 - 288.

TAYLOR, H. W. and L. D. OLSON (1972): Spectrum of infectivity and transmission of the T-virus. Avian Dis. 16, 330 - 335.

WITTER, R. L., PURCHASE, H.G. and G. H. BURGOYNE (1970): Peripheral nerve lesions similar to those of Marek's disease in chickens inoculated with reticuloendotheliosis virus. J. Natl. Cancer Inst. 45, 567 - 577.

Address of authors: Dr. Cs. Drén
Vet. Med. Res. Inst.
H-1581 Budapest Pf. 18
Hungary

Aus dem Lehrstuhl für Pathologische Anatomie (Leiter: Prof. Dr. A. K a r d e - v á n) der Universität für Veterinärwissenschaften zu Budapest und dem Veterinärdienst im Zoo der Tiergesundheitsstation der Hauptstadt Budapest (Direktor: Dr. L. G u r á n y i)

ADENOKARZINOM DES HODENS BEI EINEM TIGERPYTHON (PYTHON MOLURUS)

Von J. M é s z a r o s, Z. G r a f und J. T ó t h

Bei Schlangen treten, wie bei den Mammaliern, unterschiedliche Tumoren aus verschiedenen Grundgeweben auf. Bösartige Tumoren aus epithelialem Gewebe wurden mehrmals beobachtet. Karzinome wurden in der Leber (W i l h e l m und E m s w i l l e r, 1977), Adenokarzinome im Darm (W a d s w o r t h, 1954) und im Gekröse (E l k a n und C o o p e r, 1976), in der Kloake (S m i t h und B e t z, 1965), in den Gallenwegen (E f f r o n et al., 1977), im Gallengang (B e r g m a n, 1941), in der Speicheldrüse (E f f r o n et al., 1977; R a t c l i f f e, 1935, 1943), in den Nieren (P a t a y, 1933), in der Giftdrüse (H i l l und O s m a n, 1951) in den Lungen (E f f r o n et al., 1977) und ein mukoepidermales Karzinom in der Mundhöhle (H i l l, 1977) beobachtet. Über die Tumoren der Geschlechtsorgane liegen nur unzureichende Angaben vor. Bei den weiblichen Geschlechtsorganen sind ein Adenokarzinom des Eierstocks (E f f r o n et al., 1977) und ein Tumor der Granulosa-Zellen (E f f r o n et al. 1977; O n d e r k a und Z w a r t, 1978) bekannt. Bezüglich der Tumoren der männlichen Geschlechtsorganen konnten wir nur eine Mitteilung finden. K a r s t a d hat einen Sertoli-Zell-Tumor im Hoden bei einer Strumpfbandnatter (Thamnophis sirtalis) - nach der Publikation von M a c h o t k a und W h i t n e y (1980) - festgestellt. Detaillierte Angaben wurden von den zitierten Verfassern nicht gemacht.
Die weißgelben Hoden bei den Schlangen haben eine lange, zylindrische Gestalt und befinden sich in dem hinteren Drittel des Körpers. Die Nebenhoden sind wie schmale Streifen dorsomedial auf den Hoden zu finden, sie sind durch ein Mesenterium, in dem die Gefäße und die Ductuli efferentes zu dem Ductus epididymidis verlaufen, mit den Hoden verbunden. Die Hodentubuli stehen mit dem Nebenhoden durch die Ductuli efferentes in Verbindung. Das einschichtige Epithel der Ductuli efferentes besteht aus kubischem, beziehungsweise Flimmerepithel und das des Ductus epididymidis aus einem mehrstufigen Zylinderepithel. Der Ductus epididymidis geht in das am Anfang geschlängelte Vas defferens über, das dann im distalen Abschnitt gerade verläuft und entlang der lateralen Oberfläche der Niere, den Ureter begleitend, nach hinten, zu der gemeinsamen Öffnung in die Kloake führt (G a n s - P a r s o n s, 1977).

Klinische Untersuchung:

Der 15 Jahre alte, 190 cm lange männliche Tigerpython (P. molurus) des Budapester Zoologischen und Botanischen Gartens wies seit Wochen die Nahrung zurück und seine Häutung verzögerte sich. Der Ernährungszustand verschlechterte sich erheblich, und von der Haut, die nicht mehr so glänzend war, lösten sich mehrere Schuppen ab. Sein Körper verbreiterte sich zwischen dem zweiten und dritten Körperdrittel in einer Länge von 25 cm spindelförmig. Diese Verdickung entstand durch eine in der Bauchhöhle sich entwickelnde, leicht schmerzhafte bei Palpation elastische, dicke, nicht bewegliche Neubildung. Im Laufe der röntgenologischen Untersuchungen, sowohl mit der Nativ-Methode, als auch unter Verwendung von Kontrastmitteln, zeigte sich die Neubildung homogen, wobei sie in der Gestalt einer Schweineniere ähnelte.

Die Neubildung verzögerte die Passage des Kontrastmaterials im Darm, verhinderte sie aber nicht.

Anästhesie und Operation:

Die Temperatur des Operationsraumes betrug 27°C. Es wurde ein heizbarer Operationstisch verwendet. Die Halothananästhesie wurde mit einem halboffenen Narkoseapparat durchgeführt, wobei nach B o n a t h (1979) und B o n a t h und Z s c h e g e (1979) die Einleitungsphase mit einer Konzentration von 5 % begonnen wurde. Nach dem Aufsetzen der Maske trat 5 Min. lang Atemstillstand ein und danach atmete das Tier zunächst oberflächlich, später tiefer und tiefer. Nach weiteren 15 Minuten erschlafften die Muskeln und der Umklammerungsreflex im Schwanzabschnitt löste sich. Die Form der Pupille veränderte sich nicht. Der Patient wurde intubiert, und die etwa 60 Min. dauernde Operation wurde mit einer Halothankonzentration von 2 % durchgeführt. Die Tiefe der Anästhesie wurde mit dem Atmungspieper, der Palpation der Herzschläge und der Beurteilung des Muskeltonus kontrolliert. Die Atmungsfrequenz betrug 8 - 10/Min., und die Herzfrequenz schwankte zwischen 70 - 80/Min. während der Operation.
Der Operationsschnitt wurde in der ventralen Mittellinie unmittelbar hinter der tumorösen Verdickung gesetzt. Bei der Herausnahme des Tumors, dessen Größe 18 x 10 cm betrug, traten starke Blutungen auf. Der Tumor war mit den Lobuli der linken Niere/verwachsen, die somit auch amputiert werden mußte. Eingeschlossen in den Tumor war der linke Hoden. Beim Absetzen des Tumors verringerte sich die Herzfrequenz erheblich. Die normalen Werte wurden erst wieder nach einer Sauerstoffbeatmung erreicht. Nach der Operation wurde ein Verband angelegt, der sich nach der Erwachungsphase von 15 Min. durch das schonungslose Herumwinden des Tieres ablöste. Das erneute Anlegen eines Wundverbandes erwies sich als überflüssig. Die Wundheilung verlief ohne Komplikationen, die Hautnähte wurden am 14. Tag entfernt, bis zu dieser Zeit wurde nur Trinkwasser ins Terrarium gegeben.

Pathologische Befunde:

Das mit Bauchfell überzogene Operationspräparat war von eiförmiger Gestalt mit einer höckerigen Oberfläche. Die erbsengroßen bis nußgroßen graugelben und grauroten Höcker hatten ein unregelmäßiges Aussehen und waren von elastischer Konsistenz. Im Bereich der nabelähnlichen Wölbung konnte der Samenleiter festgestellt werden (Abb. 1). Auf der Schnittfläche des Gebildes zeigten sich mehrere Zysten, gefüllt mit grauweißem breiigem, salbenähnlichem Inhalt. Die an diesem Material ausgeführte bakteriologische Untersuchung verlief negativ.

Histologische Untersuchung:

Bei dem Operationspräparat handelte es sich um ein vom Epithel der Ductuli efferentes ausgehendes Adenokarzinom. Der Tumor hatte eine ausgeprägte Neigung zum infiltrativen Wachstum auf intrakanalikulärem Wege. In der umfangreichen bindegewebigen Grundsubstanz konnten viele Querschnitte von Höhlen beobachtet werden, die mit mehrschichtigem zylindrischem Epithel (Abb. 2) ausgekleidet waren und gleichzeitig reichlich Becherzellen enthielten (Abb. 3). Ins Lumen der Höhlen hineinragend konnten Wucherungen mit einem bindegewebigen Stroma ermittelt werden.
Ein Teil der Hohlräume hatte eine runde oder ovale Gestalt. Der überwiegende Teil der Höhlen war aber vorwiegend unregelmäßig zystenartig gestaltet (Abb. 4). Der Inhalt der Hohlräume bestand aus mukösen Massen, in denen eine Vielzahl unreife, sich teilende Epithelzellen zu finden waren. Man konnte gut erkennen, daß die Zellwucherungen teilweise aus der Hohlraumwand stammten und verschiedendlich zu polsterartigen Bildungen führten (Abb. 5).

In den Zellen konnte ein hoher Kernzerfall beobachtet werden, und in dem Tumorgewebe kamen viele eosinophile Granulozyten vor. Der überwiegende Teil der Höhlen färbte sich mit Eosin rot. Im netzartigen, nekrotischen Tumorgewebe waren Zell- und Zellkerntrümmer zu sehen. In vielen Abschnitten hatte sich die Epithelauskleidung der Höhlen abgelöst. Vereinzelt konnten degenerierte Hodentubuli beobachtet werden, in denen das Keimepithel zugrunde gegangen und in deren Lumen seröser-zelliger Inhalt zu finden war.

Diskussion:

Die pathologischen und histologischen Befunde deuten auf ein bösartiges Wachstum des Epithels der ableitenden kleinen Kanäle höchstwahrscheinlich der Ductuli efferentes des Hoden hin. Das ins Lumen der ableitenden Kanäle eingedrungene Tumorgewebe pflanzte sich intrakanalikulär fort und die Ductuli dehnten sich zystenartig aus. Die Obturation der ableitenden Wege des Hodens führte zur Sekretstauung, Atrophie des Hodenepithels beziehungsweise Nekrose des Keimepithels. Das wuchernde zylindrische Epithel der Ductuli efferentes enthielt viele Becherzellen. Die Absonderungen dieser Zellen trugen in großem Umfang neben der Wucherung des Tumorgewebes zur Verstopfung der ableitenden Wege bei. Das Tumorgewebe unterlag infolge der schlechten Blutversorgung früh regressiven Veränderungen, wurde weich und wandelte sich gemeinsam mit dem Drüsensekret in ein breiiges salbenartiges Material um.

Unser Patient verendete an einem Rezidiv des Tumors und an einer schweren Kachexie nach der Operation. Bei der Sektion konnte festgestellt werden, daß der rezidivierende Tumor fast die originale Größe erreichte. Metastasen konnten nicht beobachtet werden.

Zusammenfassung:

Adenokarzinom des Hodens bei einem Tigerpython (P. molurus)

Die Verfasser beschreiben die chirurgische Entfernung eines Tumors aus der Bauchhöhle bei einem Tigerpython (Python molurus). Das Operationspräparat erwies sich auf Grund der histologischen Untersuchung als ein von den ableitenden Wegen des Hodens ausgehendes Adenokarzinom, das sich intrakanalikulär ausbreitete. Der Patient verstarb 7 Monate nach der Operation infolge einer Kachexie und einem Tumorrezidiv.

Summary:

Adenocarcinoma of Testis of Tiger Python (Python molurus)

Surgical removal of a tumour from the abdominal cavity of a tiger python (Python molurus) is described in this paper. The surgical specimen was histologically identified as an adenocarcinoma originating from the efferent testicular ducts for intracanalicular proliferation. The patient died seven months after surgery, causes of death being cachexia and recurrence of tumour.

Résumé :

Adénocarcinome du testicule chez un python indien (P. molurus)

Les auteurs décrivent l'extirpation chirurgicale d'une tumeur de la cavité abdominale chez un python indien (Python molurus). L'examen histologique a révélé la présence d'un adénocarcinome partant des voies testiculaires qui s'est répandu de manière intracaniculaire. Sept mois après l'intervention chirurgicale, l'animal mourut à la suite d'une cachexie et d'une récidive tumorale.

Резюме:

Аденокарцинома у удава (Python molurus) исходящая из почки.

Авторами описывается оперативное удаление опухоли из брюшной полости удава. Гистологическое изучение образования показало наличие аденокарциномы, возникшей в отводящих канальцах семенника. Семь месяцев после удаления опухоли животное погибло от образовавшихся рецидивов и полного истощения.

Literaturverzeichnis:

BLAND-SUTTON, J. (1885): Tumours in Animals. Journal of Anatomy and Physiology, 19, 415-475. cit.: Elkan, E. und Cooper, J.E. (1976).

BONATH, K. (1979): Narkose, Überwachung und klinische Reaktionen - vergleichende Betrachtungen über Poikilotherme (Reptilien, Amphibien, Fische) und Haustiere. Kleintierprax. 24, 185-198.

BONATH, K. und C. ZSCHEGE (1979): Experimentelle Untersuchungen zur klinischen Anwendung und Überwachung der Inhalationsnarkose bei Reptilien. Zbl. Vet. Med. A. 26, 341-472.

EFFRON, M.-GRINER, L. and K. BENIRSCHKE (1977): Nature and Rate of Neoplasia Found in Captive Wild Mammals, Birds and Reptiles at Necropsy J. Natl. Cancer Inst. 59, 185-198.

ELKAN, E. and J.E. COOPER (1976): Tumours and Pseudotumours in some Reptiles. J. Comp. Path. 86, 337-348.

GANS-PARSONS (1977): Biology of the Reptilia, London and New York: Academic Press. Vol. 6., Morphology E 56-81.

HILL, J.R. (1977): Oral squamous Cell Carcinoma in a California King Snake. J.Am. Vet. Med. Assoc. 171, 981-982.

HILL, J.R. and OSMAN, W.C. (1951): Report of the Society's Prosector for the Year 1951. In Proc. Zool. Soc. London, 122, 515-533.

MACHOTKA II, S.V. and G.D. WHITNEY (1980): Neoplasms in Snakes: Report of a Probable Mesothelioma in a Rattlesnake and a Through Tabulation of Earlier Cases in Montali, J.R., Migaki, G.: The Comparative Pathology of Zoo Animals, Washington, D.C. 1980. Smitsonian Institution Press, 593-603.

ONDERKA, D.K. and P. ZWART (1978): Granulosa cell tumor in a garter snake, Thamnopis sirtalis. J. Wildl. Dis. 14, 218-221.

RATCLIFFE, H.L. (1935): Carcinoma of the pancreas in Say's pine snake (Pituophis sayi). Amer. J. Cancer. 24, 78-79.

RATCLIFFE, H.L. (1943): Neoplastic disease of the pancreas of snakes Serpents. Amer. J. Pat. 19, 359-366.

SMITH, A.M. and T.W. BETZ (1965): A Case of Fatal Cloacal Tumour in a Snake. Br. J. Herpetol. 3, 199.

WADSWORTH, J.R. (1954): Some Neoplasms of Captive Wild Animals. J. Am. Vet. Med. Ass. 125, 121-123.

WILHELM, R.S. and B.B. EMSWILLER (1977): Intraoral carcinoma in a Burmese python. Vet. Med. Small Anim. Clin. 72, 272-273.

Anschrift der Verfasser: Dr. med. vet. J. Mészáros
Lehrstuhl für pathologische Anatomie der Vet.-Universität
H-1o78 Budapest, Landler J. u. 2. (Ungarische VR)

Abb. 1: Chirurgisch entfernte Neubildung
aus der Bauchhöhle des Tigerpythons

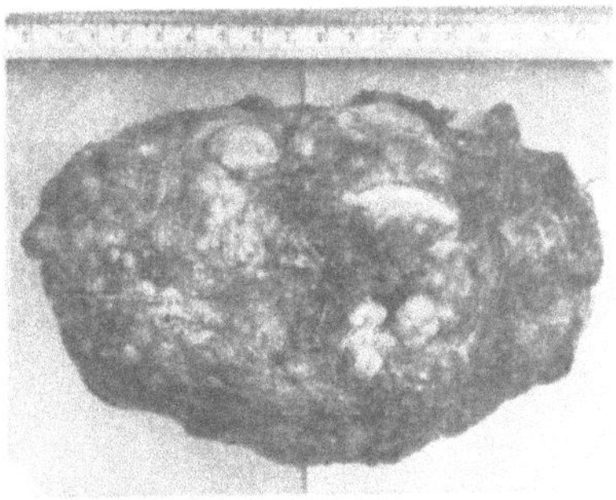

Abb. 2: Histologisches Bild des Adenocarcinoms
(Vergr.: 26-fach)

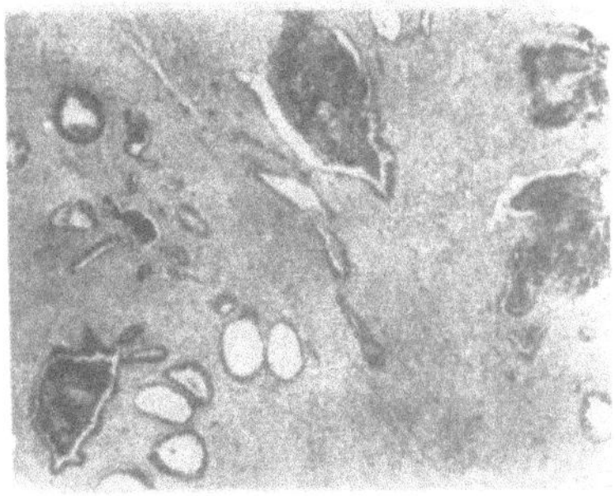

Abb. 3: Mehrschichtige Epithelauskleidung
eines Kanälchens mit Becherzellen
(Vergr.: etwa 2oo-fach)

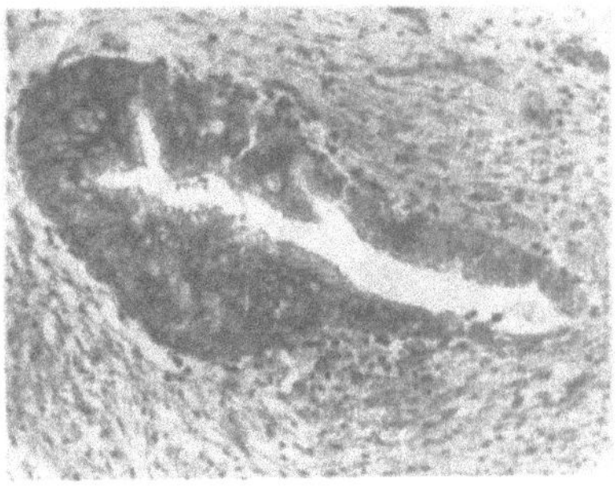

Abb. 4: Unreife, wuchernde Tumorzellen fül-
len das Lumen
(Vergr.: etwa 42-fach)

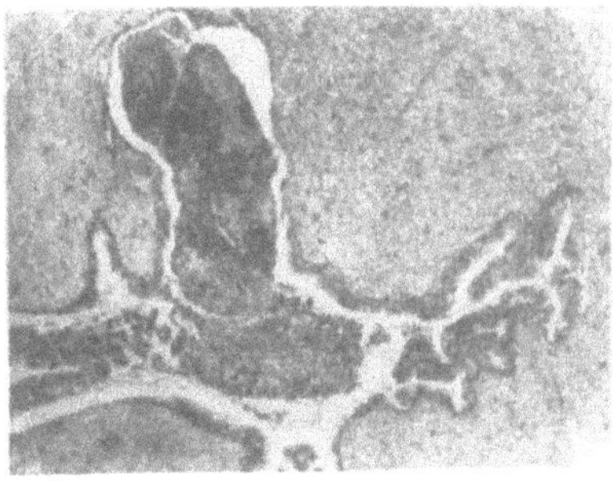

Abb. 5: Tumorzellwucherung in einem Kanälchen
(Vergr.: etwa 126-fach)

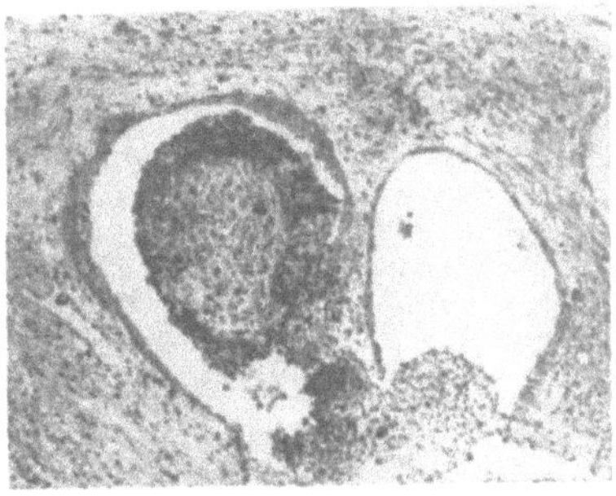

From
University of Veterinary Science, Department of Animal Nutrition (Head. Prof. J. Bokori), Budapest, Hungary

TRACE ELEMENTS IN HAIR OF WILD-LIVING AND ZOO-KEPT DEER

By J. Bokori and G. Tölgyesi

To wild-living and even more to captive deer close-to-optimum trace element levels are at least as important as they are to any domestic ruminant. Trace element deficit may have an adverse impact on reproduction and, in worsening situations, even on general health of the wild ruminant.

Mineral requirements and, consequently, optimum mineral supply have not even been established in detail for domestic ruminants, and even less is known about the mineral status of wild ruminants, including deer. Studies into trace elements of wild mammals so far have suffered from a number of obstacles. Here are some of them:

1. Practice-oriented checking of wild mammals for their mineral metabolism is extremely difficult for almost insurmountable technical problems.
2. Conditions of wildlife nutrition are prone to abrupt change resulting from major variation in the structure of farming, including intensive livestock production patterns or single-crop systems.
3. Plants on which wild ruminants feed may be available in strictly limited seasons, geological conditions, pollution of the environment, and varying agricultural techniques can also lead to drastic variation in plantborne mineral levels.
4. Extreme difficulty is likely to face the examiner in trying to collect from wild-living animals blood, urine, hair, and other material for testing.

With all those problems and difficulties, considerable progress has been recorded, over the past ten or 15 years, from studies into the mineral status of wildlife (Tölgyesi, 1970; Groppel, 1970; Anke et al., 1979, 1980a, 1980b) and into mineral levels of plants providing wildlife feed (Tölgyesi and Bencze, 1970; Tölgyesi, 1965; Anke et al., 1979, 1980a, 1980b; Schindler et al., 1980). Also, the methods used for investigation of the mineral status of wildlife have been checked for dependability. Evidence has been produced to the effect that analysis of faecal samples (Tölgyesi and Bencze, 1970), rumen content (Anke et al., 1980a, 1980b), and hair (Anke, 1965; Anke and Risch, 1979) can provide information on availability of minerals as precisely as an analysis of the feed plants proper (Tölgyesi et al., 1970).

The authors of this paper, leaning on relevant investigations, undertook comparative analysis of hair obtained from wild-living deer and from zoo animals (Cervus elaphus) with long history of captivity. Specimens were tested for trace element levels, with the view to making an assessment of possible differences resulting from variation in diet.

Material and methods

In autumn 1981, hair samples were collected from eight adult heads of deer, aged between one and five years, which had long been in captivity in the Zoological Garden of Budapest. Comparable samples were obtained from 15 wild adult heads of deer which had been shot by hunters in three other areas of Hungary, Visegrád, Sárvár, and Balatonnagyberek. The zoo animals, generally, had been feeding on meadow hay, carrot, and mixed fodder of corn, oats, and barley. They had also received a ready-mixed deer diet temporarily, and they had access to acacia leaves. Tap water was available for drinking, and salt licks were regularly provided. The wild individuals lived on freely selected natural feed.

All hair samples were collected from the prescapular region. Then followed their extraction with ether in a Soxhlet apparatus for half an hour, drying, washing in running distilled water for another half an hour, and drying to constant weight at 105 °C. A three-gram portion of each of the samples was hydrolysed in perchloric acid + nitric acid, dilution of the hydrolysate in distilled water, and analysis for nine trace elements. Potassium, calcium, magnesium, sodium, manganese, and zinc were determined by atomic absorption spectrometry in a Perkin-Elmer 5000 apparatus. Potassium and copper were ascertained by colorimetry and sulphur by turbidimetry. Average trace element levels are given in Table 1. Standard deviations and variation coefficients are summarised in Table 2.

Results and discussion

All analysed trace elements, except for sulphur, zinc, and copper, were present in samples obtained from either group, yet, in individually varying concentrations. The largest deviations were recordable from potassium, phosphorus, and manganese. Samples obtained from captive animals did not differ drastically from those of wild-living individuals with regard to ranges of variation.

Gaps in concentration between the two groups were also examined. While there were strongly pronounced individual variations, the mean level of manganese in the hair of captive animals was generally low (6,7 mg/kg), as compared to the mean level recorded from wild-living animals (28,5 - 41,5 mg/kg). A n k e et al. recorded much lower values (between 7,4 mg/kg and 4,4 mg/kg) from hair samples which had been obtained from 19 heads of deer. These findings were interpreted as unambiguous indicators to dietary manganese depletion in zoo deer, a conclusion supported also by methodical and theoretical considerations.

Contamination of hair samples with soil particles may result only in positive error, that is values higher than real levels. Negative error, values below real levels, can be safely ruled out, particularly when it comes to atomic absorption spectrometry with background correction. A methodical error can be ruled out, as well, as manganese levels recorded from hair of wild deer had in all cases been between four and six times as high as the levels established from captive individuals. Besides, of all feedstuffs available to zoo animals, irregular supply of acacia leaves was the only noticeable source of manganese, levels being between 35 mg/kg and 40 mg/kg. On the other hand, manganese levels as high as between 900 mg and 2,000 mg per kg of dry matter are characteristic of hornbeam leaves, pine needles, and other types of natural feed selected by wild-living deer.

Variations in zinc concentrations were relatively low (C.V. = 6,0 - 15,9 mg/kg). This suggested both relative stability of zinc levels in deer hair, in general, and sufficient dietary zinc supply to zoo deer. The mean zinc level recorded from deer hair in Hungary, between 100 mg/kg and 108 mg/kg, was found to be somewhat below the figures of the German Democratic Republic, according to A n k e et al. (1980) whose mean value assessment had been 122 $\pm$ 24 mg/kg in an analysis of hair samples collected from 39 heads of deer. Also, possible soil contamination of hair samples would not alter a result of zinc analysis, since the average soilborne zinc level was found to be only 70 mg/kg. Variations recorded from levels of other trace elements, iron, aluminium, calcium, and magnesium, on the other hand, might have been attributable, at least partly, to soil contamination. This applied particularly to the animals shot by hunters owing to the presence of soil particles in adherent blood clots. Extraction in diethyl ether and distilled water, as recommended by A n k e , may not have been helpful in this case, for intimately adhering coagulated blood cannot be removed from hair, neither by ether nor by water.

Sulphur levels were found to be high under both natural and artificial conditions, and there was little difference between the two deer groups. This appeared to underline the relevance of sulphur to protein buildup for horny cutaneous appendages.

Analyses for sodium concentrations have shown that, quite generally, the amount of sodium incorporated into deer pelage has been very much below the values of cattle and other domestic ruminants. This conclusion has been supported, for example, by findings of A n k e (1965), according to which the average sodium level in hair samples from 60 red cows had been 296 mg/kg.

Reference, finally, should be made to extraordinarily high calcium and magnesium levels in hair samples which were obtained from wild-living deer in the forests of Balatonnagyberek. Hair samples from animals in that region should be further analysed for an ecological interpretation.

Summary

Trace Elements in Hair of Wild-Living and Zoo-Kept Deer

Hair samples obtained from 23 wild-living and zoo-kept heads of deer were analysed for nine trace elements. With great individual variations for most of the elements, there was significant difference between the two groups for some, which was attributed primarily to differences in diet.

Zusammenfassung:

Spurenelemente im Deckhaar wildlebender und im Zoo gehaltener Hirsche

Deckhaarproben von 23 wildlebenden und im Budapester Zoo gehaltenen Hirschen wurden auf neun Spurenelemente untersucht. Bei individuell stark unterschiedlichen Gehalten an den meisten Spurenelementen, traten bei einigen jedoch signifikante Unterschiede zwischen beiden Tiergruppen auf, die auf unterschiedliche Ernährung zurückgeführt werden.

Résumé :

Des oligo-éléments dans les poils de cerfs sauvages et de cerfs gardés au jardin zoologique

Des prélèvements du poil de 23 cerfs sauvages et gardés au zoo de Budapest ont été examinés sur neuf oligo-éléments. Par rapport à des teneurs très différentes entre la plupart des oligo-éléments, l'examen a quand-même révélé des différences significative entre les deux groupes d'animaux qui sont certainement dues à la différence dans l'alimentation.

Резюме:

Микроэлементы в волосяном покрове оленей, живущих на свободе и в зоопарке.

Проведены исследования по выявлению микроэлементов у оленей, живущих на свободе и в зоопарке. Найдены различия между данными группами животных, что указывает на не одинаковое питание,

Table 1

Trace element levels (mg/kg or g/kg) in deer hair samples; purification in ethyl ether and distilled water

	K	Ca	P	Mg	Na	Mn	Zn	Cu	S
				mg/kg					g/kg
						Zoo-kept deer (n = 8)			
1.	729	828	122	157	95	1	119.2	6.86	25.13
2.	276	939	65	222	199	1	116.0	10.52	24.88
3.	78	1081	44	167	62	1	88.3	9.29	22.20
4.	90	1652	184	409	94	14	99.7	11.37	21.96
5.	537	1663	197	422	134	7	102.7	8.64	22.20
6.	214	1117	139	296	53	2	68.9	5.73	12.69
7.	927	2181	224	426	141	10	106.0	9.21	18.54
8.	233	3065	231	672	96	18	100.0	11.16	20.00
						Deer from Visegråd forest (n = 8)			
1.	248	1676	92	456	201	41	108.1	7.99	26.84
2.	298	1579	85	345	197	11	114.9	9.70	20.74
3.	286	1101	394	449	105	52	98.1	6.67	27.33
4.	113	1105	374	308	125	29	101.8	6.96	28.30
5.	239	803	510	366	110	32	111.7	6.30	28.54
6.	322	1323	612	725	143	57	97.7	7.05	25.13
7.	495	1222	561	591	189	57	102.0	8.57	22.45
8.	1486	2429	1156	1339	203	53	108.0	8.99	19.76
						Deer from Sårvår forest (n = 4)			
1.	520	2839	618	798	155	72	94.0	8.27	27.08
2.	1113	1971	1054	427	300	17	107.1	8.55	18.30
3.	361	839	340	238	157	12	112.3	9.11	39.53
4.	759	818	558	232	203	13	119.5	9.14	29.28
						Deer from Balatonnagyberek forest (n = 3)			
1.	223	3329	364	662	141	23	106.3	5.64	18.54
2.	536	4099	272	1098	173	49	110.1	11.94	20.98
3.	202	5782	408	927	94	47	99.8	5.55	19.03

Table 2

Mean trace element levels in hair of captive and wild-living deer, grouped by habitat

		K	Ca	P	Mg	Na	Mn	Zn	Cu	S
			mg/kg							g/kg
A. Zoo deer (n = 8)	$\bar{x}$	397.7	1565.7	150.7	346.4	109.2	6.7	100.1	9.1	20.9
	s	306.7	757.5	70.5	172.4	47.3	6.7	15.9	2.0	4.0
	CV	77.1	48.4	46.7	49.8	43.3	98.8	15.9	22.0	19.1
B. Wild-living deer										
1. Visegråd (n = 8)	$\bar{x}$	435.9	1404.7	473.0	572.4	159.0	41.5	105.3	7.65	24.9
	s	437.4	498.2	339.5	338.9	42.8	16.5	6.3	1.13	3.5
	CV	100.3	35.5	71.8	59.2	26.9	39.7	6.0	14.7	13.9
2. Sårvår	$\bar{x}$	688.2	1617.7	642.5	423.7	178.7	28.5	108.2	8.7	28.5
	s	327.0	976.8	299.2	265.4	101.1	43.0	10.7	0.4	8.7
	CV	47.5	60.4	46.5	62.6	56.6	150.9	9.9	4.9	30.5
3. Balatonnagy-berek (n = 3)	$\bar{x}$	320.3	4403.3	348.0	895.7	126.0	39.7	105.4	7.71	19.5
	s	187.1	1254.5	69.4	219.7	39.7	14.5	5.2	3.7	1.3
	CV	58.4	28.5	19.9	24.5	29.2	36.5	4.9	47.5	6.6

References:

ANKE, M. (1965): Der Mengen- und Spurenelementgehalt des Rinderhaares als Indikator der Kalzium-, Magnesium-, Phosphor-, Kalium-, Natrium-, Eisen-, Zink-, Mangan-, Kupfer-, Molybdän- und Kobaltversorgung. Habilitationsschrift, Jena.

ANKE, M. (1965): Der Mengen- und Spurenelementgehalt des Rinderhaares in Abhängigkeit von der Schnittiefe, Haarart, Haarfarbe, dem Haaralter, Tieralter, Laktationsstadium und der Trächtigkeit. 2. Mitteilung. Arch. Tierernährung 15, 469.

ANKE, M., GROPPEL, PRIEN, S., BRIEDERMANN, L., and S. MEHLITZ (1980a): Die Mengen- und Spurenelementversorgung der Wildwiederkäuer. 4. Mitteilung. Der Kupfergehalt der Winteräsung und der Kupferstatus des Rot-, Dam-, Reh- und Muffelwildes. Arch. Tierernährung 30, 707.

ANKE, M., GRÜN, M., BRIEDERMANN, L., MISSBACH, K., HENNIG, A., and H. KRONEMANN (1979): Die Mengen- und Spurenelementversorgung der Wildwiederkäuer. 1. Mitteilung. Der Kadmiumgehalt der Winteräsung und der Kadmiumstatus des Rot-, Dam-, Reh- und Muffelwildes. Arch. Tierernährung 29, 829.

ANKE, M., RIEDEL, E., BRÜCKNER, E., and G. DITTRICH (1980b): Die Mengen- und Spurenelementversorgung der Wildwiederkäuer. 3. Mitteilung. Der Zinkgehalt der Winteräsung und der Zinkstatus des Rot-, Dam-, Reh- und Muffelwildes. Arch. Tierernährung 30, 479.

ANKE, M., and M. RISCH (1979): Haaranalyse und Spurenelementstatus. Gustav Fischer Verlag Jena.

GROPPEL, B. (1970): Vergleichende Untersuchungen über den Mangan-, Zink- und Kadmiumstoffwechsel kleiner Wiederkäuer bei unterschiedlicher Versorgung mit diesen Elementen. Dissertation. Jena.

SCHINDLER, P., SCHMID, E.R., VEGLIA, A., and R. BECKER (1980): Bestimmung von Spurenelementen in Grünfutter und in Fleisch von Pflanzenfressern aus dem Bergwerksgebiet Bliberg-Kreut. Fresenius Z.Anal.Chem. 302, 296.

TÖLGYESI, G. (1965): Adatok az erdei fák és cserjék Ca-, P-, Fe-, Mn-, Zn-, és Cu tartalmáról. Az Erdö. 14, 275.

TÖLGYESI, G. (1970): Vadtakarmányozás, különös tekintettel az ásványi anyagokra. Magyar Vadászok Országos Szövetsége és felsöfoku tanfolyamának jegyzete. V. kötet 87-123. Sopron.

TÖLGYESI, G., CSAPODY, I., and L. BENCZE (1970): Acta Agronomica Scien. Hung. 19, 293.

TÖLGYESI, G., and L. BENCZE (1970): In C.F. Mills ed. Trace element metabolism in animals, 1, 416, E. and S. Livingstone, Edinburgh and London

Address of authors: Prof. Dr. J. Bokori
University of Veterinary Science
Department of Animal Nutrition
1400 Budapest Pf. 2 (Hungary)

From the University of Veterinary Science, Department of Anatomy and Histology, Budapest (Head: Prof. G. F e h é r), University of Agriculture, Keszthely Plant Protection (Director: Prof. J. B o z a i), Laboratory for Pesticide Toxicology of Plant Protection and Agrochemestry Center, Keszthely (Director: A. A n t a l), Peterfy Hospital Budapest (Director: L. B o j s z k o) and Wildlife Protection Station of Plant Protection and Agrochemestry Centre, Fácánkert (Director: Á. Z a j á k)

TERATOGENETIC MODEL STUDY - EFFECTS OF INSECTICIDE PARATHION 20 WP ON FOETUSES OF JAPANESE QUAIL AND PHEASANT

By T. F á n c s i, L. V á r n a g y, R. I m r e, L. B a r t a l i t s, and Á. H a d h á z y

Use of chemicals has drastically grown in terms of quantity and applications all over the world, throughout the last two decades. In agriculture, this has resulted in widening application of various agents, including fertilisers and pesticides.

Pheasant, the most important game bird in this country (non-target organism), is exposed to the effects of chemicals during laying and hatching, as its reproductive period coincides with a peak in the use of chemicals. Parathion levels in pheasant have been rarely studied in the past (L u t z and L u t z - O s t e r t a g, 1972 and 1973). The teratogenetic effect of parathion on bird foetuses has been chosen as the subject of this paper.

Material and methods

Fresh embryonated eggs of Japanese quail (Coturnix coturnix japonica) and pheasant (Phasianus colchicus mongolicus et torquatus) were used in this study. Parathion 20 WP (Bayer), with 20 per cent of active ingredient, was suspended in water to give 0.03 and 3.0 per cent. Volumes of that suspension between 0.05 ml and 0.10 ml were introduced by one single injection into the air sacs. Distilled water was similarly injected into control eggs. Doses were calculated, depending on average egg weights which were 9 g for quail and 30 g for pheasant. Hatching took place in Ragus-type and National-type incubators. Details on egg treatment and evaluation are given in Table 1. Staining techniques according to S i m o n s and v a n H o r n (1971) were used to examine all embryos for gross lesions and skeletal abnormalities. Embryos and neck muscles were fixed, for optical light microscopy, in four-per-cent neutral formalin, before embedding in paraffin and staining with haematoxylin-eosin and Azan (K i s z e l y a. B a r k a, 1958). For electron microscopy, samples of m. longus colli were fixed in two-per-cent osmium-tetroxide, dehydrated in series of graded alcohol, and embedded in araldite. The semi-thick sections were cut by means of Reichert's ultra-microtome and stained with toluidine-blue, while ultra-thin sections were examined in a Tesla BS 6 B or Jeol S electron microscope.

A method proposed by G ö m ö r i (1952) and T a k a m a t s u (1939) was used to determine alkaline phosphatase activity in cervical vertebrae. Acetylcholine-esterase activity in cervical muscles was evaluated according to K o e l l e (1951) and G e r e b t z o f f (1953). Blood was sampled from the umbilical artery (Fig. 1) by a heparinised glass capillary (Fig. 2) (V á r n a g y, 1981).

SAP was determined by an optimised kinetic method, while a colour reaction was used to measure concentrations of calcium and inorganic phosphorus. The x^2-test, Student's test, and various analytical techniques were used to analyse the experimental data, with the view to establishing differences between treatment and controls (F i n n e y,1972).

Results

The pathological and teratological data are summarised in Tables 2 and 3. Mean body weight of quail and pheasant exhibited significant and dose-dependent decline, as compared to the controls, in response to the two higher doses. With medium and high doses, significant difference was found to exist between treated specimens, on the one hand, and controls, on the other, with regard to embryonic mortality, which findings applied to both quail and pheasant. Incidence of developmental abnormalities in the groups treated was higher than that recorded from the controls. Quail responded with significance even to lowest doses, while medium and high doses were required to produce response in pheasant. Cervical lordosis, scoliosis, and pes debilis were the most common abnormalities observed (Fig. 3, Table 3). Thoraco-gastroschisis play a somewhat predominant role in pheasant. Other abnormalities were of sporadic occurrence.

Under optical light microscopy, the cervical muscles of both quail and pheasant exhibited hypoplasia in response to the two higher doses, the extent of the lesion being directly proportional to dosage (Fig. 4). No microscopic lesions due to parathion toxicity were recordable from any other organ of quail or pheasant. Yet, muscle hypoplasia was observed by electron microscopy (Fig. 5). Calcium and phosphorus qualities were measured together with SAP activity in foetal serum. No significant dose-dependent differences from the above findings were recordable from biochemical results.

Summary:

Teratogenic Model Study - Effects of Insecticide Parathion 20 WP on Foetuses of Japanese Quail and Pheasant.

Several morphological and biochemical methods, generally not used in teratological tests, were used in the experiment described in this paper. Several morphological deformations were recorded from the bird tests, including pes debilis, muscular hypoplasia, and other skeletal defects. No significant dose-dependent difference was recordable from biochemical results. Other physiological factors, such as hormones, vitamins or enzymes, might be responsible for the morphological deformations observed.

Zusammenfassung:

Teratogene Modelluntersuchungen und Auswirkungen des Insektizid Parathion 20 WP auf Feten der Japanischen Wachtel und des Fasans.

Bei den beschriebenen Versuchen gelangten verschiedene, in teratologischen Untersuchungen bisher nicht allgemein übliche, morphologische und biochemische Methoden zur Anwendung. Pes debilis, Muskelhypoplasie und andere Skelettschäden waren die am häufigsten festgestellten morphologischen Mißbildungen. Die biochemischen Ergebnisse zeigten keine signifikanten dosisabhängigen Abweichungen. Für die beobachteten morphologischen Mißbildungen könnten auch solche physiologischen Faktoren verantwortlich sein, wie Hormone, Vitamine oder Enzyme.

Résumé :

Tests-modèle tératogènes et effets de l'insecticide Parathion 20 WP sur les fétus de la caille japonaise et du faisan

Dans le cadre des tests décrits, l'auteur a utilisé des méthodes morphologiques & biochimiques qui jusqu'alors n'ont pas été de coutume dans des tests tératologiques. Pes debilis, hypoplasie musculaire et d'autres altérations squelettiques ont été les déformations morphologiques les plus constatées. Les résultats biochimiques n'ont pas fait apparaître des déviations significatives en fonction du dosage. Les déformations morphologiques observées peuvent aussi être dues à des facteurs physiologiques tels que : hormones, vitamines ou enzymes.

Резюме:
Тератогенные модельные исследование и изучение влияния инзектицида паратиона 20 P у Foeten японских перепелов и фазанов.

Дается описание редко применяемых для тератологических исследований морфологических и биохимических методов. Pes debilis мышечная гипоплазия и другие скелетные поражения являлись основными морфологически выявленными уродствами. Биохимические опыты подтверждают морфологические результаты. Наблюдаемые морфологически уродства могут также засить от гормонов витаминов и энзимов.

References:

FINNEY, D.J. (1972): An introduction to statistical science in agriculture. Blackwell Scientific Publications, Oxford, London, Edinburgh, Melbourne.

GEREBTZOFF, M.A. (1953): Acta Anat. (11), 366; in: Kiszely,Gy., and Barka, T.: Gyakorlati mikrotechnika és hisztokémika. Medicine Könyvkiadó, Budapest, 1958.

GÖMORI, G. (1952): Microscopic histochemistry. Univ. Press, Chicago.

KARNOVSKY, M. (1965): A formaldehyde-glutaraldehyde fixative of high osmolarity for use on electron microscopy. J.Cell.Biol., (27), 137a.

KISZELY, Gy., and T. BARKA (1958): Gyakorlati mikrotechnika és hisztokémika, Medicina Könyvkiadó, Budapest.

KOELLE, G.B. (1951): J. Pharmacol. Exp. Therap., (103), 153. In: Spannhof, L.: Einführung in die Praxis der Histochemie, VEB Gustav Fischer Verlag, Jena 1967.

LUTZ, H., and Y. LUTZ-OSTERTAG (1972): The action of different pesticides on the development of bird embryos. In: Klimberg, M.A., Abramovici, A., and Chemke, J.: Drugs and Fetal Development. Plenum Publishing Corporation, New York.

LUTZ, H., and Y. LUTZ-OSTERTAG (1973): Pesticides, Teratogenesis, and Survival among Birds. Arch. Anat. Hist. Embr. norm. et exp., (56), 65.

SIMONS, E.V., and J.R. van HORN (1971): A new procedure for whole-mount Alcian-blue staining of the cartilaginous skeleton of chicken embryos, adapted to the clearing procedure in potassium hydroxide. Acta Morphol. Neerl. Scand., (8), 281.

TAKAMATSU, H. (1939): Transaction Soc. Jap., (29), 492, In: Kiszely, Gy., and T. Barka: Gyakorlati mikrotechnika és hisztokémia. Medicina Könyvkiadó, Budapest, 1958.

VÁRNAGY, L. (1981): Eine einfache Methode zur Blutgewinnung bei Vogelembryonen. Z. Versuchstierk., (23), 91.

Address of authors: Dr. Tibor F á n c s i
University of Vet. Science
Anatomy and Histology Dept.

Landler Jenö utca 2
VII Budapest (Ungarische VR)

Table 1 Experimental data from study into teratogenicity of parathion 20 WP

Species	Number of embryonated eggs	Therapeutic evaluation of progressive ossification Day of incubation			Dose mg/kg group				Number of embryos group			
					C°	I.	II.	III.	C°	I.	II.	III.
Quail	322	9	14	10	0	1.6	16	160	74	81	81	86
Pheasant	159	12	23	13-14	0	1	10	100	40	41	40	38

o = control

Table 2 Summary of pathological findings, on day of evaluation, obtained from bird embryos in response to parathion 20 WP

Dose group	Embryo weight, g, $\bar{x} \pm$ S.D. Quail	Pheasant	Number of alive/dead embryos+ Quail	Pheasant	Abnormalities Quail	Pheasant
Control	3.95 ± 0.67	17.19 ± 2.37	68/6	40/0	1	1
I.	3.91 ± 0.93	16.76 ± 1.82	73/8	41/0	11^{b}	4
II.	3.25 ± 0.35^{d}	11.52 ± 3.90^{d}	$61/20^{b}$	$20/20^{d}$	58^{d}	19^{d}
III.	2.53 ± 0.19^{d}	11.26 ± 1.45^{d}	$39/47^{d}$	$24/14^{d}$	39^{d}	23^{d}

+ = after treatment
b = p> 0.05
d = p> 0.01

Table 3 Macroscopic lesions in embryos in response to parathion 20 WP treatment

Malformation	Groups I., II., and III. Quail	Pheasant	Controls Quail	Pheasant
Number of embryos treated	248	121	74	40
Lordosis, scoliosis	50	61	0	0
Pes debilis	75	71	0	0
Anophthalmia	3	1	1+	0
Thoraco-gastroschisis	0	21	1+	0
Oedema	2	0	0	0
Rudimentum oris	4	2	1+	0
Osteomalacia cranii	1	0	0	0
Hernia cerebri	1	0	1	0

+ = malformation in same animal

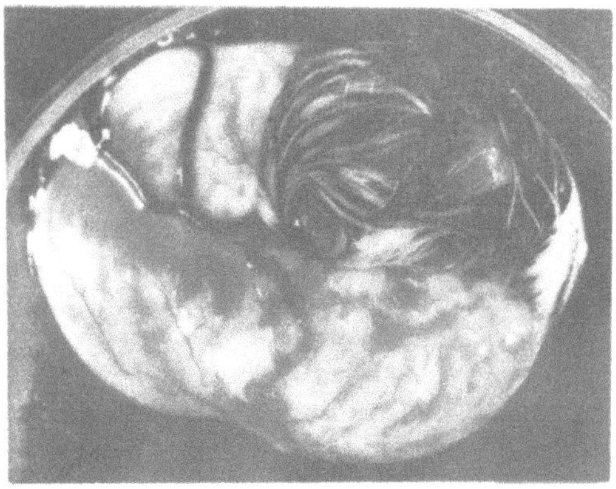

Fig. 1: A. umbilicalis in 14 days old quail fetus.

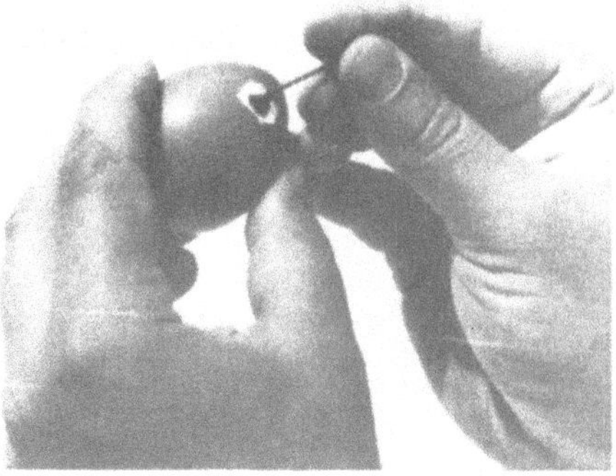

Fig. 2: Blood sampling from 23 days old pheasant fetus.

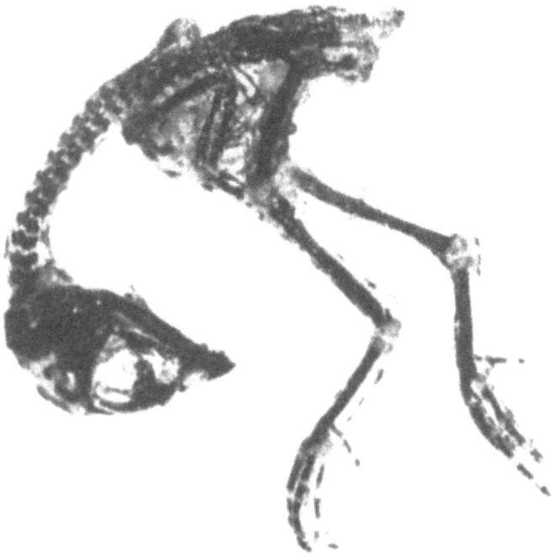

Fig. 3a: 23 day old control

Stained with Alisaric red and Alciane blue. 1,5 X

Fig. 3b: 23 day old 100 mg/kg Parathion 20 WP treated pheasant fetus

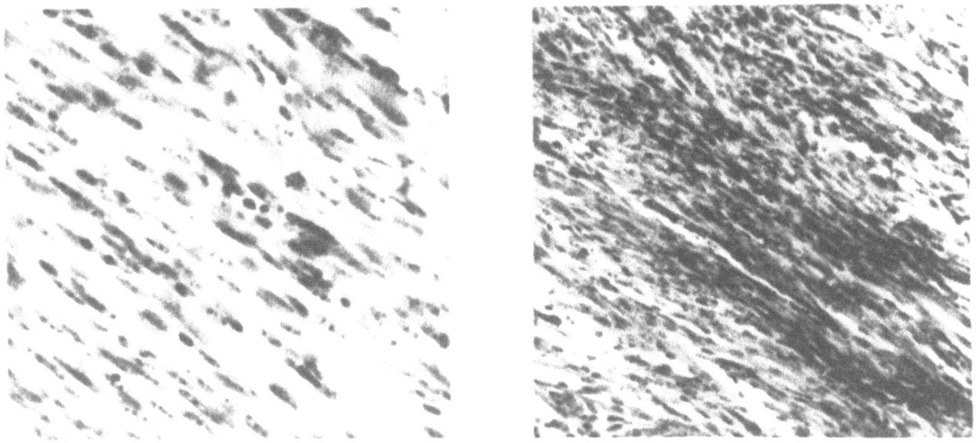

Fig. 4: Control m. longus colli and hypoplasia m. longus (a. und b.) in 14 days old quail fetus. H.-E. 250 x H.-E. 100 x

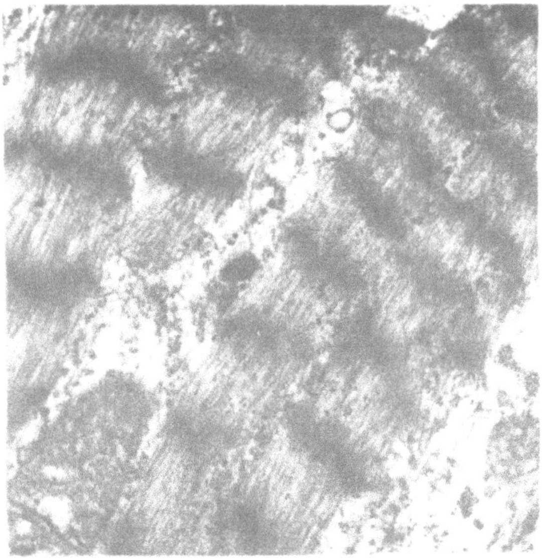

Fig. 5: Control m. longus colli in quail fetus EM: 25000 x

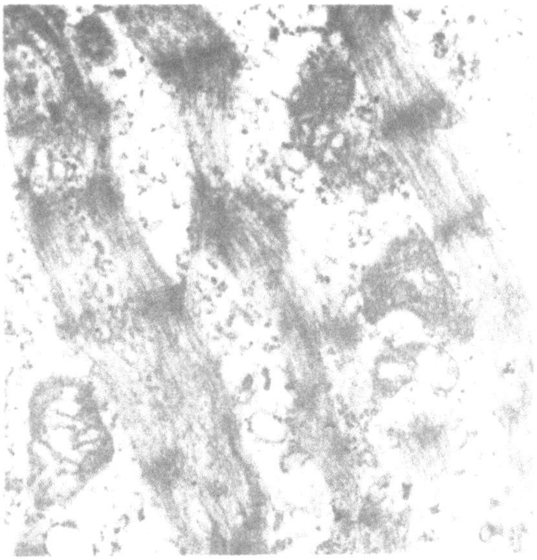

Fig. 6: 16 mg/kg Parathion 20 WP treated quail fetus muscle hypoplasia EM: 25000 x

Aus dem Zoologischen Garten Sao Paulo (Direktor: M. P. Autuori)

UNTERSUCHUNGEN ÜBER DIE WIRKSAMKEIT DES KUPFERSULFATS ALS ALGENVERNICHTUNGSMITTEL UND MÖGLICHE SCHADWIRKUNGEN AUF WASSERGEFLÜGEL

Von F. Simon, A. M. Faklen
und M. Borges da Rocha

Der Bestand an Entenvögeln im Zoologischen Garten Sao Paulo umfaßt etwa 500 Exemplare, die frei auf einem annähernd vier Hektar großen Stausee leben, dessen Wasser nur sehr langsam fließt. Zweimal im Jahr steigt der Besatz auf dem See durch Zugvögel bis auf ca. 7.000 Tiere an. In den letzten acht Jahren hat sich während der Sommermonate eine starke Sterblichkeit - hauptsächlich bei den Zugvögeln und Schwänen - bemerkbar gemacht. Die Tiere zeigten Koordinationsstörungen, Schwäche, Nystagmus, rhythmisches Zwinkern mit dem dritten Augenlid, sich rasch ablösende Miosis und Mydriasis und Untertemperatur. Innerhalb von 24 Stunden trat der Tod ein. Bei der Obduktion zeigte die grau verfärbte, brüchige Leber massive Nekrosen. Im Pankreas fielen petechiale Blutungen auf. Die übrigen Organe erwiesen sich als unverändert. Histologisch trat eine hochgradige Leberzelldegeneration hervor, ohne daß es zu eiher Verfettung kam. Bei frühzeitiger intravenöser Applikation von Thiamin, Traubenzucker und Xantinpräparaten erholten sich einige Tiere. Bakterielle, mykotische und mykotoxische Ursachen sowie Schwermetall- oder organisch-chemische Vergiftungen konnten für die Entstehung der Erkrankung ausgeschlossen werden. Auch blieb eine experimentelle Übertragung stets erfolglos.

Die hydrobiologische Analyse des Wassers aus dem Stausee zeigte unter etwa 25 Algengattungen zwei, die hochgradig giftig sind und zwar Microcystis und Aphanizomenon. Extrakte aus Microcystis erwiesen sich als giftig für Mäuse und Küken (Bishop, 1959). Die Toxizität solcher Blaualgen ist hinreichend bekannt, jedoch kennt man noch nicht die chemische Struktur sowie die für die Giftstoffentstehung erforderlichen Voraussetzungen (Moore, 1977).

Bei der Suche nach geeigneten Algenbekämpfungsmitteln stießen wir auf das Kupfersulfat, das uns wegen seines niedrigen Preises und der einfachen Anwendbarkeit günstig erschien (Branco, 1962). Vor dem endgültigen Einsatz unternahmen wir eine Reihe von Vorversuchen, um etwaigen Nebeneffekten und/oder einer Steigerung der Toxität vorbeugen zu können. Ein Teil dieser Ergebnisse soll hier beschrieben werden.

Methodik:

Das Kupfersulfat (in kristallinem Zustand) wurde unter folgenden Bedingungen geprüft:

1. In der vom Hersteller empfohlenen Verdünnung (0,1 ppm) wurde es dem Wasser zugesetzt, das stark mit Microcystis angereichert war. Dieser Versuch diente der Bestätigung seiner algiziden bzw. fortpflanzungshemmenden Wirkung.
2. Zur Ermittlung einer möglichen toxischen Wirkung der Reinsubstanz wurde das Kupfersulfat in verschiedenen Konzentrationen in wässriger Lösung dem Futter bzw. dem Schwimm- und Trinkwasser zugesetzt.
3. Zur Prüfung einer möglichen Toxizität des Kupfersulfats im Zusammenhang mit dem Absterben von Algen wurde eine empfohlene Konzentration (0,1 ppm) dem stark mit Microcystis angereicherten Wasser zugesetzt und ins Futter und zum Schwimm- und Trinkwasser gegen.

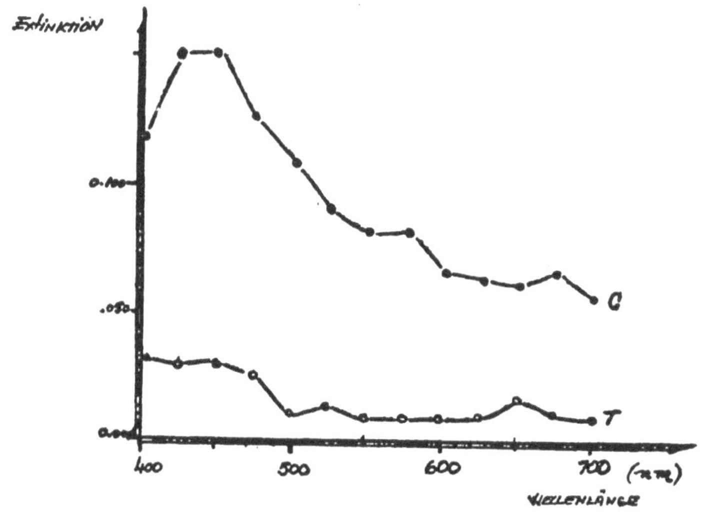

Abbildung 1: Die Lichtdurchlässigkeit des Stauseewassers 8 Tage nach der einmaligen Kupfersulfat-Zugabe (Endkonzentration = 0,1 ppm). T = Wasser mit, C = Wasser ohne $CuSO_4 \cdot 5H_2O$ - Zugabe.

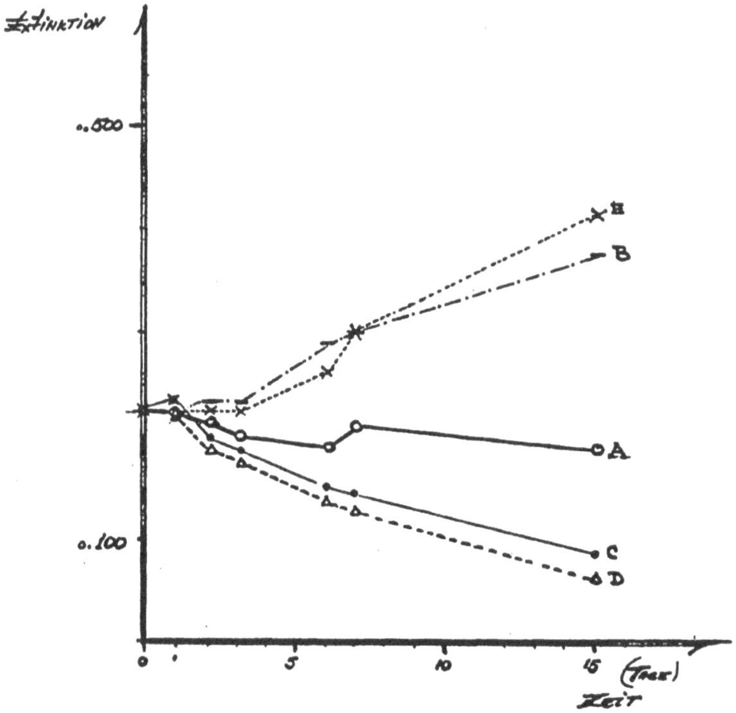

Abbildung 2: Veränderung der Lichtdurchlässigkeit des Wassers aus den Behältern von Versuch 1-b, gemessen als Extinktion bei 450 nm bis zum 15. Tag.

4. Noch nicht abgeschlossen sind Versuche zur Prüfung der Einwirkung verschiedener Konzentrationen von Kupfersulfat auf die in dem See lebenden Fischarten, die an Jungtieren in Aquarien vorgenommen werden.

5. Ebenfalls noch laufende Versuche wurden im flachen Bereich des See's in Form tropfenweiser Zugabe von Kupfersulfat vorgenommen, um die Wirkung auf dort gehaltene flugunfähige Wildenten zu testen, die in diesen Bereichen den Bodenschlamm aufnehmen und ihre Exkremente ausscheiden.

Über die Ergebnisse der erstgenannten drei Versuchsanordnungen soll nachfolgend berichtet werden.

Versuch 1

Die Wirkung des Salzes wurde auf zwei verschiedene Weisen getestet:

a) In einer Konzentration von 0,1 mg/l wurde die Wirkung auf stark mit Algen angereichertem Wasser aus dem See in Kunststoffbehältern bei Raumtemperaturen von 25° C getestet. Zur Kontrolle wurde ein gleicher Behälter ohne Kupfersulfatzusatz gelassen. Die Wirkung wurde mit Hilfe der Lichtdurchlässigkeit des Wassers unter Benutzung eines Spektralphotometers geprüft, wobei Werte zwischen 400 und 700 nm acht Tage nach Beginn des Versuches gemessen wurden (Abb. 1). Es zeigte sich, daß das unbehandelte Wasser fünfmal stärker getrübt war als das mit Kupfersulfat durchsetzte.

b) In gesonderten Kunststoffbehältern zu 10 Litern wurden 2 ppm Kupfersulfat dem stark mit Algen angereichertem Wasser zugesetzt und zur Prüfung Schlamm vom Boden des Sees, Wasserpflanzen (Cryptocorina sp.) und Fische (Phalloceros caudimaculatus) dort hineingegeben. Die Wirkung wurde nach der Extinktion des Wassers geschätzt. 15 Tage nach Beginn des Versuches lagen die mittels Spektralphotometer ermittelten Werte bei 450 nm (Abb. 2). Beim letzten Versuch starben vier von zwanzig Fischen des Behälters. Wir werden auf Grund dieser Feststellung die Einwirkung des Kupfersulfats auf Fische erneut eingehend untersuchen.
Die Verringerung der Wassertrübung in den mit Kupfersulfat behandelten Behältern erwies sich als erstaunlich. Das Wasser des unbehandelten Kontrollbehälters blieb unverändert trüb. In den ebenfalls unbehandelten Versuchsbehältern wurde das Wasser ständig undurchsichtiger, wahrscheinlich bedingt durch die Eutrophie des Kotes der Fische. Sicher spielt sich etwas ähnliches in dem Stausee ab.

Behälter	Wasser (l)	$CuSO_4 \cdot 5H_2O$	Wasserpflanze (Exemplare)	Fische	Schlamm (cm)
A	6,5	-	1	-	5
B	6,5	-	1	20	5
C	6,5	2 ppm	1	-	5
D	6,5	2 ppm	1	20	5
E	6,5	-	-	20	5

Die Wirkung wurde nach der Extinktion des Wassers geschätzt (bei 450 nm im Spektralphotometer, bis 15 Tage nach Anfang des Versuches (siehe Bild 2).

Versuch 2

Vier Gruppen von je sechs 30 Tage alten Hausenten wurden in nebeneinanderliegenden Gehegen 15 Tage eingewöhnt und dann mit steigenden Kupfersulfatlösungen im Trink- und Schwimmwasser sowie im Futter getestet. Das Verhalten der Tiere wurde nach dem Grad der Futteraufnahme und ihrer Fluchtreaktion vor dem Menschen beurteilt. Alle Tiere reagierten bis zum Ende des Versuches physiologisch. Die Ergebnisse über Blutwerte und Körpergewicht werden in der Tabelle 1 wiedergegeben. Es läßt sich daraus entnehmen, daß die Tiere aus der vierten Gruppe, denen die höchste Kupfersulfatkonzentration gereicht wurde, die besten Blutbilder aufweisen.

Gruppe	Behandlungsdauer in Tagen Konzentration von $CuSO_4 \cdot 5H_2O$ in ppm ins Wasser		
	vom 1. zum 8.	vom 9. zum 16.	vom 17. zum 24.
"o"	0	0	0
"a"	0,03	15	30
"b"	0,15	6	90
"c"	1,5	3,0	180

Tabelle 1: Physiologische Werte von Hausenten nach mehrmaliger Behandlung mit Kupfersulfat (Mittelwerte aus Gruppen von je 6 Tieren)

Erfolgte Messungen	Gruppen "o"	"a"	"b"	"c"
Körpergewicht (g)	1160	1110	1090	1150
Erythrozyten/mm^3	$2{,}65 \times 10^6$	$2{,}21 \times 10^6$	$2{,}48 \times 10^6$	$3{,}28 \times 10^6$
Hämatocrit (Vol. %)	37	35	32	32
Mittl. erythrozyt. Volumina (u^3)	138	145	129	118
Serumproteine				
Gesamt (A+G)(g/dl)	5,1	4,8	5,1	5,0
Eiweiß (A) (%)	63,0	62,4	62,8	60,6
Globuline (G) (%)	37,0	37,5	37,3	39,2
Verhältnis (A/G)	1,70	1,67	1,70	1,55

Versuch 3

35 Witwenenten wurden in Gruppen von maximal sechs Tieren in Gehegen gehalten, die mit einer hölzernen Kiste, Schwimmbecken, sandigem Boden und Gras ausgestattet waren. Die Trennung war so, daß die Tiere einander sehen konnten. Nach zweiwöchiger Eingewöhnung wurden die Tiere gewogen, die Temperatur gemessen und Blutproben entnommen. Bei Untersuchungen von Kotproben konnte kein Parasitenbefall festgestellt werden. Die Ergebnisse dieser Untersuchungen sind in der Tabelle 2 festgehalten.

Tabelle 2: Physiologische Mittelwerte ± Standardabweichung von 35 erwachsenen Witwenenten nach zwei Wochen Eingewöhnung bei gleicher Ernährung und Pflege.

Gemessene Größe	Mittelwerte ± Standardabweichung
Körpergewicht (g)	535 ± 33
Körpertemperatur (°C)	41,9 ± 0,2
Erythrozyten / mm^3	(2,05 ± 0,30) x 10^6
Hämatocrit (Vol. %)	38 ± 4
Hämoglobin (%)	12 ± 2
Mittl. Erythrozyten Vol. (μ^3)	189 ± 34
Mittl. Hämoglb. Konzentration in den Erythrozyten (g/dl)	32,5 ± 5,8

Zu Beginn dieses Versuches wurden sechs Gruppen zu je 5 Tieren zusammengestellt, deren Futter in dem jeweils zu testenden Wasser getränkt wurde. Gleichzeitig wurde täglich einmal das Trink- und Schwimmwasser erneuert. Bei der Gruppe 1 wurde Leitungswasser geprüft, bei der Gruppe 3 handelte es sich um frisch aus dem Stausee geholtes Wasser. Für die Gruppen 2, 4, 5 und 6 entnahmen wir das Wasser aus vier 1000 Liter Asbest-Zement-Behältern, in denen das Wasser wie folgt aufbewahrt worden war:

Gruppe	Herkunft des Wasser	$CuSO_4$ x $5H_2O$	Art der Entnahme des Wassers aus dem Behälter	Art der Gruppe
"1"	Leitung (frisch)	-	frisch (Leitung)	Vollkontrolle
"2"	Stausee (Behälter)	-	ungerührt	Teilkontrolle
"3"	Stausee (frisch)	-	ungerührt	"
"4"	Leitung (Kasten)	0,1 ppm	ungerührt	"
"5"	Stausee (Kasten)	0,1 ppm	ungerührt	"
"6"	Stausee (Kasten)	0,1 ppm	gerührt mit Bodenschlamm	Vollbehandlung

Die Gruppen 2 bis 5 dienten zur Feststellung etwaiger Nebenwirkungen durch Einflüsse des Aufbewahrungsbehälters.

Nach zweiwöchiger Versuchsdauer wurde von jedem Tier wieder die Körpertemperatur und das Körpergewicht ermittelt sowie Blutproben entnommen. Es starb kein Tier, und es zeigten sich keine Symptome von Vergiftungen. Freßlust, Koordination und Allgemeinverhalten blieben physiologisch. Bei der Zerlegung jeweils von zwei Tieren aus jeder Gruppe konnten keine Leberdegenerationen festgestellt werden.Die Ergebnisse der ermittelten Temperaturen, Gewichte und Blutwerte sind in der Tabelle 3 zusammengefaßt. Sie wurden statistisch mit Hilfe der Varianzanalyse untersucht, um Unterschiede zwischen den Behandlungsgruppen ("1" bis "6") jeweils vor und nach Zugabe von Kupfersulfat zu erkennen.

Tabelle 3: Mittelwerte (± Standardabweichung) von: Körpergewicht (g), Körpertemperatur (°C), Erythrozytenzahl (Millionen/mm³), Hämatocrit (%), Hämoglobin (g/dl), Erythrozyten mittleren Volumen (VCM) (³), Mittlere Erythrozytenkonzentration an Hämoglobin (CHbCM) (%), Alkalische Serum-Phosphatase (I.E./l) und Serum-Kreatinin (mg/l) aus 30 Witwenenten (D. viduata) nach 15 Tagen unterschiedlicher Behandlungen mit Kupfersulfat und Wasser mit Blaualgen. (v = vor- und n = nach- den Behandlungen)

Erfolgte Messungen	Zeit	GRUPPEN "1"	"2"	"3"	"4"	"5"	"6"
Körpergewicht	v	544 (47)	556 (29)	538 (34)	526 (34)	510 (19)	536 (13)
	n	528 (22)	556 (68)	540 (43)	530 (49)	486 (50)	514 (23)
Körpertemperatur	v	42 (0,0)	42 (0,0)	42 (0,0)	41,8 (0,4)	42 (0,0)	41,8 (0,4)
	n	40,4 (0,7)	40,2 (0,8)	40,4 (0,5)	38,8 (1,3)	40,6 (0,5)	39,8 (0,4)
Eritrozytenzahl	v	2,07 (0,21)	1,99 (0,33)	2,01 (0,12)	2,08 (0,28)	2,24 (0,36)	1,89 (0,34)
	n	3,08 (0,61)	3,39 (0,70)	3,19 (0,44)	2,78 (0,29)	2,62 (0,41)	3,10 (0,60)
Hämatocrit	v	34 (3)	36 (6)	37 (5)	39 (4)	40 (3)	38 (3)
	n	49 (1)	47 (4)	47 (4)	48 (5)	46 (3)	46 (4)
Hämoglobin	v	12,6 (1,6)	12,8 (1,8)	11,2 (1,4)	11,1 (1,9)	12,2 (1,2)	12,6 (2,0)
	n	12,5 (0,4)	13,3 (1,7)	14,6 (1,2)	14,3 (1,3)	14,6 (0,7)	14,4 (0,8)
V C M	v	165 (10)	183 (15)	187 (28)	190 (25)	183 (34)	205 (43)
	n	165 (32)	143 (24)	149 (10)	173 (10)	176 (18)	153 (34)
CHbCM	v	37,2 (6,2)	35,4 (5,7)	30,3 (4,2)	28,7 (6,3)	30,4 (3,9)	34,5 (7,1)
	n	25,6 (1,0)	30,1 (5,2)	30,8 (1,9)	30,0 (2,4)	31,1 (1,5)	31,2 (1,2)
Alk.Serum Phosphat.	v		nicht	gemessen	worden		
	n	0,9 (0,5)	0,6 (1,2)	0,0 (0,0)	0,8 (0,0)	0,7 (0,8)	1,0 (0,8)
Serum Kreatinin	v		nicht	gemessen	worden		
	n	8,1 (1,5)	7,4 (1,4)	6,3 (0,4)	7,0 (1,6)	7,0 (2,0)	10,0 (1,7)

Für die Varianzanalyse wurden folgende Formeln benutzt:

$$Vc = \sum v_i \,/\, N$$

$$Vm = \frac{\sum (\bar{X}_i - M)^2 \, n}{N - 1} \quad x$$

Zeichenerklärungen:

- Vc = Varianz geschätzt als Mittelwert der Gruppenvarianzen
- v_i = Gruppenvarianz
- N = Anzahl der Gruppen (in unserem Fall = 6)
- Vm = Varianz der Gruppenmittelwerte und des Gesamtmittels
- n = Anzahl der Tiere pro Gruppe
- M = Gesamtmittelwert
- $\bar{X}_i$ = Gruppenmittelwert

Entsprechend der Varianzanalyse (Tabelle 4) kann festgestellt werden:

1. Bezogen auf Blutbild, Körpergewicht und Körpertemperatur sind zu Beginn des Versuches alle Gruppen gleich. Alkalische Phosphatase und Serumkreatinin wurden zu diesem Zeitpunkt nicht gemessen.
2. Nach der Behandlung konnte bei 3 Parametern (Körpertemperatur, Hämoglobin und Serumkreatinin) die Gleichheit der Behandlungsgruppen auf dem 5 % Niveau nicht angenommen werden. Auf dem 1 % Niveau kann man keinen signifikanten Unterschied zwischen den 6 Behandlungsgruppen feststellen.

Tabelle 4: Varianzen (Vc und Vm), Gesamtmittel (M), Varianzquozient ("F", = Vm/Vc) und kritische Werte für "F", vor und nach Behandlung von Witwenenten (D. viduata) mit Kupfersulfat und Algen.

Erfolgte Messungen	M		Vc		Vm		"F"		Krit. Werte	
	vor	nach	vor	nach	vor	nach	vor	nach	für 5 %	für 1 %
Körpergewicht (g)	535	525	1140	2065	1238	2290	1,08	1,11	2,67	3,90
Körpertemperatur (^{o}C)	41,9	40,0	0,06	0,61	0,09	2,19	1,0	3,59	"	"
Erythrozytenzahl ($10^6/mm^3$)	2,04	3,02	0,084	0,28	0,067	0,39	0,8	1,4	"	"
Hämatocrit (%)	37,3	47,0	18	11	23,3	7,0	1,2	0,63	"	"
Hämoglobin (g/dl)	12,1	13,9	2,82	1,21	2,78	3,71	0,98	3,06	"	"
Mittleren Erythrozyten Volumen (^{3})	185	160	831	558	831	902	1,0	1,61	"	"
Mittlere Hämoglobin Konzentration in den Erythrozyten (%)	32,7	30,0	32,3	12,0	57,5	21,5	1,77	1,79	"	"
Alkalische Serum Phosphatase (I.E./l)		0,7		0,6		0,51		0,85	2,77	4,25
Serum Kreatinin (mg/l)		7,6		2,35		8,46		3,6	"	"

Diskussion

Das Kupfersulfat ist zweifellos als Algizid wirksam und in der gebräuchlichen Verdünnung von 0,1 ml/l vollkommen farb-, geruch- und wahrscheinlich auch geschmacklos. Bekannt ist die Rolle des Kupfersulfats bei der Reifung von Erythrozyten der Säugetiere. Wenn eine gleiche Wirkung auch bei Vögeln einsetzt, würde sich der Anstieg der Erythrozytenzahlen bei den Enten der Gruppe c) des 2. Versuches erklären lassen, da diese Tiere die größte Menge an Kupfersulfat bekamen. Auffällig war auch bei diesen Enten das günstige Albumin- und Globulinverhältnis, das für eine erhöhte Abwehrkraft spricht.

Eine mögliche schädliche Wirkung auf Fische muß noch endgültig geklärt werden. Kupfersulfat in Wasser gelöst und mit Algen vermengt scheint Auswirkungen auf den Organismus zu haben.

So könnte ein Anstieg der Serumkreatininwerte in der Gruppe 6 im Versuch 3 für eine Nierenschädigung sprechen.Die Tiere dieser Gruppe haben - im Gegensatz zu den anderen Schlamm mit abgestorbenen Algen ins Futter bekommen. Es sei an dieser Stelle daran erinnert, daß die Enten beim Gründeln Schlamm aufnehmen, und daß Todesfälle auf dem See nur bei Vögeln beobachtet wurden, die den Boden des Sees erreichen konnten, also Schwäne und nicht kupierte Enten. Vögel, die kupiert wurden, verlieren bekanntlich ihre Tauchfähigkeit.

Was die Körpertemperatur anbetrifft, kann ausgesagt werden, daß die Tiere der Gruppe 6 mit einem hohen Serumkreatininspiegel relativ niedrige Temperaturen zeigen. Man könnte an eine Stoffwechselstörung sowie mögliche Nierenschädigung denken.

Daß der Hämoglobingehalt in der Gruppe 1 niedriger ist als bei den übrigen Tieren, läßt vermuten, daß hier Spurenelemente eine Rolle spielen, da das hier verwendete Wasser frisch aus der Leitung entnommen wurde, während in den anderen Gruppen das Wasser aus den Vorratsbehältern oder dem See stammte.

Schlußbetrachtung

Kupfersulfat, in reines Wasser gegeben, scheint keine negative Wirkung auf die Gesundheit von Hausenten auszuüben, selbst auch dann nicht, wenn Konzentrationen von 180 ppm für kurze Zeit eingesetzt werden. Eine günstige Wirkung auf die Abwehrkräfte und auf eine Verbesserung des Blutbildes zeichnet sich ebenfalls ab. Zusammen mit toten Algen verabreicht, ergaben sich keine Anzeichen mehr für eine Algenvergiftung bei den Tieren. Wir haben jedoch einen geringen Anstieg der Kreatininwerte im Serum bei Witwenenten feststellen müssen. Bevor nicht eine Wiederholung dieser Versuche eine klare Aussage vermittelt hat, empfiehlt es sich, bei langdauerndem Gebrauch von Kupfersulfat als Algizid mit gewisser Vorsicht vorzugehen, um Entenvögel nicht zu gefährden.

Zusammenfassung:

Untersuchungen über die Wirksamkeit des Kupfersulfats als Algenvernichtungsmittel und mögliche Schadwirkungen auf Wassergeflügel

Es wird über die experimentelle Testung von Kupfersulfat zur Algenbekämpfung in Zoogewässern berichtet. Dabei wird sowohl die Wirkung des Präparates auf die Algen als auch auf Enten, Fische und Wasserpflanzen getestet. Die bisher erzielten Ergebnisse sollen noch durch abschließende Untersuchungen über den Einfluß getöteter Algen in Verbindung mit dem Kupfersulfat ergänzt werden.

Summary:

Effectiveness of Copper Sulphate as Algicide and Possible Damage to Water Fowl

Copper sulphate was experimentally tested for its algicidal action in zoo ponds. Tests included the action of the preparation on algae as well as on duck, fish, and water plants. Results so far obtained have been very much satisfactory. They are to be backed up by complementary studies into possible effects of copper-sulphate killed algae on the animal organism.

Résumé :

Etudes sur l'efficacité du sulfate de cuivre comme agent pour détruire des algues et sur des effets nocifs possibles pour la volaille aquatique

L'auteur présente les résultats d'expériences faites avec le sulfate de cuivre pour combattre des algues dans les eaux de jardins zoologiques. Le test comprend aussi bien les effets de la préparation sur les algues que ses répercussions sur les canards, poissons et plantes aquatiques. Les résultats obtenus jusqu'à maintenant seront encore complétés par des examens concluants sur l'influence d'algues détruites en rapport avec le sulfate de cuivre.

Резюме:

Изучение влияния сульфата меди на уничтожение водорослей и возможного вредного действия на водную птицу.

Сообщается об экспериментальных исследованиях по применению сульфата меди для борьбы с водорослями в водах зоопарка. При этом изучалось влияние сульфата меди не только на водоросли, но и на уток, рыб и водные растения. Полученные интересные результаты должны быть еще раз подтверждены исследованием умертвленных водорослей на тела животных.

Literaturverzeichnis:

BISHOP, C. T. (1959): Can. J. Biochem. Physiol. 37, 453 - 471.

MOORE, R. E. (1977): Bio Science 27, 797 - 802.

BRANCO, S. H. (1962): Revista "DAE" 45, Junho

Anschrift der Autoren:

Faical Simon
a/c Fundacao Parque Zoologico
de Sao Paulo, P. O. Box 12954
av. Miguel Estefno 4241
04301 - Sao Paulo / SP (Brasilien)

Aus dem Forschungsinstitut im Zoo Dvur Králové n. L. (Direktor: Ing. J. V á g n e r , CSc.)

MEDIAKALZINOSE BEI BUSCHBÖCKEN (TRAGELAPHUS SCRIPTUS)

Von V. M i k u l i c a und J. P r a d á c

Als Kalzinose bezeichnet man eine Ablagerung von Kalk in fester Form in den Geweben, die normalerweise nicht verkalken. Die Verkalkung der Gewebe tritt in zwei Formen auf, und zwar als dystrophische Verkalkung, die mit einer Kalkablagerung im pathologisch veränderten Gewebe einhergeht und als metastatische oder primäre Verkalkung, bei der es zu primären Störungen des Kalkstoffwechsels kommt (P o t e l , 1970; I p p e n , 1975). Bei den dystrophischen Kalzinosen steht die Mediaverkalkung im Vordergrund, die beim Menschen als Möncke-berg'sche Sklerose vor allem die Arterien des muskulären Typ's betrifft. Am häufigsten sind hier die Arterien der Hinterextremitäten und die Arteria radialis, bei körperlich schwer arbeitenden Menschen und Sportlern (B e d n á r et al., 1975) betroffen. Bei den Tieren sind dagegen überwiegend die großen Gefäße vom elastischen Typ in Mitleidenschaft gezogen (N i e b e r l e und C o h r s , 1970). Beim Rind treten im Alter von 3 bis 4 Jahren einzelstehende Mediaverkalkungen sehr oft in der Aorta auf. Manchmal betrifft dies sogar noch viel jüngere Tiere (D a h m e , 1962). Gleichartige Veränderungen wurden auch in der Aorta von Büffeln (Bubalis bubalis) gefunden (D i x i t et al., 1973; P r a s a d und B h a l l a , 1977). Bei Schafen wurde dagegen über Einzelfälle mit starker Verkalkung der Arteria femoralis berichtet (G d o v i n et al., 1970). Besonders im Zusammenhang mit chronischen oder stark konditionsmindernden Erkrankungen, wie z. B. Paratuberkulose und Tuberkulose (R o s e n b e r g e r , 1978) oder Maul- und Klauenseuche (Z e n d u l k a und D r a z a n , 1954), können umfangreiche Mediaverkalkungen bei Rindern beobachtet werden. Zu den hier angeführten dystrophischen Kalzinosen müssen aber auch die Veränderungen gezählt werden, die im Verlaufe einer D-Hypervitaminose eintreten. Es ist bekannt, daß bei der häufigen Applikation von hohen Dosen des Vitamin D und gleichzeitiger Cholesterolzuführung es zu dystrophischen Veränderungen an den glatten Muskelzellen und elastischen Fasern in den Arterien kommt , wobei es dann möglich ist, daß eine reparative Zellinfiltration in der Gefäßwand auftritt. Gleichzeitig mit diesen Veränderungen kommt es zu Verkalkungsvorgängen in den Gefäßen und in verschiedenen Organen (B a j w a et al., 1971; R e i s i n g e r , 1977; O k a w a et al., 1980). Entsprechende Beobachtungen konnten auch bei Zootieren gemacht werden. So beschreiben S c h ü p p e l und K r i s c h e (1978) eine schwere Kalzinose bei jungen Leierhirschen (Cervus eldi). Hervortretende Merkmale waren bei diesem Tier Verkalkungen im Herz, den Lungen, den Nieren, der Labmagenwand und der Skelettmuskulatur. Im Zusammenhang mit diesen Veränderungen berichten die Verfasser auch über eine unregelmäßige Mediaverkalkung. Entsprechende Befunde - wie hier beschrieben - konnte D j a k o v (1966) bei einem handaufgezogenen Brillenbären feststellen, und I p p e n und S c h r ö d e r (1974) beobachteten bei jungen Luchsen die gleichen Veränderungen infolge einer Vitamin D-Überdosierung. Wahrscheinlich gehört zu den dystrophischen Kalzinosen auch die sogenannte Weidekrankheit, die enzootisch in den Voralpen und Alpen bei Rindern auftritt und mit extremer extraossärer Verkalkung einhergeht (K ö h l e r und L i b i s e l l e r , 1970). D i r k s e n et al. (1972, 1973) wiesen nach, daß die krankheitsauslösende Substanz im Goldhafer (Trisetum flavescens) enthalten ist. Nach K ö h l e r et al. (1978) und L i b i s e l l e r et al. (1974) enthält der Goldhafer 1,25-Dihydrocholecalciferol-artige Stoffe. Bei Schafen und Kaninchen führt die Verfütterung des Goldhafers zu Verkalkungen im kardiovaskulären System. Bauch- und Brustaorta sind vor allem beim Schaf betroffen, während bei anderen Tieren auch die Arteria ilica und Arteria carotis communis in Mitleidenschaft gezogen sind. Die amorphen Kalkabscheidungen beschränken sich in den meisten Fällen auf die Intima bzw. die intimanahen Mediaabschnitte. Die Lunge wurde ebenfalls in die Verkalkung mit einbezogen. Eine unterschiedlich starke Ablagerung von Kalkzylindern trat auch im Nierenmark auf. Gleichzeitig kam es bei erwachsenen Schafen in der Epiphyse der Röhrenknochen zu ungeordneter Knochenzubildung mit deutlicher Einengung der Markräume.

Die in anderen Bezirken zu beobachtenden gleichartigen Erkrankungsvorgänge ließen sich nicht ohne weiteres einer bestimmten Verkalkungsform zuordnen (A r n o l d und B r a s , 1956; L y n d et al., (1965). So konnte bislang keine direkte Zuordnung zur Naalehu disease erfolgen, die mit einer generalisierten Mediakalzinose, verbreiterten Intima, ossifizierten Lungengewebe und Gelenkknorpelveränderungen einhergeht. Es ließ sich zwar beweisen, daß ein Magnesiummangel eine Rolle spielt, jedoch blieben die eigentlichen Ursachen der pathologischen Veränderungen bisher unbekannt (W i l l e r s et al., 1965). Zu einer metastatischen oder primären Verkalkung kommt es vor allem bei Hyperparathyreose. Als Folge einer Hyperkalzaemie können Lungenverkalkungen (Bimsteinlunge), Verkalkungen des Magens und der Nieren (Nephrokalzinose) sowie Kalkablagerungen im Myokard und in der Gefäßmedia entstehen.

Klinische Untersuchungen

Im Jahre 1981 wurde im Zoo Dvur Králové ein Pärchen Buschböcke (Tragelaphus scriptus) gehalten. Beide Tiere stammten aus eigener Nachzucht von einem Vater. Die Mütter waren aus der freien Wildbahn importiert worden. Das Weibchen des von uns gehaltenen Paares wurde am 23. Juli 1975 geboren und verstarb im Alter von 5 Jahren und 8 Monaten, während das Männchen am 12. Januar 1977 geboren wurde und insgesamt 4 Jahre und 4 Monate gehalten werden konnte. Das weibliche Tier wurde am 7. Oktober 1980 erstmals im Rahmen von Screeninguntersuchungen eingefangen, wobei Blut für verschiedene biochemische Testungen entnommen wurde (siehe Tabelle 1). 4 Wochen später erfolgte eine erneute Blutentnahme für Untersuchungszwecke. Zu diesem Zeitpunkt machte sich ein Hautekzem deutlich. Seit Dezember trat dann eine wesentliche Verschlechterung des Gesamtzustandes ein, wobei herdförmige Läsionen im Haarkleid, am Rücken und im Lendenbereich auftraten. Am 9. März 1981 verstarb das Tier. Bei der Beurteilung der Serumwerte wurden nur solche Abweichungen in Betracht gezogen, die über die physiologischen Normwerte bei domestizierten Wiederkäuern eine 95 %ige Zuverlässigkeit zeigten (S o v a , 1979; S l a n i n a und B e s e d a , 1979). Kleinere Unterschiede zwischen den Durchschnittswerten bei Nutz- und Wildtieren (K i t c h e n , 1978) wurden also nicht bewertet. Aufgrund der so erhaltenen biochemischen Untersuchungsergebnisse konnte eine Unterernährung des weiblichen Tieres festgestellt werden. Der Gesamteiweißwert lag unter oder an der unteren Grenze der Normalwerte. Die Fettaktivierung äußerte sich in einem Ansteigen des Gesamtfettspiegels im Serum, wobei er sich der oberen Grenze näherte. Die Cholesterolwerte bewegten sich in normalen Grenzen. Auffällig erschien der erhöhte Phosphorspiegel und Serumkalziumgehalt unter oder an der unteren Grenze der Normalwerte. Auch der Magnesiumgehalt erwies sich als auffällig niedrig bei allen Untersuchungen. Der SGOT-Spiegel war erhöht, ebenso der Kreatiningehalt. Letzteres ist möglicherweise auf eine Streßwirkung zurückzuführen. Im Verlaufe der Erkrankung konnte ein Absinken des Cl^--Spiegels nachgewiesen werden.

Gleichzeitig mit dem Weibchen wurde am 7. November 1980 dem männlichen Tier Blut für Untersuchungen entnommen. Auch bei ihm war ein Hautekzem festzustellen. Der Gesamteiweißgehalt lag in der Norm, während der Fettgehalt stark erhöht war. Die Serumphosphorwerte wurden nicht gemesen, und der Kalziumspiegel war deutlich niedriger. Der CL^- -Spiegel war erhöht, und der Serummagnesiumgehalt bewegte sich im Physiologischen. Am 8. Mai 1981 traten bei dem Tier Krämpfe und Stoßatmung mit Mund- und Nasenausfluß auf, und kurze Zeit später starb das Tier. Im Vorbericht wurde hervorgehoben, daß am selben Tag das Tier vom frühen Morgen an im Außengehege war, wo durch starke Sonneneinwirkung erstmalig Frühlingstemperaturen auftraten.

Pathologisch-anatomische Befunde

Das zur Sektion gelangte weibliche Tier befand sich in einem schlechten Ernährungszustand. Auf der Ohrmuschel und auf der Rückenhaut zeigten sich herdförmig haarlose rötlich gefärbte Bereiche. Die Bindehäute waren rotviolett, gleichfalls erwies sich die Maul- und Nasenschleimhaut als zyanotisch. Im Bereich des linken Zwerchfellappens der Lungen war eine handflächengroße Verwachsung der Brustfellblätter festzustellen. Gleichzeitig fiel ein geringgradiges Lungenödem auf. Die Leber erwies sich als unverändert, während die Milz schlaff und leicht geschrumpft erschien.

Das Nierenfettgewebe war sulzig, gallertig umgewandelt, während die Nieren selbst keine Veränderungen erkennen ließen. Auffällig waren in der Muskulatur der Hintergliedmaßen

streifenförmige Herde von fester Konsistenz. Im Bereich der Herzkranzgefäße war es ebenfalls zu einer sulzig, gallertigen Umwandlung des Fettgewebes gekommen. Der Herzbeutel selbst ließ chronische Verwachsungen im Sulcus interventriqularis **paraconalis cordis** erkennen. Das Myokard war von brauner Farbe, und unter dem Endokard der linken Vorkammer traten kleine weiße Prozesse hervor. Die Verkalkungsprozesse am Aortenbogen und an der Wurzel der **A. pulmonalis** waren so stark, daß die Elastizität aufgehoben war und die Gefäße harten Röhren glichen. Im Gefäßlumen zeichneten sich Platten weißlichen Aussehens auf der Intima ab. Die Brust- und Bauchaorta waren in ihrem gesamten Verlauf verkalkt. Entsprechende Befunde konnten auch an den abzweigenden Arterien erhoben werden. In den Hintergliedmaßen war es möglich, entsprechende Befunde bis in die Arteria plantaris medialis zu verfolgen. Gleiche Beobachtungen waren auch an der Arteria carotis communis zu machen.
Die pathologisch-anatomischen Befunde beim männlichen Tier entsprachen den hier beschriebenen Prozessen beim weiblichen, lediglich fehlten die Pleura- und Perikardverwachsungen.

Pathologisch-histologische Befunde

In den histologischen Paraffinschnitten, die mit Hämatoxylin und Eosin sowie nach Weigert, van Gieson und nach v. Kossa gefärbt wurden, konnten erhebliche Veränderungen ermittelt werden. Zum Fettnachweis wurden Gefrierschnitte mit Sudan III gefärbt. Bei beiden Tieren entsprachen die erhobenen Befunde sich völlig.

Im Herzmuskel traten kleine Verkalkungsherde auf, die ohne zellige Reaktion einhergingen. Die Koronargefäße zeigten kleine Verkalkungsherde sowie dystrophische herdförmige Prozesse, die eine beginnende Verkalkung aufwiesen. Gelegentlich waren auch dystrophische Herde mit reparativen Zellinfiltrationen von Histiozyten zu erkennen. In der Media aller Koronararterien war der Anteil an kollagenen Fasern vermehrt, während die Elemente der glatten Muskulatur dystrophische Veränderungen aufwiesen. In der Aorta kam es zu einer Mediakalzinose bei gleichzeitiger Verbreiterung der Intima, die auf eine Kollagenvermehrung zurückgeführt werden kann. Das gleiche Bild trifft auch für die Arteria femoralis zu. In der Arteria carotis communis waren zahlreiche Verkalkungen in Media und Intima nachzuweisen. In der Media waren die Verkalkungen in den zentral gelegenen Bereichen festzustellen. In den verkalkten Abschnitten kam es zu einem Schwund der glatten Muskulatur und zu einer deutlichen Vermehrung der kollagenen Fasern. In der Arteria plantaris medialis traten entlang der Lamina elastica interna und vor allem in der Media selbst Verkalkungsherde auf. In der Intima zeigten sich sowohl kleine herdförmige Ablagerungen als auch diffuse staubförmige Verkalkungen. Auch hier enthielt die Intima viele kollagene Fasern, so daß sie verdickt erschien. In der Arteria mesenterica cranialis traten, besonders entlang der Lamina elastica interna, dystrophische Veränderungen hervor. Ansonsten **glichen** die Bilder den anderen Gefäßen. Auffällig war, daß an den Venen keine pathologischen Veränderungen nachzuweisen waren.

In der Lunge des weiblichen Tieres konnte ein bronchopneumonischer Herd sowie eine Bronchitis catarrhalis acuta festgestellt werden. Bei dem männlichen Tier fiel eine Knorpelverkalkung auch im Bereich der kleinen Bronchien auf. Für beide Tiere gleichartig zeigten sich Hämosiderinablagerungen entlang der Gefäße. Auch in der Leber konnte eine geringgradige Hämosiderose beobachtet werden. In der Milz traten im deutlich vermehrten Bindegewebe und in den Wandungen der mittleren Arterien Verkalkungen auf. Weiterhin bestanden Anzeichen für eine schwache Hämosiderose. Auch im Labmagen konnten dystrophische Herde und kleine Verkalkungen im Bereich der glatten Muskulatur (Lamina muscularis mucosae) nachgewiesen werden. Ebenfalls zeigten sich Kalkablagerungen in den Wandungen kleiner Arterien. Die sonst unveränderte Niere wies Kalkzylinder im Bereich des Nierenmarkes auf. Als weitere Befunde sind herauszustellen, daß es zu einer Hämosiderose auch in den Lymphknoten kam und daß in der Skelettmuskulatur zahlreiche Verkalkungsherde festzustellen waren, die eine zellige Abwehrreaktion mit Riesenzellbildungen aufwiesen.

Diskussion

Bei den beiden von uns untersuchten Buschböcken traten vor allem in den Arterien dystrophische Erscheinungen auf, die sekundär verkalkten. Darüber hinaus konnte histologisch nachgewiesen werden, daß auch im Herzmuskel, im Körpermuskel, in der Labmagenwand und im Milzbindegewebe eine Kalkablagerung erfolgte. Aufgrund unserer Befunde handelt es sich um eine dystrophische Kalzinose. Eine metastatische oder primäre Kalzinose, wie sie bei der Hyperparathyreose auftritt, scheidet in unserem Fall aus. Dagegen spricht auch die bei beiden Tieren klinisch nachgewiesene Hypokalzämie (B l a h o s und B l e h a , 1979). Ein Vergleich der Verkalkungsprozesse in den anderen Geweben mit den pathologischen Veränderungen der vom Menschen her bekannten Mönckeberg'schen Sklerose ist nicht möglich, obgleich die Mediaverkalkung ein hervortretendes Merkmal der Erkrankungsprozesse war. Die Befunde lassen vielmehr einen Vergleich mit der sogenannten Naalehu disease oder der sogenannten Weidekrankheit zu (L y n d et al., 1965; K ö h l e r und L i b i s e l l e r , 1970). Es muß jedoch herausgestellt werden, daß ein enzootischer Verlauf das Krankheitsgeschehen charakterisiert. Dies trifft jedoch nicht für die in unserem Fall beschriebenen Befunde zu, da von 27 sezierten erwachsenen Tieren der Familie Tragelaphinae in den letzten Jahren nur diese zwei Buschböcke deutliche Arterienverkalkungen aufwiesen. Eventuell bestand eine erbliche Prädisposition, da es sich um Halbgeschwister handelte.

Als besonders interessant muß der Befund einer klinisch nachgewiesenen Hypokalzämie und Hyperphosphatämie hervorgehoben werden. Beide Befunde lassen sich nicht mit einer erhöhten Vitamin D-Aufnahme in Einklang bringen. Außerdem stimmen sie auch nicht mit den Serumwerten von L i b i s e l l e r et al. (1974) überein, die bei experimentell ausgelöster Kalzinose ermittelt wurden. Es bleibt also festzustellen, daß eine Kalkablagerung in nicht verknöchertem Gewebe mit einem Absinken des Serumkalziumspiegels einhergehen muß, wenn es nicht zu einer erhöhten Kalkresorption aus dem Darm kommt. So läßt sich auch die Erhöhung des Serumphosphorspiegels in unserem Fall erklären, da das Lösungsverhältnis von Kalziumphosphat erhalten bleiben muß. Dieser Wert wurde in den drei Analysen beim weiblichen Tier festgestellt und erwies sich nur einmal als erhöht.

Zusammenfassung:

Mediakalzinose bei Buschböcken (Tragelaphus scriptus)

Bei 1,1 Buschböcken (Tragelaphus scriptus) wurde eine generalisierte dystrophische Kalzinose nachgewiesen, bei der als hervortretendes Merkmal eine generalisierte Mediaverkalkung der Arterien im Vordergrund stand. Histologisch wurden darüber hinaus Verkalkungsvorgänge im Herzmuskel, im Skelettmuskel, in der Labmagenwand und im Bindegewebe der Milz festgestellt. Im Verlauf der Erkrankung kam es zu einer Hypokalzämie und Hyperphosphatämie.

Summary:

Median Calcinosis in Bushbuck (Tragelaphus scriptus)

Systemic dystrophic calcinosis was recorded from two half-brothers and sisters of 1,1 bushbucks (Tragelaphus scriptus). Systematic calcareous infiltration of median arteries was the major characteristic of the ailment. Calcareous infiltration was histologically recorded also from myocardium, skeletal muscles, rennet wall, and splenic connective tissue. Hypocalcaemia and hyperphosphataemia developed in the course of the disease.

Résumé :

Média-calcinose chez des guibs harnachés (Tragelaphus scriptus)

Sur 1,1 guibs harnachés (Tragelaphus scriptus), frères et soeurs à moitié, l'auteur a déterminé une calcinose dystrophique généralisée dont le caractère essentiel avait été une médiacalcinose généralisée des artères. Les analyses histologiques ont en plus permis de constater des processus de calcination au myocarde, au muscle squelletique, à la paroi stomacale et dans le tissus conjonctif de la rate. L'affection était accompagnée d'une hypocalcémie et d'une hyperphosphatémie.

Резюме:

Медиакальциноз у Tragelaphus scriptus

У двух полусестер I,I Tragelaphus scriptus обнаружен генерализированный дистрофический кальциноз в обизвествление артерий . Гистологически найдено отложение кальция в сердечной и скелетной мышце, в стенках желудка и соеденительных тканях селезенки.. В процессе заболевания выявлена гипокальцемия и гиперфосфатемия.

Literaturverzeichnis:

ARNOLD, R.M. und B. BRAS (1956): Observations on the morbid anatomy and histology of Manchester wasting disease of cattle in Jamaica and related conditions in other countries of the Americas. Am. J. Vet. Res., 17, 630 - 639.

BAJWA, G.S., MORRISON, L.M. und B.H. ERSHOFF (1971): Introduction of aortic and coronary athero-arteriosclerosis in rats fed a hypervitaminosis D, cholesterol - containing diet. Proc. Soc. Exp. Biol. Med., 138, 975 - 982.

BEDNAR, B. et al. (1975): Učebnice patologické anatomie. Praha, Avicenum.

BLAHOS, J. und O. BLEHA (1979): Endokrinologie. Praha, Avicenum.

DAHME, E. (1962): Blutgefäße. In: E. JOEST: Handbuch der speziellen pathologischen Anatomie der Haustiere. 3. Aufl., Bd. II, Berlin: Paul Parey.

DIRKSEN, G., PLANK, P., HÄNICHEN, T. und A. SPIESS (1972): Über eine enzootische Kalzinose beim Rind. 5. Experimentelle Untersuchungen am Kaninchen mit selektiver Verfütterung von Knaulgras (Dactylis glomerata), Goldhafer (Trisetum flavescens) und einem Gräsergemisch. Dtsch. tierärztl. Wschr., 79, 77 - 79.

DIRKSEN, G., PLANK, P., HÄNICHEN, T. und A. SPIESS (1973): Über eine enzootische Kalzinose beim Rind. 6. Experimentelle Kalzinose beim Kaninchen durch selektive Verfütterung von Goldhafer (Trisetum flavescens). Dtsch. tierärztl. Wschr., 80, 148 - 152.

DIXIT, S.N., KALRA, D.S., SHARMA, G.L. und H.V.S. CHAUMAN (1973): Pathology of naturally occurring aortic lesions in cattle and buffaloes (Bubalus bubalis) - a study of postmortem cases. Acta vet. Brno, 42, 277 - 280.

GDOVIN, I. et al. (1970): Vnútorné choroby hovädzieho dobytka, oviec, koz a ošípaných. 2. Aufl., Bratislava, Priroda.

IPPEN, R. (1967): Auswertung der bei 1400 Zoo- und Wildtieren (Mammalia) erhobenen Zerlegungsbefunde. Zbl. Vet. Med., B, 14, 293 - 320.

IPPEN, R. und H.-D. SCHRÖDER (1974): Auswertung der postmortalen Untersuchungsergebnisse bei in Gefangenschaft gehaltenen Landraubtieren. Verhandlungsber. XVI. Internat. Symp. Erkrankungen Zootiere, Erfurt, 29 - 37.

IPPEN, R. (1975): Ein Beitrag zu einigen stoffwechselbedingten Veränderungen bei Zoo- und Wildtieren. Verhandlungsber. XVII. Internat. Symp. Erkrankungen Zootiere, Tunis, 187 - 196.

KITCHEN, H. (1978): Hematological values and blood chemistries for variety of Artiodactylids. In Fowler, M (1978): Zoo and Wild Animal Medicine, 815 - 830.

KÖHLER, H., DAN-SOOK REGAL und M. PETERLIK (1978): Zur Kalzinose der Rinder in Österreich. VI. Nachweis einer 1,25-Dihydrocholecalciferol-artigen Substanz als Ursache der antirachitischen Wirkung von Goldhafer (Trisetum flavescens) bei Küken und Wachteln. Zbl. Vet. Med. A, 25, 253 - 270.

KÖHLER, H. und R. LIBISELLER (1970): Über das Auftreten der sogenannten "Weidekrankheit" bei Kühen in Österreich im Zusammenhang mit Düngung und Fütterung. Zbl. Vet. Med. A, 17, 289 - 337.

LIBISELLER, R., GLAWISCHNIG, E., KÖHLER, H. und R. SWOBODA (1974): Zur Kalzinose der Rinder in Österreich. II. Experimentelle Auslösung einer Kalzinose bei Schafen und Kaninchen. Zbl. Vet. Med. A, 21, 705 - 730.

LYND, F.T., WILLERS, E.H., WEIGHT, L.A. und P.W. GEBAUER (1965): Bovine arteriosclerosis in Hawaii. Am. J. Vet. Res., 26, 1344 - 1349.

NIEBERLE, K. und P. COHRS (1970): Lehrbuch der speziellen pathologischen Anatomie der Haustiere. 5. Aufl., Jena: G. Fischer.

OKAWA, H., DOI, K., YASOSHIMA, A., FUJITA, T. und A. OKANIWA (1980): Pathology of experimental atherosclerosis: Changes of acute phase in rats loaded with vitamin D_2 and cholesterol. Jpn. J. Vet. Sci., 42, 623 - 633.

POTEL, K. (1970): Lehrbuch der Allgemeinen Pathologie für Tierärzte. Jena: G. Fischer.

PRASAD, M.C. und N.P. BHALLA (1977): Pathology of spontaneous aortic lesions in Indian buffaloes (Bubalus bubalis). Indian J. Anim. Sci., 47, 270 - 275.

REISINGER, G. (1977): Licht- und elektronenoptische Untersuchungen zur unspezifischen Organkalzinose nach Verabreichung von Dihydrotachysterol (DHT) an Ratten. Zbl. Vet. Med. A, 24, 30 - 56.

ROSENBERGER, G. et al. (1978): Krankheiten des Rindes, 2. Aufl., Berlin und Hamburg: Parey.

SCHÜPPEL, K.-F. und G. KRISCHE (1978): Kalzinose bei zwei jungen Leierhirschen (Cervus eldi). Verhandlungsber. XX. Internat. Symp. Erkrankungen Zootiere, Dvur Králové, 131 - 135.

SLANINA, L. und I. BESEDA (1979): Metabolický profil hovädzieho dobytka vo vztahu k zdraviu a úzitkovosti. Kosice, Státna veterinárna správa MPVz/SSR.

SOVA, Z. (1979): Pouzívání SI jednotek v zootechnice a veterinární medicine. Biologizace a chemizace zivocisné výroby - Veterinaria, 4, 295 - 302.

WILLERS, E.H., LYND, F.T., WEIGHT, L.A. und A.Y. MIYAHARA (1965): Experimental studies of bovine arteriosclerosis in Hawaii. Am. J. Vet. Res., 26, 1350 - 1355.

ZENDULKA, M. und J. DRAZAN, (1954): Prispevek k etiologii a pathogenesi výskytu mediokalcinosy u skotu. Sbornik CSAZV B, 27, 731 - 746.

Anschrift der Verfasser: Dr. V. Mikulica
Zoologischer Garten
544 01 Dvur Králové n. L. (CSSR)

TRAGELAPHUS SCRIPTUS		♀				♂
ANALYSE	UNITS	* 23.7.75				*12.1.77
		7.10.80	7.11.80	9.12.80	16.12.80	7.11.80
BILIRUBIN TOTAL	µmol/l	2.6	2.43	1.78	1.62	2.6
BILIRUBIN CONJ.	µmol/l	1.93	2.77	1.93	1.25	1.8
PROTEIN	g/l	67	69	66	76	80
GLUCOSE	mmol/l	3.05	5.94	10.6	7.05	6.44
CREATININE	µmol/l	177.0	168.2	150.5	168.2	221.3
UREA	mmol/l	12.3	7.49	5.83	6.5	7.83
LIPIDS TOTAL	g/l	1.3	3.9	3.1	4.0	3.5
CHOLESTEROL	mmol/l	1.81	2.69	1.66	2.48	1.94
SGOT	µkat/l	1.09	0.82	0.22	1.19	-
SGPT	µkat/l	0.25	0.38	0.58	0.66	-
CALCIUM	mmol/l	1.91	2.05	1.63	1.77	1.79
CHLORIDES	mmol/l	100	112	86	90	120
MAGNESIUM	mmol/l	0.25	0.9	0.45	0.58	1.07
IRON	µmol/l	104.3	84.5	69.5	53.7	-
BINDING CAPACITY	µmol/l	105.8	874.2	78.9	-	-
PHOSPHORUS	mmol/l	3.52	5.04	3.94	3.58	-
METHEMOGLOBIN REL.	u.rel.	0.028	0.021	0.014	0.034	0.021
ZINC-SULPHATE REACT.	S-H	-	-	4.5	4.1	4.25
PHOSPHATASE ALC.	µkat/l	-	-	-	1.41	-
TRIGLYCERIDES	mmol/l	-	-	-	-	-

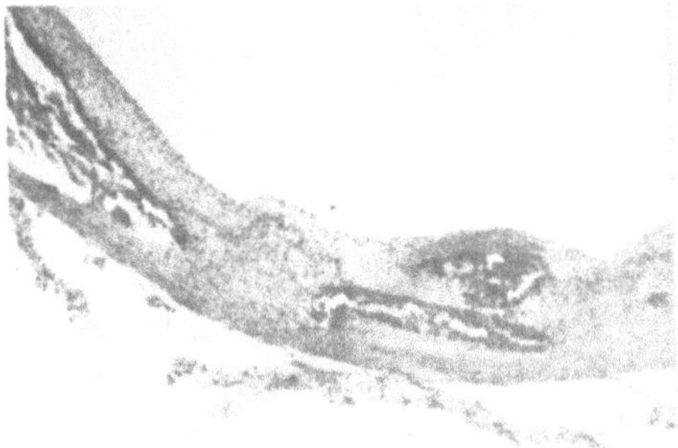

Abb.1: A. carotis comm., HE, Lupenvergr., Media- und Intimaverkalkung, Intimaverdickung

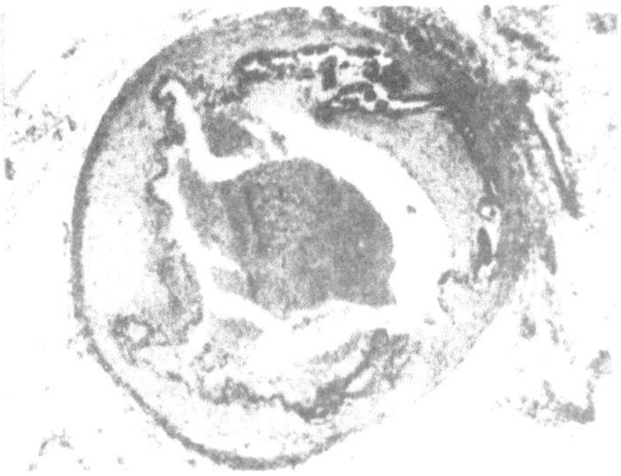

Abb.2: A. plantaris medialis, HE, Lupenvergrößerung, Mediakalzinose

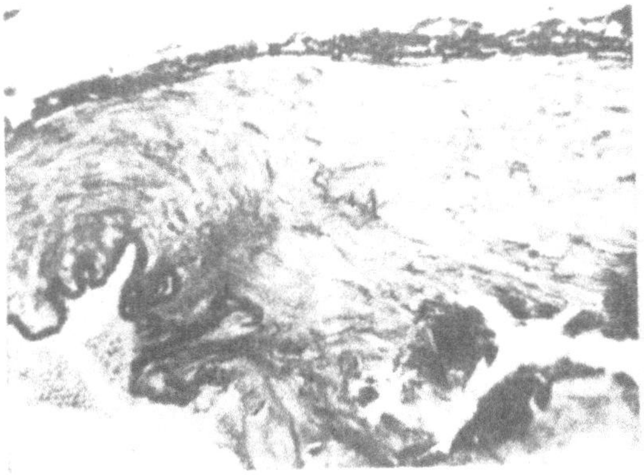

Abb.3: A. plantaris med., Weigert, van Gieson, 64x. Mediaverkalkung, Fragmentation der elastischen Fasern in der Media

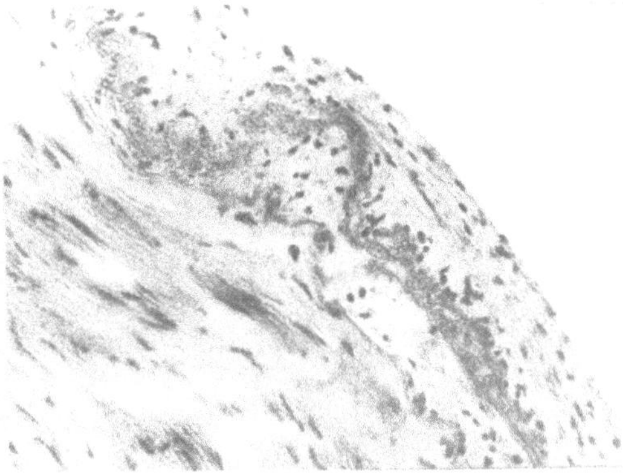

Abb.4: A. mesenterica cran., HE, 64x. Die dystrophischen Veränderungen entlang der Lamina elastica int., Intimaverd.

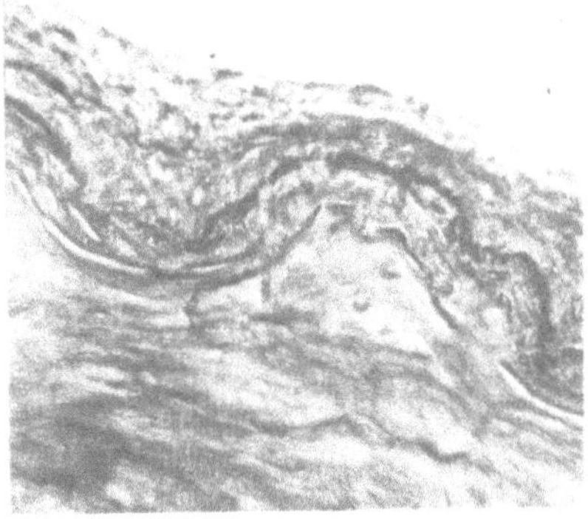

Abb.5: A.mesenterica cran., Weigert, van Gieson, 64x. Fragmentation der Lamina elastica int. vermehretes Kollagen

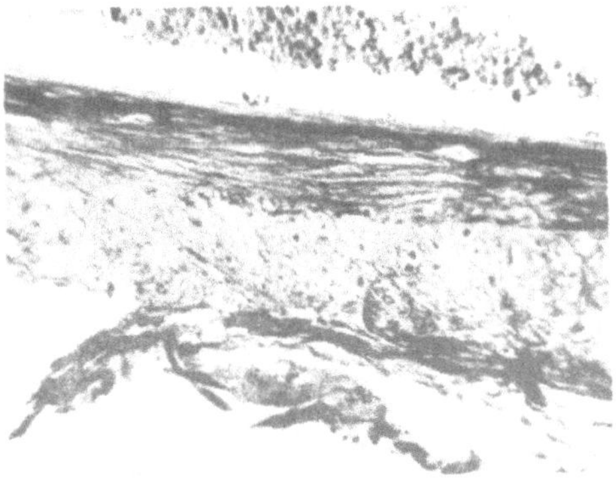

Abb.6: Koronararterie, Weigert, van Gieson 64x. dystrophische Veränderungen, verdickte sklerotische Intima

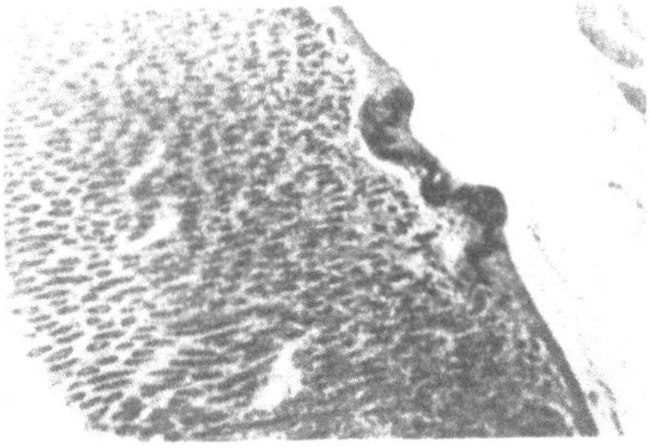

Abb.7: Labmagen, HE, Lupenvergr., Verkalkung der Labmagenwand

From the Zoological Society of London and the Royal Veterinary College,
Pathology Department

ABDOMINAL LIPOMATOSIS IN SWAMP DEER (CERVUS DUVAUCELI) - A PRELIMINARY REPORT

By D. G. Ashton, E. C. Appleby and D. M. Jones

The Swamp Deer, Cervus duvauceli, is a large deer weighing approximately 150 kilos. Its natural habitat is the grassland of Northern and central India, and the species has been kept at Whipsnade Zoo in Southern England since 1931. A breeding group averaging about 15 individuals is maintained in a 3 hectare grass paddock and no new stock has been introduced since 1962.

In the last ten years, fat deposits showing areas of fat necrosis have been found in individual animals at autopsy. In some cases the lesions have been sufficiently extensive to resemble the condition described as "Bovine lipomatosis" (Edgson 1952, Bridge and Spratling 1962).

Observations

During the period 1970 - 1981, autopsies were carried out on 16 adult animals including 7 males and 9 females as well as 36 calves, mostly newborn. The age of the adults at death was estimated to range between six years and twenty years.

Post-mortem findings varied but evidence of fat necrosis affecting especially the dorsal abdominal, peritoneal and retroperitoneal fat deposits was present in one male and five females. The areas of hard, necrotic and often apparently calcified tissue varied from 1 cm to 25 cms across. In four of the six cases abdominal fat necrosis was recorded as an incidental finding but in two females (W 279/79 and W 151/81), the lesions were particularly prominent and had contributed to the death of the animal.

Case W 279/79. Adult female

This animal suffered severe dystokia at time of calving in 1976 and 1978. In 1979 dystokia occurred again and narrowing of the pelvic canal was detected on rectal examination due to the presence of large firm slightly mobile masses. Circumstances necessitated euthanasia.

Autopsy showed large, abnormal fat deposits in the peri-renal sublumbar and pelvic areas which contained hard, irregular clusters of rounded foci measuring up to 23 cm in length. On cut section the lesions appeared densely white and dry.

Histological examination of an area of abnormal fat from the peri-renal area showed fat necrosis and bony metaplasia.

Case W 151/81. Female. Approx. 9 y. o.

Dystokia occurred in 1979 when the birth canal was found to be abnormally narrow. Birth apparently occurred unaided in 1980.

In 1981 dystokia occurred again. Palpable masses were detected in the pelvis and caesarian section was required to deliver the calf. Post-operative struggling resulted in breakdown of the operation site and rupture of the adductor muscles.

Following euthanasia autopsy showed normal subcutaneous fat. Irregular white areas resembling calcification were found in both intra-thoracic and intra-abdominal fat. The calcified areas were at their largest in the retro-peritoneal, peri-renal and pelvic deposits where they measured up to 20 cm in diameter while smaller lesions were present in the mesenteric fat.

Samples of fatty tissue from sites in thorax and abdomen were examined histologically, and the severity of the changes detected varied markedly.
Early necrotic change was seen in mesenteric fat while in the pericardial fat, numerous multinucleate giant cells were present in the necrotic tissue.
A localised 1 cm nodule attached to the rumen resembled a focal lipoma and showed fibrosis and some necrosis and calcification as well as some microscopic unidentified bodies.

Some of the large lesions in abdominal fat were so hard that a saw was required to cut them up for examination. Following decalcification histological examination revealed fat necrosis and calcification at the periphery of the lesion accompanied by areas of fibrosis. Quantities of metaplasic bony tissue were present within the lesion, sometimes in association with fibrous tissue and in other places apparently forming directly in the necrotic fat. Some of the bone consisted of well-developed spicules and where these formed a complete ring, the centre of the circle could be seen to contain marrow tissue with megakaryocytes.

Discussion

The most characteristic pattern of abdominal lipomatosis seen in domestic cattle takes the form of a hardening of the mesenteric fat surrounding the coils of the intestine often with resultant stenosis which may lead to death. (Jubb and Kennedy, 1963).

This type of lesion has not been seen in the Swamp Deer reported here, the principal lesions detected being masses of firm, partly-necrotic fat in the posterior abdominal and peri-renal areas. This form has also been described in cattle, is similarly detectable on abdominal palpation (Bridge and Spratling, 1962; Forney et al., 1969) and occasionally causes dystokia. No reference has so far been found describing bony metaplasia in areas of necrotic fat in cattle.

Fat necrosis has been recorded in many species. Leakage of pancreatic lipase and trauma are known causes but the aetiology of many cases is unclear. A genetic susceptibility has been suggested in certain breeds or families of cattle (Edgson, 1952; Bridge and Spratling, 1962) but dietary factors have received the most attention.

In a review of the subject, Ribelin and Deeds (1960) indicate that the balance between saturated and unsaturated fatty acids in the diet may have an important bearing on the development of fat necrosis and also discuss the possible significance of lipase in soya bean meal feeding to pigs and rabbits.

Williams et al. (1962) report a series of cases in grass-fed Aberdeen Angus cattle in which it was found that lesions in one case were reduced in size when grass from a different area was fed. They suggest that substances in fescue grass or pasture dressing might affect liver metabolism so as to increase production of saturated as compared to unsaturated fatty acids.

The Swamp Deer in the Whipsnade paddock are fed meadow hay in the winter months as well as a small supplement of concentrates containing oats, maize, bran and "dairy nuts". It seems improbable that the small amount of soya bean meal in the "dairy nuts" could be responsible for this condition and if dietary factors are to blame, the grass or hay is the most likely source.

Genetic factors may have a bearing on the high incidence as no new stock has been introduced into the herd for almost twenty years.
It has been suggested that the passage of the foetus through the birth canal may cause trauma followed by necrosis of the pelvic fat in cattle. The exact age of the affected deer in this report is not known but many of the animals live longer and hence calve more times than do most cows and this may be a relevant factor. Increased age might also explain the development of bone in the lesions seen in the deer.

The cause of this condition in Swamp Deer is still unclear and it is hoped to do further work on this subject. This preliminary report does not contain a complete survey of the recent literature and our own studies of the material are far from complete. In the meantime we should be most interested to hear of other cases in Deer of the same or of different species.

Acknowledgements

We acknowledge with thanks the technical assistance provided by Mr. R. N. C i n d e r y and Mr. M. A. R o b i n s.

Summary:

Abdominal Lipomatosis in Swamp Deer (Cervus duvauceli) - A Preliminary Report

Necrosis of abdominal fat has been found at autopsy in six out of sixteen adult Cervus duvauceli at Whipsnade Zoo during an 11 year period. In two cases the lesions were associated with dystokia. The pathological findings, which included metaplastic bone development, are described and the possible aetiology discussed.

Zusammenfassung:

Abdominale Lipomatosis bei Sumpfhirschen (Cervus duvauceli) - ein vorläufiger Bericht

Bei sechs von insgesamt 16 untersuchten Sumpfhirschen des Whipsnade-Parks wurden bei der Sektion Nekrosen im Abdominalfett festgestellt. In zwei Fällen waren die Veränderungen mit Schwergeburten verbunden. Die pathologischen Veränderungen, u. a. auch metaplastische Knochenbildung, werden beschrieben und ihre mögliche Ätiologie diskutiert.

Résumé :

Lipomatose abdominale chez des cerfs marécageux (Cervus duvauceli) - rapport provisoire

Chez six des seize cerfs marécageux examinés du Whipsnade-Parc, les dissections ont révélé des nécroses dans la matière grasse abdominale. Dans deux cas, ces altérations étaient liées à des mises basses compliquées. Les transformations pathologiques parmi lesquelles aussi le développement métaplasique des os ont été décrites, et leur étiologie possible a été discutée.

Резюме:

Абдоминальный липоматоз у болотного оленя (Cervus duvauceli), предворительное сообщение.

У шести из I6 исследованных болотных оленей из Випснаде-парка при секционных исследованиях обнаружен некроз в абдоминальном жире. В двух случаях изменения связаны с тяжелыми родами. Описаны патологические изменения, например, метабластические изменения костей. Дискутируется их возможная этиология.

References

BRIDGE and SPRATLING (1962): Bovine lipomatosis. Vet. Rec. 74, 1357 - 1362.

EDGSON, F. A. (1952): Bovine lipomatosis. Vet. Rec. 64, 449 - 454.

FORNEY, B. S., WILLIAMS, D. J., PAPP, E. M. and D. E. TYLER (1969): Limited Survey of Georgia Cattle for Fat Necrosis. J.A.V.M.A. 155, 10. 1603 - 1604.

JUBB, K. V. F. and P. C.KENNEDY (1963): 'Pathology of Domestic Animals' Ed. 1. Vol. 2, 245 - 246.

RIBELIN, W. D. and F. DEEDS (1960): Fat Necrosis in Man and Animals. J.A.V.M.A. Feb 1. 135 - 139.

WILLIAMS, D. J., TYLER, D. R. and E. M.PAPP (1969): Abdominal Fat Necrosis as a Herd Problem in Georgia Cattle. J.A.V.M.A. 154, 1017 - 1021.

Address of authors: D. G. Ashton,
Zoological Society of London,
Whipsnade Park,
Dunstable (U. K.)

From Research Institute of Vc. Zoo Dvur Králové n.L.(Director: Ing. J. V á g n e r Csc.)

MEASUREMENT OF ACID-BASE BALANCE IN ANIMALS IN ZOO OF DVUR KRALOVE N.L.

By J. P r a d a č

The majority of diseases, first of all those which are no infections, can be diagnosed quite often in preclinical stages by measurement of acid-base balance. Direct measurement of pH as well as of pCO_2 and pO_2, in mm/Hg, in blood in the absence of air has been practised at 37°C in the author's laboratory (Type BMS-3 radiometer for acid-base analysis, made in Denmark). These are the most important values from which the following parameters can be derived: actual bicarbonate (HCO_3^- in mmol/l) which corresponds to HCO_3^- concentration in blood at 37°C, standard bicarbonate, SB (in mmol/l), i.e. concentration of bicarbonate related to pCO_2 40 mm Hg, with SB corresponding to the buffer capacity of the blood system, total concentration of CO_2 (TCO_2 in mmol/l), base excess (positive values) or base deficit (negative values) in blood, BE (in mmol/l), base excess in extracellular area, SBE (in mmol/l), oxygen saturation of blood, SAT (in per cent), and buffer base, BB (in mmol/l). Assessment of these parameters will provide the basis on which the cause of any acid-base imbalance can be determined (N e j e d l ý , 1980; L e b e d a , 1971; R o o t h , 1979).

Acid-base balance, ABB, is an inner dynamic balance of the organism, somewhat similar to osmotic balance. Contributions to preservation of optimum pH value in various body fluids, intracellular and extracellular or intrastitial and intravasal, are made by all components which are part of the acid-base system of the body. Optimum pH is the very prerequisite for most efficient functionality of enzymatic systems in cells, cell membranes, etc.An optimum pH in animals is 7.4, physiological limits being between 7.3 and 7.47. Critical limits are 6.8 and 7.7. An organic condition in which pH has dropped below the physiological limit is defined as acidosis. A condition, on the other hand, with pH above the upper physiological limit is defined as alkalosis.

The following approaches can be taken to preserve optimum pH in all regions of the body:

1. Hydrogen ion concentration can be reduced and pH increased by dilution of body fluids.
2. Undesirable changes in pH can be restricted by buffer systems in the organism.
3. The pH level of body fluids can be compensated by certain organs, including lung, kidney, and bones.

Disorder in acid-base balance is caused primarily by imbalance in the production and removal of acid-base components in the body. Such imbalance may result from the following factors:

1. Excessive supply of acids or bases;
2. Production of unphysiological amounts of acids or bases in a given organism, such overproduction being caused by surplus of glycidic components or protein in the diet or by gastric acidosis or alkalosis in ruminants;
3. Insufficient removal of acidic or basic components due to failure of organs with compensatory function, for example, chronic respiratory shift of ABB or renal insufficiency;
4. Impossibility to offset pH changes in inner regions by dilution or buffer action;
5. Excessive depletion of acids (by vomiting) or bases (by persistent diarrhoea).

Results

The common approach of veterinary laboratory diagnosis was taken in the author's laboratory to measure ABB values in venous blood. Venous blood differs from arterial blood by lower pH (between one and three hundredth), higher PCO_2 (between 1 mm Hg and 3 mm Hg), and lower pO_2. Gaps may be even larger in cases of impaired blood flow or stress. Animals were captured for sampling or immobilised, using Immobilon.

Captured or immobilised animals from which ABB analyses were taken were clinically intact. Some of them were not, but their diseases had no impact whatsoever on ABB. Described are the results derived from 37 African ungulates, 31 of them immobilised and six captured. Here are the mean values and limits with 95 per cent reliability, as recorded from immobilised animals:

pH 7.33 (7.31 - 7.35), PCO_2 47.7 (45 - 51), SB 23.2 (21.8 - 24.6), BE-1.31 (-3.1 - 0.44), SBE -0.94 (-2.68 - 0.73), BB 44.7 (43 - 46).

The following values were recorded from captured animals:

pH 7.32 (7.26 - 7.38), PCO_2 47.5 (37 - 58), SB 22 (19 - 25), BE -2.31 (-5.9 - 1.27), SBE -1.87 (-5.7 - 1.98), BB 44 (40 - 47).

Example 1:
ABB in a clinically intact black wildebeest (Connochaetes gnou) was measured from samples which had been collected at two different dates after immobilisation. Mild respiratory acidosis was developed by the animal in response to the first step of immobilisation, with pH being 7.30, pCO_2 50 mm Hg, and BE zero. Metabolic acidosis developed, following somewhat lasting anaesthesia (about ten minutes), values being BE -4.5, SBE -3, SB dropping to 19, and pH dropping to 7.25.

Example 2:
A male roan antelope (Hippotragus equinus) received higher grain portions than his herd mates and was thus secured a predominant position in the herd. He suffered from metabolic acidosis, values being pH 7.154, BE -16.34, SBE -14.97, and SB extremely dropping to 12.2. The animal was moved to an unfenced outdoor run where more roughage but less grain was available. Another blood sample was taken after two weeks had passed, and the following ABB values were recorded: pH 7.317, BE -6.01, SBE -5.83, SB 19.24. These values were very close to data recordable from clinically intact animals, following immobilisation.

Example 3:
Two discarded male springbucks (Antidorcas marsupialis) were used for metabolic experimentation and gradually transferred to monodiet of hay. Earlier diet was restored after the end of the metabolic experiments, with large quantities of grain proteins being added. Five ABB checks were made in forty days. Animals had to be captured for sampling. ABB was found to be continuously impaired in both sprinbucks. The following values were recorded from one of the males, when measurement was started: pH 7.358, BE -0.86, a negligible figure, SBE -1.29, and SB 24.47, that is normal for all practical purposes. These were the values of the second male: pH 7.290 (influenced by respiratory pCO_2 56), BE -0.11, SBE -0.21, and SB 24.1. Final values were pH 7.11, BE as high as -14.19, SBE -11.9, and SB as low as 13.09 in the first male and very similar in the second: ph 7.083, BE -12.85, SBE -10.85, SB 13.77. The lower pH in the second male had been caused by respiration, with pCO_2 being 62.3.

Example 4:
ABB shifts were recorded from male and female cape elands (Taurotragus oryx) which had been cured from demodicidosis. Pronounced metabolic acidosis was established and offset only to some extent by respiration. Values were pH 7.21 and 7.32, BE -9 and -13, and SBE -13 and -15. The question was, if anaesthesia based on normal Immobilon dosage, had been of detrimental impact upon these animals.

Example 5:
Effects of repeated immobilisation were observed in a male chamois (Oryx gazella gazella). The animal had suffered carpal rot and was surgically cured. Initial metabolic acidosis was followed by several weeks of overcompensation resulting in alkalosis and, finally, in variation of ABB up to the date when the operation was performed on the carpus. ABB was normalised 20 days after surgery. The animal, regularly observed, exhibited a somewhat striking behaviour, in that it failed to respond by acidosis to repetitive immobilisation. It is in very good condition now. The ABB values in this animal seemed to suggest presence of extremely high compensatory capability. Initial values were pH 7.285, BE -9.95, SBE -9.77, and SB 16.45, as compared to final values of pH 7.405, BE 4.22, SBE 4.74, SB 20.82, and pCO_2 30.9.

Example 6:
Male and female hunting dogs (Lyacon pictus) were similarly anaesthetised several times. They suffered from a tissue disease which probably had been caused by a yeast species. The latter had been identified as being pathogenic and associated by guesswork rather than determination with candida. Metabolic acidosis was recorded from these dogs and found to deteriorate within two weeks. Initial values were pH 7.32, BE -7.5, SBE -7.6, and SB 18 in the male and pH 7.318, BE -6.2, SBE -6.1, and SB 19 in the female. Final values were pH 7.25, BE -11.7, SBE -11.5, and SB 14.9 in the male and pH 7.24, BE -8.9, SBE -8.7, and SB 16.8 in the female. Urea levels in blood serum were higher than those quoted as baseline data for dogs (M c K e l v i e , 1970). Urea concentrations in serum were measured three times in two weeks. Values were 18, 9.7, and 13.1 mmol/l in the male and 6.1, 4.5, and 7.6 mmol/l in the female. Proteins and erythrocytes were also recorded from urine of the female. Urine could not be sampled from the male, probably owing to kidney damage.

Discussion

Quite a few data can be found in the literature regarding the effects of immobilisation, using Immobilon, or of capture on physiological values (M u i r , 1979; S m e l l e r and co-workers, 1976; B u s h and co-workers, 1978). Yet, the author's first assumption had been a pathological effect which had caused respiratory acidosis, metabolic acidosis or a mixed form in most of the animals. ABB analysis, however, has produced evidence to the effect that in most cases effects of capture or immobilisation could be clearly differentiated from pathological factors. ABB was found to be less strongly affected by immobilisation or capture and associated stress. No substantive difference was found to exist between these two groups. Certain pathological processes, on the other hand, were quite capable of exercising strong effects on ABB. Major roles were played by inadequate composition of fodder, renal insufficiency, respiratory inconvenience, and stress.

Summary:

Measurement of Acid-Base Balance in Animals in Zoo of Dvůr Králové n.L.

ABB in clinically intact animals, following capture or immobilisation, was compared with values in great detail in pathological cases. Somewhat mild respiratory and metabolic acidoses were recorded from the former, whereas deviation of ABB values usually was strongly pronounced in animals which suffered from diseases.

Zusammenfassung:

Massungen zum Säure-Basen-Haushalt bei Tieren aus dem Zoo Dvůr Králové

Die Werte des Säure-Basen-Haushaltes bei gesunden Tieren nach Fang oder Immobilisierung wurden ausführlich mit den Werten erkrankter Tiere verglichen. In der ersten Gruppe kam es zu mild verlaufenden respiratorisch-stoffwechselbedingten Azidosen. Bei erkrankten Tieren waren die Abweichungen stärker ausgeprägt.

Résumé :

Exemples de l'équilibre entre acides et bases chez des animaux du jardin zoologique de Dvur Králové

L'exposé fait état de certains résultats du mesurage effectué pour comparer les valeurs d'animaux sains, capturés à la main, immobilisés et malades. Le premier groupe a relevé des signes d'une acidose respiratoire métabolique alors que chez les animaux malades les déviations avaient été plus nettes.

Резюме:

Примеры кислотно-щелочного равновесия у животных зоопарка Друг Кралове.

Приведены сравнительные примеры кислотно-щелочного равновесия у иммобилизированных и больных животных. У здоровых животных слабые признаки респираторно-метаболического ацидоза. У больных животных отклонения были выражены более основательно.

References:

BUSH, M., CUSTER, R., SMELLER, J., BUSH, L.M., SEAL, U.S., and R. BARTON (1978): The acid-base status of lions, Panthera leo, immobilised with four drug combinations. J. Wildlife Diseases 14 (1), 102 - 109.

LEBEDA, M. (1971): Acid-base physiology and pathophysiology of farm animals with principles of detection and therapy of diseases. Vt. Pardubice.

McKELVIE, D.H. (1970): Blood serum chemistry in the beagle as an experimental dog. Andersen, A.C., and L.S. Good, Eds. Ames, The Iowa State University Press, 281 - 284.

MUIR, W.W., SKARDA, R.T., and W. SHEEHAN (1979): Haemodynamic and respiratory effects of the xylazine-acetylpromazine drug combination in horses. Am.J.Vet.Res. 40 (11), 1518 - 1522.

NEJEDLÝ, B. (1980): Inner surroundings, clinical biochemistry, and practice. ZN Prague.

ROOTH, G. (1979): Acid-base and electrolyte balance. Lund.

SMELLER, J., and U.S. SEAL (1976): Observations on immobilisation of Père David's deer. Jawma 169 (9), 890 - 893.

Address of author: J. P r a d á c

Zoological Garden

544 01 Dvůr Králové nad Labem

ČSSR

Aus der Forschungsstelle für Wirbeltierforschung (im Tierpark Berlin) (Direktor: Prof. Dr. sc. Dr. h. c. H. D a t h e) der Akademie der Wissenschaften der DDR.

EIN BEITRAG ZU DEN ANGEBORENEN MISSBILDUNGEN DER REPTILIEN

Von R. I p p e n

Zur klaren Abgrenzung gegenüber erworbenen Abnormitäten und zur leicht verständlichen Begriffsdefinition sei einleitend gesagt, daß man unter Mißbildungen angeborene Veränderungen der Form und Gestalt, die entweder den Körper im ganzen oder einzelne Teile desselben betreffen, versteht (D o b b e r s t e i n , 1963). Mißbildungen gehen auf Entwicklungsstörungen zurück, wobei der Grad und Umfang vom Zeitpunkt der eigentlichen Störung im normalen Entwicklungsablauf bestimmt wird. Genau wie bei anderen Wirbeltieren kommt es auch bei allen Vertretern der Reptilien zur Ausbildung solcher Mißbildungen, die durch das auffällige und meist stark vom Normalen abweichende Aussehen auch dem Laien auffallen und so bekannt werden. Mißbildungen treten sowohl bei Reptilien in der freien Natur als auch bei Tieren in Gefangenschaft auf. Wie ein geschichtlicher Überblick von C u n n i n g h a m (1937) erkennen läßt, gehen die Berichte über Mißgestaltungen bei den Reptilien bis in die altgriechische Ära zurück. Die relativ große Zahl der Mitteilungen über Mißbildungen ist in erster Linie dem oft faszinierenden Aussehen (Doppelköpfigkeit), aber auch der Tatsache zu verdanken, daß durch den Volksmund derartigen Geschöpfen besondere Fähigkeiten oder Eigenschaften zugeschrieben wurden.

Zur Ätiologie der Mißbildungen der Reptilien sind zahlreiche, zum Teil auch experimentelle Untersuchungen durchgeführt worden. B e l l a i r s (1981) gibt in der wohl zur Zeit umfassendsten Übersicht über Mißbildungen bei Reptilien wertvolle Hinweise. Es wird darin zum Ausdruck gebracht, daß die kongenitalen Mißbildungen der Reptilien denen der Vögel entsprechen und diese wiederum sind experimentell von Teratologen eingehend untersucht worden (A n c e l , 1950). Ohne erkennbare Gründe können sowohl genetische als auch entwicklungsbedingte Störungen Ursache für Mißbildungen sein. Es muß aber hervorgehoben werden, daß aus der äußeren Form der Mißbildung nicht ohne weiteres Rückschlüsse auf die Ursache derselben gezogen werden dürfen. Auf Genmutationen beruhende Mißbildungen können genau so aussehen wie Mißbildungen, die auf Störungen der embryonalen Entwicklung zurückzuführen sind. Gerade bei gehäuft in einem Bestand auftretenden Mißbildungen darf nicht von vornherein auf eine Erblichkeit geschlossen werden, da besonders bei der Reproduktion der Reptilien zahlreiche Störungen zu Embryopathien führen können. Als Entwicklungsstörfaktoren kommen bei der Brut mit Sicherheit Schwankungen der Temperatur und der Feuchtigkeit in Betracht. Berichten verschiedener Autoren (Y t e m a , 1960; F o x et al., 1961; M a d e r s o n and B e l l a i r s , 1962; P a c k a r d et al., 1977; F e r g u s o n , 1981) ist zu entnehmen, daß sowohl Unterkühlungen als auch Überhitzung oder starke Schwankungen schädigend bei der Entwicklung der Embryonen wirkten. Auch das teilweise Eintrocknen der Eier führte zu verschiedenartigen Mißbildungen bei Schildkröten, worüber L y n n and U l l r i c h (1950) berichteten. Nicht unerwähnt bleiben darf die Tatsache, daß auch für die Entwicklung von Mißbildungen der Reptilien toxische Umweltverschmutzungen und Strahlenschädigungen eine Rolle spielen können.

Die Vielgestaltigkeit der zu erwartenden Mißbildungen läßt sich am besten anhand eines Überblickes über vorliegende Berichte verschiedener Autoren demonstrieren. Die in der Tabelle 1 zusammengestellten Befunde erlauben keineswegs einen Anspruch auf Vollständigkeit, sondern stellen nur eine auszugsweise Wiedergabe von einschlägigen Berichten dar. Die enorme Streuung wissenschaftlich-herpetologischer Informationen in den verschiedensten Zeitschriften der Welt machen eine erschöpfende Zusammenstellung unmöglich. Dennoch bietet die Tabelle 1 einen Überblick über mehr als 350 Reptilien, die eine oder mehrere Mißbildungen aufwiesen. Eine Aufschlüsselung der beschriebenen Fälle auf die Vertreter der verschiedenen Ordnungen würde keine konkrete Aussage erlauben, da nachweislich die Gesamtzahl der untersuchten Schlangen die der anderen Reptilien weit übertrifft und somit Zahlenangaben ohne entsprechende Bezugszahlen ein völlig falsches Bild vermitteln würden. Grundsätzlich ist aufzu-

Speziell an den Augen zu beobachtende Mißbildungen wurden als Microphthalmie, partielle Cyclopie, Exophthalmie und als völliges Fehlen, der sogenannten Anophthalmie, beschrieben. An dieser Stelle wäre auch auf eine bei den Doppelbildungen angeführte Zauneidechse (Lacerta agilis) zu verweisen, bei der einem Bericht von B e l l a i r s (1965) zufolge eine Mißbildung in Form dreier miteinander verwachsener Köpfe auftrat, die zusammen drei Augen aufwiesen. Bei der erwähnten Exophthalmie (C o o p e r , 1975) war einseitig bei einer Nashornviper vom Konjunktivalgewebe ausgehend eine zystenähnliche Vorwölbung festzustellen. Da keine infektiöse Ursache nachzuweisen war, wurde ein kongenitaler Ursprung für wahrscheinlich erachtet.

Mißbildungen an der äußeren Haut zeigten sich in unterschiedlicher Form. Eine Übersicht über derartige Prozesse bei Schlangen und Schildkröten findet sich bei E w e r t (1979). So kann es zu einem Ausbleiben oder einer unvollständigen Schuppenbildung kommen und auch zu Veränderungen der Anlage einzelner Schuppen oder Hornschilder führen. V i n e g a r (1974) berichtet über eine Brut eines Tigerpythons (Python molurus), die sich bei Temperaturen von 27,5° C statt 30,5° C vollzog. Bei den Tieren trat die Veränderung auf, daß die sechsten und siebenten Labialschuppen nicht bis zum Auge reichten, sondern davon durch suborbitale Schuppen getrennt waren. Bei einer Natter (Natrix fasciata) kam es nach Angaben von O s g o o d (1978) durch zu niedrige Temperaturen während der Embryonalentwicklung bei 10 % der Neugeborenen zu geteilten präokularen Schuppen und zu einer zahlenmäßigen Verringerung der postokularen Schuppen. Der Autor konnte darüber hinaus feststellen, daß sowohl zu hohe als auch zu niedrige Temperaturen eine Zunahme der Formveränderungen der Körperschuppen und gleichzeitig eine Zunahme der Anzahl der Wirbel zur Folge haben.

Deformationen im Bereich der Wirbelsäule in Form von Kyphosen oder andersartigen Verbiegungen traten sowohl bei Schildkröten und Echsen als auch bei Schlangen auf. Sie können kongenitalen, aber auch infektiösen Ursprungs sein. Eine sichere Zuordnung setzt eine exakte Untersuchung voraus. Extreme Verbiegungen des Körpers, wobei es zur Verwachsung der Bauchleisten kam, wurden von R i c h e s (1967) bei Vipernattern (Natrix maura) beobachtet. Andere Mißbildungen, wie z. B. eine Thoraco-Gastroschisis, die bei einer 40 cm langen Hundskopfboa (Sanzinia madagascariensis) von P r o g s c h a und L e h m a n n (1970) beschrieben wurde, stellen einen Hinweis auf die Vielgestaltigkeit der bei Reptilien zu erwartenden Mißbildungen dar. Bei diesem Tier war die Bauchdecke über eine Länge von 3 cm und die Bauchmuskulatur in einer Abmessung von 1,5 cm nicht verwachsen. Das Tier verstarb kurze Zeit nach dem operativen Verschluß dieses Defektes. Da von 11 Geschwistertieren weitere 4 Mißbildungen an der Wirbelsäule aufwiesen, muß angenommen werden, daß es sich hier um temperaturbedingte Fehlentwicklungen handelte. Genau wie bei höheren Wirbeltieren können auch bei Reptilien immer wieder Tiere ermittelt werden, denen ein Organ oder ein Körperteil fehlt. So liegen Berichte über fehlende Niere, Schwanz und Extremitäten vor. Auch diese Befunde betrafen Schildkröten, Echsen und Schlangen.

Als letztes sei noch kurz auf die Zwitterbildung, den Hermaphroditismus, eingegangen. R i s l e y (1941) gibt im Zusammenhang mit der Beschreibung von einem Fall bei einer Zierschildkröte (Chrysemys picta) einen zusammenfassenden Überblick. Bei diesem Tier kam es bei normal entwickelten Hoden zu einer pathologischen Ausbildung eines linksseitig erweiterten Oviduktes. Am rechten Hoden konnten 9 Ovozyten und am linken Hoden 32 beobachtet werden. Die in der tabellarischen Aufstellung ausgewiesene Mißbildung einer Maurischen Landschildkröte (F a t h a m , 1905) zeigte vollständig ausgebildete männliche und weibliche Geschlechtsorgane. Ähnliche Befunde wurden auch bei den anderen Tieren ermittelt. Die kleine Zahl der beschriebenen Befunde läßt bislang natürlich keine schematische Einteilung zu, zumal selbst bei Zwitterbildungen des Menschen lediglich eine Unterscheidung der gestaltlichen Gegebenheiten als Grundlage für eine Einteilung dient, solange formale und kausale Genese nicht weiter geklärt sind.

Die Lebenserwartung mißgebildeter Reptilien hängt von dem Ausmaß der jeweiligen Veränderun-

zeigen, daß sowohl Berichte über Mißbildungen bei Krokodilen und Schildkröten als auch bei Eidechsen und vor allem Schlangen vorliegen.

Die weitaus meisten Beschreibungen betreffen die sogenannten Doppelbildungen (Duplicitates), unter denen wiederum die Doppelkopfbildungen (Bicephali) dominierten. Ein typisches Beispiel hierfür bietet eine uns zur Untersuchung übergebene Wassertrugnatter (Enhydris spec.) aus dem Bestand eines großen Zoologischen Gartens (I p p e n , 1967). Wie die Abb. 1 erkennen läßt, handelt es sich um eine eindeutige Aufgabelung der Wirbelsäule im Bereich des 16. Wirbels caudal des Kopfes und die vollständige Ausbildung von zwei Köpfen. Vorberichtlichen Angaben zufolge hatte das Tier ein halbes Jahr lang gelebt und war in der Lage, über beide Mundöffnungen Nahrung aufzunehmen, wobei der Hinweis, daß die auf einem Rumpf vorhandenen zwei Köpfe bei der Fütterung gegeneinander anzugehen versuchten, darauf hindeutet, daß auch die beiden Gehirne voll ausgebildet waren. Einen umfassenden Überblick und sehr gute Beschreibungen der Veränderungen bieten die Ausführungen von C u n n i n g h a m (1937), in denen über 225 Doppelbildungen besprochen werden. Neben solchen Berichten über Mißbildungen bei Schlangen finden sich auch Beschreibungen über Doppelkopfmißbildungen bei Alligatoren, Schildkröten und Eidechsen.

Im Gegensatz zu den Doppelkopfbildungen stehen die Fälle, in denen bei nur einem Kopf zwei Körper auftraten. Derartige Tiere wären etwa dem auch bei Säugetieren auftretenden Cephalothoracopagus gleichzusetzen. Ähnlich den Siamesischen Zwillingen wurde bei einer Dreiklaue (Schildkröte) eine vollständige Verwachsung am Brustpanzer beobachtet.

Asymmetrische Doppelbildungen traten nur ganz selten auf. Die Ausbildung von drei überzähligen Zehen an den Extremitäten bei einem Alligator und die zusätzliche Anlage von Extremitäten im Bereich der Beckenregion (Ileopagus parasiticus) sind die einzigen Mitteilungen dieser Art, die wir auffinden konnten.

Zahlenmäßig stehen die erblich bedingten Störungen im Pigmentstoffwechsel an zweiter Stelle. Dabei überwiegen die Befunde "Albinismus" gegenüber anderen Farbabweichungen. B e c h t e l und B e c h t e l (1962) weisen anhand ihrer Untersuchungen an einem Stamm albinotischer Kornnattern (Elaphe guttata) darauf hin, daß diese Anlage an ein einziges rezessives Gen gebunden ist, nämlich wie man es bei einigen Arten des Albinismus des Menschen beobachtet hat. Genau wie die Doppelbildungen lassen sich Mißbildungen in Form von Farbabweichungen bei Vertretern aller Ordnungen der Reptilien feststellen. Teilalbinismus zeigte ein Krokodil, das insgesamt auffallend hell war, aber noch eine dunkle Zeichnung erkennen ließ (A l l a n and N e i l l , 1956). Entsprechende Beobachtungen konnte Z w a r t (1981) bei mehreren Exemplaren neugeborener Ostafrikanischer Freihornchamäleons (Chamäleon jacksonii) machen, bei denen eine braune Tüpfelung erhalten geblieben war. Histologisch traten nur an den dunklen Stellen Melanophoren auf, die mit bräunlichem statt schwarzem Pigmentgranula beladen waren. Neben einem Fehlen von Melanin im Körper eines Tieres kann es aber auch zu einer abnorm starken Ablagerung von Melanin kommen. Zusammenstellungen über derartige Melanosen, die als vermutlich angeborene Überproduktion von Melanin angesehen werden müssen, geben K l a u b e r (1972) sowie H a l f p e n n y und B e l a i r s (1976).
Einseitige und beidseitige Lippen- und Gaumenspalten traten mehrfach bei Schlangen, Schildkröten und Eidechsen auf. Diese als Cheilognathopalatoschisis zu bezeichnenden Veränderungen sind wie beim Menschen als erbbedingte Mißbildungen anzusprechen und stellen eine der schwersten und interessantesten Veränderungen im Kopfbereich dar. Daneben können auch Ober- und Unterkieferverkürzungen(Brachygnathie) oder auch Schädelverkürzungen insgesamt(Brachycephalia) gelegentlich beobachtet werden.

gen ab. Kyphosen, Skoliosen und Lordosen und andere Mißbildungen können einerseits das Schlüpfen der Jungtiere behindern und andererseits im späteren Leben die Fortbewegung und damit die Futteraufnahme stark beeinträchtigen. Eine solche Behinderung beim Schlupf kann sogar bei viviparen Schlangen, wie z. B. bei der Strumpfbandnatter beobachtet werden, bei denen die Jungtiere mit einer hauchdünnen Eimembran geboren werden. Überstehen die Jungtiere die ersten Lebenswochen, so können sie durchaus mit den angeborenen Veränderungen alt werden. Da es sich in vielen Fällen nicht um Erbfehler handelt, brauchen mißgebildete Exemplare nicht unbedingt von der Zucht ausgeschlossen zu werden, vielmehr sollten prophylaktisch sowohl für trächtige Weibchen als auch bebrütete Eigelege optimale Temperaturen angestrebt werden.

Bei einer Gesamteinschätzung der Bedeutung der Mißbildungen für die Reptilien in Gefangenschaft kann zunächst festgestellt werden, daß ihnen für die Zucht und Haltung keine größere Bedeutung zukommt. Dagegen dürften Informationen und allgemeine Erkenntnisse über Mißbildungen bei Reptilien für die Teratogenese generell in der Medizin von wesentlichem Interesse sein. Aus diesem Grund wäre es in jedem Fall zu begrüßen, sichtbar mißgestaltete Jungtiere zur Untersuchung in ein entsprechendes Institut zu geben.

Zusammenfassung:

Ein Beitrag zu den angeborenen Mißbildungen der Reptilien.

Anhand einer tabellarischen Zusammenstellung wird zu einigen in der Literatur beschriebenen Mißbildungen und einigen eigenen Fällen Stellung genommen, wobei auf die Bedeutung derartiger Beobachtungen für die Teratogenese in der Medizin verwiesen wird.

Summary:

Some Data on the Congenital Malformations in Reptiles.

A tabulated account is given of malformations in reptiles, with reference being made to some of the author's own cases as well as to data published elsewhere. Reference is also made to the general relevance of such observations to teratogenesis in medicine.

Résumé :

Déformations congénitales chez des reptiles

En présentant un aperçu sous forme de tableaux, l'auteur décrit les déformations congénitales connues jusqu'alors et les complète en parlant de ses propres observations. Il met en évidence l'importance des résultats atteints pour la tératogenèse dans la médicine.

Резюме:

Врожденные уродства у рептилий.

Авторы отражают в таблицах выявленные врожденные уродства у рептилий. Обсуждается значение полученных результатов для тератогенеза в медицине.

Tabelle 1:

225 Doppelmißbildungen	bei Schlangen (Serpentes)	Cunningham (1937)
17 Doppelkopfmißbildungen (Bicephalus)	Schlangen (Serpentes)	Brongersma (1952)
5 Doppelkopfmißbildungen	Kalifornische Kettennatter (Lampropeltis getulus)	Shaw (1971)
2 Doppelkopfmißbildungen	Kalifornische Kettennatter (Lampropeltis getulus)	Griner (1981)
Doppelkopfmißbildungen	Bunte Sandboa (Eryx conicus)	Wall (1905)
	Wolfzahnnatter (Lycodon aulicus)	
	Fischernatter (Natrix piscator)	
	Wassertrugnatter (Homalopsis buccata)	
	Hakennatter (Heterodon simus)	
Doppelkopfmißbildungen	Kreuzotter (Vipera berus)	Dorner (1873)
Doppelkopfmißbildung	Kettenviper (Vipera russelli)	Deranyiagala (1958)
Doppelkopfmißbildung	Kalifornische Kettennatter Lampropeltis getulus)	Schmidt and Inger (1957)
Doppelkopfmißbildung	Wassertrugnatter (Enhydris spec.)	Ippen (1965)
Doppelkopfmißbildung	Ringelnatter (Natrix natrix)	Davies (1974)
Doppelkopfmißbildung	Bullennatter (Pituophis melanoleucus)	Cosgrove (1981)
Doppelkopfmißbildung	Erdnatter (Elaphe obsoleta)	Cosgrove (1981)
Doppelkopfmißbildung	Asiatische Rattenschlange (Ptyas spec.)	Cosgrove (1981)
Doppelkopfmißbildung	Waldklapperschlange (Crotalus horridus)	Lasher (1980)
Doppelkopfmißbildung	Schlankblindschlange (Leptotyphlops spec.)	Branch (1979)
Doppelkopfmißbildung	Streifenskink (Mabuya striata)	Broadley and Findley (1972)
Doppelkopfmißbildung	Mississippi-Alligator (Alligator mississippiensis)	Ferguson (1981)
Doppelkopf- und Doppelhalsmißbildung	Zierschildkröte (Pseudemys nelsoni)	Bellairs (1981)
Zwei Körper, die am Hals zusammengewachsen sind und drei Köpfe mit insgesamt drei Augen aufweisen	Zauneidechse (Lacerta agilis)	Bellairs (1965)
Doppelkörperanlage mit nur einem Kopf	Blindschleiche (Anguis fragilis)	Reichenbach-Klinke und Elkan (1965)
Doppelrumpf- und Doppelschwanzbildung	Blauzungenskink (Tiliqua scincoides)	Willes (1932)
Doppelbildungen (nicht näher beschrieben)	Suppenschildkröte (Chelonia mydas)	Glaesner (1924)

Kopf- und Brustregion von zwei Tieren miteinander verwachsen (Cephalothoracopagus)	Blindschleiche (Anguis fragilis)	Stemmler	(1977)
Zwei Tiere am Bauchpanzer verwachsen (Siamesische Zwillinge)	Wilde Dreiklaue (Trionyx ferox)	Hildebrandt	(1938)
Drei zusätzliche Zehen an einer Extremität	Mississippi-Alligator (Alligator mississippiensis)	Giles	(1948)
Zusätzliche Extremität im Bereich der Beckenregion	Alligator (Alligator spec.)	Ferguson	(1981)

Albinismus	Reptilien (Übersicht)	Switak	(1967)
Albinismus	Reptilien in den USA (Übersicht)	Hensley Klauber	(1959) (1972)
Albinismus	Suppenschildkröten (Chelonia mydas)	Ewert	(1979)
Albinismus	Kornnatter (Elaphe guttata)	Bechtel and Bechtel	(1962)
Albinismus	Ringelnatter (Natrix natrix)	Procter	(1926)
Albinismus	Siegelringnatter (Natrix sipedon)	Clay	(1935)
Albinismus	Vierstreifennatter (Elaphe quatuorlineata)	Petzold	(1975)
Albinismus	Strumpfbandnatter (Thamnophis sirtalis)	Sassenburg	(1972)
Albinismus	Tigerpython (Python molurus)	Reichenbach-Klinke	(1974)
Albinismus	Tigerpython (Python molurus)	Pope	(1962)
Albinismus	Königspython (Python regius)	Bellairs	(1969)
Albinismus	Blindschleichen (Anguis fragilis)	Wermuth	(1950)
Albinismus	Griechische Landschildkröte (Testudo hermanni)	Wermuth	(1971)
Partieller Albinismus	Krokodile (keine Angaben)	Allan and Neill	(1956)
Teilalbinismus	Dreihornchamäleons (Chamaeleo jacksoni)	Zwart	(1981)

Melanismus	Reptilien, speziell Schlangen (Übersicht)	Klauber Halfpenny and Bellairs	(1972) (1976)
Melanismus	Zauneidechse (Lacerta agilis)	Petzold	(1972)
Melanismus	Bergeidechse (Lacerta vivipara)	Petzold	(1978)
Melanismus	Smaragdeidechse (Lacerta viridis)	Schetty	(1950)

6 beidseitige Lippen- und Gaumenspalten	Prärieklapperschlangen (Crotalus viridis)	Dean et al. (1980)
Lippen- und Gaumenspalte	Rotwangen-Schmuckschildkröte (Pseudemys scripta)	Anderson (1981)
Lippen- und Gaumenspalte	Anakonda (Eunectes murinus)	Bellairs (1965)
	Perleidechse (Lacerta lepida)	Bellairs and Boyd (1957)
	Bergeidechse (Lacerta vivipara)	Bellairs and Gamble (1960)
Lippenspalte	Strumpfbandnatter (Thamnophis spec.)	Fox et al. (1961)
Gaumenspalte, Oberkieferverkürzungen, Augendefekte	Suppenschildkröten (Chelonia mydas)	Ewert (1979) Bellairs (1965)
Unterkieferverkürzung und laterale Verschiebung	Grüner Leguan (Iguana iguana)	Griner (1981)
Körperverkürzung (Ballförmige Gestalt)	Siegelringnatter (Natrix sipedon)	Rubin et al. (1967)
Schnauzenverkürzung	Krokodil (keine Angaben)	Kälin (1937)
Schwanzverkürzungen und -abknickungen	Geckos und Krokodile	Bustard (1969)
----------	----------	----------
Schuppen- bzw. Schildanomalien	Schlangen und Schildkröten (Übersicht)	Ewert (1979)
Fehlende Schuppenbildung	Bullennatter (Pituophis melanoleucus)	Licht and Bennett (1972)
Schuppenmißbildung an den Lippen	Tigerpython (Python molurus)	Vinegar (1974)
geteilte präokulare Schuppen	Bänderwassernatter (Natrix fasciata)	Osgood (1978)
Ausbildung paariger Gruben auf der Parietalschuppen	Ringelnatter (Natrix natrix)	Elkan (1962)
Akzessorische Parietalorgane und Nebenparietalaugen	Bergeidechse (Lacerta vivipara)	Hoffner (1955)
Hornschildanomalien	Rotwangenschmuckschildkröte (Pseudemys scripta)	Freye (1973)
	Gopherschildkröte (Gopherus polyphemus)	
	Köhlerschildkröte (Testudo carbonaria)	
----------	----------	----------
Mikrophthalmie beidseitig (5 Tiere)und einseitig (2 Tiere) aus einem Gelege	Vierstreifennatter (Elaphe quatuorlineata)	Ensley, Anderson and Bacou (1978)
Mikrophthalmie	Eidechsen (keine Angaben)	Bellairs and Gamble (1960)
Partielle Cyclopie	Unechte Karettschildkröte (Caretta caretta)	Ewert (1979)
Exophthalmie	Nashornviper (Bitis nasicornis)	Cooper (1975)
Anophthalmie	Gabunviper (Bitis gabonica)	Griner (1981)
----------	----------	----------
Kyphose des Rückenpanzers	Echte Weichschildkröten (Trionychidae)	Smith (1947)

Kyphose der Wirbelsäule und des Panzers sowie Tortikollis	Zierschildkröte (Chrysemys picta marginata)	Anderson	(1981)
Kyphoskoliose	Wassermokassinschlange (Agkistrodon piscivorus)	Petzold	(1963)
Agenesie von Wirbelknochen sowie rechter Vorder- und Hinterextremität	Indochinesische Wasseragame (Physignathus concincinus)	Montali	(1981)
Deformationen in verschiedenen Körperabschnitten	Tropische Klapperschlange (Crotalus durissus)	Montali	(1981)
Verbiegung des Körpers und Verwachsung der Bauchleisten	Vipernatter (Natrix maura)	Riches	(1967)
Thoraco-Gastroschisis	Hundskopfboa (Sanzinia madagascariensis)	Progscha und Lehmann	(1970)
Fehlende Niere	Bullennatter (Pituophis melanoleucus)	Griner	(1981)
Fehlender Schwanz	Indische Schönechse (Calotes versicolor)	Mathur and Goel	(1974)
Fehlende Extremität	Dreiklauenweichschildkröte (Trionyx spec.)	Dutta	(1931)
	Sumpfschildkröten (Emydidae)		
Fehlender Ruderfuß	Unechte Karettschildkröte (Caretta caretta)	Ewert	(1979)
Hermaphroditismus	Zierschildkröte (Chrysemys picta)	Risley	(1941)
Hermaphroditismus	Maurische Landschildkröte (Testudo graeca)	Fatham	(1905)
Hermaphroditismus	Europäische Sumpfschildkröte (Emys orbicularis)	Matthey	(1927)
Hermaphroditismus	Felseidechse (Lacerta saxicola)	Lantz	(1923)

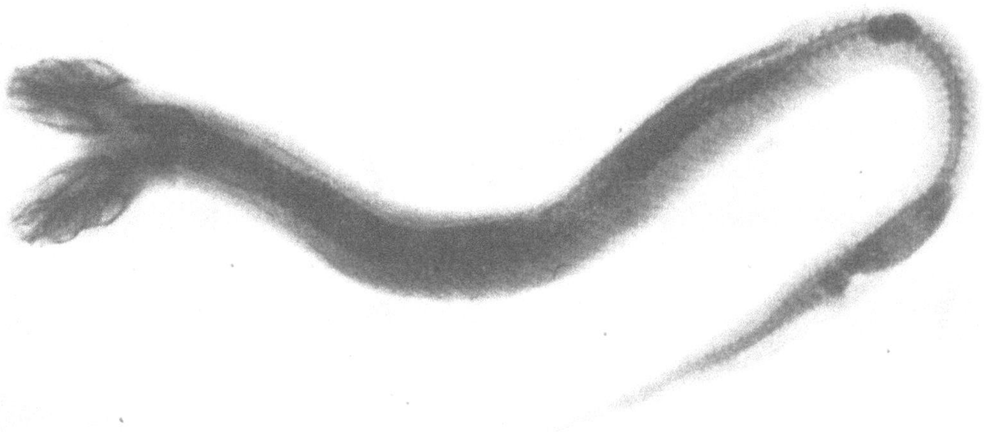

Literaturverzeichnis:

ALLAN, E.R. and W.T. NEILL (1956): Some Color Abnormalities in Crocodilians. Copeia, 124.

ANDERSON, M.R. (1981): Persönliche Mitteilung

BECHTEL, H.B. and E. BECHTEL (1962): Heredity of albinism in the corn snake (Elaphe guttata guttata) demonstrated in captive breedings. Copeia 436 - 437.

BELLAIRS, A.d'A. (1965): Cleft palate, microphthalmia and other malformations in embryos of lizards and snakes. Proc. zool. Soc. London, 144, 239 - 251.

BELLAIRS, A.d'A. (1969): The life of Reptiles. London: Weidenfeld and Nicolson.

BELLAIRS, A.d'A. (1981): Congenital and Developmental Diseases. In: Diseases of the Reptilia. Ed. Cooper, J.E. and O.F. Jackson. London, New York, Toronto, Sydney, San Francisco: Academic Press. 469 - 485.

BELLAIRS, A.d'A. and J.D. BOYD (1957): Anomalous cleft palate in snake embryos. Proc. zool. Soc. London, 129, 525 - 539.

BELLAIRS, A.d'A. and H.J. GAMBLE (1960): Cleft palate, microphthalmia and other anomalies in an embryo lizard (Lacerta vivipara Jacquin). Brit. J. Herpetol. 2, 171 - 176

BRANCH, W.R. (1979): Dicephalism in the African worm snake (Leptotyphlops bicolor). Herpetol. Rev. 10, 6 - 7.

BROADLEY, D.G. and C. FINDLAY (1972): Dicephalism in the African Striped Skink Mabuya striata striata (Peters).

BRONGERSMA, L.D. (1952): Proc. K. ned. Akad. Wet. 55, (c) 49 - 61. Zitiert nach Bellairs, A.d'A. (1981).

BUSTARD, H.R. (1969): Tail abnormalilies resulting from high temperature egg incubation. Brit. J. Herpetol. 4, 121 - 123.

CLAY, W.M. (1935): The occurrence of albinos in a brood of the common water snake (Natrix sipedon) Copeia, 115.

COOPER, J.E. (1975): Exophthalmia in a rhinoceros Viper (Bitis nasicornis) Vet. Rec. 97, 130 - 131.

COSGROVE, G. (1981): Persönliche Mitteilung.

CUNNINGHAM, B. (1937): Axial bifurcation in Serpents. North Carolina: Duke University Press.

DAREVSKI, J.S. (1966): J. Ohio Herpetol. Soc. 5, 115 - 152. Zitiert nach Bellairs, A.d'A. (1981).

DAVIES, T. (1974): A double-headed Grass Snake. Brit. J. Herpetol. 5, 452 - 453.

DEAN, J.N., GLENN, J.S. and R.C. STRAIGHT (1980): Bilateral cleft labial and palate in the progeny of a Crotalus viridis viridis Rafinesque. Herpetol. Rev. 11, 91-92.

DERANIYAGALA, P.E.P. (1958): A double headed Russell's Viper Spolia Zeylanica Geol. Zool. 28, 167 - 168.

DOBBERSTEIN, J. (1963): Mißbildungen. In W. Frei: Allgemeine Pathologie. Berlin und Hamburg: Paul Parey.

DORNER, H. (1873): Eine Kreuzotter mit zwei Köpfen. Zool. Garten (AF) 14, 407 - 410.

ENSLEY, P.K., ANDERSON, M.P. and J.P. BACON (1978): Ophthalmic disorders in three snakes. J. Zoo. An. Med. 9, 57 - 59.

EWERT, M.A. (1979): In: Turtels. Perspectives and Research. Ed. M. Harless and H. Morbock New York: John Wiley pp. 333 - 413.

FATHAM, H.B. (1905): On hermaphroditism and vestigial structures in the reproduction organs of Testudo graeca. Am. Mag. Nat. Hist. 7, ser 16, 120 - 125.

FERGUSON, M.W.J. (1981): J. Craniofacial Genetics and Developmental Biol. 1, 123 - 144. Zitiert nach Bellairs, A.d'A. (1981).

FREYE, F.L. (1973): Husbandry, Medicine and Surgery in captive Reptiles. Bonner Springs, Kausas: Vet. Med. Publishing Inc..

FOX, W., GORDON, C. and M.H. FOX (1961): Zoologica N. Y. 46, 57 - 71. Zitiert nach Bellairs, A.d'A. (1981).

GILES, L.W. (1948): Copeia, 214. Zitiert nach Bellairs, A.d'A. (1981).

GLAESNER, L. (1924): Über drei Doppelbildungen von Chelonia mydàs. Zool. Anzeiger 60, 185 - 194.

GRINER, L. (1981): Persönliche Mitteilung.

HAFFNER, K.v. (1955): Über accessorische Parietalorgane und Nebenparietalaugen als degenerative Bildungen am Parietalauge. Mitt. Hamburger Zool. Mus. Inst. 53, 25 - 32.

HALFPENNY, G. and A.d'A. BELLAIRS (1976): Brit. J. Herpetol. 5, 541-542. Zitiert nach Bellairs, A.d'A. (1981).

HENSLEY, M. (1959): Albinism in North American Amphibians and Reptiles. Publs. Mus. Mich. State Univ. Biol. Ser. 1, 133 - 159.

HILDEBRAND, S.F. (1930): Duplicity and other abnormalities in diamond-back terrapins. J. Elisha Mitchel Sci. Soc. 46, 41 - 53.

HILDEBRAND, S.F. (1938): Twinning in turtles. J. Hered. 29, 243 - 253.

IPPEN, R. (1965): Übər Sektionsbefunde bei Reptilien. Zbl. allg. Path. 107, 520 - 529.

IPPEN, R. und H.-D. SCHRÖDER (1977): Zu den Erkrankungen der Reptilien. Verhandlungsber. XIX. Internat. Symp. Erkrankungen Zootiere, Poznań, 15 - 30.

KÄLIN, J.A. (1937): Über Skelettanomalien bei Crocodiliden. Z. Morph. Ökol. Tiere 32, 327 - 347.

KLAUBER, L.M. (1972): Rattlesnakes. Their Habits, Life Histories and Influence on Mankind. Berkeley and Los Angeles: University of California Press.

LANTZ, L.A. (1923): Hermaphroditisme partiel chez Lacerta saxicola. Bull. Soc. Zool. France 48, 289 - 290.

LASHER, D. (1980): A bicephalic Crotalus horridus from Alabama. Herpetol. Rev. 11, 89 - 90.

LICHT, P. and A.F. BENNETT (1972): Copeia, 702 - 707. Zitiert nach Bellairs, A.d'A. (1981).

LYNN, W.G. and M.G. ULLRICH (1950): Copeia, 253 - 262. Zitiert nach Bellairs,A.d'a. (1981).

MATHUR, J.K. and S.C. GOEL (1974): Brit. J. Herpetol. 5, 420 - 422. Zitiert nach Bellairs, A.d'A. (1981).

MATTHEY, R. (1927): Intersexualité chez une tortue (Emys europaea) C. R. Soc. Biol. 97, 369 - 371.

MONTALI, R.J. (1981): Persönliche Mitteilung.

OSGOOD, D.W. (1978): Effects of Temperature on the development of meristic characters in Natrix fasciata. Copeia, 1, 33 - 47.

PETZOLD, H.-G. (1963): Notizen zur Fortpflanzungsbiologie und Jugendentwicklung zweier Grubenottern (Serpentes: Crotalidae: Crotalus atrox und Agkistrodon p. piscivorus) Bijdr. Dierkunde 33, 61 - 69.

PETZOLD, H.-G. (1972): Eine total melanotische Zauneidechse (Lacerta agilis) aus dem Raum Berlin. Salamandra 8, 123 - 127.

PETZOLD, H.-G. (1975): Eine albinotische Vierstreifennatter (Elaphe quatuorlineata) aus Bulgarien. Salamandra 11, 113 - 118.

PETZOLD, H.-G. (1978): Nigrinos von Lacerta vivipara aus der Umgebung Berlins (Reptilia: Sauria: Lacertidae). Salamandra, 14, 98 - 100.

POPE, C.H. (1962): The giant snakes. London: Routledge and Kegan Paul.

PROCTER, J.B. (1926): A note on an albino grass snake. Proc. Zool. Soc. London, 1095 - 1096.

PROGSCHA, K.H. und H.D. LEHMANN (1970): Angeborene Mißbildungen in einem Wurf von Sanzinia madagascariensis. Salamandra 6, 108 - 114.

REICHENBACH-KLINKE, H.H. (1977): Krankheiten der Reptilien. Stuttgart - New York: Gustav Fischer.

REICHENBACH-KLINKE, H.H. und E. ELKAN (1965): The Prinzipal diseases of lower Vertebrates. Reigate, Surrey: T. F. H. Publications.

RICHES, R.J. (1967): Notes on a clutch of eggs of the viperine snake (Natrix maura). Brit. J. Herpetol. 4, 14-16.

RISLEY, P.L. (1941): Some observations on hermaphroditism in turtles. J. Morph. 68, 101 - 119.

RUBIN, L., BELLAIRS, A.d'A. and S.V. BRYANT (1967): Congenital malformations in snakes. Brit. J. Herpetol. 4, 12 - 13.

SASSENBURG, L. (1972): Albinotische Strumpfbandnattern (Thamnophis sirtalis). Zool. Garten (NF) 42, 331 - 334.

SCHETTY, P. (1950): Eine melanotische Smaragdeidechse (Lacerta viridis). Wschr. Aquar. Terrarienkd. 44, 278 - 280.

SCHMIDT, K.P. and R.F. INGER (1957): Living Reptiles of the world. London: Hamisch Hamilton.

SHAW, Ch.E. (1971): A two-headed Tale. Zoonooz, March, 4 - 7.

SMITH, H.M. (1947): Univers. Kansas. Publs. Mus. nat. Hist. 1, 117 - 124. Zitiert nach Bellairs, A.d'A. (1981).

SWITAK, K.H. (1967): Notes on albino reptiles and amphibians at Steinhart Aquarium. Internat. Zoo Yearb. 7. 228.

VINEGAR, A. (1974): Evolutionary implications of temperature induced anomalies of development in snake embryos. Herpetologica, 30, 72-74.

WALL, F. (1905): Double-Headed Snakes. J. Bombay Nat. Hist. Soc. 16, 386 - 388.

WERMUTH, H. (1950): Variationsstatistische Untersuchungen der Rassen- und Geschlechtsmerkmale bei der Blindschleiche (Anguis fragilis L.). Dtsch.Zool. Z. 1, 81 - 121.

WERMUTH, H. (1971): Eine totalalbinotische Landschildkröte (Testudo hermanni). Aquar. Terrar. Z. 24, 276.

WILLES, R.A. (1932): A monstrous twin embryo in a lizard, Tiliqua scincoides. J. Anat. 66, 189 - 201.

ZWART, P. (1981): Persönliche Mitteilung.

Anschrift des Verfassers: Prof. Dr.habil. R. I p p e n
Am Tierpark 125
1136 Berlin (DDR)

Central Hungarian Station for Artificial Insemination (Director: L e n g y e l , Gyula) and Zoological Garden of Budapest (Director-General: Dr.Sci. H o l d a s , Sándor)

CHROMOSOMAL INVESTIGATION OF MAMMALS IN BUDAPEST ZOO

By A. K o v á c s , Z. G r á f , K. B a l á z s , and A. F i s c h e r

Introduction

Chromosomal investigation of wild and rare domestic animals is of interest for several reasons, with the need for systematic account of origin of domestic animals and hybridisation being one of them. Studies into such animals in their natural habitat have proved to be of little effectiveness, since, today, some of them, including Przewalski horse, can be found only in captivity. The origin of individuals kept and bred in zoological gardens, on the other hand, was quite often found to be dubious, since hybrids from subspecies from different geographical regions would, sometimes, occur among them.

Material and methods

A simple blood-culturing method (K o v á c s , 1978) was used in chromosomal testing of several mammals, between 1976 and 1981. All domestic animals involved were clinically intact, but some of the wild animals suffered from various diseases, and blood samples were collected from them for treatment. Only two domestic animals were tranquilised by means of xylazine, one female yak (0.3 mg/kg) and one water buffalo (0.2 mg/kg). Yet, xylazine was used for tranquilisation of most of the game, in the form of a combination of xylazine with ketamine or by Immobilon. Only some of the caprids were fixed merely by hand.

G-banding was performed according to S u m m e r et al. (1971) as well as to W a n g and F e d o r o f f (1972). Karyotypes were arranged for felid animals according to H a g e l t o r n and R ö k e n (1980) and for buffalo according to U l b r i c h and F i s c h e r (1967), H e c k et al. (1968), C r i b i u and P o p e s c u (1980), D i B e r a r d i n o et al. (1980), and S a l e r n o et al. (1980).

Results and discussion

Percentages of successful cultures obtained from wild species generally were much lower than those recordable from domestic animals. This was thought to be attributable to the following reasons:

1. Some of the wild animals examined suffered from various diseases and were on therapeutic medication.
2. The wild animals had to be immobilised.

Immobilon used for immobilisation was found to be of strongly adverse impact upon whole-blood cultures and also on cultures prepared from cattle. Mitosis was recorded only from onager and only when blood was sampled after injection of Revivon, an antidote to Immobilon. Forced keeping of smaller wild animals appeared to produce negative effects, probably on account of stress which caused variation in blood composition (adrenalin level, etc.). More satisfactory results were obtained from wild animals, following application of xylazine or a combination of xylazine and ketamine, as suggested by the findings of S c h e u r m a n n and H ö h n (1977). All evaluated chromosomal counts are given in Table 1. All karyotypes were found to be identical with those reported by other authors.

The karyotypes recorded from Ethiopian wild goat (Capra ibex walie) and Nubian wild goat (Capra ibex nubiana) were found to be identical (Figs. 3 and 4) with karyotypes identified from other goat species, such as Alpine ibex (Capra ibex ibex) (H a u s t e c k - J u n g e n and M e i l i , 1967 ; W u r s t e r and B e n i r s c h k e , 1967 cit. W u r s t e r and B e n i r s c h k e , 1968; T a y l o r et al., 1967 cit. W u r s t e r and B e n i r s c h k e , 1968; H e c k et al., 1968), Siberian ibex (Capra ibex sibirica) (B u n c h et al., 1976), markhor (Capra falconeri) (S c h m i t t and U l b r i c h , 1968; this paper), Persian wild goat (Capra aegagrus) (N a d l e r et al., 1973, 1974; B u n c h et al., 1976) and domestic goat (Capra hircus) (S o k o l o v , 1930 cit. H u l o t and L a u v e r g n e , 1967; H a u s t e c k - J u n g e n and M e i l i , 1967; N a d l e r et al., 1973, 1974; B u n c h et al., 1976; K o v á c s , 1980, and others). Neither the subspecies proper nor the exact origin of Capra ibex were described by B u c k l a n d and E v a n s , 1978. The subspecies of onager and African buffalo were verified on the basis of karyotypes (Table 2). Experimental hybridisation of African buffalo (Syncerus caffer caffer) and water buffalo (Bubalus bubalis) failed to result in detectable pregnancy, although regular mating had taken place on the premises of the Zoological Garden of Budapest. These findings were in agreement with information reported by other authors (G r a y , 1954; P e t s c h , 1966).

By consideration of the R-banded karyotype of D i B e r a r d i n o et al. (1980) for the western-type domestic water buffalo and by "translation" of the G-banded karyotype of B u c k l a n d and E v a n s (1978) into the reading system generally accepted for African buffalo (F o r d et al., 1980) and in agreement with the authors' own G-banded karyotypes (Figs. 6 and 7), the safe assumption can be made that none of the metacentric chromosomes in the two species were identical with one another (Table 3). Cattle-type acrocentric chromosomes 1, 2, and 5 may be seen from Table 3 to be involved in centric fusion in either species, but they had not been translocated to identical chromosomes in the process of evolution. These differences might offer an explanation to the failure of experimental crossing. They are associated with separate evolution of the two sub-genera from a supposed common ancestor, a bovine species with primitive karyotype (2 n = 60, all acrocentric) (W u r s t e r and B e n i r s c h k e , 1968; B u c k l a n d and E v a n s , 1978).

Summary:

Chromosomal investigation of mammals in Budapest Zoo

Karyotypes of 15 caprid, equine, bovine, felid, and other species were evaluated. All findings, except those obtained from blackbuck (heterozygous for centric fusion - 2 n = 31), agreed with literature data. Karyotype evolution of Syncerus and Bubalus is discussed in some detail.

Zusammenfassung:

Chromosomenuntersuchungen bei Säugetieren im Zoo Budapest.

Ausgewertet werden die Karyotypen von 15 Capridae, Equinae, Bovidae, and Felidae sowie von anderen Arten. Die Ergebnisse stimmen fast durchweg mit den bekannten Literatureangaben überein. Die einzige Ausnahme bildet die Hirschziegenantilope, die sich als heterozygot für die zentrische Fusion erwiesen hat (2 n = 31). Die Karyotypevolution der Untergattungen Syncerus und Bubalus wird etwas ausführlicher diskutiert.

Résumé :

Analyses chromatiques effectuées sur plusieurs mammifères du jardin zoologique de Budapest

Ont été depouillés les karyotypes de 15 Capridae, Equinae, Bovidae et Felidae ainsi que d'autres espèces. Les résultats atteints correspondent presqu'entièrement aux indications présentées à ce sujet dans la littérature avec une seule exception : l'antilope cervicapre qui s'est avérée hétérocygote pour la fusion centrique (2 n = 31). L'évolution des karyotpes des sub-ordres Syncerus et Bubalus est discutée de façon plus détaillée.

Резюме:

Изучение хромозом у некоторых млекопитающих в Будапешском зоопарке.

Исследованы кариотипы I5 саприда, эквина, бовида и фелида а также другие виды. Результаты полностью согласуются с литературными данными. Единственным исключением является оленьевая антилопа, являющейся по натуре гетерозиготной (2 п=3I) Особо обсуждается эволюция кариотипов подвида

References:

BENIRSCHKE, K., BROWNHILL, L.E., and M.M. BEATH (1962): Somatic chromosomes of the horse, the donkey and their hybrids, the mule and the hinny.J. Reprod.Fert. 4, 319-326.

BUCKLAND, R.A., and H.J. EVANS (1978): Cytogenetic aspects of phylogeny in the Bovidae. I.G-banding. Cytogent.Cell. Genet. 21, 42-63.

BUNCH, T.D., FOOTE, W.C., and J.J. SPILLETT (1976): Translocations of acrocentric chromosomes and their implications in the evolution of sheep (Ovis). Cytogent. Cell Genet. 17, 122-136.

CRIBIU, E.P., and C.P. POPESCU (1980): Chromosome constitution of a hybrid between East African buffalo (Syncerus caffer caffer) and dwarf forest buffalo (Syncerus caffer nanus). Ann. Génét.Sél. anim. 12, 291-293.

DI BERARDINO, D., IANUZZI, L., BETTINI, T.M., and D. MATASSINO (1980): Karyotype evolution in cattle (Bos taurus) and buffalo (Bubalus bubalis). 4th Eur.Colloq.Cytogenet. Domest.Anim., Uppsala, Sweden, 10-13 june 1980, 272-288.

EFRON, M., BOGART, M.H., KUMAMOTO, A.T., and K. BENIRSCHKE (1976): Chromosome studies in the mammalian subfamily Antilopinae. Genetica 46, 419-444.

EVANS, H.J., BUCKLAND, R.A., and A.T. SUMMER (1973): Chromosome homology and heterochromatin in goat, sheep and ox studied by bending techniques. Chromosoma 42, 383-402.

FORD, C.E., POLLOCK, D.L., and I. GUSTAVSSON (1980): Proceedings of the First International Conference for the Standardisation of Banded Karyotypes of Domestic Animals. Hereditas 92, 145-162.

GRAY, A.P. (1954): Mammalian hybrids. Techn.Commun.10.Commonwealth Bureau of Animal Breeding and Genet. Edinburgh, 1954.

HAGELTORN, M., and B.G. RÖKEN (1980): A comparison between the karyotypes of the domestic cat and the African lion. 4th Eur.Colloq.Cytogenet.Domest.Anim., Uppsala, Sweden. 10-13 june 1980, 230-237.

HAUSTECK-JUNGEN, E., and R. MEILI (1967): Vergleich der Chromosomensätze von Steinwild (Capra ibex) und Hausziege (Capra hircus). Chromosoma 21, 198-210.

HECK, H., WURSTER, D.H., and K. BENIRSCHKE (1968): Chromosome studies of members of the subfamilies Caprinae and Bovinae, family Bovidae: the musk ox, ibex, aoudad, Congo buffalo, and gaur. Z. Säugetierk. 33, 172-179.

HSU, T.C., and K. BENIRSCHKE (1967): An atlas of mammalian chromosomes. 1, Springer, New York, 1967.

HULOT, F., and J.J. LAUVERGNE (1967): Les chromosomes des Ruminants. Ann.Génét. 10, 86-97.

KOVÁCS, A. (1978): Occurrence of 1/29 translocation in Hungarian Grey cattle. EAAP: 29th Annual Meeting Stockholm, 5-7 June 1978. G./4.10./, 1-5.

KOVÁCS, A. (1980): unpublished.

KUČERA, J. (1971): Chromozómy savců / Studijni zpráva/. Ústav vedeckotechnických informaci Praha.

MOORE, N.W., HALNAN, C.R.E., McKEE, J.J., and J.I. WATSON (1981): Studies on hybridisation between a Barbary ram (Ammotragus lervia) and domestic ewe (Ovis aries) and nanny goat (Capra hircus). J. Reprod.Fert. 61, 79-82.

NADLER, C.F., HOFFMANN, R.S., and A. WOOLF (1973): G-band patterns as chromosomal markers and the interpretation of chromosomal evolution in wild sheep (Ovis). Experientia 29, 117-119.

NADLER, C.F., HOFFMANN, R.S., and A. WOOLF (1974): G-band patterns, chromosomal homogenies and evolutionary relationships among wild sheep, goats and aoudads (Mammalia, Artiodactyla). Experientia 30, 744-746.

PETSCH, H. (1966): Urania Tierreich, Säugetiere. Urania Verlag Leipzig (Hungarian translation, 1969. Gondolat Kiadó, Budapest).

POPESCU, C.P. (1969): Idiograms of yak, cattle and their hybrids. Ann. Génét. Sél. anim. 1, 207-217.

RÖMMELT, C. (1976): Karyotypenidentifikation mit Hilfe der G- und C-Banden-Technik beim Sumpf- und Murrah-Büffel. Diss. Justus-Liebig-Univ., Giessen.

ROUBIN, M., GROUCHY, J. de, and M. KLEIN (1973): Les félidés: évolution chromosomique. Ann.Génét. 16, 233-245.

SALERNO, A., VALERIO, D., GARGIULO, A., and F. SCOGNAMIGLIO (1980): C-banding and G-banding patterns of the Italian buffalo chromosomes. 4th Eur. Colloq. Cytogenet. Domest. Anim., Uppsala, Sweden, 10-13 June 1980, 378-385.

SCHEURMANN, E., and H. HÖHN (1977): Pers. comm.

SCHEURMANN, E., WIESNER, R., FISCHER, H., and M.R. JAINUDEEN (1974): Karyotyp, C-Banden und Identifizierung der Geschlechtschromosomen des Ceylonesischen Wasserbüffels (Bubalus bubalis). Giessener Beitr. Erbpath. Zuchthyg. 6, 1-7.

SCHMITT, J., and F. ULBRICH (1968): Die Chromosomen verschiedener Caprini. Simpson, 1945. Z. Säugetierk. 33, 180-186.

SUMNER, A.T., EVANS, H.J., and R.A. BUCKLAND (1971): New technique for distinguishing between human chromosomes. Nature New Biol. 232, 31-32.

ULBRICH, F., and H. FISCHER (1967): The chromosomes of the Asiatic buffalo (Bubalus bubalis) and the African buffalo (Syncerus caffer). Z. Tierzücht. Züchtbiol. 83, 219-223.

WANG, H.C., and S. FEDOROFF (1972): Banding in human chromosomes treated with trypsin. Nature New Biol. 235, 52-53.

WURSTER, D.H., and K. BENIRSCHKE (1968a): Chromosome studies in the superfamily Bovoidea. Chromosoma 25, 152-171.

WURSTER, D.H., and K. BENIRSCHKE (1968b): Comparative cytogenetic studies in the order Carnivora. Chromosoma 24, 336-382.

WURSTER, D.H., BENIRSCHKE, K., and H. NOELKE (1968): Unusually large sex chromosomes in the sitatunga (Tragelaphus spekei) and the blackbuck (Antilope cervicapra). Chromosoma 23, 317-323.

Address of authors: Dr. A. K o v á c s
Közép-Magyarországi Mesterséges
Termékenyítő Főállomás
H-2101 Gödöllő 1.
PF. 74
Hungary

Table 1 Karyotypes of evaluated animals

Species	Male	Female	2 n	References and comments
Bengal tiger (P. tigris regalis)	1	0	38	24, 33, Fig. 1.
African lion (P. leo)	0	2	38	H s u et al., 1963 cit. 17, 10, 24, 33.
Siberian lynx (L. lynx wrangeli)	2	0	38	33 (L. canadensis)
Domestic horse (E. caballus), Hucul	1	5	64	1 and others
Shetland	1	0	64	1 and others
Donkey (E. asinus domesticus)	0	1	62	1 and others
Hinny (E. caballus x E. asinus domesticus)	0	1	63	1 and others, Fig. 2
Onager (E. hemionus onager)	0	1	56	H a m e r t o n , 1966; H s u and B e n i r s c h k e , 1967; B e n i r s c h k e and M a l o u f , 1967, all cit. 17.
Blackbuck (A. cervicapra)	1	1	31	6, 32, 34 (X) autosome transl.; heterozygous for the centric fusion polymorphism; Fig. 8
Markhor (C. falconeri)	3	1	60	28.
Ethiopian ibex (C. ibex walie)	1	1	60	Karyotype identical with that of Alpine (C. ibex ibex); 2, 11, 12, 28, T a y l o r et al., 1967; W u r s t e r and B e n i r s c h k e , 1967, both cit. 32, as well as with that of Siberian ibex (C. ibex sibirica) (3.), and with those of other capras; Figs. 3 and 4.
Barbary sheep (A. lervia)	1	1	58	3, 12, 18, 20, 28, 32.
European mouflon (O. musimon)	0	1	54	3, 19, 20, 28.
Domestic sheep (O. aries), black racka	3	3	54	Identical with other breeds of domestic sheep; 3, 19, 20, 28, and others
white racka	1	3	54	
cikta	1	3	54	
Domestic yak (P. grunniens)	1	1	60	Z u i t i n , 1935 cit. 14; D e r l o g e n et al., 1967 cit. 22, 32.
African buffalo (S. caffer caffer)	0	1	52	30; for other subspecies and hybrids see Table 2.
Hungarian domestic water buffalo (B. Bubalis)	0	1	50	Identical with karyotypes of four animals in other regions of Hungary and with those of water buffalo in Sri Lanka, India, Pakistan, Turkey, Bulgaria, Italy, Egypt, and Tunisia; 5, 23, 25, 27 and others cit. 23.

Table 2 Chromosome counts of African buffalo

Subspecies	Origin	No.	2 n	References
Syncerus caffer caffer	Kenya	3	52	30.
Syncerus caffer caffer	Budapest Zoo	1	52	This paper
Syncerus caffer nanus	Catskill Farm	2	54	12, Wurster and Benirschke, 1967 cit. 32.
Syncerus caffer brachycerus (?)	Uganda	2	53	2.
Syncerus caffer caffer x Syncerus caffer nanus R_1	Paris Zoo	1	53	4.

Table 3 Supposed origin of metacentric chromosomes in western-type domestic water buffalo (Bubalus bubalis) and African buffalo (Syncerus caffer caffer) *

Species	Metacentrics No.	Corresponding cattle chromosomes
African buffalo (S.c.caffer)	1	2/3
	2	1/13
	3	5/20
	4	11/25
Water buffalo (B. bubalis)	1	1/29
	2	2/22
	3	8/19
	4	5/28
	5	16/25

* According to Buckland and Evans (1978) and Di Berardino et al. (1980).

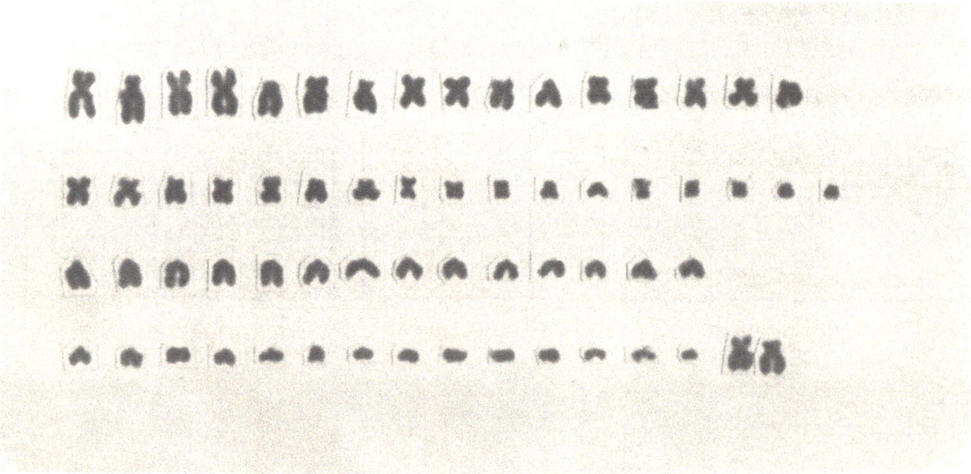

Fig. 2: The 63 chromosomes of a female hinny (E. caballus x E. asinus).

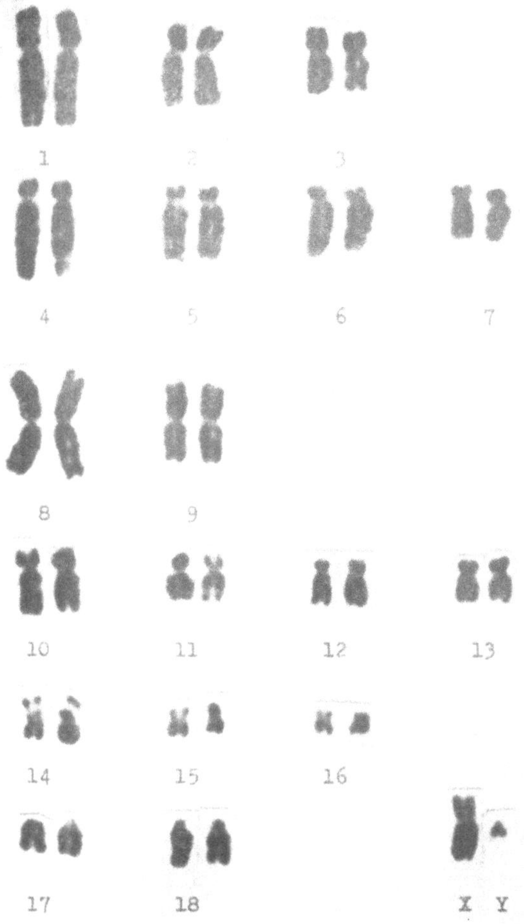

Fig. 1: Karyotype of a male Bengal tiger (P. tigris regalia). 2 n = 38.

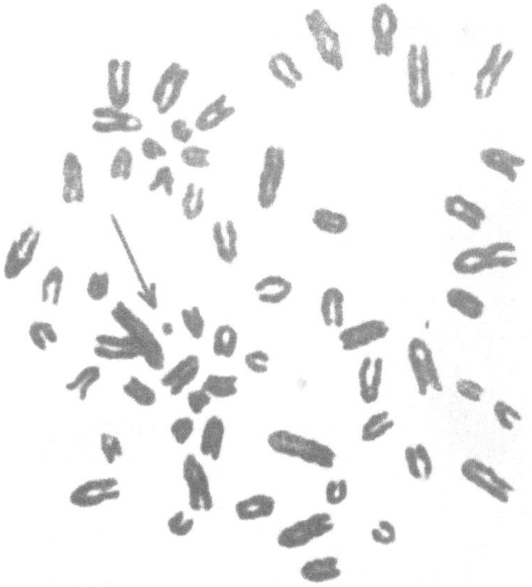

Fig. 3. Metaphase of a male Ethiopian ibex (C. ibex walie). 2 n = 60; the Y-chromosome is indicated.

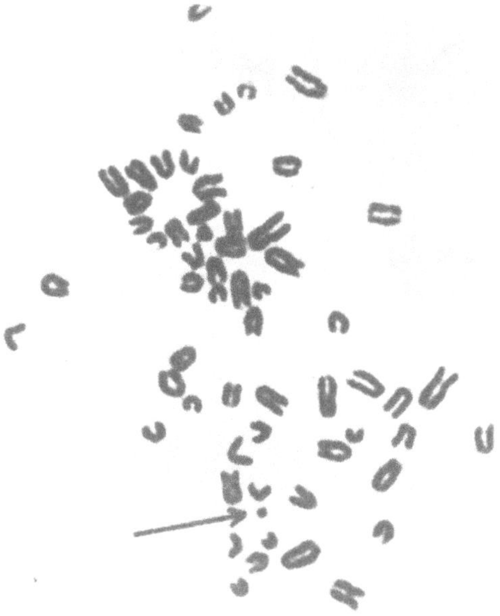

Fig. 4: Metaphase of a male Nubian ibex (C. ibex nubiana). 2 n = 60; the Y-chromosome is indicated.

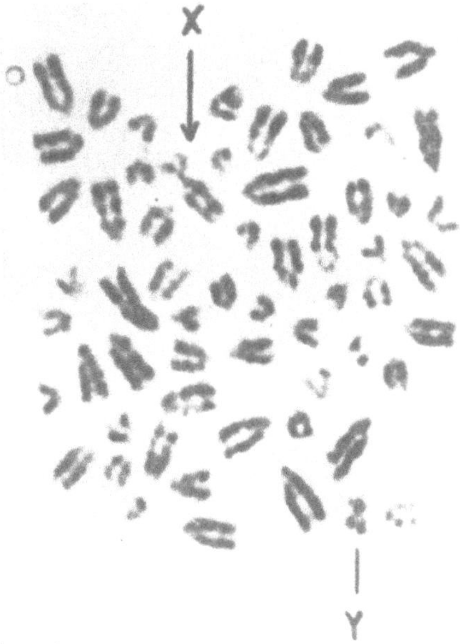

Fig. 5 Metaphase of a male yak (P. grunniens). 2 n = 60; the sex chromosomes are indicated.

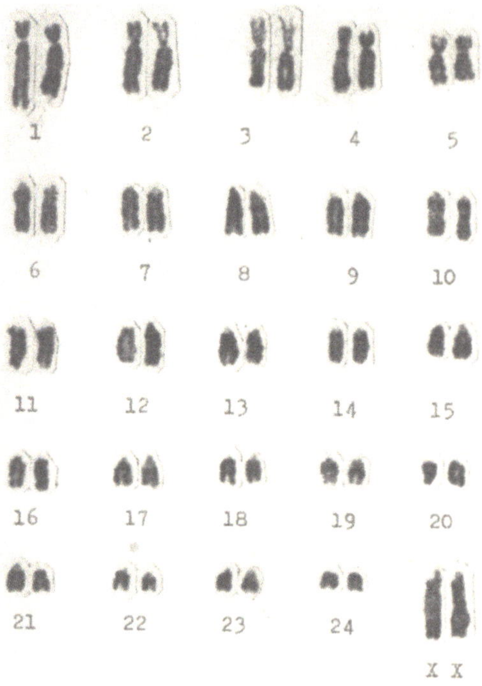

Fig. 6 Karyotype of a female Hungarian domestic water buffalo (B. bubalis). 2 n = 50.

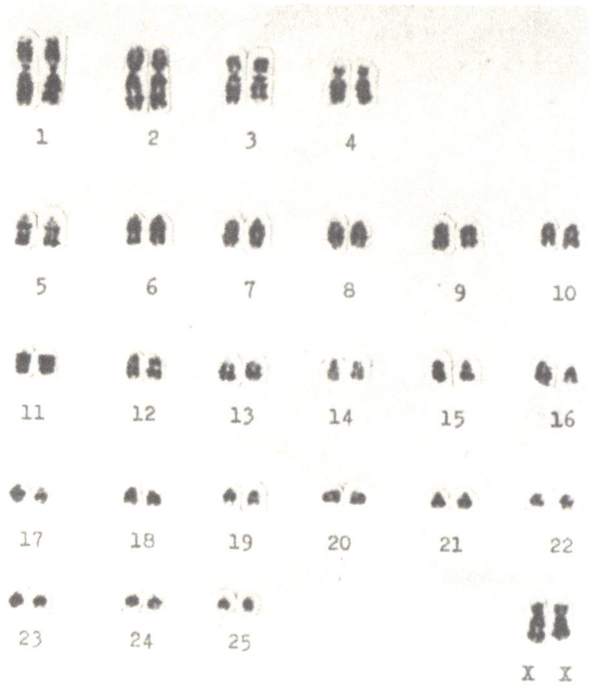

Fig. 7 Karyotype of a female African buffalo (S. caffer caffer). 2 n = 52.

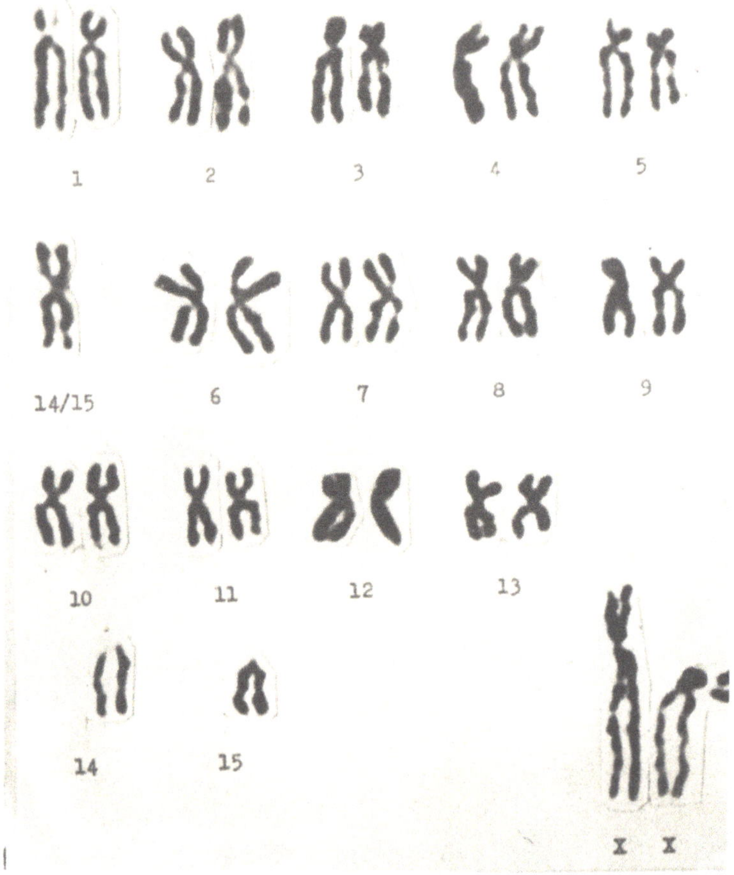

Fig. 8 Karyotype of a female blackbuck (A. cervicapra). 2 n = 31.

Richtlinien für die Anfertigung der Manuskripte

Manuskripte, die zum Druck eingereicht werden, müssen satzreif sein. Hierfür sind sie mit Schreibmaschine einseitig, doppelzeilig und mit einem genügend breiten Rand zu schreiben. Die Absätze müssen klar erkennbar sein. Nachträglich vorgenommene Verbesserungen sind deutlich und in Druckschrift unter Verwendung der international üblichen Korrekturzeichen anzubringen. Bei größeren Änderungen ist es erforderlich, die betreffende Seite neu zu schreiben. Sämtliche Manuskriptseiten einschließlich der Tabellen, des Literaturverzeichnisses und der Bildunterschriften sind fortlaufend zu numerieren. Nachträglich eingeschobene Seiten sind mit a, b usw. der vorangegangenen Seitenzahl zu bezeichnen. Bei Arbeiten, die in Instituten, Kliniken, Tiergärten usw. angefertigt worden sind, ist über dem Titel der Arbeit deren Herkunft anzugeben. Am Ende des Manuskriptes ist die Anschrift des Verfassers mit akademischen Titeln und ausgeschriebenem Vornamen aufzuführen.

Eigennamen im Text werden gesperrt geschrieben. Werden Autoren im Text zitiert, so ist neben dem Namen die Jahreszahl der betreffenden Literatur in Klammern einzusetzen. Bei mehr als zwei Autoren wird nur der erste genannt, gefolgt von dem Zusatz "et al.". Werden mehrere Arbeiten desselben Autors aus dem gleichen Jahr zitiert, so werden die Buchstaben a, b usw. der Jahreszahl hinzugefügt. Werden Pharmaka angeführt, so ist gegebenenfalls der Name des Herstellers in Klammern dahinter zu setzen.

Im Literaturverzeichnis sind die zitierten Arbeiten ohne Numerierung in alphabetischer Reihenfolge nach dem Namen des jeweiligen ersten Autors anzuordnen und die Jahreszahl des Erscheinens der Arbeit in Klammern dahinter zu setzen. Es ist der vollständige Titel der zitierten Arbeiten in der Originalsprache, jedoch nur in lateinischer Schrift, mit Auflage, Seitenzahl, bei Büchern der Erscheinungsort und der Verlag anzuführen.

Beispiel für Zeitschriften:

DIETZEL, P. B., FRISCH, H. und H. JAKOB (1964): Leukodystrophie mit orthochromatischen Abbaustoffen. Virchows Arch. Path. Anat. 338, 1-4.

Beispiel für Bücher:

NAUMANN, H. (1955): Der Gelbbrandkäfer. Wittenberg-Lutherstadt: Ziemsen.

Abbildungen können nur gebracht werden, wenn sie für das Verständnis des Textes unentbehrlich und auf andere Weise nicht ersetzbar sind. Es sind Originalfotografien oder Originalzeichnungen zu verwenden, wobei möglichst eine Größe von 9 x 12 cm nicht überschritten werden soll. Hierbei ist zu berücksichtigen, daß diese Abbildungen i. d. R. im Verhältnis 1:2 verkleinert gebracht werden. Für die Wiedergabe eignen sich nur scharf aufgenommene und kontrastreich auf weißem Papier abgezogene Fotografien. Die Abbildungen sind auf der Rückseite mit dem Namen des Verfassers, der Abbildungs-Nummer sowie mit der Kennzeichnung "oben" zu versehen. Bildunterschriften gehören zum Manuskript und sind am Ende des Artikels fortlaufend aufzuführen. Farbige Abbildungen können nicht verwendet werden, desgleichen auch nicht Diapositive. Tabellen sind einheitlich auszuführen und fortlaufend zu numerieren.

Wir machen besonders darauf aufmerksam, daß die Manuskripte sowohl eine Zusammenfassung in deutscher als auch in englischer, französischer und russischer Sprache beinhalten sollen.

Der Autor erhält 30 Sonderdrucke zu seiner persönlichen Verwendung.

Directions for Preparing Manuscripts

Manuscripts submitted for printing shall be ready for setting. For this purpose the pages shall be typed on one side only, with double space between the lines, and a sufficiently wide margin. The breaks shall be marked clearly. Subsequent corrections shall be made clearly and in block letters using the international reader's marks. In the case of more corrections it is necessary to type the page concerned once more. All pages of the manuscript, including tables, bibliography, and captions, shall be numbered consecutively. Subsequently inserted pages shall be numbered consecutively. Subsequently inserted pages shall be marked with a, b etc. of the preceding page number. In papers prepared at institutes, clinics, zoological gardens, etc. the origin of the paper shall be specified above the title. At the end of the manuscript the author's address, his academic degrees, and his first name shall be given.

Proper names in the text shall be typed spaced. If authors are quoted in the text the publication date of the work concerned shall be given in brackets after the name of the respective author. In case of more than two authors only the name of the first one shall be given followed by the addition "et al.". In case several works of one author published in the same year are quoted the letters a, b, etc. shall be added to the publication date. If pharmaceuticals are mentioned the name of the manufacturer should be stated in brackets, if any.

In the bibliography the quoted works shall be ordered without numbers and alphabetically according to the name of the respective first author, and the publication date shall be added in brackets. The complete title of the quoted works shall be given in the original languages - in Latin writing, however - including edition, number of pages, and - in case of books - publication place and publishing house.

Example für journals:

DIETZEL, P. S., FRISCH, H. and H. JAKOB (1964): Leukodystrophie mit orthochromatischen Abbaustoffen. Virchows Arch. path. Anat. 338, 1-4.

Example for books:

NAUMANN, H. (1955): Der Gelbbrandkäfer. Wittenberg-Lutherstadt: Ziemsen.

Illustrations may be included only if they are indispensable for understanding the text and cannot be replaced otherwise. It is original photographies or original drawings that should be used, not exceeding a size of 9 x 12 cm. It should be borne in mind that as a rule these illustrations are printed largely reduced, in the proportion of 1:2. Only well-focussed and high-contrast photographies printed on white paper are suitable for being reprinted. The illustrations shall be marked with the author's name, the number of the illustration, and with the mark "top". Captions belong to the manuscript and shall be listed consecutively at the end of the paper. Coloured illustrations and slides cannot be used. Tables shall be written uniformly and numbered consecutively.

We should like to draw the author's attention to the need that each of the manuscripts should include German, English, French and Russian summaries.

The author will obtain 30 separate reprints for private purposes.

Kolibri 360 GmbH
Ferdinand-Jühlke-Straße 7
99095 Erfurt, Deutschland
produktsicherheit@kolibri360.de